科学出版社"十三五"普通高等教育本科规划教材

国家精品课程配套教材

植 物 化 学

Phytochemistry

（第三版）

高锦明　主编

科 学 出 版 社
北　京

内 容 简 介

本书在系统阐述植物化学基本理论、基本知识和基本技能的同时，既结合了大量植物化学成分的提取分离及结构鉴定实例，又将国内外植物化学研究的重要成就和最新进展贯穿全书的始终。全书分三篇，共15章。上篇为总论部分，主要介绍了植物化学研究的历史、现状、进展和次生代谢产物的生物合成、植物化学成分基本提取技术和方法，以及核磁共振等新技术在其结构分析中的应用。中篇为各论部分，主要介绍了植物各类典型化学成分的存在与分布、结构和性质、提取分离工艺、结构鉴定、药理及生物活性；专门开设了一章介绍其他类型天然化合物如萜类等。下篇为生物技术与化学合成在植物化学研究中的应用概论部分，主要涉及两者在植物源活性成分研发中的应用。

本书可作为高等院校化学、生物科学、生物技术、制药工程、食品科学与工程、林产化工、植物保护、药学和中药学等专业高年级本科生和相关专业研究生的教材，也可作为有关科研、生产企业等科技人员的参考书。

图书在版编目（CIP）数据

植物化学/高锦明主编．—3版．—北京：科学出版社，2017.6

科学出版社“十三五”普通高等教育本科规划教材·国家精品课程配套教材

ISBN 978-7-03-053621-1

Ⅰ．①植…　Ⅱ．①高…　Ⅲ．①植物生物化学-高等学校-教材

Ⅳ．①Q946

中国版本图书馆CIP数据核字（2017）第132587号

责任编辑：丛　楠　马程迪／责任校对：贾娜娜

责任印制：赵　博／封面设计：铭轩堂

科学出版社 出版

北京东黄城根北街16号

邮政编码：100717

http://www.sciencep.com

固安县铭成印刷有限公司印刷

科学出版社发行　各地新华书店经销

*

2003年4月第　一　版　　开本：787×1092　1/16

2017年6月第　二　版　　印张：22 3/4

2024年7月第十二次印刷　　字数：539 000

定价：79.00元

（如有印装质量问题，我社负责调换）

《植物化学》编写委员会

主　编　高锦明（西北农林科技大学）

副主编　高　坤（兰州大学）

李蓉涛（昆明理工大学）

荣建辉（香港大学）

章维华（南京农业大学）

编　委（按姓氏笔画排序）

王立娟（东北林业大学）

冯　玲（西南林业大学）

李蓉涛（昆明理工大学）

杨胜祥（浙江农林大学）

何仰清（西安理工大学）

汪秋安（湖南大学）

张　强（西北农林科技大学）

张尊听（陕西师范大学）

周立刚（中国农业大学）

荣建辉（香港大学）

秦建春（吉林大学）

贾爱群（南京理工大学）

高　坤（兰州大学）

高锦明（西北农林科技大学）

黄　洁（西北大学）

章维华（南京农业大学）

序

“植物化学”是植物学与有机化学相结合而形成的一门交叉学科，是天然有机化学或天然产物化学的重要组成部分，是在分子水平上揭示植物奥秘的学科，也是植物资源合理利用的基础。我国是世界上植物资源最丰富的国家之一，在植物资源的利用和开发上有着悠久的历史和丰富的经验。在科学技术迅猛发展的今天，如何以现代科学技术进一步深入认识我国的植物资源，并为其发掘、合理而持续利用提供科学依据，“植物化学”是不可缺少的学科分支。

新中国成立以来，特别是近 30 年来，我国在植物化学研究和开发方面取得了骄人的成就，很多高校和研究所都逐渐建立了自己的研究团队形成了自己的研究领域，在人才的培养和研究成果方面都取得了显著的成就。但是，长期以来，一直没有就“植物化学”这门分支学科专门编著的教材，这不利于学生的系统学习。

高锦明教授主编的《植物化学》教材为国家级精品课程“植物化学”专用教材。该书以植物次生代谢产物和生物活性为主线，密切跟踪联系国内外最新研究成果，系统地介绍了植物次生代谢产物的提取分离、结构鉴定和生物活性，探讨了生物技术和有机合成在植物化学研究中的应用；该书结构合理，内容丰富，实例新颖，信息量大；同时，将传统与现代结合，理论联系实际，注重学科交叉，深入浅出，便于高年级本科生和研究生的系统学习，同时亦作为天然产物、生物资源利用等相关领域科研工作者的重要参考书。因此乐为本书作一短序，向各位读者推荐。

孙汉董

中国科学院　院士

中国科学院昆明植物研究所　研究员

2017 年 1 月 18 日

前　　言

《植物化学》（第三版）是编者在2012年第二版教材的基础上编写的。第二版教材出版5年来，国内外植物化学也有了快速发展，取得了不少新的研究成果。

本版教材与前版教材相比，在内容、章节安排和编写等方面进行了修改和调整。例如，将原来第四章的蛋白质部分删除，以及将第十三章海洋植物化学内容分到相应章节中，而将第十三章调整为其他类型天然化合物如芪类等，全书共十五章，每章更新了习题。此外，有些章节还增添了新的研究成果如第九章的杂萜。在编写、修订过程中，力求内容翔实、信息量大，每章内容衔接密切，以满足不同层次、不同专业读者的需要。希望本书的出版，能对人类更加合理、高效地利用生物资源及推动生命科学及相关学科的发展，起到积极作用，做出应有的贡献。

本书由西北农林科技大学、兰州大学、香港大学、吉林大学、湖南大学、中国农业大学等15所院校16位教师合作编写。编写过程中得到西北农林科技大学教务处、研究生院有关领导的关心和大力支持。中国科学院昆明植物研究所孙汉董院士、四川大学王锋鹏教授、台湾大学药学院李水盛教授与科学出版社在编写过程中给予了帮助、支持，提出了很多宝贵的意见和建议，在此深表感谢。

尽管编者做了一定努力，但由于编者学术水平及编写能力有限，本书中存在的不当之处在所难免，敬请广大师生与读者予以指正。

编写组

2016年11月

目　　录

上篇　总　　论

第一章　绪论……1
第一节　植物化学的研究与发展概况……1
第二节　植物化学成分的生物合成……9
习题……14
第二章　植物化学成分提取分离和结构测定方法……16
第一节　植物化学成分提取分离方法……16
第二节　植物化学成分结构测定方法……33
第三节　植物化学成分绝对构型测定方法……45
习题……50

中篇　各　　论

第三章　糖与苷类……51
第一节　糖与苷类的结构类型……51
第二节　糖与苷类的化学反应……60
第三节　苷键裂解……63
第四节　糖与苷类的提取分离……67
第五节　糖与苷类的结构鉴定方法……69
习题……76
第四章　氨基酸与环肽……77
第一节　氨基酸……77
第二节　环肽……85
习题……90
第五章　醌类化合物……91
第一节　醌类化合物的结构和分类……91
第二节　醌类化合物的理化性质与检识……98
第三节　醌类化合物的提取分离……100
第四节　醌类化合物的结构测定……102
习题……107
第六章　苯丙素类化合物……109
第一节　简单苯丙烷类化合物……109
第二节　香豆素类化合物……111
第三节　木脂素类化合物……120
习题……131
第七章　黄酮类化合物……132
第一节　黄酮类化合物的分布及其结构类型……132
第二节　黄酮类化合物的理化性质与检识……139
第三节　黄酮类化合物的提取和分离……143
第四节　黄酮类化合物的结构研究方法……148
习题……158
第八章　鞣质……160
第一节　鞣质的结构与分类……160
第二节　鞣质的理化性质与化学反应……166
第三节　鞣质的提取和分离……169
第四节　鞣质的结构研究方法……172
习题……178
第九章　萜类化合物及精油……179
第一节　萜类化合物的结构类型……181
第二节　萜类化合物的理化性质与检识……199

第三节　萜类化合物的提取分离……200
第四节　萜类化合物的结构鉴定……203
第五节　精油……206
习题……210
第十章　三萜类化合物……211
第一节　四环三萜类化合物……211
第二节　五环三萜类化合物……217
第三节　三萜类化合物的理化性质与反应……221
第四节　三萜类化合物的提取与分离……222
第五节　三萜类化合物的结构鉴定……225
习题……233
第十一章　甾体类化合物……234
第一节　甾体皂苷类化合物……235
第二节　强心苷类化合物……250
第三节　其他甾体化合物……260
习题……263
第十二章　生物碱……264
第一节　生物碱的结构类型……265
第二节　生物碱的理化性质与检识……285
第三节　生物碱的提取分离方法……287
第四节　生物碱结构鉴定方法……292
习题……298
第十三章　其他类型化合物……300
第一节　芪类……300
第二节　二芳基庚烷类……302
第三节　苯乙醇苷类……303
第四节　间苯三酚类……304
第五节　苯乙烯内酯类及楝酰胺类……305
第六节　缩酚酸类……306
第七节　类脂化合物……306
第八节　海洋毒素……311
习题……313

下篇　生物技术与化学合成在植物化学研究中的应用概论

第十四章　生物技术在植物化学研究中的应用……314
第一节　植物次生代谢物的调控技术……315
第二节　植物细胞工程……321
第三节　植物细胞发酵工程……332
第四节　微生物工程……335
习题……341
第十五章　有机合成在植物化学研究中的应用……342
第一节　天然产物的全合成……342
第二节　天然产物的半合成……344
第三节　天然活性成分结构改造及构效关系……346
第四节　天然活性成分的仿生合成……350
习题……351

参考文献……352

上篇 总 论

第一章 绪 论

我国是世界上植物资源最丰富的国家之一，高等植物约有 3 万种，药用植物有 11 000 多种，其资源利用的悠久历史和丰富经验及复方的独特功效为世界罕见。如此巨大的资源宝库亟待进一步挖掘、整理和提高，以便为植物药、功能食品、功能化妆品的开发提供丰富多样的物质基础。

第一节 植物化学的研究与发展概况

一、植物化学的研究内容与任务

“植物化学”是植物学与有机化学相结合而形成的一门交叉学科，它是天然有机化学的重要组成部分，是植物资源合理利用的基础，是与植物学等学科密切相关的学科。该学科运用有机化学的知识与方法，对植物的化学成分，主要是具有生理活性的植物次生代谢产物进行提取分离、结构鉴定、化学合成与结构改造，揭示植物次生代谢产物的生物合成、分布、功能与用途。

目前植物化学研究范围在不断扩大，*Phytochemistry* 杂志将现代植物化学分为四大类：①植物化学；②植物生物化学；③植物分子生物学；④化学生态学。围绕植物化学成分的多学科进一步交叉已经成为植物化学研究的新生长点。其他收录植物化学研究的国际期刊还有 *Journal of Natural Products*、*Planta Medica*、*Angewandte Chemie International Edition*、*Organic Letters* 等，以及综述方面的著名国际期刊 *Chemical Reviews*、*Natural Product Reports* 等。

从植物药和植物杀虫药中发现生物活性成分进而发现药用先导化合物（lead compound），即生物活性显著且分子骨架结构新颖的有机化合物，是植物化学发展的主流（图 1-1）。

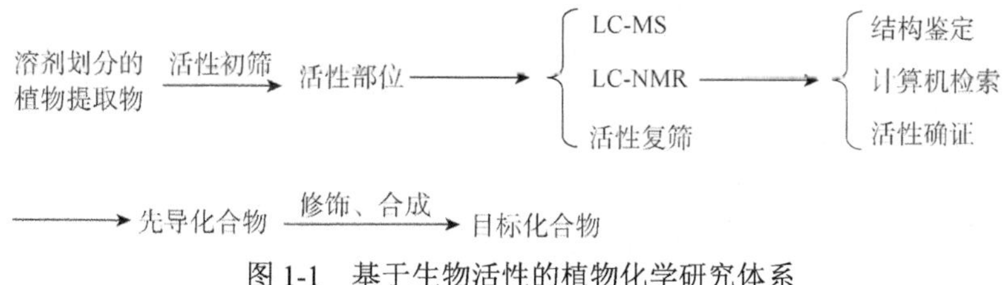

图 1-1 基于生物活性的植物化学研究体系

许多植物化学成分作为药品一直沿用至今，其中有些化合物在相当长的一个历史时期内还难以用合成药物代替，如青蒿素（artemisinin）、紫杉醇（taxol）、喜树碱（camptothecine）、长春碱（vinblastine）、鬼臼毒素（podophyllotoxin）等。有些生物活性天然产物则是现代合成药物的先导化合物。这方面具有代表性的成功例子很多，如以青蒿素为先导化合物开发的蒿甲醚（图 1-2）、以鬼臼毒素为模板开发的抗癌药物依托泊苷（VP-16，etoposide）（图 1-3），以及以神经钠离子通道为作用靶标的除虫菊素的研究，以除虫菊素Ⅰ（pyrethrinⅠ）为先导化合物，然后通过合成和结构优化，开发出一代高效拟除虫菊酯（如溴氰菊酯）类杀虫剂（图 1-4）。

半合成

青蒿素　　蒿甲醚

图 1-2　以青蒿素为先导化合物开发的蒿甲醚

化学合成

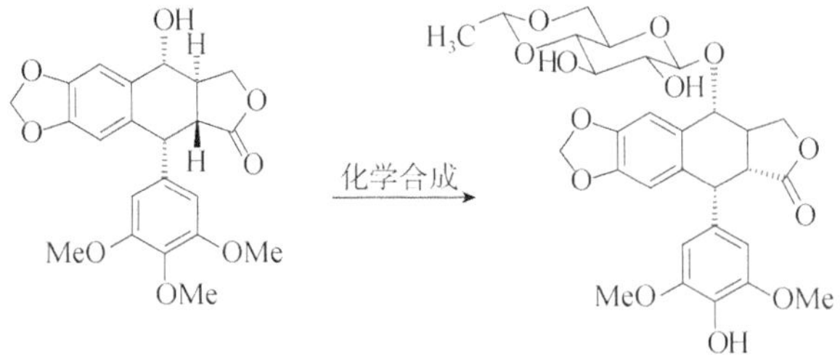

鬼臼毒素　　依托泊苷

图 1-3　鬼臼毒素化学合成为依托泊苷

结构优化

除虫菊素Ⅰ　　溴氰菊酯（商品名：Decis）

图 1-4　基于除虫菊素Ⅰ的结构优化发现溴氰菊酯

改革开放 30 多年来，特别是近 10 余年，我国植物化学发展迅速，已成为在药学及化学领域中与国外学者交往最为频繁、学术交流最为活跃、人才队伍较多的一个分支学科。其研究水平和产出均跻身世界前列，与欧美和日本等国大致处于同一发展水平，并在某些领域处于引领地位，是国际天然产物尤其是植物化学研究的重要力量。

尽管如此，我国植物化学还应加强以下三方面的研究：①基于生物活性的新颖植物化学成分研究；②利用资源优势建设有我国特色的植物化学学科方向；③密切与其他相关学科渗透交叉，外延植物化学的研究范围。此外，其研究领域不应局限于植物药，要同时进行新天然农药、特殊油脂、特殊精油、营养健康食品和保健化妆品等的研究，并注意与植物相关学科如化学生态学、分类学、系统学等交叉，这对于促进我国植物化学的发展无疑是至关重要的。

二、植物化学发展简史及新中国成立后我国植物化学的发展与成就

我国是最早进行植物化学成分纯化与应用的国家之一，有“医药化学源于中国”之说，明代李梴（1575）的《医学入门》中记载了用发酵法从五倍子中得到没食子酸的过程，“五倍子粗粉，并砚、曲和匀，如作酒曲样，入瓷器遮不见风，候生白取出”；《本草纲目》卷 39 中则有“看药上长起长霜，药则已成灾”的记载，这里的“生白”“长霜”均指没食子酸，

其是世界上最早被纯化和应用的有机酸。樟脑的记载最早见于 1170 年洪遵著的《洪氏集验方》一书，后由马可波罗传至西方，欧洲直至 18 世纪下半叶才得到樟脑纯品。

19 世纪初至中期，人们的化学知识已有相当积累。当时主要是利用化学方法提取天然药物中的有效成分，如吗啡、可卡因、士的宁、奎宁、阿托品等，供临床应用。

我国当代植物化学研究始于 20 世纪 20 年代末，由赵承嘏开创，先后有庄长恭、黄鸣龙、朱任宏、高怡生、曾广方、朱子清等有机化学家投身于中草药化学成分的研究。赵承嘏、曾广方两位科学家先后对麻黄、延胡索、防己、贝母、钩吻、常山等 30 多种中草药进行了以生物碱为主的化学成分研究，黄鸣龙完成了其中延胡索乙素的结构鉴定，这是我国植物化学首例结构鉴定成果。曾广方是一位生药学家兼化学家，他首先对中药芫花中芫花素的结构进行了表征和化学全合成，其中的化学全合成在当时被公认是一项出色的研究工作。庄长恭与高怡生等曾对汉防己新生物碱——防己诺林碱进行了结构研究，并初步证明其为脱甲基汉防己碱，但脱甲基的位置直到 20 世纪 50 年代初才得以确认。值得提及的是，庄长恭先生不仅是我国有机化学研究的先驱者，更是合成和天然有机微量分析的奠基人。朱子清先生在马钱子碱、钩吻素、贝母素等植物生物碱的研究方面有突出贡献。

20 世纪 50 年代以前以经典方法分离到数千种植物成分，并以化学降解和合成确定其结构。众所周知，那时植物成分的经典化学结构类型已能基本确定并得以合理分类；生源学说也开始初步形成，如萜类的异戊二烯理论、甾体的乙酸理论、生物碱的氨基酸理论等。更由于维生素的发现，甾体在医药工业上的应用，多种生物碱如吗啡、喹啉的应用，以及多种有实际应用的植物成分，赋予植物化学以新的生命力。

20 世纪 50 年代以后，随着现代仪器分析新技术和新方法的开发应用，植物化学成分的分离纯化和结构鉴定得以长足发展。其特点之一就是人们开始对成分绝对构型确定的重视，大部分有意义的新结构都实现了全合成，使立体结构得到了确证。另一特点是植物学家、生物学家开始重视将化学手段用于植物分类、植物生理及生化研究，从而使植物化学逐渐形成了自己的学科特色并开始了与其他学科如有机合成化学、植物分类、植物生理、合成生物学等学科的交叉融合。

在应用方面，化学成分的药理活性普遍受到重视。特别是近年来，对治疗肿瘤、心血管疾病、艾滋病等药物的探索，以及从这些生理活性物质的结构出发，为人工合成类似物开辟了道路。例如，利血平、宫血宁、长春碱类、三尖杉碱类、喜树碱类和美登木素类等植物化学成分的研发。

新中国成立 60 多年来，我国在植物化学研究和开发方面取得了显著的成就，涉足药学、农药学、功能食品、特殊医学用途食品、化妆品等诸多领域，下面仅就其主要代表性成果进行简要介绍。

20 世纪 70 年代，青蒿素及其高效抗疟功效的发现，是人类抗疟之路的一个新的里程碑，为人类做出了巨大的贡献，挽救了数百万人的生命。青蒿素的发现与应用是以屠呦呦为代表的中国诸多科学家集体智慧的结晶。2015 年 10 月 5 日，青蒿素主要发现人屠呦呦获得 2015 年诺贝尔生理学或医学奖。这个奖项的获得使人们再一次认识到以植物为主的中药是“尚未充分开发的宝库”。其诺贝尔奖演讲题目为 Artemisinin—A Gift from Traditional Chinese Medicine to the World（Nobel Lecture）。

孙汉董等系统研究了唇形科香茶菜属植物对映-贝壳杉烷类二萜化合物，为该属植物二萜类化合物生物活性研究奠定了坚实的物质基础。丹参的抗菌消炎活性成分（二萜醌类）和穿心莲抗炎活性成分（二萜内酯）曾吸引了国内许多植物化学家参与研究。国内科学家曾对瑞香科和大戟科二萜原酸酯的抗癌和引产活性成分进行了广泛研究。而且还系统开展了对产抗癌活性成分紫杉醇及其衍生物的红豆杉资源的调查和研究，并发现系列新紫杉醇衍生物。土荆皮的抗菌成分土荆皮酸（pseudolaric acid）是一类具有新奇结构的二萜酸。二萜生物碱的新结构研究始于 1979 年，其后北京、上海、昆明、成都等地开展了深入的化学和应用研究，有些已开发成镇痛药，有些正研制成抗心律失常药。国内科学家对卫矛科植物中具有杀虫活性和昆虫拒食作用的倍半萜也有较多研究，同时还研究了唇形科的二萜成分及杀虫活性。楝科植物驱虫成分川楝素（toosendanin）是一类研究较早的三萜类化合物。三七皂苷的结构表征是国内配糖体（或称苷）领域里的最早研究工作，由此我国科学家开始了广泛的糖苷化学研究，特别是五加科达玛烷型皂苷和毛茛科齐墩果烷型皂苷等的研究。

新中国成立后，为满足我国甾体药物的需要，国内进行了大量的薯蓣资源植物化学研究，尤以盾叶薯蓣为最佳原料，发现了澳州茄碱（solasodine）、薯蓣皂苷元（diosgenin）、海柯皂苷元（hecogenin）、替告皂苷元（tigogenin）等。C_{27}甾体皂苷的深入化学研究有重楼等百合科植物，其中重楼的偏诺皂苷元（pennogenin）苷已研制成妇科用药，还有从薯蓣科的黄山药和蒺藜科的蒺藜中都成功研制出以呋甾苷为主成分的治疗心血管的药物。在 C_{21} 甾体苷方面，主要集中于萝藦科多种植物的化学研究，发现了几个新奇 C_{21} 甾体苷和应用于治疗癫痫的青阳参。在黄杨科甾体生物碱方面也有较多发现，特别是在化学上证明了甾体 A 环有船式构象的存在。在蜕皮激素资源植物寻找方面发现了高含量β-蜕皮激素的植物露水草，使我国成为国际上工业生产蜕皮激素的唯一国家。

从唐古特莨菪中分离出了治疗休克的山莨菪碱（anisodamine）和樟柳碱（anisodine）。同时，在丁公藤中发现了另一类治疗青光眼的丁公藤碱Ⅱ（erycibe alkaloid Ⅱ）。到了 20 世纪 60 年代初，发现了降压药利血平（reserpine）的理想国产资源萝芙木，并应用至今。在抗癌药长春花生物碱的生产工艺方面经改进后应用于生产。我国首先自主研制成功了治疗慢性粒细胞白血病的药物靛玉红（indirubin），并对靛玉红进行化学修饰找到了疗效更好、毒性较小的新抗癌药异靛甲。从胡椒中分离出的胡椒碱（piperine），经结构改造得到具有抗癫痫作用的抗痫灵。在异喹啉生物碱研究方面，目前应用最广泛的是抗菌药黄连素（berberine，也称为小檗碱）、镇痛药罗通定（*L*-rotundine）。在单萜吲哚生物碱的新颖结构及药理活性方面取得重要进展。发现了石蒜生物碱加兰他敏（galanthamine）的新资源，用于治疗阿尔茨海默病。对喜树碱、美登木素（maytansine）、三尖杉碱（harringtonine）、长春新碱（vincristine）及其同系物等抗癌药物，国内进行了包括合成在内的大量研究，后三者已应用于临床。

20 世纪 80 年代，从中药千层塔中发现了一种新奇的乙酰胆碱酯酶抑制剂石杉碱甲（huperzine A），已经用于治疗记忆障碍；现在一种石杉碱甲衍生物已在欧美开展临床试验，用于治疗阿尔茨海默病。从番荔枝科植物中提取的番荔枝内酯（annonaceous acetogenin）具有杀虫、杀寄生虫和抑制肿瘤细胞生长等作用，在抗癌机制方面已经取得了一些进展。

20 世纪 90 年代以后，中国科学院（简称“中科院”）昆明植物研究所周俊开始了植物环肽的研究，已有较多新发现，植物环肽作为石竹科的特征成分已经得到了国内外学术界的认可，周俊等在该领域做出了一些开拓性研究工作。此外，孙汉董对 24 种五味子科药用植物的化学成分和生物活性进行了系统研究，将结构新颖、复杂、高氧化度的三萜化合物称为“五味子降三萜”（schinortriterpenoids）。

木脂素方面突出的研究工作是五味子中的木脂素，其具有降低血清谷丙转氨酶活性的作用，它的合成类似物联苯双酯（bifendate）和双环醇片（商品名：百赛诺）已用于肝炎治疗。

植物抗癌药如鬼臼毒素的衍生物，由于抗癌机制独特，其结构修饰的工作至今仍很活跃。葛根异黄酮已开发成心脑血管药物。对著名中药天麻的研究发现了主成分天麻素（gastrodin），近年已用于临床治疗偏头痛，而微量高活性成分天麻腺苷［N^4-（4-hydroxybenzyl）adenine riboside］的镇静安神功效是天麻素的1000倍以上。

2006年以来，中科院上海药物所研发的治疗心血管疾病药物丹参多酚酸盐，多酚酸盐含量近100%，而其中保护心脑血管的有效成分丹参乙酸镁含量超过80%，达到了“成分明确、质量可控、疗效确切、使用安全”的现代中药要求，对中药现代化研究具有显著的促进和示范作用。

虎皮楠生物碱（*Daphniphyllum* alkaloid）是一大类从虎皮楠科植物中分离的结构多变、高度复杂的多环生物碱，我国在对虎皮楠生物碱成分及其化学合成的研究上取得很大进展；还揭示了青叶胆（*Swertia mileensis*）的抗乙肝病毒环烯醚萜类活性成分；科学家对葫芦科药用植物活性化学成分进行了研究；对麻楝属植物中的柠檬苦素（phragmalin）成分及其生物活性也进行了研究；同时，还对苔类植物中的双联苄类化合物及其生物学活性进行了研究，它们是一类重要的新药研究先导化合物。

近年来，国际上开展了对海洋植物的化学研究，极大地拓宽了植物化学的研究范围。

三、植物化学的主要研究领域及其作用

（一）植物化学在新药研发中的作用

自古以来，植物就是人类获取药物的主要源泉，19世纪初对鸦片中镇痛成分吗啡和金鸡纳树皮中抗疟成分的研究，揭开了植物化学的序幕。

植物药要走向世界，尚有大量工作要做，包括化学和药理方面深入细致的工作和工艺规范化工作。例如，欲了解中药复方制剂的稳定性、控制其质量、说明其功能，就必须知道其有效成分。因此研究药用植物有效成分，对新药研究与开发，特别是我国在创新药物体系中实施中药现代化有重要意义。

1．植物药成分的药理作用机制研究　新药研制一般是根据疾病的发病机制确定药物作用的靶点，建立相应的新药筛选模型，筛选不同来源的化合物，发现先导化合物，然后将其开发成新药。

新药的药效学试验最终离不开整体动物试验，但发现新药的关键步骤——活性筛选则不同。传统的药物发现是在动物模型上进行筛选，量大、耗时、耗功，分子作用靶点和作用机制未知，还有可能使先导化合物漏掉，不能给第二代药物的寻找提供指导。体外靶点高通量筛选可克服上述传统整体动物模型筛选的全部弱点。因此开发简单、快速、高选择性、高灵敏度的体外生物活性筛选系统，是发现新药的起点。

用现代科学方法研究复方植物药的药理机制，阐释中医药理论，是继承发展祖国医药学的重要内容之一。从分子水平上来阐释有效成分作用机制是核心问题，问题的关键是要确定其有效化学成分，进而探索分子水平的药理机制。典型的例子是日本学者木村正康关于芍药甘草汤的研究，来说明如何从分子水平上进行中药复方机制和组方原则的阐释研究。可以此作为借鉴，药理模型的确立是开展复方研究的第一步。复方药理研究在方法学上要求中西药学汇通融合，各取所长，药理模型建立后，即可在其指导下开展化学工作。

我国著名中药药理专家周金黄在其《从传统中医中药向现代中医中药前进的思路》一文

中，指出："由于中药的基础研究配伍不足，即中药方剂的提取和纯化与药理研究未能向临床医学家提供现代中药有效成分与方剂，大多数临床中药疗效观察仍停留在传统方剂（学）水平上。"复方植物药化学工作不仅在于从单味中草药中分离出主要成分、确定其分子结构，还需确定复方的有效成分及其分子结构。

复方植物药的使用最具我国特色，有些复方已临床使用了数百年乃至千余年并确有疗效。根据几个复方的化学和药理研究结果，可以合理推测它们的物质基础是组合天然化学库，作用机制是多靶点作用机制。为使研究简化，周俊等用临床使用近 30 年由三味药组成的生脉散注射液进行化学和活性的研究，已表明为多靶点作用。将三五味中药组成的复方制剂当作一种植物药分离鉴定其化学成分在技术上已无困难，但复方的活性靶点与一般筛药靶点有所不同，要摸索建立。

如何从复方研究中发现新型天然药物？我国基于复方中药的新药开发的两个成功典范：一个是从"当归芦荟丸"的研究中发现新抗癌药物异靛甲；另一个为陈竺（2008）报道的从分子水平阐明了一个完全依据中医理论研发出来的中药复方黄黛片（由雄黄、青黛、丹参、太子参组成）治疗白血病的多成分多靶点作用机制，并将中药方剂"君、臣、佐、使"的配伍原则用现代医学的方法阐释得淋漓尽致。

目前，来自天然药物活性成分的新药已经在临床上大范围使用，全球药品市场中天然来源的药物制剂已经占临床药物的 30%，青蒿素、紫杉醇等已经成为临床不可或缺的一线药物，从天然药物中寻找活性成分是研制新药的有效途径。当然，回顾所进行的工作，尚有不足之处，如植物药有效成分研究偏重于单味药化学成分，对复方有效成分、成分间相互作用、动态变化等均尚未涉及；在中药药理研究方面多侧重疗效药理，与植物化学工作较少融合，以致难以从分子水平阐释其药理机制。

2．植物药及其制剂的质量控制研究　基于药效的化学成分和稳定的质量控制（简称"质控"）标准是以植物药为主的中药走向市场、走出国门的关键。

近年来，植物提取物已成为天然医药保健品市场的明星，在国内外均有巨大的发展空间和广阔的市场前景，与国际市场的迅猛发展一样，我国植物提取物产业也取得了较快发展。2015 年，我国植物提取物出口 21.6 亿美元，占我国中药产品出口 57.4%的份额，同比增长 21.7%。在美国和欧洲市场上畅销的 10 种植物药的销售额占植物药总销售额的 55%左右，这些药物都有明确的质控标准和确切疗效，例如，紫锥菊可提高机体免疫能力，银杏可促进血液循环，锯齿棕可治疗良性前列腺肥大等。植物药作为一种天然药物，其品种、产地、采收季节、储存条件、品种变异或退化等生态环境及人工条件都可明显地影响药物有效成分的生物合成、积累、临床疗效、制剂质量等，如甘草的根及根茎中则含有甘草酸等多种皂苷及黄酮类等成分。其中，甘草酸具有抗炎、抗过敏、治疗胃溃疡的作用，被认为是甘草中的代表性有效成分。以甘草为原料做成的浸膏或制剂，其质量常以甘草酸的含量为基准进行控制。甘草酸的钠盐、钾盐及铵盐目前均已作为正式药品收载于多国药典中。

（二）植物化学在植物源农药研发中的作用

植物源农药是指那些源于植物的一类农药，即以植物体本身或以植物中可作为"农药"的各种生理活性物质加工而成的农药。与合成农药相比，植物源农药具有选择性高、低毒、易降解、害物不易产生抗性等优点。

植物源农药主要分为杀虫剂、杀菌剂、除草剂等。若按其活性成分来分，主要包括植物毒素，即植物产生的对有害生物有毒杀及特异作用（如对昆虫拒食、抑制生长发育、忌避、驱避、拒产卵等）的物质；植物激素，即植物自身合成的，从产生之处运到别处的痕量生长调节物质的总称，常见的有5种，即脱落酸（abscisic acid，ABA）、生长素（auxins）、细胞分裂素（cytokinin，CK）、赤霉素（gibberellin，GA）和乙烯；油菜素内酯（即芸薹素内酯）、水杨酸和茉莉酸等物质也已经被广泛接受为植物激素；由倍半萜衍生而来的调控侧枝发育的独脚金内酯（strigolactone，SL）；植物源昆虫激素，如早熟素；异株克生物质，即植物产生的并释放到环境中能影响附近同种或异种植物生长的物质。

1．植物源农药的研究应用现状　20世纪60年代有机合成农药的“三R”问题日益突出，即残留（residue）、抗性（resistance）、再猖獗（resurgence），要求改进农药和保护生态环境的呼声日高。而“有害生物综合治理”“农业可持续发展”“生物合理农药”等概念和策略的提出和发展，使天然产物农药受到重视，特别是对印楝的成功开发极大地推动了植物源农药的研发。

植物源农药的开发主要是基于植物次生代谢物质构成植物自身防御体系且具有杀虫抑菌或除草活性。这些具有农药活性的物质主要包括木脂素、黄酮、生物碱、萜烯类、非蛋白氨基酸等。国外研究较多的有印楝、番荔枝、巴婆、万寿菊等植物，其中最成功的当属1968年发现的印楝及其强的昆虫拒食剂——印楝素（azadirachtin）。2008年，英国剑桥大学Steven V. Ley教授领导的团队历时22年完成了印楝素的全合成。

我国学者对植物源杀虫剂的研究一般集中在楝科、卫矛科、柏科、豆科、菊科、唇形科、蓼科等植物及多种植物精油上。对植物中杀虫活性成分的分离鉴定、毒力测定、作用机制和作用方式等均进行了较为系统的探讨。

目前，植物精油和植物光活化毒素是植物源杀虫剂研究中的一个热点。植物精油含有多种杀虫、抑菌和对药剂有增效作用的成分，近年来在用于防治贮粮害虫方面有较深入的研究。光活化毒素在生物体内形成的氧化产物对生物细胞代谢过程产生干扰和破坏。现已发现的植物源光活化毒素主要有呋喃香豆素、聚乙炔类、α-噻吩、醌类等。

植物源农药的直接开发利用是将活性强、含量高且难以人工合成的有效成分的提取物加工成农药商品。这方面有许多成功的例子，如我国已开发了“0.5%楝素杀虫乳油”等；国外目前已有Margosan-O、Bioneem等多个印楝商品化产品。

湖北省农业科学院完成的“新型天然蒽醌化合物农用杀菌剂的创制及其应用”荣获2014年度国家科技进步二等奖。该杀菌剂具有高效、广谱、低毒、低残留、环境友好、病原菌产生抗药性风险低等特点，防病效果优于常用化学杀菌剂，是国内外植物源杀菌剂的新标杆，推动了我国植物源农药开发与应用的技术进步。

我国对植物源农药的研究和开发尽管处于国际先进水平，但是也应当看到，我国对植物源农药研究的深度不够，如对活性成分的构效关系研究较薄弱，作用机制及分子毒理学研究领域也没有什么突破性进展，在制剂加工和工艺水平上还较落后。

创制新型农药的关键是如何获得新型“模板”或先导化合物。寻找新的先导化合物有多种途径。除经验筛选、类推合成、生物合理设计以外，先分离鉴定植物中的活性成分，研究活性成分的分子结构与活性的关系，得到理想结构，以此为“模板”合成活性更高的化合物，从而开发出新型农药，这是植物源农药开发的有效途径之一。这方面成功的例子如前所述的拟除虫菊酯类杀虫剂。

2．植物源农药的发展前景　从有害生物与植物的关系出发，研究和利用植物次生代谢物质将是研制新型环境友好农药的主要途径，通过进一步结构修饰有望发现结构新颖、机制独特、安全高效的农药新品种。

随着公众对“绿色食品”“无公害食品”的要求越来越高，社会、市场、公众对植物源农药的需求量也与日俱增。从农药科学的发展来看，在农药研制、使用上“回归自然”、实现农药的“环境友好”是社会和自然科学发展的必然趋势。

（三）植物化学在保健功能食品中的作用

除了医药品与植物源农药之外，植物次生代谢物质还被广泛地应用于人类生活的各个领域。保健功能食品中功能因子的发现是目前全球食品科学研究的一大热点，药食同源植物中活性成分的挖掘应该是中国植物化学研究的一大特色。

1．保健食品定义及功能　保健食品是指具有特定保健功能的食品，即适宜特定人群食用，具有调节机体功能，不以治疗疾病为目的的食品。保健食品除了普通食品的营养、感官两大功能外，还有促进机体健康、突破亚健康等保健功能。具体地说，保健食品在下述20多个方面起到促进健康的作用：提高免疫力；抗衰老；提高学习记忆力、增进智力；促进生长发育；抗疲劳；减肥；提高应激力；抗突变、抗肿瘤；调节血脂；改善性功能；调节血糖；改善胃肠道功能；助睡眠；改善营养性贫血；保护化学性肝脏损伤；促进乳汁分泌；改善视力；促进排铅；调节血压；美容；改善骨质疏松；强肾；清咽润喉；护发。保健食品与医药品（包括保健品）有着严格的区别，绝不能认为保健食品是介于食品与药品之间的一种中间产品或加药产品。

2．保健食品加工发展趋势　保健食品的研发涉及食品科学、营养学、天然产物化学、中医学、中药学、微生物学、卫生学、药理学、毒理学、免疫学、生物学等多门学科。我国保健食品研发主要包括以下两个发展趋势。

（1）加强营养保健食品的基础研究和应用研发，将食品科学、生理学、营养学、医学、药学、免疫学、生物化学、生物工程等学科的理论与技术融合，深入研究保健食品中的生物活性成分的结构本质，调节生理机能的机制及量效关系等。

（2）运用现代分离、提取、纯化、培植及制造技术，从原料中分离提取有效成分并最大限度地保存其生物活性，然后根据不同人群的需求，以各种生物活性成分为原料，进行科学配伍、组方，通过合理的加工工艺，生产出一系列有科学依据的营养保健食品，加快我国由第二代保健食品向第三代保健食品转化的步伐（注：第二代保健食品，是指必须经过动物和人体实验，证明具有某些生理调节功能的食品；第三代保健食品，是指应该具有明确的有效成分、含量可测定、作用机制清楚、临床效果肯定的食品）。涉及保健食品中功能因子的发现及质量标准控制为主要内容的植物化学在第三代保健食品研发中扮演着极为重要的角色。

20世纪80年代以来，我国的保健食品厂已有近千家，已有两千多种保健食品问世，总销售额达25亿元，因此，在我国“治未病”的历史背景下和推进健康中国的现代背景下进行保健食品的研究与开发是大有前途的。

（四）植物化学在保健功能化妆品研发中的作用

“重返大自然”“化妆品植物化”是当今世界化妆品发展的一个新趋向。20世纪70年代以来，源于天然的化妆品越来越受到消费者的青睐，至80年代已形成了“天然药妆”的世界潮流。我国有悠久的植物美容化妆的历史，早在两千多年前，我国古代的人们就已懂得用动物、植物作美容化妆之用，如用凤仙花染指甲，用青黛描眉，用动物、植物油脂护肤等。“化妆品植物化”理所当然地受到消费者的欢迎，并形成“重返大自然”的趋势。

1．植物活性成分在化妆品中的功能 在化妆品中使用植物提取物或活性成分，目的是使之具有某种独特的功能。目前，国内外应用于化妆品的植物约有500种，它们在化妆品中的作用大致可以分为以下几类：①消炎止痒，这类植物是含有抗致病皮肤真菌和细菌的生物活性物质；②软化保湿，这类植物通常富含多糖类、果胶、皂角苷及类胡萝卜素等成分；③收敛作用，这类植物主要含丹宁及黄酮类化合物；④调理作用，这类植物的提取物含有丰富的氨基酸及皂苷等成分；⑤防色素斑，这类植物提取物的共性是对酪氨酸酶活性有着较大的阻滞率；⑥防晒作用，这类植物含有的活性成分在UVB紫外区有紫外吸收作用；⑦防裂作用，主要是植物油脂类；⑧防腐与抗氧化，可作为防腐剂与抗氧化剂应用于化妆品；⑨抑汗防臭，多数含有芳香油的植物有杀菌、消毒和祛臭的功能，此外，具有消炎、收敛作用的植物提取物也有类似功效。

2．植物应用于化妆品的前景 我国在天然功能化妆品的研发上既有丰富的植物资源和数千年的临床使用记载，又有广大的国内外市场，其发展前景十分广阔。加之植物提取物具有毒性作用小、安全性高的特点，可开发出有特色的天然化妆品，将植物资源优势转化为天然化妆品的商品优势和经济优势。

第二节 植物化学成分的生物合成

生物合成是植物化学学科中一个重要的研究领域。了解生物合成的有关知识，不但可以揭示植物化学成分在植物体中的形成、转化及其相互关系的本质规律，对天然化合物进行结构归属、分类或推测天然化合物的结构会有很大帮助，而且对植物化学分类学、植物生物化学及仿生合成等学科发展都具有极其重要的指导意义，对采用现代生物技术方法进行有效成分生产也有着实际的意义，最终实现目标化合物的生物合成。

结构多样的天然产物大多来源于几种原料和几个基本反应。重要的原料有乙酸、芳香族氨基酸（如色氨酸、苯丙氨酸、酪氨酸）及脂肪族氨基酸（如鸟氨酸和赖氨酸）。大多数反应（不是全部）是由酶催化的，故生物合成中反应是符合有机化学反应机制的。代谢偶然产物（metabolic accident）的产生可能不是酶催化的，而是在生命体系现存条件下自发产生的。

一、次生代谢

在特定条件下，以一些重要的初生代谢产物（primary metabolite），如乙酰辅酶A、丙二酸单酰辅酶A、莽草酸及某些氨基酸等作为原料或前体，经历不同的代谢过程，产生一些通常对植物生长发育无明显“功能”的化合物，即“天然产物”，如生物碱、黄酮、萜类等。合成这些天然产物的过程就是次生代谢过程，这些天然产物也就被称为次生代谢产物（secondary metabolite）。

次生代谢产物能调控周边的生态环境，在生物群落的共同生存、演变过程中发挥着重要作用，由此交叉衍生了另一学科——化学生态学，该学科以天然小分子为信号分子，通过研究不同物种之间的互作，加深了人类对环境生态平衡的认识，对人类充分保护和合理利用自然生物资源具有重要的指导意义。

植物化学研究的主要对象是植物次生代谢产物及这些代谢产物的生物合成途径。

二、次生代谢产物的生物合成途径

次生代谢是初生代谢的继续，两者又是互相联系的。初生代谢生成的乙酸、莽草酸、芳香族氨基酸、甲羟戊酸（mevalonic acid，MVA，又称为甲瓦龙酸），是次生代谢的原料，成为次生代谢物的前体。这些化合物又常常是某些初生代谢产物的前体，如芳香族氨基酸是多肽、蛋白质和生物碱的前体，聚酮则是脂肪酸和蒽醌的前体。

（一）乙酰辅酶 A 途径

这一过程的生物合成基源（起始物）是乙酰辅酶 A。由此基源出发，又形成两条支途径，即乙酰-丙二酸（acetyl malonate，AA-MA）途径和乙酰-甲羟戊酸（acetyl mevalonic acid，AA-MVA）途径。

1．乙酰-丙二酸途径　脂肪酸类、酚类、蒽醌类等均由这一途径生成。

1）脂肪酸类　饱和脂肪酸类均由 AA-MA 途径生成。这一过程的起始物是乙酰辅酶 A，延伸碳链需要丙二酸单酰辅酶 A 的作用，得到的饱和脂肪酸均为偶数。奇数碳的脂肪酸，起始物是丙酰辅酶 A（propanyl CoA），支链脂肪酸的前体则为异丁酰辅酶 A（isobutyryl CoA）、α-甲基丁酰辅酶 A（α-methylbutyryl CoA）及甲基丙二酸单酰辅酶 A（methyl malonyl CoA）等，但缩合及还原过程均与上类似。

自然界广泛分布的不饱和脂肪酸类，其生物合成可能有好几条途径，普遍过程为先经生物氧化成为羟基衍生物，后经脱水生成。

2）酚类　酚类化合物的生物合成与脂肪酸有所不同，由乙酰辅酶 A 出发，延伸碳链过程中只有缩合过程，生成的聚酮类中间体经不同途径环合而成。特点是芳香环上的—OH、—OCH_3 含氧取代基多互为间位。

3）蒽醌及萘类　蒽醌及萘类化合物是由 AA-MA 途径生成，属于聚酮类（polyketides）化合物。此类化合物可以根据分子结构中乙酸单位的数目，分别命名为聚己酮类、聚庚酮类、聚辛酮类等。大黄素甲醚（physcion）和大黄素（emodin）的 AA-MA 生物合成途径如图 1-5 所示。

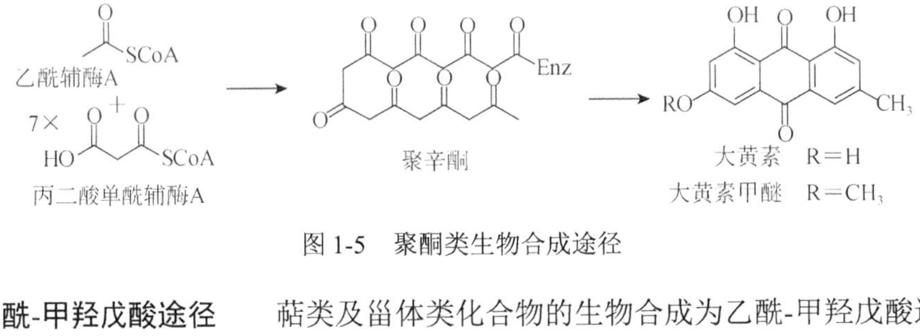

乙酰辅酶A + 7× 丙二酸单酰辅酶A → 聚辛酮 → 大黄素 R=H；大黄素甲醚 R=CH_3

图 1-5　聚酮类生物合成途径

2．乙酰-甲羟戊酸途径　萜类及甾体类化合物的生物合成为乙酰-甲羟戊酸途径，而生物体内真正的异戊基单位为焦磷酸二甲烯丙酯（DMPP）及其异构体焦磷酸异戊烯酯（IPP），它们均由 MVA 变化而来，经头-尾、头-头、尾-尾相接而成。各种萜类分别由对应的焦磷酸酯：焦磷酸牻牛儿酯（GPP）、焦磷酸法尼酯（FPP）、焦磷酸牻牛儿牻牛儿酯（GGPP）得来（见第九章），三萜及甾体类则由反式（角）鲨烯（*trans*-squalene）转变而成，它们再经氧化、还原、脱羧、环化或重排，即生成种类繁多的萜类及甾体类化合物（图 1-6，图 1-7）。萜类化合物中与异戊烯法则不相符合的化合物多由在环化过程中伴随发生重排所引起。

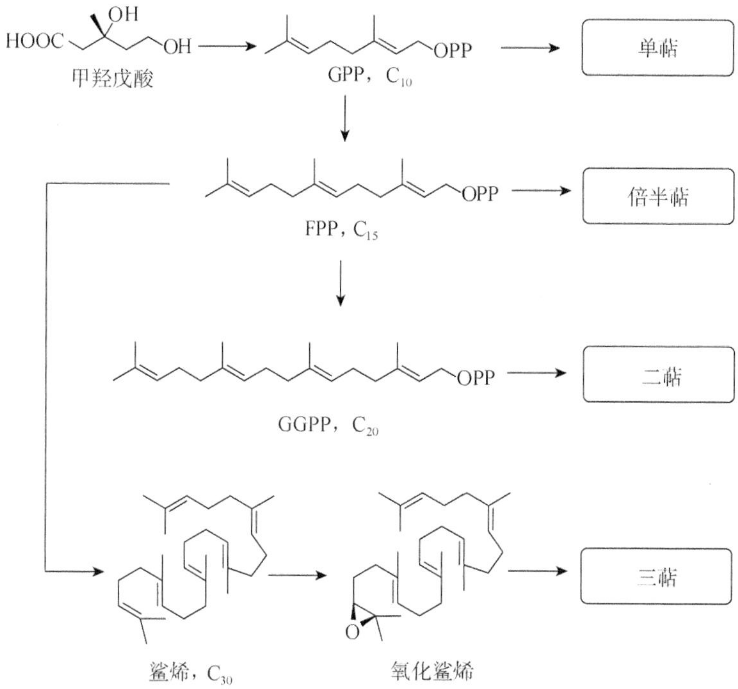
HOOC
OH
OH
甲羟戊酸
OPP
GPP，C_{10}
单萜
OPP
FPP，C_{15}
倍半萜
OPP
GGPP，C_{20}
二萜
O
鲨烯，C_{30}
氧化鲨烯
三萜

图 1-6　萜类化合物的生源途径

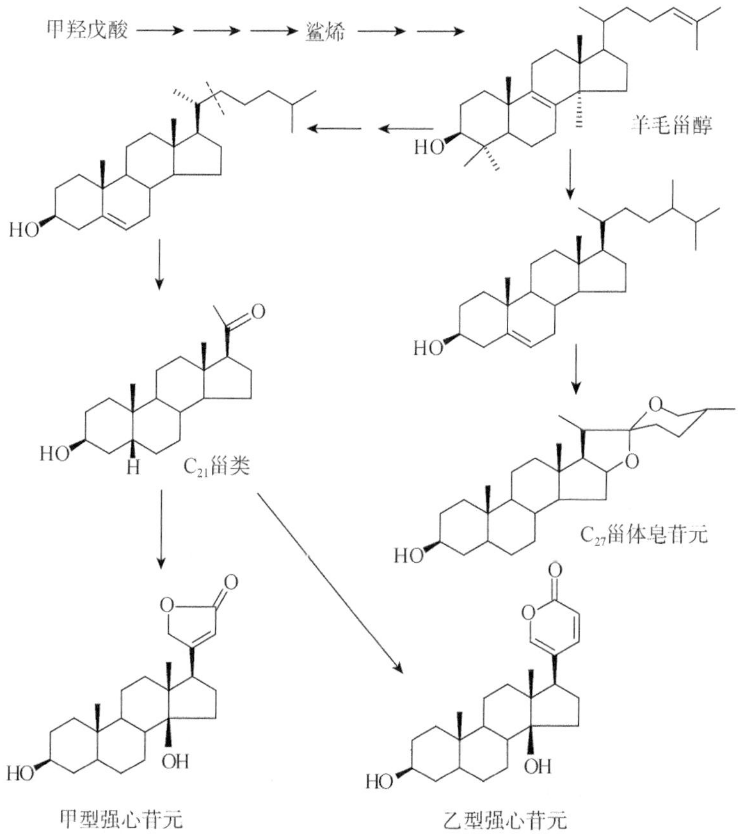
甲羟戊酸
鲨烯
HO
羊毛甾醇
HO
HO
O
HO
H
C_{21}甾类
O
O
HO
C_{27}甾体皂苷元
O
O
HO
OH
O
O
HO
OH
甲型强心苷元
乙型强心苷元

图 1-7　甾体化合物生物合成途径

（二）桂皮酸（cinnamic acid）途径及莽草酸（shikimic acid）途径

天然化合物中具有 C_6-C_3 骨架的苯丙素类、香豆素类、木脂素类及具有 C_6-C_3-C_6 骨架的黄酮类化合物极为常见。其中的 C_6-C_3 骨架均由苯丙氨酸经苯丙氨酸脱氨酶（phenylalanine ammonialyase，PAL）脱氨后生成的桂皮酸得来。苯丙素类经环化、氧化、还原等反应，还可生成 C_6-C_2、C_6-C_1 及 C_6 等类化合物。此外，与丙二酸单酰辅酶 A 结合，可生成二氢黄酮类化合物（C_6-C_3-C_6）。两分子的苯丙素类通过β-位聚合，可得到木脂素类化合物（图 1-8）。

莽草酸不仅是桂皮酸的前体，也是酪氨酸、色氨酸等其他芳香酸类的前体，所以根据次生代谢产物不同，分为桂皮酸途径和莽草酸途径。

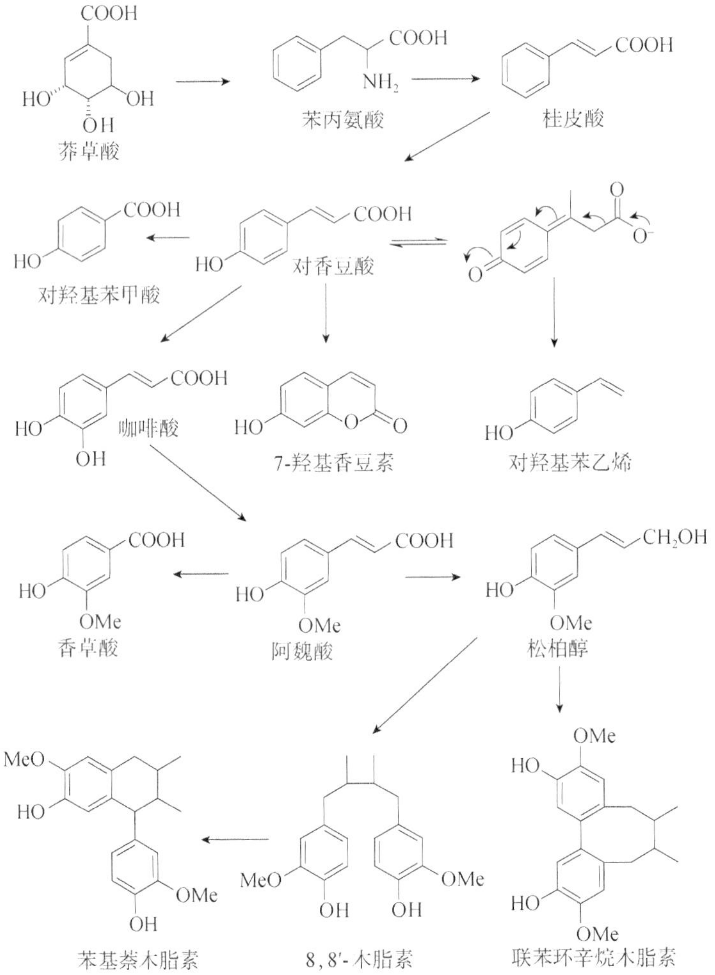

图 1-8　桂皮酸途径

（三）氨基酸途径（amino acid pathway）

生物碱一般来源于氨基酸、甲羟戊酸和乙酸酯等。与生物碱生物合成有关的氨基酸主要有鸟氨酸、脯氨酸、赖氨酸、苯丙氨酸、酪氨酸、色氨酸、邻氨基苯甲酸等。生物碱生物合成是在生物体内的一系列酶的作用下，经环合、偶合、裂解、甲基化、氧化、还原、消除等化学反应及伴随某些重排、降解等过程来完成的。其基本的关键反应有曼尼奇（Mannich）反应、席夫碱（Schiff base）反应、酚的氧化偶联反应等。例如，在苯丙氨酸和酪氨酸途径（图 1-9）中，去甲劳丹碱（norlandanosoline）、网状番荔枝碱（reticuine）等为苄基异喹啉型、原小檗碱型、阿朴啡型、吗啡型等许多经典生物碱的中间体。

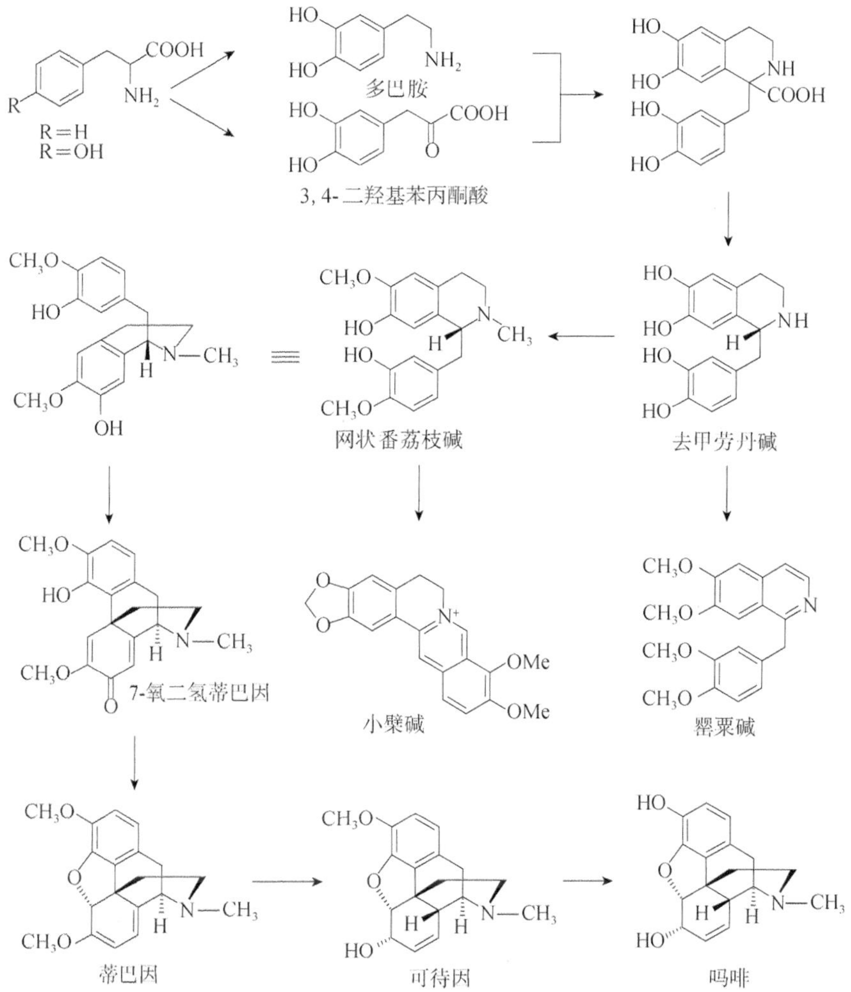

图 1-9 苯丙氨酸和酪氨酸途径

（四）复合途径

复合途径产生的化合物需经历两种以上的生物合成途径。常见的复合途径有：乙酰-丙二酸-莽草酸途径；乙酰-丙二酸-甲羟戊酸途径；氨基酸-乙酰-甲羟戊酸途径；氨基酸-乙酰-丙二酸途径；氨基酸-莽草酸途径；莽草酸-聚酮途径。

植物体内黄酮类化合物的形成，是由一分子桂皮酰辅酶 A（苯丙氨酸经桂皮酸途径产生）与三分子丙二酸单酰辅酶 A（乙酸-丙二酸途径产生）先缩合生成查耳酮，再由查耳酮在异构化酶的作用下异构化形成二氢黄酮，而查耳酮和二氢黄酮则是黄酮类化合物生物合成的重要中间体，二者在各种酶的催化下进一步转化衍生出各种结构类型的黄酮类化合物。同位素标记实验也证实，A 环来自丙二酸单酰辅酶 A，而 B 环则来自桂皮酰辅酶 A。黄酮类化合物的生物合成则按氨基酸-乙酰-丙二酸途径进行（图 1-10）。

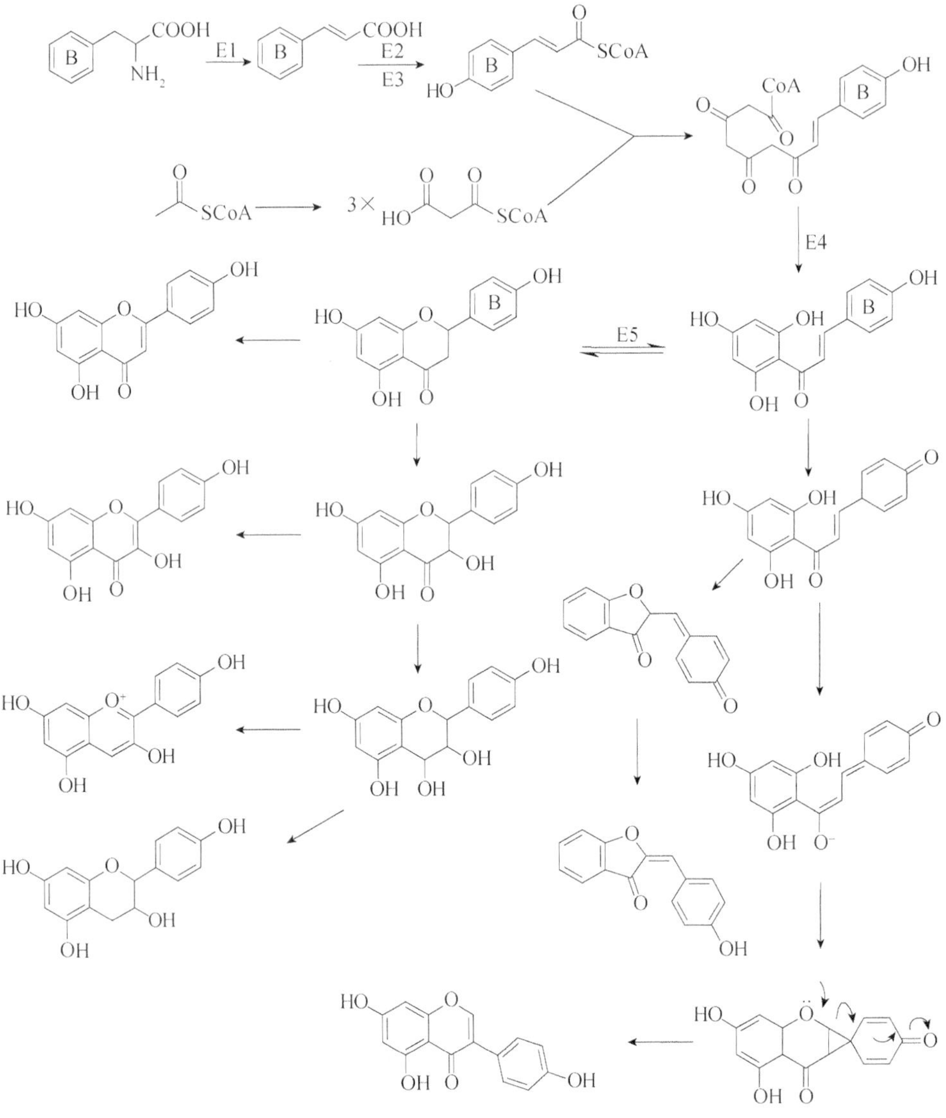

图 1-10　氨基酸-乙酰-丙二酸途径

E1．苯丙氨酸脱氨酶；E2．桂皮酸-4-羟化酶；E3．CoA-连接酶；E4．查耳酮合成酶；E5．查耳酮异构化酶

习　　题

一、填空题

1. 蒽醌和脂肪酸共同的生源前体是（　　）；苯丙素、香豆素、木脂素等具有 C_6-C_3 骨架天然产物的生源前体是（　　）。

2. 与生物碱生物合成有关的氨基酸主要有（　　）、（　　）、（　　）、苯丙氨酸、酪氨酸、色氨酸等。

答案：1. 乙酰辅酶A（或丙二酸单酰辅酶A）；莽草酸 2. 乌氨酸；脯氨酸；赖氨酸；组氨酸；邻氨基苯甲酸（任选3个）

二、名词解释

1. 初生代谢过程和初生代谢产物 2. 次生代谢过程和次生代谢产物

三、简答题

1. 请简要叙述植物化学的定义、研究内容与任务。
2. 请简要叙述植物化学的研究领域及其作用。
3. 简要叙述次生代谢产物的主要生物合成途径及每条合成途径生成的化合物的类型。
4. 何谓有效成分？植物中有效成分的含量高低与哪些因素有关？
5. 什么是先导化合物？举例说明先导化合物在药物研究开发中的应用。

第二章　植物化学成分提取分离和结构测定方法

植物不仅为人类提供了广泛的食物来源，也是当今人类治疗各种重大疾病所需药物或药物先导化合物发现的重要源泉之一。在过去的两个世纪中，抗肿瘤药紫杉醇及抗疟疾药青蒿素等的发现使药用植物的研究成为天然药物化学领域研究的热点。然而植物含有很多复杂化学成分，其分离纯化是一项相对繁琐、耗时的工作。目前，现代色谱和分析检测技术的快速发展，如液-质联用（LC-MS）、高效液相色谱和核磁共振技术（HPLC-NMR）及与高效的药物筛选技术的结合，促进了从天然植物资源中快速筛选药物先导化合物的进展。这其中，植物化学成分的提取分离和结构鉴定是关键的基础研究方法。

一般在提取分离前，一方面先进行预试，初步了解其中可能含有的各类成分；另一方面，应先对所研究植物材料的产地、药用部位、采集时间与方法等进行考查，并系统查阅文献，以充分了解、利用前人的经验。这样才有助于正确合理设计制订出多种提取分离流程或方案。

结构研究是植物化学研究的一项重要内容。从植物中分离得到的单体即使具有很强的活性，但如果结构不清楚，则无法进一步开展其药效学和毒理学研究，也不可能进行人工合成或结构修饰、改造工作，更谈不上进一步的开发，结果会失去其应用价值。

第一节　植物化学成分提取分离方法

从植物的提取物中获得某一纯化合物通常需经过一系列的分离纯化步骤。但是，有些化合物含量很低或性质不稳定，因此选择恰当的提取分离方法十分重要。在植物有效成分的研究中，过去主要依靠经典的溶剂法来提取分离。该方法虽然很简便，但是对于微量成分、性质相似成分和不易结晶的成分很难实现分离，且效率较低。近年来，随着现代新的分离技术及色谱仪器的使用，分离效率大大提高。一些较新的分离技术，如超临界流体萃取、固相萃取、膜分离等，具有选择性高、快速、高效的特点。

植物成分的提取分离方法较多，本章主要对一些常用的及较新的提取分离技术进行简略介绍。

一、植物化学成分提取方法

植物化学成分提取方法有溶剂提取法、水蒸气蒸馏法、分子蒸馏法、超临界流体萃取法、超声技术提取法及微波辅助提取法等。

（一）溶剂提取法

1. 基本原理　溶剂提取法（solvent extraction）是根据植物中各种成分在溶剂中的溶解性质，选用对目标成分溶解度大、对不需要成分溶解度小的溶剂，而将有效成分从植物组织内溶解出来的方法。当溶剂加到适当粉碎的原料中时，由于扩散、渗透作用逐渐通过细胞壁透入细胞内，溶解了可溶性物质，而造成细胞内外的浓度差，于是细胞内的浓溶液不断向外扩散，溶剂又不断进入植物组织细胞中，如此多次，直至细胞内外溶液浓度达到动态平衡时，将此饱和溶液滤出，继续多次加入新溶剂，则可以把所需要的成分较完全溶出或大部分溶出。

植物有效成分在溶剂中的溶解度直接与溶剂性质有关，即所谓“相似相溶”的规律，这是选择适当溶剂提取植物成分的依据之一。

2．溶剂的选择　溶剂提取法的关键，就是选择合适的溶剂。溶剂选择适当，则可以将需要的成分提取出来。选择溶剂要注意以下三点：①溶剂对有效成分溶解度大，对杂质溶解度小；②溶剂不能与植物成分起化学反应；③溶剂要经济、易得、使用安全等。常见的提取溶剂可分为以下两类。

1）亲水性的有机溶剂　即一般所说的与水能混溶的有机溶剂，如乙醇、甲醇、丙酮等，以乙醇最常用。乙醇的溶解性能比较好，对植物细胞的穿透能力较强。亲水性的成分除蛋白质、黏液质、果胶、淀粉和部分多糖等外，大多能在乙醇中溶解。难溶于水的亲脂性成分，在乙醇中的溶解度也较大。还可以根据被提取物质的性质，采用不同浓度的乙醇进行提取。用乙醇提取比用水的量少，提取时间短，溶解出的水溶性杂质也少。乙醇毒性小，价格便宜，来源方便，而且乙醇的提取液不易发霉变质，故乙醇提取是最常用的方法之一。甲醇的性质和乙醇相似，沸点较低（64℃），但有毒性，使用时应注意。

2）亲脂性的有机溶剂　即一般所说的与水不能混溶的有机溶剂，如石油醚、苯、氯仿、乙醚、乙酸乙酯、二氯乙烷等。这些溶剂的选择性能强，不能或不容易提出亲水性杂质。但这类溶剂挥发性大，多易燃，一般有毒，价格较贵，设备要求较高，且它们透入植物组织的能力较弱，往往需要长时间反复提取才能提取完全。例如，植物中含有较多的水分，用这类溶剂就很难浸出其有效成分，因此，大量提取植物原料时，直接应用这类溶剂有一定的局限性。

3．提取方法　用溶剂提取植物化学成分，实验室常用的提取方法有浸渍法、渗漉法、回流提取法及连续提取法等。同时，原料的粉碎度、提取时间、提取温度、设备条件等因素也都能影响提取效率，必须加以考虑。

1）浸渍法　用浸渍法提取植物成分时，可依次采用极性增大的溶剂提取。如依次采用二氯甲烷、甲醇及水在室温条件下对植物成分进行提取。由于提取温度较回流提取温度低，因此适合对热不稳定成分的提取。

2）渗漉法　渗漉法是将样品粉末装在渗漉器中，不断加新溶剂，使其渗透样品，自上而下从渗漉器下部流出浸出液的一种浸出方法。由于保持相当的浓度差，使扩散能较好地进行，故提取效率较高。当渗滴液颜色极浅时，便可认为基本上已提取完全。在大量生产中常将收集的稀渗滴液作为另一批新原料的溶剂之用。溶剂用量大，操作麻烦。适用于对热不稳定且易分解的有效成分的提取。

3）回流提取法　用有机溶剂加热回流提取。在水浴中回流提取 1h，过滤，再在残渣中加溶剂回流约 0.5h，如此再反复两次，合并提取液，减压回收溶剂得浸膏。此法提取效率较浸渍法高，但对热不稳定且易分解的成分不宜用此法。大量生产中多采用连续提取法。

4）连续提取法　应用有机溶剂提取植物有效成分，以连续提取法为好，而且需用溶剂量较少，提取成分也较完全；常用索氏提取器。此法一般需数小时才能提取完全。提取成分受热时间较长，遇热不稳定易变化的成分不宜采用此法。

（二）水蒸气蒸馏法

水蒸气蒸馏法（wet distillation）适用于能随水蒸气蒸馏而不被破坏的植物有效成分的提取。此类成分的沸点多在 100℃以上，与水不相混溶或仅微溶，且在约 100℃时有一定的蒸气压。当与水在一起加热时，其蒸气压和水的蒸汽压总和为一个大气压时，液体就开始沸腾，水蒸气将挥发性物质一并带出。例如，中药材中的挥发油及某些小分子生物碱（麻黄碱、槟榔碱）等，以及某些小分子酸性物质如丹皮酚等均可应用本法提取。对于一些在水中溶解度较大的挥发性成分可用低沸点非极性溶剂如石油醚、乙醚抽提出来。例如，将徐长卿加水浸泡，然后用水蒸气蒸馏法提取，蒸馏液再用乙醚提取、浓缩得丹皮酚。

（三）分子蒸馏法

分子蒸馏法（molecular distillation）是在高真空度下（真空度可达 0.01Pa）进行的非平衡蒸馏技术，是以气体扩散为主要形式、利用不同物质分子运动自由程的差异来实现混合物的分离。根据分子运动理论，液体混合物中各个分子受热后会从液面逸出，不同种类的分子，由于其有效直径不同，逸出液面后直线飞行距离是不相同的。轻分子的平均自由程大，重分子的平均自由程小，若在离液面小于轻分子平均自由程而大于重分子平均自由程处设置一冷凝面，使得轻分子落在冷凝面上被冷凝，而重分子则因达不到冷凝面，返回原来液面，这样就从混合物中定向、高效地提取出轻分子物质。由于分子蒸馏过程中，待分离物质组分可以在远低于常压沸点的温度下挥发，并且各组分的受热过程很短，因此分子蒸馏已成为对高沸点和热敏性物质进行提取的有效手段。目前已广泛应用于食品、医药、油脂加工、石油化工等领域，用于低挥发度、高分子质量、高沸点、高黏度、热敏性、具有生物活性的物质的提取。

（四）超临界流体萃取法

超临界流体萃取（supercritical fluid extraction，SCFE）技术在天然产物有效成分的提取分离上已广泛应用。该技术利用超临界流体对许多物质具有优良的溶解能力的特点，以超临界流体为溶剂，从液体和固体中萃取出某种高沸点成分来达到提取分离的目的。它不仅解决了传统溶剂萃取毒性残留的问题，而且具有渗透力极强、提取效率高的特点，能实现选择性提取。当向超临界流体系统中添加少量的极性夹带剂时，能显著增加被提取物的溶解度。

当前最常用的萃取溶剂是 CO_2，因为 CO_2 具有以下优点：①CO_2 的临界温度近于室温，为 31℃，在临界压力 7.3×10^6Pa 下易操作；②安全，不燃烧及化学性质稳定；③可防止被萃取物的氧化；④无毒；⑤价廉易得。CO_2 超临界流体萃取方法和溶剂萃取相似，主要是使用高压设备。

在应用超临界 CO_2 流体萃取时，如果只用 CO_2 作溶剂，一般只能萃取亲脂性物质，而对极性较强的化合物溶解度较小。但若在 CO_2 流体中加入少量其他溶剂（一般用水、甲醇、戊醇及乙醇等夹带剂或提携剂），则可能大大提高混合溶剂的溶解能力，拓宽使用范围。应用超临界 CO_2 流体提取黄酮类化合物已经有许多成功实例。例如，用超临界 CO_2 醇性夹带剂溶剂系统萃取银杏叶黄酮和银杏叶内酯，提取率比常规溶剂提取法提高 2 倍，提取时间缩短为原来的 1/11，大大提高了提取效率，而且不存在有害溶剂和重金属残留。

CO_2 超临界流体应用于提取芳香精油，具有防止氧化热解及提高品质的突出优点。例如，紫苏中特有香味成分紫苏醛、紫丁午花中具有独特香味成分，均不稳定，易受热分解，用水蒸气蒸馏法提取时受到破坏，香味大减，采用超临界 CO_2 流体萃取则所得芳香精油气味和物料相同，明显优于其他方法。在柠檬油、桂花油、香兰素的提取上，应用超临界 CO_2 流体均获得良好的效果。

（五）超声技术提取法

超声技术提取（ultrasonic extraction，UE）植物有效成分是近年来在天然产物化学中逐渐受到重视的一个较新的提取方法。超声波提取原理主要为物理过程，利用超声波产生的强烈振动和空化效应加速植物细胞内物质的释放、扩散并溶解进入溶剂中，同时可以保持被提取物质的结构和生物活性不发生变化。对许多植物成分来说，超声技术提取法较常规的溶剂提取，能够大幅度地缩短提取时间、降低溶剂消耗及提高浸出率，因此具有更高的提取效率。例如，从侧柏叶中提取槲皮素，用超声波提取 30min 与热回流提取 8h 的效果相同；如采用超声波工业规模地提取萝芙木根生物碱时，提取时间从原来的 120h 缩短为 5h。

超声技术在植物成分提取中的应用，虽然表现出明显的优势，但目前仍处于研究发展阶段，其提取原理、工艺过程还有待于进一步研究探讨。

（六）微波辅助提取法

微波辅助提取法（microwave-assisted extraction，MAE）就是利用微波加热的特性来对物料中目标成分进行选择性提取的方法，通过调节微波的参数，可有效加热目标成分，以利于目标成分的提取与分离。它的许多优点使其可以取代目前许多既耗能源、时间，造成环境污染，又无法进行最有效提取的技术，是一项对环境友好的前瞻性“绿色技术”。

微波是一种电磁能，通常是指波长为 1mm～1m（频率为 300～300 000MHz）的电磁波，介于红外线与无线电波之间，而最常用的加热频率是 2450MHz。一般来说，介质在微波场中的加热有两种机制，即离子传导和偶极子转动。通过离子传导和偶极子转动引起分子运动，但不引起分子结构改变和非离子化的辐射能。微波加热是一个内部加热过程，它不同于普通的外加热方式将热量由物料外部传递到内部，而是同时直接作用于介质分子，使整个物料同时被加热，即所谓的“体积加热”过程。因此，升温速度快，溶液很快沸腾，并易出现局部过热现象。

待萃取的植物样品在微波场中吸收大量的能量，因细胞内部含水量及其他物质的存在，对微波能吸收较多，而周围的非极性萃取剂则少吸收微波能，从而在细胞内部产生热应力，被萃取物料的细胞结构因细胞内部产生的热应力而破裂。细胞内部的物质因细胞的破裂直接与相对冷的萃取剂接触，因内外的温度差加速了目标产物由细胞内部转移到萃取剂中，从而强化了提取过程。新鲜植物原料的电子显微照片表明，加拿大薄荷叶腺体组织细胞内部结构的破碎程度：20s 的微波诱导提取与 2h 的水蒸气蒸馏和 6h 的脂肪提取器（Soxhlet）萃取相当，且萃取产物的质量优于传统方法的产物。传统提取方法如水蒸气蒸馏，待处理的植物原料均需一定程度的破碎，且物料的粒度直接严重影响了目标产物的提取率，而微波辅助提取的植物不需破碎研磨，且短时间（2～3min）的提取色素及非目标成分较少进入有机溶剂。微波辅助提取具有高回收率、高选择性、快速加热、易于控温及低溶剂消耗、设备体积减小、无污染能源的利用、减少废物及产品的污染等一系列优点。例如，微波辅助提取鹰爪豆碱及其代谢物可将产率由传统的 52.3%提高到 80.3%，且省时、省溶剂。在适宜的温度、萃取时间（9～10min）、有机溶剂组成（95%乙醇）等优化条件下，微波辅助萃取所得紫杉醇与传统萃取方法（5g 紫杉针叶+100mL 甲醇，适当温度下振荡萃取 16h）相当，但明显节省了时间和溶剂的消耗。

目前微波辅助提取仍处于初期阶段，特殊专用微波辅助提取设备的研发等都有待于进一步的研究。

二、植物化学成分分离与精制方法

（一）根据有机化合物溶解度不同进行分离

1．结晶、重结晶和分步结晶法 一般植物化学成分在常温下是固体的物质，都具有结晶的通性，可以根据溶解度的不同用结晶法来达到分离精制的目的。研究植物化学成分时，一旦获得结晶，就能有效地进一步精制成为单体纯品。因此，求得结晶并制备成单体纯品，就成为鉴定植物有效成分、研究其分子结构重要的一步。

1）溶剂的选择 制备结晶，要注意选择适宜的溶剂种类和用量。溶剂最好是在冷时对所需要的成分溶解度较小，而热时溶解度较大，溶剂的沸点也不宜太高。常用的溶剂有甲醇、丙酮、氯仿、乙醇、乙酸乙酯等。有些化合物在一般溶剂中不易形成结晶，而在某些溶剂中则易于形成结晶。例如，葛根素在冰醋酸中易形成结晶，大黄素（emodin）在吡啶中易于结晶，萱草根素（hemerocallin）在 *N*, *N*-二甲基甲酰胺（DMF）中易得到结晶，而穿心莲亚硫酸氢钠加成物在丙酮-水中较易得到结晶，蝙蝠葛碱通常为无定形粉末，但能和氯仿或乙醚形成加成物结晶。

制备结晶溶液，除选用单一溶剂外，也常采用混合溶剂。一般是先将化合物溶于易溶的溶剂中，再在室温下滴加适量的难溶溶剂，直至溶液呈微混浊，并将此溶液微微加温，使溶液完全澄清后放置。例如，自虎杖中提取虎杖苷时，在精制饱和的水溶液上添加一层乙醚放置，既有利于溶出其共存的脂溶性杂质，又可降低水的极性，促使虎杖苷的结晶。

结晶过程中，一般是溶液浓度高、降温快，析出结晶的速度也快些。但是其结晶的颗粒较小，杂质也可能多些。有时自溶液中析出的速度太快，往往只能得到无定形粉末。有时溶液太浓、黏度大反而不易结晶化。如果溶液浓度适当，温度慢慢降低，有可能析出结晶较大而纯度较高的结晶。有的化合物其结晶的形成需要较长的时间，如铃兰毒苷等，有时需放置数天或更长的时间。

2）制备结晶操作 制备结晶除应注意以上各点外，在放置过程中，最好先塞紧瓶塞，避免液面先出现结晶，而致结晶纯度较低。如果放置一段时间后没有结晶析出，可以加入极微量的晶种，即同种化合物结晶的微小颗粒。加晶种诱导晶核形成是常用而有效的手段。一般地说，结晶化过程是有高度选择性的，当加入同种分子或离子时，结晶多会立即长大。而且溶液中如果是光学异构体的混合物，还可依晶种性质优先析出其同种光学异构体。如果无晶种时，可用玻璃棒蘸过饱和溶液一滴，在空气中任溶剂挥散，或另选适当溶剂处理，或再精制一次，尽可能除尽杂质后进行结晶操作。

3）重结晶及分步结晶 在制备结晶时，最好在形成一批结晶后，立即倾出上层溶液，然后再放置以得到第二批结晶。晶态物质可以用溶剂溶解再次结晶精制，这种方法称为重结晶法。结晶经重结晶后所得各部分母液再经处理又可分别得到第二批、第三批结晶。这种方法则称为分步结晶法或分级结晶法。分步结晶法各部分所得结晶，其纯度往往有较大的差异，但常可获得一种以上的结晶成分，在未加检查前不要混在一起。

2．沉淀法　是在植物提取液中加入某些试剂使产生沉淀，以获得有效成分或除去杂质的方法，如盐析法、溶剂沉淀法等。

1）盐析法　在植物的水提液中加入无机盐至一定浓度，或达到饱和状态，可使某些成分在水中的溶解度降低、沉淀析出，而与水溶性大的杂质分离。常用作盐析的无机盐有氯化钠、硫酸钠、硫酸镁、硫酸铵等。例如，三七的水提取液中加硫酸镁至饱和状态，三七皂苷即可沉淀析出。自黄藤中提取掌叶防己碱，自三颗针中提取小檗碱，在生产上都是用氯化钠或硫酸铵盐析制备。有些成分如原白头翁素、麻黄碱、苦参碱等水溶性较大，在提取时，也往往先在水提取液中加入一定量的食盐，再用有机溶剂萃取。

2）溶剂沉淀法　自植物提取溶液中加入另一种溶剂，析出其中某种或某些成分，或析出其杂质，也是一种溶剂分离的方法。例如，植物的水提液中常含有树胶、黏液质、蛋白质、糊化淀粉等，可以加入一定量的乙醇，使这些不溶于乙醇的成分自溶液中沉淀析出，而达到与其他成分分离的目的。例如，自植物提取液中除去这些杂质，自新鲜栝楼根汁中制取天花粉素，可滴入丙酮使分次沉淀析出。目前，提取多糖及多肽类化合物，多采用水溶解、浓缩、加乙醇或丙酮析出的办法。

几种常用的沉淀剂见表 2-1。此外，还有乙酸甲、氢氧化钡、磷钨酸、硅钨酸等沉淀剂。

表 2-1　几种实验室常用的沉淀剂

常用沉淀剂	沉淀的化合物
中性乙酸铅	酸性、邻位酚羟基化合物、有机酸、蛋白质、黏液质、酸性皂苷、部分黄酮苷、鞣质、树脂
碱式乙酸铅	除中性乙酸铅能沉淀的物质外，还可以沉淀某些苷类、生物碱等碱性物质
明矾	黄芩苷
雷式铵盐、苦味酸、苦酮酸	生物碱
碘化钾	季铵生物碱
胆固醇	皂苷
氯化钙、石灰	有机酸
咖啡碱、明胶、蛋白质	鞣质

3．酸碱分离法　酸碱分离法是利用某些成分能在酸或碱中溶解，通过调溶液的 pH，达到分离的目的。例如，内酯类化合物不溶于水，但遇碱开环生成羧酸盐溶于水，再加酸酸化，又重新形成内酯环从溶液中析出，从而与其他杂质分离；生物碱一般不溶于水，遇酸生成生物碱盐而溶于水，再加碱碱化，又重新生成游离生物碱。这些化合物可以利用与水不相混溶的有机溶剂进行萃取分离。一般中草药总提取物用酸水、碱水先后处理，可以分为三部分：溶于酸水的为碱性成分（如生物碱），溶于碱水的为酸性成分（如有机酸），酸、碱均不溶的为中性成分（如甾醇）。还可利用不同酸碱度进一步分离，如酸性化合物可以分为强酸性、弱酸性和酚性三种，它们分别溶于碳酸氢钠、碳酸钠和氢氧化钠，借此可进行分离。有些总生物碱，如长春花生物碱、石蒜生物碱，可利用不同 pH 进行分离。但有些特殊情况，如蝙蝠葛碱（dauricins）在乙醚溶液中能为氢氧化钠溶液抽出，而溶于氯仿溶液

中则不能被氢氧化钠溶液抽出；有些生物碱的盐类，如四氢掌叶防己碱盐酸盐在水溶液中仍能为氯仿抽出。这些性质均有助于各化合物的分离纯化。

4．膜分离法　利用分子的大小不同，选择合适的膜让小分子通过、大分子被截留而达到分离的目的。根据所用膜孔径的大小不同，将膜分离分为超滤和纳滤。膜分离法常用于蛋白质、多肽、多糖等大分子化合物与无机盐、单糖、双糖等小分子化合物的分离。近年来，随着膜分离技术的不断发展，该分离方法在天然药物的研发与生产中有着广泛的应用。

（二）根据有机化合物在两相溶剂中的分配比不同进行分离

常用的液-液分离技术有两相溶剂萃取法（solvent extraction）、多级逆流萃取法（multi-stage countercurrent extraction，MCE）及逆流色谱法（counter current chromatography，CCC）、液-液分配色谱法（liquid-liquid partition chromatography，LLPC）等。

1．两相溶剂萃取法　利用物质在两种互不相溶的溶剂中的分配系数不同而进行分离的方法，称为分配层析。萃取时各成分在两相溶剂中分配系数相差越大，则分离效率越高。如果在水提取液中的有效成分是亲脂性的物质，一般多用亲脂性有机溶剂，如苯、氯仿或乙醚进行两相萃取；如果有效成分是偏于亲水性的物质，在亲脂性溶剂中难溶解，就需要改用弱亲脂性的溶剂，如乙酸乙酯、丁醇等。还可以在氯仿、乙醚中加入适量乙醇或甲醇以增大其亲水性。提取黄酮类成分时，多用乙酸乙酯和水的两相萃取。提取亲水性强的皂苷则多选用正丁醇和水作两相萃取。

两相溶剂萃取在操作中还要注意以下几点：①先用小试管猛烈振摇约 1min，观察萃取后两液层分层现象。如果容易产生乳化，大量提取时要避免猛烈振摇，可延长萃取时间。如遇到乳化现象，可将乳化层分出，再用新溶剂萃取；或将乳化层抽滤；或将乳化层稍稍加热；或较长时间放置并不时旋转，令其自然分层。乳化现象较严重时，可以采用两相溶剂逆流连续萃取装置。②水提取液的浓度最好在比重 1.1～1.2，过稀则溶剂用量太大，影响操作。③溶剂与水溶液应保持一定量的比例，第一次提取时，溶剂要多一些，一般为水提取液的 1/3，以后的用量可以少一些，一般为 1/6～1/4。④一般萃取 3 次或 4 次即可，但亲水性较大的成分不易转入有机溶剂相时，需增加萃取次数，或改变萃取溶剂。

2．多级逆流萃取法　在天然产物的萃取分离中，很少存在只通过一步萃取就得到高纯度单体化合物的情况。由于天然产物的种类繁多，结构变化多样，极性大小也各不相同，为了得到不同种类的化合物，往往需要采用不同极性的溶剂进行萃取。与此同时，为了得到尽可能多的产物，提高天然材料的利用率，传统上往往采用分批萃取方式，利用不同极性的溶剂分别对材料进行萃取。随着各种新的萃取技术的发展，组合运用不同的萃取方式可以提高萃取效率，缩短萃取时间，减少溶剂的消耗。利用多级萃取技术不仅可以应用于天然产物的提取，也可以用于生物大分子，包括各种酶及单克隆抗体等，以及工业原料的有效萃取分离。

多级逆流萃取（MCE）是一种日益受到重视的多级萃取技术，它将料液和萃取剂分别从级联或板式塔的两端加入，在级联间做逆向流动，最后成为萃余液和萃取液各自从另一端流出。与传统萃取相比，多级逆流萃取具有萃取时间短、低能耗及低溶剂消耗等特点。其基本的装置示意图如图 2-1 所示。多级逆流萃取技术已被成功地应用于甘草酸、二氢杨梅素、银杏黄酮、野黄芩素等多种天然产物的萃取分离当中。

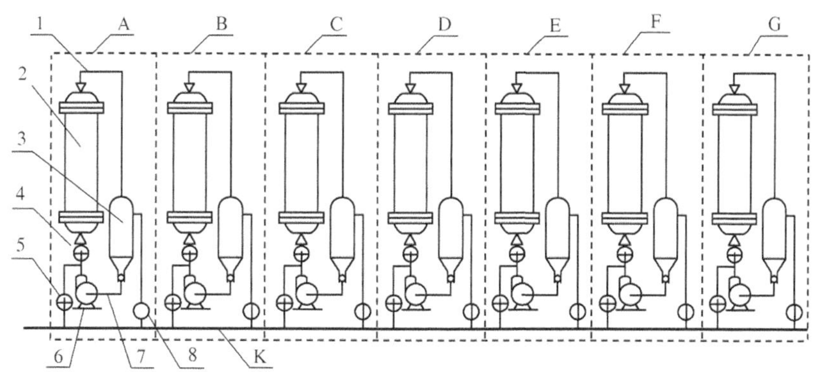

图 2-1 多级逆流萃取装置示意图

A～G 分别为 7 个萃取装置；K 为萃取装置间的连接管；1、7. 溶剂罐、萃取罐及泵间的连接管；2. 萃取罐；3. 溶剂罐；4、5、8. 开关装置；6. 循环泵

3. 逆流色谱法 逆流色谱法是一种液-液分离方法，与传统的液相色谱不同，液-液分离技术不需要任何固体物质作为载体，利用物质在互不相溶的两相中的分配原理而进行物质的分离纯化，一相作为固定相保留在管路内部，另一相从固定相中穿过，达到物质分配及分离的目的。

早期的液-液分离方法主要是逆流分容法（countercurrent distribution，CCD），它是一种非连续的分离方法，装置由一系列分液漏斗连接而成，互不相溶的两相在分液漏斗间有序地重复混合、倾析，最终将溶质分配在不同的漏斗中。在 20 世纪 50 年代，CCD 曾较广泛地应用于各种天然产物的分离纯化，但设备复杂、安全性低、溶剂消耗量大和分离效率低等不足限制了它的广泛应用。

20 世纪 70 年代，一种新的连续的液-液分离方法被开发出来，它结合了逆流分溶和液相色谱的优点，被称为“逆流色谱”（CCC）。一种称为环形线圈逆流色谱（toroidal coil CCC），如图 2-2 所示，它在仪器的一端安装了一个旋转密封圈，通过一个注射器进行物质的洗脱，这种分析型仪器的理论塔板数能达到数千，但完成一次洗脱经常需要一天的时间；另一种称为液滴逆流色谱（droplet CCC），其理论塔板数能达到一千左右，但完成一次分离通常需要花费几天的时间。分离分析的低效性限制了其广泛地应用。

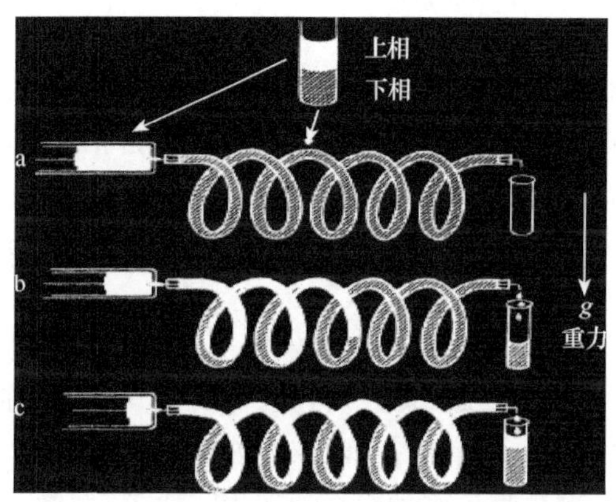

图 2-2 环形线圈逆流色谱模型

20 世纪 80 年代，Ito 的首创性研究推动了现在逆流色谱的发展。Ito 等通过引入加速离心力场，实现了溶液中不同大小的颗粒的分离及溶液体系中的不同溶质的分离。随后的逆流色谱的发展产生了两个不同的方向。一是 Ito 等提出的高速逆流色谱（high-speed countercurrent chromatography，HSCCC），如图 2-3 所示，这种逆流色谱通过两个或多个不同轴的旋转，产生一个变化的离心力场，仪器的连接不依靠旋转密封圈，而是一种流体动力学系统；二是 Nunogaki 等所引导的高效离心分配色谱（high performance centrifugal partition chromatography，HPCPC），它是基于分配色谱发展而来的，通过单一轴的旋转产生稳定的离心力场，并通过

两个旋转密封圈连接进口和出口，是一种流体静力学体系。

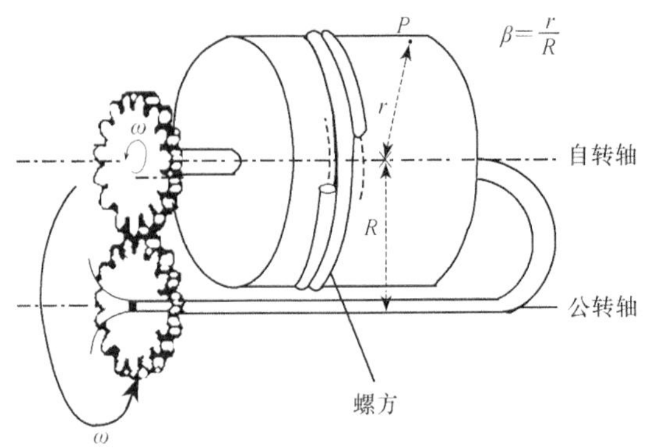

图 2-3　HSCCC 仪器示意图

经过几十年的不断发展和改善，逆流色谱已经发展成为一种应用日益广泛的分析、分离手段。相对于传统的液相色谱，逆流色谱具有显著的优点：①固相载体的弃用，避免了样品的不可逆吸附，使样品能 100%回收；②高比例的固定相保留，能够使进样量和进样体积大大提高，提高产率和产量；③能够最大限度地避免样品活性的降低；④分离过程的可预测性及扩大再生产的简便易行；⑤进样样品可以不经复杂的预处理直接进样分离；⑥多样的两相溶剂的选取；⑦能够降低溶剂的消耗；⑧能对样品中低含量的物质进行有效的富集和分离，等等。

4．液-液分配色谱法　如将两相溶剂中的一相涂覆在硅胶、硅藻土或纤维素粉等载体上作为固定相，再用与固定相不相混溶的另一相溶剂作为流动相，洗脱色谱柱。这样，物质可在两相溶剂相对做逆流移动过程中不断进行动态分配而得以分离。

1）*正相分配色谱与反相分配色谱*　一般分离极性较大或水溶性成分（如糖苷、有机酸等）时，固定相多采用强极性溶剂（如水、缓冲溶液等），流动相则用氯仿、乙酸乙酯、正丁醇等弱极性溶剂，称为正相（normal phase）分配色谱；当分离弱极性成分（如游离甾体类、脂肪酸等）时，则两相可以颠倒，以液体石蜡为固定相，流动相则以水、乙腈、甲醇强极性溶剂，称为反相（reversed phase，RP）分配色谱，同样，更适合于水溶性成分的分离。

液-液分配色谱的分离条件可以基于相应的正相及反相分配薄层色谱结果加以选定。

常用反相薄层及柱色谱的填料硅胶是将普通正相硅胶亲水性表面进行化学修饰，键合上链长度不同的烃基形成亲油性表面而得。

根据所键合的乙基（$—C_2H_5$）、辛基（$—C_8H_{17}$）或十八烷基（$—C_{18}H_{37}$）等烃基，分别命名为反相硅胶 RP-2、RP-8、RP-18。三者亲脂性强弱顺序如下：RP-18＞RP-8＞RP-2。

2）*加压液相分配色谱*　加压液相分配色谱用的载体多为颗粒直径较小、机械强度及比表面积均大的球形硅胶微粒，如 Zipax 类薄壳型或表面多孔型硅球及 Zorbax 类全多孔硅胶微球，其表面键合不同极性的有机化合物以适应不同类型分离工作的需要，因而柱效大大提高。常见的键合了十八烷基（ODS）填充剂的柱型号有 Zorbax 系列、μ-Bondapak C_{18}、LiChrosorb RP-18、Perkin Elmer C_{18} 等，与 Zorbax ODS 类似，它们均供作反相色谱应用。为了提高分离速度，需要施加压力，并根据所用压力大小不同，可以分为：快速色谱（flash chromatography，大约为 2.0×10^5Pa）、低压液相色谱（LPLC，小于 5.0×10^5Pa）、中压液相色谱［MPLC，（5×10^5）～（2×10^6）Pa］及高压液相色谱（HPLC，大于 2×10^6Pa）。

除了分析用 HPLC 分离规模在几毫克以内，其他加压液相色谱的分离规模均在毫克至几克级。

（三）根据有机化合物的吸附能力不同进行分离

吸附层析法（adsorption chromatography）的应用与发展，对于植物各类化学成分的分离精制工作起到很大的推动作用。吸附柱层析和薄层层析是主要的吸附层析手段。

1．吸附柱层析　吸附柱层析有常压柱层析（column chromatography）、快速柱层析（flash chromatography，FC）、真空液相色谱法（vacuum liquid chromatography，VLC）及制备高压液相层析（preparative HPLC，PHPLC）等技术。

液-固吸附层析是运用较多的一种分离方法。其一般属于物理吸附，即由被分离化合物（溶质）及溶剂分子与吸附剂表面分子的分子间力的相互作用所产生。吸附过程是由吸附剂、溶剂和被分离化合物的性质这三个因素决定，特点是一般无选择性、吸附与解吸附过程可逆，但吸附强弱和先后顺序都基本遵循“相似相吸附”的经验规律。在使用极性吸附剂硅胶、氧化铝时，需注意以下几点。

（1）吸附柱层析中，硅胶、氧化铝的用量一般为样品量的 30～60 倍。氧化铝由于容易催化化合物变化，因此已很少使用。此外氧化铝有中性、酸性和碱性之分，在使用时需留意样品对酸碱的稳定性。样品极性较小、难以分离者，吸附剂用量可适当提高至样品量的 100～200 倍。据此可选用适当规格的层析柱。常用层析柱的规格如表 2-2 所示，其柱长与内径比为（15～20）：1。

表 2-2　常用层析柱的规格

层析柱内径/cm	0.5	1.0	1.5	2.0	3.0	4.0	6.0	8.0	10.0
长度/cm	10	15	30	45	60	75	90	120	150

常压柱层析常采用 200～300 目的硅胶；如采用加压柱层析，还可以采用更细的颗粒，甚至采用薄层层析级，其分离效果可以大大提高。

（2）吸附柱层析时，尽可能选用极性小的溶剂装柱和溶解样品，有利于样品在吸附剂上形成狭窄的谱带。如样品在所选装柱溶剂中不易溶解，则可将样品用少量极性稍大溶剂溶解后，用适量吸附剂拌匀，并于 60℃下加热挥尽溶剂，研粉后再小心铺在吸附柱上。

（3）洗脱剂的选择。柱层析所用的溶剂，习惯上称为洗脱剂，需根据被分离物质与所选用的吸附剂性质这两者结合起来加以考虑。在用极性吸附剂进行层析时，当被分离物质为弱极性物质时，一般选用弱极性溶剂为洗脱剂；被分离物质为强极性成分，则需选用极性溶剂为洗脱剂。如果对某一极性物质用吸附性较弱的吸附剂（如以硅藻土或滑石粉代替硅胶），则洗脱剂的极性也需相应降低。洗脱时，所用溶剂的极性宜逐步增加，但跳跃不能太大。多用混合溶剂，并能通过调节比例以改变极性，达到“梯度洗脱”，即逐渐增大溶剂极性，达到分离物质的目的；如果极性增大过快，就不能获得满意的分离度。溶剂的洗脱能力有时可以用溶剂的介电常数来表示，介电常数高，洗脱能力就大。以上的洗脱顺序仅适用于极性吸附剂（如硅胶、氧化铝），对非极性吸附剂（如活性炭），则正好与上述顺序相反，在水或亲水性溶剂中所形成的吸附作用较在脂溶性溶剂中强。一般混合溶剂中强极性溶剂的影响比较突出，所以不可随意将极性差别很大的两种溶剂组合在一起使用。吸附柱层析常用的混合洗脱溶剂（按极性递增的顺序）有：石油醚-苯→苯-乙醚→苯-乙酸乙酯→氯仿-乙醚→氯仿-乙酸乙酯→氯仿-丙酮→氯仿-甲醇→丙酮-水→甲醇-水。

（4）为避免发生化学吸附，酸性物质宜用硅胶，碱性物质则宜用氧化铝进行层析。通常在分离酸性（或碱性）化合物时，洗脱溶剂中分别加入适量乙酸（或乙二胺），常可收到防止拖尾、促进分离的效果。

（5）吸附柱层析可用加压方式进行，溶剂系统可通过薄层层析进行筛选。但 TLC 吸附的表面积一般为柱层析用的 2 倍左右，因此一般 TLC 展开时使组分 R_f 值达到 0.2～0.3 的溶剂系统可选为柱层析用的溶剂系统。

（6）分离时，要根据被分离物质的性质、吸附剂的吸附强度与溶剂的性质这三者的相互关系来考虑。首先，要考虑被分离物质的极性。如果被分离物质极性很小，为不含氧的萜烯，或虽含氧但为非极性基团，则需选用吸附性较强的吸附剂，并用弱极性溶剂如石油醚或苯进行洗脱。但多数中药成分的极性较大，则需要选择吸附性能较弱的吸附剂（一般Ⅲ～Ⅳ级）。采用的洗脱剂极性应由小到大按某一梯度递增，或可应用薄层层析以判断被分离物在某种溶剂系统中的分离情况。此外，能否获得满意的分离，还与选择的溶剂梯度有很大关系。

硅胶属多孔性物质，分子中具有硅氧烷的交联结构，同时在颗粒表面又有很多硅醇基。硅胶吸附作用的强弱与硅醇基的含量多少有关。硅醇基能够通过氢键的形成而吸附水分，因此硅胶的吸附力随吸着的水分增加而降低。若吸水量超过 17%，吸附力极弱，不能作为吸附剂，但可作为分配层析中的支持剂。所以使用前，应对硅胶加热至 100～110℃，活化 0.5～1h。

使用活性炭时，一般需要先用稀盐酸洗涤，再用乙醇洗，最后以水洗净，于 80℃干燥后即可供层析用。层析用的活性炭，最好选用颗粒活性炭，若为活性炭细粉，则需加入适量硅藻土作为助滤剂一起装柱，以免流速太慢。活性炭主要用于分离水溶性成分，如氨基酸、糖类及某些苷。活性炭的吸附作用，在水溶液中最强，在有机溶剂中则较弱。故水的洗脱能力最弱，而有机溶剂则较强。例如，以醇-水进行洗脱时，则随乙醇浓度的递增而洗脱力增强。活性炭对芳香族化合物的吸附力大于脂肪族化合物，对大分子化合物的吸附力大于小分子化合物。利用这些吸附性的差别，可将水溶性芳香族物质与脂肪族物质分开，单糖与多糖分开，氨基酸与多肽分开。

2．薄层层析 薄层层析（thin layer chromatography，TLC）是一种简便、快速、微量的层析方法。一般将小于 250 目、粒度均匀的吸附剂（支持剂）撒布到平面（如玻璃片）上，形成薄层后进行层析，其原理与柱层析基本相似。

1）吸附剂的选择 薄层层析用的吸附剂与其选择原则和柱层析相同。用于薄层层析的吸附剂或预制薄层一般活度不宜过高，以Ⅱ级或Ⅲ级为宜。而展开距离则随薄层的粒度粗细而定，薄层粒度越细，展开距离相应缩短，一般不超过 10cm，否则可引起色谱扩散影响分离效果。

2）展开剂的选择 当吸附剂活度为一定值时（如Ⅱ级或Ⅲ级），对多组分的样品能否获得满意的分离，取决于展开剂的选择。植物化学成分在脂溶性成分中，大致可按其极性不同分为非极性、弱极性、中极性与强极性。但在实际工作中，经常需要利用溶剂的极性大小，对展开剂的极性予以调整。

3）*特殊薄层*　针对某些性质特殊的化合物的分离与检出，有时需采用一些特殊薄层，如络合薄层、酸碱薄层和 pH 缓冲薄层。

（1）络合薄层。常用的有硝酸银薄层，用来分离碳原子数相等而其中碳碳双键数目不等的一系列化合物，如不饱和醇、酸等。其主要机制是碳碳双键能与硝酸银形成络合物，而饱和的碳碳键则不与硝酸银络合，因此在硝酸银薄层上，化合物可由于饱和度不同而获得分离。层析时饱和化合物由于吸附最弱而 R_f 值最高，含一个双键的较含两个双键的 R_f 值高，含一个三键的较含一个双键的 R_f 值高；此外，在一个双键化合物中，顺式的与硝酸银络合较反式的易于进行，因此，还可用来分离顺反异构体。

（2）酸碱薄层和 pH 缓冲薄层。为了改变吸附剂原来的酸碱性，可在铺制薄层时采用稀酸或稀碱水溶液调制薄层。例如，硅胶带微酸性，有时对碱性物质如生物碱的分离不好，如不能展层或拖尾，则可在铺薄层时，用 0.1～0.5mol/L NaOH 溶液制成碱性硅胶薄层。

4）*应用*　薄层层析法在中草药化学成分的研究中，主要应用于化学成分的预试、化学成分的鉴定及探索柱层分离的条件。利用薄层的预分离寻找柱层的洗脱条件时，假定在薄层上所测得的 R_f 值为一样品在柱层中的 R_f 值。这是由于在薄层展开时，薄层固定相中所含的溶剂经过不断蒸发，薄层上各点位置所含的溶剂量是不等的，靠近起始线的含量高于薄层的前沿部分。但若严格控制层析操作条件，则可得到接近真实的 R_f 值。用薄层进行某一组分的分离，其 R_f 值范围，一般情形下为 $0.85>R_f>0.05$。此外，薄层层析法也应用于中草药品种、药材及其制剂真伪的检查、质量控制和资源调查，对控制化学反应的进程、反应副产品产物的检查、中间体分析、化学药品及制剂杂质的检查、临床和生化检验及毒物分析等都是有效的手段。

3．聚酰胺吸附层析法　聚酰胺（polyamide）吸附属于氢键吸附，是一种用途十分广泛的分离方法，极性物质与非极性物质均适用。

1）*基本原理*　聚酰胺均为高分子化合物，不溶于水、甲醇、乙醇、乙醚、氯仿及丙酮等常用有机溶剂，对碱较稳定，对酸尤其是无机酸稳定性较差，可溶于浓盐酸、冰醋酸及甲酸。

一般认为聚酰胺通过分子中的酰胺羰基与酚羟基，或酰胺键上游离胺基与羰基形成氢键缔合而产生吸附。吸附强弱则取决于各种化合物与之形成氢键缔合的能力。在含水溶剂中大致有如下规律：①形成氢键的基团数目越多，则吸附能力越强。②成键位置对吸附力也有影响。形成分子内氢键的化合物，在聚酰胺上的吸附相应减弱，如对羟基苯甲酸大于水杨酸。③分子中芳香化程度高者，则吸附作用增强；反之，则减弱，如α-萘酚大于苯酚。

显然，聚酰胺与酚类或醌类等化合物形成氢键缔合的能力在水中最强，在含水醇中则随着醇浓度的增高而相应减弱，在高浓度或其他有机溶剂中则几乎不缔合。故在聚酰胺柱层析时，通常用水装柱，样品也尽可能制成水溶液上柱以利聚酰胺对样品充分吸附，随后用不同浓度含水醇洗脱，并不断提高醇的浓度，逐步增强从柱上洗脱物质的能力。

甲酰胺、二甲基甲酰胺及尿素水溶液因分子中均有酰胺基，作为洗脱剂可以同时与聚酰胺及酚类等化合物形成氢键缔合，故有很强的洗脱能力。此外，水溶液中加入碱或酸均可破坏聚酰胺与物质之间的氢键缔合，也有强的洗脱能力，可用于聚酰胺的精制及再生处理，常用的有 10%乙酸、3%氨水及 5%氢氧化钠水溶液等。各种溶剂在聚酰胺柱上的洗脱能力由弱至强，大致排列成下列顺序：水→甲醇→丙酮→氢氧化钠水溶液→甲酰胺→二甲基甲酰胺→尿素水溶液。

2）应用　聚酰胺吸附层析特别适合于酚类、黄酮类化合物的制备分离。此外，对生物碱、萜类、甾体、糖类、氨基酸等其他极性与非极性化合物的分离也有着广泛的用途。另外，因为对鞣质的吸附性强，近乎不可逆，故用于植物粗提物的脱鞣处理特别适宜。

4. 大孔吸附树脂法　大孔吸附树脂（macroporous absorption resin）是 20 世纪 70 年代发展起来的有机高聚物吸附剂，是一种不含交换基团的、具有大孔结构的高分子吸附剂，也是一种亲脂性物质，具有较好的吸附性能。它的化学结构与离子交换树脂类似，区别在于后者可引入进行离子交换的酸性或碱性基团。大孔吸附树脂多为白色的球状颗粒，粒度多为 20～60 目，通常分为非极性和极性两大类。根据极性大小尚可分为弱极性、中等极性和强极性。目前常用的为苯乙烯型和丙烯腈型。苯乙烯型的理化性质稳定，不溶于酸、碱及有机溶剂。对有机物的选择性较好，不受无机盐类及低分子化合物存在的影响。

1）大孔吸附树脂的工作原理　大孔吸附树脂是吸附和分子筛选原理相结合的分离材料，它的吸附性是范德瓦耳斯力或生成氢键的结果。筛选不同大小分子的效率是由其本身多孔性结构所决定的。由于吸附和筛选原理，有机化合物根据吸附力的不同及相对分子质量的大小，在大孔吸附树脂上经一定的溶剂洗脱而分开，这使得有机化合物尤其是水溶性化合物的提纯得以大大简化。其吸附力与比表面积、表面电性、能否与被吸附物形成氢键等有关。一般非极性化合物在水中可以被非极性树脂吸附，极性化合物在水中被极性树脂吸附。

2）溶剂的影响　被吸附的化合物在溶剂中的溶解度对吸附性能有很大的影响。通常一种物质在某种溶剂中溶解度大，树脂对其吸附力就弱。例如，有机酸盐及生物碱盐在水中的溶解度大，树脂对其吸附弱。含有大量无机盐的中草药水提物分离时，由于无机盐在水中的溶解度很大，无机盐很快随溶剂前沿被洗出，故可用大孔吸附树脂代替半透膜脱盐。酸性物质在酸性溶液中进行吸附，碱性物质在碱性溶液中进行吸附较为适宜。

3）被吸附化合物结构的影响　被吸附化合物的相对分子质量不同，要选择适当孔径的树脂以达到有效分离的目的。同一种树脂对相对分子质量大的化合物吸附作用较大。化合物的极性增加时，树脂对其吸附力也随之增加。若树脂和化合物之间产生氢键作用，吸附作用也将增强。

4）吸附树脂分离条件的确立　由影响树脂吸附作用的因素可知，被吸附的化合物的结构对吸附作用有很大的影响，因此要想达到较好的分离效果，必须根据被分离化合物的大致结构特征来确定分离条件。首先要根据被分离化合物的分子体积的大小，通过预实验或查文献资料获得所应选用的树脂的适当孔径。其次，要根据分子中是否含有酚羟基、羧基或碱性氮原子来确定树脂的型号和分离条件。一般来说，要达到满意的分离效果，还应注意以下几方面的影响：①上样溶液 pH。②树脂柱的清洗。化合物经树脂柱吸附后，在树脂表面或内部还残留着许多非极性成分或吸附性杂质成分，这些杂质必须在清洗过程中尽量洗除。非极性成分一般用水即可洗除，而吸附性杂质根据情况可用一定浓度的酸或碱除去，一般情况下洗至近无色即可。③洗脱剂的选择。常用的洗脱剂有甲醇、乙醇、丙酮，根据吸附力强弱选用不同的洗脱剂及浓度，对非极性树脂，洗脱剂极性越小，洗脱能力越强。对中等极性树脂和极性较大的化合物来说，则用极性较大的洗脱剂为佳。为达到满意的效果，可通过几种洗脱剂浓度的比较来确定最佳洗脱浓度。

大孔吸附树脂具有选择性好、再生处理方便、吸附速度快等优点，因此适用于从水溶液中分离低极性或非极性化合物，组分间极性差别越大，分离效果越好。混合组分被大孔树脂吸附后，一般依次用水，含水甲醇，乙醇或 10%、20%等体积分数的丙酮洗脱，最后用浓醇或丙酮洗脱。

5. 真空液相色谱法　由于经典柱层析操作费时、费力，需要大量的固定相和洗脱剂，工作效率较低，因此相继出现了众多快速柱层析技术，其中尤其以真空液相色谱法（VLC）普遍受到青睐。VLC 是利用柱后减压，使洗脱剂迅速通过固定相，从而很好地分离样品。VLC 具有快速、简易、高效、价廉等优点，适用于多种天然化合物的分离。

VLC 实质上是柱色谱，它综合了制备薄层色谱（PTLC）和真空抽滤技术。VLC 不同于常压柱层析和快速柱层析，因为后两者洗脱剂是连续的，在操作过程中不会间断，而 VLC 进行溶剂洗脱时，将洗脱剂在柱后减压下全部抽出后，再更换溶剂，并进行下一个组分的收集，因此 VLC 与 PTLC 的多次展开极为相似。另外，FLC 采用柱前加压，而 VLC 采用柱后减压的方法，因此 VLC 所用设备极其简单、便宜，在样品处理量上，应用 VLC 可达到几十克，而且低压柱层析只能分离几克。

VLC 常用的实验装置见图 2-4，垂熔漏斗相当于层析柱，固定相通常使用薄层层析硅胶、氧化铝及聚酰胺，采用干法装柱，用水泵边抽真空边敲打漏斗壁，尽量抽紧固定相。图 2-4（a）装置适用于 1g 以下的样品分离，固定相的高度低于 5cm，所用固定相的量为样品量的 10～15 倍，用试管收集组分，10～15mL/支。

当处理较大量样品时，可用图 2-4（b）装置，为了防止固定相表面塌陷，可在固定相表面上放一层滤纸，将待分离样品溶于弱极性溶剂，小心均匀地使溶液滴入固定相表面上，若样品不溶于弱极性溶剂时，可将其溶于易挥发的、极性较大的溶剂（如 CH_2Cl_2、CH_3OH 等），与等量吸附剂混合，并将干样品均匀地铺在固定相表面，然后进行洗脱，洗脱时采用水泵抽吸，使洗脱剂迅速通过固定相，待全部抽干后，更换溶剂和接收容器，进行下一个组分的收集。重复上述操作，并用 TLC 跟踪每个流分的分离情况。

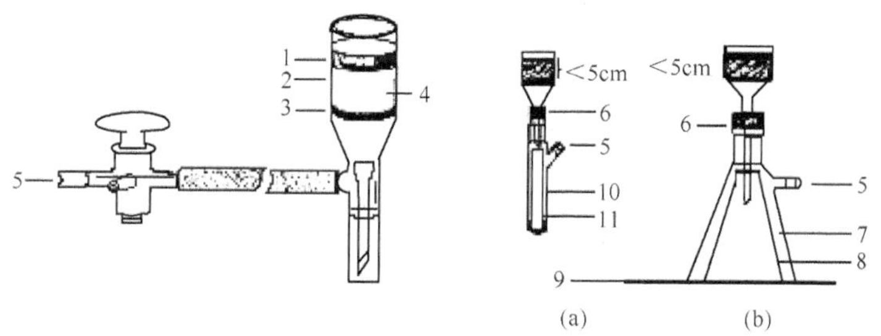

图 2-4　真空液相色谱法实验装置

1. 样品层；2. 玻璃垂熔漏斗；3. 筛板；4. 吸附剂；5. 与水泵相连（通真空）；6. 橡皮塞；7. 无底抽滤瓶；8. 三角烧瓶；9. 磨砂玻璃板；10. 支管试管；11. 试管

VLC 流动相的选择与一般柱层析相同，即先用 TLC 来选择条件。VLC 尤其适用于梯度淋洗，可采用二元或三元溶剂系统。一般先用极性小的溶剂（如石油醚），然后逐步增加洗脱剂的极性（如 CH_2Cl_2、Et_2O、EtOAc、CH_3OH 等）。极性溶剂的增加开始时较慢（1%、2%、3%），然后较快（5%、10%、20%、50%），直到 100%。

与常压柱层析和快速柱层析相比，真空柱层析具有以下特点：分离操作时间短，一般仅需数小时；装置简单易得，装柱方便且要求不高；分离效果好；处理量大，分离几十克的样品，以较快的速度完成，在 FLC 中，由于玻璃分离柱的限制，处理 6g 以上的样品时就非常困难，常压柱层析虽然没有样品量的限制，但是极耗时，所用固定相的量也很大；VLC 特别适用于频繁的梯度淋洗，并可使固定相抽干，这又是 FLC 和常压柱层析无法做到的；VLC 可以作为 HPLC 分离前的较理想预处理方法。

（四）根据有机化合物相对分子质量差别进行分离

常用的有透析法、凝胶过滤法、超滤法等方法。前两者是利用半透膜的膜孔或凝胶的三维网状结构的分子筛过滤作用；超滤法则是利用因分子大小不同引起的扩散速度的差别。以上这些方法主要用于水溶性大分子化合物，如蛋白质、核酸、多糖类的脱盐精制及分离工作，对分离小分子化合物来说不太适用。凝胶过滤法也适用于分离相对分子质量在 1000 以下的化合物。以下仅以凝胶过滤法为例来说明。

1．基本原理 凝胶过滤法（gel filtration）也称为凝胶渗透层析（gel permeation chromtograghy）或分子筛过滤（molecular sieve filtration），是 20 世纪 60 年代发展起来的一种分离分析技术。该方法中所用固定相是凝胶，为具有许多孔隙的网状结构的固体，有分子筛的性质。当被分离物质的分子大小不同时，它们进入凝胶内部的能力也不同。凝胶孔隙的大小与分子大小相当，当混合物通过凝胶时，比凝胶孔隙小的分子可以自由进入凝胶内部，而比孔隙大的分子不能进入，因此不同大小的分子在凝胶中的移动速度不同。大分子不被迟滞而随溶液走在前面，小分子由于向孔隙内扩散或移动得到滞留，因此落后于大分子而得到分离。如葡聚糖凝胶（Sephadex G），是不溶于水、但可在水中膨胀的球形颗粒，具有三维空间的网状结构。当在水中充分膨胀后装入层析柱中，加入样品，用同一溶剂洗脱时，由于凝胶网孔半径的限制，大分子将不能渗入凝胶颗粒内部（即被排阻在凝胶颗粒外部），因此在颗粒间隙移动，并随溶剂一起从柱底先流出；小分子因可自由渗入并扩散到凝胶颗粒内部，故通过层析柱时阻力增大、流速变缓，将较晚流出。样品混合物中各个成分因分子大小各异，渗入凝胶颗粒内部的程度也不尽相同，故在经历一段时间流动并达到动态平衡，即按分子由大到小次序先后流出并得到分离。

2．凝胶的类型 葡聚糖凝胶及羟丙基葡聚糖凝胶（Sephadex LH-20）为常用凝胶。

1）*葡聚糖凝胶* 葡聚糖凝胶由平均相对分子质量一定的葡聚糖及交联剂（如环氧氯丙烷）交联聚合而成。凝胶颗粒网孔大小取决于所用交联剂的数量及反应条件。加入的交联剂数量越多（即交联度越高），网孔越紧密，孔径越小，吸水膨胀也越小；交联度越低，则网孔越稀疏，吸水膨胀也越大。商品型号即按交联度大小分类，并以吸水量多少表示。以 Sephadex G-25 为例，G 为凝胶（gel），后附数字等于吸水量×10，故 G-25 示该葡聚糖凝胶吸水量为 2.5mL/g。

Sephadex G 型仅适合于在水中应用，且不同规格适合分离不同相对分子质量的物质。

2）*羟丙基葡聚糖凝胶* 该凝胶是 Sephadex G-25 经羟丙基化处理后得到的产物。此时，葡聚糖凝胶分子中的葡萄糖部分与羟丙基结合成醚键。

与 Sephadex G 比较，Sephadex LH-20 分子中羟基总数虽无改变，但碳原子所占比例相对增加了。因此与 Sephadex G 仅具有亲水性不同，其不仅可在水中应用，也可在极性有机溶剂或含水的混合溶剂中使用。Sephadex LH-20 在不同溶剂中湿润膨胀后得到的柱床体积及保留溶剂量不同，使用不同溶剂做流动相，分离效果也有差异。

Sephadex LH-20 除具有分子筛特性，可按分子大小分离物质外，在由极性与非极性溶剂组成的混合溶剂中还常常起到反相分配层析的效果，适用于不同类型有机物的分离，在天然产物分离纯化方面得到了越来越广泛的应用。

使用过的 Sephadex LH-20 可以反复再生使用，而且柱子的洗脱过程往往就是柱子的再生过程。短期不用时可以水洗→含水醇洗（醇的浓度逐步递增）→醇洗，最后泡在醇中储于磨口瓶中备用。如长期不用时，可在以上处理基础上减压抽干，再用少量乙醚洗净抽干，室温充分挥散至无醚味后，60～80℃干燥后保存。

（五）根据有机化合物解离度不同进行分离

有些天然有机化合物分子中含有酸性、碱性及两性基团，在水中多呈解离状态，据此可用离子交换法或电泳技术进行分离。离子交换法应用较为广泛。

1．基本原理　离子交换法是以离子交换树脂作为固定相，以水或含水溶剂作为流动相。当流动相流过交换柱时，中性分子及具有与离子交换树脂交换基团相反电荷的离子将不被吸附从柱子流出，而具有相同电荷的离子则与树脂上的交换基团进行离子交换并被吸附到柱上，并用适当溶剂从柱上洗脱下来，即基于碱性强弱不同可达到物质的分离。

2．离子交换树脂的结构及性质　离子交换树脂是一种不溶、不熔的高分子化合物。外观均为球形颗粒，不溶于水，但可在水中溶胀。离子交换树脂由以下两个部分组成：母核部分和离子交换基团。前者是由苯乙烯通过二乙烯苯交联而成的大分子网状结构。网孔大小可用交联度（即加入交联剂的百分数量）表示。交联度越大，则网孔越小，质地越紧密，水中越不易膨胀；反之亦然。不同交联度适用于分离不同大小的分子。根据交换基团不同，离子交换树脂有阳离子交换树脂和阴离子交换树脂之分，其中阳离子交换树脂的分子中含有活泼的酸性基团，能交换阳离子；阴离子交换树脂中含有活泼的碱性基团，能交换阴离子。按照活性基团的酸、碱性强弱，阳离子交换树脂分为强酸性（如—$SO_3^-H^+$）、弱酸性（如—NH_4^+、—COO^-H^+）；阴离子交换树脂有强碱性［如—$N^+(CH_3)_3Cl^-$］和弱碱性［如含 $RCH_2N(CH_3)_2$］等。

3．离子交换树脂的再生　当离子交换树脂使用一段时间后，就会失去交换能力。这时，就需要进行“再生”处理。“再生”处理就是用强的无机酸或碱溶液浸泡已失去交换能力的交换树脂，使其发生离子交换反应的逆过程，即用 H^+或 OH^-再将树脂上的阳离子或阴离子交换出来。通常用盐酸或硫酸溶液“再生”处理阳离子交换树脂，用氢氧化钠溶液“再生”处理阴离子交换树脂。经过“再生”处理的离子交换树脂洗净后可继续使用。

4．影响离子交换的主要因素　主要因素有以下几种：①溶液的酸碱度。离子交换剂可认为是一种不溶性高分子酸或碱，因此溶液的酸碱度对离子交换有很大的影响。当交换溶液中氢离子的浓度显著提高时，由于同离子效应，抑制了阳离子交换剂中的酸性基团的解离，故离子交换反应较慢，甚至不能发生交换。通常调节酸性交换剂交换液的 pH＞2，弱酸性交换剂的交换液 pH＞6。同理，对于阴离子交换剂，当溶液 pH 增大时，也会发生同样的情况，故强碱性交换剂的交换液的 pH 应在 12 以下，弱碱性应在 7 以下。②交换离子的选择性。离子交换剂对待分离的化合物的交换能力，主要取决于化合物解离离子的电荷、半径及酸碱性的强弱。解离常数大、酸碱性强者容易被置换，但洗脱下来较难。解离离子价数越高，电荷越大，越容易交换在树脂上，碱金属、碱土金属及稀土元素还与它们的原子序数有关，前两者原子序数大则交换吸附就强，稀土元素的原子序数小，其交换吸附弱。③被交换物质浓度。离子交换法通常在水溶液或含水溶液中进行，这样有利于解离与交换。浓度低的溶液对离子交换剂的选择性大。在高浓度时由于解离度的减小，会影响吸附次序及选择性。浓度过高时会使离子交换树脂表面及其内部交联网孔收缩，影响离子进入网孔，所以一般实验操作时，所用的溶液的浓度应略高，有利于提取分离。④温度的影响。当溶液的浓度较低时，温度对交换的性能影响不大，但浓度在 0.1mol/L 以上时，温度升高对水合倾向大的离子容易交换吸附。对弱酸、弱碱交换剂来说，其交换率有较大的影响，一般温度增高，离子交换速度加快。⑤溶剂的影响。离子交换法在水溶液中进行，也可采用含水的极性溶剂。

5．离子交换树脂法应用　离子交换树脂法用于解离度相差较大的物质分离纯化，如某些氨基酸、生物碱等。

对于电荷相同、解离度近似的混合物来说，一般的离子交换方法则难以达到良好的分离效果，而需用离子交换层析法。其原理与离子交换树脂法相同，关键在于选好固定相（树脂）及流动相（缓冲液）。流动相除了用磷酸盐缓冲液外，还采用有机酸（甲酸、乙酸）、碱（如吡啶、2-甲基吡啶、三甲基吡啶、*N*-乙基吗啉）做成的缓冲液，以便在减压浓缩或冷冻干燥时除去。

三、植物有效成分的活性追踪分离方法

目前，从植物样品中提取分离活性成分，主要是在生物活性测试指导下追踪分离，即选用简易、灵敏、可靠的活性测试方法，对分离所得各个馏分（fraction）进行活性定量评价，在确认样品的活性之后，选取强活性的馏分继续分离直至追踪获得高活性的单体化合物。但是应用这种方法时，活性测试的样品及工作量均大大增加，如芦荟叶中降血压有效成分的追踪分离过程（图 2-5）。

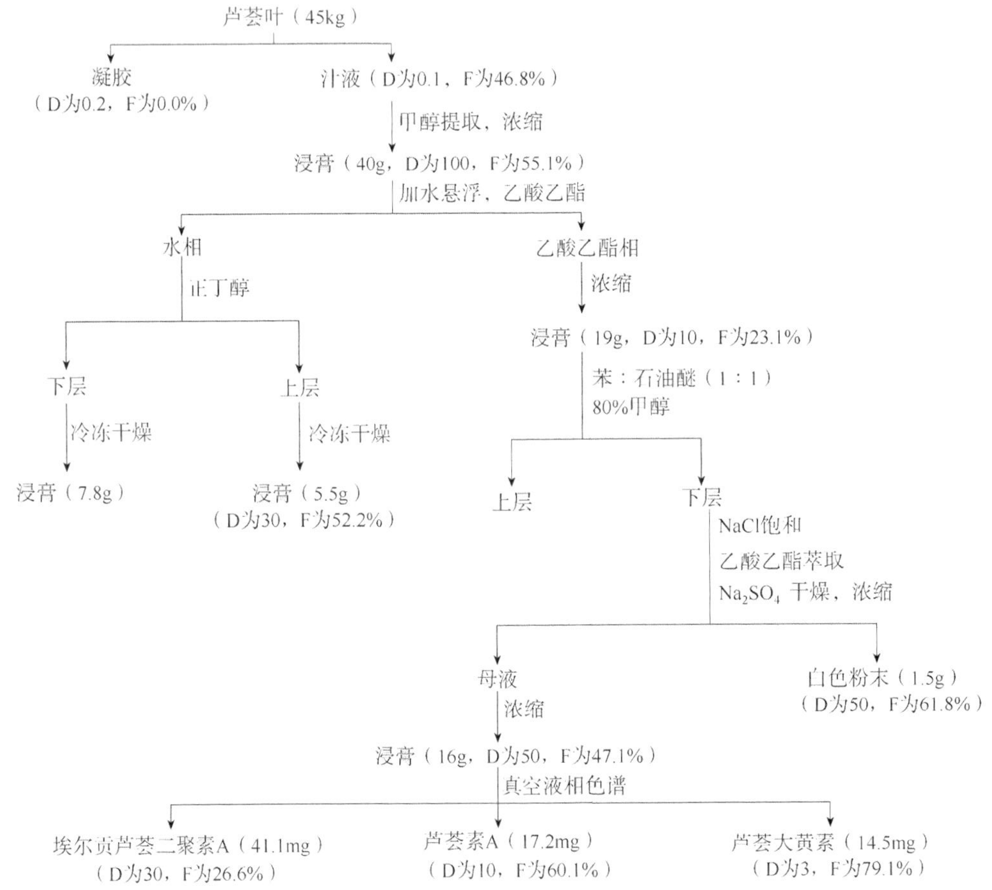

图 2-5　芦荟叶中降血压有效成分的追踪分离过程

D 表示剂量（mg/kg）；F 表示血压下降

值得注意的是，在分离提取过程必须尽可能地在比较温和的条件下进行，以免影响有效成分的结构变化，致使其生理活性改变。常会遇到所得的混合成分的活性比其单一的成分高，或单一成分失去其混合成分活性的现象。

另外，由于分离方法或材料选择不当，容易导致化学成分的结构变化或丢失。有些植物成分，即使在很温和的条件下，也可能产生结构上的变化，而结构上的微小改变，其化学和物理属性或许没有显著的差别，但生理活性会有明显的不同。实践表明，只有使用活性追踪分离方法，方能很快查明原因，并可采取相应措施进行补救。这对活性化合物的分离来说，是一种较好的方法。

第二节　植物化学成分结构测定方法

在有机化学及相关领域中，无论是研究天然有机化合物还是合成有机化合物，都要涉及分析鉴定和结构测定问题。随着光谱技术和方法的飞速发展，尤其是紫外光谱、红外光谱、核磁共振谱的广泛应用，有机化合物的结构测定发生了革命性的变化。与经典的化学方法相比，光谱法具有如下特点：样品用量少，一般仅需要几微克至几十毫克，除质谱外多数能回收；对结构复杂的天然化合物，在较短的时间内就能完成结构的测定，且不改变混合体系的组成；对构象、构型、异构体判别等方面的研究已显示出巨大的潜力；灵敏、准确、重现性好。但不能因此否定化学方法，将光谱方法与化学方法有机结合，取长补短，则会得到更为可靠的结论。

对天然化合物进行结构研究难度较大。特别是对于一些超微量生理活性物质来说，由于样品量较少，有时仅几个毫克，因此难以采用经典的方法（如化学降解、衍生物合成等）进行结构研究，而不得不借助谱波解析的方法解决问题，即尽可能在不消耗或少消耗样品的情况下通过测定得到各种图谱，获取尽可能多的结构信息，随后加以综合分析，并充分利用文献数据进行比较鉴别，必要时则辅以化学手段，以推定并确认化合物的分子结构。

一、结构研究的一般程序与方法

对未知天然化合物来说，结构研究的程序及采用的方法大体包括：推断化合物结构类型，测定分子式及计算不饱和度，推断分子中可能含有的官能团、结构片段或基本骨架，推断并确定分子的平面结构，推断并确定化合物的立体结构。

1．推断化合物结构类型　推断化合物结构类型步骤如下：①注意观察样品在提取、分离过程中的行为；②测定有关物理化学性质，如不同 pH、不同溶剂中的溶解度及层析行为、化学定性反应等；③结合文献调研。

2．测定分子式及计算不饱和度　分子式的测定目前主要有以下几种方法，可因地制宜地加以选用。

1）*元素定量分析和相对分子质量测定*　①元素定量分析。一般在进行元素定量分析前应先进行元素定性分析，如采用钠融法等。如果化合物只含 C、H、O 时，通常只做 C、H 定量，O 则由扣除法求得。按倍比定律，原子间的化合一定是整数，确定实验式。确切的分子式则待相对分子质量测定后才能确定。②相对分子质量测定。相对分子质量的测定有凝胶过滤法、质谱法、同位素峰度比法等，其中质谱法是最常用的方法。

2）高分辨质谱法　高分辨质谱（high resolution mass spectrometry，HR-MS）仪可以测出样品分子的精确质量，分辨率高于 10 000，再加上对杂原子数目的限制，质谱仪的计算机系统不仅可给出分子、离子元素组成，而且也可确定出质谱图中重要的碎片离子元素组成。

国际上把 ^{12}C 的相对原子质量定位整数 12，其他有机化合物常见同位素相对原子质量的测定不断精确（表 2-3）。

表 2-3　一些同位素原子量

同位素	相对原子质量	同位素	相对原子质量
^{1}H	1.007 825 04	^{19}F	18.998 403 3
^{2}H	2.014 101 79	^{28}Si	27.976 928 4
^{13}C	13.003 354 8	^{31}P	30.973 763 4
^{14}N	14.003 074 0	^{32}S	31.972 071 8
^{15}N	15.000 109 0	^{35}Cl	34.968 852 7
^{16}O	15.994 914 6	^{79}Br	78.918 336 0
^{18}O	17.999 159 4	^{127}I	126.904 477

高分辨质谱仪可将物质的质量精确测定到小数点后第 6 位，但实际保留到第 4 位。例如，4 个化合物的分子式为 $C_8H_{12}N_4$、$C_9H_{12}N_2O$、$C_{10}H_{12}O_2$、$C_{10}H_{16}N_2$，它们的相对分子质量虽都为 164，但精确质量则并不相同（表 2-4），在高分辨质谱仪上可以很容易地进行区别。

表 2-4　4 个化合物的精确质量

序号	分子式	精确质量	序号	分子式	精确质量
1	$C_9H_{12}N_2O$	164.0950	3	$C_{10}H_{16}N_2$	164.1315
2	$C_8H_{12}N_4$	164.1063	4	$C_{10}H_{12}O_2$	164.0837

分子式确定后，即按下式计算有机化合物分子的不饱和度（Ω）（degree of unsaturation）。

$$\Omega = C + 1 - \left(\frac{H}{2} + \frac{X}{2} - \frac{N}{2}\right) = C + 1 - \frac{H}{2} - \frac{X}{2} + \frac{N}{2}$$

式中，C 表示化合物中 C 原子的数目；H 表示化合物中 H 原子的数目；N 表示化合物中三价 N 原子数；X 表示化合物中卤素原子数目。

3．推断分子的官能团、结构片段或基本骨架　推断分子中可能含有的官能团、组装结构片段或归属分子基本骨架包括：官能团定性及定量；测定并解析化合物有关光谱，如 UV、IR、MS、1D NMR、2D NMR（HMQC、HMBC、^{1}H-^{1}H COSY）。

4．推断并确定分子的平面结构　推断并测定分子的平面结构程序如下：①结合文献调研；②结合光谱解析及官能团定性、定量分析结果；③与已知化合物进行比较或采用化学方法（化学降解、衍生物制备或人工合成）。

5．推断并测定化合物的立体结构　推断并确定化合物的立体结构，包括相对构型、绝对构型和构象，主要采用测定 CD 或 ORD 谱、NOE、NOESY 或 ROESY 谱；或进行 X 晶体衍射分析或人工合成。

文献检索几乎贯彻结构研究工作的全过程。根据植物化学分类学理论，分类学上亲缘关系相近的植物，往往含有类型及结构骨架类似甚至结构相同的化合物。因此，在提取分离前，一般应先利用主题索引，按拉丁学名查阅，以便了解同种、同属及相近属种植物哪个部位中研究过什么成分、如何得到，以及分子式、理化常数、层析行为及各种波谱数据、生物合成途径等。

通常在确认所得化合物的纯度后，即应根据该化合物在提取、分离过程中的理化性质及相关测试数据，对照上述文献调研结果，分析推断所得化合物的类型及基本骨架。后者一旦得到确定后，即可利用分子式索引或主题索引（如推测为已知化合物）查阅各种专著、手册、综述，或者通过检索 SCIFinder 或天然产物数据库（DNP）光盘（CD-ROM），进一步全面比较有关数据以判断所得到的化合物与已知样品是否相同。

二、波谱技术在植物化学成分结构分析中的应用

（一）质谱（mass spectrometry，MS）

近 30 年来，质谱技术只在有机化合物小分子的结构测定中发挥了重要作用，如电子轰击电离质谱（electron impact ionization，EI-MS），而对于大分子（相对分子质量超过 1000）、极性分子和难挥发分子，则显得无能为力。20 世纪 70 年代以来，由于开发了使样品不必加热气化而直接电离的新技术、新方法，如场解析电离质谱（field desorption ionization，FD-MS）、快原子轰击电离质谱（fast atom bombardment，FAB-MS）、基质辅助激光解析电离质谱（matrix-assisted laser desorption ionization，MALDI-MS）、电喷雾电离质谱（electrospray ionization，ESI-MS）及串联质谱（MS/MS）等，质谱能比较有效地用于糖苷、蛋白质、多肽、糖肽及核酸、多糖结构和顺序的测定。

质谱可用于确定相对分子质量及分子式。此外，由于化合物的裂解遵循一定规律，可利用在同一条件下测得的 MS 图，鉴定两个化合物是否为同一化合物；而且根据裂解特征推定或者复核分子的部分结构。

1．电子轰击电离质谱 电子轰击电离质谱是应用最普遍、发展最成熟的方法。测定 EI-MS 时，需要先将样品加热气化，一般采用 70eV 能量的电子轰击样品而使其发生电离。所以相对分子质量较大、热不稳定、难以气化的化合物，如一些较强的极性分子（如糖苷、羧酸、氨基酸）及一些生物大分子（如多糖、肽类、蛋白质等）往往测不到分子离子峰，只能得到碎片峰。因此，一般将对热不稳定的样品进行甲基化、乙酰化或三甲基硅醚化，制备成热稳定性好的挥发性衍生物后再进行测定。

电子电离的缺点为当样品分子稳定性不高时，分子离子峰的强度低，甚至没有分子离子峰；当样品分子不能气化或受热分解时，则更没有分子离子峰。

电子电离方法有易于实现、所得质谱图再现性好及含有较多的碎片离子信息等优点，这对于推测未知物结构是非常必要的。

2．场解析电离质谱 FD-MS 是 1969 年由 H.D. Beckey 所发明，即将样品涂于布满微针的钨丝发射极上，在强电场作用下，样品分子不经加热气化电离而形成准分子离子（quasi-molecular ion）和少数的主要碎片离子，所以 FD-MS 特别适合于热不稳定、强极性、难挥发性的样品，检出灵敏度高，可达 10^{-11}g。

FD-MS 谱常给出三个准分子离子峰：[M+H]$^+$（丰度最小）、[M+Na]$^+$（丰度最大）、[M+K]$^+$，但碎片离子峰少。糖苷类常可见到由于苷键的裂解从［M+H]$^+$或［M+Ma]$^+$依次产生脱去糖基的碎片，如巴拉尼 J-1（balanitin-1，**1**）（图 2-6）。同样，FD-MS 谱可给出肽类按酰胺键裂解依次产生脱去氨基酸残基的碎片。

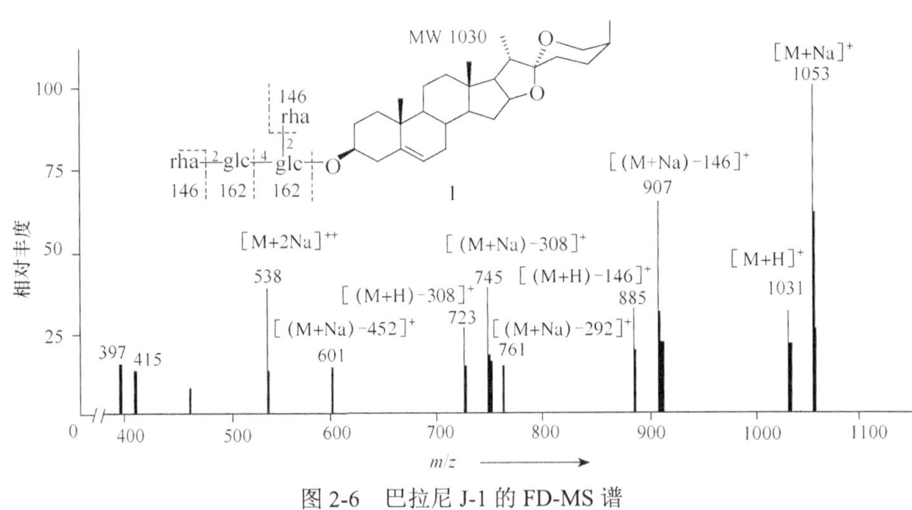

图 2-6　巴拉尼 J-1 的 FD-MS 谱

FD-MS 对测定上述类型化合物的相对分子质量及确定糖链或肽链中糖及氨基酸残基的顺序有重要帮助。

3．快原子轰击电离质谱　FAB-MS 是 1981 年 M. Barber 开发的一种快原子轰击软电离技术，其原理为：一束高能中性原子如氩、氙，撞击存在于液态基质中的样品分子，使样品离子化，这样可以得到提供相对分子质量信息的准分子离子峰和主要结构信息的碎片峰，并能得到正离子和负离子谱。样品加到低挥发性的基质如 *m*-硝基苄醇（*m*-nitrobenzylalcohol，mNBA）、聚乙二醇（polyethylene glycol，PEG）及甘油（glycerol）等中。

FAB-MS 给出的准分子离子峰的组成较复杂，除质子转移之外，尚可能加合基质分子及金属离子。由 FAB-MS 所得质谱也有碎片离子峰，因而也提供了结构信息。此外，基质分子也会产生相应的峰，如甘油会有 *m/z* 93、185 及 277 等。有时出现倍分子离子峰，如［2M]$^-$、［2M–H]$^-$及［3M–H]$^-$。

碎片类型与 FD-MS 基本相同。FAB-MS 还可给出相应的阴离子质谱，与阳离子质谱互相补充，大大增加了信息来源及可信程度。FD-MS 在高质量区提供的信息比较详尽，但苷元部分的结构碎片信息则相对较少，而 FAB-MS 则不然，除了给出相对分子质量及糖的碎片信息外，在低质量区还出现苷元的结构碎片，从而弥补了 FD-MS 的不足。

如果［M+H]$^+$或［M–H]$^-$尚未能确认，此时可在样品中加入碱金属盐，主要产生准分子离子［M+Li]$^+$、[M+Na]$^+$、[M+K]$^+$，由此可确认相对分子质量及分子式。正离子 FAB-MS 中，这种阳离子加合离子通常表现为较高的强度，而很难找到碎片与碱金属盐的加合离子。FAB-MS 裂解多发生在各苷键位置，从而产生一系列糖基碎片及分子减去相应糖基后的碎片，可以直接确定寡糖中苷键的连接位置，为皂苷化学结构研究提供简便方法。

4. 基质辅助激光解析电离质谱　MALDI-MS 诞生于 20 世纪 80 年代末，是一种“软离子”质谱技术，具有样品不易裂解、分子离子峰强、灵敏度高等特点。该技术为分析强极性、热不稳定和难挥发的生物样品提供了新途径，逐渐成为分析复杂蛋白、多肽、核酸等样品的首选方法。

MALDI-MS 的基本原理是将待测样品与大量基质小分子混合物混合并形成晶体，用脉冲激光照射晶体时，基质从激光中吸收能量并转化为晶格的激发能，脉冲激光能使样品表面升温至或接近基质发生相变或升华，基质夹杂着存在于其晶格中的待测分子因振动激发而诱发冲击波，形成激光烟云，在此过程中基质-样品之间发生电荷转移使得样品分子电离，电离的样品在电场作用下飞过真空的飞行管，根据到达检测器的飞行时间不同而被检测，即通过离子的质量电荷之比（m/z）与离子的飞行时间成正比来分析离子，并测得样品分子的相对分子质量。如检测 DNA 样品时，DNA 离子按其质量大小先后通过检测器，DNA 片段越短，越早到达检测器。

5. 电喷雾电离质谱　ESI-MS 适用于极性和热不稳定化合物甚至混合物的分析，为研究天然产物提供了一种简捷、快速、灵敏的分析方法。1985 年，Fenn 等首先报道了大气压电喷雾（ESI）质谱系统，其电喷雾的过程如下：①喷雾器顶端施加一个电场给微滴提供静电荷；②在高电场下，液滴表面产生高的电应力，使表面被破坏，产生微滴；③荷电微滴中溶剂的蒸发；④微滴表面的离子“蒸发”到气相中，进入质谱仪。FAB-MS 可以显示碎片离子，但只能产生单电荷离子，因此不适用于分析相对分子质量超过分析器质量范围的分子。ESI-MS 可以产生多电荷离子，每一个都有准确的小 m/z 值。

ESI-MS 还可以产生多电荷母离子的子离子，这样就可以产生比单电荷离子的子离子更多的结构信息。此外，ESI-MS 可以补充或增强由 FAB 获得的信息，即使是小分子也是如此。那些因没有分子离子或只有 nmol 量级而不能用 FAB 检测的大分子寡糖，即使样品只有 pmol 量级且未经衍生，也可以使用 ESI 分析。因此，ESI-MS 成为当前分析大分子糖及复合物的最好方法之一。

电喷雾多极串联质谱（tandem mass spectrometry，ESI-MS^n，n 为串联级数）不仅能监测分离过程，直接对粗分物中的已知成分快速表征，还可以对样品中的未知化合物进行结构预测，从而简化分离、纯化及结构鉴定的过程。

（二）核磁共振谱（nuclear magnetic resonance，NMR）

在有机化合物分子结构测定中，核磁共振图谱解析技术的重要性已毋庸赘言。它将提供分子中有关氢原子及碳原子的类型、数目、相互连接方式、周围化学环境甚至空间排列等信息，是有机化合物结构测定中最重要的一种工具。近来，随着超导 FT-NMR 的问世，各种软件技术的开发应用日新月异，不断得到发展与完善，从而大大加快了结构研究工作的进度。目前，相对分子质量 1000 以下、几毫克的微量物质甚至单用 NMR 测定技术也可确定它们的分子结构。因此 ^{1}H NMR 及 ^{13}C NMR 的各种最新技术及各种同核与异核二维 NMR 相关谱的解析技术，对植物化学工作者来说显得特别重要。

许多参考书中氘代溶剂的信号峰仍采用以前的数据。20 世纪 90 年代以来高频率的 NMR 仪器普及，Gottlieb 和 Nudelman 重新测定了常用的氘代溶剂的 ^{1}H 和 ^{13}C NMR 信号，以及常用氘代溶剂中常见残留溶剂信号，本节摘录常见氘代溶剂信号如表 2-5 所示，方便解析使用。

表 2-5　常用 NMR 溶剂的化学位移及峰的多重性

溶剂残留峰	δ_H（多重性）	δ_C（多重性）
氘代丙酮［acetone-d_6,（CD_3）$_2$CO］	2.05（5）	206.26（1）
		29.84（7）
氘代苯（benzene-d_6，C_6D_6）	7.16（1）	128.06（3）
氘代氯仿（chloroform-d，$CDCl_3$）	7.24（1）	77.16（3）
氘水（deuterium oxide，D_2O）	4.80	
氘代二甲基亚砜［DMSO-d_6，（CD_3）$_2$SO］	2.50（5）	39.52（7）
氘代二氧六环（1,4-dioxane-d_8，$C_4D_8O_2$）	3.53（m）	66.66（5）
氘代甲醇（methanol-d_4，CD_3OD）	4.87（1）	
	3.31（5）	49.00（7）
氘代吡啶（pyridine-d_5，C_6D_5N）	8.74（1）	150.35（3）
	7.58（1）	135.91（3）
	7.22（1）	123.87（3）
氘代四氢呋喃（tetrahydrofuran-d_8，C_4D_8O）	3.58（1）	67.57（5）
	1.73（1）	25.37（5）

1．一维核磁共振谱（1D NMR）

1）核磁共振氢谱（^{1}H NMR）　^{1}H NMR 测定中通过化学位移（δ）、峰面积及裂分情况（重峰数及偶合常数 J）来判断分子中 ^{1}H 的类型、数目及相邻原子或原子团的情况，对有机化合物的结构测定有着重要意义。

（1）化学位移（chemical shift，δ）。^{1}H 核因周围化学环境不同，其外围电子密度及绕核旋转时产生的磁屏蔽效应也不同。不同类型的 ^{1}H 核共振信号将出现在不同的区域（图 2-7），据此可以进行识别。

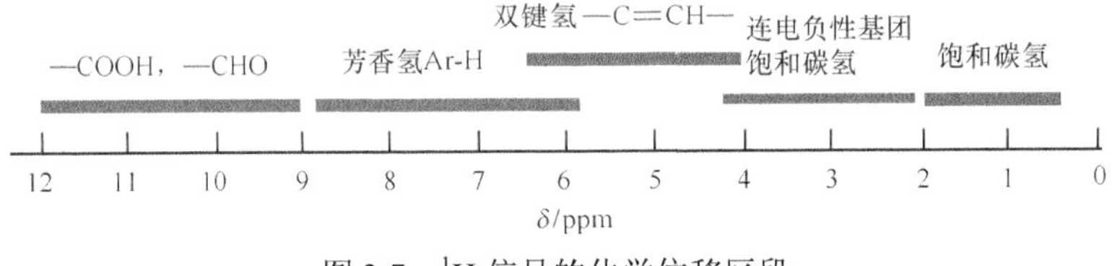

图 2-7　^{1}H 信号的化学位移区段

（2）峰面积。以积分曲线高度表示。^{1}H NMR 谱上积分曲线的总高度与分子中的总 ^{1}H 数相当，故若分子式已知，可据此算出每个信号所相当的 ^{1}H 数。

（3）重峰数及偶合常数（J）。已知磁不等同的两个或两组 ^{1}H 核在一定距离内会相互自旋偶合干扰而使信号发生裂分，表现为不同形状，如单峰（singlet，s）、二重峰（doublet，d）、三重峰（triplet，t）、四重峰（quartet，q）、多重峰（multiplet，m）等。

低级偶合中，裂分后的峰数 n+1，峰的面积（或强度）比以（a+b）^{n} 二项式展开后各项前的系数表示，其中 n 为干扰核的数目。裂分间的距离为偶合常数（coupling constant，J，Hz），用以表示相互干扰的强度，并取决于间隔键的距离。间隔的键数越少，则 J 越大；反之，则越小。通常，三根单键以上的偶合可以忽略不计。但在 π 系统中，如烯丙基及芳环，因电子流动性较大，即使间隔超过了三根键，也可发生偶合，但作用较弱。

一般相互偶合的两个或两组 ^{1}H 核信号偶合常数相等，故仔细测量并比较裂分间的距离对于判断 ^{1}H 核之间是否偶合相关很有用处。但用这种方法识别有多重偶合影响的 ^{1}H 核信号时十分困难。目前多采用同核去偶技术消除或部分消除相邻 ^{1}H 核的偶合影响，以利简化图谱，帮助识别。

2）核磁共振碳谱（^{13}C NMR）　在确定天然有机化合物结构时，与 ^{1}H NMR 相比，^{13}C NMR 无疑起着更为重要的作用。但是由于 NMR 的测定灵敏度与磁旋比（γ）的三次方成正比，而 ^{13}C 的磁旋比因为仅为 ^{1}H 的 1/4，加之 ^{13}C 的丰度比又只有 1%，所以 ^{13}C NMR 测定的灵敏度只有 ^{1}H 的 1/6000。近年来，脉冲傅里叶变换核磁共振（pulse FT-NMR）的出现及计算机的引入，才使这个问题得以真正解决。

随着脉冲扫描次数的增加及计算机的累加计算，^{13}C 信号将不断得到增强，噪声则越来越弱。经过几百次到几千次的扫描及累加计算，最后即可得到 ^{13}C NMR 图谱。

^{13}C 的信号裂分：由于 ^{13}C 与 ^{1}H 均为磁性核，故在间隔一定键数范围内也可通过自旋偶合干扰，使对方信号产生裂分。^{1}H NMR 谱中，因为 ^{13}C 的自然丰度比甚小，故这种偶合干扰影响极小，表现为微弱的“卫星峰”形式，埋在噪声之中，可以忽略不计。通常只需注意 ^{1}H-^{1}H 之间的同核偶合影响。但 ^{13}C NMR 谱则与上述情况不同。相反，^{1}H 的偶合影响却表现得十分突出，因 ^{1}H 核自旋偶合干扰产生的裂分数目仍然遵守 n+1 规律。例如，^{13}C 信号将分别表现为 q（CH_3）、t（CH_2）、d（CH）及 s（季碳），$^1J_{CH}$ 值为 120～250Hz。

实际上，除了 $^1J_{CH}$ 影响外，还可能同时存在两根键（$^2J_{CH}$）及三根键（$^3J_{CH}$）的远程偶合影响，故 ^{13}C 信号还会进一步裂分，表现为更复杂的图形。为了搞清相互偶合的关系，可以进行各种形式的异核去偶试验，得到不同类型 ^{13}C NMR 谱。综合分析这些图谱提供的结构信息，对于天然化合物的结构测定有着重要的意义。

常见 ^{13}C NMR 谱类型有质子宽带去偶（proton broad band decoupling）和无畸变极化转移增强（distortionless enhancement by polarization transfer，DEPT）法。

（1）质子宽带去偶。其又称为质子噪声去偶（proton noise decoupling），这是测定碳谱时最常用的去偶方式。具体方法是采用宽频的电磁辐射照射样品使所有 ^{1}H 核饱和，从而全部消除 ^{1}H-^{13}C 间的偶合，如化合物 cornolactone B（**2**）所有的 ^{13}C 信号在图谱（图 2-8）上均以单峰出现，对判断 ^{13}C 信号的化学位移十分方便。

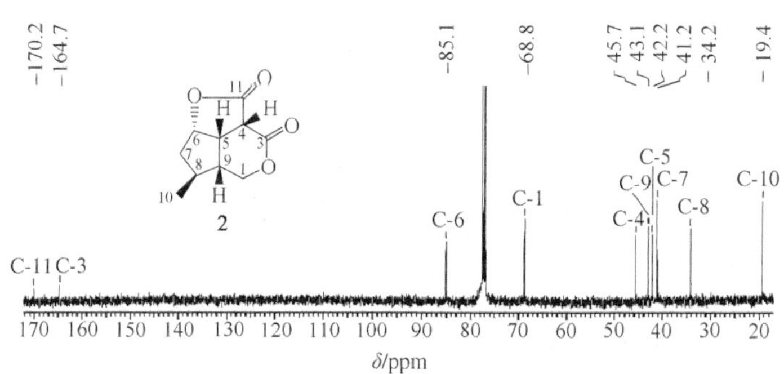

图 2-8　cornolactone B 的质子宽带去偶谱

（2）DEPT 法。偏共振去偶谱中因为保留着 ^{1}H 的偶合影响，故 ^{13}C 信号的灵敏度将会降低；加以信号裂分之间可能重叠，也给信号识别带来一定困难，现在已被 DEPT 法取代。DEPT 法是分别通过改变照射 ^{1}H 核的脉冲宽度（θ）或设定不同弛豫时间，使不同类型的 ^{13}C 信号在谱图上，呈单峰形式分别朝上或向下伸出，如冰片（**3**）的 DEPT 谱（图 2-9），故灵敏度高，信号之间很少重叠。此法的优点为 J 值在一定范围内的变化对结果影响不大，且具有极化转移增强，目前已成为测定碳谱的一种常规方法。

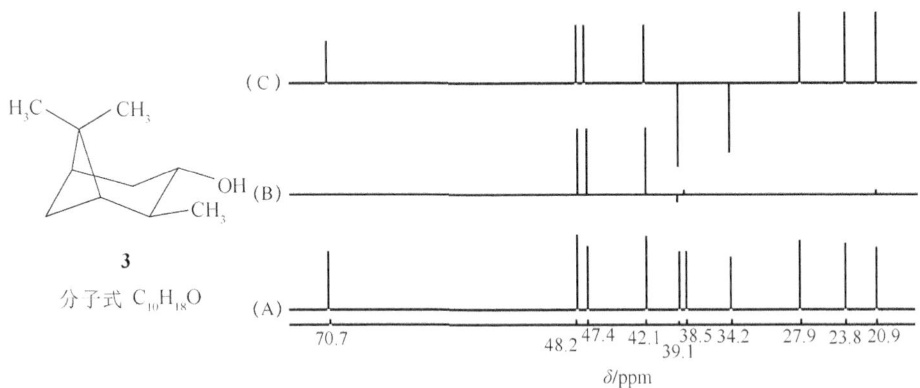

图 2-9 冰片（**3**）的 DEPT 谱

A．氢宽带去偶 ^{13}C NMR 谱；B．CH DEPT 谱；

C．所有碳的 DEPT 谱（CH 和 CH_3 正信号，CH_2 负信号；季碳 C 消失）

^{13}C 信号的化学位移：^{13}C NMR 谱与 ^{1}H NMR 谱不同，化学位移的幅度较宽，约为 200，故信号之间重叠很少，识别起来比较容易。

与 ^{1}H NMR 一样，^{13}C 的信号化学位移也取决于周围的化学环境及电子密度，并可据此判断 ^{13}C 的类型（图 2-10）。

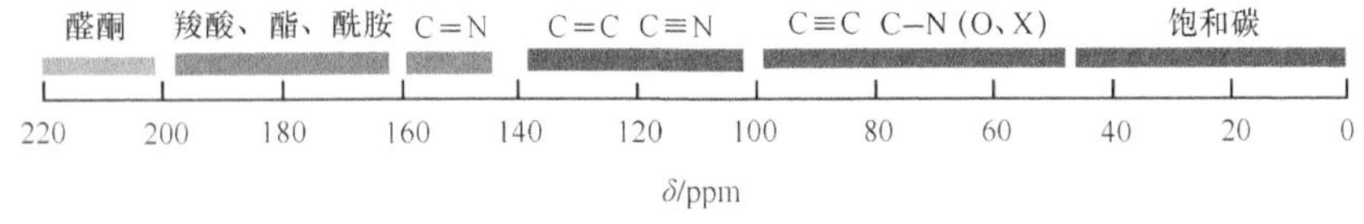

图 2-10 ^{13}C NMR 化学位移区段

显然，改变某个 ^{13}C 核周围的化学环境或电子密度，如引入某个取代基，则该 ^{13}C 信号即可能发生位移。位移的方向（高场或低场）及幅度已经累积了一定经验规律。常见的如苯取代基位移、苷化位移、酰化位移等，在结构研究中均具有重要的意义，详见诸章节。

2．二维核磁共振（2D NMR） 二维核磁共振（two dimensional nuclear magnetic resonance spectroscopy，2D NMR）谱是在一维核磁共振谱基础上发展起来的新型实验方法，是由两个彼此独立时间域函数经两次傅里叶变换（Fourier transform）得到两个频率函数（W_1 和 W_2）的核磁共振谱，共振峰分布在两个频率轴组成的平面上，其最大特点是将化学位移、偶合常数等参数在二维平面上展开，于是在一维谱中重叠在一个频率坐标轴上的信号被分散到由两个独立的频率轴构成的二维平面上，同时检测出共振核之间的相互作用。1D NMR 由于方法本身的局限性，在解决一些复杂结构方面仍显不足。若采用 2D NMR 技术可减少谱线的拥挤和重叠，提供核之间的相互关系的新信息，增加了结构信息，有利于复杂谱图的解析。因此，二维核磁共振法为解析复杂化学结构提供了强有力的工具。

2D NMR 技术中重要的化学位移相关谱（correlation spectroscopy，COSY），主要分为两大类：一类是同核化学位移相关谱（homonuclear chemical shift correlation spectroscopy），如氢-氢相关谱（^1H-^1H COSY）、远程氢-氢相关谱（^1H-^1H LRCOSY）、双量子滤波二维谱（double quantum filter correlation，DQF-COSY）和二维核欧沃豪斯效应谱（2D nuclear overhauser effect spectroscopy，NOESY）等，是测定同核偶合的有力工具；另一类是异核化学位移相关谱（heteronuclear chemical shift correlation spectroscopy），如 ^{13}C-^1H COSY、HMQC、HMBC 谱等，可以给出直接或远程异核偶合的关系，即得到碳氢之间的相互关系。

1）同核化学位移相关谱

（1）氢-氢相关谱（^1H-^1H COSY）。它是应用最广泛和最早的二维技术。氢-氢相关谱是指同一自旋偶合体系中质子之间的偶合相关，通常是从谱图中某已确定的质子（多从低场）信号分析入手，依次对其自旋系统中各质子的化学位移进行精确指定；同时，可依次找出其中偶合的各质子之间的关联（偶合氢片段），再结合碳氢偶合信息，从而可确定分子中各碳氢偶合片段，这是推导和确定结构的强有力工具。

以乙酸乙酯（**4**）的 ^1H-^1H COSY 相关谱为例（图 2-11）。同一 ^1H 核信号将在对角线上相交，交点称为对角峰。图上对角线两侧呈对称分布的两个点称为相关峰（cross peak），相互偶合的两个 ^1H 核信号将在相关峰上相交。图中信号 1（CH_3，t）与信号 2（CH_2，q）之间相互偶合。判断这种偶合相关有 A、B、C、D 四种方式，解析起来十分容易。在复杂的 ^1H NMR 谱中，这种方法的效果尤为突出。

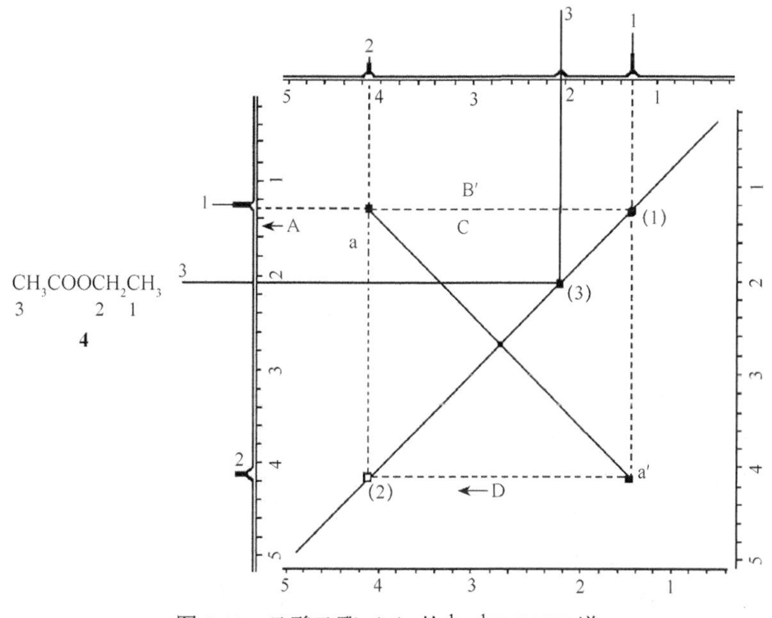

图 2-11　乙酸乙酯（**4**）的 ^1H-^1H COSY 谱

（2）远程氢-氢相关谱（^1H-^1H LRCOSY，^1H-^1H long range COSY）。在常规的 COSY 脉冲系列所测的 COSY 谱上，观察不到较小偶合的相关点，而远程 ^1H-^1H 相关谱能大大增加来自远程偶合的相关点强度。LR-COSY 谱与 COSY 谱共同比较分析，可确定三键和远程偶合相关信息。

（3）双量子滤波二维谱（DQF-COSY）。双量子相干滤波谱是 COSY 实验最重要的衍生系列之一，能得到直接偶合的 ^1H-^1H 偶合关系，它能压制对角线峰、水峰，滤掉过强的溶剂峰和单峰信号，很适合用于高场重叠严重的分子，对于结构解析很有帮助。2）异核化学位移相关谱　异核化学位移相关谱，即两种不同的核，如 ^1H 和 ^{13}C 以其拉摩（larmor）频率通过偶合而相关，所得图谱称为二维异核位移相关谱。

（1）直接键合的 ^{13}C-^1H 碳氢相关谱。常规的 ^{13}C-^1H COSY 谱（示 $^1J_{CH}$ 相关）是指直接键连的碳氢之间的偶合相关，从一个已知的 ^1H 核信号，根据相关关系，可找到与之相连的 ^{13}C 的信号；反之亦然。其对 ^{13}C、^1H 信号的指定非常有效，是应用最广泛的二维技术之一。^1H 检测的异核多量子相干谱（^1H detected heteronuclear multiple-quantum coherence，HMQC）是近年开发的通过多量子相干间接检测低磁旋比核（如 ^{13}C）的新技术。实际上，HMQC 与常规 ^1H-^{13}C COSY 谱相似，只是一种高灵敏度的反向-键异核相关技术，用来测定分子中氢碳直接相连关系。由于多量子相干转移，其灵敏度大大提高，测定 HMQC 谱所需样品量为 0.5～10mg。

（2）远程碳-氢相关谱（long range ^{13}C-^1H COSY）。远程 ^{13}C-^1H COSY 谱（示 $^2J_{CH}$、$^3J_{CH}$ 以上的 ^{13}C-^1H 相关）是近些年来发展最快的二维技术之一。它能够提供两键（^2J）及大于两键（^3J）距离的碳氢偶合信号。对共轭体系及有 W 形偶合的，可观测到 ^4J 偶合碳氢信号，建立 C-C 间的关联，甚至越过氧、氮或其他原子的官能团间的关联，成为推导结构、确定 ^1H 或取代基的立体取向及季碳归属问题的强有力工具。由于该法能将季碳和相邻碳上的质子相关联，在确定分子结构中 C-C 的连接方面，表现出较高的灵敏度，对结构解析有重要作用。异核多键相关谱（heteronuclear multiple bond coherence，HMBC）是通过多量子相干间接检测低磁旋比核（如 ^{13}C）的一种高灵敏度的反向-键异核相关技术，用于测定氢碳直接相连关系。测 HMBC 谱时所需样品量为 0.5～10mg。

3）核欧沃豪斯效应（nuclear overhauser effect，NOE）　NOE 是由核的弛豫产生的一种物理现象。当两个质子 Ha 和 Hb 在空间处于接近的位置时，用某种干扰场（F_2）照射 Ha 使其饱和，则与之有交叉弛豫（偶极-偶极）作用的 Hb 信号增强的现象，称为 NOE 效应。NOE 效应在测定分子构象和取代基的立体构型及结构解析中十分有用。

（1）二维核欧沃豪斯效应谱（2D NOE Spectroscopy，NOESY）。NOESY 谱即纵向弛豫，是 NOE 的二维谱方法，仍是表示质子的 NOE 关系。NOESY 谱在一张谱图上同时呈现了分子中所有质子间的 NOE 信息，已成为研究有机化合物立体化学的有力工具。但在 NOESY 谱中确定信息仍有许多问题：距离较远的核间 NOE 交叉峰很弱；J 偶合交叉峰的存在，给确定正确的 NOE 带来干扰；不能定量测定 NOE。

（2）旋转坐标系欧沃豪斯增强谱（rotating-frame overhauser enhancement spectroscopy，ROESY）。ROESY 即横向弛豫，是一种相敏的测定分子中 NOE 的二维谱方法。采用一个弱自旋锁场，则在旋转坐标系中产生交叉弛豫 NOE，即得到旋转坐标系中的 NOE 增强谱——ROESY 谱。因为 ROESY 谱是旋转坐标系的 NOESY 谱，虽然二者都能提供空间核自旋相关信息，但区别在于：NOESY 谱是纵向交叉弛豫，而 ROESY 谱是横向交叉弛豫；NOESY 谱更适用于小分子和大分子（如蛋白质等），中等分子（相对分子质量 300～500）不易观测 NOE；ROESY 谱适用于各种大小分子，可以检测较小的相互作用。

（三）紫外可见吸收光谱（ultraviolet-visible spectra，UV-VIS）

有机化合物分子中的电子可因吸收光波从基态跃迁至激发态。吸收光谱将出现在紫外及可见区域（200～800nm）。由于价电子发生能级的跃迁时，振动和转动能级也同时发生变化，若仪器的分辨力不够，则会出现较宽的吸收峰。UV 光谱对于天然化合物分子中含有共轭体系如共轭双键和α,β-不饱和羰基（醛、酮、酸、酯）结构的化合物及芳香化合物的结构鉴定来说是一种重要的手段。通常主要用于推断化合物的骨架类型；对香豆素类、黄酮类等化合物，它们的 UV 光谱在加入某种诊断试剂后可因分子结构中取代基的类型、数目及取代方式不同而改变，故还可用于推断化合物的精细结构。

光谱曲线中的最高峰为最大吸收峰，它所对应的波长称为最大吸收波长（λ_{max}）；曲线的谷所对应的吸收波长称为最小吸收波长（λ_{min}）；有时在吸收峰旁有一小的曲折称为肩峰（sh）；在吸收曲线的短波长端，有一个吸收强度相当强但不成峰形的吸收，称为端吸收，如（*E*）-1-（3,4-亚甲二氧基苯基）-1-丙烯（**5**）的紫外光谱（图 2-12）。一种物质由于特殊的分子结构往往在紫外光谱中出现几个最大的吸收峰。λ_{max}是分子中电子能级跃迁时所吸收的特征波长，不同的物质有不同的吸收峰。UV 谱中的λ_{max}、λ_{min}、肩峰及整个光谱的形状取决于物质的性质，其特征因物质的结构而异，因此可根据谱图推断有机化合物的结构。

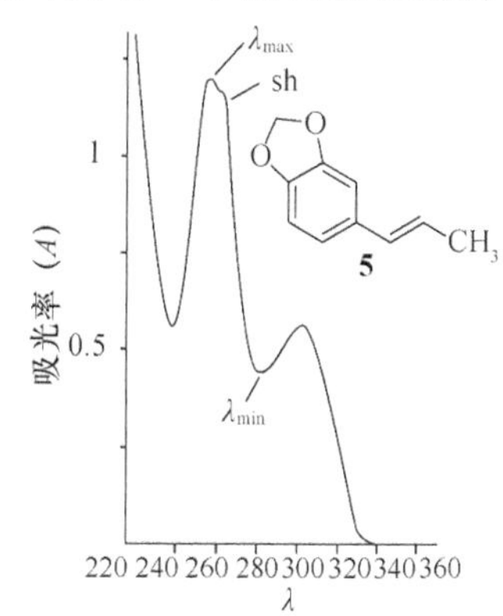

图 2-12　（*E*）-1-（3,4-亚甲二氧基苯基）-1-丙烯（**5**）UV 光谱

能吸收可见光及紫外光的孤立官能团叫作发色团，一般为带有π电子的基团。有些官能团在波长 200nm 以上没有吸收带，当它们与具有孤电子对（或称为非键电子，n 电子）的原子连在一起时，形成 p-π共轭，可使吸收带向长波方向移动，并使吸收的强度增加，这种效应称为助色效应，这种基团称为助色团，如—OH、—OR、—NH_2、—SR、卤素等。电子跃迁的类型及特征谱带包括：σ→σ*跃迁、π→π*跃迁、芳香族化合物的π→π*和n→π*跃迁。

1．σ→σ*跃迁　σ→σ *跃迁的电子不易激发，跃迁需要的能量较大，超出了通常的紫外及可见光范围，不产生任何吸收；没有多大的诊断价值，如饱和烃、醇、醚等，它们在紫外光谱中常用作溶剂。

2．π→π*跃迁　π→π*跃迁吸收带在光谱学上称为 K 带，发生于共轭烯烃分子如丁二烯。由于成键轨道π与反键轨道π*的能量差比孤立双键的π*和π两个轨道的能量差小，共轭二烯烃的吸收带在近紫外区，$\varepsilon>10^4$。共轭双键的数目增加，吸收带向波长增加的方向移动，这种现象称为红移。如 1,3-戊二烯λ_{max}^{EtOH}223（ε 22 600），己三烯λ_{max}^{EtOH}258（35 000）。具有发色团的芳香族化合物（如苯乙酮）的光谱中也出现 K 带。

3．芳香族化合物的π→π*跃迁　芳香族化合物的π→π* 跃迁在 230～270nm 的吸收称为 B 带（苯型谱带），在 180nm 和 200nm 附近所出现的吸收带分别称 E_1 和 E_2 谱带（乙烯型谱带，E 谱带）。B 谱带和 E 谱带均为芳香化合物或芳香杂环化合物的特征谱带。当芳环上有助色团时，E 带发生红移。E 带的ε通常在 2000～14 000。

4．n→π*跃迁　n→π*跃迁是分子中同时含有孤电子对和π键时产生的吸收带，称为 R 谱带，如羰基、硝基等发色团，一般在 270～300nm 出现吸收。R 带的特征是强度弱，ε一般小于 100；另一特征是随着溶剂极性的增加，R 带向短波长方向移动（又称为蓝移）。

（四）红外光谱（infrared spectroscopy，IR）

红外光谱是有机化合物吸收红外光 4000～400cm^{-1}（2.5～25μm）引起分子中价键的伸缩及弯曲振动而产生的吸收光谱。

图 2-13 以苦楝内生菌 *Phoma* sp.中分离获得降倍半萜 botryosphaeridione（**6**）的 IR 谱为例说明。红外光谱可分两个主要区域：4000～1500cm^{-1} 是官能团特征吸收区，其吸收位置相对恒定，很少受分子环境的影响，称为官能团区（functional region），如羟基、氨基及重键（如—C═C—、—C═O、—N═O、—C≡N）、芳环等均在这个区域有吸收；1350～600cm^{-1} 的区域是分子的单键伸缩加弯曲振动产生的吸收带，受整个分子结构影响较大，在此区域中每个化合物有着彼此不同的谱图，形状比较复杂，犹如人的指纹一样，故称指纹区（finger print region）。这个区域光谱反映了分子整体结构特征，对于鉴定未知有机物非常有用。

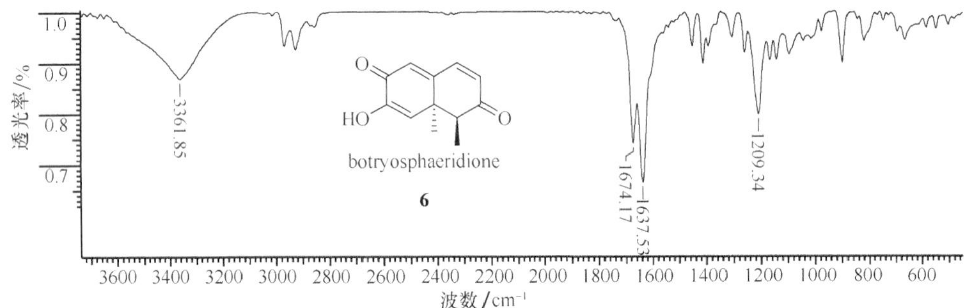

图 2-13 botryosphaeridione（**6**）的 IR 谱

有机化合物的红外光谱一般是液、固态样品或将样品配成溶液而测定的。样品的状态对吸收峰的位置有很大的影响，因此，在图谱上对样品的状态应加以标明。一般情况下，分子振动能的改变同时伴随转动能的改变，因而使振动吸收线变宽，成为吸收带。

仅利用红外光谱确定化合物结构，一般比较困难，需要与其他波谱技术相结合。但是，IR 谱对确定官能团的类别却是简单可靠的。有机化合物 IR 的特征频率大致见表 2-6。

表 2-6 红外数据区段

序号	区段/cm^{-1}	特征官能团	说明
1	3650～3200	—OH、—NH	羧酸的峰较宽
2	3300～3000	C═C—H、C≡C—H	不饱和碳氢的吸收都大于 3000
3	2960～2850	C—H	饱和碳氢伸缩振动
4	2500～2000	C≡C、C═C═C	注意 CO_2 的干扰（2365、2335）
5	1900～1650	C═O	羰基信号尖锐、信号强
6	1670～1450	C═C	双键：1670～1600 苯环骨架振动：1600～1450
7	1500～1300	饱和 C—H	饱和碳氢弯曲振动
8	1300 以下	指纹区	

第三节　植物化学成分绝对构型测定方法

有机化学的发展要求人们必须在三维空间上了解分子的结构与功能，尤其是与生命过程有关的化学问题。例如，药物分子的立体构型与受体之间的相互作用，生化反应过程的立体选择性与分子的立体构型之间的关系，各类天然有机化合物的立体构型与它们表现出的生物活性之间的关系。对许多天然有机化合物而言，其生物活性往往只为一种特定的绝对构型所专有，如河豚肝脏中的河鲀毒素（tetrodotoxin，**7**），其毒性与 C-9 的立体构型有关：天然的 C-9 为 *S* 构型，毒性极强，而 C-9 为 *R* 构型时则毒性很小。因此，除非对分子的绝对构型有所了解，否则就不能完全理解化合物的化学和生物学行为。

测定手性化合物绝对构型的经典方法主要有化学相关法、旋光谱（optical rotatory dispersion，ORD）、圆二色谱法（circular dichroism，CD），以及比旋光度比较法、单晶 X 射线衍射法等。近年来，随着新的手性试剂的不断涌现和高场 NMR 技术的发展，NMR 法在天然有机化合物绝对构型的测定中得到了广泛应用。

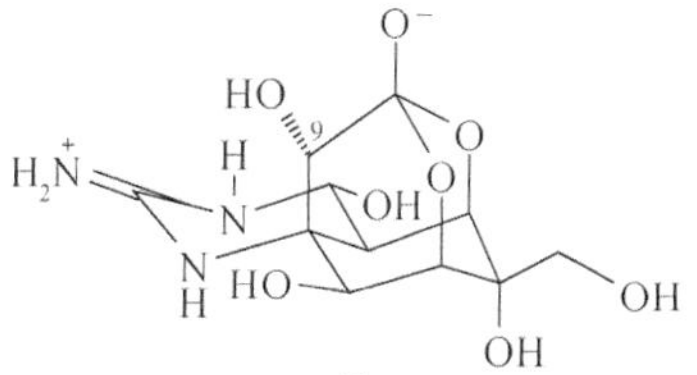

7

一、核磁共振法

NMR 法测定有机化合物的绝对构型，主要是测定 *R* 和（或）*S* 手性试剂与被测化合物反应所得产物的 ^{1}H NMR 化学位移数据，根据其质子化学位移的差值与模型比较，即可测定被测化合物手性中心的绝对构型。根据方法的原理不同将其分为两类：一类是应用芳环抗磁屏蔽效应确定有机化合物绝对构型的 NMR 方法：另一类是应用苷化学位移效应确定有机化合物绝对构型的 NMR 方法。与经典方法相比，NMR 法具有适用范围广、样品用量少、衍生物制备简单、测定快速、准确等特点。

Mosher 法是借助 NMR 技术测定有机化合物绝对构型最常用的方法。Mosher 于 1973 年分别提出应用 ^{1}H NMR 的 Mosher 法和应用 ^{19}F NMR 的 Mosher 法。许多用芳环抗磁屏蔽效应确定绝对构型的 NMR 方法都是在 Mosher 法基础上发展起来的。该方法是将被测化合物的仲羟基(或伯胺）分别与（*R*）-和（*S*）-α-甲氧基三氟甲基苯乙酸［（*R*）-和（*S*）-α-methoxytrifluoromethylphenyl acetic acid，MTPA］反应成 Mosher 酯，然后比较（*R*)-和（*S*)-MTPA 手性酯中有关质子的化学位移差值$\Delta\delta$（$\Delta\delta = \delta_S - \delta_R$）的符号，在 Mosher 酯的构型关系模式图比较的基础上，根据$\Delta\delta$的符号来判断该羟基（或伯胺）所连手性碳的绝对构型。

Mosher 法可简单表述如下：仲醇的 MTPA 衍生物中，仲醇碳原子上的质子与 MTPA 部分的酯羰基和三氟甲基处于同一平面上（图 2-14A）。从图 2-14B 中所示的 MTPA 酯的优势构象可知，由于苯环的抗磁屏蔽效应，（*R*）-MTPA 酯中 $H_{A,\ B,\ C\cdots}$NMR 信号比（*S*）-MTPA 酯相应的信号出现在较高场，所以$\Delta\delta$为负值；而对 $H_{X,\ Y,\ Z\cdots}$来说，则与此相反，所以$\Delta\delta$为正值。据此，规定当质子处于 MTPA 平面的右侧时，$\Delta\delta$为正值（$\Delta\delta>0$），当质子处于 MTPA 平面的左侧时，$\Delta\delta$为负值（$\Delta\delta<0$）。

具体操作如下：①将（*R*）-和（*S*)-MTPA 分别与仲羟基合成酯，归属各质子信号；②计算各质子的$\Delta\delta$（$\delta_S-\delta_R$）值；③将$\Delta\delta$值为负的质子放在 MTPA 平面的左侧，将$\Delta\delta$值为正的质子放 MTPA 平面的右侧；④根据图 2-14C 中模型 A 判断该仲羟基所连手性碳的绝对构型。以番茄

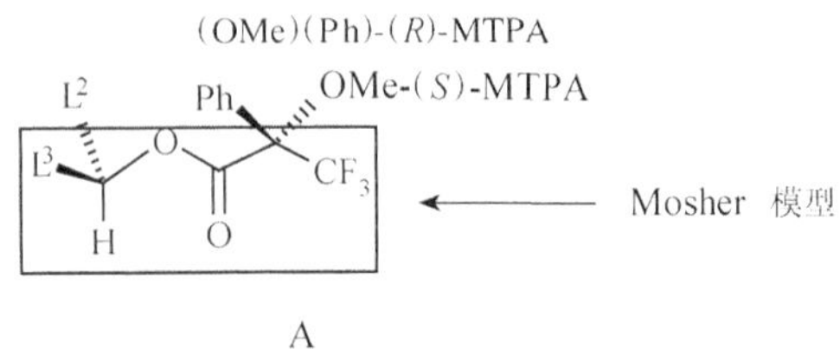

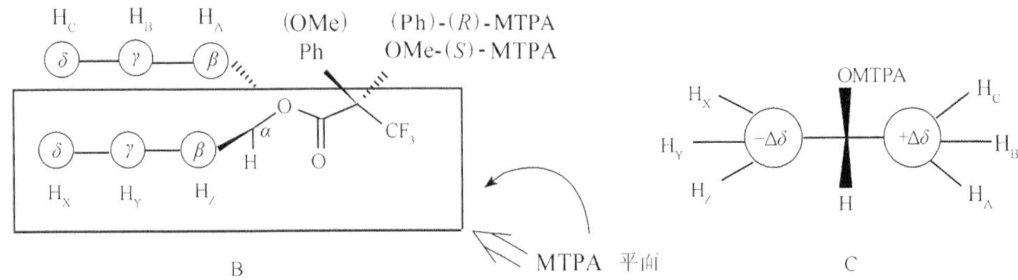

图 2-14 Mosher 法确定绝对构型的示意图

A．仲醇(*R*)-和(*S*)-MTPA 衍生物的构型关系模型；B．MTPA 酯的 MTPA 平面，质子 $H_{A,B,C}$ 及 $H_{X,Y,Z}$ 分别处于平面的右侧和左侧；C．确定仲醇绝对构型的模型，所显示的是从箭头方向观察 B 图时的情况

枝科植物囊瓣木中得到的 saccopetrin A（**8**）绝对构型的测定为例，说明 Mosher 法的应用。

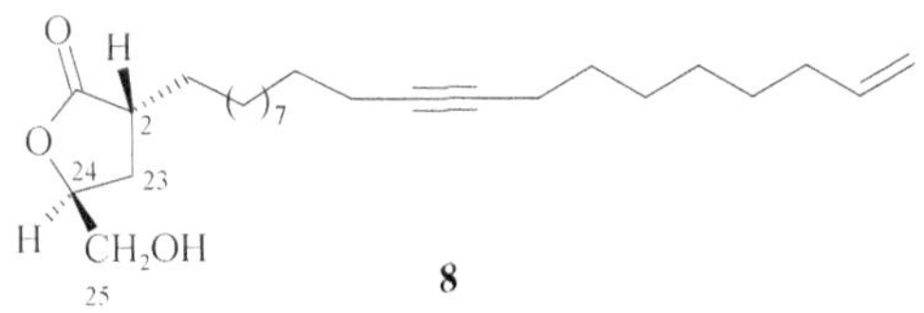

8

具体步骤：首先制备 **8** 的甲基化物，再将此甲醚用稀碱水解开环，经适度酸化得到羟基羧酸，加入重氮甲烷，使羧基生成甲酯，即得 C-24 位构型保持的仲醇。将此化合物分别与(*R*)-和(*S*)-MTPA 反应，生成相应的 Mosher 酯（**9**）（图 2-15）。

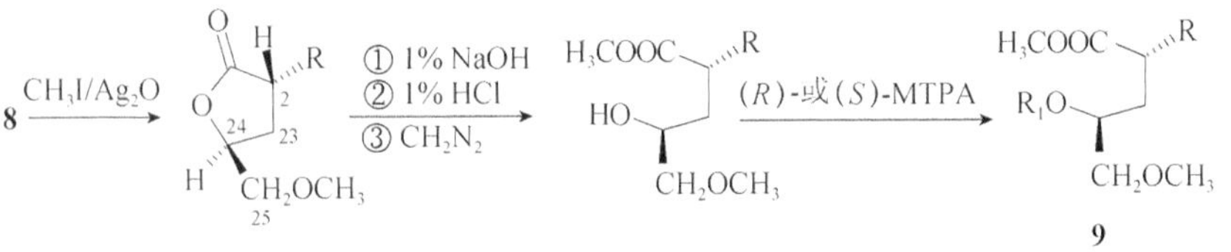

9

R=—$(CH_2)_{10}CC(CH_2)_6CH{=}CH_2$，$R_1$=(*R*)-MTPA 或(*S*)-MTPA

图 2-15 化合物 **8** 的 Mosher 酯制备及绝对构型的测定

通过 ^{1}H-^{1}H COSY 谱，对二者质子化学位移进行了准确归属（表 2-7），根据其$\Delta\delta$（$\delta_S-\delta_R$）值的符号及 Mosher 理论，确定 C-24 绝对构型为 *S*。因为化合物 **8** 的相对构型已经通过 NOESY 谱确定，因此 C-2 绝对构型应为 *R*。

表 2-7 化合物 8 的（*S*）-和（*R*）-MTPA 酯中特征质子信号

位置	δ_S	δ_R	$\Delta\delta_H$（$\delta_S-\delta_R$）
H-2	2.25	2.44	−0.19
H-23a	1.84	1.88	−0.04

续表

位置	δ_S	δ_R	$\Delta\delta_H$（$\delta_S-\delta_R$）
H-23b	1.68	1.77	−0.09
H-24	5.25	5.20	+0.05
H-25	3.48	3.41	+0.07
25-OCH_3	3.35	3.24	+0.11

二、旋光光谱法

利用不同波长（200～700nm）的偏振光照射光学活性化合物，用波长对比旋度［α］$\times 10^{-2}$或分子比旋度［ϕ］$\times 10^{-2}$作图，所得曲线即为旋光光谱（optical rotatory dispersion，ORD）。条件是化合物不对称中心的邻近具有发色团。常见的有平坦谱线、单纯科顿（Cotton）效应谱线和复合科顿效应谱线等三种类型。

1．平坦谱线　若分子中没有发色团时，则产生的旋光谱的谱线无峰和谷的出现，谱线向短波区升高的是正性谱线；向短波区降低的是负性谱线。如图 2-16 所示，两条谱线都是平滑的，A 是正性谱线，属于右旋；B 是负性谱线，属于左旋。正性、负性谱线是指谱线的谱形，与旋光值的正负无关。

图 2-16　平坦旋光光谱线

2．单纯科顿效应谱线　若光学活性分子中有发色团时，则产生异常的旋光光谱，出现峰和谷，即得科顿效应谱线。如图 2-17 所示，两个胆甾烷-3-酮（**10** 和 **11**）ORD 谱线中均见一个峰与谷，称为单纯科顿效应谱线。峰与谷之间的距离称为振幅（a），峰和谷之间的宽度称为宽幅（b）。峰在长波处、谷在短波处者称为正科顿效应谱线（+CE）；反之，谷在长波区、峰在短波区者称为负科顿效应谱线（−CE）。

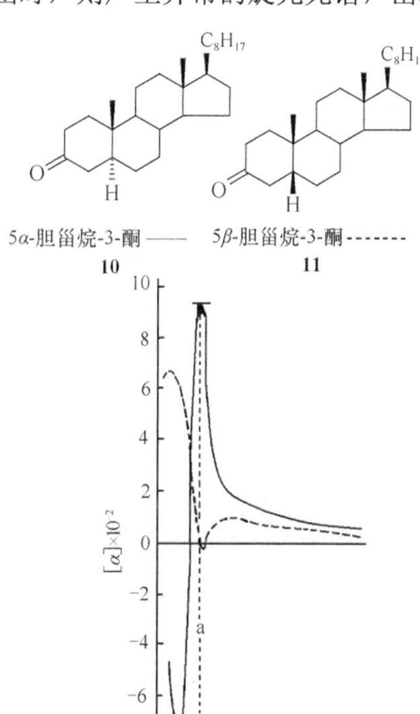

图 2-17　单纯科顿效应旋光光谱线

三、圆二色谱法

在一定波长范围内（200～700nm），以手性化合物对左旋和右旋圆偏振光的吸收系数之差$\Delta\varepsilon$（$\Delta\varepsilon=\varepsilon_L-\varepsilon_R$）或椭圆度［$\theta$］的连续变化并对波长作图，则可得到圆二色光谱（circular dichroism，CD）。如$\Delta\varepsilon$=（+），则 CD 谱线为正性，出现峰；如$\Delta\varepsilon$=（−），则 CD 谱线为负性，出现谷。旋光谱线的正、负性与圆二色光谱是一致的。有时为增强 Cotton 效应，向样品溶液中添加具有UV吸收的络合剂或者通过有机反应引入发色团。

对于比较复杂的化合物，CD 谱线比 ORD 谱线简单而易于分析。但谱形复杂的 ORD 谱用于定性鉴定却比较有利，因为它容易反映出微小的结构差别。从 CD

谱和 ORD 谱的特征，应当可以得出相同的立体化学结构。相比较其他绝对构型测试手段，CD 谱仅需很小的样品量（1mg）、无需结晶等繁琐的前处理，操作、测试时间短、样品可回收，尤其适合天然产物的构型测定。缺点是要求样品有一定的紫外吸收，一般 λ_{max} 在 230nm 以上。通过 CD 图谱解析化合物的绝对构型需要首先根据 NOESY 或 ROESY 确定好化合物的相对构型。相对构型相同的两个化合物互为对映异构体，二者的 CD 谱关于横坐标轴对称（Cotton 效应刚好相反）。主要的解析方法有两种：激子手性法和量子化学计算辅助解析。

圆二色谱激子手性法（exciton chirality method）是一种非经验性确定有机化合物绝对构型的光学方法。20 世纪 70 年代以来，中西香尔等进行了大量系统研究，使这一方法不断改进和完善，成为确定有机分子绝对构型的重要方法。由于在理论上以量子力学为基础，激子手性法结果准确，可以和 X 射线衍射法媲美。

当分子含有两个互不共轭的相同发色团，吸收电磁波激发电子后，生成数目均等的两种形式单激子。这两种激子相互作用，通过远程库伦偶合产生两个分裂能级，这种分裂能级导致手性分子在 CD 谱中给出两个相反的 Cotton 效应。因此谱线的间隔激子手性法用于测定有机物绝对构型的关键是通过衍生化引入合适的发色团。要求发色团要有强的吸收，以便相距较远的发色团之间产生强的激子偶合。同时，引入的发色团要有合适的最大吸收波长，以免与分子中原有发色团发生重叠。在解析时，首先判断结构中两个发色团间的螺旋方向，以手性乙二醇二苯甲酯说明，如图 2-18 所示。两个发色团的极矩矢量构成顺时针螺旋即为正手性，理论上产生+CE 的 CD 曲线，反之产生−CE 的曲线，对比实验 CD 曲线的 Cotton 效应即可判断绝对构型。

但在很多实际天然结构中，并不一定存在两个合适的发色团，实验 CD 曲线中也有可能存在多个 Cotton 效应，或者只有峰或谷，这时采用激子手性法就很难判断构型。尽管可以通过化学反应引入发色团，但这需要足够质量的化合物及合适的反应位点。该法不适合微量的天然产物的构型鉴定。近年来，通过量子化学计算可以精确预测出各个构型的理论 CD，然后与实验 CD 对比解析正确构型。只要化合物的 CD 图谱中存在明显吸收，即可用于判断构型。以前面提到的化合物 botryosphaeridione（**6**）为例说明。NOESY 的数据表明结构中的两个甲基处于反式构型。相应的绝对构型有如图 2-19 中 **6** 所示的两种情况（对映异构体）。该结构通过 MMFF94S 搜索稳定构象，然后通过 B3LYP/6-31+G（d，p）优化后以 B3LYP/aug-cc-pVDZ 计算理论 CD 曲线后与实验 CD 对比，**6** 的理论 CD 与实验 CD 吻合，即确定构型为（−）-**6**。

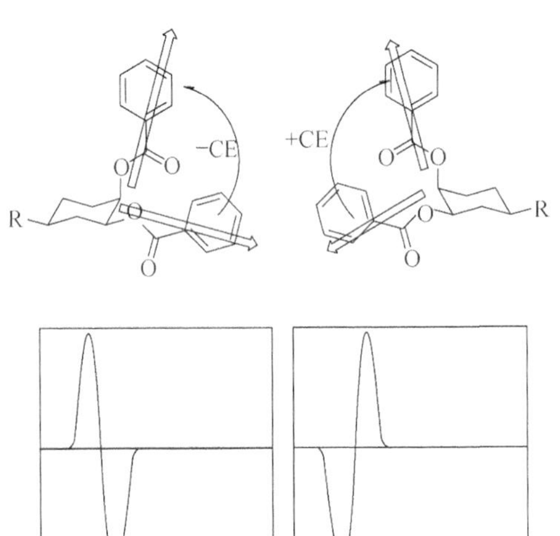

图 2-18 手性乙二醇二苯甲酯 CD 曲线

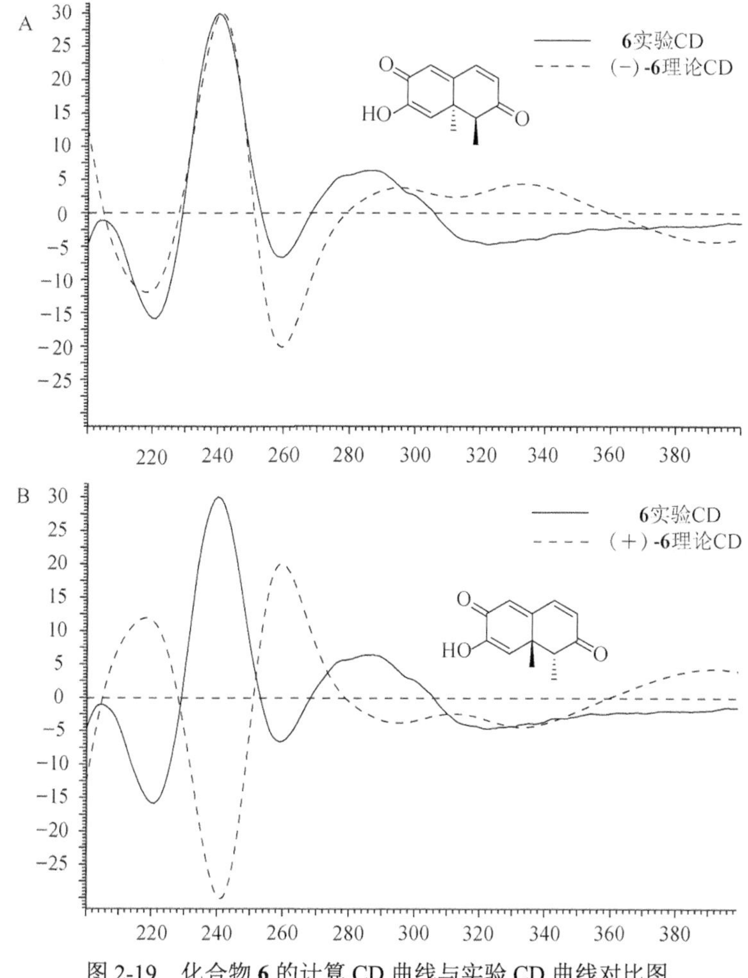

图 2-19　化合物 **6** 的计算 CD 曲线与实验 CD 曲线对比图

四、单晶 X 射线衍射法

目前波谱方法已成为测定天然有机化合物分子结构的常规手段，但是对于一些复杂的结构和绝对构型等，尤其是对一些生物大分子的结构，波谱分析方法就显得无能为力。X 射线衍射分析（X-ray diffraction，XRD）是一种很好的测定分子结构的方法。X 射线单晶衍射仪主要用途如下：①对物质结构及组成进行分析，在不破坏样品的情况下，能够准确地测定分子的单晶结构。②确定晶体内部原子（分子、离子）的空间排布及结构对称性，测定原子间的键长、键角、电荷分布，探讨物质的微观结构与宏观性能的关系。③提供晶体分子结构、分子间氢键和相互作用力的信息，以及分子的构型及构象等结构信息。它广泛用于化学晶体学、分子生物学、药物学和材料科学等方面的分析研究。④单晶 X 射线衍射法是确定分子绝对构型非常可信的方法，但要求样品能获得晶型良好的单晶。

X 射线在确定绝对构型中由于靶的不同要求不同：对于铜靶产生的 X 射线而言，只要分子中含有氧以上的原子就可以确定绝对构型，当然现在的化合物基本都含有氧原子，在 20 世纪 80 年代，蒿甲醚的绝对构型就是采用这种方法确定的。对于钼靶产生的 X 射线而言，只要分子中含有磷以上的原子就可以确定绝对构型。同时，另外一种方法对上面的均适用，就是必须引入一个已知绝对构型的物质来进行比较确定手性。

习　　题

一、填空题

1. 层析法按其基本原理分为（　　）、（　　）、（　　）和（　　）。
2. 在正相硅胶薄层层析中，极性大的化合物 R_f 值通常（　　），极性小的化合物 R_f 值通常（　　）。
3. 利用萃取法或分配层析法进行分离的原理主要是利用不同化合物（　　）的不同实现分离。
4. 为了测定植物化学成分的结构，我们常用的四大波谱是指（　　）、（　　）、（　　）和（　　）。

答案：1. 吸附层析；分配层析；离子交换层析；排阻层析　2. 小；大　3. 分配常数　4. IR（红外光谱）；UV-vis（紫外可见吸收光谱）；MS（质谱）；NMR（核磁共振谱）

二、选择题

1. 纸层析属于分配层析，其固定相为（　　）。
   A. 滤纸上吸附的水　B. 纤维素　C. 水　D. 展开剂中极性较大的溶液
2. 葡聚糖凝胶层析法属于排阻层析，在化合物分离过程中，先被洗脱下来的为（　　）。
   A. 大分子化合物　B. 小分子化合物　C. 杂质　D. 两者同时下来
3. 从药材中依次提取不同的极性成分，应采取的溶剂极性顺序是（　　）。
   A. 水→EtOH→EtOAc→Et_2O→石油醚　B. 石油醚→Et_2O→EtOAc→EtOH→水
   C. 石油醚→水→EtOH→EtOAc→Et_2O　D. EtOAc→EtOH→水→Et_2O→石油醚

答案：A　A　B

三、名词解释

1. EI-MS　2. ESI-MS　3. 逆流连续萃取法　4. HSQC
5. ^{1}H-^{1}H COSY　6. HMBC　7. NOESY　8. 发色团

四、简答题

1. 常见提取植物中有效化学成分的方法有哪些？
2. 对植物化学成分进行结构鉴定之前，如何检验其纯度？
3. 简述植物有效成分的活性追踪分离方法。
4. 简述紫外光谱中电子的跃迁形式。
5. 确定手性化合物绝对构型的常用方法有哪些？其中，用 X 射线单晶衍射确定绝对构型时对底物有何要求？
6. 如何利用 Mosher 方法确定化合物的绝对构型？
7. 如何通过圆二色谱确定化合物的绝对构型？

中篇 各 论

第三章 糖与苷类

糖类（saccharides）是植物经光合作用合成的初生代谢产物，广泛分布于自然界。现代分子水平的生物学研究显示，糖已不仅仅是生物体的结构材料（如纤维素）或能量储备形式（如淀粉和糖原），还是高密度的信息载体，起到了重要的细胞识别功能。例如，在细胞的表面，以低聚糖集合物形式存在的糖正是接收外来信号、进行分子识别的重要物质。糖和蛋白质、核酸、脂类一起，称为涉及生命活动本质的重要生物分子，是维持生命机器正常运转的最根本的物质基础。然而糖化学尽管已有上百年的发展史，多糖及糖结合物的分离、纯化、组分测定和结构分析也有了长足的进步，但由于其结构和立体化学的多样性，仍然是“成熟”了的化学所难以“处置”的对象，人们对它们的认识远不能和蛋白质及核酸相比。糖化学研究对于揭示糖所携带的复杂生物学信息和糖类在生物合成反应，以及在细胞间的识别、神经细胞发育、激素激活、细胞增殖、病毒和细菌感染、肿瘤细胞转移等许多基本生命过程中所起的作用具有重要意义。同时，许多中草药的活性与糖及其衍生物有着密切的关系，尤其是糖与非糖化合物结合成的苷（glycoside），其中不少具有生理活性，因此，糖类日益受到植物化学界的关注。

第一节 糖与苷类的结构类型

一、单糖

（一）单糖的构型和环状结构

单糖（monosaccharide）是多羟基醛或多羟基酮类化合物，是组成糖类及其衍生物的基本结构单元，分为 D 系列和 L 系列两类构型。存在于生物体内的单糖有 200 余种，多数为五碳糖和六碳糖，其中包括五碳醛糖、甲基五碳醛糖、六碳醛糖和六碳酮糖，以 D 构型居多。在天然界的这些单糖中，只有葡萄糖、果糖等少数几种能以游离形式存在，其余均呈结合状态。

由变旋现象引出的半缩醛或半缩酮氧环式的单糖环状结构，已被化学和物理方法所证实。天然界存在的单糖环状结构有五元氧环和六元氧环两种，前者称为呋喃糖（furanose）、后者称为吡喃糖（pyranose）。单糖环化后新形成的端基碳（C-1 或 C-2）为手性碳原子，因而一种构型的开链式单糖能形成一对环状结构的端基差向异构体：α 和 β 两种构型。例如，D-葡萄糖在水溶液中达到变旋平衡后大约含有 63.6%的 β-吡喃糖、36.4%的 α-吡喃糖、0.01%开链式及极微量的 α-和 β-D-呋喃糖。但当单糖半缩醛羟基成苷后，就固定为一种构型。

不同构型呋喃糖和吡喃糖的基本骨架用透视（Haworth）式表示如下。

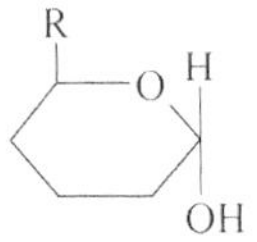

α-D-吡喃糖 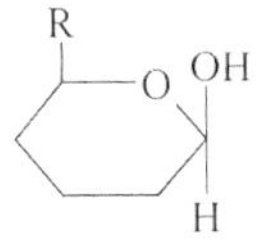 β-D-吡喃糖 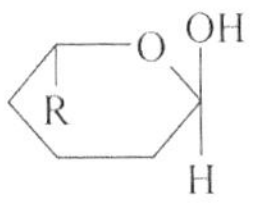 α-L-吡喃糖 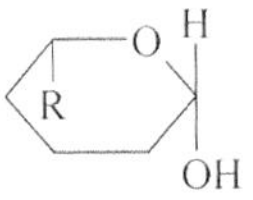 β-L-吡喃糖

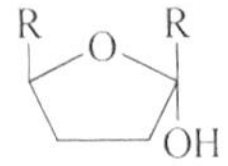

α-D-呋喃糖 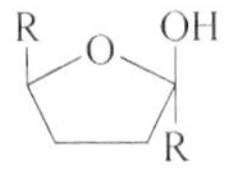 β-D-呋喃糖 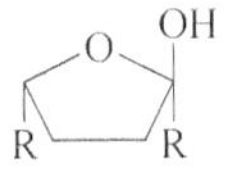 α-L-呋喃糖 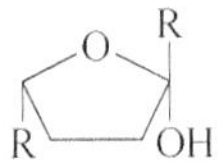 β-L-呋喃糖

由于成环原子不在一个平面上，因此用构象式表示单糖的环状结构比 Haworth 式更为合理，更何况构象分析还是正确认识糖的结构与性质的基础。

五元呋喃糖环上的成环原子接近同一平面，其构象与环戊烷类似，以多种信封式（envelope form，E）和扭曲式（twist form，T）构象存在，在溶液中相互迅速转化。例如：

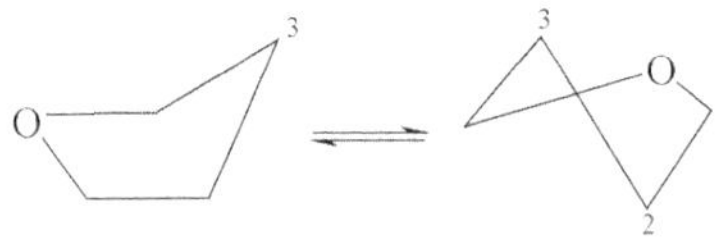

^3E $^3T_2$

六元吡喃糖环上的原子不在一个平面上，其构象与环己烷类似，在溶液或固体状态时有两种稳定的椅式（chair form，C）构象：

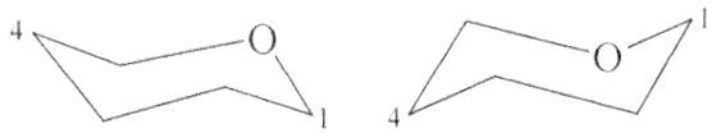

$^4C_1$ $^1C_4$

以 C-2、C-3、C-5 和 O 四个原子构成的平面为准，C-4 处平面上，C1 处平面下，标记为 $^4C_1$，简称 C1；反之 $^1C_4$ 简称 1C。吡喃糖的优势构象以哪种为主，取决于环上碳原子的构型，即羟基和 C_6 基团的取向。可借助 ^{1}H NMR 技术测定糖环 C-2、C-3、C-4 上质子的化学位移和偶合常数，从而确定单糖的立体结构。多数常见 D-吡喃糖的优势构象式为 C1，L-吡喃糖的优势构象式则为 1C。

（二）常见的单糖及其衍生物

1．五碳醛糖 植物界存在的五碳醛糖有 D-木糖（D-xylose，**1**），L-阿拉伯糖（L-arabinose，**2**）、D-核糖（D-ribose，**3**）等。

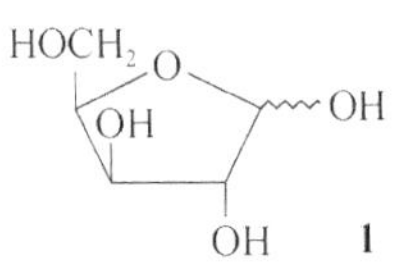

1 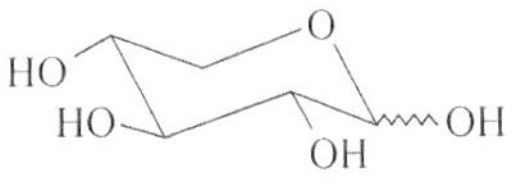 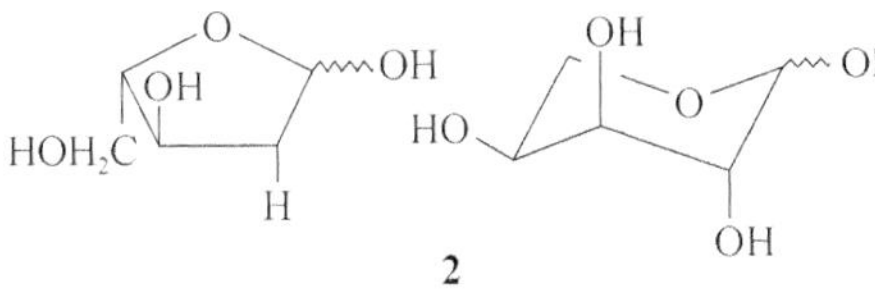 **2**

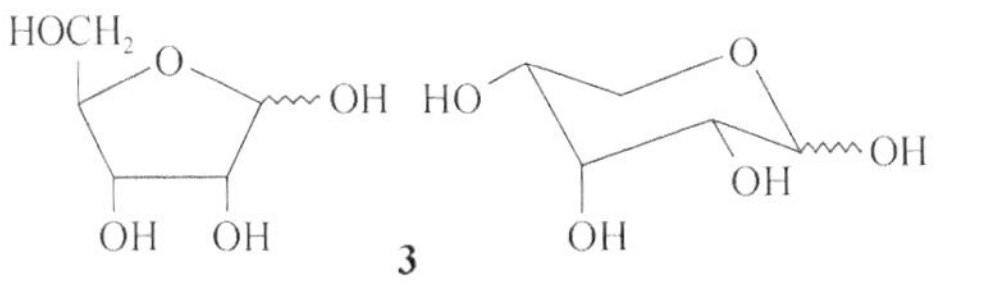

3

2．六碳醛糖和酮糖　D-葡萄糖（D-glucose，**4**）、D-甘露糖（D-mannose，**5**）和 D-半乳糖（D-galactose，**6**）是常见的天然六碳醛糖，D-果糖（D-fructose，**7**）和L-山梨糖（L-sorbose，**8**）则是植物中常见的六碳酮糖。

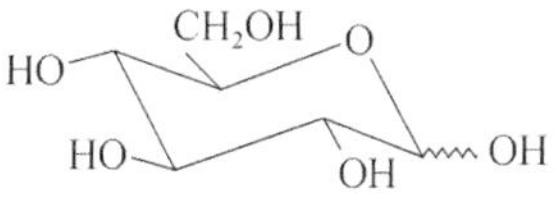

4 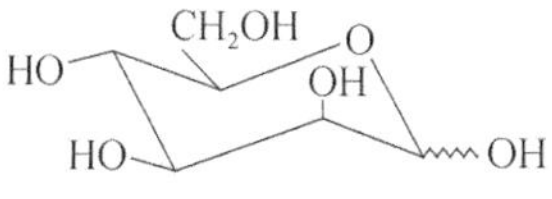　　**5** 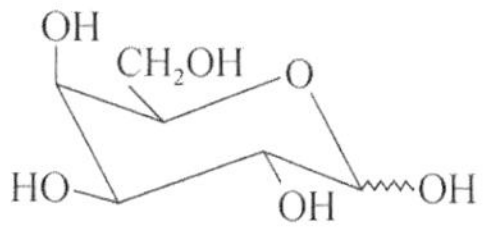　　**6**

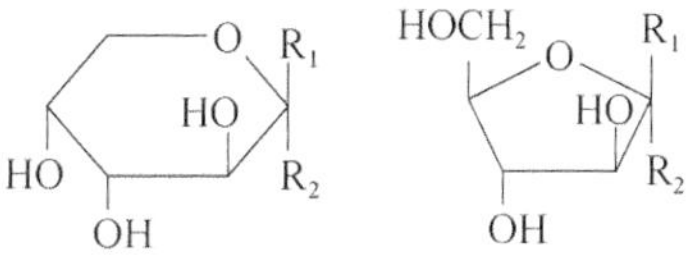

		R_1	R_2
7	α:	CH_2OH	OH
	β:	OH	CH_2OH
8	α:	OH	CH_2OH
	β:	CH_2OH	OH

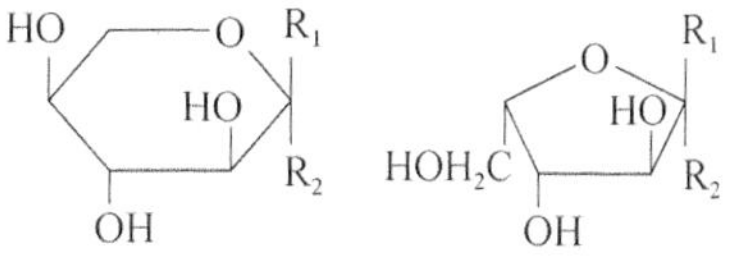

3．脱氧糖　单糖分子的一个或两个羟基被氢原子取代的糖称为脱氧糖（deoxysugars），包括组成DNA中的D-2-脱氧核糖（D-deoxyribose，**9**），植物中常见的6-脱氧醛糖（甲基五碳糖）如L-夫糖（也称为L-岩藻糖）（L-fucose，**10**）、L-鼠李糖（L-rhamnose，**11**）和D-鸡纳糖（D-quinovose，**12**，见第十一章）等，以及2,6-脱氧糖如毛地黄毒苷和夹竹桃苷的D-毛地黄毒糖（digitoxose，**13**，见第十一章）、L-夹竹桃糖（oleandrose，**14**）等。

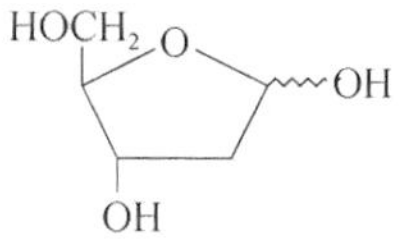

9 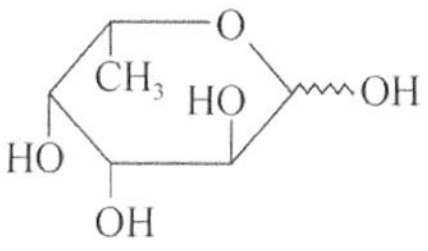　　**10** 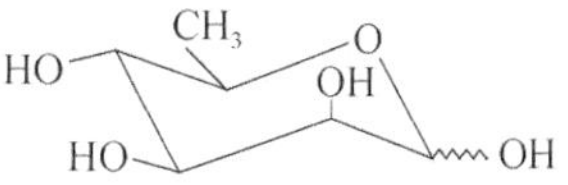　　**11**

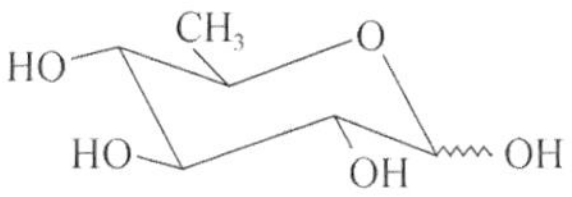

12 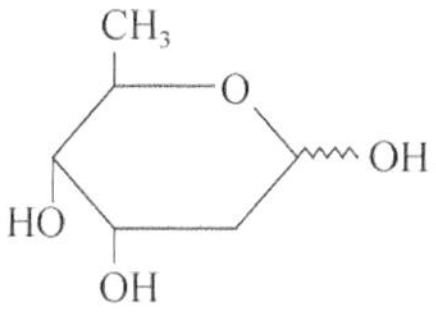　　**13** 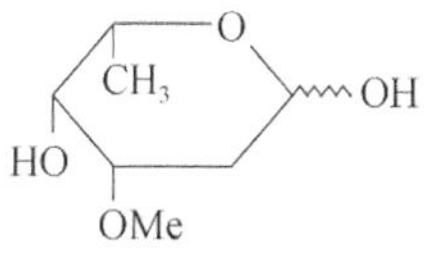　　**14**

4．支碳链糖　自然界存在一些含支碳链的糖或脱氧糖，如组成黄酮苷类化合物芹苷（apiin）的D-芹糖（D-apiose，**15**），金缕梅鞣质中的D-金缕梅糖（D-hamamelose，**16**）、微生物代谢产物L-红霉糖（L-cladinose，**17**）和L-碳霉糖（L-mycarose，**18**）等。

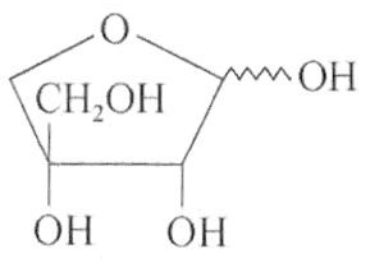

15 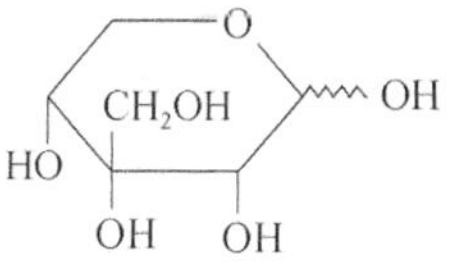　　**16** 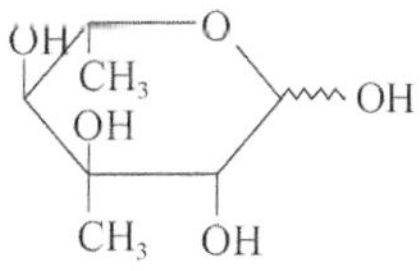　　**17** 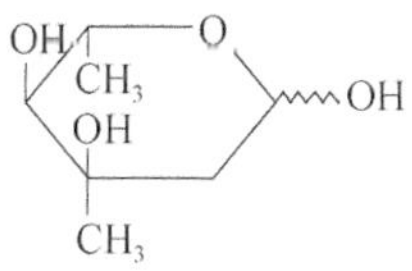　　**18**

5．氨基糖　单糖的一个或几个伯醇羟基或仲醇羟基被置换成氨基所生成的衍生物，称为氨基糖（amino sugar）。天然氨基糖大多是2-氨基-2-脱氧醛糖，存在于动物和微生物中。现已发现的氨基糖有60多种，其中，有些以氨基糖苷的形式存在于庆大霉素、新霉素和链霉素等抗生素中。碳霉氨基糖（D-mycaminose，**19**）、2-甲氨基-2-脱氧-L-葡萄糖（**20**）和

D-胞壁酸（D-muramic acid，**21**）等都属于氨基糖。

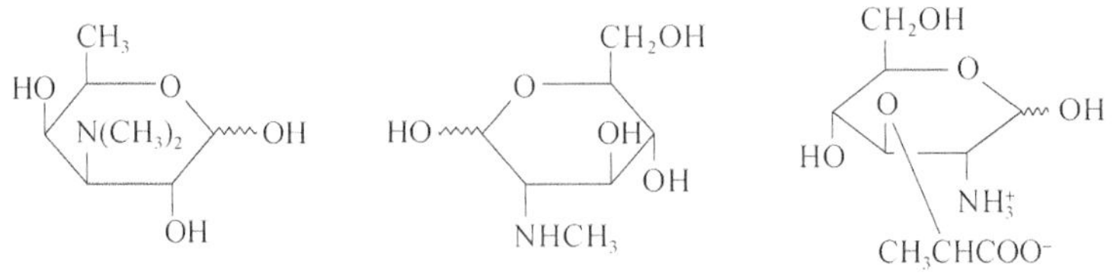

19　**20**　**21**

6．糖醛酸　糖醛酸（uronic acid）是指单糖分子中的伯醇基氧化成羧基的化合物，常结合于苷和多糖的结构中。常见的糖醛酸有 D-葡萄糖醛酸（D-glucuronic acid，**22**）和 D-半乳糖醛酸（D-galactocuronic acid，**23**）。

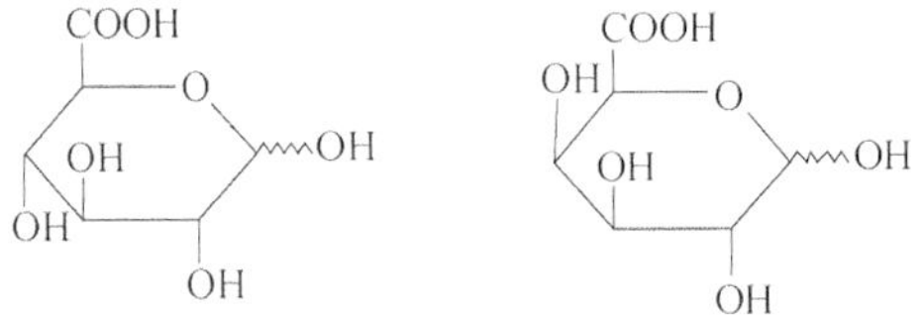

22　**23**

7．伪糖　伪糖（pesudosugar）是单糖环状结构中的成环氧原子被氮原子或硫原子取代所得的一类化合物。伪糖具有抗癌、抗糖尿病、抗病毒和免疫性刺激等生物活性。例如，桑科植物 *Morus bombycis* 叶中 1-去氧野尻霉素（1-deoxynojirimycin，**24**）、(2*S*, 3*R*, 4*R*, 5*R*)-2-甲基-3, 4-二羟基-5-羟甲基四氢吡咯（**25**），以及卡地补豆（*Alexa canaracunensis*）叶、种子及荚中的栗子豆碱（castanospermine，**26**）。

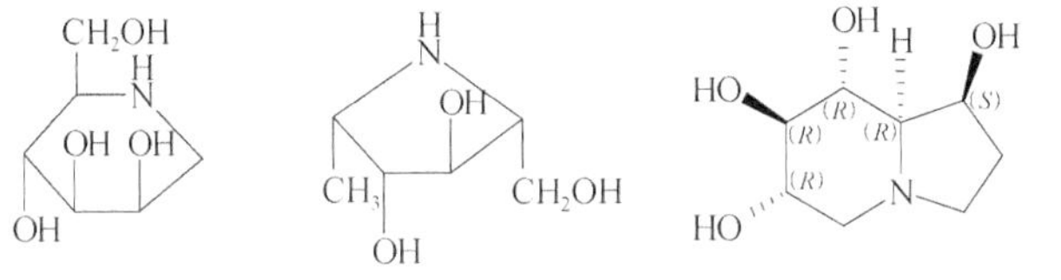

24　**25**　**26**

翅子藤科植物网状五层龙（*Salacia reticulata*）又叫作考特拉，其根、茎的水提物在印度用于治疗糖尿病。研究发现，锍内盐化合物萨拉醇（salacinol，**27**）与考塔拉醇（kotalanol，**28**）是有效成分之一，结构上为四氢噻吩类，属于一类新型糖苷酶抑制剂，后者的抑制活性比前者要强。

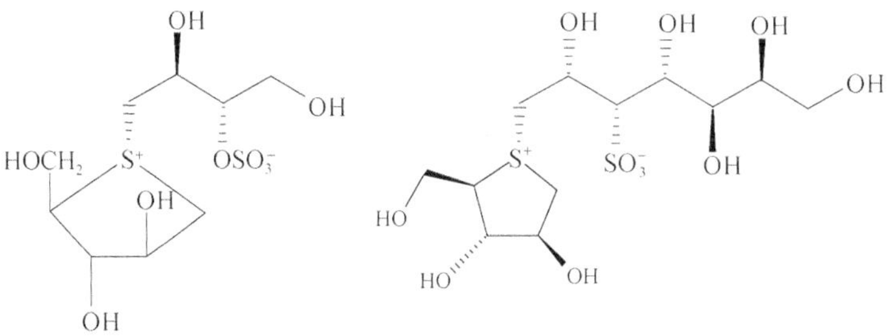

27　**28**

二、低聚糖

由 2～9 个单糖基通过苷键键合而成的直糖链或支糖链的聚糖称为低聚糖（oligosaccharide）或寡糖。低聚糖又可按单糖个数分为双糖、三糖、四糖等，若分子中保留端羟基则为还原糖，否则为非还原糖。目前，许多低聚糖并非生物体内的游离物质，而是多糖的酶或酸水解产物，或者是苷的糖基部分。结构中除了常见的单糖外，还常插入单糖的衍生物，如糖醇、氨基糖、糖醛酸等。

例如，天然界以游离形式存在的双糖：海藻糖（trehalose，**29**）是 α-D-葡萄糖（1→1）-α-D-葡萄糖，槐糖（sophorose，**30**）是β-D-葡萄糖（1→2）-β-D-葡萄糖，新陈皮糖（neohesperidose，**31**）是 α-L-鼠李糖（1→2）-β-D-葡萄糖，芸香糖（rutinose，**32**）是 α-L-鼠李糖（1→6）-β-D-葡萄糖，刺槐二糖（robinobiose，**33**）是 α-L-鼠李糖（1→6）-β-D-半乳糖，后三者分别为黄酮苷的糖基（见第七章）。

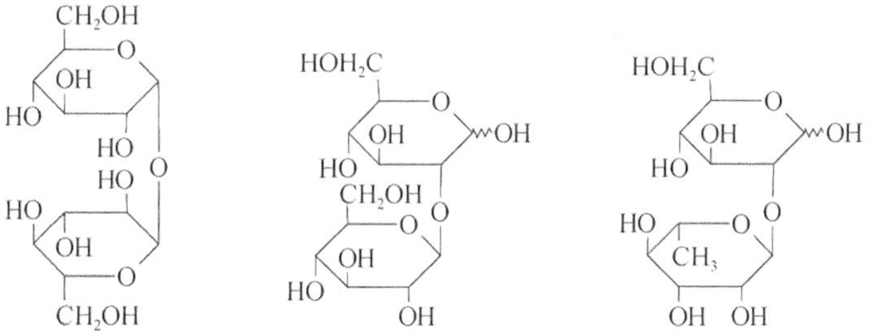

29　**30**　**31**

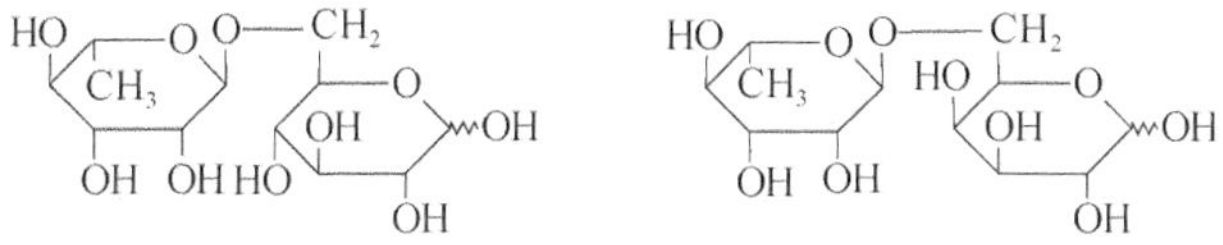

32　**33**

植物中的三糖（trisaccharide）大多是以蔗糖为基本结构再接上其他单糖而成的非还原性糖。例如，以游离形式存在于龙胆属植物中的龙胆三糖（gentianose，**34**）是β-D-葡萄糖（1→6）-α-D-葡萄糖（1→2）-β-D-果糖，遇 α-糖苷酶可水解成龙胆二糖（gentiobiose）和果糖，若与β-糖苷酶作用则水解为蔗糖和葡萄糖。

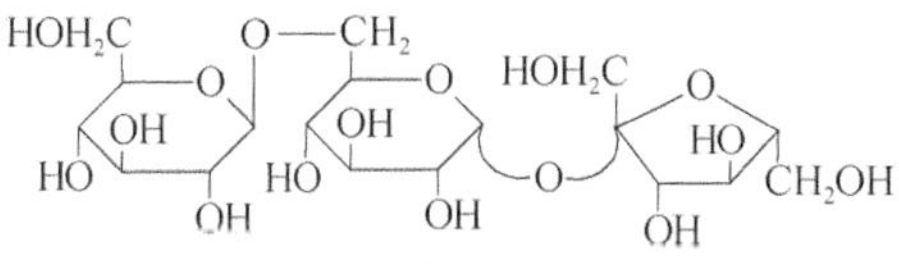

34

环糊精（cyclodextrin）是一组相对分子质量较高的低聚糖，用一种特殊的环糊精葡萄糖基转移酶处理淀粉，使其发生水解和环化，可生成环糊精的混合物。从结构上看，环糊精是由 6～8 个或更多个葡萄糖单元通过 α-1, 4-糖苷键连接起来的环状化合物，它们分别称为环六糊精（α-环糊精）、环七糊精（β-环糊精）和环八糊精（γ-环糊精）。

环糊精分子彼此叠加起来，形成二聚体或多聚体，呈圆筒形，中间有一空穴。分子的上端边缘向外伸展着吡喃葡萄糖 C-2 和 C-3 上的—OH，下端边缘向外伸展着吡喃葡萄糖 C-5 上的— CH_2OH，内侧则由 C—H 键和构成糖苷的氧原子组成。因而其外侧是亲水性，内侧则是疏水性。环糊精可作为稳定剂、乳化剂、抗氧剂、促溶剂等，在食品、医药、农业化工及轻工业等领域有着广泛的用途。另外，利用所形成的包结物可催化某些有机反应；环糊精还可使某些旋光异构体发生选择性沉淀，用于对映体拆分。

三、多糖

由 10 个或 10 个以上单糖基通过苷键连接而成的直糖链或支糖链的聚糖称为多糖（polysaccharide）。一般多糖常由 100 个以上甚至几千个单糖基组成，其性质已大大不同于单糖，如甜味和强的还原性已经消失。多糖按在生物体内的功能分为两类：一类为不溶于水的，主要是形成动植物的支持组织，如植物中的纤维素等，分子呈直糖链型；另一类为动植物的储存养料，可溶于热水成胶体溶液，经酶催化水解生成单糖以供应能量，如淀粉等，多数为支链糖型分子。由一种单糖组成的多糖为均多糖（homosaccharide），由两种或两种以上单糖组成的多糖为杂多糖（heterosaccharide）。

在许多多糖结构中除单糖基之外，还含有糖醛酸、去氧糖、氨基糖、糖醇等，并且有其他取代基，如 *O*-乙酰基、*N*-乙酰基、磺酸基等。复杂多糖的结构常用其重复单元的结构来叙述，单糖及其衍生物用英文缩写体表示。例如，欧洲落叶松（*Larix decidua* Mill.）中的一类 L-阿拉伯-D-半乳聚糖（**35**）如下所示。

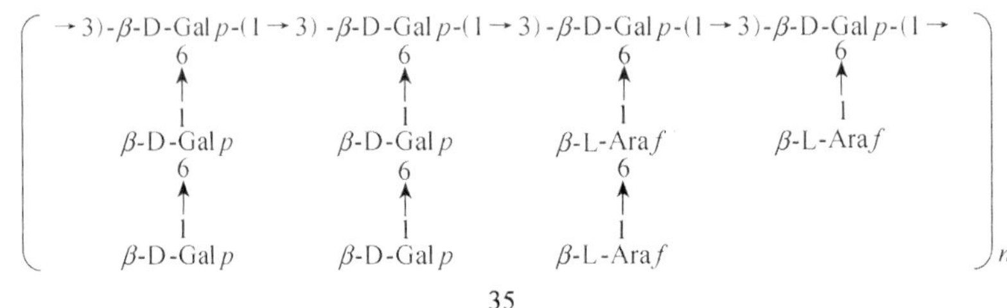

35

像蛋白质等生物大分子一样，多糖也具有明确的三维空间结构，同样可以用一、二、三、四级结构来描述。由于单糖的种类比氨基酸多、连接位置也多，因此具有分支结构的杂多糖在连接顺序确定方面要比蛋白质困难得多 。

多糖的结构形态是各个单糖残基在空间相对定位的综合。解析这些定位，对于理解多糖的生物学功能有极深刻的意义。

（一）葡聚糖

淀粉和纤维素是最常见的葡聚糖（glucan）。在高等植物、细菌、真菌和藻类中还产生了许多其他类型的葡聚糖，其中有些为抗肿瘤多糖。例如，从香蕈中得到一种具有强抗肿瘤活性的多糖即香菇多糖（lentinan），是一种具有 $1\beta\rightarrow6$ 和 $1\beta\rightarrow3$ 支链的 $1\beta\rightarrow3$ 葡聚糖，其平均相对分子质量约为 100 万；黄芪多糖 AG-1 为 $1\alpha\rightarrow4$ 和 $1\alpha\rightarrow6$ 葡聚糖，其中 $1\alpha\rightarrow4$ 和 $1\alpha\rightarrow6$ 苷键糖基的组成比例为 5∶2。

（二）果聚糖

果聚糖（fructan）在高等植物及微生物中均有存在。菊糖（菊淀粉，inulin）是果聚糖的一种，由 35 个左右的 D-呋喃果糖 $2\beta\rightarrow1$ 连接而成，末端接一个 α-D-吡喃葡萄糖单元。菊科、龙胆科、桔梗科等植物中不含淀粉，是以菊糖作为其储存养料。

（三）黏胶质

黏胶质（pectic substance）溶于热水，冷后呈胨状。例如，果胶（pectin）是 D-半乳糖醛酸 1α→4 连接而成的直链分子，羧基部分通常以部分甲酯化状态存在，是高等植物间质的构成物质，在柑橘类植物外皮中的含量高达 30%～50%。工业上作为胶黏剂、乳化剂和亲水剂，用于食品加工和化妆品制造等方面。

（四）半乳甘露聚糖

最常见的半乳甘露聚糖为槐豆胶（sophora bean gum），是从豆科多年生植物国槐（*Sophora japonica* L.）种子胚乳中提取出的一种多糖胶，主要成分是半乳甘露聚糖，该糖是由β-D-1,4 苷键连接的甘露糖为主链的骨架。半乳甘露聚糖可作为增稠剂、凝胶剂、悬浮剂、胶黏剂等广泛应用于食品、石油、医药、造纸、炸药等行业。

四、苷类

苷类（glycosides）又称为配糖体，是糖或氨基糖、糖醛酸等糖的衍生物与称为苷元（aglycone）或配基（genin）的另一非糖物质通过糖的端基碳原子连接而成的化合物，因而有 α-苷和β-苷之分。苷的共性在糖的部分，而苷元部分几乎涵盖了各种类型的天然产物，性质各异。根据苷类是生物体内原存的还是次生的，分为原苷和次级苷；根据连接单糖基的个数分为单糖苷、二糖苷等，一般至六糖苷；根据苷元上连接糖链的处数（如一处或二处、多处），则可分为单糖链苷、二糖链苷等；根据苷键原子不同分为氧苷、硫苷、氮苷和碳苷，其中最常见的是氧苷。对于某一种植物材料，常常可以发现多种苷类成分，这些成分可以是相同的苷元、不同的糖，也可以是不同的苷元、相同的糖。化合物与糖结合成苷以后，水溶性增大，挥发性降低，稳定性增强，生物活性或毒性发生改变，表现出结构决定活性的关系。

（一）氧苷

根据苷元不同又可将氧苷分为醇苷、酚苷、氰苷、酯苷、吲哚苷等。

1．醇苷　醇苷是醇羟基与糖的半缩醛羟基脱水形成的苷。例如，从毛茛科植物田野毛茛（*Ranunculus arvensis*）中分离出的毛茛苷（ranunculin，**36**）、獐牙菜苦苷（swertiamarin，**37**）和红景天苷（rhodioloside 或 salidroside，**38**）。

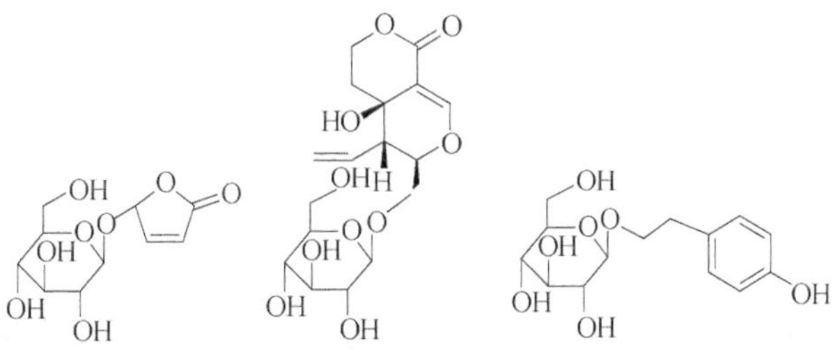

OH O O OH O O OH OH OH

HO O OH H O OH O O OH OH OH

OH O OH OH OH OH

36　**37**　**38**

2．酚苷　酚苷中的苷元是酚类化合物，苯酚苷、二苯乙烯苷、萘酚苷、蒽醌苷、香豆素苷、黄酮苷、木脂素苷等都属于酚苷，如天麻中的镇静有效成分天麻素（gastrodin，**39**）；

白柳树（*Salix alba*）皮中的镇痛解热有效成分水杨苷（salicin，**40**），它衍生的药物就是阿司匹林；虎杖（*Polygonum cuspidatum*）根中具有降血脂作用的白藜芦醇苷（polydatin，piceid，**41**）。

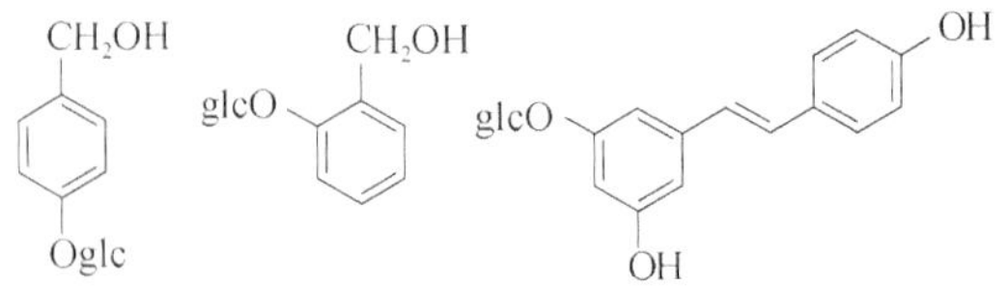

39　**40**　**41**

3．氰苷　氰苷（cyanogenic glycoside）中的苷元是 α -羟基腈类化合物，现已发现 50 多种，集中分布于卫矛科、禾本科、大戟科、十字花科、景天科、无患子科等植物中。其特点是多数具有水溶性，容易水解，尤其在酸和酶催化时水解更快，生成的苷元α-羟基腈很不稳定，立即分解为醛（酮）和氢氰酸，而在碱性条件下苷元容易发生异构化。

毛茛科和蔷薇科植物种子中所含的野樱苷（prunasin，**42**）、苦杏仁苷（amygdalin，**43**）等 α-羟基苯甲腈苷，二者的糖基分别为葡萄糖和龙胆二糖，水解后生成苯甲醛和氢氰酸。苦杏仁苷可释放少量氢氰酸，抑制呼吸中枢，因而有镇咳平喘作用，但食用过多会引起氢氰酸中毒。亚麻种子中所含的亚麻氰苷（linamanin，**44**）、百脉根（*Lotus corniculatus*）茎中所含的百脉根苷（lotaustralin，**45**）毒性更大。

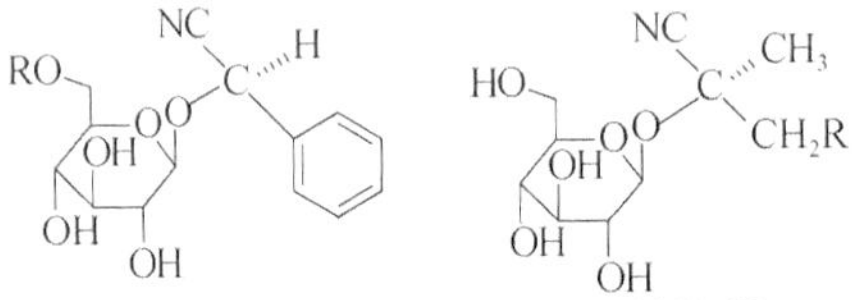

42 R=H
43 R=glc
44 R=H
45 R=CH_3

氰苷中的苷元除了 α-羟基腈外，还有 γ-羟基腈和氧化偶氮基类等，这些氰苷经酸或酶水解不产生氢氰酸。例如，从十字花科植物葱芥（*Alliaria petiolata*）叶中获得的烯丙氰苷（cyanoallyl glucoside，**46**）是一种昆虫取食阻滞剂；又如，从垂盆草（*Sedum sarmentosum*）中分得的垂盆草苷（sarmentosin，**47**）是垂盆草中降低血清谷丙转氨酶的有效成分，垂盆草苷遇稀碱能转变成无活性的异垂盆草苷（**48**）。

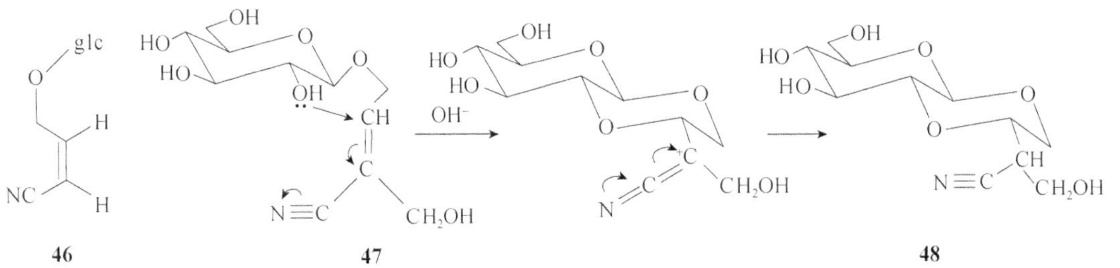

46　**47**　**48**

4．酯苷　苷元以羧基和糖的半缩醛羟基脱水形成的苷为酯苷。这类苷的苷键既有缩醛性质又有酯的性质，易被稀酸和稀碱水解。例如，抗真菌成分山慈姑苷 A（tuliposide A，**49**）和 B（tuliposide B，**50**），长期放置易发生酰基重排反应，苷元由 C-1 转至 C-6 位上，同时失去抗真菌作用。水解后苷元立即环合成山慈菇内酯 A（tulipalin A，**51**）和 B（tulipalin B，**52**）。

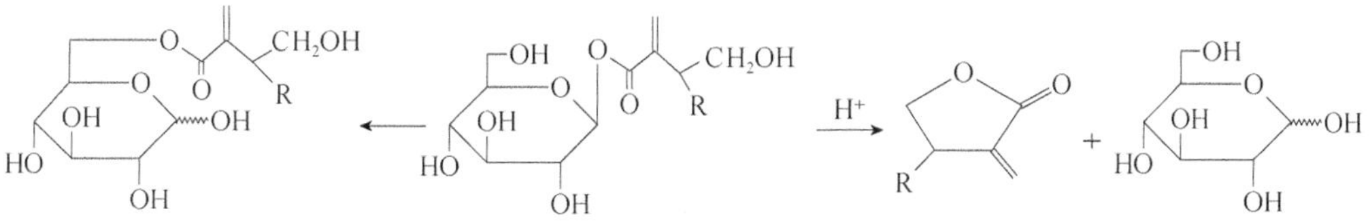

49 R=H 50 R=OH 51 R=H 52 R=OH

5．吲哚苷 豆科木蓝属和蓼蓝（*Polygonum tinctorium*）中特有的靛苷（indicum，**53**）是一种吲哚苷。其苷元吲哚醇（indoxyl，**54**）无色，易氧化成暗蓝色的靛蓝（indigo，**55**）。靛蓝具有反式结构，中药青黛就是粗制靛蓝，民间用以外涂治腮腺炎，有抗病毒作用。

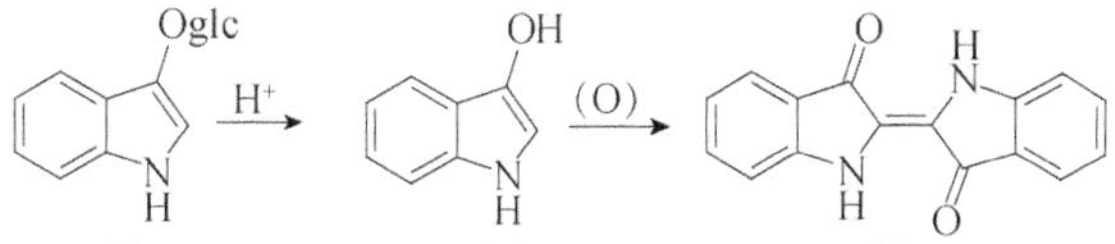

53 54 55

（二）硫苷

糖的半缩醛羟基与苷元上巯基缩合而成的苷称为硫苷，大多数硫苷都以钾盐形式获得。例如，芸薹属植物中的芸薹苷（glucobrassicin，**56**）是一种吲哚*S*-苷。芸薹苷的*N*-磺酰衍生物，存在于中草药菘蓝（*Isatis tinctoria*）的根即板蓝根和种子中。

萝卜中的萝卜苷（glucoraphenin，**57**）也是一种硫苷，煮萝卜时的特殊气味与含硫苷元的分解产物有关。芥子苷是存在于十字花科植物中的一类硫苷，如黑芥子（*Brassia nigra*）中黑芥子苷（sinigrin，**58**）。芥子苷经芥子酶水解生成的芥子油（mustard oil），具有止痛和消炎作用。

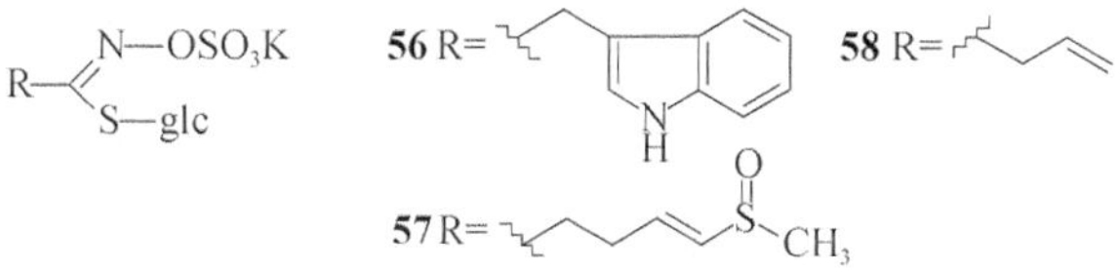

（三）氮苷

糖的端基碳与苷元上氮原子相连的苷称为氮苷，氮苷在生物化学领域中是十分重要的物质，如组成核酸的腺苷（adenosine）、鸟苷（guanosine）、胞苷（cytidine）、尿苷（uridine）等。肌苷（inosine，**59**）、中药巴豆中的巴豆苷（crotonside，**60**）及蜜环菌（*Armillariella mellea*）菌丝体中的N^6-取代腺苷（AMG-1，**61**）均属于腺苷类似物。

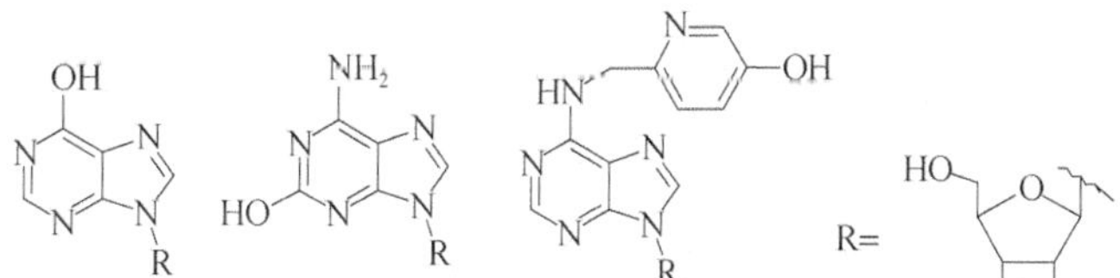

59 60 61

（四）碳苷

碳苷是糖的半缩醛羟基与苷元碳上活性氢结合失水（即糖基直接与碳原子相连）而成的苷类化合物。常见的碳苷苷元有黄酮类，如𠮿酮、黄酮、色酮、蒽醌等（见第五章和第七章），其中尤以黄酮碳苷最为多见，常与氧苷共存。苷元酚羟基可以活化其邻位或对位的氢原子，故碳苷分子的糖总是连接在有间二酚或间三酚结构的环上。碳苷类具有难水解、溶解度小的特点。

异牡荆素（isovitexin，**62**）是芹菜素 6 位碳葡萄糖苷，知母叶中的芒果苷（mengiferin，**63**）属于𠮿酮（xanthone）的碳苷，具有镇咳祛痰作用。

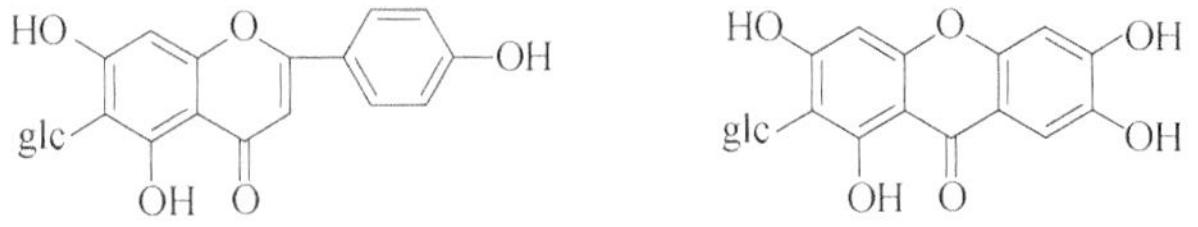

62 **63**

第二节 糖与苷类的化学反应

糖的衍生物以往主要用于立体化学的研究，由于所推测的结构经得起考验，后来许多有机分子都依照糖来指定绝对构型。近年来随着立体专一性合成的发展，糖的降解产物又作为手性合成子最丰富的天然来源，合成了许多天然化合物。糖的分离和结构测定主要涉及醚化反应、酰化反应、缩醛（酮）化反应、硼酸反应、α-萘酚反应等化学反应。

一、醚化反应

常见的糖类醚化反应有甲醚化、三甲硅醚化和三苯甲醚化。目前甲醚化多用 Kuhn 改良法和箱守（Hakomori）法 。前一种方法是在二甲基甲酰胺（DMF）中用碘甲烷和氧化银或硫酸二甲酯和氧化钡-氢氧化钡进行反应，而后一种方法是在二甲基亚砜（DMSO）中用氢化钠和碘甲烷进行反应，即在甲基亚磺酰负碳离子的存在下进行全甲基化反应。由于箱守法有 DMSO 和氢化钠参与反应，要断裂乙酰基和酯苷键，因而在推测复杂的糖类结构时，Kuhn 法和箱守法常配合进行。

部分甲醚化的糖的制备可利用某些试剂，通过酰化、丙叉化、苯叉化等反应，保护一部分不需甲醚化的羟基，待醚化反应完成再去除保护基。但所选用的保护基必须耐醚化的 pH 条件，不致被水解。

甲醚是重要的衍生物，除了苷键上的甲氧基外，其余甲醚键对稀酸、稀碱都很稳定，需用浓氢碘酸或氢溴酸才能开裂。例如，β-葡萄糖和三苯甲氯在吡啶溶液中可制取三苯甲醚。由于三苯甲醚反应在伯羟基上的反应速率明显快于仲羟基，因此也可利用在伯羟基上优先发生该反应，保护 C-6 羟基不被甲醚化。醚化后在氢溴酸的乙酸溶液中室温放置即可除去保护基。例如：

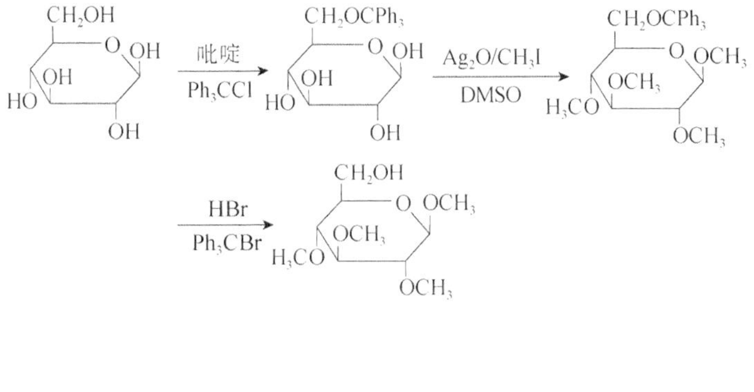

吡啶 / Ph_3CCl → Ag_2O/CH_3I / DMSO → HBr / Ph_3CBr

二、酰化反应

糖的乙酰化和对甲苯磺酰化反应是最常用的酰化反应。羟基的酰化反应活性与醚化类似。例如，对甲苯磺酰化反应和前述的三苯甲醚一样，主要发生在伯羟基上。比较起来，C-3羟基最难酰化，可能是C-2位取代后引起的空间位阻所致。反应生成的磺酸酯碱水解时常引起构型转变，若有游离羟基存在，水解时常生成三元环氧或五元环氧的糖苷。

分离、鉴定和合成糖类时常用乙酰化反应。反应在乙酸酐-乙酸钠、乙酸酐-氯化锌或乙酸酐-吡啶溶液中进行，可得全乙酰化的糖。一般室温放置即可，必要时可加热。值得注意的是，若苷元对碱不稳定，应避免用吡啶作催化剂。糖的醇羟基乙酰化反应无选择性，但反应条件不同时，半缩醛羟基乙酰化产物的立体构型不同。例如，D-葡萄糖，用乙酸酐-氯化锌乙酰化主要得α-乙酰化物，而用乙酸酐-乙酸钠主要得β-乙酰化物。若要保留半缩醛羟基，只发生醇羟基的乙酰化，可用糖的缩醛（酮）化作为保护反应。

三、缩醛（酮）化反应

在无机酸、无水氯化锌、无水硫酸铜等脱水剂的存在下，醛或酮容易与多元醇的两个有适当空间位置的羟基反应，形成环状缩醛（acetal）和缩酮（ketal）。一般酮类易与糖环的顺邻二羟基生成五元环状物，而醛类则易与1, 3-二羟基生成六元环状物。糖与丙酮生成的五元环缩酮称为异丙叉衍生物，六碳醛糖常形成双异丙叉衍生物。如果吡喃环上没有两对顺邻羟基，易转变为呋喃糖结构。所以单糖制成缩醛或缩酮之后，氧环大小不一定和原来游离糖相同。例如，半乳糖在酸性条件下以吡喃糖形式反应，而葡萄糖却以呋喃糖形式反应。

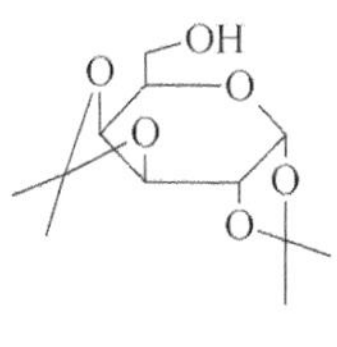

1, 2; 3, 4-二-*O*-异丙叉-D-吡喃半乳糖 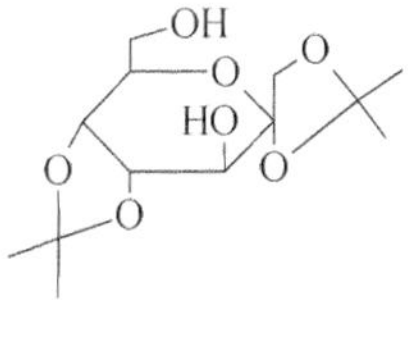　1, 2; 4, 5-二-*O*-异丙叉-D-吡喃果糖 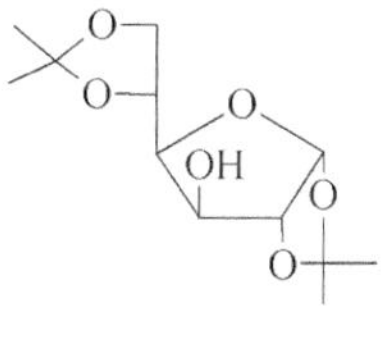　1, 2; 5, 6-二-*O*-异丙叉-D-呋喃葡萄糖 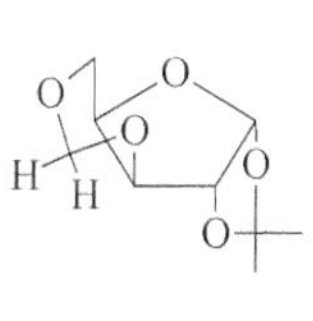　1, 2; 5, 6-二-*O*-异丙叉-D-呋喃木糖

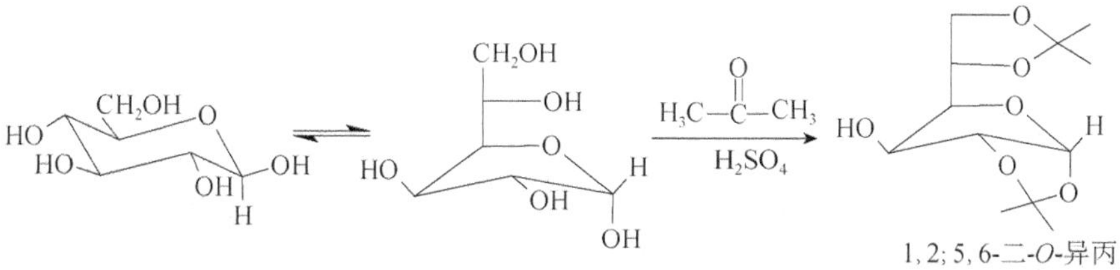

β-D-葡萄糖　1, 2; 5, 6-二-*O*-异丙叉-D-呋喃葡萄糖

糖和苯甲醛生成的六元环状缩醛，称为苯甲叉衍生物。吡喃糖形成的苯甲叉衍生物有顺反两种构型。顺式有两种构象，即 O 内位和 H 内位。前者是 C1，后者是 1C，以 O 内位较稳定。醛的缩合导入了一个不对称碳原子，但没有异构体，因为较大的取代基必定处在横键。

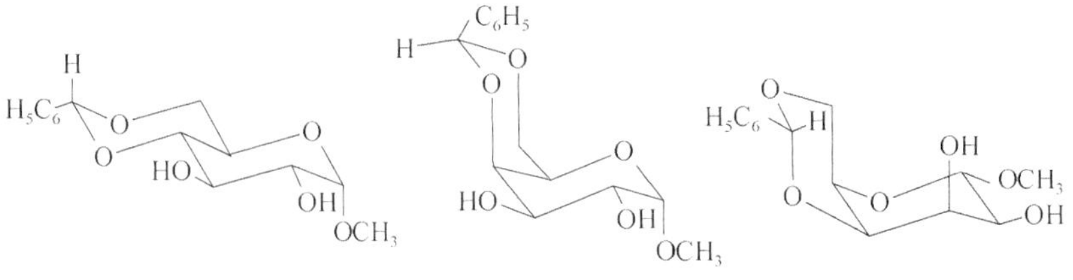

反-4, 6-*O*-苯甲叉-α-D-吡喃葡萄糖甲苷　　顺-（O内位）　　顺-（H内位）

4, 6-*O*-苯甲叉-α-D-吡喃半乳糖甲苷

缩醛或缩酮可以保护游离的一对或两对羟基，反应后可用温和的酸水解除去，如合成 3-*O*-甲基葡萄糖。

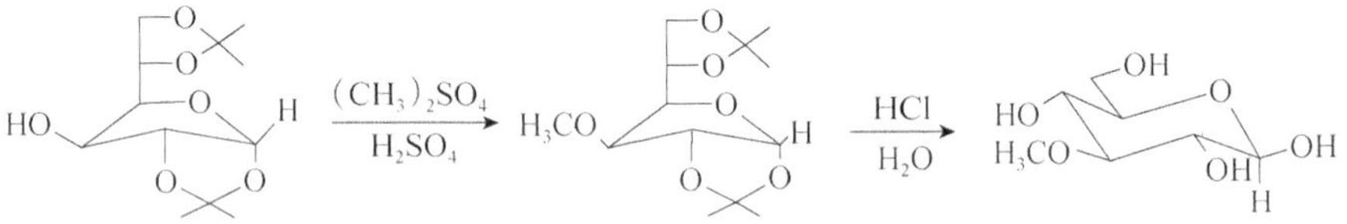

$$\xrightarrow[H_2SO_4]{(CH_3)_2SO_4} \qquad \xrightarrow[H_2O]{HCl}$$

四、硼酸反应

糖的邻二羟基能与硼酸、铜氨、碱土金属等许多试剂生成配合物。由于形成配合物后某些物理常数会发生改变，可用于糖的分离、鉴定和构型推断。

硼酸作为 Lewis 酸，在水溶液中能与 OH^-络合，使溶液呈酸性。接受 OH^-后硼原子的结构由平面三叉形转变成四面体，但后者并不稳定，因而是一种弱酸。硼酸和两个具有适当空间位置的羟基（1,2 或 1,3）形成五元或六元环状配合物（Ⅰ）之后，迫使硼原子形成四面体的结构，使酸度增加，电导率也增大。反应时如果两个羟基的位置不适宜，结果生成一分子对一分子的配合物，并失去一分子水得中性酯（Ⅱ）；若位置适宜，可形成两分子对一分子的螺环状络合物，具有四面体的结构（Ⅲ），该结构比较稳定，呈强酸性，在溶液中完全解离。

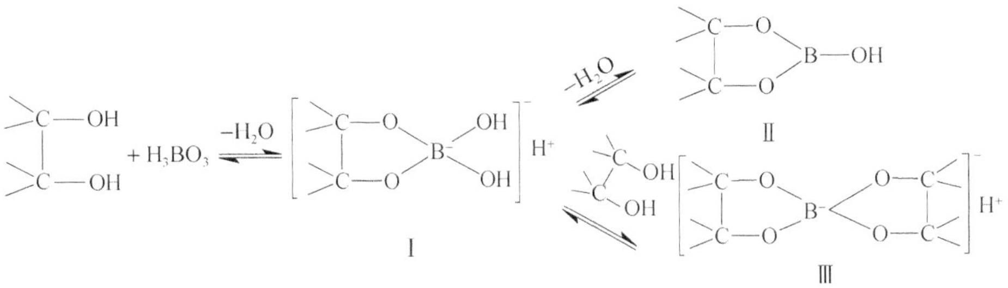

Ⅰ　　Ⅱ　　Ⅲ

以上三种状态在硼酸溶液中同时存在，彼此间处于平衡状态。其多少受溶液 pH、糖和硼酸比例、糖的结构等因素的影响，硼酸量大而糖少时，Ⅰ占优势。

多羟基化合物与硼酸形成配合物之后，溶液由原来的中性转变成酸性，因此可以进行酸碱中和滴定、离子交换法分离和电泳鉴定，或在混有硼砂缓冲液的硅胶薄板上层析。与硼酸反应的两个羟基必须处在同平面上，形成的配合物才比较稳定。直链化合物，羟基愈多，愈易形成有利的位置；芳香环上邻二羟基易形成稳定的配合物；而对于五元、六元脂环，两个羟基应处于顺式才能形成稳定配合物。α-羟基酸、α-羟基醛（酮）与硼酸反应后电导率显著增大，可能是羧基先水化成—C（OH）$_3$后再络合所致。

五、α-萘酚反应

α-萘酚反应，也称为Molish反应，是鉴定糖类最常用的颜色反应。其原理是：糖类在浓酸作用下所形成的糠醛及其衍生物可以与α-萘酚作用形成红紫色复合物。由于在糖溶液与浓硫酸两液面间出现红紫色的环，因此又称为紫环反应。α-萘酚也可用麝香草酚或其他的苯酚化合物代替。麝香草酚溶液比较稳定，其灵敏度与α-萘酚一样。除了糖类之外，各种糠醛衍生物如葡萄糖醛酸及丙酮、甲酸、乳酸等都可以呈现近似的阳性反应。因此，阴性反应证明没有糖类物质的存在，而阳性反应只能说明有糖类存在的可能。

第三节 苷键裂解

要确定苷类的化学结构，必须了解苷元结构、糖的组成、苷元与糖及糖与糖之间的连接方式，而苷键裂解反应为此提供了便利。苷键裂解常用酸、碱催化等方法，有的需采用酶和微生物学方法。

一、酸催化水解反应

苷键属于缩醛结构，易被稀酸催化水解。反应一般在水或稀醇溶液中进行，常用的酸有盐酸、硫酸、乙酸、甲酸等。苷键原子上的电子云密度和空间位阻、糖基和苷元的结构等，对水解反应的难易有很大影响。

（1）苷键原子不同的苷类化合物，酸水解的难易各不同，其难度顺序为：碳苷＞硫苷＞氧苷＞氮苷。氮原子能接受质子，最易水解；而碳原子上无未共享电子对，不能质子化，很难水解。

（2）呋喃糖苷易水解，其水解速率比吡喃糖苷大50～100倍。近乎平面的呋喃环使各取代基处于重叠位置，形成反应中间体，可使张力减少，故有利于水解。

（3）酮糖较醛糖易水解。因为酮糖大多为呋喃糖结构，且端基上所连的大基团—CH_2OH水解时形成的中间体可以减少分子中的空间位阻，使水解反应容易发生。

（4）吡喃环的C-5上取代基越大，水解越困难，其水解速率为：五碳糖＞甲基五碳糖＞六碳糖＞七碳糖。若连有羧基，则最难水解。

（5）氨基糖较羟基糖难水解，羟基糖又较去氧糖难水解。尤其是C-2上取代氨基的糖，因为氮原子容易接受质子，致使苷键原子质子化困难。例如，6-去氧糖比同样的羟基己糖快5倍；0.02～0.05mol/L HCl就可使强心苷中的2,6-去氧糖水解。

（6）酚苷等芳香族苷的苷元部分有给电子基，水解比萜苷、甾苷等脂肪族苷要容易得多。例如，蒽醌苷、香豆素苷等不用酸催化，仅加热也可能水解成苷元。

（7）小基团苷元e键上的原子易于质子化，所以苷键处于e键比a键易于水解；苷元为大基团者，则相反，这是由苷的不稳定性所致。

（8）氮原子虽然容易接受质子，但当其处于酰胺或嘧啶位置时，用无机酸也难使氮苷水解。例如，朱砂莲（*Aristolochia tuberosa*）块根中的朱砂莲苷（tuberosinone-*N*-*β*-D-glucoside）不能用 10% HCl 水解，将此苷溶于四氢呋喃中，经氢化锂铝还原后，用 1mol/L HCl 才能使其水解。

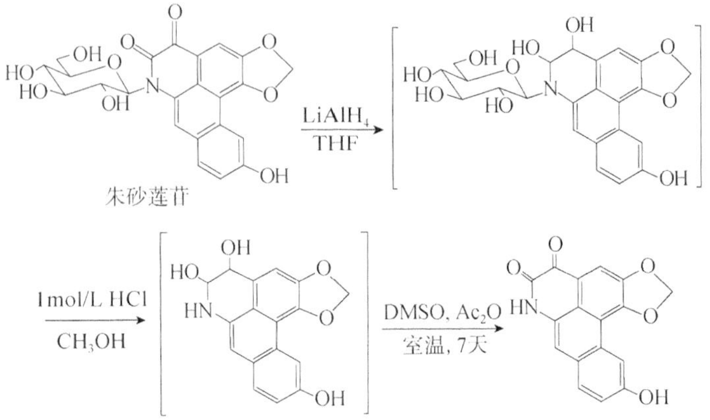

朱砂莲苷

对于难水解的苷类，若苷元遇酸不稳定，在较为剧烈的水解条件下，为了防止苷元结构变化，有时可采用二相水解反应，即在反应混合物中加入与水不相混溶的苯等有机溶剂，使水解后的苷元很快进入有机相，避免苷元与酸长时间接触。例如，羟基毛地黄毒苷的水解，用 5% HCl 加热 12h，生成的脱水羟基毛地黄毒苷元结构已发生改变。若用二相酸水解法，则可得原羟基毛地黄毒苷元。

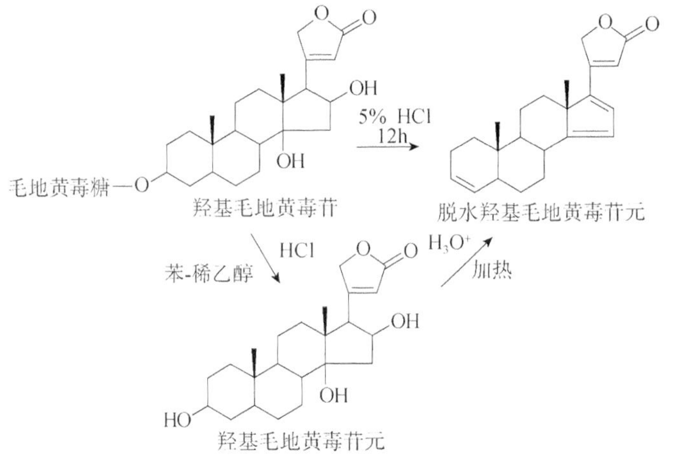

羟基毛地黄毒苷　脱水羟基毛地黄毒苷元　羟基毛地黄毒苷元

二、甲醇解反应

为了确定糖与糖之间、糖与苷元之间连接的位置，一般可先将多糖进行全甲基化，然后用稀酸的甲醇液进行甲醇解，即可得到未完全甲醚化的各种单糖，连接在最末端的一定是全甲醚化的单糖。而未完全甲醚化的各种单糖上未甲基化的羟基所在的碳原子就是连接键的所在。另外，由不同类型的单糖数目可以推测出多糖重复结构中这种键型单糖的数目，以及末端糖的性质和分支点的位置。目前常采用的甲基化方法是箱守法。

全甲基化的多糖一般先经 90%甲酸水解。然后再用 0.5mol/L 硫酸或三氟乙酸的甲醇进行水解。水解的甲醚化单糖混合物可用 TLC 或 GC 鉴定，各种甲醚化单糖均具有不同的理化性质，并与标准品对照。

三、碱催化水解反应

一般情况下，苷键对碱性试剂应该相当稳定，但如果苷元为酸、酚、有羰基共轭的烯醇类、成苷羟基的β位有负性取代基者，这时苷键就具有酯的性质，在碱性条件下则能够水解。例如，水杨苷、4-羟基香豆素苷、蜀黍苷（dhurrin）及海韭菜苷（triglochinin）等遇碱水解。

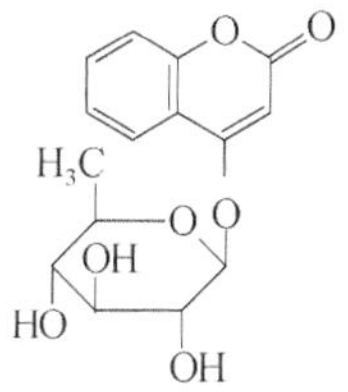

4-羟基香豆素苷 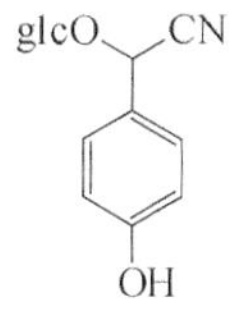　蜀黍苷 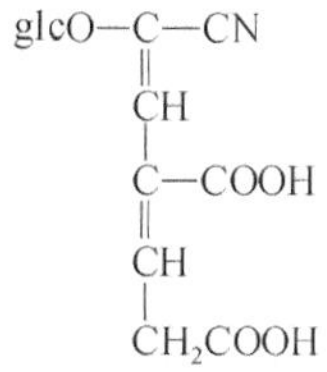　海韭菜苷

糖的 C-1 苷键和 C-2 羟基处于反式的β-D-葡萄糖酚苷或苷元体积较大的酯苷，在进行碱水解时，往往得到 l, 6-脱氧糖，这可能是经二次 Walden 转化所致。反之，C-1 苷键和 C-2 羟基处于顺式的α-D-葡萄糖酚苷和酯苷无此变化。因此可用此法来判断苷键的构型。

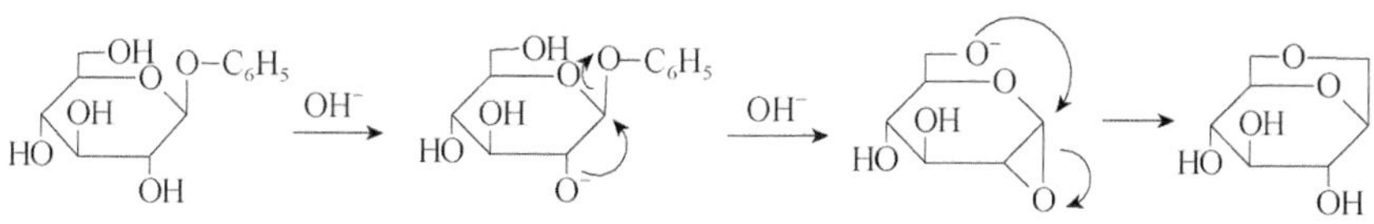

4, 6-脱氧六碳糖酮-2 或 4-脱氧五碳糖酮-2 的双连苷也可用碱催化水解。例如，卫矛科粉绿福木（*Elaeodendron glaucum*）的福木苷 B（elaeodendroside B），曾用酸、高碘酸、酶水解均未获苷元，但在甲苯中加入少量三乙胺、吡啶或 Al_2O_3 再回流就得到原苷元。

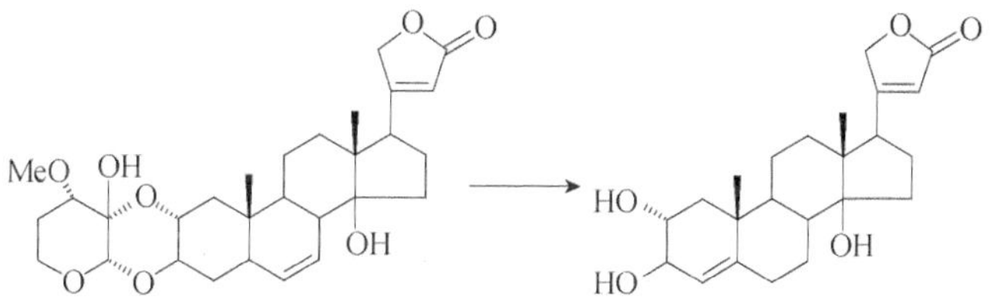

福木苷B　原苷元

四、酶催化水解反应

用酶催化水解苷键可以获知苷键的构型，能保持苷元结构不变而得到真正的苷元，同时还可以保留部分苷键得到次级苷或低聚糖，由此确定苷元和糖、糖和糖之间的连接方式。

在酸碱催化水解的剧烈条件下，糖和苷元部分均有可能发生进一步的变化，使产物复杂化，而且难以区别苷键的构型；而酶促反应具有专属性高、条件温和的特点。

酶的专属性很强，α-苷酶只能水解α-苷，β-苷酶只能水解β-苷。不仅如此，某些酶的专属性还与苷元和糖的结构有关。例如，麦芽糖酶（maltase）专使α-葡萄糖苷键水解；苦杏仁苷酶（emulsin）是一种β-葡萄糖苷水解酶，专属性较低，水解一般β-葡萄糖苷和有关六碳醛糖苷；鼠李糖苷酶（rhamnodiastase）也是一种β-葡萄糖苷水解酶，专属性比苦杏仁苷酶高，主要使芸香糖苷、樱草糖苷水解生成苷元和二糖；β-果糖酶又名转化糖酶（invertase），专使β-果糖苷键水解，因此常用这些酶确定苷键的构型。纤维素酶（cellulase）也是β-葡萄糖苷水解酶。

由于酶的纯化很困难，目前使用的多数仍然为未提纯的混合酶。例如，杏仁苷酶是一种混合酶，其中含有的β-葡萄糖苷酶水解苦杏仁苷认为是分段进行的。一种β-葡萄糖苷酶首先水解末端的葡萄糖，生成野樱苷，随后第二种酶水解野樱苷得α-羟基苯甲腈苷，而龙胆双糖单位并没有得到。最后，α-羟基苯甲腈苷在酶作用下分解成苯甲醛和氢氰酸，其酶水解转化过程如下。

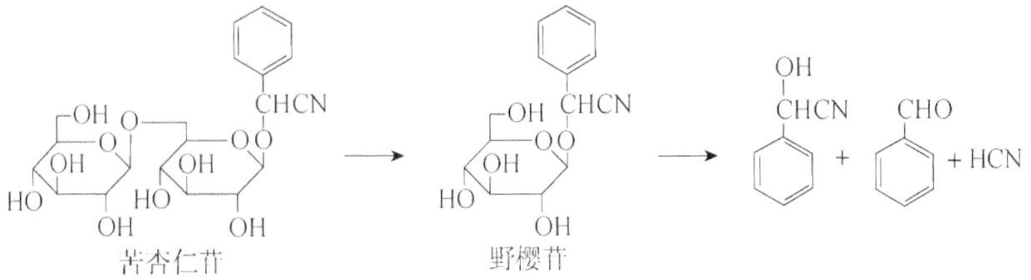

苦杏仁苷　　野樱苷

由于水解酶难以纯化，因此可用微生物培养法水解苷类。在微生物培养液中加入苷，利用微生物的酶促反应，使苷键水解。酵母菌等微生物会把苷中的糖基当作碳源消耗掉，只留下苷元。

五、氧化裂解反应

Smith 降解法是常用的选择性的氧化裂解反应，能够作用于糖分子中邻二羟基和邻三羟基基团，使其发生氧化开裂。这是一种较为温和的方法，难水解的碳苷常用此法，以免使用剧烈的酸催化水解，从而可得到完整的苷元，对其结构研究具有重要意义。此外，从降解得到的多元醇还可确定苷中糖的类型。例如，连有葡萄糖、甘露糖、半乳糖或果糖的碳苷的降解产物中都有丙三醇，连有阿拉伯糖、木糖或山梨糖的碳苷，降解产物中都有乙二醇，而连有鼠李糖、夫糖或鸡纳糖的碳苷，其降解产物中应有 1, 2-丙二醇。

Smith 降解法主要是先用高碘酸氧化糖苷，使之生成二元醛和甲酸，再用硼氢化钠还原，得到相应的二元醇，然后在室温下与稀酸作用，就能使其水解成苷元、多元醇和羟基乙醛。例如：

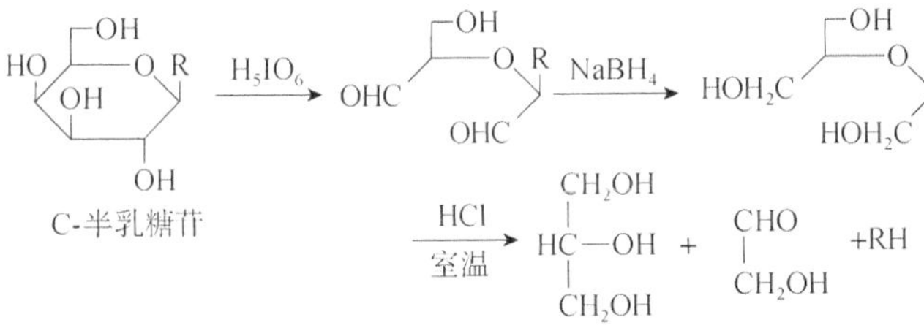

C-半乳糖苷

人参、柴胡、远志等的皂苷，用此法水解获得了真正的苷元。例如，人参皂苷 Rb_1（ginsenoside Rb_1，见第十章），用不同的水解方法所得结果都不相同，只有用 Smith 裂解法才得到了保持原来构型的苷元 20*S*-原人参二醇（20*S*-protopanaxadiol）。

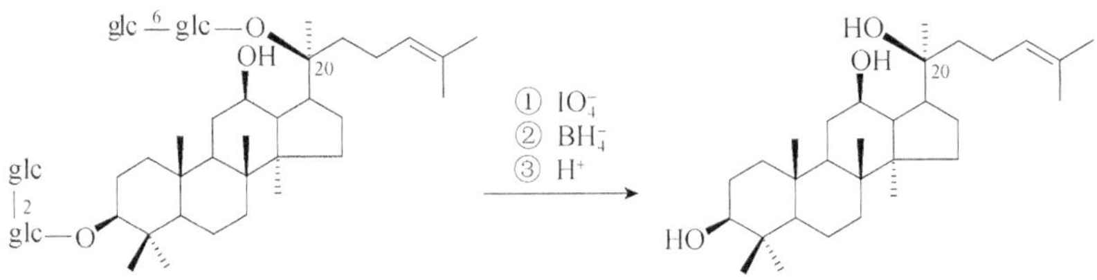

Rb_1　　20*S*-原人参二醇

第四节 糖与苷类的提取分离

单糖羟基多，极性大，易溶于水，难溶于低极性有机溶剂。低聚糖的物理性质与单糖类似，多糖则随着聚合度的增加，性质和单糖的差别越来越大，一般为非晶形，无甜味，难溶于冷水，溶于热水成胶体溶液。苷类分子的极性随着糖基的增多而增大。极性低的大分子苷元，如萜醇、甾醇的单糖苷往往可溶于低极性有机溶剂。糖基增多，苷元所占比例相应变小，亲水性增大。因此，当用不同极性的溶剂顺次萃取时，在各部分都有发现苷的可能。通常是将植物材料的乙醇或甲醇提取物顺次用石油醚脱脂，用乙醚或氯仿萃取出苷元，然后用乙酸乙酯抽出单糖苷或低聚糖苷，再用正丁醇提取多糖苷。分离苷类的方法与此类似。

通常用水或醇从植物材料中提取糖和苷类。为了不破坏被提取化合物的结构，必须采用适当的方法，破坏或抑制植物中的水解酶。采集新鲜材料并迅速加热干燥，或冷冻保存。提取时宜用沸水、醇，或先用碳酸钙拌和后再用沸水提取。

一般情况下，单糖和低聚糖（二糖～五糖）在乙醇和水中均有很好的溶解性。黏液质、树胶、木聚糖，菊糖等则可溶于热水而不溶于乙醇。半纤维素只能溶于稀碱液，而纤维素类在各种溶剂中均难溶解。

除去水或醇提物中大量的非糖杂质，再进行混合糖类的分离，对于糖类的分离和纯化来说，有较大难度，尤其是多糖难以获得纯品。铅盐沉淀法、铜盐沉淀法和活性炭柱层析等都曾经在单糖、低聚糖和多糖的分离纯化中得到广泛应用。用 GC 或 HPLC 分离和鉴定各种天然的单糖和多数低聚糖可以得到很好的效果，多数标样也有市售。而苷类由于苷元结构的不同，分离方法各异。本节主要讨论分离多糖的几种常用方法。

一、盐沉淀法

多糖提取液中加入中性乙酸铅可沉淀去除包括酸性多糖在内的大部分酸性、酚性的杂质（如有机酸、氨基酸、蛋白质、树脂酸、黄酮、蒽醌、鞣质等），而用碱式乙酸铅可使多糖的沉淀更为完全。除去杂质后的母液用硫化氢脱铅后，单糖、低聚糖和水溶性较大的中性苷类仍保留在滤液中。铅盐沉淀法除去杂质比较完全，母液脱铅后可用于单糖和低聚糖的定量。

二、有机溶剂沉淀法

常用的有机溶剂沉淀法是在混合多糖的浓水溶液中，逐步加入乙醇，收集不同醇浓度下析出的沉淀。为了不破坏多糖的结构，常在中性溶液中进行，唯酸性多糖可在 pH 2～4 的溶液中进行分离，为防止酸水解苷键，应尽可能缩短分离过程。有机溶剂沉淀也可用于甲醚乙酸酯等糖的衍生物，在醇溶液中分次加乙醚等极性更低的溶剂，各次沉淀需经反复溶解与醇析，直至测得的物理常数恒定，最常用的方法是旋光度测定和电泳检查。

三、蛋白质除去法

用分级沉淀法得到的多糖，常含有较多的蛋白质，必须予以去除。一般选择酚、三氯乙酸、鞣酸等试剂进行处理，以达到使蛋白质沉淀而多糖不被沉淀的目的。但应确保处理时间短、温度低，避免多糖降解。Sevag 法［用氯仿-戊醇（或丁醇）按 4∶1 混合］对避免降解有较好效果，但要达到完全去除游离蛋白质的目的仍需反复多次处理。如能加入蛋白质水解酶（胰蛋白酶、胃蛋白酶、链霉蛋白酶等），使蛋白质大分子进行一定程度降解，再用 Sevag 法处理，效果会更好。

四、柱层析法

分离多糖常用的柱层析法包括活性炭柱层析、离子交换柱层析和凝胶渗透柱层析。

（一）活性炭柱层析

活性炭吸附量大、效率高，是分离水溶性成分的常用吸附剂。柱层析时活性炭中常拌入等量的硅藻土作稀释剂，以增加溶液的流速。含糖的水溶液上柱后，先用水洗脱无机盐、单糖等，继而在水中增加乙醇的浓度，逐步洗出二糖、三糖及更大的低聚糖。由于市售的活性炭中常含有 Fe^{3+}、Ca^{2+}、Na^{+}等金属离子，不但影响其吸附能力，而且使分离所得的多糖中混入金属离子，因此应该预处理除去。一般可用 0.2mol/L 枸橼酸缓冲液洗涤炭粉或用 2～3mol/L 盐酸煮沸几次，再用蒸馏水反复洗至中性。

（二）离子交换柱层析

阳离子和阴离子交换树脂对除去水提液中的酸、碱性成分和无机离子十分有效，除去这些杂质后的中性糖及其苷再进一步分离。但强碱性的树脂能与还原糖结合，用水不能洗脱，而且易进一步引起糖的异构化和降解。而强酸性的树脂易使不稳定的苷键裂解，尤其是呋喃糖苷键更易被裂解。所以在分离糖和苷时宜采用弱酸弱碱型交联度比较小的离子交换树脂。

常见的阳离子交换纤维素有 CM-Celloulose、P-Cellulose、SE-Cellulose、SM-Cellulose，阴离子交换纤维素有 DEAE-Cellulose、ECTEOLA-Cellulose、PAB-Cellulose 和 TEAE-Cellulose 等。

中性糖与硼酸形成配合物后，可增加其酸性，所以经硼酸处理的强碱性阴离子交换树脂可起到选择性交换的作用，然后用不同浓度的硼酸盐溶液洗脱。此法对单糖和低聚糖的分离效果较好，但洗脱体积很大，给后处理带来较大麻烦。

（三）凝胶渗透柱层析

凝胶过滤可分离大小和形状不同的分子。葡聚糖凝胶（Sephadex G）、琼脂糖凝胶（Sepharose，Bio-Gel A）、聚丙烯酰胺凝胶（Bio-Gel P）广泛用于糖类及其衍生物的纯化。低聚糖和苷类一般用 Sephadex G-25、Sephadex G-50 等孔隙小的凝胶分离，而多糖纯化时，可先用孔隙小的 Sephadex G-15 或 Sephadex G-25 等凝胶去除无机盐和小分子化合物，分离时则用 Sephadex G-200 等大孔隙凝胶，如各种植物淀粉中直链和支链多糖的分离。

洗脱时，多糖按相对分子质量由大到小依次分离。由于糖分子与凝胶之间的相互作用，洗脱液的体积与分离蛋白有很大差别。

五、多糖提取分离实例

香菇多糖的分离实例如下。

从香菇［*Lentinus edodes*（Berk）Sing］中分离出 6 个多糖：香菇多糖（Ⅰ）；β（1→4），

β（1→6）葡聚糖（LC-11，Ⅱ）；α（1→6）葡聚糖（LC-12，Ⅲ）；β（1→6），β（1→4）葡聚糖（LC-13，Ⅳ）；杂半乳聚糖（EC-11，Ⅴ）；葡聚糖（EC-14，Ⅵ）。其中化合物Ⅰ和Ⅱ的肿瘤抑制率较高，在剂量为5mg/kg时的肿瘤抑制率分别是97.5%和93.6%。

用热水提取，以氢氧化三甲基十六烷基铵（CTA-OH）在pH渐增的条件下分步沉淀是非常有效的分离方法，无抗癌活性的化合物Ⅴ和Ⅵ不沉淀，化合物Ⅰ和Ⅱ可沉淀，然后利用乙酸使沉淀中的多糖分步释放而溶解出来，再用乙醇沉淀，最后利用二乙氨基乙基纤维素（DEAE-Cellulose）柱层析纯化。其分离纯化流程见图3-1。

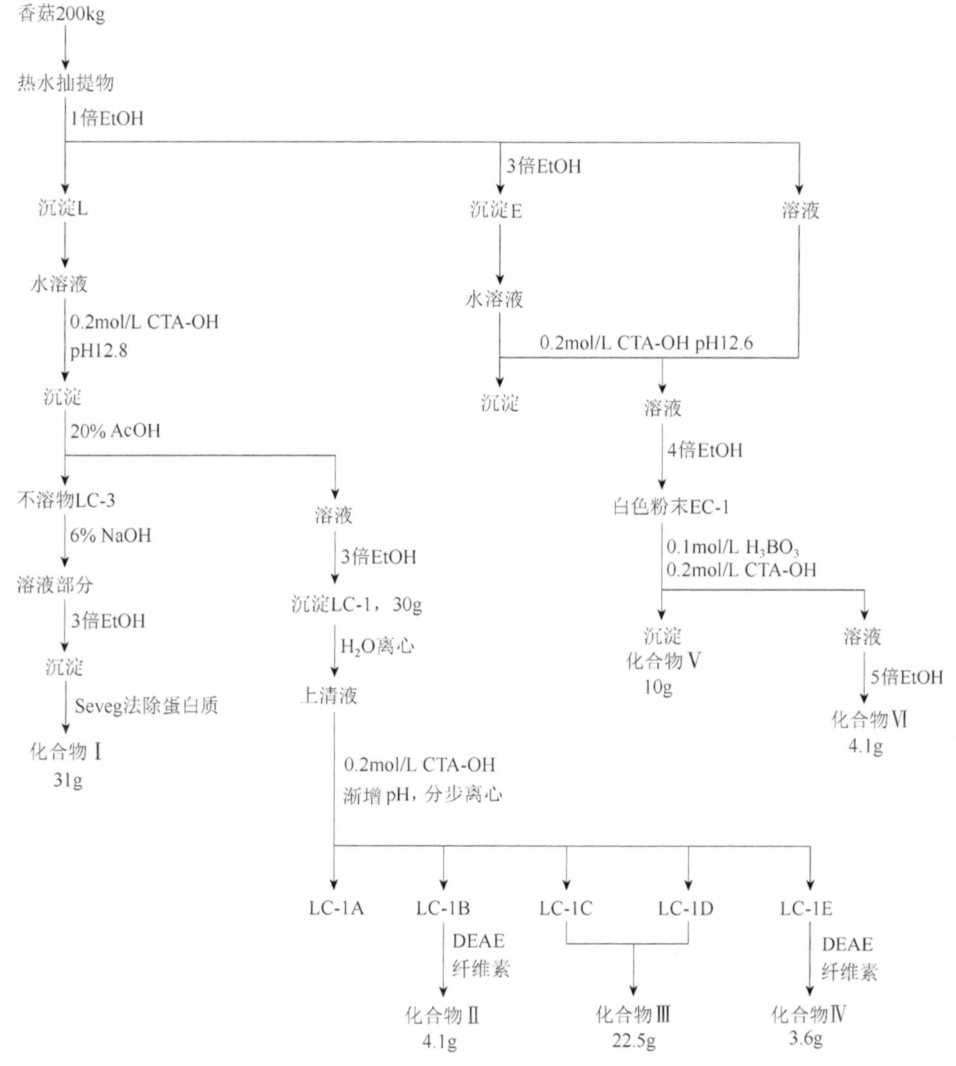

图3-1　香菇多糖的分离纯化流程

第五节　糖与苷类的结构鉴定方法

一、NMR谱特征

与其他的天然成分相比，糖的NMR信号处于一个很狭的范围内，自旋系统的归属比较困难。

（一）^{1}H NMR 谱

一般情况下，糖端基质子信号在δ4.3～5.5 处，其余部分在δ3.2～4.2。

根据端基质子数可以判断糖的种类和个数，并从端基质子化学位移处开始归属糖环上的其他质子。少数单糖没有端基质子，如 D-神经氨酸，这就要寻找别的起始点。6-去氧糖，如鼠李糖，其甲基质子信号出现在δ1.3 附近，也可作为判断质子归属的起始点。

根据 H-1、H-2 的偶合常数能够鉴别六碳吡喃糖糖苷端基碳的构型。对葡萄糖或半乳糖来说，β构型 C-1 和 C-2 两个质子间的双面角接近 180°，其 $J_{1,2}$ 在 6～8Hz 左右，而 α 构型双面角接近 60°，$J_{1,2}$ 在 2～4Hz 左右，由此可以区分 α-和β-异构体。而甘露糖和鼠李糖的 C-2 构型与葡萄糖的相反，C_2—H 为平伏键，与 α-或β-异构体的端基质子间的双面角均在 60° 左右，α 构型 $J_{1,2}$ 为 1.6Hz 左右，β构型为 0.8Hz 左右，难于区分端基碳的构型。六碳呋喃糖苷的 $J_{1,2}$ 在 0～5Hz，也缺乏测定端基碳构型的特征。此外。$J_{C,H}$ 对六碳吡喃糖苷键的构型的鉴定也有很大帮助，β构型为 160～165Hz，α 构型为 170～175Hz，两者相差 10Hz。如果 C-2 接糖，则 $J_{C,H}$ 有可能大于 180Hz。但呋喃糖苷无法凭借 $J_{C,H}$ 区分 α 或β 构型。

低聚糖和多糖的 ^{1}H NMR 一般用 D_2O 为溶剂，会出现一个 HDO 的残峰，此峰的强弱与 D_2O 的质量有关。HDO 峰正好落在端基质子区域，妨碍 NMR 谱的解析。解决这一问题最简单的办法是利用变温实验，使温度升高，HDO 的δ移向高场。

（二）^{13}C NMR 谱

^{13}C NMR 技术是研究糖类结构的一个有力工具。在糖的 ^{13}C NMR 谱中，根据以下规律可指定不同碳原子的信号：①伯碳（如鼠李糖的 C-6）、仲碳（如葡萄糖的 C-6）、叔碳（如吡喃糖环上的 C-2～C-4）、季碳（如支链糖上的分支点碳）、芹糖的 C-3 均可由质子去偶技术获知。②增加烷基和吸电子基团（A）取代，可使 ^{13}C 信号向低场移动，$\delta_{C\text{-}CH_3} < \delta_{C\text{-}CH_2\text{-}C} < \delta_{C\text{-}CH_2\text{-}A} < \delta_{C\text{-}CHA_2}$。③与连有游离羟基的碳相比，连有—OMe 取代基的 ^{13}C 信号出现在较低场。④连有 e-OH 的环上碳较连有 a-OH 的出现在较高场处。⑤饱和六元环上连有 e-OH 的环上碳，当 e-OH 变为 a-OH 时，若γ-C 上有同侧 a-H，则移向高场。⑥记录糖类变旋前后 ^{13}C 信号的化学位移，有助于指定一对端基异构体的信号。⑦邻位碳上有同侧羟基的糖，与硼酸形成配合物后，^{13}C 信号移向低场。⑧糖上大部分信号，可与相似的糖或糖苷衍生物比较而指定。

表 3-1 列出了常见五碳糖和六碳糖的 ^{13}C NMR 信号的化学位移值，从表中可以进一步获知 ^{13}C NMR 技术在鉴定糖类结构中的应用。

表 3-1　常见单糖及其甲苷的 ^{13}C NMR 数据（δ）

化合物	C-1	C-2	C-3	C-4	C-5	C-6	OCH_3
α-D-吡喃葡萄糖	92.9	72.5	73.8	70.6	72.3	61.6	
β-D-吡喃葡萄糖	96.7	75.1	76.7	70.6	76.8	61.7	
甲基-α-D-吡喃葡萄糖苷	100.0	72.2	74.1	70.6	72.5	61.6	55.9
甲基-β-D-吡喃葡萄糖苷	104.0	74.1	76.8	70.6	76.8	61.8	58.1
α-D-吡喃半乳糖	93.2	69.4	70.2	70.3	71.4	62.2	

续表

化合物	C-1	C-2	C-3	C-4	C-5	C-6	OCH_3
β-D-吡喃半乳糖	97.3	72.9	73.8	69.7	76.0	62.0	
甲基-α-D-吡喃半乳糖苷	100.1	69.2	70.5	70.2	71.6	62.2	56.0
甲基-β-D-吡喃半乳糖苷	104.5	71.7	73.8	69.7	6.0	62.0	58.1
α-D-吡喃果糖	65.9	99.1	70.9	71.3	70.0	61.9	
β-D-吡喃果糖	64.7	99.1	68.4	70.5	70.0	64.1	
α-D-呋喃果糖	63.8	105.5	82.9	77.0	82.2	61.9	
β-D-呋喃果糖	63.6	102.6	76.4	75.4	81.6	63.2	
α-D-吡喃甘露糖	95.0	71.7	71.3	68.0	73.4	62.1	
β-D-吡喃甘露糖	94.6	72.3	74.1	67.8	77.2	62.1	
甲基-α-D-吡喃甘露糖苷	101.9	71.2	71.8	68.0	73.7	62.1	55.9
甲基-β-D-吡喃甘露糖苷	101.3	70.6	73.3	67.1	76.6	61.4	56.9
α-L-吡喃鼠李糖	95.1	71.9	71.1	73.3	69.4	17.9	
β-L-吡喃鼠李糖	94.6	72.5	73.9	72.9	73.2	17.9	
甲基-α-L-吡喃鼠李糖苷	102.6	72.1	72.7	73.8	69.5	18.6	
甲基-β-L-吡喃鼠李糖苷	102.6	72.1	75.3	73.7	73.4	18.5	
α-D-吡喃阿拉伯糖	97.6	72.9	73.5	69.6	67.2		
β-D-吡喃阿拉伯糖	93.4	69.5	69.5	69.5	63.4		
甲基-α-D-吡喃阿拉伯糖苷	105.1	71.8	73.4	69.4	67.3		58.1
甲基-β-D-吡喃阿拉伯糖苷	101.0	69.4	69.9	70.0	63.8		56.3
α-D-呋喃阿拉伯糖	101.9	82.3	76.5	83.8	62.0		
β-D-呋喃阿拉伯糖	96.0	77.1	75.1	82.2	62.0		
甲基-α-D-呋喃阿拉伯糖苷*	109.2	81.8	77.5	84.9	62.4		
甲基-β-D-吡喃阿拉伯糖苷*	103.1	77.4	75.7	82.9	62.4		
α-D-吡喃木糖	93.1	72.5	73.9	70.4	61.9		
β-D-吡喃木糖	97.5	75.1	76.8	70.2	66.1		
甲基-α-D-吡喃木糖苷	100.6	72.3	74.3	70.4	62.0		56.0
甲基-β-D-吡喃木糖苷	105.1	74.0	76.9	70.4	66.3		58.3

* D_2O 中测定

1．吡喃糖构象　一对端基差向异构体 C-1 的化学位移与上述规律④相符，可用以判断吡喃糖的构象。例如，D-吡喃阿拉伯糖的构象是 1C 而不是 C1，其他大部分单糖在溶液中均有 C1 构象。但规律④不适用于甘露糖和鼠李糖的端基碳，因为这两种糖的β-异构体分子中有Δ^2空间上较为拥挤的偶极结构，即所谓的 Reeves 效应，使之变得异常。另外，比较一对端基异构体甲苷 ^{13}C 信号的化学位移，对确定吡喃糖的构象也是一种可靠的方法，端基上 a-OMe 的δ 值较 e-OMe 在高场 1.5～2 处。例如，甲基-α-D-吡喃葡萄糖的—OMe δ 值为 55.9，甲基-β-D-吡喃葡萄糖为 58.1，应是 C1 构象；甲基-α-D-吡喃阿拉伯糖的—OMe δ 值为 58.1，甲基-β-D-吡喃阿拉伯糖为 56.3，应是 1C 构象。

2．糖氧环构型　规律④还可以确定糖氧环的构型。例如，具有 Cl 构象的 D-葡萄吡喃糖苷的端基碳信号：α 型的为 97～101，β 型的为 103～106。

3．糖氧环的大小 呋喃糖的碳信号较相应的吡喃糖的碳信号出现在低场，从 C-1 的δ值即可区别糖氧环的大小。例如，β-D-呋喃阿拉伯糖和β-D-吡喃阿拉伯糖 C-1δ值分别为 96.0、93.4。

4．糖链重复单元 端基碳信号多数在δ98～110，有几个信号可以视为有几种糖存在于糖链的重复单元中。

5．苷化位移（glycosidation shift） 糖的端羟基当有烷基或酰基取代以后，糖端基碳（C-1）和苷元的α-C 的化学位移均向低场移动，而相邻的碳（β-C）稍向高场移动（偶尔也有稍向低场移动的），对其余碳的影响不大。这种苷化前后的化学变化，称为苷化位移。苷化位移值和苷元的结构有关，与糖的种类无关，如苷元为链状结构，糖端基碳的苷化位移值随着苷元为伯、仲、叔基而递减，苷元的 α-C 和β-C 变化不大。例如：

当苷元为环醇时，若羟基β位无烷基取代，则 α-C 与端基碳的苷化位移值与开链的仲醇相似。如果β位有烷基取代，那么 α-C 和端基碳的苷化位移值与苷元的 α-C 的手性及糖的端基手性都有关系。具体可分为两种情况：①苷元 α-C 手性和糖端基手性都为 *R* 或 *S*，则苷化位移值与苷元为β位无取代的环醇值相同。②苷元 α-C 和糖的端基碳手性不同时，端基碳和 α-C 的苷化位移值比苷元为β位无取代的环醇相应碳的苷元位移值大约 3.5。当糖与羧基形成酯苷键时，苷化位移值比较特殊，羰基碳不是向低场位移而是向高场位移。

例如，从下面两个结构式中的三个苷化位移情况，可看出醇苷、酯苷和酚苷在成苷后有关碳原子的化学位移变化。

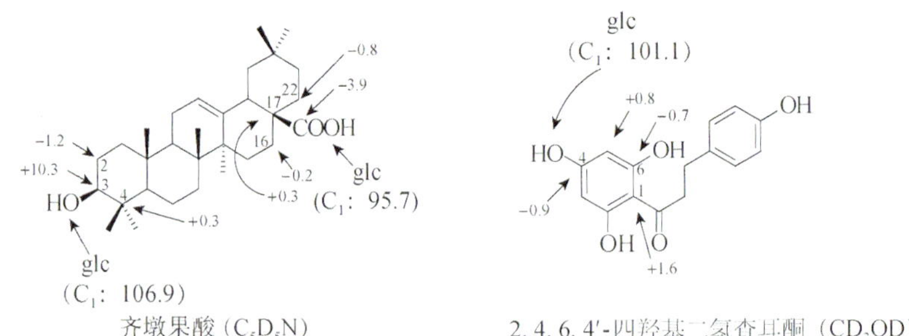

齐墩果酸（C_5D_5N）　　2, 4, 6, 4′-四羟基二氢查耳酮（CD_3OD）

二、糖链结构鉴定的方法

糖链结构测定主要涉及单糖的组成，单糖之间的连接位置、顺序和苷键的构型。测定技术集中地反映在多糖结构的研究工作中。低聚糖及其多糖一级结构鉴定的一般方法主要包括相对分子质量的测定和糖链结构的化学测定方法。

（一）相对分子质量的测定

目前多用 MS 法测定单糖、低聚糖及其苷的相对分子质量。最早应用的是电子轰击质谱（EI），为了降低气化温度，常将样品制成乙酰化、甲基化或三甲基硅烷化衍生物，利用 GC-MS 技术分析低聚糖和糖脂的结构。随着液体二次离子质谱（LSI-MS）技术的出现，可以更好地获得分子离子峰和分析连接顺序的有意义的碎片峰。而近年来电喷解离质谱（ESI-MS）等的应用，使得测量 1×10^{-12}mol 的样品质量和直接分析多糖、复杂苷类和糖复合体的结构成为可能。MS 法也可用于测定多糖的相对分子质量，但测得的结构只是一种统计平均值。

常用凝胶渗透色谱法（gel permeation chromatography，GPC）测定多糖的相对分子质量。将充分膨胀好的 Sephadex G-200、G-150 或 G-75 湿法装柱，用一定离子强度的氯化钠水溶液进行平衡，然后将各种不同的已知相对分子质量的多糖相继上柱，同一离子强度的氯化钠水溶液洗脱，分步收集，苯酚-硫酸法监测，分别求得洗脱体积 V_e，然后再将葡聚糖（MW＞200 万）上同一条柱，求出柱的空体积 V_0，根据 V_e/V_0 与 $\log M$ 之间存在着线性关系，可绘制标准曲线。最后，将待测样品按上述不变的条件上柱，求得待测多糖的 V_e。通过标准曲线上的 V_e/V_0，查得待测多糖的相对分子质量对数值，便可求出 M。

对于黏度大的多糖，可采用黏度法或蒸气压渗透法求相对分子质量。此法用于一些低聚糖相对分子质量测定是很有利的，但其最大的缺点是测定的结果为数均相对分子质量，而由糖复合物（特别是糖蛋白）得到的低聚糖在多数情况下是不均一的，因此不能精确地了解某一糖链混合物中各个组分的相对分子质量。此外还有超离心法、光散射法、玻璃纤维纸电泳、聚丙烯酰胺凝胶电泳等方法。采用不同的方法，可以从不同角度对多糖相对分子质量进行确证，同时也是对多糖纯度的考察。在测定过程中要注意标准品的选择，尽量使用与被测多糖结构相似的标准品，因为不同结构的标准品虽然其绝对相对分子质量相同，但在一定的条件下所表现的相对分子质量数据会有所不同。

值得注意的是，多糖相对分子质量的测定没有一种绝对的方法，其测定值只代表相似链长的平均分布而不是确切的分子大小，其数据往往因方法的不同而不同。

（二）糖链结构的化学测定方法

糖的位置、糖环的大小、异头碳的结构、连接的位置、内部排列顺序、分支、非碳端的取代等都不可能通过一种方法解决，必须几种方法结合使用才能完成，尽管现在的 2D NMR 谱几乎可以取得多糖的完整结构信息，对于一个纯品而言，当把 2D NMR 技术如 COSY 谱、NOESY 谱、TOCSY 谱及其他脉冲序列方法结合起来，利用 NMR 谱的信息能够推导出多糖的完整结构。

1．单糖绝对构型确定　低聚糖、多糖的结构分析首先要了解由哪些单糖组成，各种单糖之间的比例如何，一般是将苷全水解，用已知的各种单糖作标准，可用 GC 或 HPLC 对单糖进行定性、定量分析，以及绝对构型确定。

2．单糖间连接位置的推定　先使糖链全甲基化，然后水解苷键，鉴定所获甲基化单糖。其中游离羟基的部位就是单糖之间的连接位置。一般先用 90%甲酸水解全甲基化多糖，再用 0.05mol/L 硫酸或三氟乙酸水解。水解的条件要尽可能温和，以防发生去甲基化和降解反应。

从不同类型甲基化单糖的相对比例，可以推测出糖链重复单位中各种单糖的数目、末端糖的性质及分支点的位置，但无法获知糖的连接顺序。用 GC 可以对甲基化单糖进行定性和定量分析，但该方法的不足之处在于需要各种各样的甲基化单糖作对照样品。

目前常用 ^{13}C NMR 谱确定糖的连接位置，主要是通过归属各碳信号，以确定产生苷化位移的碳。在实际工作中，化学位移的归属主要是根据与类似物比较加上利用苷化位移规则进行合理推测得到，所选用的参考化合物一般为游离苷元和甲基糖苷。

3．糖链连接顺序的确定　MS 分析已用于低聚糖结构的研究。掌握了糖的组成之后，根据 MS 的裂片规律就可以推定低聚糖和苷的糖链的连接顺序。

用 HMBC 技术可以直接测定低聚糖之间的连接；观察 NOE 用以替代远程偶合，同样也可得糖的连接顺序。另外，也可以直接测定未乙酰化皂苷远程偶合关系或 NOE 关系来确定糖的连接次序与位置。例如，乙酰化皂苷中的糖结构中端基质子的远程偶合关系（图 3-2）。

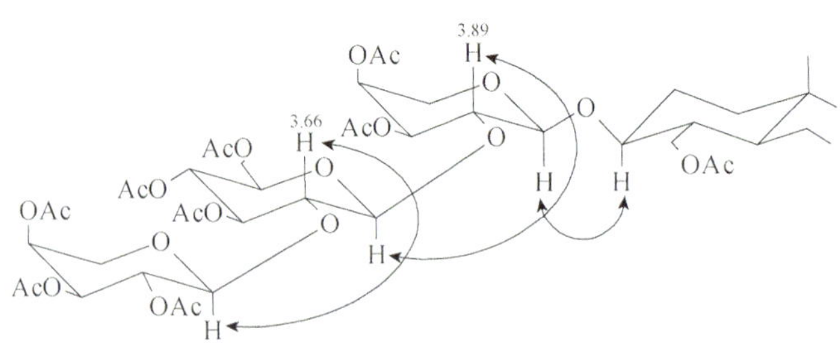

图 3-2　端基质子的远程偶合关系

三、糖链结构研究实例

实例：刺五加多糖的提取分离和结构测定。

从药用植物刺五加（*Acanthopanax senticosus*）中分离和鉴定了具有免疫活性的刺五加多糖Ⅲ（AsⅢ）。

1．提取分离　刺五加根干粉（200g）首先用甲醇回流，除去亲脂性成分。残渣用 0.5mol/L 氢氧化钠水溶液在 4℃提取，提取液中加丙酮得浅棕色沉淀。此沉淀溶于水中用三氯乙酸沉淀和透析处理，除去其中的蛋白质和小分子化合物。所得粗多糖通过 DEAE-Sepharose CL-6B 柱，氯化钠水溶液梯度洗脱，以旋光度测定和酚-浓硫酸试剂检出。所得部分再用 Sephacryl S-400 纯化，用 0.1mol/L 氯化钠溶液洗脱，分得主要成分刺五加多糖Ⅲ（AsⅢ，81mg）。

2．结构测定　AsⅢ用 HPLC 和凝胶过滤检查均为一个峰。$[\alpha]_D^{20}$ −48°，凝胶层析测得相对分子质量为 30 000，元素分析无氮原子。用三氯乙酸水解后由 GC 测得单糖组成为 L-Ara：D-Xyl：4-*O*-甲基-D-葡萄糖醛酸（1：11：1），属于杂多糖。

由于AsⅢ微溶于二甲亚砜，先乙酰化再用箱守法甲基化。全甲基化物用氢化铝锂还原其葡萄糖醛酸的羧基，然后水解。将水解所得的甲基化单糖用硼氢化钠还原得糖醇，再经乙酰化，随后用 GC-MS 分析，得知部分甲基化糖为 2,3-二-*O*-甲基-木糖、3-*O*-甲基-木糖、2,3,5-三-*O*-甲基-阿拉伯糖和 2, 3, 4-三-*O*-甲基葡萄糖，物质的量比为 15：6：2：2，并检出微量 2, 4-二-*O*-甲基半乳糖。显然其中的 2, 3, 4-三-*O*-甲基葡萄糖是从末端 4-*O*-甲基葡萄糖醛酸基的羧基还原后得到的。从表 3-2 的 ^{13}C NMR 数据中也可以看出，其中 129.1 和 62.68 分别为羧基和甲基信号，提示 4-*O*-甲基葡萄糖醛酸的存在，在 ^{1}H NMR 中的也有δ3.4 这一甲基信号。

表 3-2　AsⅢ的 ^{13}C NMR 谱数据（D_2O）

环	化学位移（δ）						
	C-1	C-2	C-3	C-4	C-5	C-6	OCH_3
A	104.58	75.61	76.61	79.31	64.91		
B	104.21	79.02	75.14	79.72	64.24		
C	100.52	74.18	74.83	85.17	72.12	179.10	62.63

AsⅢ用过碘酸氧化，每一脱水己糖单位消耗 0.40 分子过碘酸。氧化产物进一步用 Smith 降解，产物检出有木糖、半乳糖，以及大量的乙二醇和甘油，说明分子中存在比率很高的 l, 4-连接的木糖基。而游离的木糖检出，说明分子中存在抗氧化的木糖基，如 1,2,4 位有连接的木吡喃糖。

AsⅢ用 0.05mol/L 三氯乙酸在 100℃水解 1.5h，进行部分水解。水解物用蒸馏水透析，TLC 检查可透析部分，得阿拉伯糖、木糖和两个未知成分。将此可透析部分用 Sephadex G-25 分离，得两个峰。所得未知物分别甲基化，水解。分析水解液，从第一峰部分得 2, 3, 4-三-*O*-甲基木糖和 2,3-二-*O*-甲基木糖，物质的量比为 1 ∶ 2，说明存在 1, 4-连接的木三糖（xylotriose）。从第二峰部分得 2,3,4-三-*O*-甲基木糖和 2, 3-二-*O*-甲基木糖，物质的量比为 1 ∶ l，证实存在 1, 4-连接的木二糖（xylobiose）。而不透析部分（AsⅢ-ⅠB）经甲基化，羧基还原，再水解，水解物经 GC 检测为 2, 3-二-*O*-甲基木糖、3-*O*-甲基木糖、2, 3, 4-三-*O*-甲基葡萄糖、2, 3, 4-三-*O*-甲基木糖，物质的量比为 5 ∶ 2 ∶ 1 ∶ 1。

AsⅢ-ⅠB 进一步用 0.5mol/L 三氯乙酸在 100℃水解 2h，然后透析。可透析部分存在木糖、l, 4-连接的木二糖、l, 4-连接的木三糖和一些未知成分。不能透析部分用 Sephadex G-25 分得一个糖，甲基化并还原羧基，再水解，水解物检出有 2, 3, 4-三-*O*-甲基葡萄糖和 2, 3-二-*O*-甲基木糖，物质的量比为 1 ∶ 3。这个糖推测是木三糖上接一个 4-*O*-甲基葡萄糖醛酸。根据以上分析，可暂定 AsⅢ-ⅠB 的结构为：

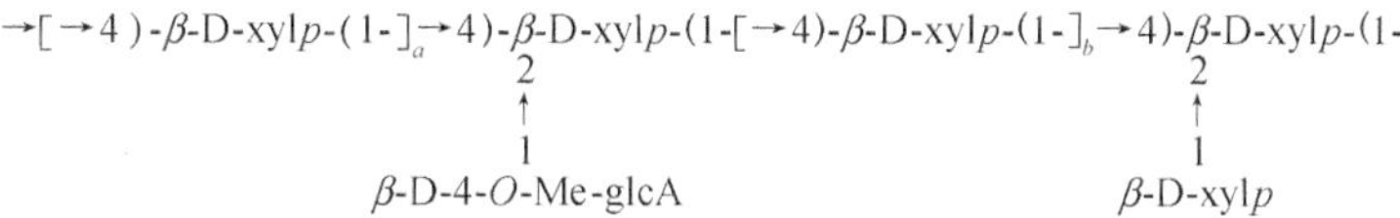

^{13}C NMR 中，104.58 和 104.21 为木吡喃糖基的 C-1 信号，64.91 和 64.24 为 C-5 信号，提示 D-木糖基上为β-连接。而 100.52 表明 4-*O*-甲-葡萄糖醛酸为β-连接。

综上分析，刺五加多糖 AsⅢ的基本骨架组成为β-（1→4）连接的木吡喃糖基，在 2 位有一个支键。而阿拉伯呋喃糖和 4-*O*-甲基葡萄糖醛酸为非还原末端。AsⅢ的结构鉴定为：

→4)-*β*-D-xyl*p*-(1-[→4)-*β*-D-xyl*p*-(1-]$_x$[→4)-*β*-D-xyl*p*-(1-]$_y$→4)-*β*-D-xyl*p*-(1-[→4)-*β*-D-xyl*p*]$_z$

（各 2 位分别连接：1→2 *β*-D-4-*O*-Me-glcA；1→2 *α*-1-ara*f*-(1-[→4)-*β*-D-xyl*p*-(1-]$_n$；1→2 *β*-D-xyl*p*-(1-[→4)-*β*-D-xyl*p*-(1-]$_m$）

习 题

一、填空题

1. 常利用 ^{1}H-NMR 谱中糖的端基质子峰的（ ）判断苷键的构型。对于葡萄糖苷来说，J=6～8Hz 者多为（ ）构型，J=2～4Hz 者为（ ）构型。
2. 根据苷键原子的不同，苷类化合物分为（ ）、（ ）、（ ）和（ ），其中（ ）为最常见。其酸水解的难易顺序为（ ）>（ ）>（ ）>（ ）。

答案：1. 偶合常数；β；α　2.氧苷；氮苷；硫苷；碳苷；氧苷；碳苷；硫苷；氧苷；氮苷

二、选择题

1. 难被碱催化水解的苷键是（ ）。

   A. 酚苷键　B. 6-葡萄糖醛酸苷键　C. 醇苷键　D. 4-羟基香豆素葡萄糖苷键
2. 糖及多羟基化合物与硼酸形成络合物后（ ）。

   A. 酸度增加　B. 脂溶性增加　C. 稳定性增加　D. 水溶性增加
3. 用活性炭柱层析分离糖类化合物，所选用的洗脱剂顺序为（ ）。

   A. 先用有机溶剂，再用乙醇或甲醇

   B. 直接用一定比例的有机溶剂冲洗

   C. 先用乙醇，再用水冲洗

   D. 先用水洗脱单糖，再在水中增加乙醇浓度洗出二糖、三糖等

答案：C　A　D

三、简答题

1. 苷类化合物有何共性？如何对苷进行分类？
2. 如何判断某一植物材料中是否含有糖和苷类成分？如何鉴别苷和多糖？
3. 苷和苷元的溶解性有何差异？影响溶解性的因素有哪些？

四、结构鉴定

从杨柳皮中分得一个酚苷，以 3.2%浓度的 95%乙醇溶液，在 1dm 的旋光管中测得其旋光度为+0.55°，水解后得到一分子的 D-葡萄糖和一分子的邻羟基苯甲醇。此酚苷在 ^{1}H-NMR 谱中有 δ 4.37（1H，d，J=7.5Hz）的信号。试写出此苷的结构，并加以解释。

第四章　氨基酸与环肽

氨基酸（amino acid）分子中同时含有羧基和氨基，是一类独特的两性化合物。这类化合物在生物体内大多以游离形式存在，或以结合态的形式出现在多肽及蛋白质结构中，其中D-氨基酸以结合状态存在。

从天然药物中已经分离了很多氨基酸、多肽及毒蛋白，这类成分对动物、完整的细胞或细胞溶解物表现出一定的毒性或生物活性，是一类在生物体中具有特殊生理功能的化合物。实验证明，不同性质的氨基酸、多肽往往具有不同的生理功能，如抗癌、避孕、抗炎、镇痛、抗病毒等，这些结果已引起了学者的普遍关注和兴趣，也进一步推动了对氨基酸、多肽和活性蛋白质研究的进展。随着科学技术的发展和这些相关化合物生理功能的不断被阐明，对于治疗某些严重危害人类健康的疾病，必定会起到十分重要的作用。因此，从自然资源中寻找新的氨基酸和肽类物质将是植物化学研究的重要内容。例如，植物环肽是药用植物化学家族中的后起之秀，正发展成为该学科的一个新领域，已引起天然产物化学界的极大关注。

第一节　氨　基　酸

一、氨基酸的分类与命名

自然界中存在着两大类氨基酸，即蛋白氨基酸和非蛋白氨基酸。前者是一类由蛋白质水解得到的 α-氨基酸；除此以外的其他氨基酸统称为非蛋白氨基酸（non-protein amino acid）。蛋白氨基酸数目是有限的，大约有 20 种（表 4-1）；而从动物、植物、海洋生物、微生物、真菌中分离得到天然非蛋白氨基酸有 700 余种，如 D-氨基酸、环状氨基酸、α, β-不饱和氨基酸等，其结构多与蛋白氨基酸相似，是蛋白氨基酸生物合成的中间体，二者常并存于同一来源的生物体内。

（一）蛋白氨基酸

根据 α-氨基酸分子结构中所含羧基与氨基的数目可分为酸性、中性和碱性氨基酸。酸性氨基酸含两个羧基、一个氨基；中性氨基酸含一个羧基、一个氨基；而碱性氨基酸则含一个羧基、两个氨基。

α-氨基酸的命名习惯上多用俗名，即根据其来源和性质命名，并以中文名称缩写表示，如天冬氨酸最初是从天门冬的幼苗中发现的，简称“天冬”。国际上通用的符号是用氨基酸英文名称缩写表示，如精氨酸的符号为“Arg”，或用一个字母的缩写表示，如赖氨酸的符号为“K”。氨基酸的系统命名与其他取代酸命名相同，即以羧酸为母体，以氨基作为取代基来命名。

表 4-1　蛋白氨基酸

类别	结构式	名称	缩写			等电点（pI，20℃）
			英文		中文	
中性氨基酸	NH_2CH_2COOH	甘氨酸	Gly	G	甘	5.97
	$CH_3CH(NH_2)COOH$	丙氨酸	Ala	A	丙	6.00
	$(CH_3)_2CHCH(NH_2)COOH$	缬氨酸	Val	V	缬	5.96
	$(CH_3)_2CHCH_2CH(NH_2)COOH$	亮氨酸	Leu	L	亮	6.02
	$C_2H_5CH(CH_3)CH(NH_2)COOH$	异亮氨酸	Ile	I	异亮	5.98
	$C_6H_5CH_2CH(NH_2)COOH$	苯丙氨酸	Phe	F	苯丙	5.48
	$HSCH_2CH(NH_2)COOH$	半胱氨酸	Cys	C	半胱	5.02
	$CH_3CH(HO)CH(NH_2)COOH$	苏氨酸	Thr	T	苏	6.53
	$H_2NCO(CH_2)_2CH(NH_2)COOH$	谷酰胺	Gln	Q	谷酰	5.65
	$H_2NCOCH_2CH(NH_2)COOH$	天冬酰胺	Asn	N	天酰	2.77
	$H_3CS(CH_2)_2CH(NH_2)COOH$	甲硫氨酸	Met	M	甲硫	5.74
	$HOCH_2CH(NH_2)COOH$	丝氨酸	Ser	S	丝	5.68
	(吡咯烷环)N-H, COOH	脯氨酸	Pro	P	脯	6.30
	p-$(OH)C_6H_5CH_2CH(NH_2)COOH$	酪氨酸	Tyr	Y	酪	5.66
	(吲哚环)N-H, $CH_2CH(NH_2)COOH$	色氨酸	Trp	W	色	5.89
酸性氨基酸	$HOOCCH_2CH(NH_2)COOH$	天冬氨酸	Asp	D	天冬	2.77
	$HOOC(CH_2)_2CH(NH_2)COOH$	谷氨酸	Glu	E	谷	3.22
碱性氨基酸	$H_2N(CH_2)_4CH(NH_2)COOH$	赖氨酸	Lys	K	赖	9.74
	$H_2NC{=}NH[NH(CH_2)_3]CH(NH_2)COOH$	精氨酸	Arg	R	精	10.76
	$HOOCCH(NH_2)CH_2$—(咪唑环)N, N-H	组氨酸	His	H	组	7.59

（二）非蛋白氨基酸

植物中发现的非蛋白氨基酸有 240 多种，大多数是饱和脂肪族氨基酸上再接上氨基或羧基，如 2, 6-二氨基庚二酸。

根据非蛋白氨基酸的结构（如脂肪族、芳香族、杂环等）、可解离基团的数目、性质和取代位置等可将其进一步分成若干小类。

非蛋白氨基酸的命名比较混乱，俗名、半系统命名和系统命名法都可采用。一般俗名来源于拉丁学名。如瓜氨酸（citrulline，**1**）来自西瓜（*Citrullus vulgaris*）汁中；刀豆氨酸（canavanine，**2**）是从洋刀豆（*Canavalia ensiformis* DC.）中分得的。此类氨基酸可以看作蛋白氨基酸的衍生物，因此命名时可在蛋白氨基酸俗名前注明取代基，如 3-羟基-4-甲基脯氨酸（**3**）等。非蛋白氨基酸以三字母符号表示，如γ-氨基丁酸用γ-Abu。

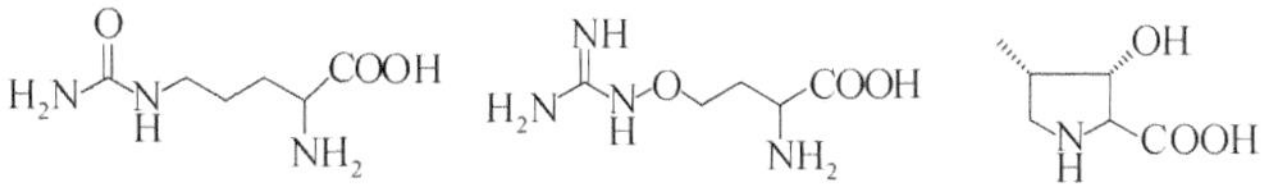

1　2　3

非蛋白氨基酸在结构上有更多的变化，氨基酸除连于羧基的α位之外，也有连于β、γ、δ位的，如γ-氨基丁酸（**4**）等。氨基除了伯胺外，还有仲胺和叔胺，如*N*-甲基氨基酸和*N*,*N*-二甲基氨基酸，有的氨基在芳环上，如邻氨基苯甲酸。当氨基为季铵时，就不再具有氨基酸的典型性质，有时将这一类氨基酸归属于两性生物碱。例如，甜菜中的甜菜碱（betaine，**5**）可看作甘氨酸的季铵衍生物，从掌叶半夏（*Pinellia pedatisecta* Schott）中分离出的抗癌活性成分胡芦巴碱（trigonelline，**6**）等也为季铵衍生物。

某些非蛋白氨基酸分布十分广泛，如γ-氨基丁酸几乎分布于所有的植物中。有的含量特别高，如一些油麻藤属（*Mucana*）植物种子中L-多巴（L-DOPA，**7**）的含量超过9%。

除脯氨酸外，其他仲氨基酸都属于非蛋白氨基酸。如从植物根瘤（crown gall）中得到的rideopine（**8**）。根瘤是一种生长在双子叶植物和裸子植物中的瘤状物，它是由植物病原微生物引起。

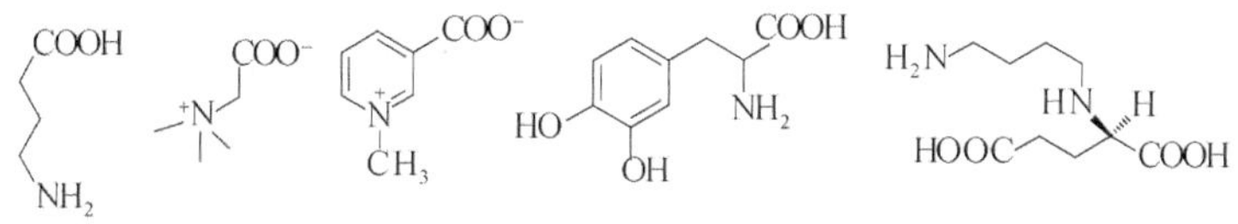

4　5　6　7　8

二、氨基酸的理化性质和波谱特征

（一）物理性质

氨基酸均为无色结晶，熔点一般都超过200℃，加热到熔点时常易分解。氨基酸不溶于石油醚、苯、乙醚等非极性溶剂，一般能溶于水，这些性质与氨基酸成内盐有关。与酸碱作用成盐后，其水溶性增大。

（二）显色反应和层析法检识

1）*显色反应*　α-氨基酸与水合茚三酮反应，一般呈蓝、紫红或紫色。此反应非常灵敏快速，常用于α-氨基酸的鉴定、层析的显色。

此外，水合茚三酮还可与伯胺、仲胺、肽类和蛋白质反应，甚至可与氨基醇、氨和所有胺盐反应。但N取代的α-氨基酸、脯氨酸、羟脯氨酸，以及叔胺和芳香胺等不发生该呈色反应。

非蛋白氨基酸由于结构变化多，与水合茚三酮的反应所产生的颜色也有较大的差别，因而其颜色反应通常并不典型。如β-氰基丙氨酸为绿色，γ-亚甲基谷氨酸和氮杂环丁烷-2-羧酸显棕色，5-羟基哌可酸显蓝色。

2）*层析法检识*　可用双向纸层析检识混合氨基酸溶液中的各组分，常用的展开剂有系统Ⅰ：a. 叔丁醇-乙酸-水（69.5：29.5：1），b. 苯酚-氨水。系统Ⅱ：a. 正丁醇-乙酸-水

（4∶1∶5），b. 间甲酚-苯酚（1∶1）。系统Ⅲ：a. 正丁醇-甲乙酮-水-28%氨水（25∶15∶7∶3），b. 正丁醇-乙酸-水（4∶1∶5）。

用纤维素薄层分离氨基酸，分离效果尚佳。如用纤维素板双向展开检出蛋白氨基酸，以叔丁醇-丙酮-水（13∶2∶5）为第一向展开剂，以正丁醇-丙酮-乙酸-水（7∶7∶2∶4）为第二向展开剂，可获得比较满意的效果。

通常用水合茚三酮作为层析法的显色剂，也可用邻苯二醛测定。先喷上 0.1%邻苯二醛和 0.1% 2-巯基乙酸丙酮液，5min 后再喷 1.0%三乙胺丙酮液，在 350nm 处可呈很强的荧光。

（三）旋光性和构型测定

除甘氨酸外，所有 α-氨基酸都有手性碳原子，因此蛋白氨基酸具有旋光活性，其构型几乎全都是 L 型。

根据 Clough-Lutz-Jirgensons 规则可以确定 α-氨基酸的构型。该规则是指 L 构型 α-氨基酸的分子旋光，在酸性条件下是更右旋，而 D 构型则更左旋。

氨基酸 α-碳原子的绝对构型可用化学或酶学的方法测定。其中化学方法包括：氨基酸与 2-甲基-2,4-二苯基-3（2H）-呋喃酮（Ⅰ）反应生成吡咯酮类型发色团（Ⅱ），此化合物的λ_{max}在 370～390nm。产物不必分离就可测定 α-氨基酸的绝对构型。如果测定旋光谱（ORD），则 L-氨基酸产物的第一个正科顿效应在 380nm 左右，第二个负科顿效应在 325nm 左右。而 D-氨基酸产物的科顿效应正相反，第一个为负，而第二个为正。气相层析可用于分离氨基酸的对映体，所选用的固定相为 *N*-三氟乙酰-L-二肽的环己酯等光学活性的肽类衍生物。其中，固定相 *N*-三氟乙酰-L-α-氨基-正丁酰基-L-α-氨基-正丁酸环己酯能将大多数 D 型和 L 型氨基酸分开，一般情况下两个峰靠得比较近，其中 D-氨基酸比相应的 L-氨基酸先出峰。选用手性试剂与氨基酸作用生成光学异构体衍生物，然后进行气相层析等，也可用于氨基酸绝对构型的测定和对映体的分离。

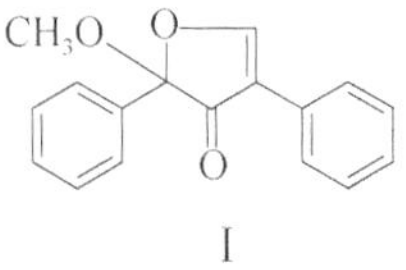

CH_3O　　COOH　R　N　O　O

Ⅰ 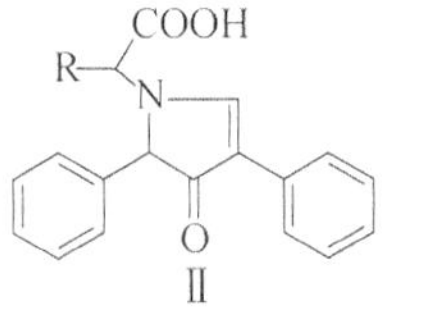　　Ⅱ

用酶法可以测定氨基酸的绝对构型。例如，利用氨基酸氧化酶的立体选择性作用，从猪肾中得到的 D-氨基酸氧化酶，能专属性氧化 D-氨基酸成相应的氧化物；某些蛇毒中的 L-氨基酸氧化酶则氧化 L 型氨基酸，样品中即使存在 D-氨基酸亦无妨碍。这些酶不仅可以用来测定构型，也可以从外消旋混合物中除去不需要的异构体。

（四）波谱特征

1. UV 谱　氨基酸紫外吸收都在 200nm 以下，对于端基有发色团的氨基酸，UV 光谱才有意义。蛋白氨基酸中色氨酸、酪氨酸在 280nm 左右有较强吸收，苯丙氨酸在 260nm 左右有较弱吸收。这些吸收峰在肽和氨基酸的分离中是很有意义的。

2. IR 谱　氨基酸通常以两性离子存在，也可以盐酸盐或金属盐形式存在。分子中既可以有游离的—NH_2，—COOH，也可以有解离的—NH_3^+，—COO^-。

当氨基呈游离状态或为盐酸盐时，其氨基都以—NH_3^+形式存在，在胺类正常的 NH 伸缩振动吸收范围内（3500～3300cm^{-1}）不出现吸收峰，而在 3130～3030cm^{-1} 有一个由—NH_3^+不对称伸缩振动产生的中强峰（脯氨酸在 2900cm^{-1} 左右），而对称伸缩振动可能出现在 3000～2000cm^{-1}。而氨基酸的金属盐一般在 3390～3260cm^{-1} 有中等强度的—NH_2 吸收，若—COOH 成酯，则此吸收向低频移动。以上吸收峰一般都是宽峰。

—NH_3^+在 1660～1485cm^{-1} 可能出现 1～2 个特征峰，在 1660～1610cm^{-1} 为不对称变性弱振动吸收，由于此峰常与—COO^-吸收峰重叠，故多以— COO^-主峰上的肩峰出现。第二个特征峰出现在 1550～1485cm^{-1}，为对称变性振动吸收。氨基的氢原子被一个烷基取代的氨基酸，其 NH 的伸缩振动出现在 3500～3300cm^{-1} 处。

游离氨基酸碱金属盐的—COOH 在 1600～1560cm^{-1} 有强吸收。氨基酸盐酸盐的—COOH 具有正常的伸缩振动特征吸收，其峰的位置与—NH_2 的取代位置有关，α-氨基酸的>C═O 伸缩振动在 1750～1740cm^{-1}，其余的在 1730～1700cm^{-1}。

为了用 IR 光谱进一步鉴别某一天然产物是否为氨基酸，常常将其制成盐酸盐和金属盐，以进一步观察—NH，—COO^-及>C═O 的吸收峰位置的改变。

（五）MS 谱

MS 谱在多肽和蛋白质的氨基酸分析中被广泛采用。如果氨基酸分子结构中不含芳香取代基，在 EI-MS 上一般不出现或呈很弱的分子离子峰。一些能增加挥发性的衍生物都曾用于氨基酸的质谱研究，如乙酰化、三甲基硅烷化等，或可用 FD-MS、FAB-MS 等方法获得分子离子峰。在 MS 中第一肽键处断裂得到的离子相对地更多些，因此 MS 已成为氨基酸序列分析的常规方法。

为了消除氢键和增加挥发性，一般需将肽全甲基化或乙酰化后测定。

（六）^{13}C NMR 谱

氨基酸 ^{13}C NMR 谱的化学位移大致范围：羰基碳为 168～183，α-碳为 40～65，β-碳为 17～70，γ-碳或δ-碳为 17～50，芳环或芳杂环碳为 110～140。

三、氨基酸的提取分离

氨基酸的提取分离和分析方法在多肽、蛋白质的结构测定中是必不可少的。现代层析技术常常将分离和分析结合起来，如 GC、HPLC、TLC、离子交换层析等。

（一）离子交换层析法分离纯化氨基酸

离子交换层析是利用树脂具有带电基团，在相反电荷离子的平衡中，这些离子可按化学计量与别的同种电荷的离子进行交换的过程。因此，该方法特别适合于氨基酸的分离、纯化。

例如，磺酸型阳离子交换树脂（如 Dowex-50）带负电荷，它可与带正电荷的氨基酸结合。操作在接近于 pK_{a_1}的 pH 缓冲液中进行，在此 pH 条件下，中性或酸性氨基酸所带的电荷可能从+1 到 0，其中具有最低 pK_{a_1}值的氨基酸具有的净正电荷最小，和树脂的键合力最弱，最先被洗脱下来。因而氨基酸在树脂上依照 pK_{a_1}值增加的顺序依次洗脱，即酸性氨基酸先被洗脱，其次是中性氨基酸，最后是碱性氨基酸。当然，洗脱顺序不仅仅反映 pK_{a_1}情况，它也和树脂与氨基酸非解离部分的相互作用有关，如脂肪族氨基酸碳链长度增加时，与树脂的非极性部分的吸引力增加，这将产生更大的柱保留时间。具有支链的氨基酸比同样大小的直链氨基酸柱保留时间短。羟基存在能加速化合物的洗脱，这可能是由于羟基增加了与水相的亲和力。

碱性氨基酸用增加离子强度和提高 pH 的缓冲液洗脱，但由于 pH 仍然偏低，以至于氨基酸仍带有+1 电荷，其洗脱实际上要靠钠离子的置换。

离子交换层析法分离纯化氨基酸的具体操作如下。

先使样品的水提取物通过一个强酸性阳离子交换树脂（H^+型），如 Dowex-50。树脂上结合了所有两性化合物，溶液的 pH 下降。一般来说，中性氨基酸与树脂键合，既不产生也不消耗质子。但水提取液中一般含有 K^+、Na^+等阳离子，这些阳离子在与树脂键合的同时释放出质子，因此使 pH 下降，而 pH 下降将阻止某些酸性成分结合到树脂上，对于这些流出的酸性成分，随后可用吡啶型或 3-氯吡啶型树脂来回收。

结合了氨基酸的树脂一般先用水洗涤，然后用氨水洗脱，用过量的氨水让中性和酸性氨基酸转变成净电荷为零的两性化合物，甚至让其带有负电荷而不再与树脂键合。而具有高 pK_a 值的碱性物质需要有更高浓度的氨水才可被洗脱下来。氨水洗脱液减压浓缩得到游离状态的中性和碱性氨基酸，而分离得到的酸性氨基酸则是部分或全单铵盐。在此条件下树脂上结合的金属阳离子不会被洗脱。

也可以用盐酸作为洗脱剂，即用 H^+来置换氨基酸。当提取液中无机阳离子浓度较大而树脂交换能力又较低时，氨基酸可能没有完全键合到树脂上，随洗脱液一起流下来了，特别是谷氨酸、胱氨酸、谷胱甘肽等一些强酸性氨基酸和肽类。但用盐酸洗脱会使键合在树脂上的金属离子也被洗下。

若酸性树脂用吡啶-水作为洗脱剂，则不论原来是 H^+型还是吡啶型，只能洗脱酸性和中性氨基酸，碱性氨基酸必须用氨水洗脱。例如，*L*-刀豆氨酸是一种碱性氨基酸（pI 82），需用稀氨水从 Dowex-50（NH_4^+）柱上洗脱。而从芫花七叶树（*Aesculus parviflora*）种子中分离出的顺-2-羧基环丙烷甘氨酸为酸性氨基酸，需要经磺酸型阳离子树脂和季铵型强碱性树脂的反复处理后才能从柱上洗下。

（二）氨基酸提取分离、纯化实例

从毒蘑菇豹皮菌（*Amanita pantherina*）新鲜子实体的乙醇提取物中分离得到了 3 个氨基酸类化合物。根据光谱分析及理化性质，经鉴定化合物Ⅰ的结构为 3-氨基-2-羟基戊二酸（3-amino-2-hydroxypentandioic acid），ⅡA 和ⅡB 为 2-氨基-3-（1, 2-二羧基乙基硫代）丙酸［2-amino-3-（1, 2-dicarboxyethylthio）propanoic acid］，Ⅲ为Ⅰ的立体异构体，Ⅳ为一未鉴定的混合物。药理实验证明Ⅰ及Ⅱ分别是谷氨酸 NMDA 受体兴奋剂及阻断剂。其结构如下：

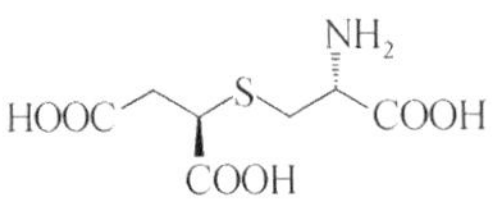

HOOC–CH(COOH)–S–CH₂–CH(NH₂)–COOH
ⅡA

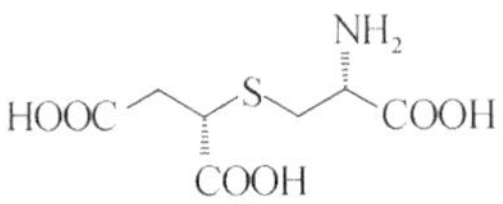

HOOC–CH(COOH)–S–CH₂–CH(NH₂)–COOH
ⅡB

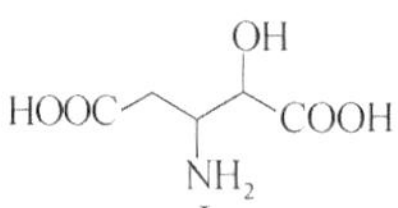

HOOC–CH₂–CH(NH₂)–CH(OH)–COOH
Ⅰ

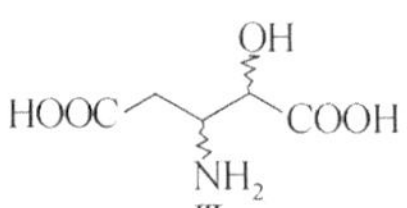

HOOC–CH₂–CH(NH₂)–CH(OH)–COOH
Ⅲ

其提取分离、纯化流程见图 4-1。

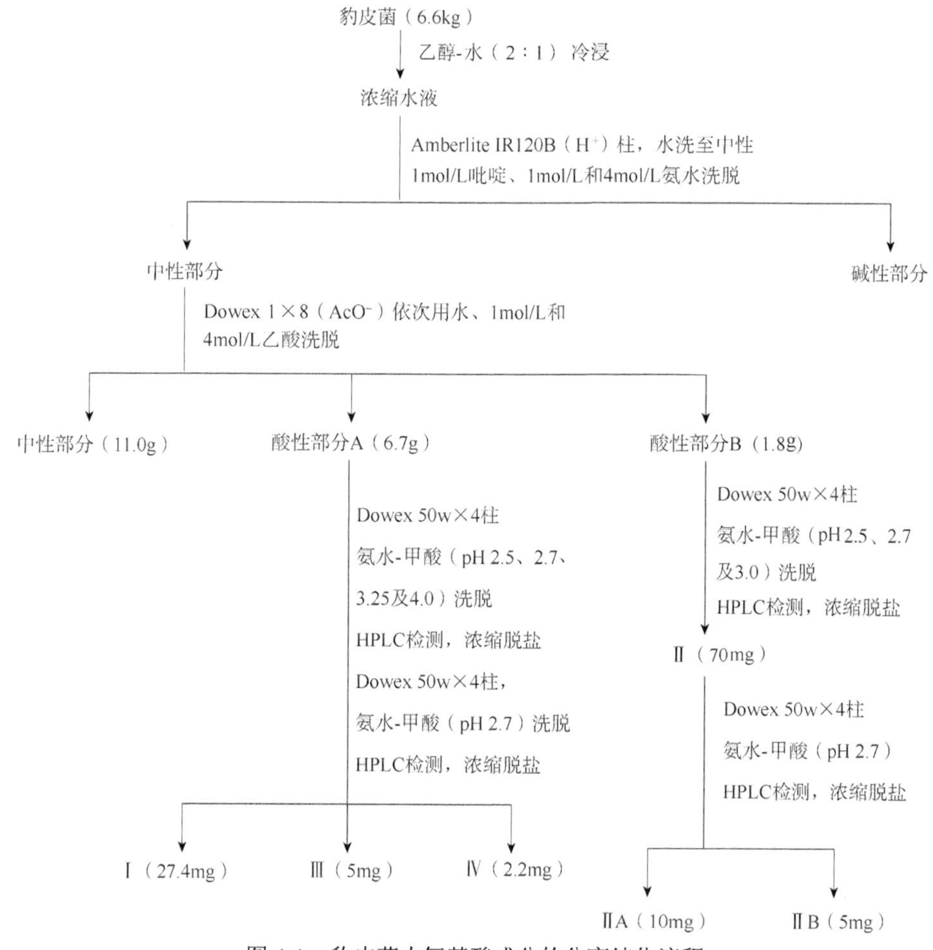

图 4-1　豹皮菌中氨基酸成分的分离纯化流程

四、非蛋白氨基酸的生理活性及其应用

非蛋白氨基酸具有与常见的 20 种天然氨基酸不同的结构特征。如非 α 位氨基取代，氮甲基化，α 位、β 位烷基取代，含卤素、羟基或氰基等取代基，含杂原子，亚胺型，等等。这些结构上的差异导致了大多数的非蛋白氨基酸具有独特的生理活性，特别是兴奋性氨基酸对神经系统疾病的发病机制研究和治疗药物的筛选具有重大意义。因此，非蛋白氨基酸是对蛋白氨基酸的有益补充，使得生物活性肽和蛋白质更加具有多样性和选择性。

（一）医药上的应用

具有神经毒性和与中枢神经元的兴奋性有关的氨基酸即称为兴奋性氨基酸。如前所述，γ-氨基丁酸（GABA，**4**）是中枢神经系统内的一种强力的生理性抑制介质，尤其是它对心血管自管自稳机制的中枢调节起重要作用，如中枢降压作用和使心率减慢，因此有望成为新的降压药物。

GABA 为一种防止癫痫发生的主要抑制性神经递质，然而它却难以透过血脑屏障，可能因其亲脂性差。其合成类似物γ-乙烯基氨基丁酸（γ-VGABA，**9**）（商品名 Vigabatrin），是一种高选择性哺乳动物大脑中γ-氨基丁酸转氨酶活化抑制剂。因此，Vigabatrin 可用于治疗癫痫、精神分裂症及缓慢性运动障碍。

从云木香（*Saussurea lappa*）根中得到的倍半萜型氨基酸云木香胺（saussureamine C，**10**）具有抗溃疡作用。

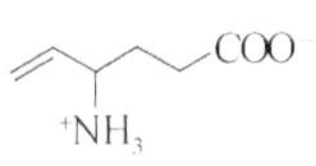

9 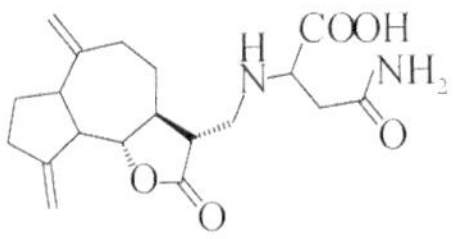　　**10**

使君子氨酸（quisqualic acid，**11**）、海人草酸（kainic acid，**12**）及南瓜子氨酸（cucurbitine，**13**）等也曾用于临床。L-多巴（**7**）用于治疗帕金森症，使君子氨酸和南瓜子氨酸是国内发现的两个驱虫活性成分。

自人参中分离得到具有止血和兴奋中枢神经活性成分田七氨酸（β-*N*-草酰基-α,β-二氨基丙酸，**14**）。

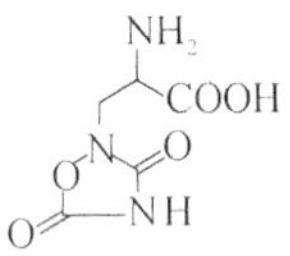

11 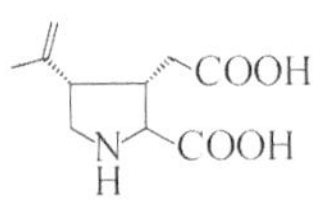　　**12** 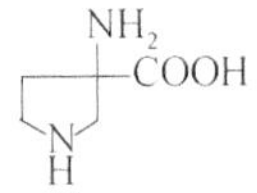　　**13** 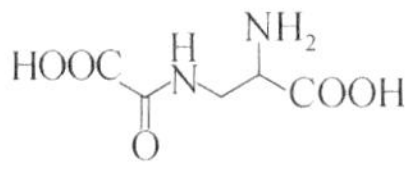　　**14**

大蒜（*Allium sativum* L.）鳞茎中的蒜氨酸（alliin，**15**），经蒜酶分解生成的蒜辣素（allicin）有抗菌作用。

α-亚甲基环丙基甘氨酸（α-methylenecyclopropylglycine，**16**）最早于 1962 年从荔枝（*Litchi chinensis*）果核中分得，其可引起低血糖。它的类似物β-亚甲基环丙基丙氨酸 A（hypoglycin A，**17**）最早是从生长在牙买加未成熟的西非荔枝树（ackee）的种子中分离出来的一种天然植物毒素，是更强的降血糖氨基酸。另一种降血糖成分香豌豆素（lathyrine，**18**）分离自海滨香豌豆（*Lathyrus japonicus* Willd.）种子中。

鹅膏氨酸（ibotenic acid，**19**）是一种含有异恶唑环的氨基酸，最初于 1960 年从日本蛤蟆菌（*Amanita ibotengutake*）分离出来。它是强烈的神经毒素，对人有致幻作用，可作为麻醉增效剂，是毒蝇伞中能杀死苍蝇的有效成分。

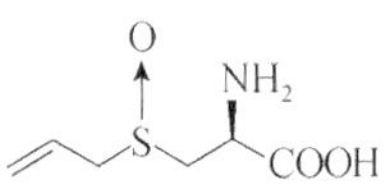

15 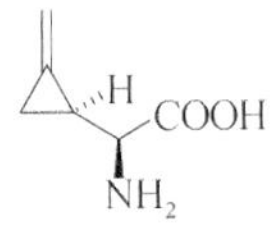　　**16** 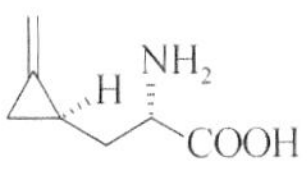　　**17**

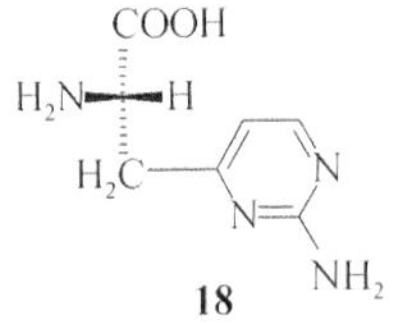

18 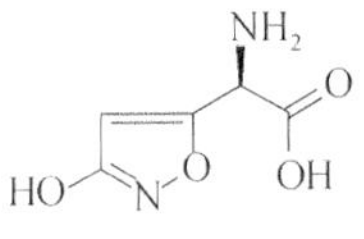　　**19**

（二）生态功能

豆科植物 *Baikiaea plurijuga* 中的 L-蓓豆氨酸（L-baikiain，**20**）为一植物毒素，能抑制发芽的莴苣苗根部的生长。含羞草科金合欢属植物含有的 L-合欢氨酸（L-albizzin，**21**）具有杀虫作用。萝藦科植物牛角瓜（*Calotropis gigantea*）根皮中的牛角瓜碱（giganticine，**22**）

对沙漠蝗虫（*Schistocerca gregaria*）显示出拒食活性。

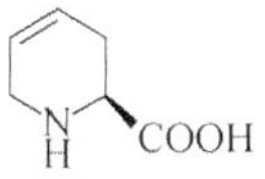

20 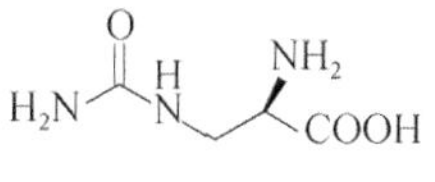　**21** 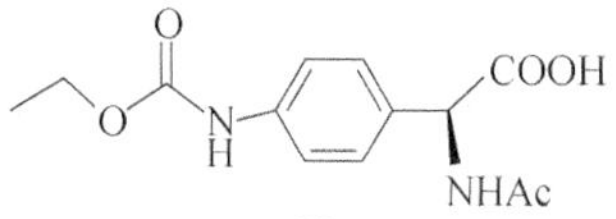　**22**

鹅膏菌属蘑菇如松果伞（*Amanita strobiliformis*）等，大多具有杀蝇作用，其活性成分为鹅膏氨酸（**19**），杀虫作用机制可能与它是一种谷氨酸激动剂有关，L-多巴（**7**）对南方行军虫（*Prodenia eridania*）显示出杀灭活性，但对果蝇幼虫无毒性。

（三）非蛋白氨基酸对肽生物活性的修饰与影响

自然界的生物体内也存在含有非蛋白氨基酸的生物活性肽。其中有些非蛋白氨基酸残基对相应肽的活性发挥起重要作用，也为构效关系研究提供了有益的启示。

肽类药物具有高效、低毒的优点，但也存在半衰期短、不能口服，有些肽类药物不易透过血脑屏障等缺点，因此有必要对其进行结构修饰。用非蛋白氨基酸进行生物活性肽的结构修饰是常用的一种修饰方法，可以说用非蛋白氨基酸对生物活性肽的结构修饰及其构效关系的研究已经成为当今世界多肽化学研究的重要手段和方向，构思之一是基于非蛋白氨基酸的结构特征，其二是基于非蛋白氨基酸的功能特征。依照这种策略已经发展了许多有效的肽类激动剂和拮抗剂，不仅得到了具有高活性、高选择性、抗酶解与半衰期长的肽类似物，而且在结构关系的认识上也不断深入。

第二节　环　　肽

环肽（cyclotide，cyclic peptide，cyclopeptide）是指一类主要由 α-氨基酸和一些非蛋白氨基酸以肽键形成的环状天然小分子肽。环肽类化合物主要来源于海洋生物、微生物、植物、真菌等。植物环肽具有广谱生物活性如抗肿瘤活性、抗血管紧张素转换酶、雌激素样活性、安眠、杀线虫活性等。自 1963 年德国学者 R. Goutarel 等从梧桐科植物 *Waltheria americana* 中得到 adouetine X、Y 和 Z 后，目前为止已发现 200 多个植物环肽，主要分布于石竹科、番荔枝科、鼠李科和茜草科植物中。

植物肽类化合物有链状肽和环状肽之分，如鼠李科民间药用植物 *Discaria americana* 的根皮中所含的 discarene A 和 discarene B（**23** 和 **24**）属于环肽，从同科植物 *Lasiodiscus marmoratus* 中得到的 lasiodine A（**25**）属于链状肽。最近，从堇菜科鼠鞭草属植物 *Hybanthus parviflorus* 中分离得到含 30 个氨基酸的大环多肽 Hypa A（**26**），从化学分类学上有力地支持了该植物置于堇菜科。从茜草科植物 *Palicourea condensata* 中发现的最大环肽 palicourea（**27**）是由 37 个氨基酸组成的。

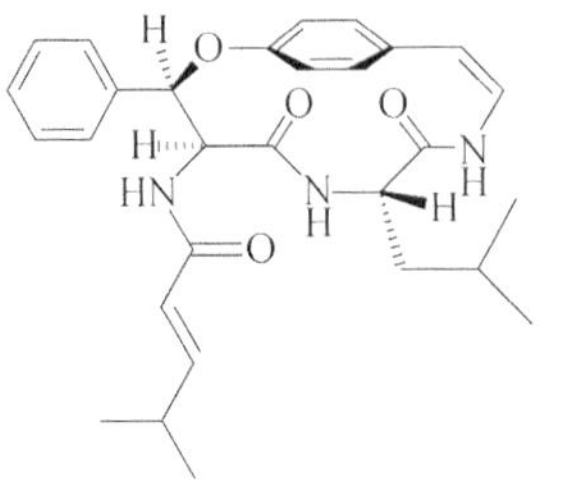

23 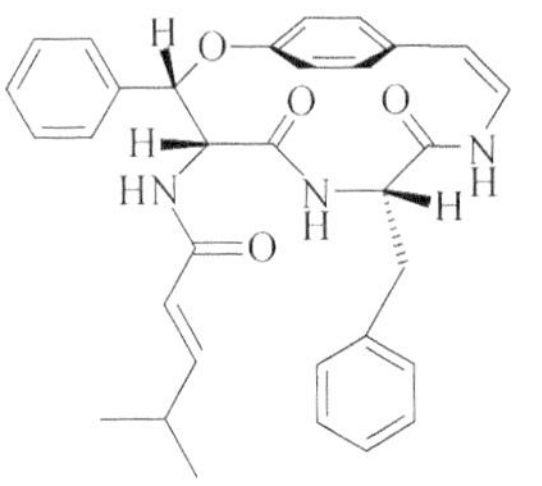　　24 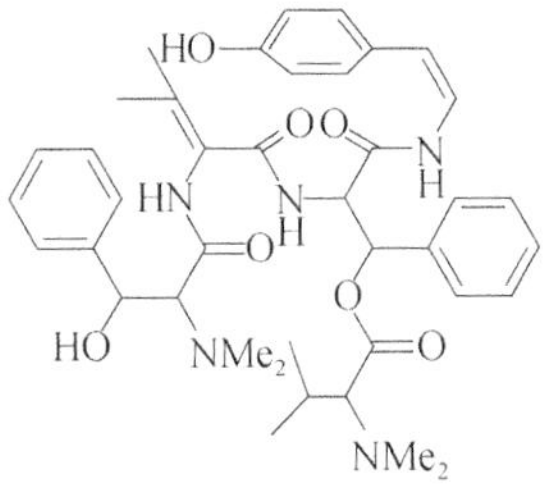　　25

（S-C-V-Y-I-P-C-T-I-T-A-L-L-G-C
E-A-C-P-I-G-N-Y-C-V-K-N-K-C-S）

26

RNGDPTFCGETCRVIPVCTYSAALGCTCDDRSDGLCK

27

一、环肽的命名与表示方法

通常书写肽时，习惯上总是肽链末端有游离氨基的写在左边，称为 N 端，有羧基的写在右边，称为 C 端。

肽的命名常用俗名，如催产素、脑啡肽等。学名是以 C 端氨基酸残基为母体，将肽链中其他氨基酸残基都叫作“某氨酰”，并从 N 端氨基酸残基开始依次写在母体名称的前面。

为了简化肽的书写，现在都用氨基酸的缩写代替化学式，氨基酸分子之间的肽键用一短线表示，如甘-丙-苯丙或 Gly-Ala-Phe。

又如，一种十五肽，从第三个到第十四个氨基酸都是由脯氨酸形成的肽键，可以写成：甘-丙-（脯）$_{12}$-亮或 Gly-Ala-［Pro］$_{12}$-Leu。

如大环多肽 hypa A，称为环（-SCVYIPCTITALLGCSCKNKVCYNGIPCAE-）。

二、环肽的结构类型及组成特点

基于植物环肽骨架结构，环肽可分为两大类、6 个类型。

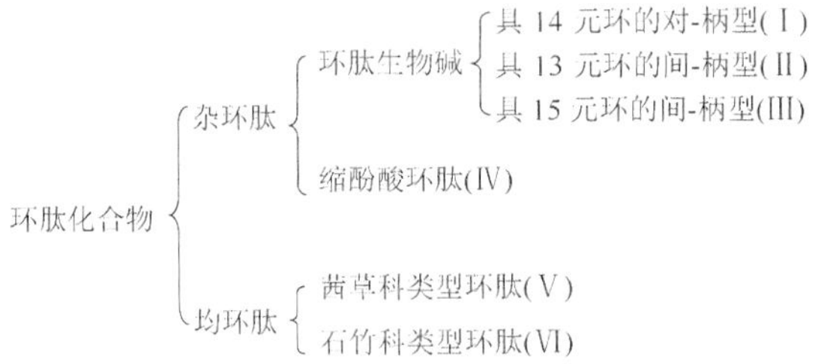

- 环肽化合物
  - 杂环肽
    - 环肽生物碱
      - 具 14 元环的对-柄型(Ⅰ)
      - 具 13 元环的间-柄型(Ⅱ)
      - 具 15 元环的间-柄型(III)
    - 缩酚酸环肽(Ⅳ)
  - 均环肽
    - 茜草科类型环肽(Ⅴ)
    - 石竹科类型环肽(Ⅵ)

其中尤以类型Ⅰ、Ⅱ和Ⅵ居多，最小肽为二肽，最大肽为三十七肽。从石竹科植物太子参（*Pseudostellaria heterophylla*）中分离得到的太子参环肽 A、B 和 C（heterophyllins A、B、C，**28**～**30**），从番荔枝科植物圆滑番荔枝（*Annona glabra*）和刺果番荔枝（*Annona muricata*）种子中分别得到的圆滑番荔枝环肽 A（glabrin A，**31**）和刺果番荔枝环肽 A（annomuricatin A，**32**）均为类型Ⅵ。从茜草（*Rubia cordifolia*）中得到的一系列具 14 元环的茜草环己肽则属于类型Ⅴ，如 RA-Ⅶ、RA-Ⅴ（图 4-2）。

环（-Pro-Val-Ile-Phe-Gly-Ile-Thr-）　**28**　　环（-Pro-Pro-Pro-Ile-Phe-Gly-Gly-Leu-）　**29**

环（-Pro-Ile-Ile-Pro-Ile-Leu-Gly-）　**30**　　环（-Pro-Gly-Leu-Val-Ile-Tyr-）　**31**

环（-Pro-Phe-Val-Ser-Ala-Gly-）　**32**

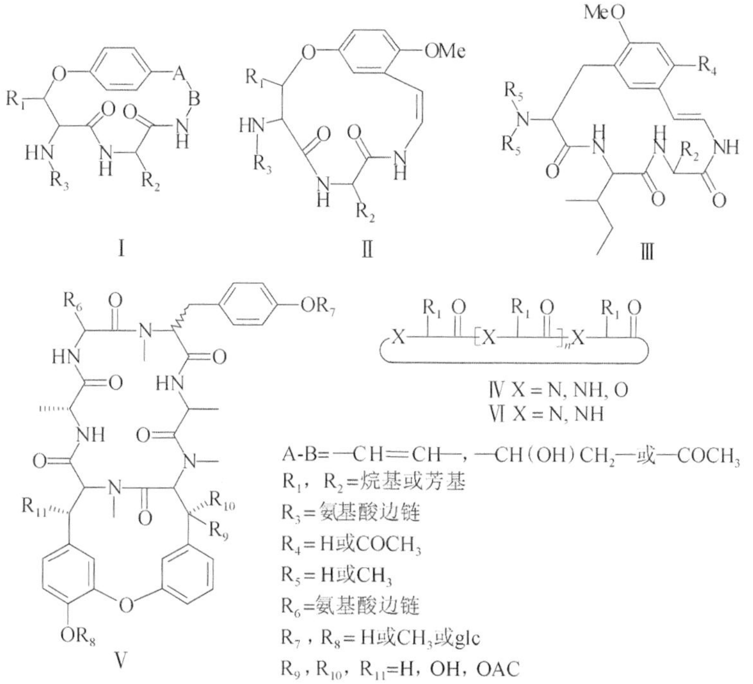

Ⅳ X = N, NH, O
Ⅵ X = N, NH

A-B= —CH═CH—, —CH(OH)CH_2—或—$COCH_3$
R_1，R_2=烷基或芳基
R_3=氨基酸边链
R_4=H或$COCH_3$
R_5=H或CH_3
R_6=氨基酸边链
R_7，R_8=H或CH_3或glc
R_9，R_{10}，R_{11}=H，OH，OAC

图 4-2　植物环肽的结构类型

构成环肽的氨基酸涉及蛋白氨基酸与非蛋白氨基酸。13 种常见蛋白氨基酸为亮氨酸、异亮氨酸、缬氨酸、丙氨酸、甘氨酸、苯丙氨酸、酪氨酸、色氨酸、脯氨酸、丝氨酸、苏氨酸、谷氨酸和谷氨酰胺；此外还有 53 种不常见氨基酸（包括非蛋白氨基酸），即 α-氨基酸、β-氨基酸、不饱和氨基酸、β-羟基氨基酸、D-氨基酸和 *N*-取代氨基酸等。

三、环肽的一般性质与薄层检测

植物环肽化合物一般易结晶，熔点大多高于 200℃，多为左旋体，易溶于水，可溶于甲醇、氯仿等有机溶剂中。

以水合茚三酮为显色剂，采用薄层原位化学反应方法（浓盐酸，110℃，1～2h），对植物环肽和肽酰胺［由 α-氨基酸的氨基与其侧链上的羧基（内酰胺）或其他羧基以酰胺键形成的酰胺］进行化学识别。本法重复性较好、灵敏度高、专一性强，不仅有利于预测某种植物提取物是否含有环肽和肽酰胺，而且还可以指导环肽和肽酰胺的分离纯化。

（一）环肽和肽酰胺的薄层检测

取两块 25cm×50cm 的硅胶 G 板（板Ⅰ和板Ⅱ），将样品分别点于两块板上，用氯仿-甲醇（8.5∶1.5 或 9∶1）展开。挥掉溶剂后，板Ⅰ作为对照，板Ⅱ悬于底部加有约 1mL 浓盐酸的磨口玻璃缸中（耐温玻璃缸），置于已升温至 110℃的烘箱中，加热水解 1～2h，冷却后取出板Ⅱ，待盐酸挥掉后，将未经水解的板Ⅰ和水解的板Ⅱ同时喷洒 0.2%茚三酮，加热几分钟即可显色。用上述方法重复操作一次。根据两次实验结果，如板Ⅱ在多数情况下显示几个紫红色斑点（少数情况下某些显示黄色斑点），而板Ⅰ在相应位置上无显色斑点，提示该植物样品可能含有环肽或肽酰胺。含环肽或肽酰胺的植物样品的系统处理步骤如图 4-3 所示。

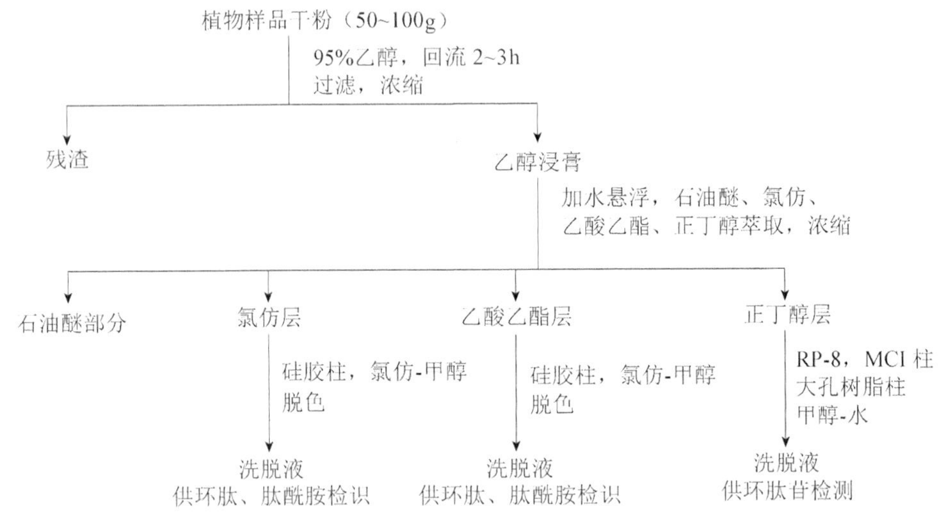

图 4-3　含环肽或肽酰胺的植物样品的处理流程

（二）肽和肽酰胺的薄层区别

取一块 50cm×50cm 的硅胶 G 板（板Ⅲ）按照双向薄层层析板点样方法，将前述显示有环肽或肽酰胺的样品点在板上，用氯仿-甲醇（8.5∶1.5 或 9∶1）作第一向展开；挥去溶剂后，先按前述方法经浓盐酸高温水解，冷却并挥掉盐酸，在下列溶剂系统 A 或 B 中进行第二向展开［A 系统为氯仿-甲醇-冰醋酸（8∶2∶2 滴）；B 系统为氯仿-甲醇-水-冰醋酸（7∶3∶0.5∶4 滴）］，挥干溶剂，板Ⅲ喷洒 0.2%茚三酮试剂，加热几分钟斑点即显色。按照上述方法再重复操作一次，若板Ⅲ在第二向的同一轴上只显示一个红紫色斑点，表明此植物样品可能含有肽酰胺；板Ⅲ在第二向的同一轴上显示多个紫红色或黄色斑点，提示此植物样品可能含有环肽成分。

应当注意的是，酰胺类化合物如中药天麻、人参、五味子等生药中的活性成分焦谷氨酸（pyroglutamic acid）和酯及其类似物，对茚三酮试剂亦显出阳性。为了在薄层层析上区别环肽和肽酰胺，根据它们在单向和双向薄层层析上的展开行为，发现环肽一般显紫红色或黄色，褪色快，在双向薄层层析的第二向的同一轴上通常有两个或更多斑点；而肽酰胺一般显红紫色，褪色慢，在双向薄层层析的第二向的同一轴上通常是一个斑点。

四、环肽的提取分离与结构鉴定

（一）提取分离

环肽化合物的提取和分离有两种方法，一种是采用经典的生物碱提取法，即酸溶碱化萃取处理后，再用柱层析分离，Ⅰ、Ⅱ和Ⅲ类型化合物多采用此法分离得到；另一种是甲醇或乙醇提取物，经溶剂（乙酸乙酯或氯仿）萃取分段后，通过柱层析、制备高效液相、制备薄层及制备衍生物等方法分离，Ⅴ和Ⅵ类型的化合物多采用此法进行分离。

（二）结构鉴定方法

测定肽组成的方法是将其用酸水解，然后经层析法分离得到各种氨基酸，水合茚三酮显色后，用比色法定性定量，再根据多肽相对分子质量的测定及所含氨基酸的种类，算出其中所含各种氨基酸分子的数目。

到目前为止，类型Ⅰ、Ⅱ和Ⅲ的环肽结构鉴定，主要根据 MS 提供的结构信息，辅以氨基酸组成分析、UV、IR、NMR、CD 和 X 射线分析等方法。

近年来在研究环肽化合物时，也开始从事某些环肽溶液中的构象研究，以期找到构效关系，发现新的天然活性成分。

利用 NMR、FAB-MS、酶解测构型和构象等技术对植物环肽尤其是类型Ⅵ结构研究的步骤如下。

（1）酸水解后进行氨基酸组成分析。端基分析法必须与多肽的部分水解相结合，才能确定多肽的结构。在酸或蛋白水解酶催化作用下，环肽被水解开环成直链肽或许多小肽，如二肽、三肽等，然后分离，再用端基分析法鉴定 N 端标记的氨基酸。这样反复多次，最后则可以逐步地将整个肽片段中氨基酸按顺序“拼接”出来。

（2）主要借助 2D-NMR 技术（COSY、H-X COSY、HMQC 和 COLOC 等）完成氨基酸残基质子和碳的归属。

（3）利用 COLOC、HMBC、NOE、NOESY、ROESY、ESI-MS 等技术确定氨基酸的连接顺序。

（4）质谱提供分子组成和某些重要的结构碎片信息。它能解决一些用经典的蛋白质、肽结构测定方法难以解决的问题。例如，在自然界里有很多肽、蛋白质，其 N 端被乙酰基或甲基等所封闭或是环合成肽，故不能直接用 Edman 降解法或蛋白质、多肽气相顺序仪器测定其顺序，而质谱法则不受其限制。再如，一些很难提纯的肽或蛋白质，质谱可测出其各组分的结构，而经典方法的前提是必须获得纯品。

（5）选择适宜的生化酶，将肽环打开，再对其开环后的肽片段应用测序或 MS 进行序列分析。

（6）应用 L 或 D 型氨基酸氧化酶酶解测定氨基酸绝对构型。

（7）环肽的构象分析。应用 NOESY 和 ROESY 等实验观测到的 NOE 距离约束和其他椭圆算法等计算技术，用计算机寻找与所测实验值及共价多肽结构所要求的空间约束条件相符合的环肽构象。

（8）综合以上结构信息，提出其结构和构象分析结果。

最后要通过合成来证实所测定的环肽结构，这样才能获得正确无误的结论，而按照特定的氨基酸排列顺序合成环肽则是更为复杂而艰巨的工作。

（三）结构鉴定实例

以太子参环肽 A 结构鉴定为例，先应用 NMR、DEPT、COSY、^{13}C-^{1}H COSY 和 COLOC 谱找出其分子中 6 种共 7 个氨基酸残基质子自旋体系，即该化合物由 1 个苏氨酸（Thr）、1 个脯氨酸（Pro）、1 个缬氨酸（Val）、2 个异亮氨酸（Ile）、1 个苯丙氨酸（Phe）、1 个甘氨酸(Gly)组成;同时,氨基酸分析结果证实上述 2D NMR 所推氨基酸组成正确,然后用 COLOC 谱找出其分子中 7 个氨基酸的连接顺序如下：

-N-Pro-Val-Ile-Phe-Gly-Ile-Thr-CO- （a）

FAB-MS 显示相对分子质量为 727，与上述肽段首尾相连形成的环七肽相对分子质量一致。为证实上述环七肽结构，可以应用 *α*-胰凝乳蛋白酶将苯丙-甘肽键断开，得到一个直链七肽，然后进行氨基酸组成、N 端、C 端和顺序分析，结果表明该直链七肽有如下结构：

-NH_2-Gly-Ile-Thr-Pro-Val-Ile-Phe-COOH （b）

比较肽段结构（a）和（b），确证太子参环肽 A 结构为：

环（-脯-缬-异亮-苯丙-甘-异亮-苏-）

习 题

一、填空题

1. 氨基酸分子中同时含有（ ）和（ ），该类化合物在生物体内大多以（ ）形式存在，或以（ ）的形式出现在多肽及蛋白质结构中，其中（ ）都以结合状态存在。
2. 自然界中存在两大类氨基酸，即（ ）和（ ），组成蛋白质的 *α*-氨基酸约有（ ）种。
3. *α*-氨基酸与水合茚三酮反应，一般呈（ ）、（ ）或（ ）色，但（ ）、（ ）和（ ）等不发生此显色反应。
4. 通常采用（ ）检识混合氨基酸溶液中的各组分，常用的展开系统有（ ）和（ ）等。
5. 环肽化合物可分为（ ）和（ ）两大类。

答案：1. 氨基；羧基；游离；结合；D-氨基酸 2. 蛋白氨基酸；非蛋白氨基酸；20 3. 蓝；紫红；紫；*N*-取代的 *α*-氨基酸；脯氨酸；羟脯氨酸 4. 双向纸层析；正丁醇：乙酸：水；叔丁醇：乙酸：水 5. 杂环肽；均环肽

二、名词解释

1. 环肽 2. 离子交换层析法

第五章　醌类化合物

醌类化合物（quinones，quinonoid）是一类重要的次生代谢产物，广泛存在于自然界，特别是在海洋生物、细菌、真菌、地衣、高等植物中更为普遍。源于植物的醌类主要集中于紫草科、茜草科、紫葳科、蓼科、胡桃科、鼠李科、紫金牛科等类群。

通常将分子内具有不饱和环二酮结构（醌式结构）或容易转变成这种结构的天然有机化合物称为醌类化合物。例如：

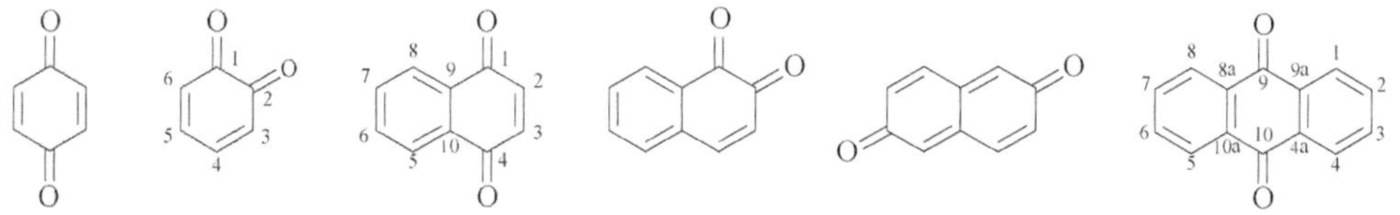

对苯醌　邻苯醌　α-(1,4)萘醌　β-(1,2)萘醌　amphi-(2,6)萘醌　蒽醌

研究表明，醌类化合物的生物合成是按乙酰-丙二酸、莽草酸-琥珀酰苯甲酸、芳香族氨基酸途径等来实现的。

第一节　醌类化合物的结构和分类

醌类化合物主要包括苯醌、萘醌、蒽醌、菲醌类化合物，母核上多具有酚羟基、甲氧基、甲基、异戊烯基、脂肪侧链及稠合氧杂环等。此外，少数连有氯原子。

一、苯醌类

紫金牛科、杜鹃花科与鹿蹄草科是富含苯醌类（benzoquinones）的植物类群。例如，紫金牛科植物 *Maesa lanceolata* 果实中的杜茎山醌（maesanin，**1**）是较强的5-脂氧酶（5-LOX）抑制剂。又如，来自野牡丹科植物 *Miconia lepidota* 叶中的细胞毒性成分为2-甲氧基-6-庚基-1,4-苯醌（**2**）。

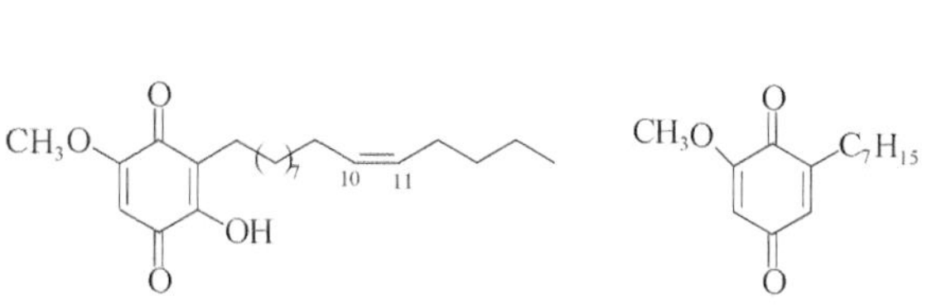

1　　**2**

另外，驱虫有效成分信筒子醌（embelin，**3**）是白花酸藤（*Embelia ribes*）果实的橙色素；单萜苯醌 arnebinone（**4**）则是从新疆紫草（*Arnebeia euchroma*）根中分离得到的。

米团花（*Leucosceptrum canum*）为唇形科中唯一一种有色花蜜木本植物，吸引了40余种鸟类对其取食，因此该植物也被称为“鸟类的可口可乐树”。从中分离得到一类新颖的植物花蜜色素物质，即脯氨酸-对苯醌共轭体（−）-DPBQ（**5**），研究人员证实了 DPBQ 主要是通过其颜色来吸引传粉鸟类。

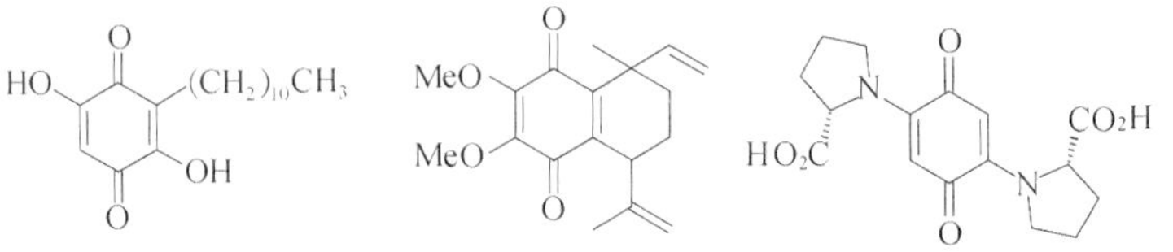

3　　4　　5

除了上述苯醌类化合物外，植物中还存在醌型苯醌类（quinoid benzoquinones）结构的化合物，如传统中药连翘（*Forsythia suspensa*）果实中的连翘苷 A（forsythenside A，**6**）和连翘苷 B（forsythenside B，**7**）。

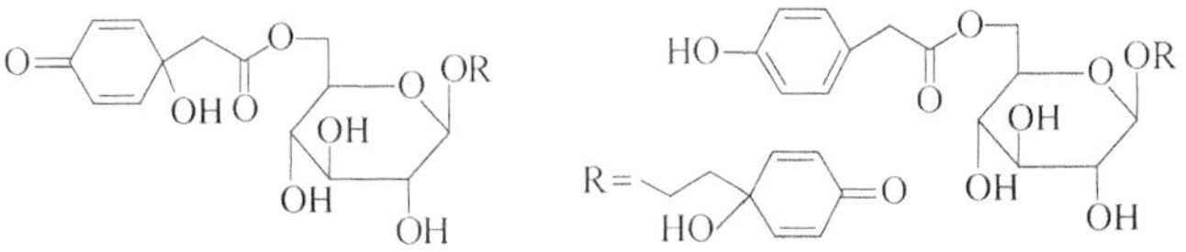

6　　7

二、萘醌类

萘醌类（naphthoquinones）天然产物主要包括简单萘醌类、呋喃萘醌类、异呋喃萘醌类、二萘醌类、三萘醌类、双萘螺环类和菲醌类。

（一）简单萘醌类

在 1, 2-和 1, 4-这两类天然简单萘醌类化合物中，后者分布比较广泛，富含于紫草科、柿树科和蓝雪科等植物中。其代表化合物有胡桃醌（juglone，**8**）和蓝雪醌（plumbagin，**9**），前者有抗菌、抗癌及中枢神经镇静作用，后者有止咳、祛痰作用。蓝雪醌对 6 种克氏锥虫（*Trypanosoma cruzi*）短膜型鞭毛虫呈较高效力（IC_{90}＝1～5μg/mL），似乎通过抑制寄生虫的呼吸起作用。

从紫葳科植物风铃木（*Tabebuia impetiginosa*）的树皮中分离得到的拉帕醌（lapachol，**10**）有抗肿瘤、抗炎活性。*β*-拉帕醌（*β*-lapachone，**11**）能诱导拓扑异构酶Ⅱ介导的 DNA 断裂，该化合物是潜在的抗牛皮癣剂。

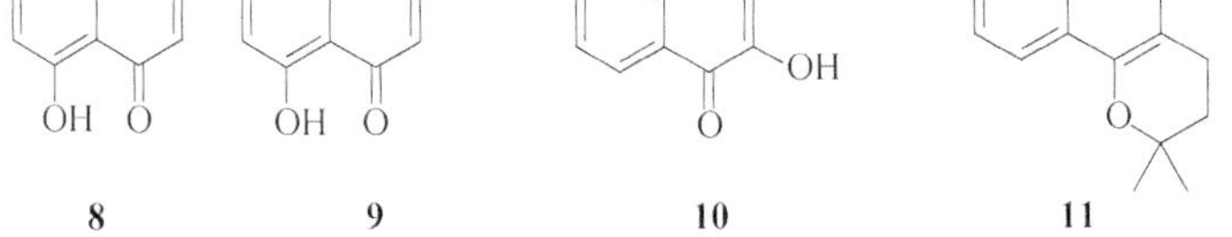

8　　9　　10　　11

从不同种属紫草植物的根中获得 28 种萘醌类化合物，其母核都为 5, 8-二羟基萘醌，是紫草（*Lithospermum erythrorhizon*）和新疆紫草（*Arnebeia euchroma*）抗炎、抗菌、抗病毒及抗癌等作用的主要有效成分。紫草单萜萘醌有 *R*（紫草素，shikonin，**12**）或 *S*（阿卡宁，alkannin，**13**）两种立体构型（互为对映体），以及乙酰紫草素（acetylshikonin，**14**）。

中药凤仙草（*Impatiens balsamina*）民间用于治关节风湿痛、跌打损伤、疔疮。散沫花素（lawsone，**15**）及其衍生物 2-甲氧基-1, 4-萘醌（2-methoxy-1, 4-naphthoqunione，**16**）为凤仙草果实的代表化合物，后者有抗瘙痒作用。

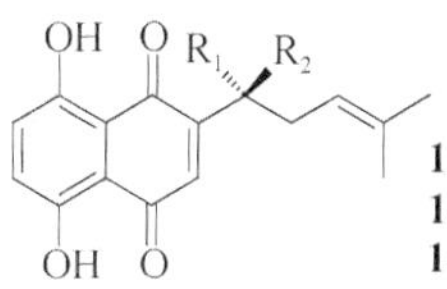

12 R_1=OH, R_2=H
13 R_1=H, R_2=OH
14 R_1=OAc, R_2=H

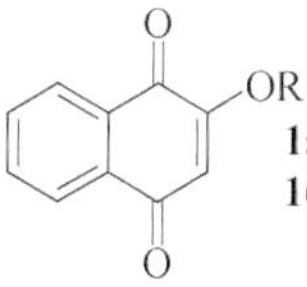

15 R=H
16 R=CH_3

（二）呋喃萘醌与异呋喃萘醌类

萘［2, 3-*b*］呋喃-4, 9-二酮骨架类化合物属于呋喃萘醌类（furanonaphthoquinones），如紫葳科植物钟花树（*Tabebuia cassinoides*）茎皮中的 2-(1-羟乙基）萘［2, 3-*b*］呋喃-4, 9-二酮［2-(1-hydroxyethyl) naphtho［2, 3-*b*］furan-4, 9-dione，**17**］及炮弹果（*Crescentia cujete*）中的（2*R*)-5, 6-二甲氧基脱氢异-*α*-拉帕醌［(2*R*)-5, 6-dimethoxydehydroiso-*α*-lapachone，**18**］。

另外，风铃木树皮中存在的 2-乙酰基萘［2, 3-*b*］呋喃-4, 9-二酮［2-acetylnaphtho［2, 3-*b*］furan-4, 9-dione，**19**］是治疗牛皮癣潜在的候选药物。

异呋喃萘醌类（isofuranonaphthoquinones）是一类有萘［2, 3-*c*］呋喃-4, 9-二酮骨架的罕见天然产物，如头状球百合（*Bulbine capitata*）根中的 1-乙酰氧甲基-8-羟基萘［2, 3-*c*］呋喃-4, 9-二酮［1-acetoxymethyl-8-hydroxynaphtho［2, 3-*c*］furan-4, 9-dione，**20**］。

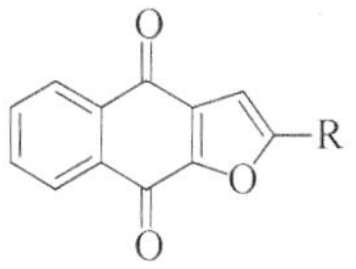

17 R=CH(OH)Me
18 R=COMe

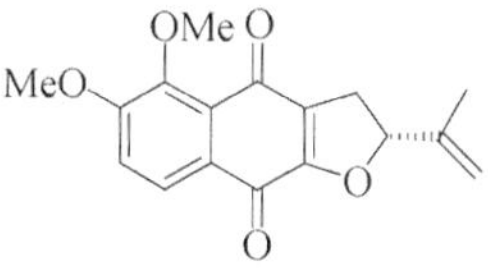

19

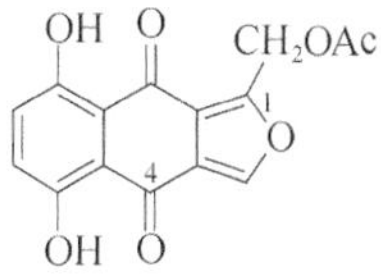

20

（三）二萘醌类

马鞭草科植物立比草（*Lippia sidoides*）中的立比草醌（lippsidoquinone，**21**）和 tecomaquinone（**22**）属于二萘醌类（dinaphthoquinone）化合物，并有明显抗白血病细胞株 HL60 和 CEM 的活性。又如，中药凤仙草果实中存在抗瘙痒有效成分 balsaminas A 和 B（**23** 和 **24**）。

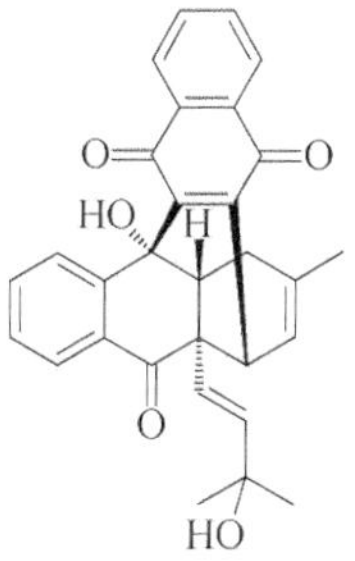

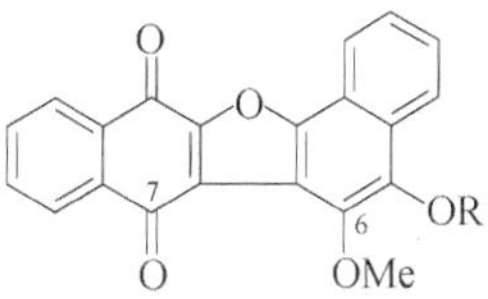

23 R=H
24 R=glc

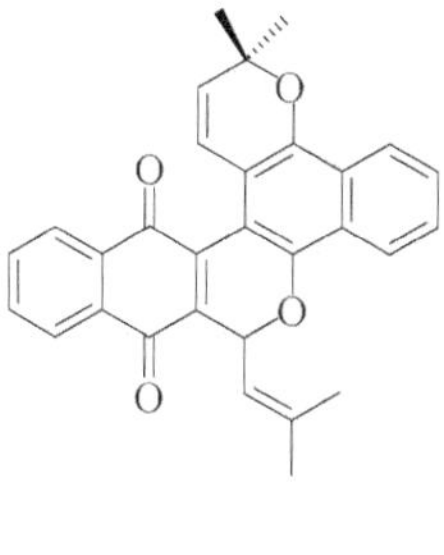

21

22

（四）三萘醌类

三萘醌类（trimeric naphthoquinone）化合物仅见于澳大利亚山龙眼科灌木 *Conospermum incurvum* 根中，如内屈考诺酮（conocurvone，**25**），具有较强的抗艾滋病病毒（HIV）活性。

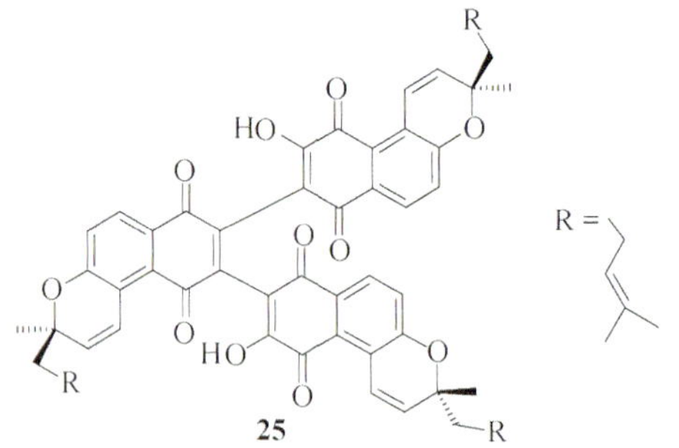

25

（五）双萘螺环类

中国红树林植物木榄（*Bruguiera gymnorrhiza*）中分到一系列新颖的双萘螺环类化合物。例如，棕榈菌素 BG1 和 BG5（palmarumycins BG1 和 BG5，**26** 和 **27**），棕榈菌素 BG5 对 HL60 人白血病细胞和 MCF-7 人乳腺癌细胞具有显著体外细胞毒活性。

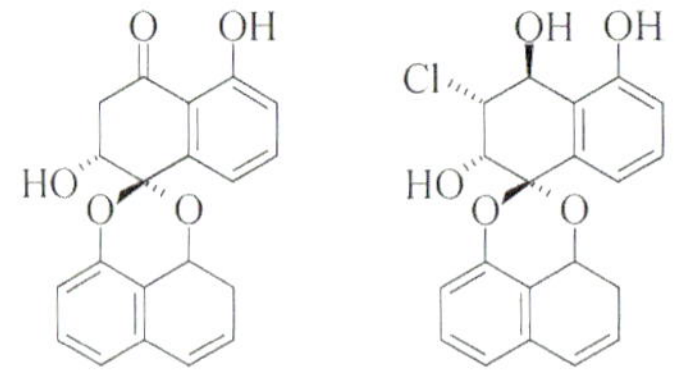

26　　27

（六）苝醌类

苝醌类（perylenequinones）化合物是一类分布于生物体中的光敏色素，为一分子萘醌与一分子萘酮缩合而成的稠芳环类化合物。例如，存在于云南箭竹寄生真菌竹红菌（*Shiraia bambusicola*）中的竹红菌甲、乙、丙素（hypocrellin A、B、C，**28**～**30**，其中 **28** 和 **29** 为混合物），对恶性肿瘤细胞和 HIV 具有抑制作用。由此可见竹红菌素是一种具有潜在应用前景的光疗药物。

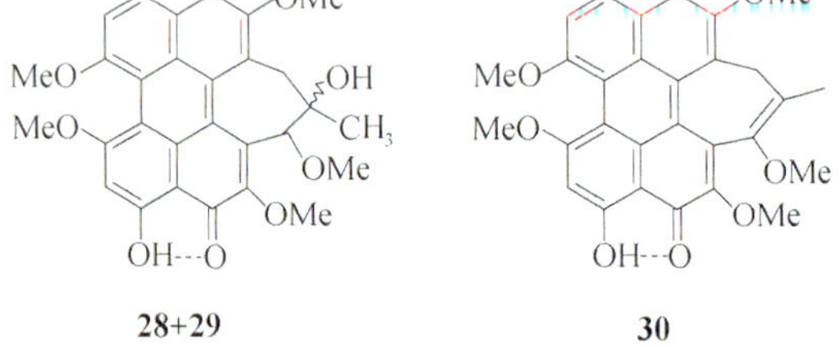

28+29　　30

三、蒽醌类

蒽醌类（anthraquinones）化合物是一类广泛存在于自然界的重要天然色素，特别是在高等植物、低等的真菌、地衣中更为普遍，主要包括蒽醌及其二聚体、蒽酚、氧化蒽酚、蒽酮及蒽酮的二聚体等，其中蒽醌又可分为大黄素型和茜草素型两大类。

（一）蒽醌

（1）大黄素型。羟基分布在蒽醌两侧的苯环上，广泛分布于中药中。例如，中药巴戟天

（*Morinda officinalis*）、虎杖（*Polygonum cuspidatum*）、鼠李科植物血风藤（*Ventilago leiocarpa*）及大黄（*Rheum palmatum*）中有致泻作用的 1, 8-二羟基蒽醌衍生物（**31**～**35**）均属于大黄素型。它们多与葡萄糖、鼠李糖结合成单糖、双糖苷。

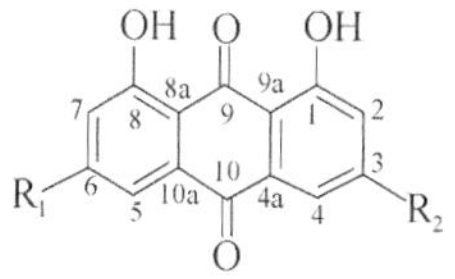

	R_1	R_2
大黄酚（chrysophanol, **31**）	CH_3	H
大黄素（emodin, **32**）	CH_3	OH
大黄素甲醚（physcion, **33**）	CH_3	OCH_3
芦荟大黄素（aloe-emodin, **34**）	H	CH_2OH
大黄酸（rhein, **35**）	H	COOH

（2）茜草素型。茜草素型蒽醌化合物分子中的羟基分布在一侧的苯环上。例如，中药茜草（*Rubia cordifolia*）中的含有 19 种蒽醌类化合物，主要有茜草素（alizarin，**36**）、羟基茜草素（purpurin，**37**）、伪羟基茜草素（pseudopurpurin，**38**）。另外，还含有木糖和葡萄糖的蒽醌苷类化合物。

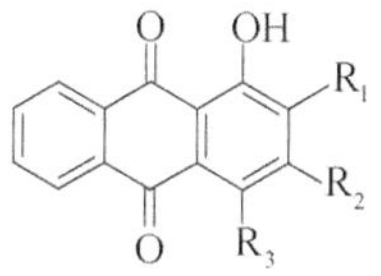

	R_1	R_2	R_3
36	OH	H	H
37	OH	H	OH
38	OH	COOH	OH

以大黄素甲醚为标记物的新型天然蒽醌系列农用杀菌剂具有高效、广谱、环境友好、病原菌产生抗药性风险低等特点，防病效果优于常用化学杀菌剂。

（二）二蒽醌类

二蒽醌类（bisanthraquinones）存在于多种真菌如青霉菌、丝膜菌、地衣、昆虫体、植物中。例如，血风藤茎、叶中的醌茜素（skyrin，**39**）属二聚蒽醌类化合物，是由两分子大黄素型蒽醌通过 5-5′ 以单键相连。又如，从抗抑郁作用的贯叶连翘（*Hypericum perforatum*）地上部分 50%乙醇提取物中获得新双蒽醌糖苷 *S*-（+）-醌茜素-6-*O*-*β*-葡糖苷（**40**）。

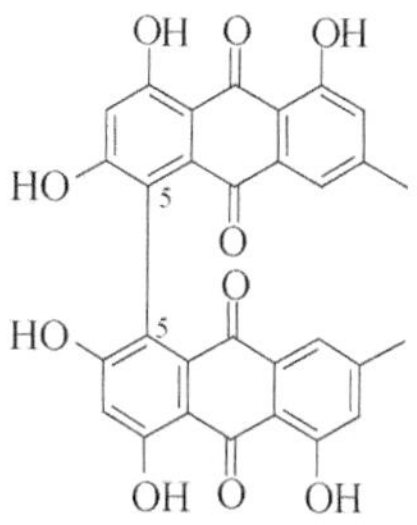

39 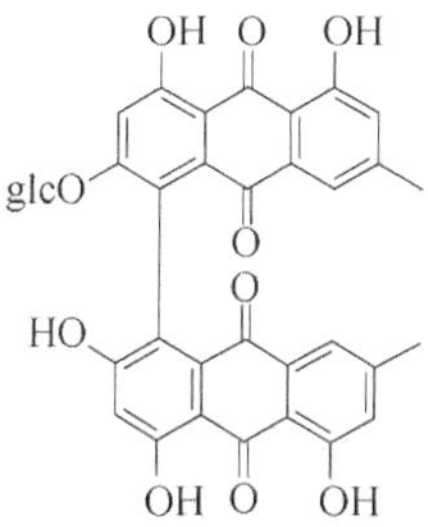　**40**

从内蒙古贺兰山盛产的野生紫红丝膜菌（*Cortinarius rufo-olivaceus*）中获得的 4 个罕见的聚酮色素紫红丝膜菌素（rufoolivacin A～D，**41**～**44**），分别属于 1, 4-和 1, 2-蒽醌类。

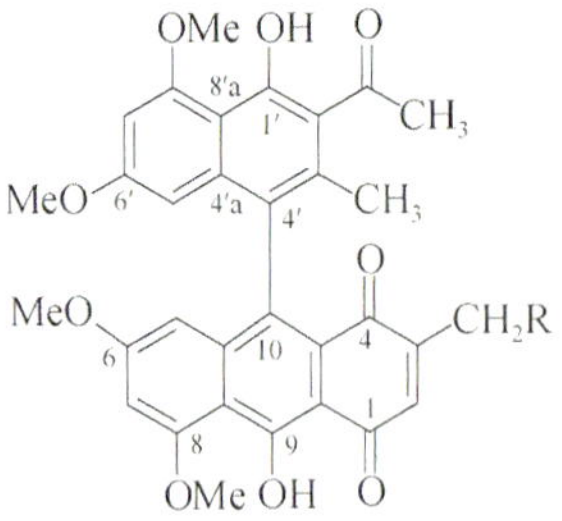

41 R=H
42 R=OH

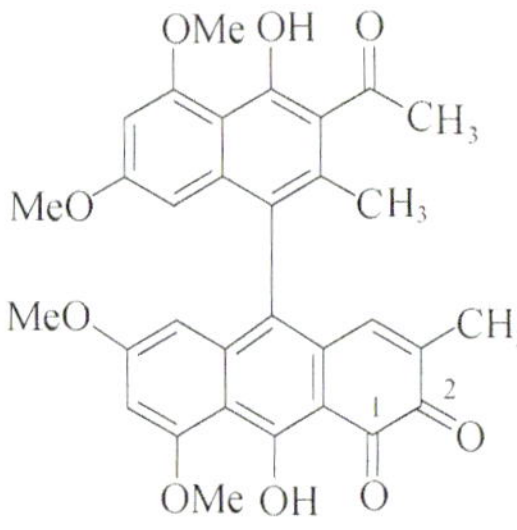

43 R=H
44 R=OH

（三）蒽酮与蒽酚衍生物

蒽醌在酸性介质中被还原，生成蒽酚及其互变异构体蒽酮。蒽酚类衍生物以游离苷元和苷两种形式存在。中位上的羟基与糖结合的苷，其性质比较稳定，只有经过水解去糖以后才易被氧化。

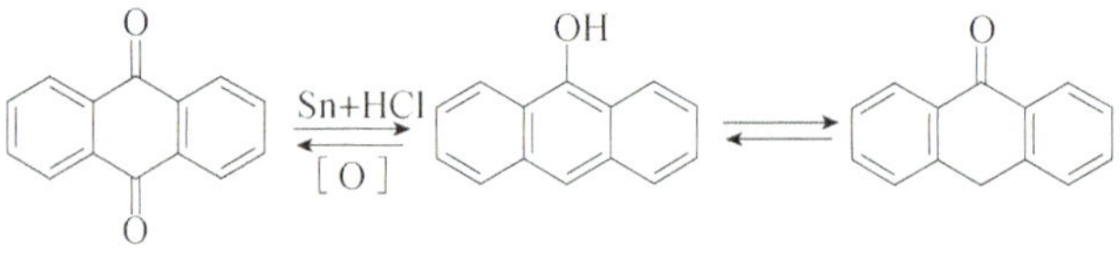

蒽醌　　　蒽酚　　　蒽酮

蒽酮或蒽酚的羟基衍生物通常存在于新鲜植物中，它们可以慢慢被氧化成蒽醌类。例如，鲜大黄经几年存放，就检不出蒽酚类化合物。

蒽酮类化合物柯桠素（chrysarobin，**45**）是从豆科植物柯桠木心材中提取得到的，为大黄酚的还原产物，从鼠李科植物半树藤（*Rhamnus nepalensis*）果实中发现的蒽酮类化合物 prinoidin（**46**）对 KB 细胞有极强的细胞毒性（IC_{50}＝0.045μmol/L）。

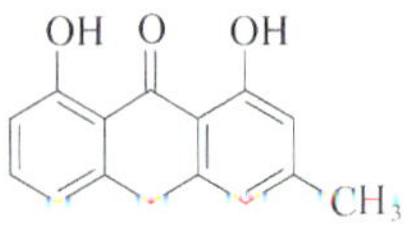

45

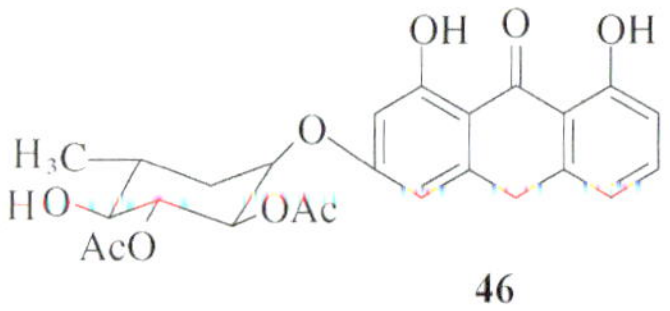

46

（四）二蒽酮类衍生物

二蒽酮类衍生物可以看作两分子的蒽酮相互结合而成的化合物。例如，大黄和番泻叶（*Cassia augustifolia*）中致泻的主要有效成分番泻苷 A～D（sennoside A～D，**47**～**50**）均为二蒽酮衍生物。

番泻苷 A（**47**）是黄色片状结晶，被酸水解后生成葡萄糖和番泻苷元 A（sennidin A）。番泻苷元 A 是两分子的大黄酸蒽酮通过 C_{10}-$C_{10'}$相互结合而成的二蒽酮类衍生物。其 C_{10}-$C_{10'}$为反式连接。番泻苷 B（**48**）水解后生成番泻苷元 B（sennidin B），其 C_{10}-$C_{10'}$为顺式连接，是番泻苷元 A 的异构体。番泻苷 C（**49**）是由芦荟大黄素蒽酮和大黄酸蒽酮通过 C_{10}-$C_{10'}$反式连接而成的二蒽酮二葡萄糖苷。番泻苷 D（**50**）是化合物 **49** 的异构体，其 C_{10}-$C_{10'}$为顺式连接。

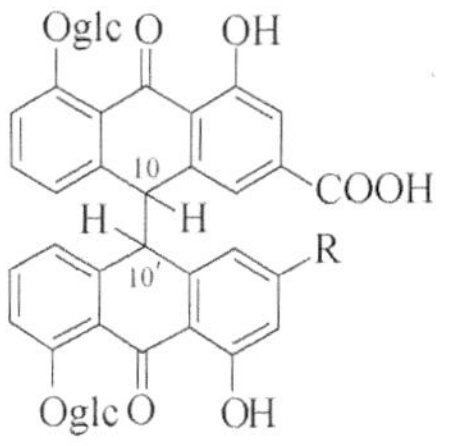

47 R= COOH
49 R= CH_2OH

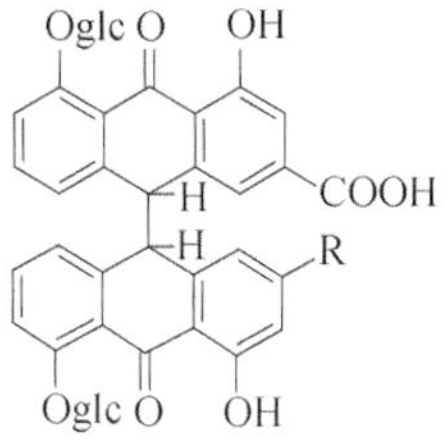

48 R= COOH
50 R= CH_2OH

二蒽酮类化合物的 C_{10}-$C_{10'}$键与通常 C—C 键不同，其易于断裂，生成稳定的蒽酮类化合物，如大黄及番泻叶中番泻苷 A（**47**）的致泻活性是受大肠内细菌作用、酶转变为大黄酸蒽酮所致。

二蒽酮衍生物除 C_{10}-$C_{10'}$的结合方式外，尚有其他形式。例如，金丝桃属植物中的金丝桃素（hypericin，**51**）和伪金丝桃素（pseudohypericin，**52**）。它们是贯叶连翘的抗病毒、抗抑郁、抗肿瘤、抗艾滋病的活性成分。

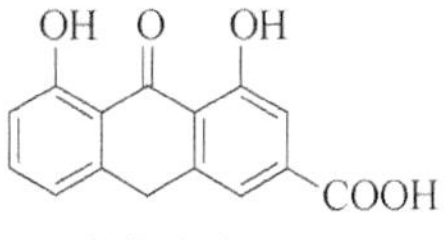

大黄酸蒽酮

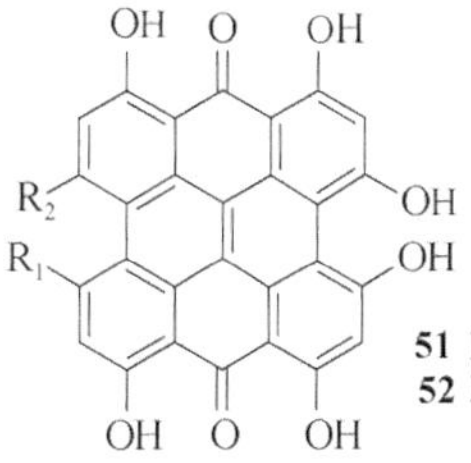

51 R_1=R_2=CH_3
52 R_1=CH_3, R_2=CH_2OH

四、菲醌类

菲醌类（phenanthraquinones）化合物包括对醌和邻醌两种结构类型。在分类学上，菲醌类是唇形科鼠尾草属植物特征性化学成分。

丹参醌（tanshinone）是含有松香烷型骨架的 20-去甲二萜（20-norditerpene）类化合物，且 C 环上具有醌结构单元，如隐丹参醌（cryptotanshinone，**53**）、1-氧隐丹参醌（1-oxocryptotanshinone，**54**）。丹参醌为著名中药丹参（*Salvia miltiorrhiza*）根中的主要药理活性成分，具有保护心脏、抗氧化、细胞凋亡诱导等作用。

兰科石斛属药用植物细茎石斛（*Dendrobium moniliforme*）茎中的菲醌类化合物 moniliformin（**55**），属于 1, 4, 5, 8-二醌新骨架结构。

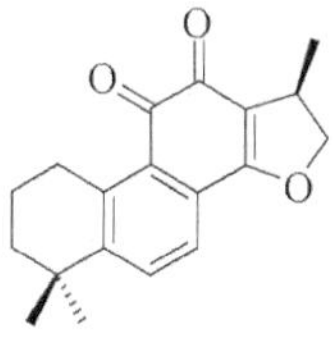

53 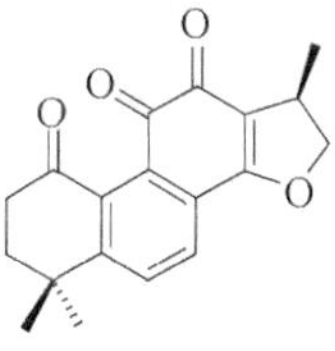　　**54** 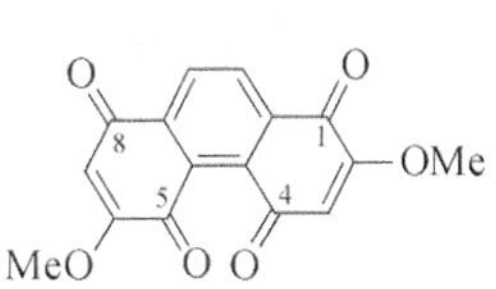　　**55**

五、醌-亚甲基类

醌-亚甲基类（quinone methides）化合物具有醌类化合物的类似结构，是醌单元中的一个羰基氧原子被一个亚甲基取代产生的化合物。该类化合物可分为邻位（*ortho-*，*o-*）、对位

（*para*-，*p*-）和间位（*meta*-，*m*-）三种异构体，其中邻位和对位型分子能以稳定的中性分子存在，且最为常见，而间位型能量高不稳定却难以产生。

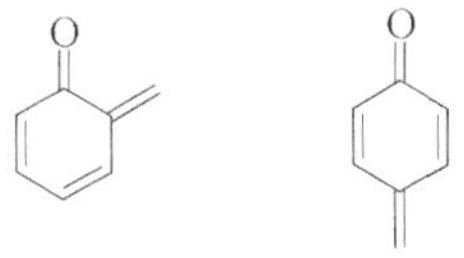

邻醌-亚甲基　　对型醌-亚甲基

此外，醌-亚甲基类化合物较醌类和简单的烯酮化合物（如 α,β-不饱和酮）具有更大的极性且性质更加活泼。在化学和生物化学合成反应中，它们是重要的中间体。邻醌-亚甲基单元可以产生重要的生物学活性如抗氧化、细胞毒和（或）细胞保护作用等。

例如，从墨西哥产的苏木科植物（*Peltogyne mexicana* Martínez）紫色心材中分得抗氧化色素 peltomexicanin（**56**），其含量达 1.21%。

落羽松二酮（taxodione，**57**）是从杉科植物落羽松（*Taxodium distichum* Rich.）种子中获得的。

雷公藤红素或称南蛇藤素（celastrol，**58**）是一种从传统中药雷公藤（*Tripterygium wilfordii* Hook F.）根皮中分离的化合物。它可以治疗自免疫性疾病、哮喘、慢性炎症及神经退行性疾病，以及抑制多种肿瘤细胞生长。

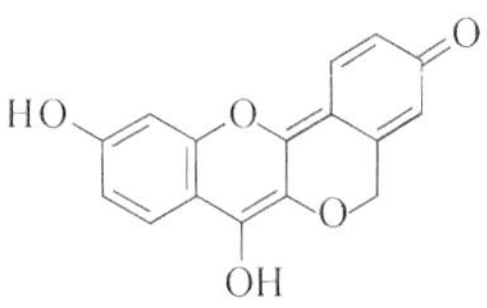

56 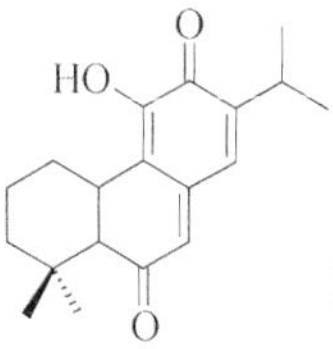　**57** 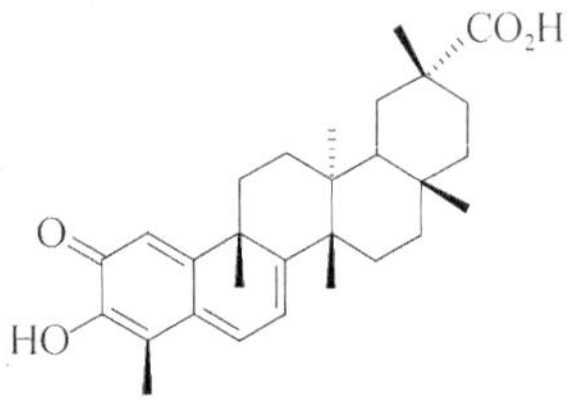　**58**

第二节　醌类化合物的理化性质与检识

一、醌类化合物的物理性质

（1）性状。分子中没有酚羟基的醌类化合物近乎无色，但随着酚羟基等助色团的引入即显现出不同的颜色，引入的助色团越多，颜色也越深，常见的颜色有黄色、橙色、棕红色、紫红色等。一般易结晶，多数为无定形。

（2）升华性。游离醌类多具有升华性，相对分子质量较小的苯醌及萘醌类还具有挥发性，能用水蒸气蒸馏进行提取分离。

（3）溶解性。多数游离醌类能溶于乙醇、乙醚和氯仿等有机溶剂，微溶或不溶于水。其苷易溶于甲醇、乙醇-水等极性溶剂，也可溶解于热水中。

值得注意的是，有些醌类遇光不太稳定，因而在处理样品时应尽可能在暗处进行，并避光保存。

二、醌类化合物的化学性质与检识

（一）酸性

分子中有酚羟基的醌类化合物一般显酸性，易溶于碱性溶液，酸化时又析出沉淀。

醌分子中酚羟基的数目及位置不同，其酸性强弱也有显著差异。萘醌的醌核上若连有羟基，其酸性就类似于低级羧酸，可溶于 $NaHCO_3$ 溶液。萘醌及蒽醌苯环上 β-羟基的酸性则次之，可溶于 Na_2CO_3 溶液。而 α-羟基由于能与 C═O 基形成分子内氢键，因而酸性较弱，只能溶于 NaOH 溶液。

蒽醌类衍生物的酸性强弱顺序为：含羧基＞含两个以上 β-酚羟基＞含一个 β-酚羟基＞含两个以上 α-酚羟基＞含一个 α-酚羟基，因此可在有机溶剂中分别用 5% $NaHCO_3$、5% Na_2CO_3、1% NaOH 和 5% NaOH 溶液进行梯度 pH 萃取，从而分离酸性不同的蒽醌化合物。

（二）显色反应与检识

醌类化合物的显色反应主要与酚羟基、羰基、共轭体系的性质有关，羟基位置不同，产生的颜色则不同。

（1）Bornträgers 反应。羟基蒽醌或其苷类化合物在碱性溶液（NaOH、Na_2CO_3 及氨水）中多呈橙色、红色、紫红色等，其反应机制如下。

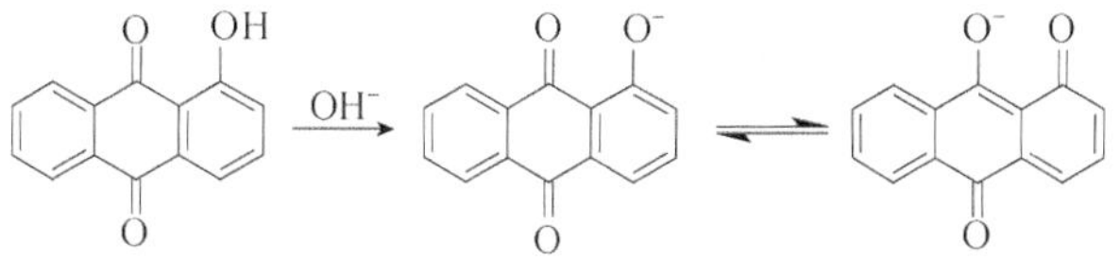

显然，该呈色反应与形成共轭体系的酚羟基、羰基有关。蒽酚、蒽酮、二蒽酮类化合物则需经过氧化生成蒽醌后才能显色。

用此法检识蒽醌类化合物时，取 0.1g 粉碎的植物样品，加 10%硫酸水溶液 5mL，置水浴中加热 2～10min，热滤，滤液放冷后，加 2mL 乙醚振摇，静置后取醚层，加入 5% NaOH 溶液 1mL，振摇。若有羟基蒽醌存在，则醚层的黄色褪去，碱水层显红色。

（2）乙酸镁反应。将羟基蒽醌衍生物的醇溶液滴在滤纸上，干后喷以 0.5%的乙酸镁甲醇或乙醇溶液，于 90℃加热 5min 即可显色。

如果蒽醌的母核上有 α-酚羟基或具有邻二酚羟基时，能与 Mg^{2+}等形成显现一定颜色的络合物，可用于鉴别。如果母核上只有一个 α-羟基或一个 β-羟基，或两个羟基在不同环时，显橙黄色至橙色；已有一个 α-羟基，另有一个羟基在邻位时呈蓝色至蓝紫色；若羟基在间位时，显橙红色至红色，在对位时则显紫红色至紫色。该反应有助于判断蒽醌环上羟基的取代位置。

（3）Feigl 反应。取醌类化合物的水或苯溶液一滴，加入 25%碳酸钠溶液、4%甲醛、5%邻二硝基苯的苯溶液各一滴，混合后置水浴上加热，1～4min 内出现紫色。醌类的浓度越高，则反应速度越快。

（4）无色亚甲基蓝显色反应。将 100mg 亚甲基蓝溶解于 100mL 乙醇中，加入 1mL 冰醋酸及 1g 锌粉，缓缓振摇直至蓝色消失，即可备用。该溶液用作纸层析和薄层层析的显色剂，样品以蓝色斑点出现，专用于检出苯醌及萘醌，可与蒽醌类化合物相区别。

第三节　醌类化合物的提取分离

一、游离醌类的提取分离方法

游离醌类的提取分离方法主要有以下几种。

（1）溶剂提取方法。将植物样品用氯仿、乙醚、苯等有机溶剂进行提取，然后浓缩。有时在浓缩过程中即可析出结晶，必要时可进行重结晶等精制处理。

（2）碱提酸沉法。该法可用于提取带酚羟基或羧基的醌类化合物。游离羟基蒽醌的分离，宜采用 pH 梯度萃取法及层析法。

（3）水蒸气蒸馏法。该法适用于相对分子质量小的苯醌及萘醌类化合物。

（4）层析法。柱层析或制备薄层层析法分离游离醌类衍生物效果较好，常用硅胶等吸附剂。如果分离结构相近的同系物，有时需要改变吸附剂或溶剂，进行反复层析或用制备型 HPLC 分离精制，方能收到较好的分离效果。

二、醌苷类的提取分离方法

蒽醌苷类的分离与精制较为困难，需要结合吸附或分配柱层析方法进行分离，常用的固定相有聚酰胺、硅胶及葡萄糖凝胶（Sephadex LH-20）等。但在柱层析前，往往采用溶剂法如氯仿、乙醚、苯预先除去大部分杂质，获得较纯的总苷后，再进行分离。

溶剂法是用中等极性的溶剂（如乙酸乙酯、正丁醇）将蒽醌苷从水溶液中提取出来，再用柱层析法做进一步分离。用 Sephadex LH-20 分离蒽醌苷类成分，能得到满意的结果。聚酰胺层析法对分离羟基蒽醌类衍生物效果较好。因为不同的羟基蒽醌苷类成分，其羟基数目及位置不同，与聚酰胺形成氢键的能力不同，因而吸附强度也不相同。

应当注意的是，一般羟基蒽醌类衍生物及其相应的苷类在植物体内多以酚羟基或羧基结合成金属盐如钠、钙盐形式存在，为获得较满意的提取效果，应预先加酸使之游离后再用醇提取。

三、醌类的提取分离实例

实例一，从百合科药用植物 *Bulbine narcissifolia* 根中提取分离出 7 种蒽醌类化合物：大黄酚（**31**）、knipholone（Ⅰ）、isoknipholone（Ⅱ）、10, 7′-bichrysophanol（Ⅲ）、chrysalodin（Ⅳ）、knipholone-8-*O*-*β*-D-gentiobioside（Ⅴ）和 chrysalodin-10-*O*-*β*-D-gentiobioside（Ⅵ）。它们的结构如下。

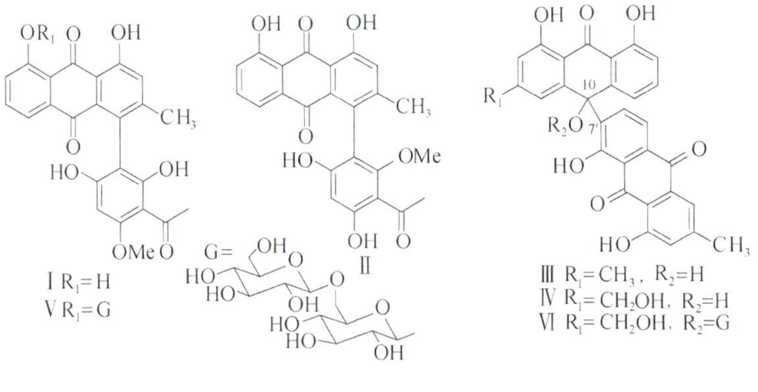

Ⅰ R_1=H
Ⅴ R_1=G

Ⅱ

Ⅲ R_1=CH_3，R_2=H
Ⅳ R_1=CH_2OH，R_2=H
Ⅵ R_1=CH_2OH，R_2=G

其提取分离流程见图 5-1。

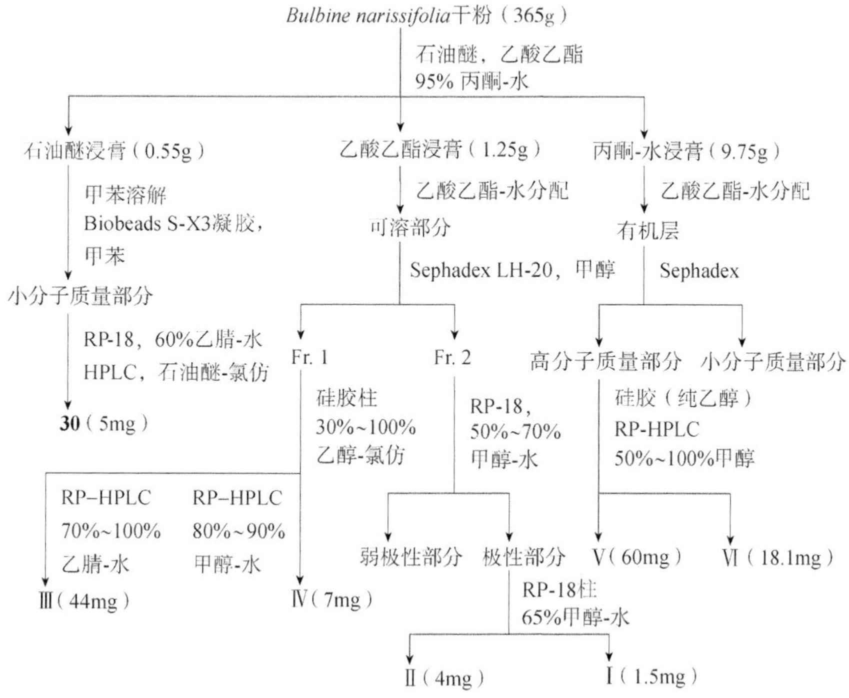

图 5-1　植物 *Bulbine narcissifolia* 根中蒽醌类提取分离流程

实例二，从萱草根中分离出大黄酚（**31**）、大黄酸（**35**）、决明蒽醌（Ⅰ）和决明蒽醌甲醚（Ⅱ）等 4 种游离蒽醌化合物。其提取分离流程见图 5-2。

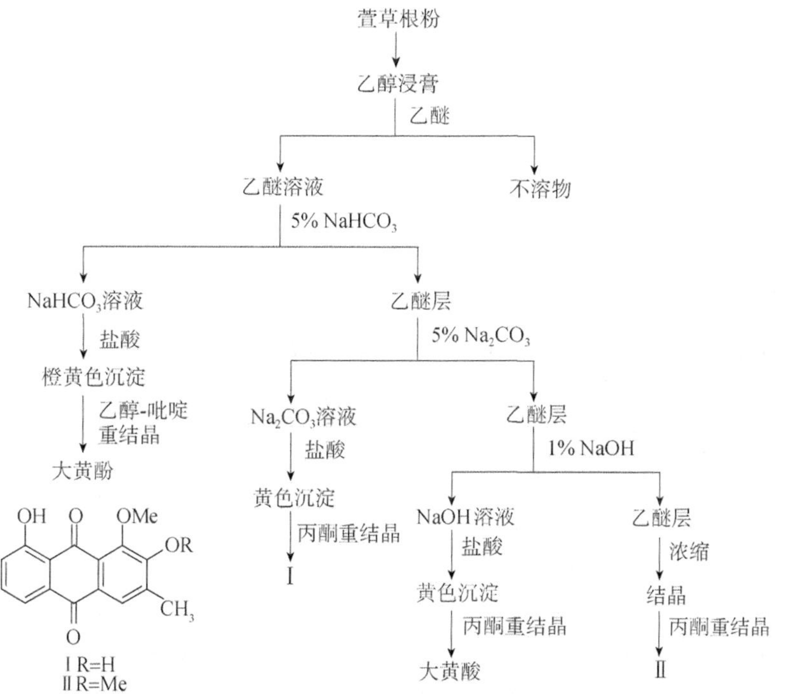

图 5-2　萱草根中蒽醌类提取分离流程

第四节　醌类化合物的结构测定

醌类化合物结构的近代研究主要依据对各种光谱数据的分析，并配合必要的衍生物制备等化学方法。

一、醌类衍生物的制备

醌类衍生物的制备一般多采用甲基化及乙酰化等方法，这对判断羟基的数目及位置很有意义。同时利用衍生物的物理常数或光谱数据查阅文献，核对是否为已知化合物，或为未知化合物结构鉴定获得重要的数据。

（一）甲基化反应

甲基化反应的难易和作用位置与羟基的类型及其化学环境、甲基化试剂的种类、反应条件有关。

化学环境不同的羟基，其甲基化反应难易顺序依次排列为：醇羟基、α-酚羟基、β-酚羟基及羧基等，即羟基酸性越强，反应越易进行。甲基化试剂与活性官能团的反应能力见表 5-1。

表 5-1　甲基化试剂与活性官能团的反应能力

甲基化试剂	活性官能团
CH_2N_2/Et_2O	—COOH、β-酚羟基、—CHO
CH_2N_2/Et_2O+CH_3OH	—COOH、β-酚羟基、两个 α-酚羟基之一、—CHO
$(CH_3)_2SO_4+K_2CO_3+CH_3COCH_3$	β-酚羟基、α-酚羟基
$CH_3I+Ag_2O+CHCl_3$	—COOH、所有酚羟基、醇羟基、—CHO

依据上述甲基化试剂与活性官能团的反应能力的关系，用不同的试剂、控制反应条件，有选择地进行甲基化，可得到不同程度的甲基醚化衍生物，再进行光谱分析，很容易确定各个衍生物中甲氧基的数目和位置，从而推断原来分子中羟基的数目和位置。

（二）乙酰化反应

乙酰化反应能力强弱取决于乙酰化试剂组成和反应条件（表 5-2）。

表 5-2　乙酰化试剂和反应条件对反应位置的影响

试剂	反应条件	反应位置
乙酸酐	短时间加热	醇羟基、β-酚羟基
乙酸酐	长时间加热	醇羟基、β-酚羟基，两个 α-酚羟基之一
乙酸酐和硼酸	冷置	醇羟基、β-酚羟基
乙酸酐和浓硫酸	室温放置过夜	醇羟基、α-及 β-酚羟基
乙酸酐和吡啶	室温放置过夜	醇羟基、α-及 β-酚羟基、烯醇式羟基

从表 5-2 可知，醇羟基最容易被乙酰化，α-酚羟基则较难。酰化时若只用乙酐，随加热时间的不同，其作用位置会有差别，但一般很难掌握。乙酐加浓硫酸或吡啶是作用极强的乙酰化试剂。

要想选择性地使 β-羟基乙酰化，可采用乙酐加硼酸试剂，将 α-羟基以硼酸酯的形式保护，随后经冷水处理，使硼酸酯水解，即得到 β-酚羟基乙酰化产物（图 5-3）。

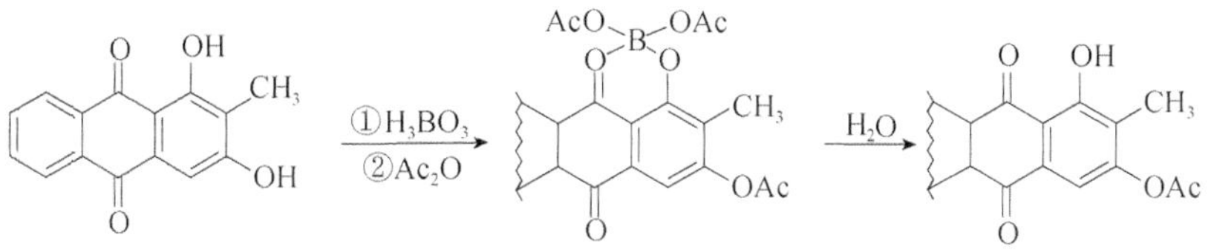

图 5-3　蒽醌 β-羟基选择性乙酰化反应

二、波谱方法

（一）UV 谱

（1）苯醌及萘醌类。苯醌类有 3 个主要 UV 特征吸收峰：240nm（强峰），285nm 附近（中强峰），400nm 附近（弱峰），而萘醌的主要 UV 特征吸收峰有 4 个，分别是由苯酰基结构（245nm，251nm，335nm）与 1, 4-醌核结构（257nm）引起。

分子中引入— OH、— OCH_3 等助色团时，可造成分子中相应的吸收峰发生红移，以 1, 4-萘醌为例，当醌核上引入给电子取代基时，仅使 257nm 峰红移，而不影响苯环的吸收；如苯环上引入 α-羟基时，则使 335nm 峰红移至 427nm。

（2）蒽醌类。蒽醌骨架有 4 个 UV 特征吸收峰，分别由苯酰基结构单元（A）在 251nm 和 322nm 的强峰、中强峰及 1, 4-醌核结构（B）在 272nm 和 405nm 的峰组成。

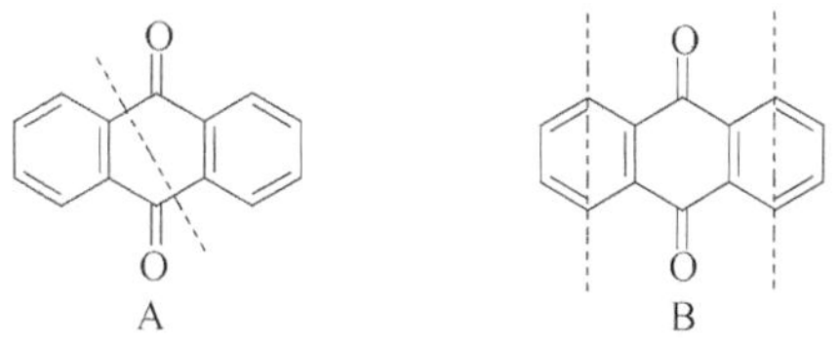

A　　B

羟基蒽醌类的 UV 谱与蒽醌母核相似，但在 230nm 附近还有一强吸收峰，故羟基蒽醌类的 5 个主要吸收带为：230nm（峰Ⅰ）、240～260nm（苯酰基结构引起的峰Ⅱ）、262～295nm（醌核结构引起的峰Ⅲ）、305～389nm（苯样结构引起的峰Ⅳ）及 400nm 以上（醌核结构中 C═O 引起的峰Ⅴ）。

以上吸收峰的峰位与吸收强度均与蒽醌母核上取代基的种类、数目及位置有关，各吸收谱带与结构间的关系有一定规律：吸收峰带Ⅰ的波长随羟基蒽醌母核上羟基数目的增多而稍有延长，但与羟基所在位置无关，吸收强度主要取决于 α-羟基的数目。

吸收峰带Ⅲ的峰位和吸收强度主要受 β-酚羟基的影响，β-酚羟基能通过蒽醌母核向羰基供电子，可使该带红移，且强度增加。

吸收峰带Ⅴ的峰位和吸收强度主要受 α-酚羟基的影响大，α-酚羟基数目越多，峰带红移值则越大（表 5-3）。

表 5-3　羟基蒽醌类峰 V 的吸收波长与 α-羟基数目关系

α-羟基数目	λ_{max}（logε）/nm
无羟基	356～362（3.36～3.88）
1	400～420
2（1, 5-二羟基）	418～440
2（1, 8-二羟基）	430～450
2（1, 4-二羟基）	470～500（500nm 以上有一肩峰）
3	485～530（有两个以上）
4	540～560（有重峰）

（二）IR 谱

羟基蒽醌类化合物的 IR 谱中有羰基（1675～1653cm^{-1}）、羟基（3600～3130cm^{-1}）及芳环（1600～1480cm^{-1}）的伸缩振动吸收带。其中，羰基吸收峰位置与分子中 α-酚羟基的数目及位置有较明确的规律性，特别有助于结构解析。当 9, 10-蒽醌母核上无取代时，因两个 C═O 的化学环境相同，在 1675cm^{-1} 处只出现一个 C═O 吸收峰。当芳环上引入一个 α-羟基时，因与 C═O 缔合，使缔合羰基吸收显著降低，另一个未缔合的 C═O 吸收则变化较小。α-羟基的数目及位置对羰基吸收的影响如表 5-4 所示。

表 5-4　蒽醌类羰基吸收带与 α-羟基数目及位置的关系

α-羟基数目	羰基伸缩吸收带（石蜡糊）/cm^{-1}
无羟基	1678～1653
1	1675～1647，1637～1621
2（1, 4-二羟基或 1, 5-二羟基）	1645～1608
2（1, 8-二羟基）	1678～1661，1626～1616
3	1616～1592
4	1592～1572

（三）MS 谱

醌类化合物 MS 的共同特征是：分子离子峰通常为基峰；出现失去 1～2 分子 CO 的碎片峰，苯醌及萘醌还从醌环上脱去一个 CH≡CH 碎片；如果在醌环上有羟基，则断裂同时将伴随有特征的氢重排。

（1）1, 4-萘醌类衍生物。苯环上无取代时，作为特征碎片将出现 *m/z* 104 离子及其分解产物 *m/z* 76 及 *m/z* 50 的离子；但苯环上有取代时，均出现相应的较高离子峰。

（2）9, 10-蒽醌衍生物。蒽醌相继脱去 2 分子 CO，出现 *m/z* 180（M—CO）及 *m/z* 152（M—2CO）的强峰，以及它们的双电荷离子峰 *m/z* 90 和 *m/z* 76。蒽醌衍生物与蒽醌母核的裂解过程相似，将得到与之相应的碎片峰。

$$\text{蒽醌}^{+\cdot}\ (m/z\ 208) \xrightarrow{-CO} (m/z\ 180) \xrightarrow{-CO} (m/z\ 152)$$

羟基蒽醌可连续失去多个 CO，如单羟基蒽醌可失去 3 个 CO。甲基取代的蒽醌在裂解时，常伴随分子重排与扩环，生成较高稳定性的 *m/z* 139 峰。例如：

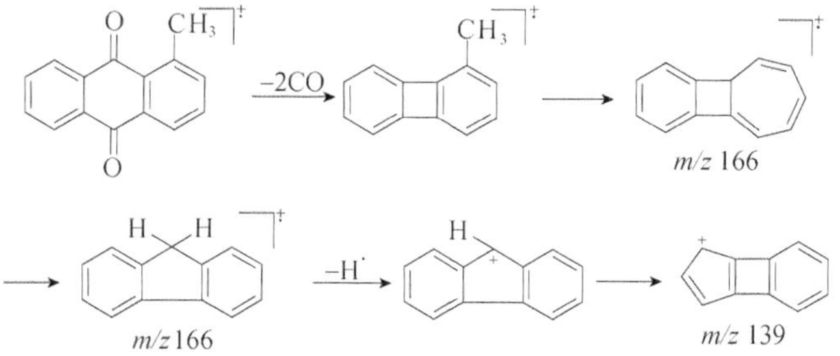

（四）^{1}H NMR 谱

（1）醌核氢。醌核氢因取代基而引起的位移大体与顺式乙烯中的情况相似。无论对苯醌或 1, 4-萘醌，当醌环上有一个供电基时，将使醌环上其他氢化学位移向高场移动。位移顺序在 1, 4-萘醌中为：—OCH_3＞—OH＞—$OCOCH_3$＞—CH_3。

（2）芳环氢。芳环氢可分为 H-α 及 H-β 两类。其中，H-α 因处于 C═O 负屏蔽区，共振信号出现在低场；H-β 受 C═O 影响较小，共振发生在较高场。1, 4-萘醌信号分别在 δ 8.06（α-H）及 δ 7.73（H-β），9, 10-蒽醌的芳氢信号出现在 δ 8.07（H-α）及 δ 6.67（H-β）。当有取代基时，化学位移及峰形将随之发生改变。

（五）^{13}C NMR 谱

^{13}C NMR 谱广泛用于醌类化合物的结构研究，目前已经积累了一些经验规律。下面简单介绍 1, 4-萘醌及 9, 10-萘醌类的 ^{13}C NMR 谱特征。

1．1, 4-萘醌衍生物的 ^{13}C NMR 谱　1, 4-萘醌母核的碳谱值如下所示。

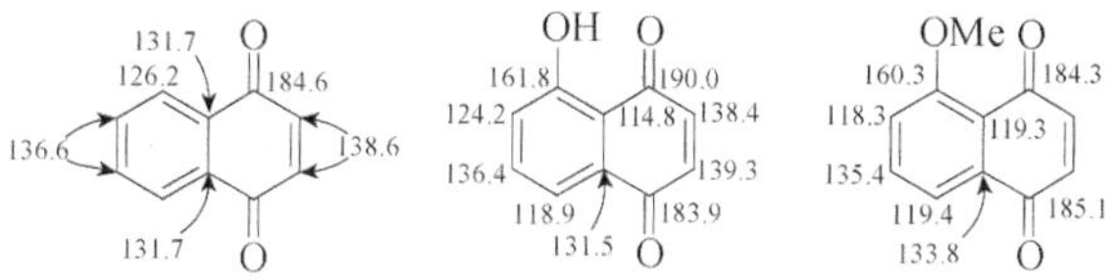

（1）醌核上取代基的影响。取代基对醌环碳信号化学位移的影响与简单烯烃的情况相似。例如，C-3 位有—OH 或—OR 取代时，引起 C-3 信号向低场位移约 20，并使相邻的 C-2 向高场位移约 30。如 C-2 位有烃基取代时，可使 C-2 的 δ 值向低场位移约 10，C-3 向高场位移约 8。且 C-2 向低场位移的幅度随 R 的增大而增大，但 C-3 则不受影响。此外，C-2 及 C-3 取代并不显著影响 C-1 及 C-4 的化学位移。

（2）苯环上取代基的影响。1, 4-萘醌中，当 C-8 位有—OH、—OCH_3 或—OAc 时，因取代基引起的位移变化如表 5-5 所示。但当多取代时，对 ^{13}C NMR 信号归属须借助于 2D NMR 等方法才能得出正确的结论。

表 5-5　1, 4-萘醌的取代位移（$\Delta\delta$）

取代基	C-1	C-2	C-3	C-4	C-5	C-6	C-7	C-8	C-9	C-10
8-OH	+5.4	−0.1	+0.8	−0.7	−7.3	+2.8	−9.4	+35.0	−16.9	−0.2
8-OMe	−0.6	−2.3	+2.4	+0.4	−7.9	+1.2	−14.3	+33.7	−11.4	+2.7
8-OAc	−0.6	−1.3	+1.2	−1.1	−1.3	+1.1	−4.0	+23.0	−8.4	+1.7

注：+号表示向低场位移；−号表示向高场位移

2．9, 10-蒽醌衍生物的 ^{13}C NMR 谱　　蒽醌母核及 α 位有一个—OH 或—OMe 时，其 ^{13}C NMR 化学位移如下所示。

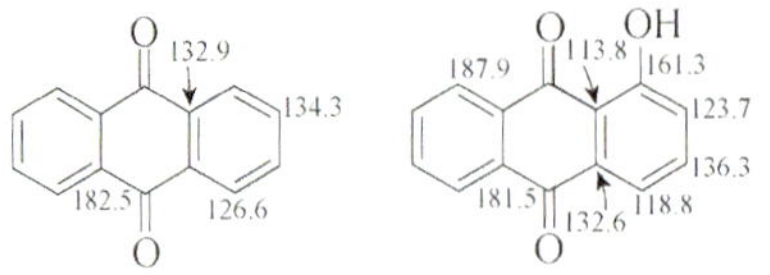

蒽醌母核上有—OH、—OMe、—Me 及—OAc 取代基时，母核各碳信号 δ 值呈现规律性的位移，见表 5-6。

表 5-6　蒽醌 ^{13}C NMR 取代基的位移（$\Delta\delta$）

C	C_1-OH	C_2-OH	C_1-OCH_3	C_2-OCH_3	C_1- CH_3	C_2- CH_3	C_1-OAc	C_2-OAc
C-1	+34.73	−14.37	+33.15	−17.13	+14.0	−0.1	+23.59	−6.53
C-2	−0.63	+28.76	−16.12	+30.34	+4.1	+10.1	−4.84	+20.55
C-3	+2.53	−12.84	+0.84	−12.94	−1.0	−1.5	+0.26	−6.92
C-4	−7.80	+3.13	−7.44	+2.47	−0.6	−0.1	−1.11	+1.82
C-5	−0.01	−0.07	−0.71	−0.13	+0.5	−0.3	+0.26	+0.46
C-6	+0.46	+0.02	−0.91	−0.59	−0.3	−1.2	+0.68	−0.32
C-7	−0.06	−0.49	+0.10	−0.10	+0.2	−0.3	−0.25	−0.48
C-8	−0.26	−0.07	0.00	−0.13	0.00	−0.1	+0.42	+0.61
C-9	+5.36	0.00	−0.68	+0.04	+2.0	−0.7	−0.86	−0.77
C-10	−1.04	−1.50	+0.26	−1.30	0.0	−0.3	−0.37	−1.13
C-10a	−0.03	+0.02	−1.07	+0.30	0.0	−0.1	−0.27	−0.25
C-8a	+0.99	+0.16	+2.21	+0.19	0.0	−0.1	+2.03	+0.50
C-9a	−17.09	+2.17	−11.96	+2.14	+2.0	−0.2	−7.89	+5.37
C-4a	−0.33	−7.84	+1.36	−6.24	−2.0	−2.3	+1.63	−1.58

当蒽醌母核每个苯环上只有一个取代基时，按照表 5-6 取代基位移进行推算所得的计算值与实测值接近，误差一般小于 0.5。但当两个取代基在同环时则会产生较大偏差，须在上述位移基础上作进一步的修正。

当蒽醌母核仅有一个苯环有取代基，另一苯环无取代基时，无取代基苯环上每个碳的 δ 值变化很小，即取代基的跨环效应可忽略。

蒽醌羰基碳受其迫位甲基的去屏蔽效应影响，其共振信号移向低场，并随迫位甲基数目的增加，向低场位移的数值也增大。例如，1-甲基蒽醌的羰基信号向低场位移了 1.8，1, 8-二甲基蒽醌为+4.5，1, 4, 5-三甲基蒽醌则为+5.5。

三、醌类结构鉴定实例

从中药何首乌（*Polygonum multiflorum* Thunb.）的块根中分离得到化合物Ⅰ，即 6-甲氧基-2-乙酰基-3-甲基-1, 4-萘醌-8-*O*-β-D-葡糖苷，结构鉴定如下。

化合物Ⅰ，浅黄色针状结晶（MeOH），m.p. 164～165℃；正离子 FAB-MS 谱 *m/z*：445［M+Na］$^+$，461［M+K］$^+$，提示相对分子质量为 422；结合 ^{13}C NMR 及 DEPT 谱给出分子式

$C_{20}H_{22}O_{10}$。UV λ_{max}^{MeOH}（nm）：215（4.44），267（4.28）；IR（KBr）谱显示有羟基（3423，宽峰）、羰基（1713cm^{-1}，1640cm^{-1}）及苷键（1069cm^{-1}）。

从 DEPT 谱数据（表 5-7）可以看出，有一个酮羰基（δ 204.3）、一个甲氧基（δ 56.1）、两个甲基（δ 12.3，32.4）；在 δ 106.1～184.6 化学位移范围内共有 10 个碳原子信号，推测此化合物可能为萘醌类结构；^{1}H NMR 谱显示 δ 7.19（1H，d），7.12（1H，d）处的两个信号偶合常数相同（J=2.5Hz），确定为芳环上的两个间位氢，这两个芳氢信号在 ^{1}H-^{13}C COSY 中分别与 δ106.1 及 106.9 的两个叔碳信号相关，确定萘醌被 4 个基团取代。

在 COLOC 谱中 δ 2.40（3H，s）与 204.3 的季碳有相关点，判断有—$COCH_3$，在 NOESY 谱中还找到其与 δ 1.92(3H，s)的相关点，表明—$COCH_3$ 与—CH_3 在空间上比较接近，COLOC 谱给出 δ 1.92 与 δ 184.6、146.8、138.5 的季碳有相关点，δ 7.19 芳氢信号与 184.6 有相关点，从而确定 δ 7.19 为 H-5 信号，δ 184.6 位为 4 位 C═O，—CH_3 取代在 3 位；COLOC 谱还给出 δ 3.93（3H，s）与 164.3 的季碳有相关点，在 NOESY 谱中与两个间位芳氢有关点，表明 CH_3O—连接在两个芳环—CH—之间的季碳上。NOESY 谱给出糖端基氢与 δ 7.12 相关，COLOC 谱也给出 δ 7.12 与 159.4 相关，表明糖与 1, 4-萘醌的 8 位—OH 成苷，CH_3O—取代在 6 位。

DEPT 谱显示（表 5-7）在 δ 60.7～100.5 内有 6 个碳信号，示有一个葡萄糖，^{1}H NMR 显示端基氢信号偶合常数为 7.4Hz，表明为 β 构型，水解液经 HPTLC 检查出有 D-葡萄糖。综上所述，化合物 I 结构确定为：

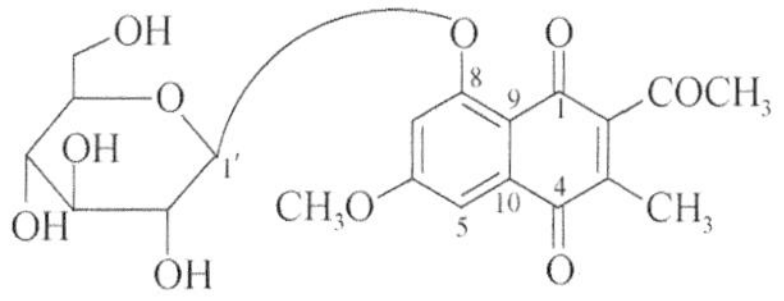

表 5-7　化合物 I 的 NMR 数据（DMSO-d_6）

^{1}H	δ（J/Hz）	^{13}C	δ（DEPT）		δ（DEPT）
5	7.19（d，2.5）	1	180.7（s）	C═O	204.3（s）
7	7.12（d，2.5）	2	138.5（s）	$COCH_3$	31.4（q）
$COCH_3$	2.40（s）	3	146.8（s）	3-CH_3	12.3（q）
3-CH_3	1.92（s）	4	184.6（d）	6-OCH_3	56.1（q）
6-OCH_3	3.93（s）	5	106.2（d）	β-glucose-1′	100.5（d）
β-葡萄糖-1′	5.12（d，7.4）	6	164.2（s）	2′	73.1（d）
2′, 3′	3.17～3.38（m）	7	106.9（d）	3′	76.5（d）
4′, 5′	3.17～3.38（m）	8	159.4（s）	4′	69.7（d）
6′	3.71（d，10）	9	113.1（s）	5′	77.4（d）
	3.32（m）	10	134.6（s）	6′	60.7（t）

习　　题

一、填空题

1. 天然醌类按其化学结构可分为（　　）、（　　）、（　　）和（　　）四类。
2. 游离蒽醌上取代的羧基、β-酚羟基和 α-酚羟基的酸性顺序为：（　　）>（　　）>（　　），据此可从有机溶剂中依次用（　　）、（　　）及（　）的水溶液进行梯度萃取，以达到彼此分离的目的。

3. 大多数游离醌在常压下加热即能(　　), 相对分子质量较小的苯醌和萘醌还具有(　　)性, 能用(　　)进行提取分离。

4. 游离醌类化合物常用的提取方法有(　　)、(　　)、(　　)和(　　)四类。

答案: 1. 苯醌; 萘醌; 蒽醌; 菲醌　2. 羧基; β-酚羟基; α-酚羟基; $NaHCO_3$; Na_2CO_3; NaOH　3. 升华; 挥发; 水蒸气蒸馏法　4. 溶剂提取法; 碱提酸沉法; 水蒸气蒸馏法; 层析法

二、简答题

1. 常见的醌类化合物有哪些结构类型, 各自有什么结构特征? 哪一种醌类化合物数量最多且活性最强?
2. 蒽醌类化合物按结构可分为哪几类? 各自在结构上有什么特征?
3. 蒽醌类化合物及其还原衍生物中, 哪些在空气中放置稳定? 哪些在空气中放置不稳定?

三、提取分离

某中草药含有下列蒽醌类成分和它们的葡萄糖苷, 如果成分 B 是有效成分, 试设计一个适合于生产的提取分离工艺。

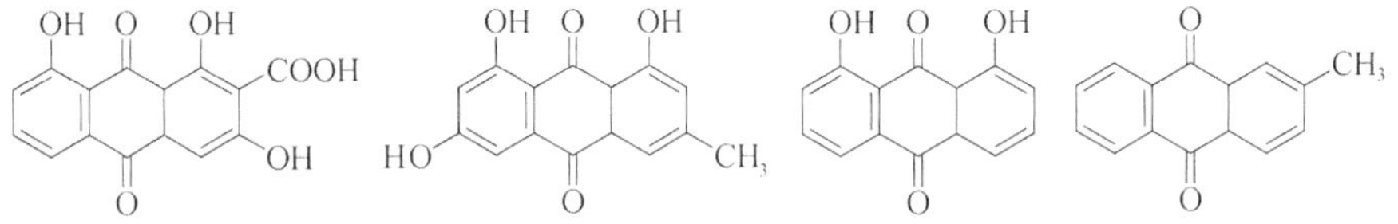

OH　O　OH　COOH　OH　O　A

OH　O　OH　HO　CH3　O　B

OH　O　OH　O　C

O　CH3　O　D

第六章　苯丙素类化合物

苯丙素或称为苯丙烷类化合物（phenylpropanoids），是一类由一个或多个 C_6-C_3 结构单元连在一起构成的天然产物，如苯丙烯、苯丙醇、苯丙酸及其缩合物、香豆素、木脂素等。生源上，它们来源于莽草酸（shikimic acid），在形成芳香族氨基酸（L-苯丙氨酸和 L-酪氨酸）中间产物后，再通过脱氨、羟基化、偶合等反应而形成（见第一章）。本章重点介绍简单苯丙烷类、香豆素类和木脂素类化合物。

第一节　简单苯丙烷类化合物

一、苯丙酸类

常见的苯丙酸类化合物有：桂皮酸（cinnamic acid，**1**）、对羟基桂皮酸（*p*-hydroxycinnamic acid，**2**）、咖啡酸（caffeic acid，**3**）、阿魏酸（ferulic acid，**4**）等。此类化合物常以游离、酯或酰胺、苷的形式存在，很多具有较强的生理活性，其中最常见的是咖啡酸衍生物，如杜仲、茵陈、金银花等中草药中所含的绿原酸（chlorogenic acid，**5**），它是抗菌、利胆的有效成分。

云南苦丁茶（*Ligustrum purpurascens*）中的主要成分阿克苷（acteoside，**6**），也叫作毛蕊花糖苷，其含量高达 1%以上，具有抗氧化、保肝、抗肾炎、抑制 HIV-1 整合酶活性等作用。

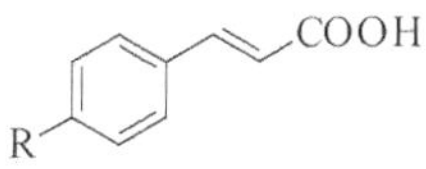

1 R=H
2 R=OH

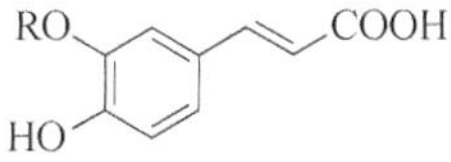

3 R=H
4 R=Me

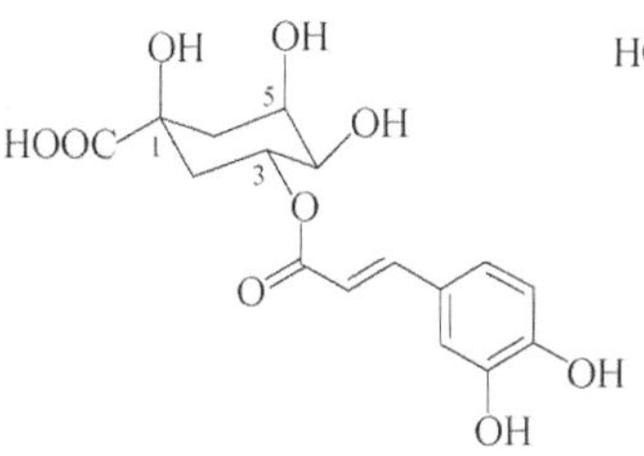

5 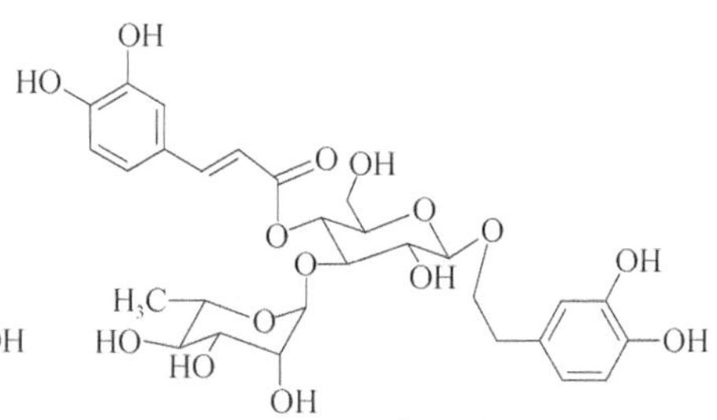　　**6**

菊苣（*Cichorium intybus*）和紫锥菊（*Echinacea purpurea*）中所含的菊苣酸（chicoric acid，**7**），具有抗炎、抗氧化、抗病毒、抗过敏等作用。

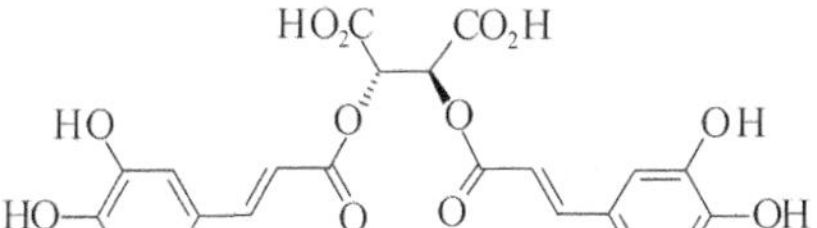

7

丹参素（danshensu）为 *R*-(+)-*β*-(3, 4-二羟基苯基)-乳酸（**8**），又称为丹参素甲，是著名中药丹参（*Salvia miltiorrhiza* Bge.）治疗冠心病的主要有效成分之一。丹参酚酸 B（salvianolic acid B，**9**）也叫作丹参酸 B（lithospermic acid B），也是从丹参的根及根茎提取而得，具有防治动脉粥样硬化疾病功效。

迷迭香酸（rosmarinic acid，**10**）最早是从迷迭香（*Rosmarinus officinalis* L.）中分离得到的，具有多种药理作用，如抗血栓、抗血小板聚集、抗炎、抗病毒等，其中以抗炎作用最为突出。目前已作为抗炎、解毒、止泻、镇痛药物在德国投放市场。

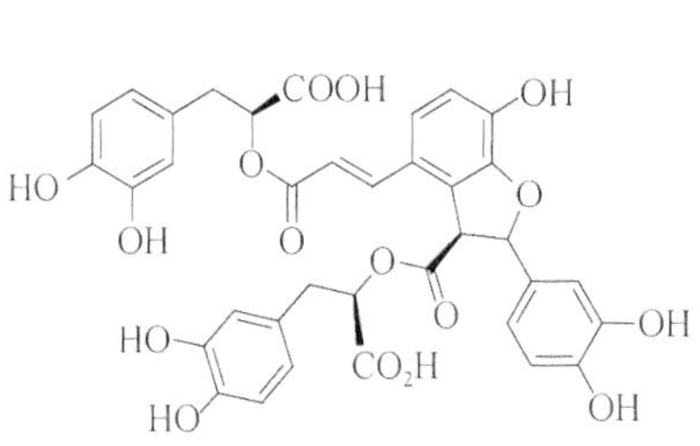

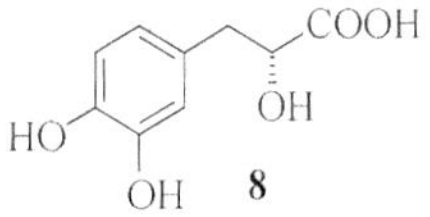

8

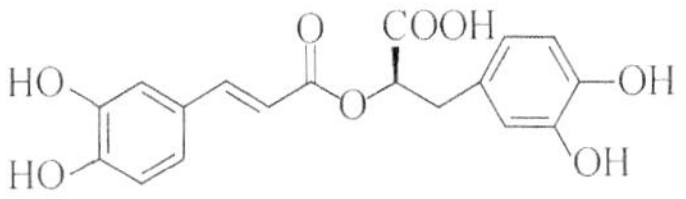

9　　**10**

二、苯丙醇类

常见的苯丙醇类化合物有松柏醇（coniferol）、芥子醇（sinapyl alcohol）、对羟基肉桂醇（*p*-hydroxycinnamyl alcohol）和肉桂醇（cinnamyl alcohol）及其苷类化合物，如从云南拟单性木兰（*Parakmeria yunnanensis*）嫩枝中获得的丁香苷（syringin，**11**）和云南普洱茶（*Camellia sinensis*）原料晒青毛茶中的抗组胺释放活性成分松柏苷（coniferin，**12**）。

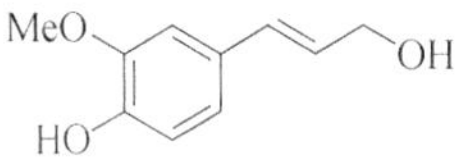

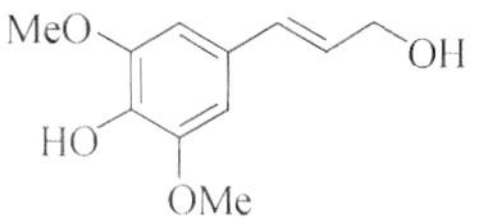

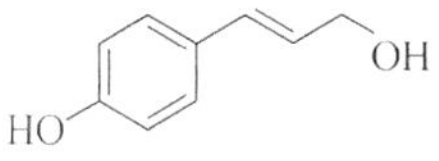

松柏醇　　芥子醇　　对羟基肉桂醇

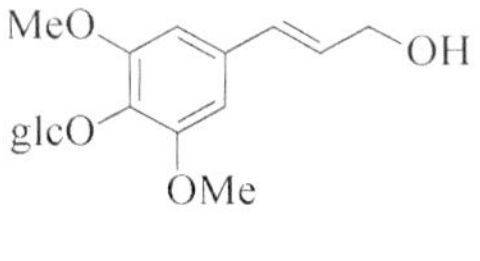

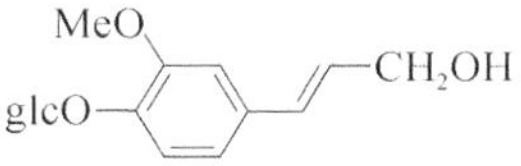

11　　**12**

三、提取分离实例

植物中的苯丙酸类及其衍生物大多具有一定的水溶性，而且常常与其他一些酚酸、鞣质、黄酮苷等混在一起，分离有一定困难，一般要经硅胶、纤维素、大孔树脂、反相键合硅胶、聚酰胺、凝胶 MCI-gel CHP20P 及 Sephadex LH-20 等反复层析才能分离纯化。

灯盏花为菊科植物短葶飞蓬（*Erigeron breviscapus*）的全草。其制剂主要用于治疗高血压、脑栓塞、多发性神经炎和慢性蛛网膜炎等脑血管意外所致的瘫痪症，提取分离步骤如下。

灯盏花干全草 50kg，用 10 倍量的 85% EtOH 于室温提取 3 次，过滤，滤液减压浓缩得到 1.8kg 浸膏，将浸膏混悬于 200mL 水中，依次用石油醚、$CHCl_3$、EtOAc、*n*-BuOH 萃取（2000mL×5），浓缩，得石油醚部分（132g）、$CHCl_3$ 部分（200g）、EtOAc 部分（398g）、*n*-BuOH 部分（280g）。EtOAc 部分经硅胶柱色谱，以石油醚-EtOAc 梯度洗脱，得 24 个组分。组分 8 经色谱技术分离，$CHCl_3$-MeOH（14∶1）洗脱得到新的酚酸类化合物：1-*O*-甲基-3, 5-*O*-双咖啡酰基奎宁酸甲酯（36mg，Ⅰ）及 5-*O*-咖啡酰基奎宁酸丁酯（28mg），化合物Ⅰ对溶血磷脂酰胆碱引起的脑微血管内皮细胞损伤有明显的保护作用，可能为心血管活性成分之一。化合物Ⅰ的结构如下：

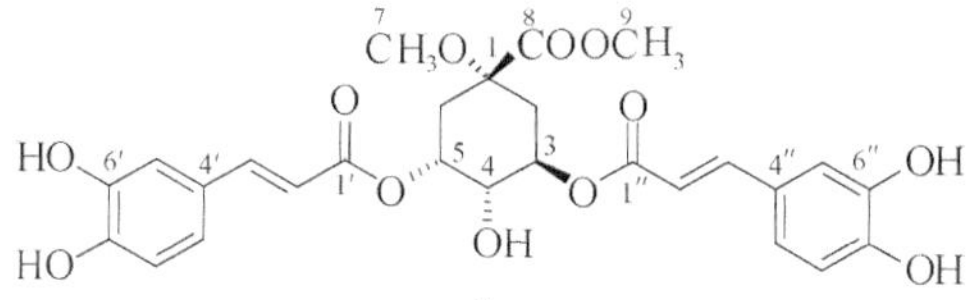

Ⅰ

第二节　香豆素类化合物

香豆素（coumarin）是一类具有苯并 *α*-吡喃酮结构骨架的天然产物，是由顺式邻羟基桂皮酸形成的内酯，绝大多数在 7 位有羟基或烃基。香豆素类化合物广泛分布于植物界，尤其是在伞形科、芸香科、藤黄科、菊科、豆科和茄科等植物中的分布更为普遍。从植物、细菌、真菌中分离鉴定了 1300 多种该类天然化合物。此类化合物大多以游离态或糖苷等形式存在于植物的花、果实、叶、茎中。

香豆素类化合物具有光敏性质，抗菌、抗病毒、使平滑肌松弛作用，肝毒性等生理活性。例如，呋喃香豆素外涂或内服后经日光照射，可引起皮肤色素沉着，补骨脂内酯可用于治疗白斑病，8-甲氧基或 5-甲氧基的补骨脂内酯作用更强，呋喃香豆素类可作为光敏化农药；七叶内酯及其苷是中药秦皮治痢疾的有效成分，蛇床子总香豆素有类似性激素样作用和抗骨质疏松作用，蛇床子素（osthole）为主要活性成分之一，蛇床子素可抑制乙型肝炎表面抗原（HBsAg）；滨蒿内酯（scoparone）具有松弛平滑肌、解痉、利胆作用。

生物合成研究表明，香豆素类是由苯丙酸及其衍生物的氧化、环合而成，异戊烯基活泼双键结合位置不同、氧化情况不同，都会产生不同的氧环结构。

一、结构和分类

迄今，从自然界已发现 900 多种香豆素类化合物，其基本骨架如下。

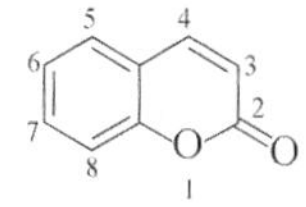

母核上常见的取代基有羟基、甲氧基、苯基、亚甲二氧基（—OCH_2O—）、异戊烯基、异戊烯氧基和单糖基等。根据其结构特征可将香豆素类分为简单香豆素类、呋喃香豆素类、吡喃香豆素类、异香豆素类和其他香豆素。

（一）简单香豆素类

简单香豆素是指只在苯环上有取代基的香豆素类化合物。除 7 位上有含氧基团外，以

C-6、C-8 位连有异戊烯基者较多。常见的有东莨菪内酯（scopoletin，**13**）和东莨菪苷（scopolin，**14**）、七叶内酯（aesculetin，**15**）和七叶内酯苷（esculin，**16**）、当归内酯（angelicon，**17**），其中东莨菪内酯有单胺氧化酶抑制活性。

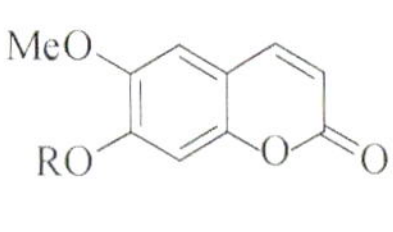

13 R=H
14 R=glc

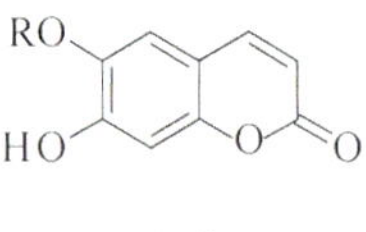

15 R=H
16 R=glc

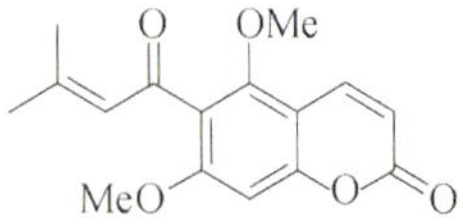

17

在 C-7 位连有一个香叶基的简单香豆素属单萜香豆素。例如，小叶臭黄皮（*Clausena excavata*）中具有抗原激活活性的呋喃酮香豆素黄皮内酯（clauslactone，**18** 和 **19**）。

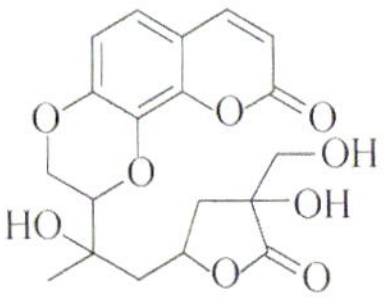

18 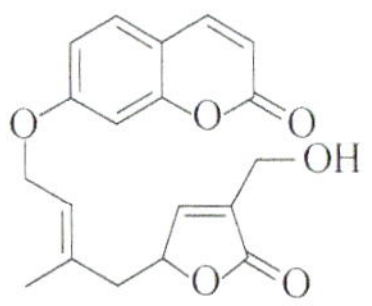　**19**

（二）呋喃香豆素类

呋喃香豆素（furocoumarins）是指香豆素苯核上的异戊烯基与其邻位的酚羟基环合而成的香豆素类化合物。成环后有时伴随着降解，失去三个碳原子。根据呋喃环骈合的位置可将此类化合物分为线型和角型。呋喃环与香豆素母核在 6, 7 位并合，三个环在一直线上，称为线型（linear）；呋喃环在 5，6 或 7，8 位并合，三个环处在一折角线上，称为角型（angular）。例如，补骨脂内酯（psoralen，**20**）及异补骨脂内酯（**21**）、花椒毒内酯（xanthotoxin，**22**）、茴芹内酯（pimpinellin，**23**）。

紫花前胡（*Peucedanum decusivum*）中紫花前胡内酯（nodakenetin，**24**）及紫花前胡内酯苷（nodakenin，**25**）为未降解的二氢呋喃香豆素。

又如，呋喃型单萜香豆素（indicolactone，**26**）含于黄皮（*Clausena lansium*）中，具有钙离子拮抗作用，与简单单萜基香豆素不同的是，该类香豆素一般在 C-5 或 C-8 位连有单萜基。

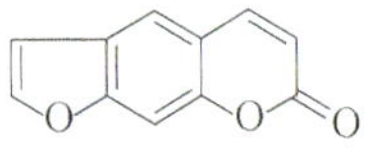

20 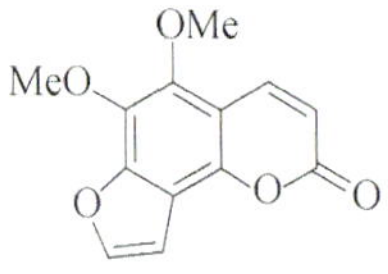　**21** 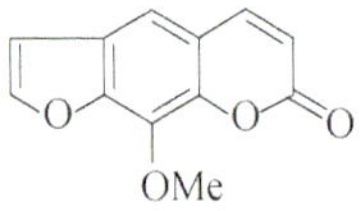　**22**

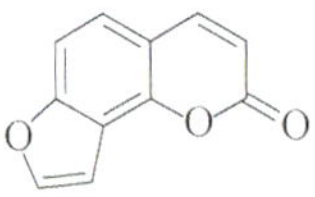

23

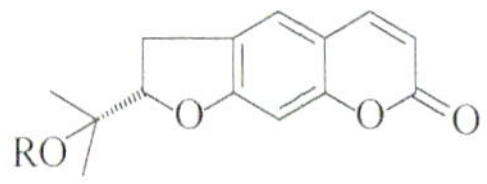

24 R=H
25 R=glc

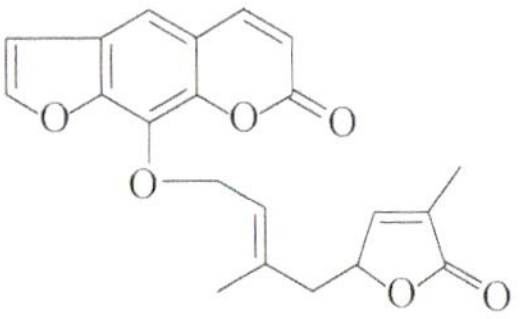

26

（三）吡喃香豆素类

吡喃香豆素类（pyranocoumarins）是由香豆素苯环上异戊烯基与其邻位酚羟基环化形成2, 2-二甲基-α-吡喃环结构的化合物。与呋喃香豆素相似，其也可分为：线型，即 6, 7-吡喃香豆素；角型，即 7, 8-吡喃香豆素和 5, 6-吡喃香豆素。

土当归辛（decursinol，**27**）体外有强的抑制乙酰胆碱酯酶（AchE）活性，花椒内酯（xanthyletin，**28**）无活性。

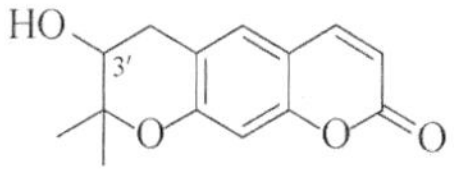

27 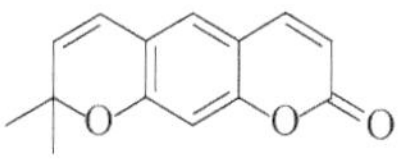　**28**

具有强 HIV-1 抑制活性的（+）-绵毛胡桐内酯 A［（+）-calanolide A，**29**］、（−）-绵毛胡桐内酯 B［（−）-calanolide B，**30**］及（−）-7, 8-二氢绵毛胡桐内酯 B［（−）-7, 8-dihydrocalanolide B，**31**］存在于藤黄科植物南革绵毛胡桐（*Calophyllum lanigerum*）叶中。

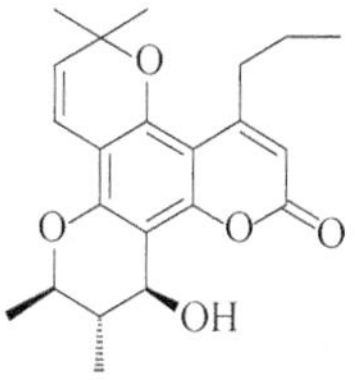

29 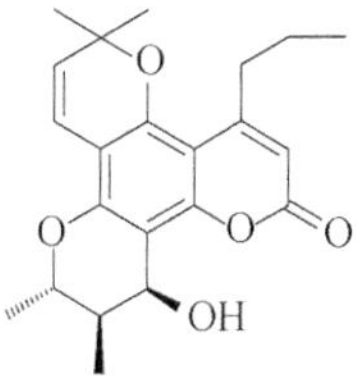　**30** 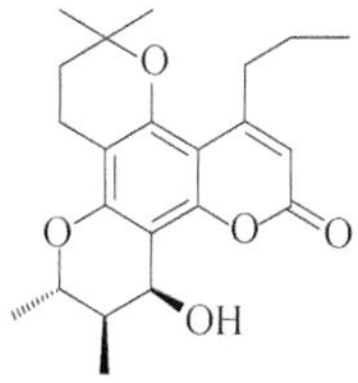　**31**

（四）异香豆素类

异香豆素（isocoumarin）是香豆素的异构体，分布与香豆素不同，比较零散，而且局限在少数科属中。例如，民间药矮地茶（*Ardisia japonica*）的镇咳有效成分岩白菜素（bergenin，**32**），最初是从虎耳草科岩白菜属植物中获得，在落新妇（*Astibe chinensis*）中含量达 2.5%。

从伞形科植物芫荽（*Coriandrum sativum*），亦称香菜中获得的芫荽酮 A～C（coriandrone A～C，**33**～**35**）也属于此类化合物。

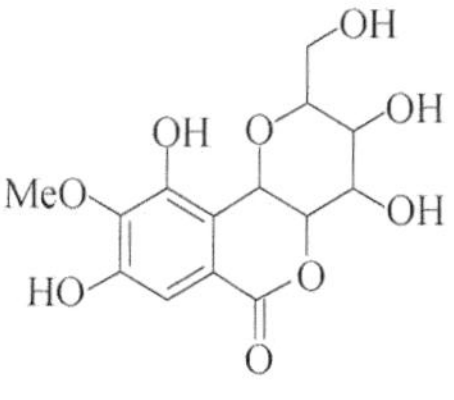

32 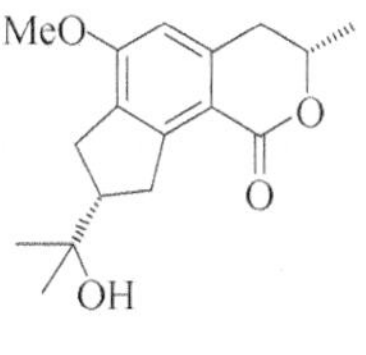　**33** 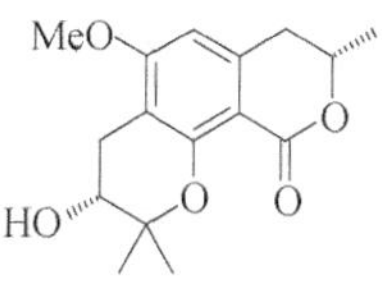　**34** 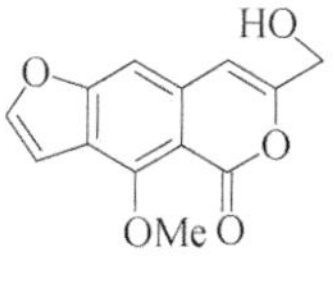　**35**

（五）其他香豆素类

其他香豆素是指α-吡喃酮环上有取代基的香豆素类化合物。其 3 位或 4 位上常有苯基、羟基、异戊烯基等取代基。

3-苯代香豆素的生源与异黄酮相似，如光果甘草（*Glycyrrhiza glabra*）所含的抑制 HIV 感染的甘草吡喃香豆素（licopyranocoumarin，**36**）和甘草香豆素（glycycoumarin，**37**）。

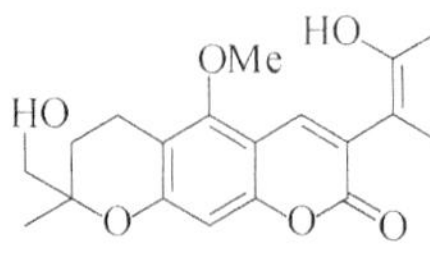

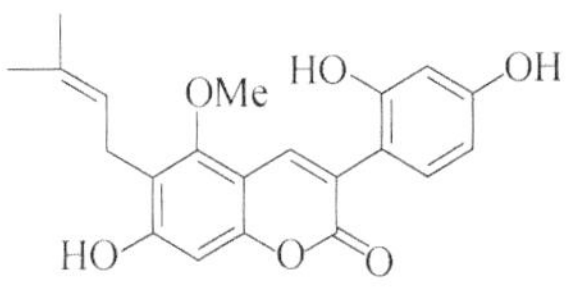

4-苯代香豆素类化合物较不常见，如红厚壳属植物 *Calophyllum dispar* 果实中的黄果木 A/BC 环 F（mammea A/BC cyclo F，**38**）和 isodisparfuran A（**39**），以及红厚壳内酯（inophyllolide，**40**）。

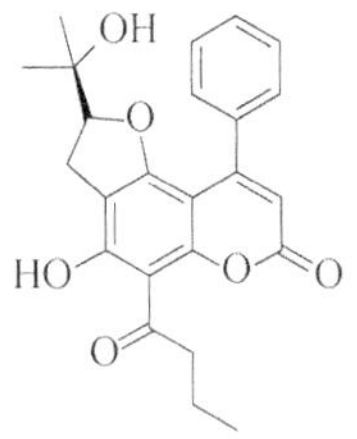

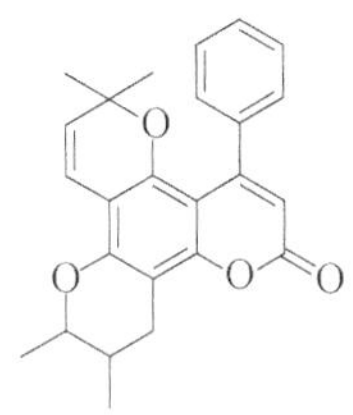

其他香豆素类化合物 3 位上引入的异戊烯基往往是 1, 1-二甲烯丙基，此类化合物主要集中于芸香科植物中，如黄皮属植物 *Clausena pentaphylla* 中分离出有解痉作用的香豆素 clausmarin A 和 B（**41** 和 **42**）的混合物。

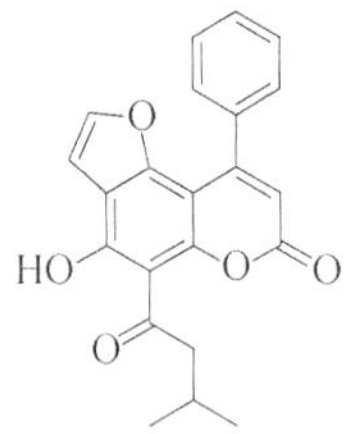

此外，还存在二聚体香豆素类化合物。例如，苜蓿（*Medicago sativa*）及红车轴草（*Trifolium pratense*）叶中的紫苜蓿酚（dicoumarol，**43**），具抗凝血作用，现已作为临床上的抗凝血药物，用以防治血栓形成。

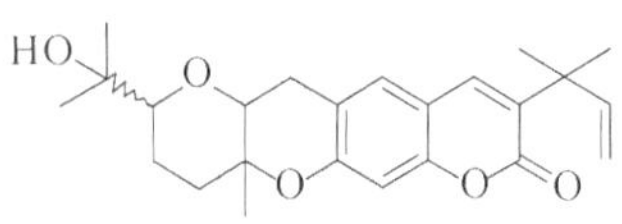

二、理化性质与检识方法

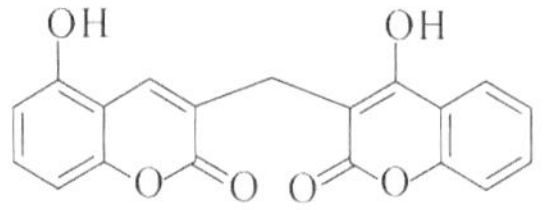

游离的香豆素能溶于沸水，难溶于冷水，易溶于甲醇、乙醇、氯仿和乙醚；香豆素苷类能溶于水、甲醇和乙醇，而难溶于乙醚、苯等极性小的有机溶剂。

香豆素在可见光下为无色或浅黄色结晶，其香豆素母体本身无荧光，而羟基香豆素类在紫外光下常常显出蓝色荧光，在碱溶液中荧光加强。一般在 7 位引入羟基即有强烈的蓝色荧光，甚至在可见光下也可辨认，加碱后可变为绿色荧光，但羟基醚化后则荧光减弱。若在 8 位再引入一羟基，则荧光减至极弱，或不显荧光。呋喃香豆素多显蓝色或褐色荧光，但较弱，有时难以辨认。常用层析法检识香豆素类的存在。

（一）显色反应

（1）异羟肟酸铁反应。碱性条件下，香豆素内酯可开环，与盐酸羟胺缩合成异羟肟酸，然后在酸性条件下与三价铁离子络合而显红色。

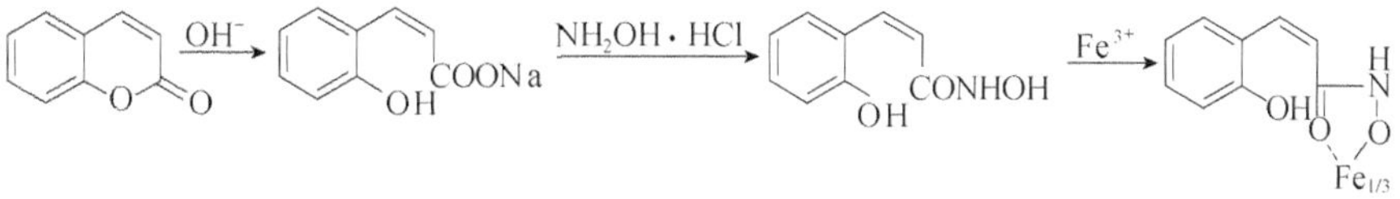

（2）三氯化铁反应。含有酚羟基的香豆素可与三氯化铁试剂产生颜色反应。

（3）Gibbs 反应。2, 6-二氯（溴）苯醌氯亚胺，在弱碱性条件下可与酚羟基对位的活泼氢缩合成蓝色化合物。

（4）Emerson 反应。氨基安替比林和铁氰化钾，可与酚羟基对位的活泼氢生成红色缩合物。

Gibbs 和 Emerson 反应都要求香豆素分子中必须有游离的酚羟基，且此酚羟基的对位没有取代基时才呈阳性反应，如 7-羟基香豆素就呈阴性反应。

（二）碱水解反应

香豆素的α-吡喃酮环具有α, β-不饱和内酯结构，在稀碱液中逐渐水解成黄色溶液，生成顺邻羟基桂皮酸盐，经酸化后又可闭环恢复为原来的内酯。如果长时间在碱溶液中加热放置或经紫外线照射，可转变为稳定的反式邻羟基桂皮酸。

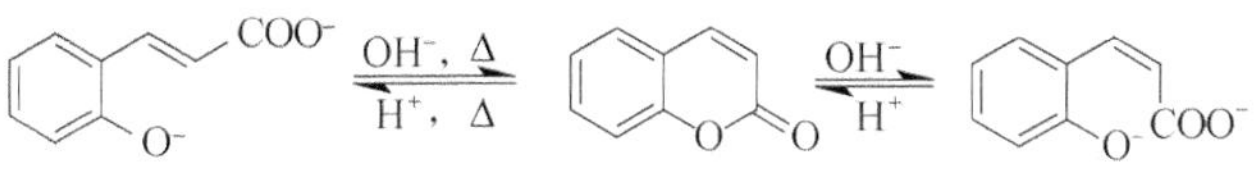

若香豆素侧链上有酯基，且处于苄基碳上，碱水解后易生成两种异构化的产物。

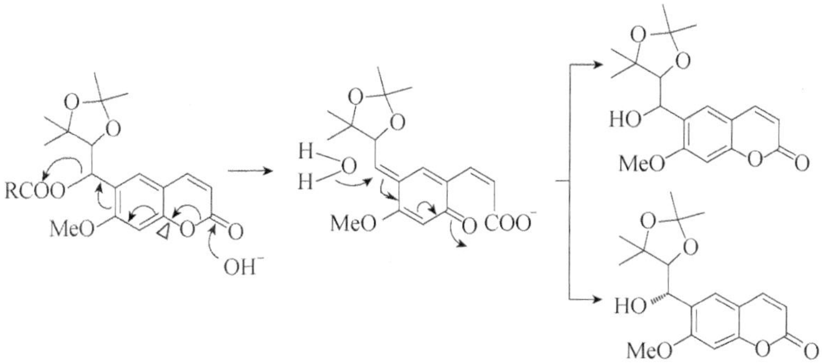

（三）与酸的反应

香豆素在酸作用下，异戊烯基会发生环合反应、烯醇醚键的开裂及双键与水的加成反应。这些反应曾被用于香豆素类化合物结构的确定。

（1）环合反应。异戊烯基与相邻酚羟基成氧环。

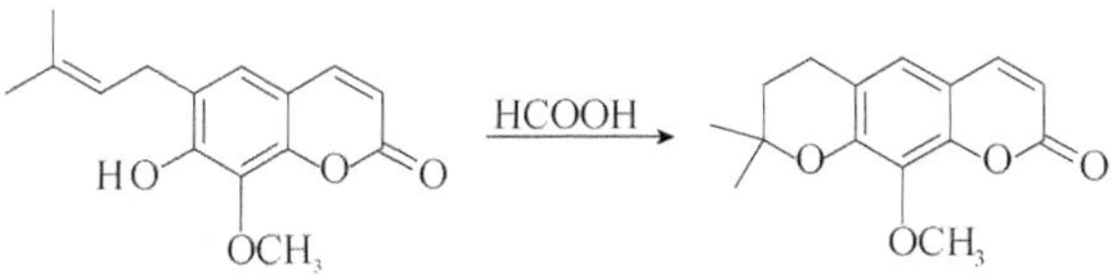

（2）烯醇醚键的开裂。

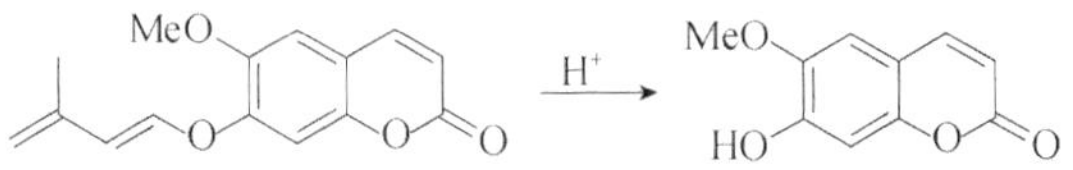

MeO　H⁺　MeO　HO

三、提取分离方法

香豆素一般可用甲醇或乙醇从植物中提取，然后用石油醚、乙醚、丙酮、甲醇等溶剂依次提取浸膏，分成极性不同的部位，有时在溶剂提取物中就可获得结晶或混合结晶。多数情况下需要进一步分离，常用的分离方法有以下几种。

（1）水蒸气蒸馏法。小分子的香豆素类因为有挥发性，可采用水蒸气蒸馏法进行提取。

（2）碱溶酸沉法。由于香豆素类可溶于热碱液中，加酸又析出，故可用0.5%氢氧化钠溶液（或醇溶液）热溶提取物，冷却并用乙醚除去杂质，然后加酸调节pH至中性，适当浓缩，再酸化，使香豆素类或其苷析出。但必须注意碱液的浓度，并应避免长时间加热，以防破坏。

（3）溶剂提取法。从植物中提取香豆素类时，可采用系统溶剂提取法，先用石油醚加热提取，一些具有含氧基团的香豆素虽在石油醚中溶解度较小，但由于杂质的助溶作用，往往可溶于石油醚中。浓缩提取液，析出物用石油醚洗去杂质，又可得到一些香豆素的结晶，其他极性较大的游离香豆素类和香豆素苷，可继续用乙醇（或甲醇）及水依次提取。

香豆素多数情况下须经层析方法才能有效地分离。硅胶层析是最常用的方法，可用己烷-乙醚，乙醚-乙酸乙酯等作为洗脱剂。

中性氧化铝和酸性氧化铝层析也能用于香豆素的分离，常用的洗脱剂为石油醚、氯仿、乙酸乙酯等。

四、提取分离实例

红厚壳属植物 *Calophyllum dispar* 茎皮的乙酸乙酯可溶部分，经反复层析分离得到8个4-苯基呋喃香豆素，其中Ⅰ～Ⅵ为新化合物。这 8 个化合物分别是：disparfuran B（Ⅰ）、disparacetylfuran A（Ⅱ）、mammea A/AA deshydrocyclo F（Ⅲ）、mammea A/AA methoxycyclo F（Ⅳ）、mammea A/BA cyclo F（Ⅴ）、mammea A/BB cyclo F（Ⅵ）、mammea A/AA cyclo F（Ⅶ）、mammea A/AB cyclo F（Ⅷ），其结构式如下。

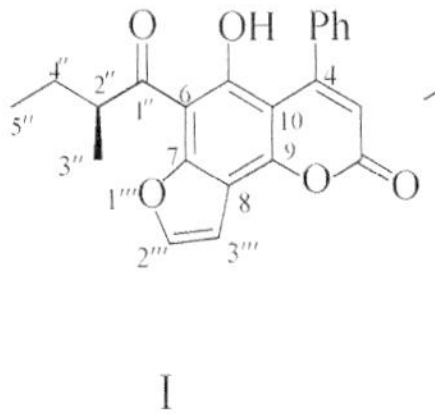

Ⅰ 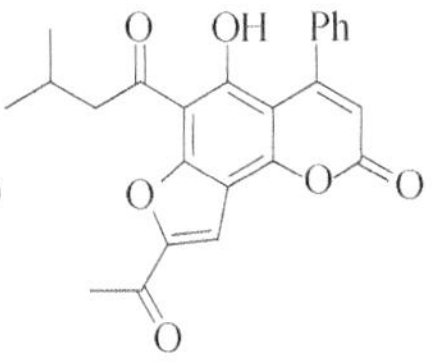　Ⅱ 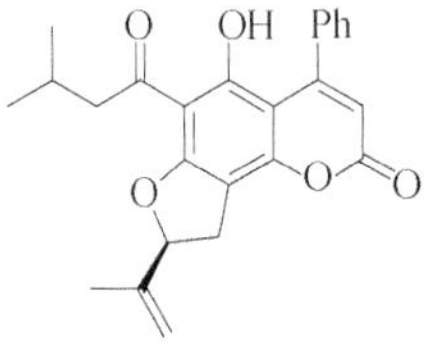　Ⅲ

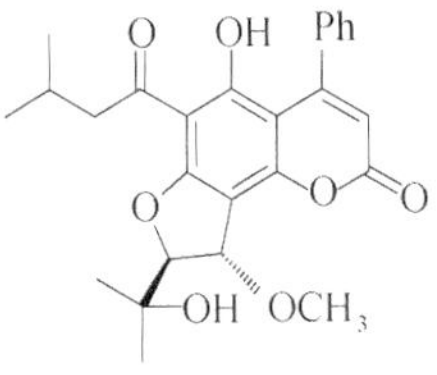

Ⅳ

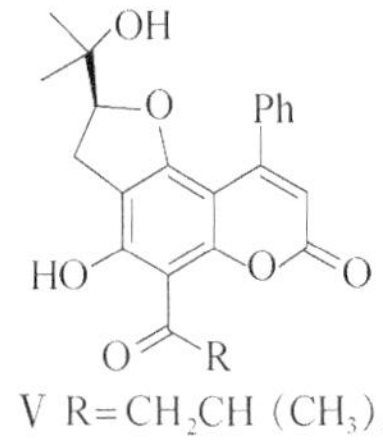

Ⅴ R = $CH_2CH(CH_3)_2$
Ⅵ R = $CHCH_3CH_2CH_3$

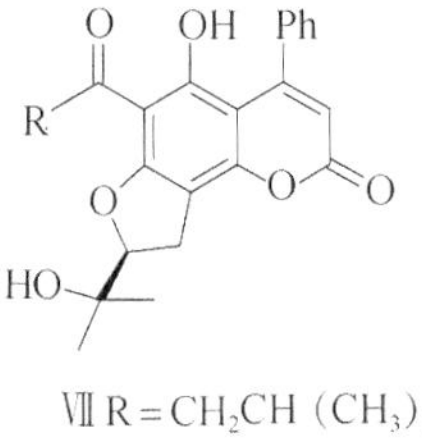

Ⅶ R = $CH_2CH(CH_3)_2$
Ⅷ R = $CHCH_3CH_2CH_3$

这些化合物的提取分离过程如图 6-1 所示。

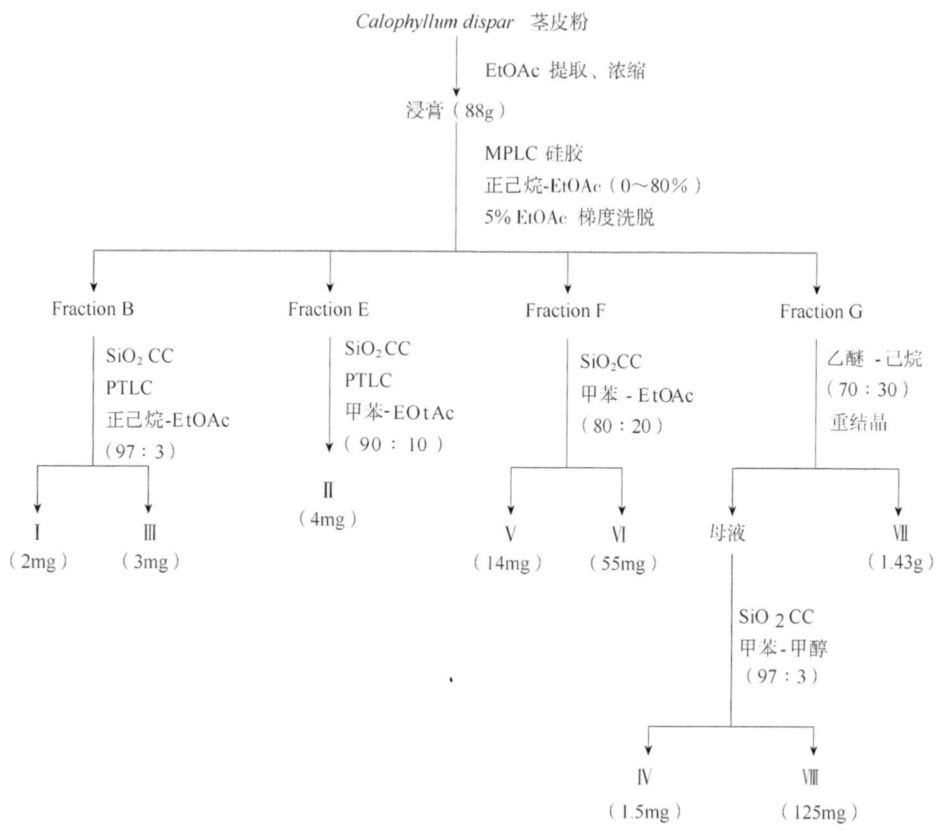

图 6-1　从 *Calophyllum dispar* 茎皮中 4-苯基呋喃香豆素提取分离流程

五、波谱特征

（一）UV 谱

香豆素类化合物的紫外吸收与α-吡喃酮相似，在λ 300nm 处可有最大吸收，但吸收峰的位置与取代基有关，未取代的香豆素，其紫外吸收光谱一般可呈现λ 275nm（logε 4.03，苯环）、284nm 和 310nm（logε 3.72，α-吡喃环）三个吸收峰，如分子中有羟基存在，特别在 6 位或 7 位上，则其主要吸收峰均红移，有时几乎合并成一峰。在碱性溶液中，多数香豆素类化合物的吸收峰位置较在中性或酸性溶液中有显著的红移现象，其吸收强度也有所增大。例如，7-羟基香豆素的λ_{max} 为 325nm（logε 4.15），碱性溶液中即向红移动为 372nm（logε 4.32），这有助于结构的确定。

（二）IR 谱

香豆素类成分含有苯骈α-吡喃酮结构单元，因此 IR 谱中应存在α-吡喃酮的吸收峰（1745～1715cm^{-1}）及芳环共轭双键的吸收峰（1645～1625cm^{-1}）。如果有羟基取代，还可出现 3600～3200cm^{-1} 的羟基特征吸收峰。

（三）NMR 谱

香豆素母核上的质子由于受内酯羰基吸电子共轭效应的影响，C-3、C-6 和 C-8 位质子信号出现在较高场，C-4、C-5 和 C-7 位质子在较低场。

H-4 与羰基共轭，比 H-3 位于较低磁场。H-3 在 δ6.1～6.4，H-4 在 δ7.5～8.2，产生两组二重峰（$J_{3,4}$为 9.2Hz）。H-5 和 H-6 在 δ6.7～7.3 产生两组二重峰（J=8Hz），但 H-5 比 H-6 位于较低磁场。芳香环上的甲氧基信号一般出现在 3.8～4.0。呋喃香豆素佛手内酯的 ^{1}H NMR 谱δ（$CDCl_3$）数据如下。

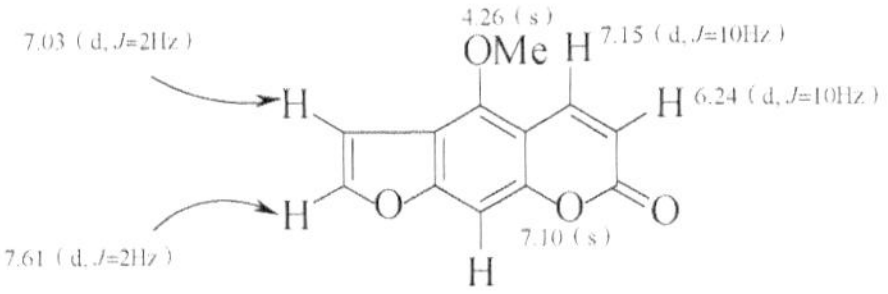

4.26（s） OMe H 7.15（d, J=10Hz）
7.03（d, J=2Hz） H
H 6.24（d, J=10Hz）
7.61（d, J=2Hz） H
7.10（s） H

香豆素母核上碳信号多数在 δ100～160，取代基效应明显，当其中某一碳原子上有 OR 取代后，直接连接的碳向低场移动（+30），邻碳则向高场移动（−13）。

（四）MS 谱

香豆素质谱中有强的分子离子峰，主要是［M— CO］$^+$的基峰，也可形成［M—2CO］$^+$峰。

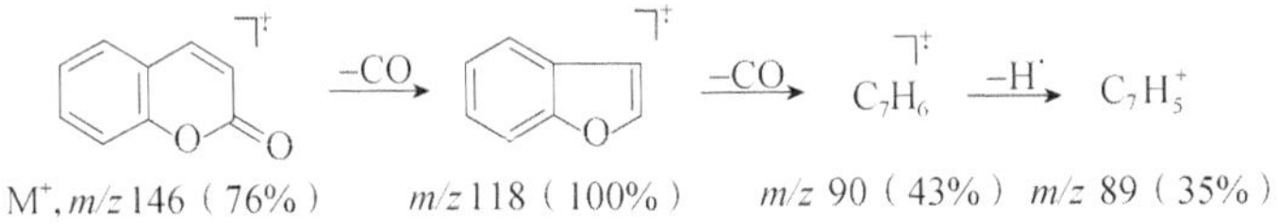

M$^+$, m/z 146（76%） —CO→ m/z 118（100%） —CO→ C_7H_6 m/z 90（43%） —H·→ $C_7H_5^+$ m/z 89（35%）

7-甲氧基香豆素分子离子峰是基峰，除了形成［M—CO］$^+$和［M—2CO］$^+$峰外，还产生 *m/z*［M—CO—CH_3］$^+$，*m/z* 105 和 *m/z* 77 峰。

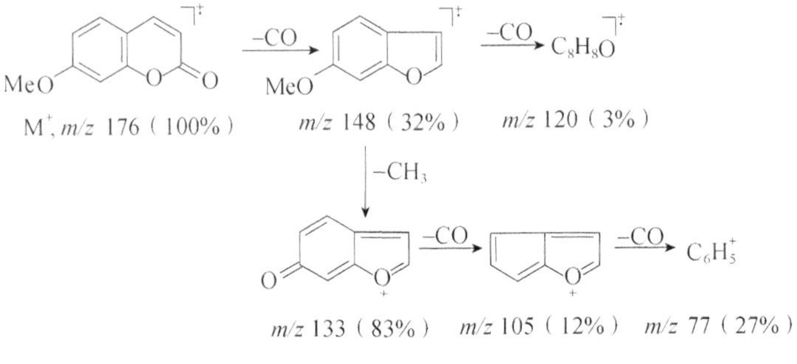

MeO… M$^+$, m/z 176（100%） —CO→ MeO… m/z 148（32%） —CO→ C_8H_8O m/z 120（3%）

m/z 148 —CH_3→ m/z 133（83%） —CO→ m/z 105（12%） —CO→ $C_6H_5^+$ m/z 77（27%）

7-羟基香豆素的质谱与香豆素母体相似，［M—CO］$^+$和［M—2CO］$^+$都是主要碎片峰，但还可进一步形成［M—3CO］$^+$峰。

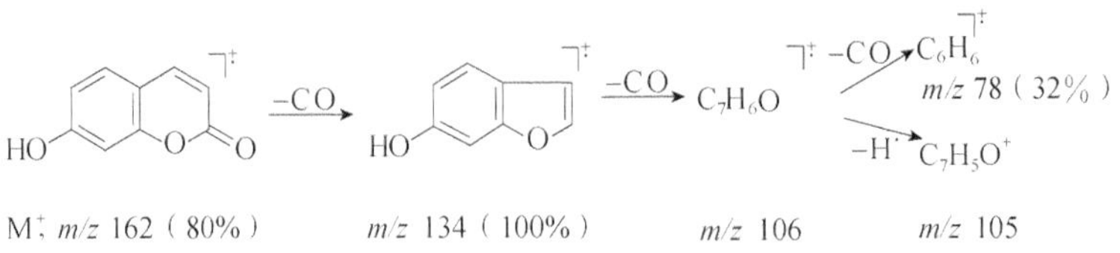

HO… M$^+$ m/z 162（80%） —CO→ HO… m/z 134（100%） —CO→ C_7H_6O m/z 106 —CO→ C_6H_6 m/z 78（32%）; —H·→ $C_7H_5O^+$ m/z 105

7, 8-呋喃香豆素也可得到连续失去 CO 的碎片。

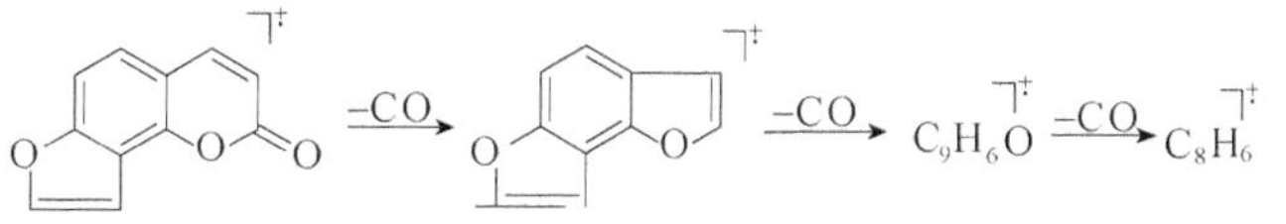

$-CO$　　$-CO$　C_9H_6O　$-CO$　C_8H_6

M^+, m/z 186（73%）　m/z 158（100%）　m/z 130（25%）　m/z 102（41%）

吡喃香豆素有二甲基色烯环单元，失去甲基形成较稳定的［M—CO］$^+$碎片峰。

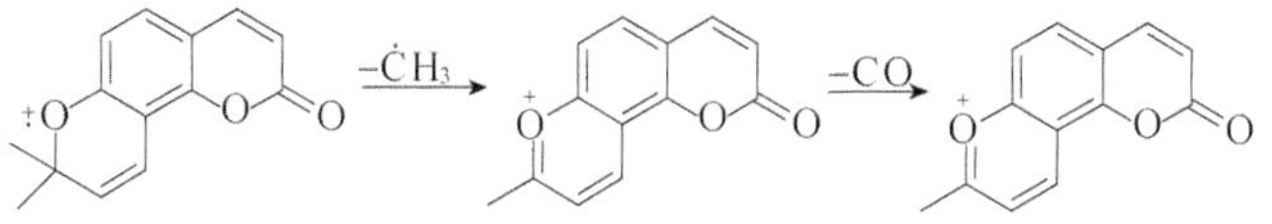

$-\dot{C}H_3$　　$-CO$

m/z 228（15%）　m/z 213（100%）　m/z 185（19%）

分子中有异戊烯基取代时，可失去甲基形成高度共轭的稳定分子，或经历β开裂。

六、结构鉴定实例

白花前胡（*Peucedanum praeruptorum* Dunn）的根为常用中药前胡，从中分离得到前胡香豆素 A 的结构解析如下。

该化合物为白色方晶，$[\alpha]_D^{20}$ +209.6°（c 0.5，$CHCl_3$），m. p. 123.5～125.5℃（石油醚-EtOAc）；UV 下显示蓝紫色荧光，UV λ_{max}^{MeOH}（nm）：256.4，324.8；IR（KBr）cm^{-1}：3450，3100，2995，2950，1745，1710，1650，1610，1570，1498，1445，1412，1390，1372，1360，1315，1280，1245，1202，1158，1127，1064，982，965；^{1}H NMR（400MHz，$CDCl_3$）δ：6.23（1H, d, J=9.5Hz，H-3），7.61（1H, d, J=9.5Hz，H-4），7.36（1H, d, J=8.5Hz，H-5），6.82（1H, d, J=8.5Hz，H-6），3.96（1H, d, J=4.8Hz，H-3′），6.12（1H, d, J=4.8Hz，H-4′），1.48（3H, s，CH_3-2′），1.41（3H，s，CH_3-2′），2.05（1H，s，OH），6.87（1H，m，H-3‴），1.78（3H，brd，H-4‴），1.84（3H，brs，H-5‴）；^{13}C NMR（100MHz，$CDCl_3$）δ：160.1（C-2），113.1（C-3），143.4（C-4），129.2（C-5），114.6（C-6），157.1（C-7），107.5（C-8），154.3（C-9），112.6（C-10），79.2（C-2′），73.4（C-3′），68.7（C-4′），24.8（CH_3-2′），21.3（CH_3-2′），169.0（C-1‴），128.1（C-2‴），139.0（C-3‴），12.1（C-4‴），14.5（C-5‴）；EI-MS m/z（%）：344（M^+，19.3），311（63.9），229（85.7），203（34.4），158（3.9），83（100），69（3.1），55（27.3），41（4.1）；HR-EI-MS m/z：M^+ 344.1284 （计算值 344.1259，$C_{19}H_{20}O_6$）。

HR-EI-MS 测定分子式为 $C_{19}H_{20}O_6$。IR 谱有 1745cm^{-1}，1710cm^{-1}（C=O），1650cm^{-1}和 1610cm^{-1}（C=C）等特征峰出现。^{1}H NMR：δ6.23（1H，d，J=9.5Hz），7.61（1H，d，J=9.5Hz），7.36（1H，d，J=8.5Hz）和 6.82（1H，d，J=8.5Hz）四个氢信号为香豆素母核上 H-3、4、5、6 的信号，说明该化合物为 7, 8-二取代的香豆素类化合物。δ3.96（1H，d，J=4.8Hz）、6.12（1H，d，J=4.8Hz）和 1.48（3H，s）、1.41（3H，s）为二氢吡喃环上 3′、4′位二个氢和 2′位偕二甲基的信号。由此可以推断它为角型二氢吡喃骈香豆素类化合物，是凯林内酯的酰化物。其 $J_{3',4'}$为 4.8Hz，且连接在 C-2′的两个角甲基氢 δ 值相差较小（0.07），说明 C-3′和 C-4′取代基为顺式。δ1.84（3H，brs），1.73（3H，brd）和 6.87（1H，m）示有惕各酰基（tigloyl，顺式-2-甲基-2-丁烯酰基）存在。根据 H-3′和 H-4′的 δ 值分别为 3.96 和 6.12，可判定只有一个惕各酰基，且酰氧基连在 C-4′位上。

该化合物为右旋光学活性体，为了确定绝对构型，使其在碱性条件下水解，具体方法为：

化合物（10mg），加入 1, 4-二氧六环 1mL 溶解，加入 0.5mol/L KOH 溶液 0.5mL，反应液搅拌加热至 60℃，保持 2h，冷却 30min，用 10% H_2SO_4 调至中性，过滤，滤液用 $CHCl_3$ 反复萃取，萃取液用 10% $NaHCO_3$ 洗涤，减压浓缩。已知凯林内酯酰化物碱水解时，由于立体因素和苄基效应，除生成保持原构型的凯林内酯外，还有 C-4′构型发生转变的化合物，即生成顺、反两种凯林内酯（图 6-2）。上述水解产物经 HPLC 分离（溶剂系统 $CHCl_3$-MeOH，98：2），得两种产物，分离并测定旋光，表明生成较少量的（+）-顺式凯林内酯和较多量的（−）-反式凯林内酯，故化合物的绝对构型为 3′*R*, 4′*R*。因此结构确定为（3′*R*）-羟基-（4′*R*）-惕各酰氧基-3′, 4′-二氢邪蒿内酯［（3′*R*）-Hydroxy-（4′*R*）-tigloyloxy-3′, 4′-dihydroseselin］，命名为前胡香豆素 A（qianhucoumarin A）。

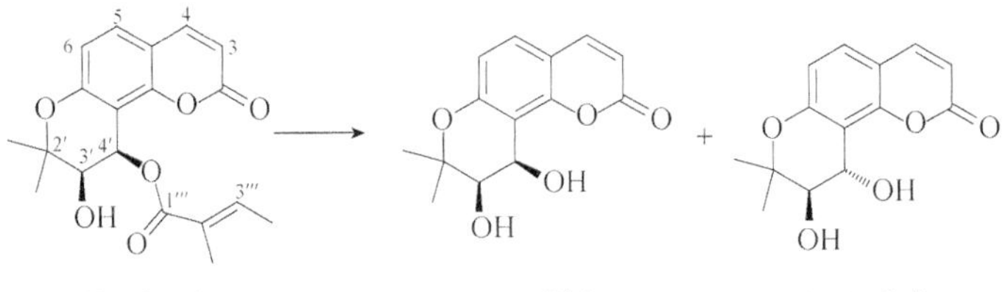

前胡香豆素 A （+）- 顺式 （−）- 反式

图 6-2 前胡香豆素 A 在碱性条件下的水解反应

第三节 木脂素类化合物

木脂素（lignan）是一类广泛存在于自然界，由苯丙烷类氧化聚合而成的天然产物，多数是二聚物，少数为三聚物和四聚物。组成木脂素的单体主要有 7 种：肉桂醇、羟基肉桂醇、松柏醇、芥子醇、肉桂酸、丙烯酚（propenyl phenol）及烯丙酚（allyl phenol）。

20 世纪 70 年代初，当代表性的鬼臼毒素类似物依托泊苷作为抗癌药物应用于临床之后，木脂素的药物化学研究引起了人们的高度重视，成为近几十年来较为活跃的研究领域之一。例如，2009～2015 年报道了大约 564 种新的天然木脂素和新木脂素化合物。此类化合物具有重要生理活性如抗癌、保肝、抗病毒和拮抗血小板活化因子等。

一、结构类型

木脂素可分为两大类：一类是指两分子苯丙烷以侧链中β碳原子（8-8′）连接而成的化合物，Haworth 称之为木脂素（lignan）；另一类是指两分子苯丙烷以其他方式（如 8-3′、3-3′）相连的，Gottlieb 称之为新木脂素（neolignan）。

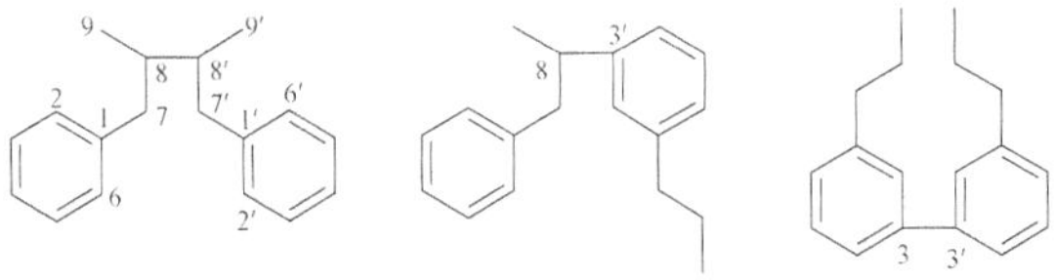

8-8′ 8-3′ 3-3′

有一类木脂素的基本母核只有 16～17 个碳原子，比一般的木脂素少 1～2 个，称为去甲木脂素（norlignan）。另一类木脂素是由一分子苯丙烷与黄酮、香豆素或萜类等结合而成的天然产物，通常称为复合木脂素（compounded lignan）。根据其结合分子的类型不同，又分为黄酮木脂素（flavonolignan）（见第七章）、香豆素木脂素（coumarino-lignan）等。

木脂素由双分子苯丙烷缩合形成各种碳架后，侧链γ碳原子上的含氧官能团如羟基、羰基、羧基等相互脱水缩合，形成半缩醛、内酯、四氢呋喃等环状结构，使得木脂素的结构类型更加多样化，通常分为下列类型。

（一）木脂素

1．二苄基丁烷类　二苄基丁烷类（dibenzylbutanes）木脂素是以侧链中β碳原子（8-8′）连接而成的化合物。例如，蒺藜科植物 *Larrea divaricata* 中含有一种优良的食用天然抗氧化剂——去甲二氢愈创木酸（nordihydroguaiautic acid，**44**）；亚麻（*Linum usitatissimum*）种子中的癌症化疗剂——裂异落叶松脂素二葡萄糖苷（secoisolariciresinol diglucoside，**45**）。

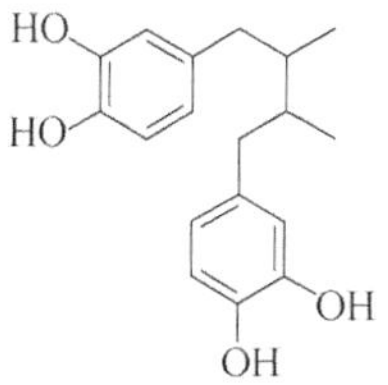

44 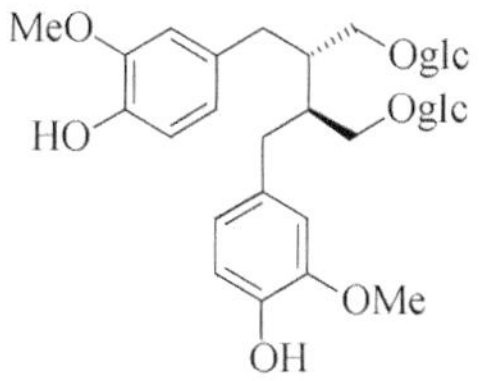　**45**

2．二苄基丁内酯类　二苄基丁内酯类（dibenzyltyrolactones）木脂素是两个苄基连接在γ-丁内酯环的2, 3位。例如，牛蒡子苷元（arctigenin，**46**）是中药牛蒡子（*Arctium lappa* L.）果实中的主要活性成分，具有抗肿瘤、神经保护及免疫调节等活性。最近发现，牛蒡子苷元能够模拟耐力训练，从而有效提高小鼠疲劳耐受能力。从桧柏（*Sabina chinensis*）心材中得到的桧脂素（salvinin，**47**），也称为台湾脂素 B（taiwanin B）。

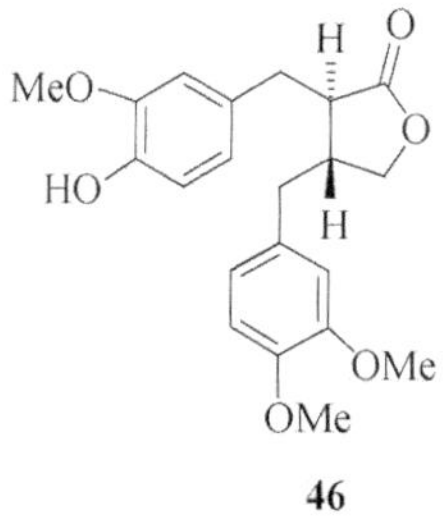

46 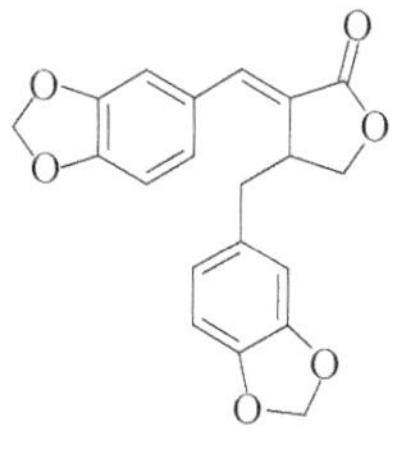　**47**

3．芳基萘内酯类　芳基萘内酯类（arylnaphthalides，aryltetralins）木脂素常以氧化的苄位碳原子缩合形成内酯。根据内酯环合方式分为向上和向下两种，前者称为4-苯基-2, 3-萘内酯，如爵床脂素 C（justicidin C，**48**）；后者称为1-苯基-2, 3-萘内酯，如台湾脂素 C（taiwanin C，**49**）。

爵床科植物 *Justicia hyssopifolia* 中存在的 elenoside（**50**），对多种人癌细胞株有细胞毒性及中枢抑制活性，可能是一种具广谱细胞毒性的镇静剂。

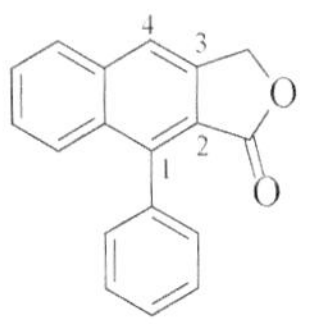

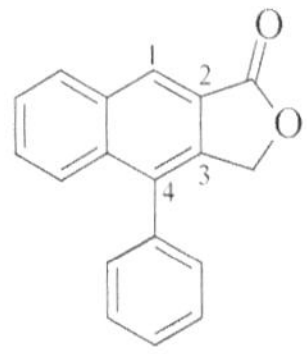

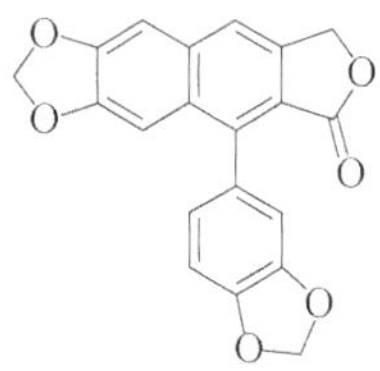

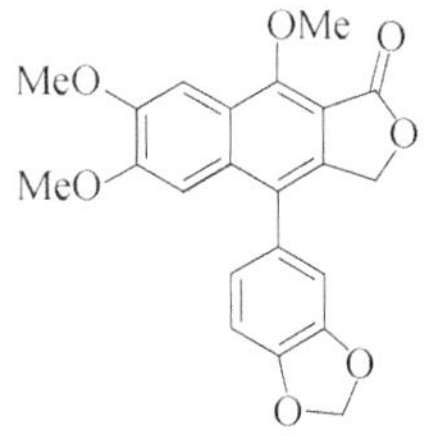

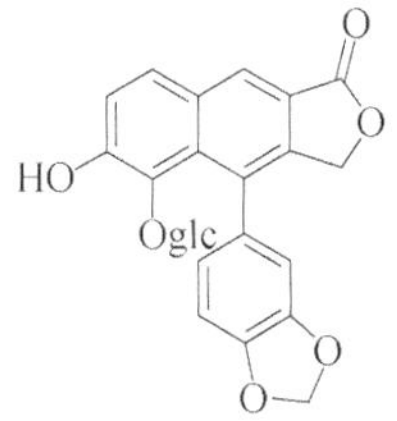

4-苯基-2, 3-萘内酯　　1-苯基-2, 3-萘内酯　　**48**　　**49**　　**50**

以鬼臼毒素（podophyllotoxin，**51**）、去氧鬼臼毒素（deoxypodophyllotoxin，**52**）等化合物为代表的芳基四氢萘内酯类木脂素是极其重要的一类抗肿瘤天然产物，主要存在于鬼臼属（*Podophyllum*）及其近缘植物中，如盾叶鬼臼（*P. peltatum*）、八角莲（*P. pleianthum*）、桃儿七（*Sinopodophyllum emodi*）和山荷叶（*Diphylleia grayi*）等。

鬼臼毒素类木脂素毒性很大，临床上难以应用，但其半合成产物如依托泊苷（etoposide，**53**）和替尼泊苷（teniposide，**54**）已开发成抗癌药物应用于临床。它们对小细胞肺癌、急性白血病、恶性淋巴肿瘤等均有良好的疗效。鬼臼毒素类木脂素对麻疹和Ⅰ型单纯疱疹有拮抗活性。0.5%鬼臼毒素酊剂为世界卫生组织推荐的治疗性病尖锐湿疣的首选药物。此外，鬼臼毒素对菜青虫、小菜蛾、黏虫具有杀虫活性。

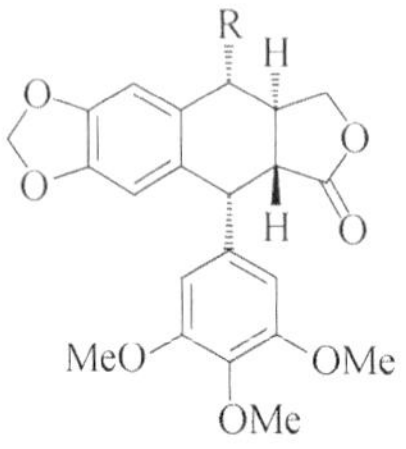

51 R=OH
52 R=H

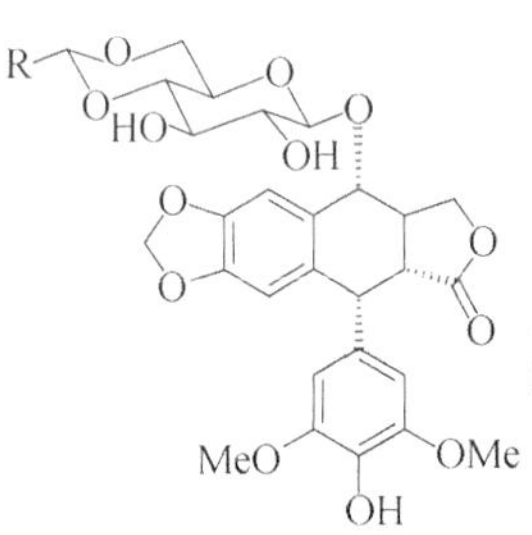

53 R=Me
54 R=（噻吩基）

4．芳基四氢萘及芳基二氢萘　自然界存在的芳基四氢萘型（aryltetralin）木脂素居多，如代表化合物1-异落叶松脂素（**55**），以及远志科中药黄花山桂花（*Polygala arillata*）根部的黄花山桂花糖脂A（arillatose A，**56**）。

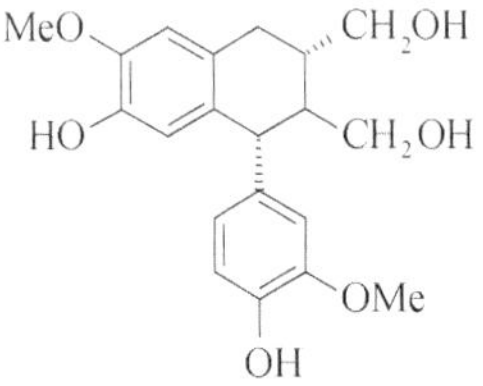

55 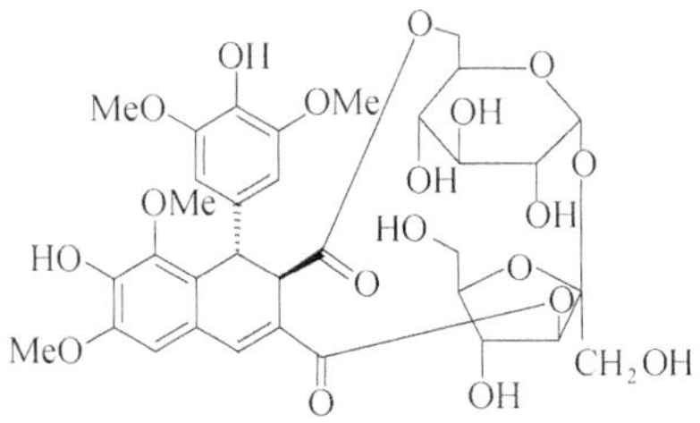　　**56**

5．单四氢呋喃类　根据四氢呋喃环环化的位置不同，单四氢呋喃类（monotetrahydrofurans）木脂素可分为7-*O*-7′、7-*O*-9′和9-*O*-9′三种结构类型，如肉豆蔻科药用植物肉豆蔻（*Myristica argentea*）中的nectandrin-B（**57**），杜仲（*Eucommia ulmoides* Oliv.）皮中的（−）-橄榄素-4′, 4″-二葡萄糖苷（olivil-4′, 4″-diglucoside，**58**）和（−）-橄榄素-4″-葡萄糖苷（olivil，**59**）。

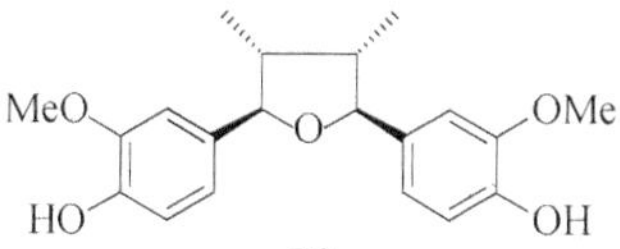

57

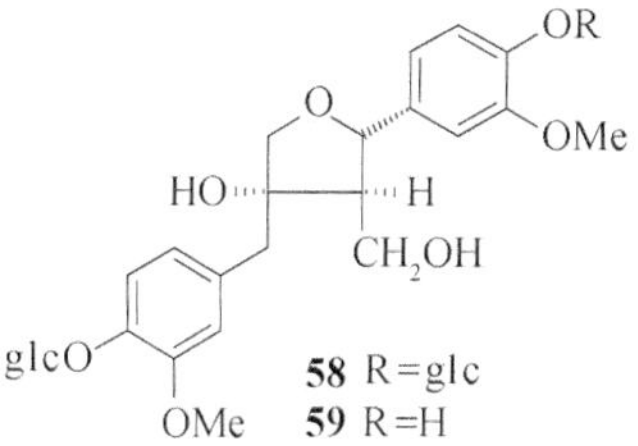

58 R=glc
59 R=H

6．双四氢呋喃类　双四氢呋喃类（bistetrahydrofurans）木脂素是含有两个骈四氢呋喃结构单元的化合物，其结构中有 4 个手性碳，但在天然产物中 2 个四氢呋喃环以顺式相骈，其立体异构体的最大可能数相当于 3 个手性碳。例如，对 *Spilarctia obliqua* 幼虫具有拒食活性的 *d*-芝麻脂素（*d*-sesamin，**60**）、具有降血压作用的（+）-松脂醇葡萄糖苷（**61**）和（+）-丁香脂素［（+）-syringaresinol，**62**］都属于此类化合物。前者是胡椒科植物 *Piper mullesua* 的主要成分，后两者则来源于杜仲皮。

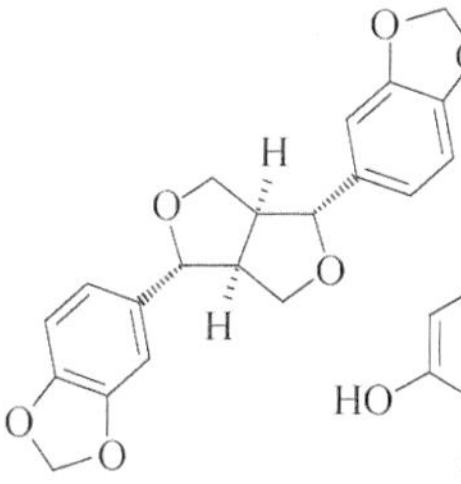

60 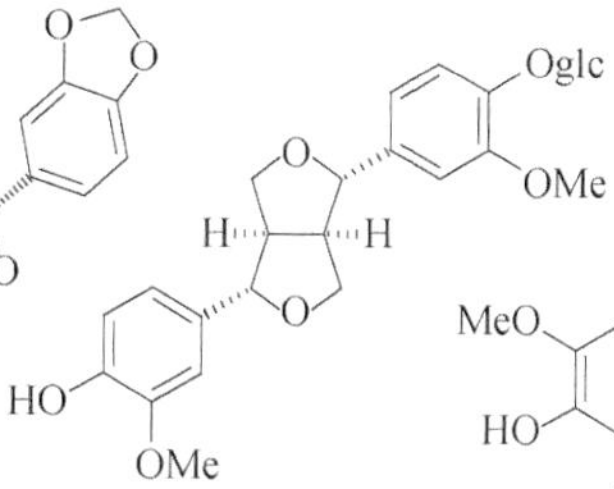　61 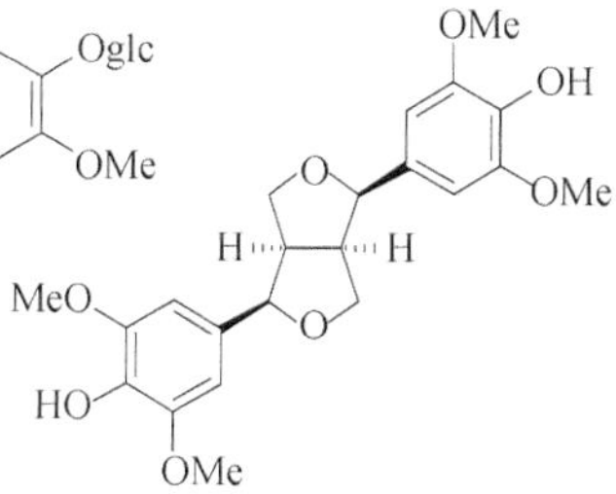　62

7．联苯环辛烯类　联苯环辛烯类（dibenzocyclooctenes）木脂素既有联苯的结构，又有联苯与侧链通过 8-8′连接而成的八元环状结构。该类化合物主要存在于五味子科五味子属（*Schisandra*）和南五味子属（*Kadsura*）植物中，在 2009～2015 年报道了 130 多种新化合物。按碳架和碳原子数目分为两类。

一类是常见的 C_{18} 联苯环辛二烯木脂素，如五味子（*Schisandra chinensis*）果实所含的五味子酯甲（schisantherin A，**63**）［又叫作戈米辛 C（gomisin C）］，从华中五味子（*Schisandra sphenanthera*）枝茎中分离得到 schisandrin A_1（**64**）。根据五味子木脂素类成分的结构与药理活性关系，发现结构中的次甲二氧基（—OCH_2O—）是主要活性基团，科学家经历了 30 余年，最终研制出两个抗肝炎的新药联苯双酯（Bifendate，**65**）和双环醇（Bicyclol，**66**），双环醇是我国第一个拥有自主知识产权的抗肝炎药。

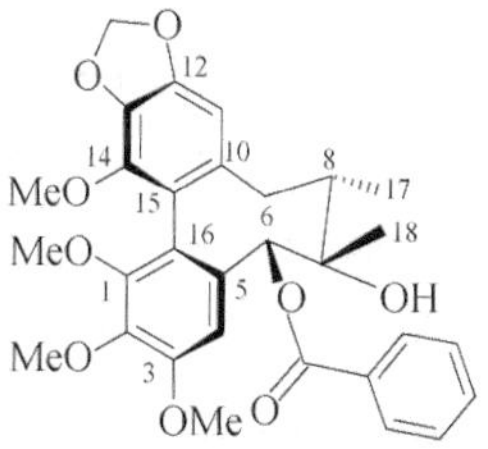

63 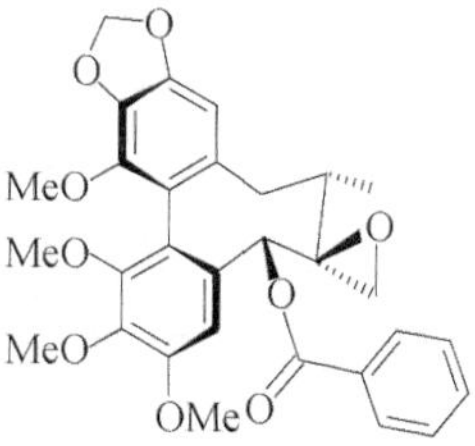　64 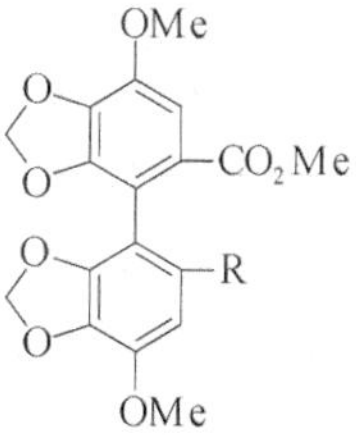　65 R=CO_2Me　66 R=CH_2OH

另一类为较罕见的 C_{19} 高木脂素（homolignan），后者又根据其是否存在裂环分为分子结构中有螺苯骈［b］呋喃环己二烯酮骨架［如 schiarisanrin A、B（**67**、**68**）］和环己二烯酮裂环又无螺环骨架［如 taiwanschirin A、B（**69**、**70**）］。

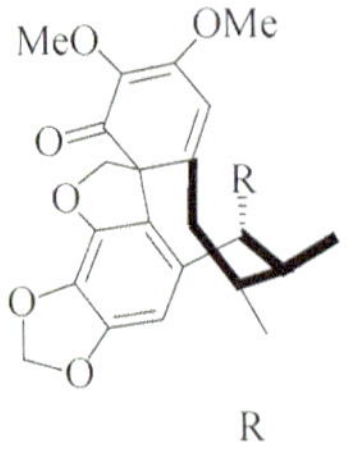

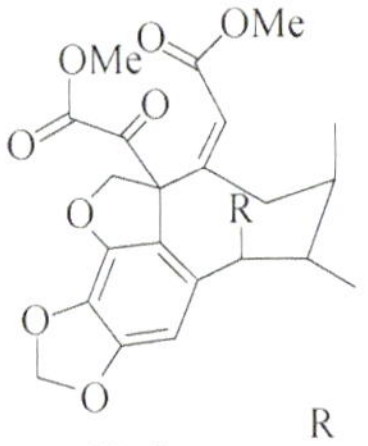

R
67 $C_2H_5CH(CH_3)COO^-$
68 CH_3COO^-

R
69 $C_2H_5CH(CH_3)COO^-$
70 CH_3COO^-

联苯环辛烯类化合物有多个手性因素，立体异构较多，按照联苯的 *R* 和 *S* 构型分为两大系列。其中，八元辛烯环的构象多数为扭曲的船式-椅式，少数为扭曲的船式。

（二）新木脂素

1．苯骈呋喃类　苯骈呋喃类（benzofurans）新木脂素主要是 eupomatene 型化合物，如中药海风藤（*Piper kadsura*）藤茎、叶中海风藤酮（kadsurenone，**71**）和海风藤素 M（kadsurenin M，**72**）。

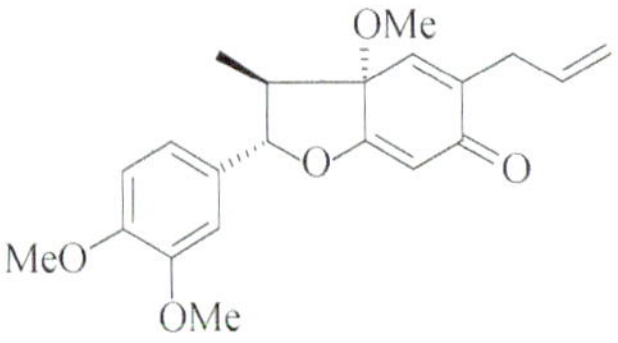

71 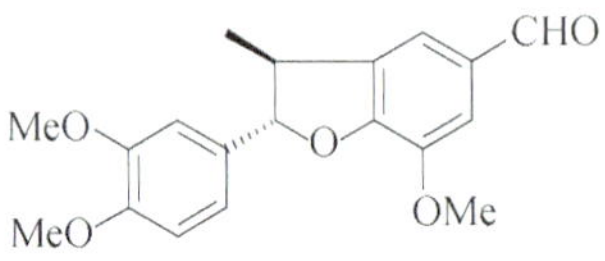　　**72**

2．苯骈二氧六环类　苯骈二氧六环类（benzodioxanes）新木脂素是两分子苯丙烷通过氧桥连接，形成 1, 4-二氧六环结构的化合物。例如，番荔枝科野独活属药用植物 *Miliusa fragrans* 枝叶含有抗疱疹病毒成分（+）-4-*O*-demethyleusiderinC（**73**）和细胞毒成分（−）miliusfragrin（**74**）。

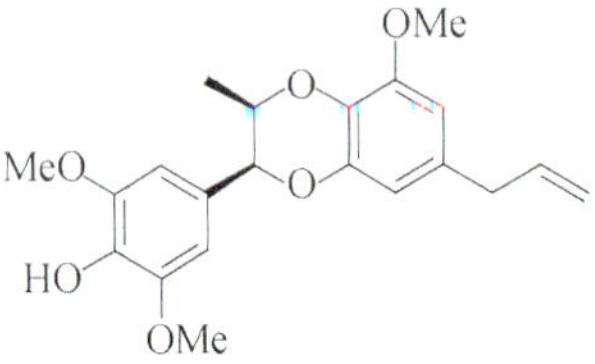

73 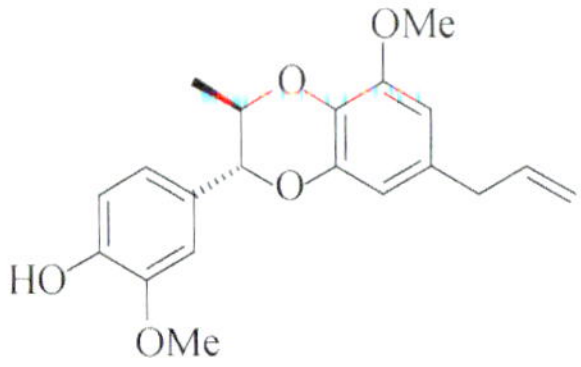　　**74**

3．联苯类　联苯类（biphenyls）新木脂素是由两分子苯丙烯的 3-3′位直接或 1-1′位通过醚键连接而成。厚朴酚（magnolol，**75**）和 4, 4′-二烯丙基-2, 3′-二羟基联苯醚（4, 4′-diallyl-2, 3′- dihydroxybiphenyl ether，**76**）是从美国厚朴（*Magnolia virginiana*）叶中获得，它们对蚊幼虫有毒杀作用和强的抗真菌活性。其中厚朴酚是木兰科木兰属植物特征性成分。

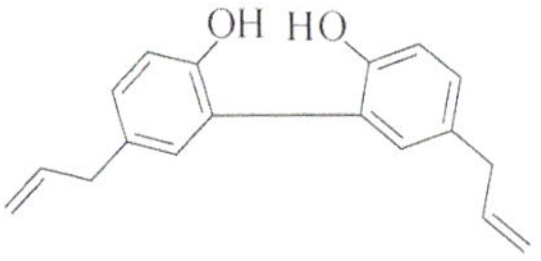

75 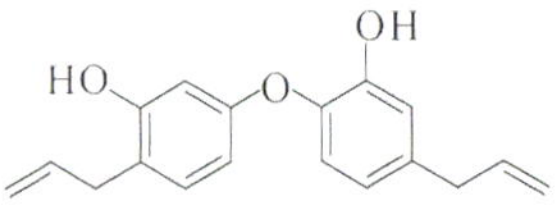　　**76**

传统草药日本厚朴（*Magnolia obovata*）树皮中所含的木兰素（magnolianin，**77**）是优良的脂氧合酶抑制剂，且用作抗哮喘、抗过敏、抗炎、镇痛、祛风湿药物。

（三）低聚木脂素

和其他天然产物一样，木脂素除了有二聚体外，还发现有苯丙烷的低聚体。倍半木脂素（sesquilignan）和二木脂素（dilignan），分别由 3 分子和 4 分子苯丙烷聚合而成。例如，中国台湾产的桑科榕属观赏植物 *Ficus microcarpa* 心材中的榕倍半木脂素 A（ficusesquilignan A，**78**）。

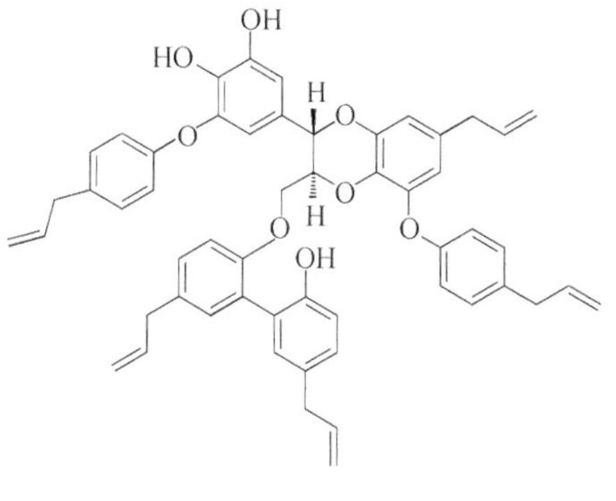

77 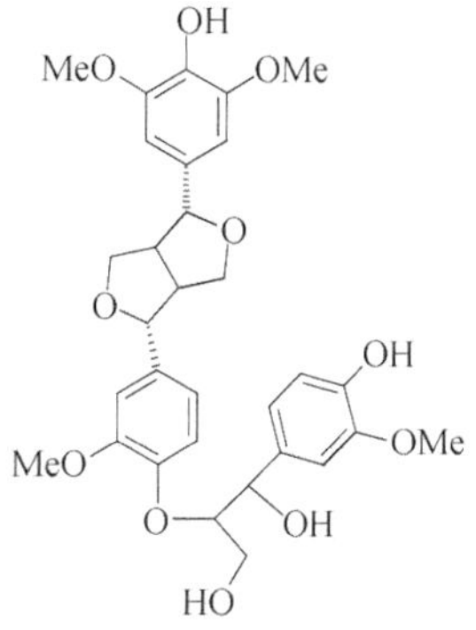　　**78**

（四）复合木脂素

日本厚朴树皮中含有神经营养倍半萜木脂素 sesquiterpenoid-lignans 如 eudesobovatol A **79**。木槿（*Hibiscus syriacus*）根皮中的 cleomiscosin A（**80**），属于香豆素木脂素。

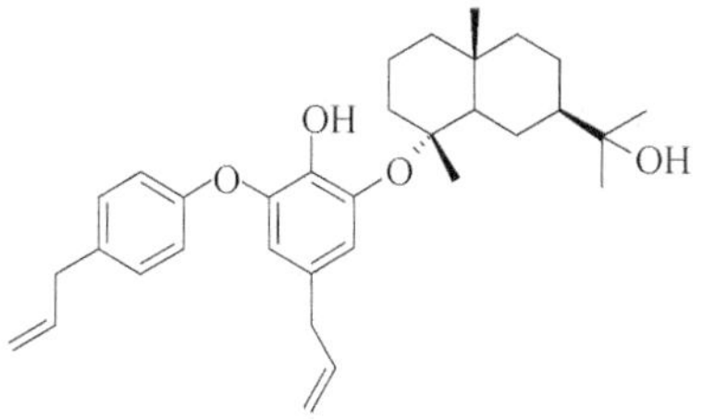

79 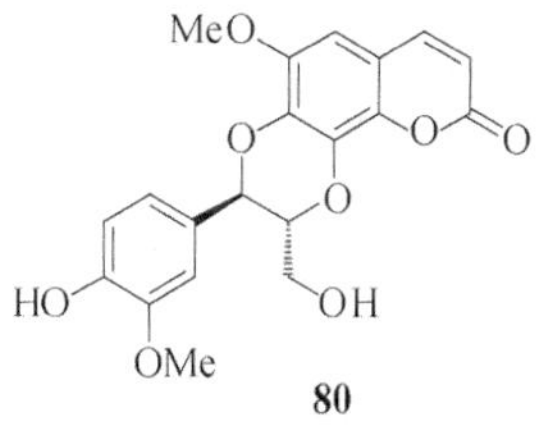　　**80**

二、理化性质与检识方法

（一）物理性质

木脂素多为无色结晶，新木脂素较难结晶，少数可升华。此类化合物多数以游离形式存在，能溶于乙酸乙酯、乙醚、乙醇等溶剂，难溶于水；少数成苷后，水溶性即增加。

（二）异构化

木脂素有多个不对称因素，大多数有光学活性，遇酸易异构化。例如，鬼臼毒素类木脂素，3, 4-顺式和 2, 3-反式内酯环构型是其抗癌活性所必要的结构单元，但此类化合物遇碱易发生异构化，反式内酯变成顺式内酯；1 位的羟基遇酸也易发生异构化。鬼臼毒素（**51**）在一定条件下转化为苦鬼臼毒素（picropodophyllotoxin）、表鬼臼毒素（*epi*-podophyllotoxin）

及表苦鬼臼毒素（*epi*-picropodophyllotoxin）。

矿物酸不仅能使木脂素构型发生变化，改变旋光性质，影响其生物活性，而且常伴随碳架重排。木脂素的生物活性往往与其构型有关，在提取过程中应注意操作条件，避免活性变弱或失去。

51　NaOAc，EtOH　苦鬼臼毒素

H_3O^+　Ar= 3,4,5-三OMe苯基　H_3O^+

表鬼臼毒素　NaOAc，EtOH　表苦鬼臼毒素

（三）检识方法

木脂素类化合物没有共同的特征反应，但有一些非特征性试剂可用于薄层层析显色。例如，用 5%或 10%磷钼酸乙醇溶液、10%硫酸乙醇溶液、茴香醛浓硫酸试剂等，喷洒后于 100～120℃加热数分钟，各类木脂素可表现出不同颜色。又如，用 2.5%硫酸铈铵的 20%硝酸溶液显色，120℃加热 15min，氨气熏数分钟后，苯基四氢萘丁内酯类和苯基萘丁内酯木脂素均显棕色斑点。

含有亚甲二氧基的木脂素加浓硫酸后，再加没食子酸，可产生蓝绿色，称为 Labat 反应。

芳基萘内酯木脂素由于 B 环芳香化，无旋光活性，如台湾脂素 C，常呈浅黄色，紫外光下有蓝色荧光，易与苯基四氢萘类木脂素区别。

三、提取分离方法

大多数木脂素以游离态存在，成苷的不多，常与大量树脂状物共存于植物体中。木脂素（含苷）类一般用 95%乙醇、甲醇和丙酮等极性溶剂提取，所得浸膏再用氯仿、乙醚等溶剂依次抽提，即得游离总木脂素。

木脂素的分离常采用层析方法，除一般使用的硅胶或中性氧化铝柱层析外（以石油醚-乙酸乙酯，石油醚-丙酮，石油醚-乙醚，苯-乙酸乙酯，氯仿-甲醇等梯度洗脱），半制备高压液相层析、制备薄层层析、Sephadex LH-20 及高速逆流层析（HSCCC）等也可获得较好的分离效果。

具有内酯结构的木脂素可以利用碱液使其皂化成钠盐后，与其他脂溶性物质分离，但碱液易使木脂素发生异构化，所以此法不宜用于有旋光活性的木脂素。

其他适于酚性苷的分离方法，同样可以用于木脂素苷类成分的分离。

四、提取分离实例

从马鞭草科民间草药蔓荆子（*Vitex rotundifolia*）地下部分中提取分离出 6 个木脂素类：vitrofolal D（Ⅰ）、vitrofolal E（Ⅱ）、vitrofolal F（Ⅲ）、8-methoxy-6-demethoxy-4′-methyldetetrahydroconidendrin

（Ⅳ）、4′-methyldetetrahydroconidendrin（Ⅴ）及 detetrahydroconidendrin（Ⅵ）。其提取分离流程如图 6-3 所示。

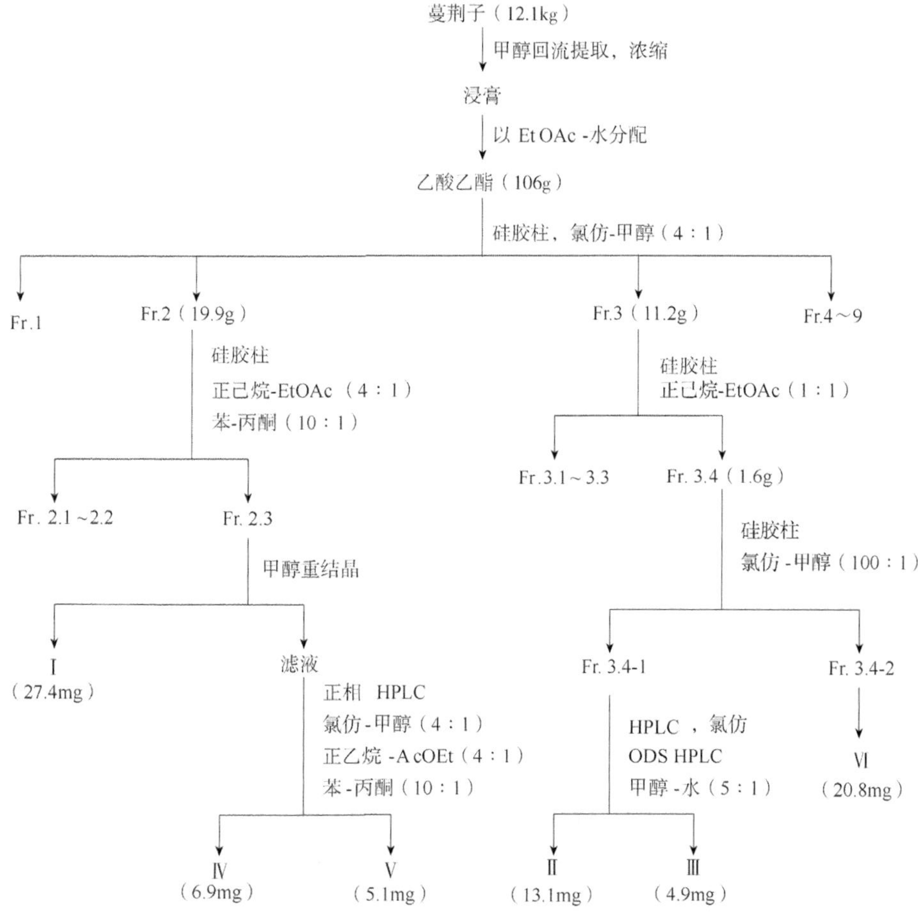

图 6-3　中草药蔓荆子中木脂素类提取分离流程

它们的结构式如下。

OHC　O　OH　OMe　MeO　OMe

Ⅰ

OHC　OMe　R　OH　OMe　OH

Ⅱ R = H
Ⅲ R = OH

O　O　R_1　OH　R_2　OMe　OR_3

	R_1	R_2	R_3
Ⅳ	H	OMe	Me
Ⅴ	OMe	H	Me
Ⅵ	OMe	H	H

五、波谱特征

（一）UV 谱

紫外光谱可用于区别芳基四氢萘、芳基二氢萘和芳基萘型木脂素。除 4-苯基萘类外，其他类型化合物的两个苯环为孤立发色基团，呈现相应氧代苯吸收。一般在λ 220～240nm（logε >4.0）和λ 280～290nm（logε 3.5～4.0）出现两个吸收峰。4-苯基萘类化合物在λ 260nm显示最强峰（logε >4.5），并在λ 225nm、290nm、310nm 和 355nm 显示强吸收峰，成为此类化合物的显著特征。据此，可将 4-苯基四氢萘类化合物经化学脱氢后变成 4-苯基萘类，再根据后者的紫外吸收确定其骨架类型。

多数木脂素的两个取代芳环是两个孤立的发色基团，两者紫外吸收峰位置相近，而吸收强度是两者之和，立体构型对紫外光谱没有影响。例如，脱氧鬼臼毒素和鬼臼毒素的λ_{max}290～294nm（ε 4400～4800），是两个发色团［亚甲二氧基苯λ_{max}283nm（ε 3300）和三甲氧基苯λ_{max}270nm（ε 650）的加和。由于 B 环的存在，峰位稍红移，相当于烷基取代。

（二）IR 谱

木脂素均显示出苯环特征吸收（1600cm^{-1}、1585cm^{-1} 和 1500cm^{-1}）。这些化合物常含有亚甲二氧基团（—OCH$_2$O—），其特征吸收在 936cm^{-1} 处。2, 3-丁内酯-5, 6-二苯基丁烷类有饱和五元内酯环吸收（1780～1760cm^{-1}）。4-苯基萘类多数有不饱和内酯环结构，在 1760cm^{-1} 处显示出特征吸收。

（三）NMR 谱

氢谱是阐明木脂素结构的主要技术手段。对于芳基萘类木脂素的氢谱信号与结构间的关系，已经有如下一些规律。

1, 4-苯基丁烷类 H-1 与 H-2 各自两个质子都不等价，在 δ2.16～2.65 处呈 ABX 自旋系的 AB 部分吸收，H-2 和 H-3 在 δ1.76～2.10 处呈多重峰。

对 2, 3-丁内酯-5, 6-二苯基丁烷类而言，当 2, 3 位是顺式时，H-5 和 H-6 各自的两个质子都不等价，δ=2.1～3.3；H-4 的两个质子等价，δ=4.02（d, J=3Hz，AAX 系）。当 2, 3 位是反式构型时，H-5 和 H-6 各自的两个质子等价，这 4 个质子再加上 H-2、H-3，在 δ2.5 处呈现 4 质子的信号峰，同时在 δ2.9 处呈现两个质子的信号峰（它们各自归属不能确定），比顺式构型相应质子信号峰要窄一些；H-4 的两个质子不等价，δ=4.0［2H，m，ABX 系的 AB 部分，J_{AB}=9Hz，$J_{(3,4)\,cis}$=$J_{(3,4)\,trans}$=8Hz］。

4-苯基四氢萘类化合物中，H-4 受两个苯环的屏蔽作用，δ=4.0～4.2。根据 H-2′、H-6′与 H-5 的化学位移关系，可确定 3, 4 位相对构型：当 3, 4 为顺式构型时，H-5 的化学位移处于低场，H-2′和 H-6′的化学位移处于高场；当 3, 4 位为反式构型时，H-5 的化学位移在高场，H-2′和 H-6′的化学位移在低场。另外，根据 $J_{1,2}$ 及 $J_{2,3}$ 值的大小还可判断 1, 2 位及 2, 3 位的相对构型。

对芳基萘类内酯化合物来说，可根据有关质子的化学位移值判断内酯的位置。例如，4-芳基萘内酯与 1-芳基萘内酯的有关质子化学位移如下所示。

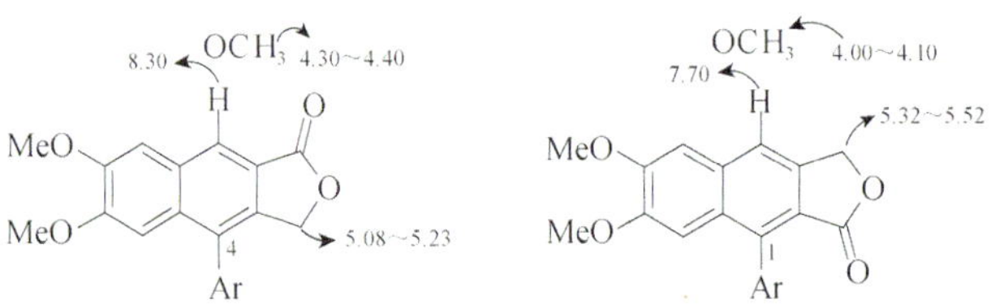

在 4-芳基萘内酯化合物中，内酯环中—CH$_2$—受到芳环屏蔽作用，使其化学位移比 1-

芳基萘内酯化合物相应质子高场；与1-芳基萘内酯化合物相应质子比较，H-1或1位甲氧基质子受到羰基去屏蔽作用，其化学位移出现在较低场。

（四）MS谱

多数木脂素有苄基，因而可发生苄基裂解。1, 4-二苯基丁烷类可从C-2及C-3处断裂产生两个互补离子峰。

4-苯基四氢萘类发生逆Diels-Alder反应（RDA）裂解，并进一步失去甲氧基等碎片，形成一种类似于蒽的碎片结构。

MeO MeO OMe OMe OMe OMe RDA CH_2 OMe OMe OMe OMe OMe OMe OMe OMe OMe OMe

（五）圆二色谱

圆二色谱（CD谱）是决定木脂素立体结构的有效手段。以芳基四氢萘内酯类化合物为例，C-4构型可由λ280～290nm区内的科顿效应确定：4α-芳基为正科顿效应，4β-芳基则为负科顿效应；1位为羰基时，其n→π*跃迁（λ320nm左右）的科顿效应符号可推定C-2的构型，2β-甲基为负科顿效应，2α-甲基为正科顿效应。又如，联苯环辛烯类化合物，其联苯的绝对构型可由CD谱的科顿效应符号推定，在λ250nm附近出现负的科顿效应，联苯为*S*构型，反之为*R*构型，另外可用λ220nm附近出现的一个符号相反的科顿效应加以佐证。

（六）结构鉴定实例

从芫花（*Daphne genkwa*）的干燥叶中分离得到的芫花木内酯，其物理常数和光谱数据测定如下。

无色针状结晶，m.p.118～119.5℃，[α]−64.8°（c 0.5，$CHCl_3$），UV：236nm，286nm；IR（KBr）（cm^{-1}）：1760（γ-内酯），1500，1490，1445，1260，1040，930；EI-MS *m/z*：368（M^+，100），284（11），283（1），255（10），173（8），163（6），150（29），135（32），131（55），121（10），116（7），103（11）。HREI-MS *m/z*：$C_{20}H_{16}O_7$（计算值为368.0896，测定值为368.0863）。

^{1}H NMRδ：6.70～7.05（6H，m，芳氢），5.29（2H，d，*J*=4Hz，H-2和H-6），4.33（1H，dd，*J*=9.6，6Hz，H-8e），4.0（1H，dd，*J*=9.6，4.2Hz，H-8a），3.44（1H，dd，*J*=9，4Hz，H-5），3.20（1H，m，H-1）。

^{13}C NMRδ：53.31（d，C-1），83.37（d，C-2），176.54（s，C-4），50.0（d，C-5），84.35（d，C-6），72.72（t，C-8），132.98，134.28（2×s），105.76，105.98（2×d），147.97（s），148.30（s），108.30，108.56（2×d），118.76，119.02（2×d），101.16，101.42（2×t）。

从波谱数据可知，HR-EI-MS测定分子式为$C_{20}H_{16}O_7$（368.0863，M^+）。IR中1760cm^{-1}吸收峰和NMR谱中δ176.6共振信号揭示该化合物含有五元内酯羰基。除此以外，NMR谱还给出以下结构信息：6个芳香质子（δ6.7～7.05，m），2个亚甲二氧基（δ5.97和5.94，101.4

和 101.2)，1 个 CH_2O（δ72.7）和 4 个 CH（δ84.3，83.3，53.3 和 50.0)，其中 84.3 和 83.3 峰为连氧次甲基的贡献。根据上述数据并考虑到 EI-MS 中 m/z189、161、149 和 121 碎片离子，化合物应是一个带双亚甲二氧基苯基双环氧类木脂素内酯，其平面结构有两种可能，即 2, 6-二芳基型（Ⅰ）和 2, 4-二芳基型（Ⅱ)。如果该化合物属于Ⅱ型，则应与合成的 2, 4-二苯基化合物（Ⅲ）的特征 NMR 数据一致，但存在显著差别，故其结构不可能和Ⅱ式相似。^{1}H NMR 谱中，两个苄基质子 H-2 和 H-6 的化学位移（δ5.29）正好相等，二者和桥头质子（H-1 和 H-5）间的偶合常数同是 4Hz，J 值小，说明 H-1 和 H-2、H-5 和 H-6 之间均为反式偶合，芳基为横键。H-8a、H-8e 和 H-1 之间构成 ABX 自旋体系，同核自旋去偶实验揭示了它们相互间的偶合关系（表 6-1)。

表 6-1　^{1}H NMR 同核自旋去偶谱数据（δ，J/Hz）

照射质子	观察质子
H-2，5.29，d	H-5，3.44，d→d，J=9.0
H-6，5.29，d	H-1，3.20，m→dd，J=9.4
H-1，3.20，m	H-2，H-6，5.29，d→s
H-5，3.44，dd	H-8a，4.00，dd→d，J=9.6
	H-8e，4.33，dd→d，J=9.6
H-8a，4.00，dd	H-1，3.20，m→dd，J=9.3
H-8e，4.33，dd	

当照射 H-1 和 H-5 时，H-2 和 H-6 变成单峰。同时，非对映异位的 H-8a 和 H-8e 显示出其 AB 自旋系统的四重峰，J=9.6Hz。将与 H-1 间 J=4.2Hz 的质子指定为 H-8a，与 H-1 间 J 值较大者（6Hz）指定为 H-8e。化合物的质谱碎片峰与（+)-4-羟基芝麻素的氧化产物 4-oxosesamin（Ⅳ）吻合，其差别主要是分子离子峰［M]$^+$和 m/z149 峰的相对丰度与Ⅳ相反。化合物的 ^{1}H 和 ^{13}C NMR 数据与Ⅳ几乎完全一致，但其［α]$_D$为−68.4°，恰与（+)-芝麻素（［α]$_D$+64.5°）的旋光方向相反。所以，该化合物的结构应为Ⅴ式，即Ⅳ式的对映体——（−)-4-氧化芝麻素，命名为芫花木内酯（genkdaphin)。

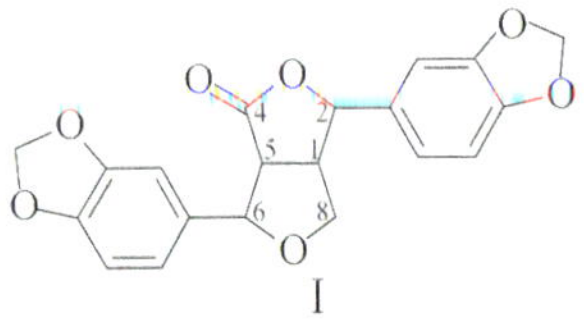

Ⅰ 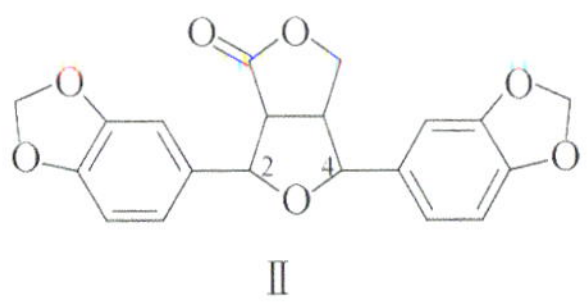　Ⅱ

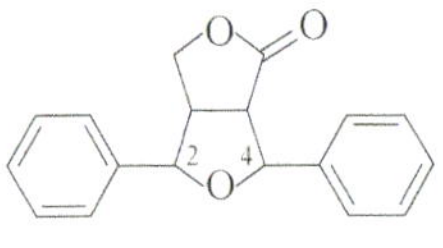

Ⅲ 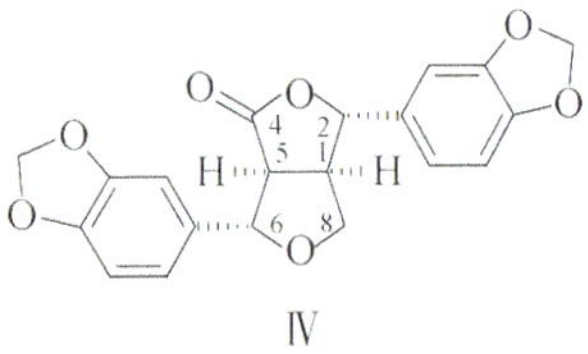　Ⅳ

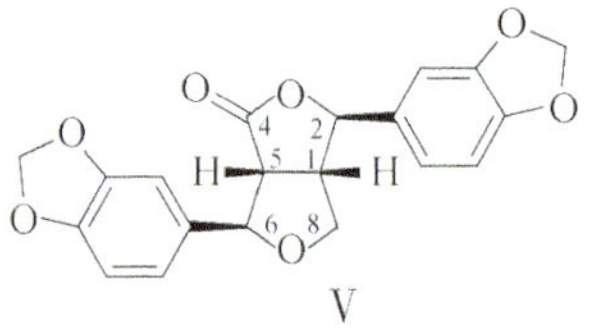

Ⅴ

习　　题

一、填空题

1. 香豆素是一类具有（　　）结构骨架的化合物，故在碱性条件下，与羟胺作用后，再与铁盐反应生成（　　），呈（　　）色。
2. 羟基香豆素类化合物在紫外光下多显示（　　）色荧光，（　　）位羟基取代荧光最强，一般香豆素遇碱荧光（　　）。

答案：1. 苯并 α-吡喃酮；异羟肟酸；红　2. 蓝；7；增强

二、选择题

1. 香豆素的基本母核是（　　）。
   A. 对-羟基桂皮酸　　B. 苯并 α-吡喃酮
   C. 苯并 γ-吡喃酮　　D. 反式邻羟基桂皮酸
2. 若某一化合物与 Labat 反应呈阳性，则其结构中具有（　　）。
   A. 苄基　　B. 亚甲二氧基　　C. 甲氧基　　D. 酚羟基
3. 下列 4 个化合物中与 Emerson 反应呈阳性的是（　　）。
   A. 7-羟基香豆素　　B. 6, 7-二羟基香豆素
   C. 5, 8-二羟基香豆素　　D. 6-甲氧基-7, 8-二羟基香豆素
4. 五味子乙素能与（　　）呈阳性。
   A. Labat 反应　　B. Gibbs 反应　　C. Dragendorff 反应　　D. Kedde 反应
5. 香豆素的生源前体是（　　）。
   A. 邻-羟基桂皮酸　　B. 苯丙素　　C. 莽草酸　　D. 甲戊二羟酸

答案：B　B　D　A　C

三、简答题

中药秦皮中含有秦皮甲素、秦皮乙素、树脂及脂溶性色素，其中秦皮甲素和秦皮乙素的纸色谱实验结果如下。

展开剂	秦皮甲素的 R_f 值	秦皮甲素的 R_f 值	展开剂	秦皮甲素的 R_f 值	秦皮甲素的 R_f 值
水	0.77	0.50	氯仿	0.00	0.00
乙醇	0.79	0.80	乙酸乙酯	0.12	0.89

根据纸色谱结果，设计自秦皮中提取分离秦皮甲素、秦皮乙素及去除杂质的方法。

第七章　黄酮类化合物

黄酮类化合物（flavonoids）是自然界尤其是植物界分布较广泛的一大类酚性化合物，大多有颜色，是药用植物中的主要活性成分之一。由于该类化合物具有多种多样的生物活性，且毒性较低，因此一直受到国内外的广泛重视，成为研究和开发利用的热点。自1814年发现第一个黄酮类化合物——白杨素（chrysin）以来，新发现的黄酮类化合物的数量每年都以较快速度增长。1999～2004年，报道了252个新发现的黄酮和黄酮醇类化合物。2005～2008年，报道了264个天然屾酮，分别来自36种植物、7种真菌及1种地衣，其中122个化合物是首次获得。

黄酮类化合物是色原烷（chromane）或色原酮（chromone）的2-或3-苯基衍生物，泛指由两个芳香环（A和B）通过中央三碳链相互连接而成的一系列化合物，一般具有C_6-C_3-C_6的基本骨架特征。

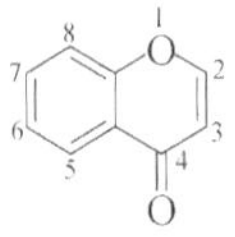

色原酮 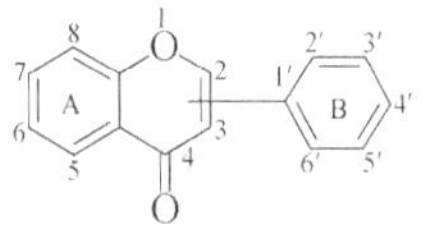　2-或3-苯基色原酮 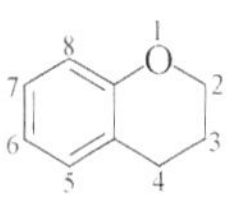　色原烷 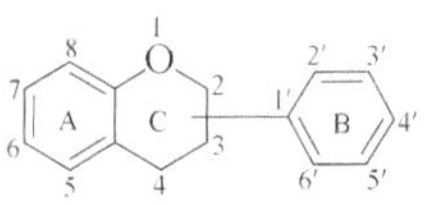　2-或3-苯基色原烷

第一节　黄酮类化合物的分布及其结构类型

黄酮类化合物在植物体内常与糖结合成苷类或以游离的形式存在：在植物的花、叶和果实等器官中多以苷类形式存在，在植物的木质部则多以游离态存在。它对植物的生长发育、开花结果及防御异物的侵害都具有重要作用。

一、黄酮类化合物分布

黄酮类化合物主要分布于高等植物中，在藻类、菌类等较低等植物中很少有发现。在被子植物中，黄酮类化合物分布很广，尤其富集于豆科、芸香科、伞形科、唇形科、玄参科、蓼科、鼠李科和姜科等植物中。双黄酮类多局限分布于裸子植物，是裸子植物的特征性成分。另外，黄酮类化合物在蕨类植物中分布亦很广泛。

根据中央三碳链的氧化程度、成环与否及与B环的连接位置（2位或3位）等特点，可以将黄酮类化合物分为13种主要结构类型（表7-1）。

表7-1　黄酮类化合物的结构类型及其在植物界中的分布概况

结构类型	名称	分布概况
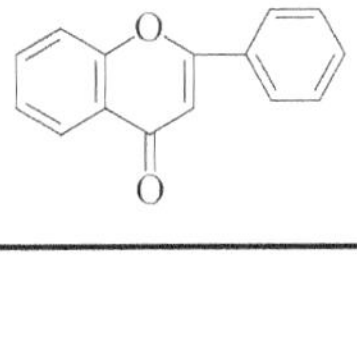	黄酮 （flavone）	在苔藓植物和蕨类植物及裸子植物中有分布。广泛分布于被子植物中，尤以芹菜素和木犀草素黄酮及其苷类最为常见，特别是一些草本植物中。六甲氧基黄酮仅存在于芸香科九里香属；甲基黄酮只存在于桉属；呋喃黄酮只限于豆科的数属

续表

结构类型	名称	分布概况
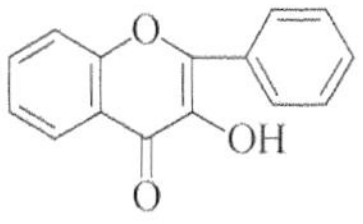	黄酮醇 (flavonol)	主要分布于双子叶植物特别是木本植物的花和叶中。其中最常见的是山柰酚和槲皮素及其苷，其次为杨梅素。8-羟基黄酮醇局限于菊科、锦葵科、大戟科；呋喃黄酮醇存在于豆科中，七甲氧基黄酮醇仅存于芸香科九里香属
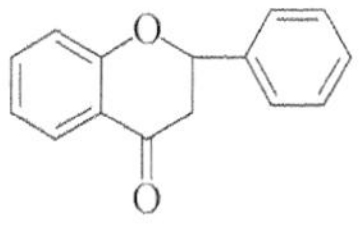	二氢黄酮 或称黄烷醇 (flavanone)	分布较为普遍，常见于被子植物的蔷薇科、芸香科、豆科、杜鹃花科、菊科、姜科中。杜鹃花科杜鹃属植物含甲基取代的二氢黄酮
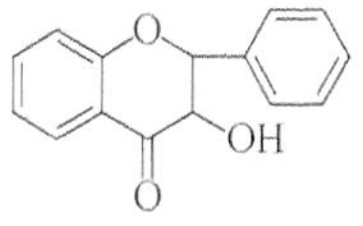	二氢黄酮醇 (flavanonol)	较普遍地存在于双子叶植物中，特别是豆科植物中相对较多；也存在于裸子植物、单子叶植物姜科的少数植物中
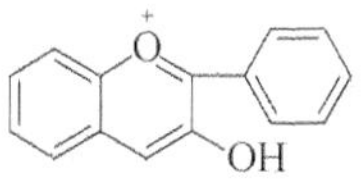	花色素 (anthocyanin)	在被子植物中分布较广，尤以矢车菊素、飞燕草素和天竺葵素及其苷最为常见，使花和果实具有各种颜色
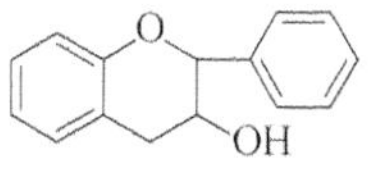	黄烷醇 (flavanol)	分布较广泛。在双子叶植物中特别是含大量鞣质的木本植物中较常见。主要以儿茶素和表儿茶素的衍生物或聚合物存在，如缩合鞣质
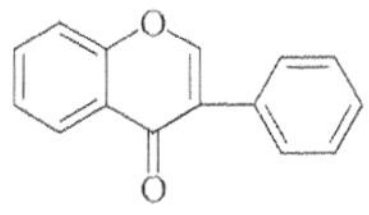	异黄酮 (isoflavone)	主要分布在被子植物中，尤以豆科及鸢尾科、蔷薇科植物居多
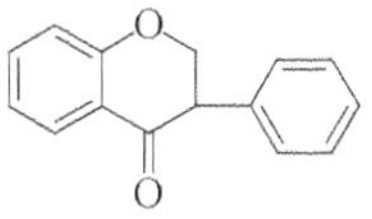	二氢异黄酮 (isoflavanone)	仅限分布于豆科植物，个别存在于蔷薇科的樱桃属。有的结构较复杂如鱼藤酮类
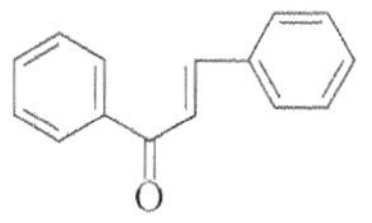	查耳酮 (chalcone)	分布很广泛。较其他黄酮原始，陆续在蕨类、苔藓和种子植物中发现。在菊科、豆科、苦苣苔科植物中分布较多
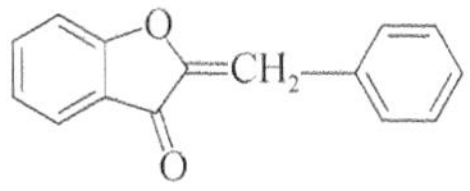	噢哢或橙酮 (aurone)	多分布在双子叶植物比较进化的玄参科、菊科、苦苣苔科及单子叶植物莎草科中
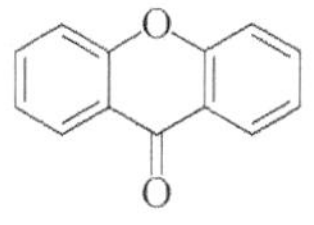	𠮿酮类 (xanthones) 苯并色原酮	在真菌、地衣、蕨类植物中有发现。主要分布在被子植物的龙胆科、桑科、藤黄科、远志科、豆科，其苷类大部分都存在于龙胆科。集中于单子叶植物鸢尾科和百合科
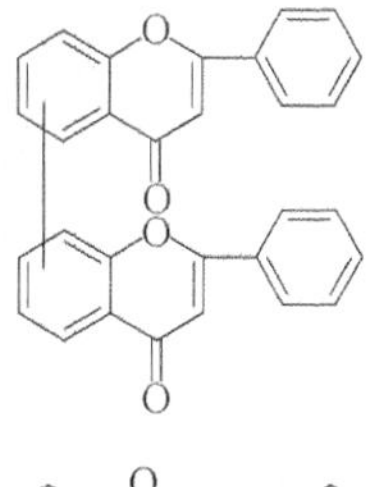	双黄酮类 (biflavonoids)	主要分布于裸子植物中。亦在苔藓植物、蕨类植物及被子植物中不断发现。在被子植物中，大约分布于 14 个科，但较集中于藤黄科的红厚壳属和藤黄属中，多以穗花杉双黄酮(amentoflavone)及其衍生物存在
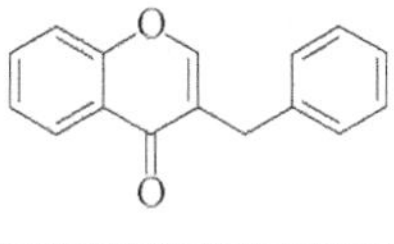	高异黄酮 (homo-isoflavone)	分布较零星

天然黄酮类化合物多为上述基本结构的衍生物，环上常见的取代基有羟基、甲氧基、异戊烯基侧链及单萜基侧链（见第九章）。

在植物中，黄酮大多以苷类形式存在，由于糖的种类、数量、连接位置及连接方式的不同，可以形成各种各样的黄酮苷类，且以氧苷居多，少数为碳苷。黄酮苷中糖基的连接位置与苷元的结构类型有关。例如，黄酮醇类多在3、7、3′、4′位形成单糖链苷，或在3和7、3和4′、7和4′位形成双糖链苷。在碳苷中，糖基常连接在6或（和）8位上。

组成黄酮苷的糖类有单糖、双糖、三糖及酰基化糖等，其中主要的单糖和双糖如下。

（1）单糖类。D-葡萄糖、D-半乳糖、D-木糖、L-鼠李糖、L-阿拉伯糖和D-葡萄糖醛酸等。

（2）双糖类。槐糖（glcβ1→2glcβ）、芸香糖（rhaα1→6glcβ）、龙胆二糖（glcβ1→6glcβ）、刺槐二糖（rhaα1→6galβ）、新橙皮糖（rhaα1→2glcβ）等。

二、黄酮类化合物的结构类型

（一）黄酮和黄酮醇类

代表性黄酮化合物有木犀草素（luteolin，**1**）、芹菜素（apigenin，**2**）、白杨素（**3**）及其苷类，如忍冬苷（lonicerin，**4**）。

山楂叶中的牡荆素（vitexin，**5**）和葱芥（*Alliaria petiolata*）叶中的异牡荆素-6″-*O*-*β*-D-葡萄糖苷（**6**）属于芹菜素的8位和6位碳葡萄糖苷衍生物，它们是昆虫拒食剂。

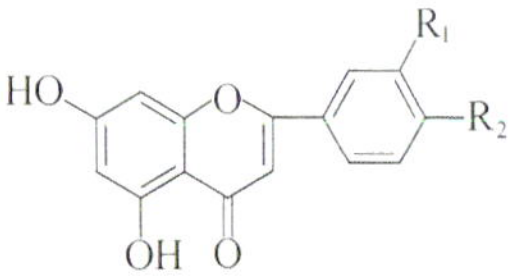

	R_1	R_2
1	OH	OH
2	H	OH
3	H	H

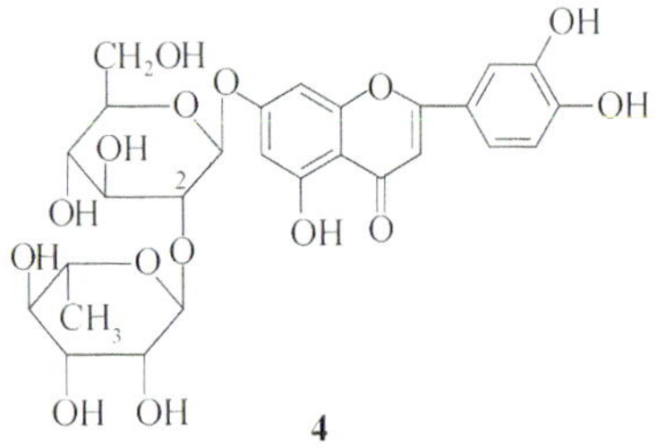

4

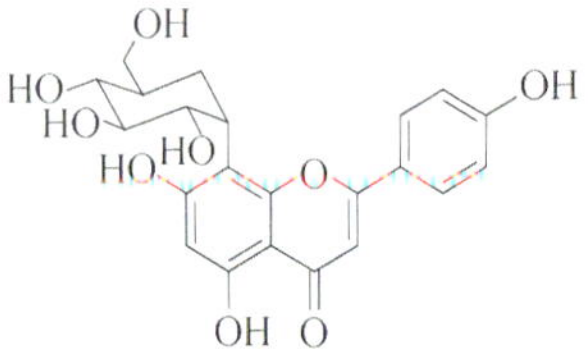

5 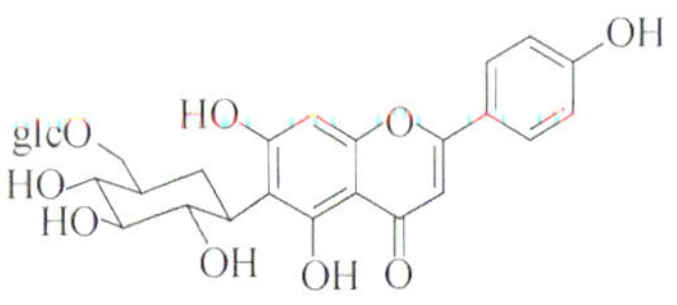　**6**

代表性黄酮醇化合物有槲皮素（quercetin，**7**）、山柰酚（kaempferol，**8**）、异鼠李素（isorhamnetin，**9**）及其苷类，如芸香苷（芦丁，rutin，**10**）。醋柳（沙棘）黄酮片和银杏叶片（依康宁、达纳康、舒血宁片）含有这些化合物，是治疗缺血性心脏病、缓解心绞痛、脑血栓的理想天然药物。

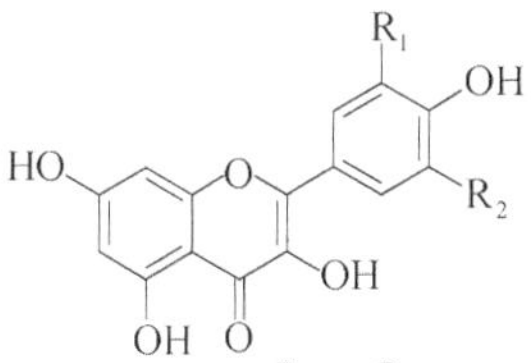

	R_1	R_2
7	OH	H
8	H	H
9	OMe	H

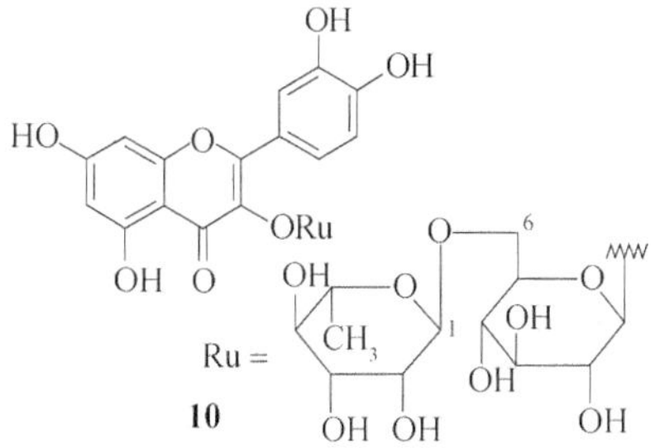

10

从槭树科植物朝鲜槭树（*Acer okamotoanum*）的叶中提取得到的槲皮素 3-*O*-（2, 6-*O*-二没食子酰）-*β*-D-半乳吡喃糖苷（**11**）是一种较强的 HIV 整合酶抑制剂。

此外，黄酮母核上连有磺酸基，如异鼠李素 3, 7-二硫酸盐（isorhamnetin 3, 7-disulfate，**12**），来自水蓼（*Polygonum hydropiper*），是一强的醛糖还原酶抑制剂。

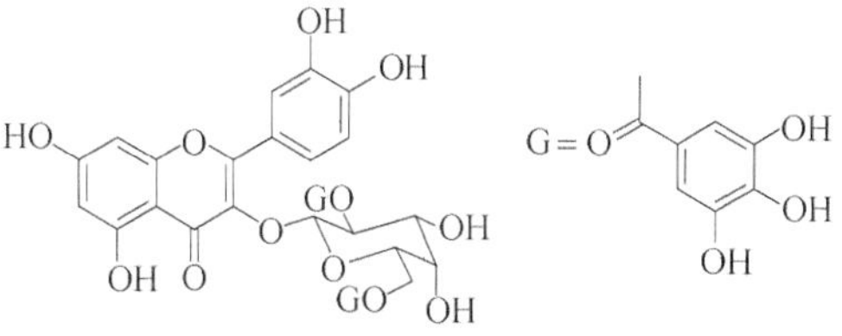

11 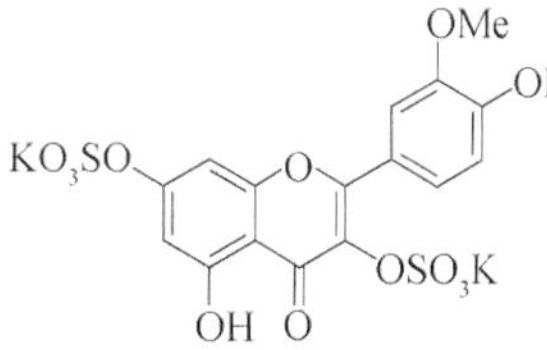　　**12**

（二）双黄酮类

双黄酮类是由两分子黄酮、两分子二氢黄酮或者一分子黄酮与一分子二氢黄酮以 C —C 键或 C — O — C 键连接形成的。目前，已发现了 100 多个双黄酮类化合物，常见的是由两分子芹菜素或其甲醚衍生物构成，根据其结合方式可以分为三类：①3′, 8″-双芹菜素型，如由银杏叶中分离出的阿曼托黄酮（amentoflavone，**13**）、白果素（bilobetin，**14**）、银杏素（ginkgetin，**15**）和异银杏素（isoginkgetin，**16**）；②双苯醚型，如扁柏黄酮（桧黄素，hinokiflavone，**17**），是由两分子芹菜素通过 4′-*O*-6″醚键相连接；③6, 8″-双芹菜素型，如野漆（*Rhus succedanea*）核果中的贝壳杉黄酮（agathisflavone，**18**）。

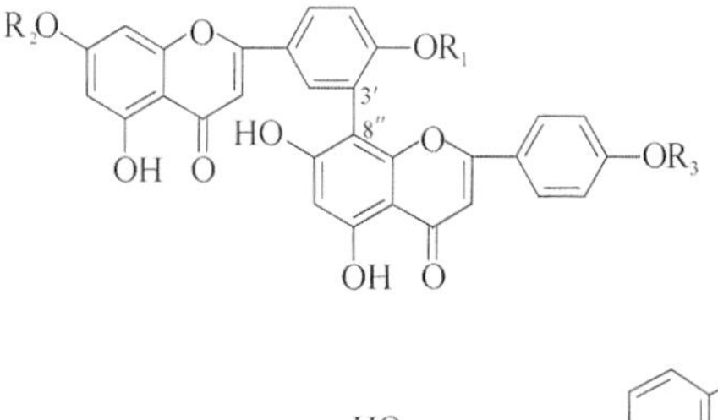

	R_1	R_2	R_3
13	OH	OH	OH
14	OCH_3	OH	OH
15	OCH_3	OCH_3	OH
16	OCH_3	OH	OCH_3

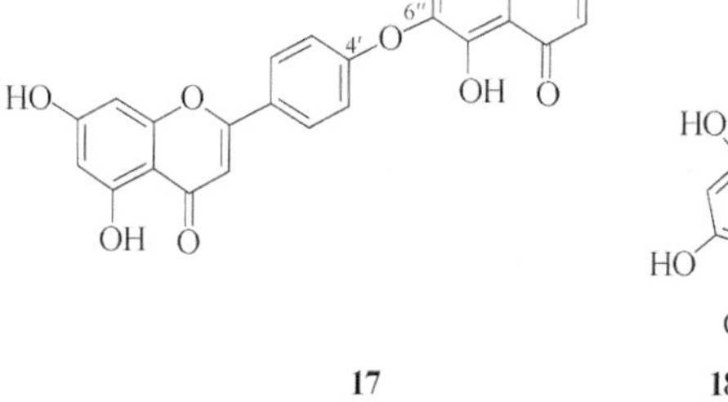

17 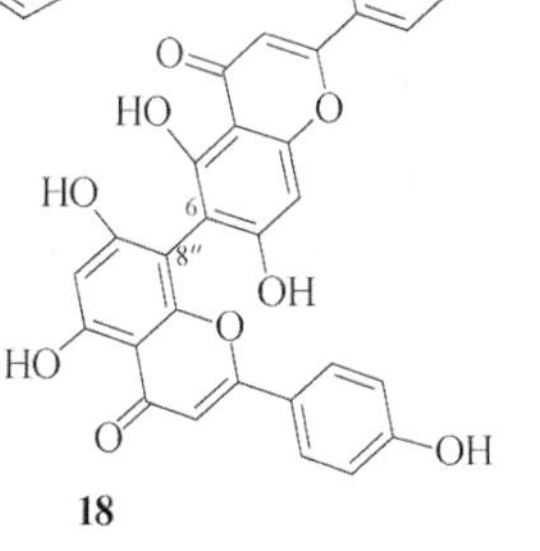　　**18**

（三）二氢黄酮和二氢黄酮醇类

从大戟科植物血桐（*Macaranga tanarius*）落叶中分离得到两个有化感作用的异戊烯基血桐二氢黄酮 A（tanariflavanones A，**19**）和 B（**20**）。

圣草酚（eriodictyol，**21**）来自中草药毛尖茶（*Dracocephalum rupestre*）（又名毛建草），具有抗炎、改善小鼠记忆等作用，以及水飞蓟中的次水飞蓟素（silychvistin，**22**）等都属于二氢黄酮醇类。

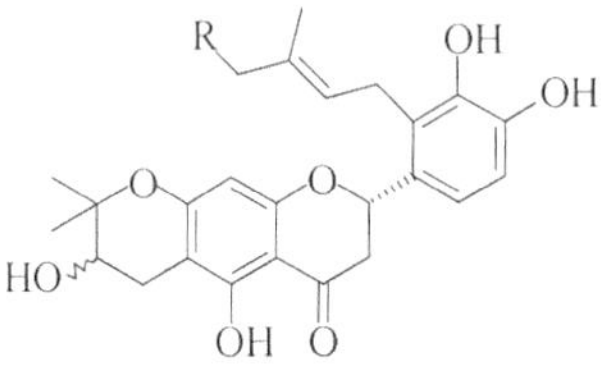

19 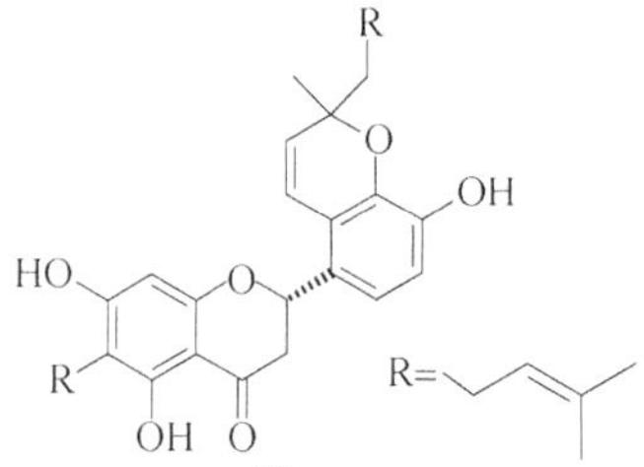　**20**

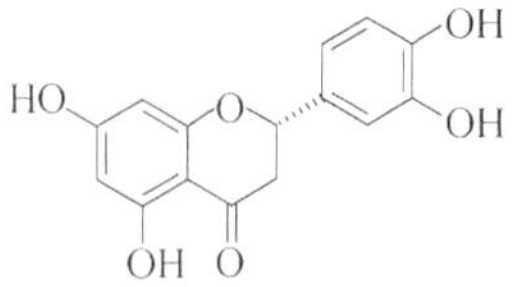

R=

21 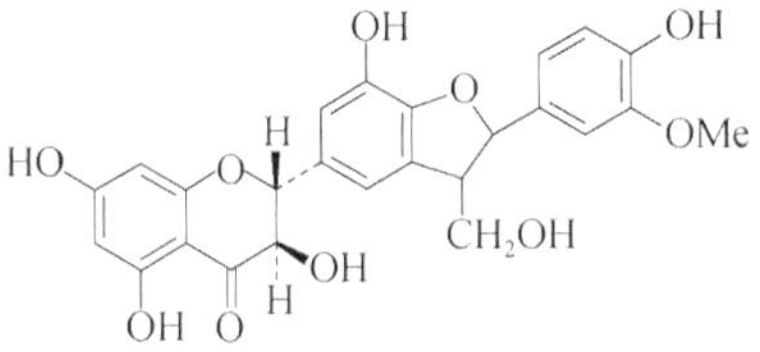　**22**

（四）查耳酮和二氢查耳酮类

2′-羟基查耳酮与二氢黄酮互为异构体，两者可以相互转化。在酸性条件下为无色的二氢黄酮，碱化后转化为深黄色的 2′-羟基查耳酮。例如，红花苷（carthamin，**23**）是红花（*Carthamus tinctorius* L.）的主要成分。在红花开花初期，花冠呈淡黄色，这时花中主要含有无色的新红花苷（neo-carthamin）和微量的红花苷；开花中期，由于花中主要含的是红花苷，故花冠呈深黄色；开花后期或采收干燥过程中，红花苷受植物体中酶的作用，氧化变成红色的醌式红花苷，花冠逐渐变成红色或深红色。

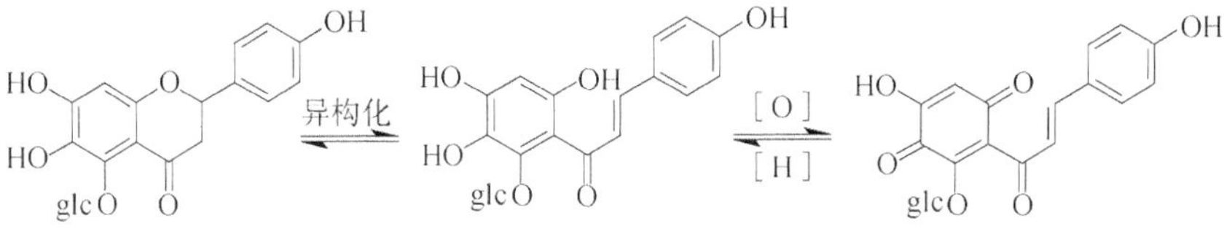

新红花苷 —异构化→ **23** ⇌[O]/[H] 醌式红花苷

番荔枝科植物 *Mitrella kentii* 的茎皮中的单萜二氢查耳酮类成分（−）-山胡椒丁[（−）-linderatin，**24**]，体外试验对支气管肺癌有显著活性。

中药广豆根（*Sophora subprostrata*）的根含有抗溃疡作用的查耳酮类化合物——广豆根酮（sophoradin，**25**）。

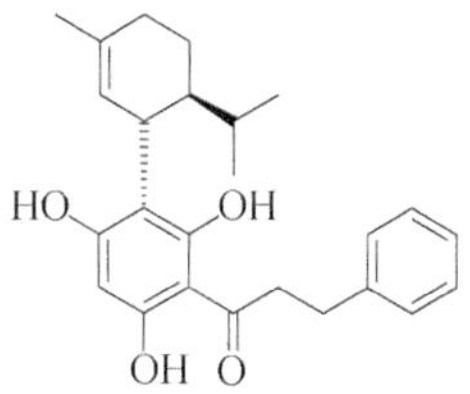

24 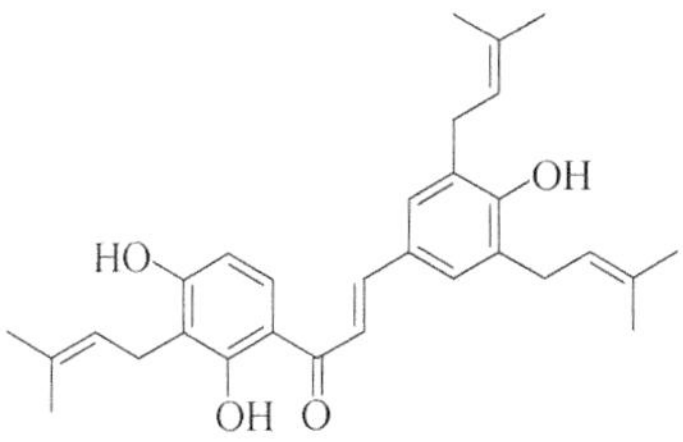　　25

（五）异黄酮和二氢异黄酮类

豆科植物葛根中含有的大豆素（daidzein，**26**）、大豆苷（daidzin，**27**）和葛根素（puerarin，**28**）、金雀花异黄素或染料木黄酮（genistein，**29**）、染料木素苷（genistin，**30**）及鹰嘴豆芽素 A（biochanin A，**31**）等都是异黄酮类的代表性化合物。

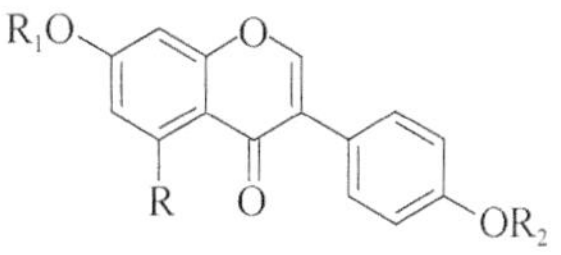

26 $R=R_1=R_2=H$; **27** $R=R_2=H, R_1=glc$
29 $R=OH, R_1=R_2=H$; **30** $R=OH, R_1=glc, R_2=H$
31 $R=OH, R_1=H, R_2=CH_3$

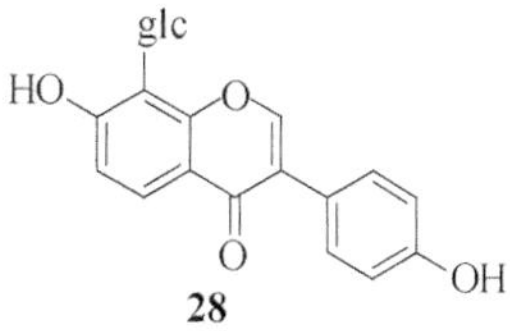

28

非洲山毛豆（*Tephrosia vogelii*）主要成分为鱼藤酮类化合物，其中尤以鱼藤酮（rotenone，**32**）含量最丰富，属于二氢异黄酮类。鱼藤酮具有较强的杀虫和毒鱼作用，已开发成植物杀虫剂。篱笆毒鼠豆（*Gliricidia sepium*）树皮中所含的两个 12-羟基鱼藤酮类似物毒鼠豆醇（gliricidol，**33**）和 12-甲氧基毒鼠豆醇（12-methoxygliricidol，**34**）对海虾幼虫有灭杀活性。

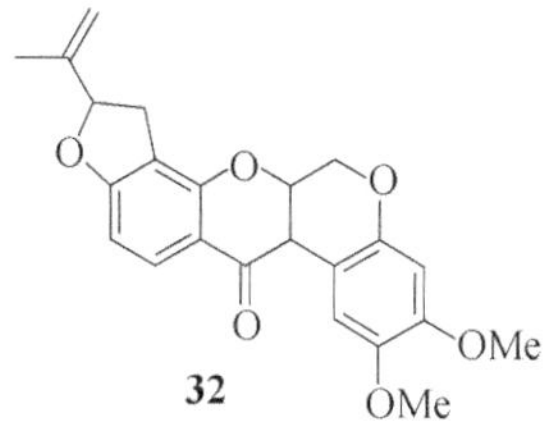

32

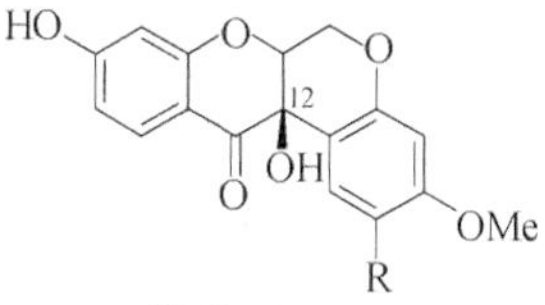

33 $R=H$
34 $R=OCH_3$

（六）花色素类

花色素常以苷类形式存在于植物细胞液中，是使花、叶、果、茎等植物器官呈现红、紫、蓝等颜色的色素。常见的花色素有矢车菊素（cyanidin，**35**）、飞燕草素（delphinidin，**36**）、天竺葵素（pelargonidin，**37**）及它们的苷类。花色苷用 20%的盐酸溶液煮沸 3min，可水解为苷元和糖类。

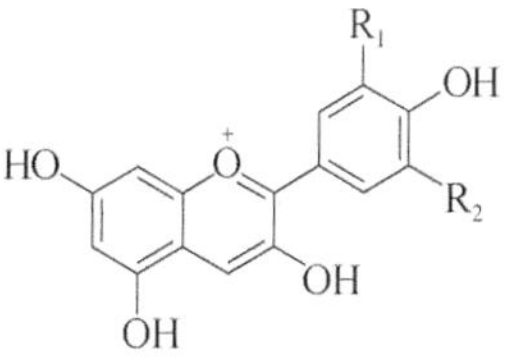

35 $R_1=OH, R_2=H$
36 $R_1=H, R_2=OH$
37 $R_1=R_2=H$

（七）黄烷醇与黄烷类

儿茶素为黄烷-3-醇的衍生物，是黄烷醇类的代表性化合物，在植物体中主要存在两种异构体，即 *d*-儿茶素（**38**）和 *l*-表儿茶素（**39**）。

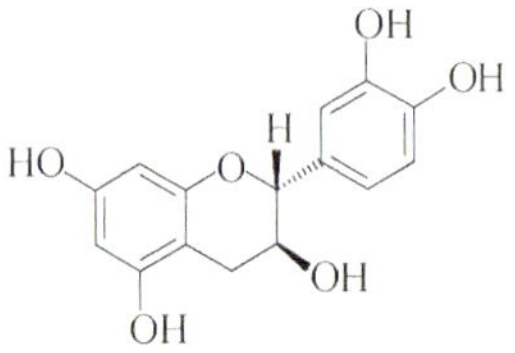

38 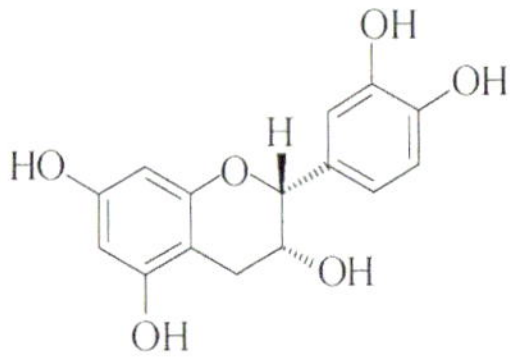　　**39**

发现于桑科植物 *Broussonetia kazinoki* 根皮中的小构树酚 R（kazinol R，**40**）属于黄烷类（flavanes）。

另一异黄烷（isoflavane）衍生物（3*R*）-8-甲氧基包被剑豆酚［（3*R*）-8-methoxyvestitol，**41**］，来自三棱角黄芪（*Astragalus trigonus*）根中，并具有抗菌活性。

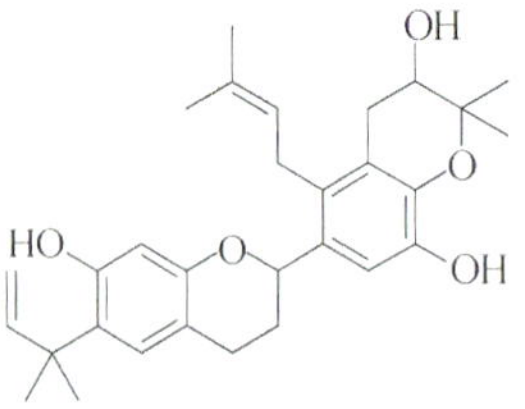

40 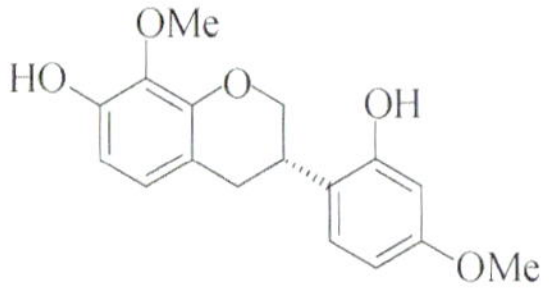　　**41**

（八）屾酮类

屾酮类化合物（xanthones），也称呫吨酮类，是一类具有二苯骈-γ-吡喃酮（dibenzo-γ-pyrone）骨架的化合物。通常存在于龙胆科、桑科、藤黄科、远志科、豆科等植物、真菌和地衣中。生物合成研究表明，在真菌和地衣中，屾酮是经八聚酮途径通过蒽醌中间体氧化脱羧合成的，而植物中屾酮是通过聚酮和莽草酸复合途径聚合成的，即由莽草酸产生的 3-羟基苯甲酰辅酶 A 与聚酮缩合、环化形成。

藤黄科植物近椭圆藤黄（*Garcinia subelliptica*）根皮中的缩合近椭圆藤黄酮（**42**），对拓扑异构酶Ⅰ和Ⅱ呈显著抑制作用，有望作为抗肿瘤先导化合物。缩合金丝桃（*Hypericum chinense*）中具有对称结构的二聚体（hyperidixanthone，**43**）。

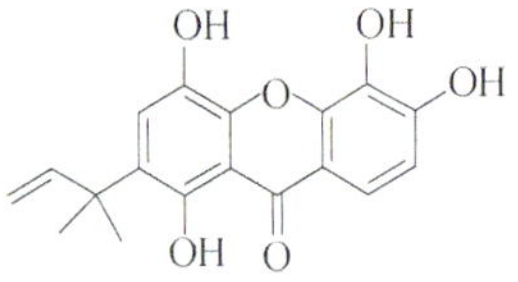

42 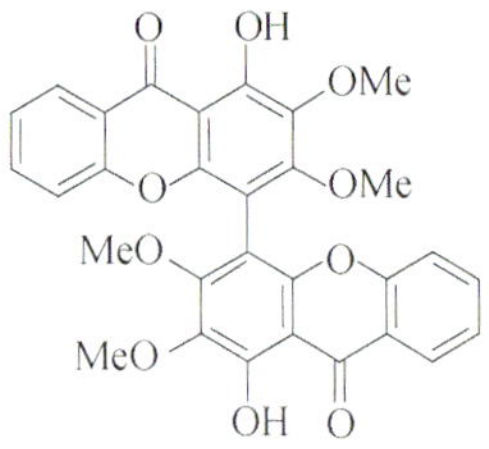　　**43**

（九）黄酮类生物碱与黄酮类木脂素

黄酮类生物碱（flavoalkaloids 或 flavonoid alkaloids）和黄酮类木脂素等属于特殊类型的黄酮类代谢产物，前者已发现 10 多种化合物。例如，民间草药野前胡（*Aquilegia ecalcarata*）

中的野前胡碱（aquiledine，**44**）、异野前胡碱（isoaquiledine，**45**），以及对 HIV 和癌症有拮抗作用的哌啶黄酮 *O*-去甲基布橙子碱（*O*-demethylbuchenavianine，**46**），源于使君子科植物头状布橙子（*Buchenavia capitata*）叶。

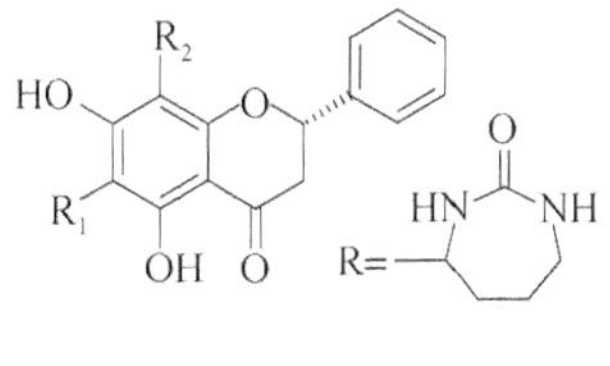

44 R_1=R, R_2=H
45 R_1=H, R_2=R

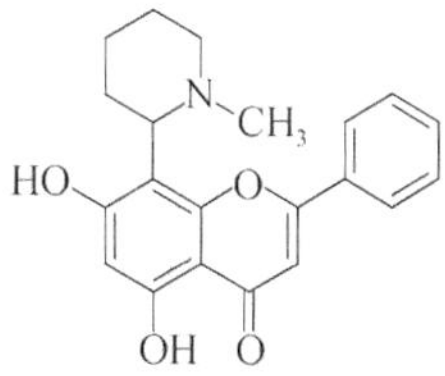

46

菊科植物紫花水飞蓟（*Silybum marianum*）种子的总黄酮提取物含有 7 种黄酮木脂素（flavonolignan），其中水飞蓟素 A 和 B（silybin A、B，**47**、**48**），异水飞蓟素 A 和 B（isosilybin A、B，**49**、**50**），是常用抗肝炎药“益肝宁”“利肝隆”及国外产品“Silimarit”的主要成分，用于治疗肝炎、肝硬化、肝癌化学预防。

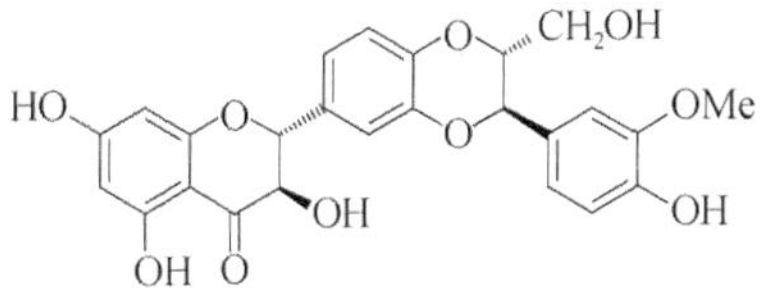

47 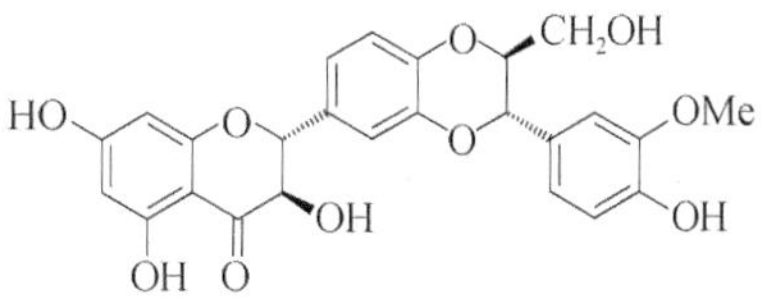　　**48**

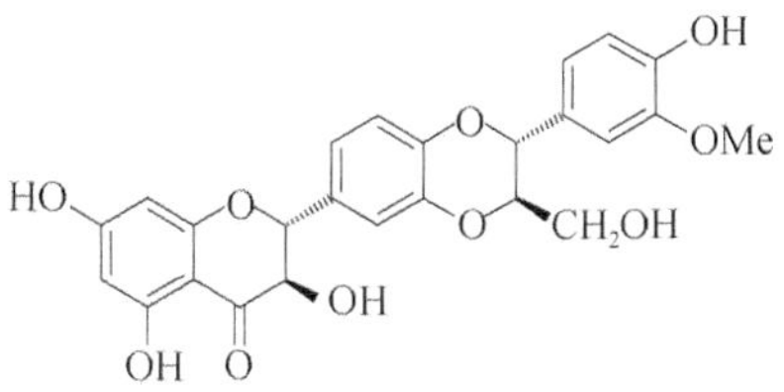

49 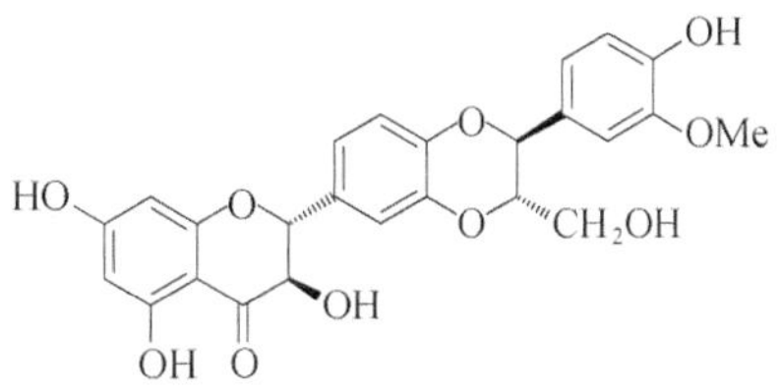　　**50**

第二节　黄酮类化合物的理化性质与检识

一、黄酮类化合物的理化性质

（一）性状

黄酮类化合物大多为结晶性固体，少数（如黄酮苷类）为无定型粉末。

多数黄酮苷元无旋光活性，结构中含有不对称碳原子的二氢黄酮、二氢黄酮醇、二氢异黄酮和黄烷醇类化合物例外。黄酮苷类由于在结构中引入了糖基，因此均有旋光性，且多为左旋。

黄酮类化合物的颜色与其分子结构中是否存在交叉共轭体系，以及是否含有羟基、甲氧基等助色基团有关。以黄酮为例，其色原酮部分本身无色，但在 2 位引入苯环后形成交叉共轭体系，并通过电子转移、重排、使共轭链延长而显颜色，如下所示。

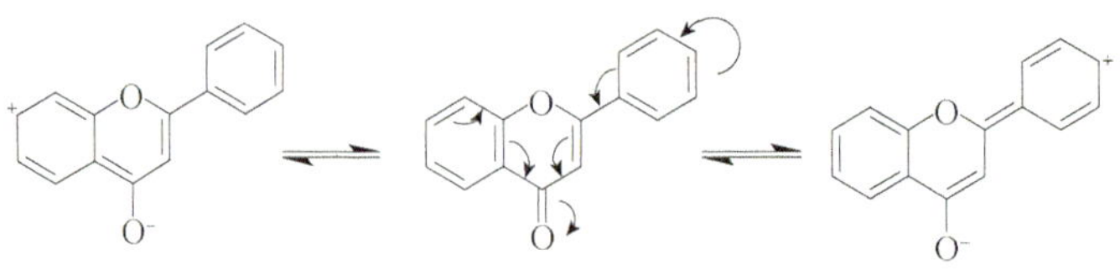

黄酮母核的 7 或 4′位引入羟基、甲氧基等助色团时，由于形成 p-π 共轭，促进电子转移、重排，使化合物颜色加深，而在其他位置上引入羟基和甲氧基则影响较小。通常，黄酮、黄酮醇及其苷类多呈灰黄至黄色，查耳酮为黄色至橙色，而二氢黄酮、二氢黄酮醇类因 C-2 和 C-3 之间的双键被氢化，交叉共轭体系中断，几乎没有颜色。异黄酮因苯环取代在 3 位，共轭区域减少，仅显微黄色。

花色苷及其苷元的颜色随 pH 不同而变化，pH＜7 时一般显红色，pH 在 8.5 左右呈紫色，pH＞8.5 显蓝色。

（二）溶解度

黄酮类化合物的溶解度因结构不同而有很大差异。游离的黄酮苷元一般难溶或不溶于水，能溶于甲醇、乙醇、乙酸乙酯、乙醚等有机溶剂。因其分子中多数都含有酚羟基，故易溶于稀碱性水溶液和吡啶、甲酰胺等有机溶剂。分子中存在共轭体系且为平面型分子的黄酮、黄酮醇和查耳酮类，分子与分子堆砌紧密、分子间作用力大，在水中的溶解度更小。二氢黄酮及二氢黄酮醇为非平面型分子，分子间排列不紧密，有利于水分子的进入，溶解度较大。异黄酮类化合物的 B 环芳基连接在 C-3 位上，与羰基靠近，空间位阻较大，影响分子的平面性，故水溶性要比平面型分子大。花色素类虽然也是平面型分子，但因其以离子形式存在，具有盐类通性，故溶解度较大。二氢黄酮及二氢黄酮醇的非平面结构如下。

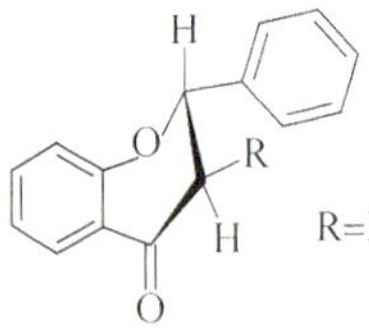

R=H或OH

黄酮苷元有羟基取代时，水溶性增加，羟基数目越多，水溶性也越大。若羟基被甲基化，则水溶性降低，脂溶性增加。例如，一般多羟基黄酮类不溶于石油醚，可借此与脂溶性物质分开，但多甲氧基衍生物，却可溶于石油醚。

黄酮苷类一般易溶于热水、甲醇、乙醇等强极性溶剂，难溶或不溶于苯、乙醚、氯仿等有机溶剂。另外，苷分子中糖基的数目和结合的位置对溶解度也有一定影响，一般 3-羟基苷类比相应的 7-羟基苷类水溶性大。例如，槲皮素-3-*O*-葡萄糖苷的水溶性比槲皮素-7-*O*-葡萄糖苷的水溶性要大。

（三）酸碱性

黄酮类化合物因分子中有酚羟基而显酸性，其酸性强弱与酚羟基数目的多少及取代的位置有关。黄酮类酚羟基的酸性强弱顺序如下。

7, 4′-二羟基＞7-或 4′-羟基＞一般酚羟基＞5-羟基

若 7 位和 4′位同时有酚羟基，受 p-π 共轭效应影响，酸性增强，可溶于碳酸氢钠溶液；

仅有 7 位或 4′位一个酚羟基时，能溶于碳酸钠溶液；在后两种情况中，因酚羟基酸性较弱，只能溶于氢氧化钠溶液。尤其是只有 5 位酚羟基时，由于与 C-4 羰基形成分子内氢键，因此酸性最弱。pH 梯度法分离黄酮类化合物，正是利用了这一酸性的差异。

黄酮类化合物分子中 γ-吡喃酮环上的 1 位氧原子上有未共用电子对，能与浓硫酸、浓盐酸等无机酸生成䑊盐。但该盐极不稳定，遇水后即分解。其转化过程如下。

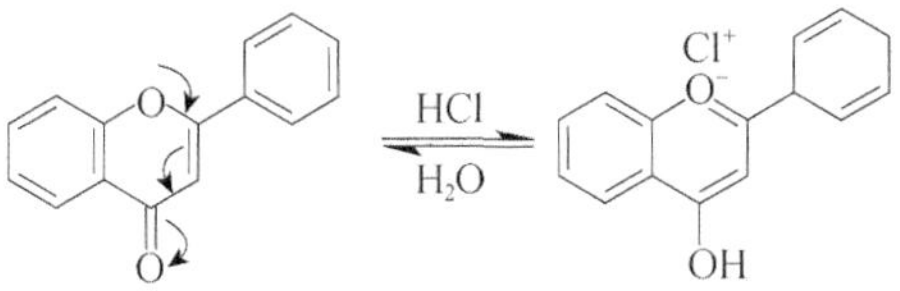

$$\xrightleftharpoons[H_2O]{HCl}$$

溶于浓硫酸中生成的䑊盐，常显现出特殊的颜色，可用于鉴别（表 7-2）。

二、黄酮类化合物的检识

（一）显色反应

黄酮类化合物的显色反应比较多，主要是利用分子中酚羟基和 γ-吡喃酮环的性质显色。各类型黄酮化合物的显色反应见表 7-2。

表 7-2　黄酮类化合物的显色反应

类别	黄酮	黄酮醇	二氢黄酮	异黄酮	查耳酮	噢哢
盐酸-镁粉	黄～红	红～紫红	红、紫、蓝	—	—	—
盐酸-锌粉	红	紫红	紫红	—	—	—
硼氢化钠	—	—	红～紫红	—	—	—
乙酸镁	黄～橙	橙黄～褐	天蓝色荧光	橙黄	褐	褐
硼酸-柠檬酸	黄	黄	—	—	橙红	—
氢氧化钠	黄	深黄	黄～橙	黄	橙红	橙红
浓硫酸	深黄	深黄	橙红	黄	橙红	红

1．还原显色反应

（1）盐酸-镁粉（或锌粉）反应。盐酸-镁粉（或锌粉）反应是鉴定黄酮类化合物最常用的颜色反应。取 1mL 样品的甲醇或乙醇溶液，加少许镁粉（或锌粉）振摇，再滴加几滴浓盐酸，1～2min（必要时加热）即可显色。多数黄酮、黄酮醇、二氢黄酮和二氢黄酮醇类化合物显橙红～紫红色，少数显紫～蓝色。B 环上有羟基或甲氧基取代时，使颜色加深。查耳酮、噢哢、儿茶素类为负反应。异黄酮类均不显色（少数例外）。

花色素及部分噢哢、查耳酮在浓盐酸作用下也会发生颜色变化，故需同时做对照实验排除干扰。

（2）硼氢化钠（钾）反应。该反应是鉴别二氢黄酮类专属性较强的反应，只有二氢黄酮和二氢黄酮醇类能被硼氢化钠还原，产生红～紫红色物质，其他黄酮类均不反应。具体方法是在待测试样的甲醇液中，加入等量的 2%硼氢化钠甲醇溶液，1min 后，滴加浓盐酸或浓硫酸数滴，产生紫红～紫色。该反应也可以在滤纸上进行。

2．金属盐类试剂的螯合反应　分子中有 5-羟基、4-羰基，或 3-羟基、4-羰基，或邻二酚羟基结构的黄酮类化合物，能与许多金属盐类试剂如铝盐、铅盐、镁盐等发生反应，生成有色螯合物。

（1）三氯化铝的显色反应。在待测试样的乙醇溶液中滴加 1%的三氯化铝乙醇液，生成鲜黄色铝螯合物，并有荧光。若进行纸斑反应。在紫外灯下（λ_{max}=415nm）显亮黄色荧光，但 4′-羟基或 7, 4′-二羟基黄酮醇显天蓝色荧光。该反应可用于定性和定量分析。

（2）锆盐-枸橼酸显色反应。锆盐-枸橼酸显色反应可用于鉴别 3-羟基或 5-羟基黄酮类化合物。在待测试样的甲醇溶液中加入 2%的二氯氧锆甲醇液，有游离的 3-羟基或 5-羟基的黄酮类生成相应的黄色锆螯合物。但这两种锆螯合物对酸的稳定性不同，前者的稳定性大于后者（二氢黄酮醇除外），接着向反应液中加入 2%的枸橼酸甲醇溶液，5-羟基黄酮溶液退色，3-羟基黄酮溶液仍为鲜黄色。锆盐显色反应也可以在滤纸上进行，生成的锆盐配合物多显黄绿色，并有荧光。

铝盐和锆盐配合物的结构如下。

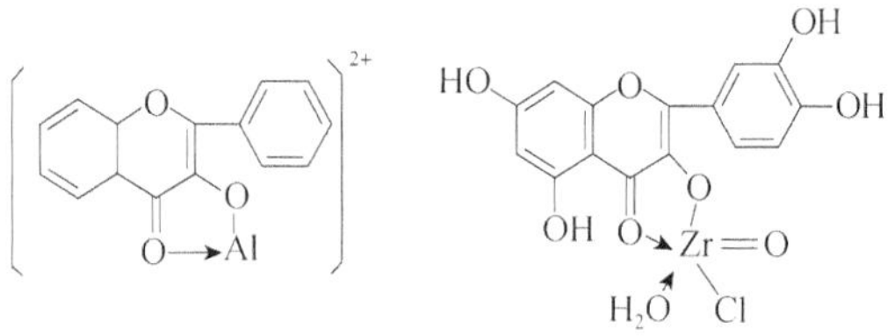

（3）乙酸镁显色反应。本反应可以在滤纸上进行。以乙酸镁甲醇溶液为显色剂，在紫外灯下二氢黄酮和二氢黄酮醇类显天蓝色荧光，有 5-羟基者，颜色更加显著；黄酮、黄酮醇和异黄酮类等显黄色～橙黄色～褐色，故该反应可用于区别二氢黄酮（醇）与其他类型黄酮化合物。

（4）氯化锶显色反应。含有邻二酚羟基结构的黄酮类化合物可以与氨性氯化锶试剂作用，产生有色沉淀。具体方法是在试管中加入少许待测试样，并用 1mL 甲醇溶解（必要时可在水浴上加热），再滴加 3 滴 0.01mol/L 氯化锶甲醇溶液和 3 滴氨蒸气饱和的甲醇溶液，如产生绿色至棕色乃至黑色沉淀，表示结构中有邻二酚羟基。

3．硼酸显色反应　具有下列结构的黄酮类化合物，在酸存在下，能与硼酸反应产生亮黄色。显然，5-羟基黄酮和 2′-羟基查耳酮具有此反应，借此可与其他类型的黄酮化合物相区别。一般在草酸存在下显黄色并带绿色荧光，而在枸橼酸-丙酮条件下，只显黄色而无荧光。

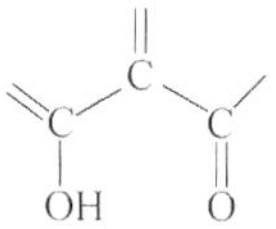

4．与碱性试剂显色反应　在碱性介质中，黄酮类化合物可以产生一些颜色变化，其类型不同，显色情况亦不相同，对识别黄酮类化合物具有一定意义。例如，黄酮类在氢氧化钠溶液中能产生黄～橙色，放置一段时间或加热后，颜色加深为深红～紫红色；二氢黄酮或二氢黄酮醇类在碱溶液中易开环转变成相应的异构体查耳酮类，显黄～橙色；有邻二酚羟基或 3, 4′-二羟基取代的黄酮类化合物在碱溶液中不稳定，易氧化产生黄～红色乃至绿棕色沉淀，如前所述的红花苷（**23**）。

此反应也可以在滤纸上进行。将试样溶液滴于滤纸上，干后喷碳酸钠溶液或用氨蒸气处理，观察其颜色变化。因氨蒸气容易挥发，氨熏后呈现的颜色在空气中放置后易褪色，而经碳酸钠溶液处理后的颜色则不易褪色。

（二）层析法

除显色反应外，层析法也是实验室中分离鉴别黄酮类化合物常用的简便方法，通常用于检识的层析方法有纸层析和薄层层析法。

1．纸层析　纸层析可用于分离检识各种类型的黄酮类化合物及其苷类的混合物。分离可以采取单向层析法，也可采用双向层析法，后者最为常用。

对于黄酮苷类，双向层析法的第一向展开剂通常选用醇性溶剂，如正丁醇-乙酸-水（4∶1∶5，上层，BAW）、叔丁醇-乙酸-水（3∶1∶1，TBA）或水饱和的正丁醇等；第二向展开则用水或水溶液为展开剂，如2%～5%乙酸、3%氯化钠和乙酸-浓盐酸-水（30∶3∶10）等。

黄酮苷元一般宜用醇性溶剂或亲脂性稍强的溶剂展开，如苯-乙酸-水（125∶72∶3）、氯仿-乙酸-水（13∶6∶1）和苯酚-水（4∶1）等；若用水性展开剂时，则要用浓酸进行分离，如乙酸-浓盐酸-水（10∶1∶1）。

花色苷及花色苷元，可用含盐酸或乙酸的溶液进行展开。

纸层析展开以后，多数黄酮类化合物可以在紫外光下看到荧光斑点，当与碱性试剂作用后，可以观察到明显的色变。此外，2% $AlCl_3$ 甲醇溶液和1%三氯化铁-1%铁氰化钾（1∶1）水溶液也是常用的显色剂。

2．薄层层析　黄酮类化合物的薄层层析（TLC）多采用吸附薄层，常用的吸附剂有硅胶和聚酰胺。

硅胶薄层较适合于分离检识弱极性的黄酮类化合物，如大多数的黄酮苷元，也可以分离苷类。分离黄酮苷元常用的展开剂有甲苯-甲酸甲酯-甲酸（5∶4∶1），可以根据被分离成分的极性大小，适当调节甲苯与甲酸的比例以获得较好的分离效果。另外，还可以用苯-甲醇（19∶1）、甲苯-氯仿-丙酮（8∶5∶7）等展开剂。分离黄酮苷类的展开剂有乙酸乙酯-丁酮-甲酸-水（5∶3∶1∶1），乙醇-乙酸-水（3∶1∶1）等。

聚酰胺薄层主要用于分离分子中含有游离酚羟基的黄酮苷元和苷类，因聚酰胺的吸附能力较强，故需用含水、醇或酸性较强的溶剂系统展开。分离苷元常用的展开剂有氯仿-甲醇（94∶6，96∶4）、氯仿-甲醇-丁酮（12∶2∶1）、苯-甲醇-丁酮（90∶6∶4，84∶8∶8，4∶3∶3）等；分离苷类的展开剂有甲醇-乙酸-水（18∶1∶1）、甲醇-水（4∶1）、乙醇-水（1∶1）、丙酮-水（1∶1）、30%～60%乙酸等。

薄层层析展开后的显色剂与纸层析相同。

第三节　黄酮类化合物的提取和分离

一、黄酮类化合物的提取

依据被提取物质的性质和提取过程伴随的杂质是否容易除去，选择适当的溶剂提取植物样品中的黄酮类化合物。黄酮苷类和极性较大的苷元，一般可用乙酸乙酯、丙酮、乙醇、甲醇、水或是极性较大的混合溶剂（如甲醇-水，1∶1）提取。多糖苷类可以用沸水提取，即把原料直接投入沸水中，以破坏水解酶的活性，避免苷类水解，如从槐花米中提取芦丁。大多数黄酮苷元宜选择极性较小的有机溶剂，如乙醚、氯仿、乙酸乙酯等进行提取，而多甲氧基取代的黄酮苷元甚至可以用苯来提取。

经溶剂提取得到的提取液，回收溶剂浓缩成浸膏后，再用溶媒萃取法、碱提酸沉法、大孔吸附树脂法、超临界流体萃取法等方法初步精制。

（一）溶媒萃取法

利用粗提物中各类成分的极性不同，选择不同溶剂相继萃取，不仅可以使黄酮类化合物与杂质分离，还可以使苷类与苷元或极性苷元与非极性苷元相互分离。例如，醇浸液用石油醚萃取，可以除去叶绿素和胡萝卜素等脂溶性色素；水提取液浓缩后加入3～4倍量的乙醇，可以沉淀蛋白质、多糖等水溶性杂质。

（二）碱提酸沉法

黄酮类化合物分子中大多数都含有酚羟基，显弱酸性，因此可以用碱性水溶液（如饱和石灰水、碳酸钠或稀氢氧化钠溶液等）或碱性稀醇来提取。提取液酸化后，黄酮类化合物即可沉淀析出。操作过程中需要注意的是，碱溶液的浓度不能过高，若碱浓度过高，尤其在加热时黄酮母核容易被破坏。在加酸酸化时，酸性也不能过强，否则析出的黄酮类化合物会形成鲜盐，又重新溶解在水溶液中，使产率降低。当植物材料（如花或果实）中含有较多的果胶、黏液质等水溶性杂质时，宜用石灰乳或石灰水提取，这是因为氢氧化钙能与含羧基的果胶、黏液质等生成钙盐沉淀而不被溶出，有利于精制处理。但其浸出效果不如稀氢氧化钠溶液，而且有些黄酮类化合物会生成不溶性钙盐沉淀。稀氢氧化钠的浸出能力较强，浸出液中的杂质亦较多，在酸化沉淀时，需采取分步沉淀的方式，先沉淀出酸性杂质，再沉淀得到较纯的黄酮成分。

碱提酸沉淀法操作简便易行，实际生产中黄酮类成分含量较高的植物材料都可应用此方法进行提取，如芦丁、黄芩苷、橙皮苷等的提取。

（三）大孔吸附树脂法

大孔吸附树脂是一种具有大孔结构的亲脂性高分子吸附剂，它依靠范德瓦尔斯力可以从较低浓度的溶液中吸附有机物质，具有吸附容量大、吸附速度快、选择性好、再生处理简便等优点，在天然产物提取中常用此法进行提取分离。

利用大孔吸附树脂提取黄酮类化合物的一般方法是：将植物材料的水或稀醇提取液上吸附树脂柱，首先用水洗去可溶性多糖和蛋白质等杂质，再用不同浓度的含水醇洗出黄酮类化合物，最后用浓醇或丙酮洗脱。例如，银杏叶黄酮的提取，多采用吸附树脂方法提取。

（四）超临界流体萃取法

在超临界流体萃取中，如果只用CO_2单一流体作溶剂，一般只能萃取亲脂性物质，而对极性较强的化合物溶解度较小。但若在CO_2流体中加入少量夹带剂，则可能大大提高混合溶剂的溶解能力，拓宽使用范围。例如，从甘草中萃取黄酮类化合物，如果仅用CO_2流体作溶剂，只能萃取出甘草查耳酮A，若用CO_2-水-乙醇溶剂系统萃取，则可提取出甘草素、异甘草素、甘草查耳酮A和甘草查耳酮B四种黄酮类化合物，并且随着乙醇浓度增大，萃取率相应提高。

二、黄酮类化合物的分离

要从植物总黄酮中获得黄酮类化合物单体，尚需要进一步分离、纯化。黄酮类化合物的分离方法有很多，尤其是各种层析技术的应用已经非常普遍，主要是依据：①化合物的极性差别和吸附性差别，利用吸附层析法进行分离；②分子大小差别，应用凝胶层析进行分离；③化合物酸性强弱差别，应用梯度 pH 萃取法分离。在实际分离过程中，应根据混合物中各成分的具体情况，将各种方法配合使用，取长补短，以达到最佳分离效果。常用的分离纯化方法主要有硅胶柱层析、聚酰胺柱层析、葡聚糖凝胶柱层析、梯度 pH 萃取法、液滴逆流色谱法（DCCC）、高效液相色谱法等。

（一）硅胶柱层析

硅胶柱层析法主要用于分离异黄酮、二氢黄酮、二氢黄酮醇和高度甲基化或乙酰化的黄酮及黄酮醇类。分离黄酮苷元时可用氯仿-甲醇混合溶剂作洗脱剂；分离苷类时，可用氯仿-甲醇-水或乙酸乙酯-丙酮-水混合溶剂作洗脱剂。对吸附剂或载体硅胶中混存的微量金属离子，应预先用浓盐酸处理除去，以免干扰分离效果。

（二）聚酰胺柱层析

聚酰胺是分离黄酮类化合物较为理想的吸附剂，具有分离效果好、吸附容量大的特点，可用于分离各种类型的黄酮类化合物，尤其适合于黄酮类化合物的制备分离。聚酰胺分离黄酮类化合物的原理是氢键吸附，通过酰胺羰基与黄酮类化合物分子中的酚羟基形成氢键缔合而产生吸附作用，与化合物形成氢键的能力越强，则吸附力也越强，吸附强度主要与以下因素有关。

（1）化合物中酚羟基的数目越多，吸附力越强。例如：

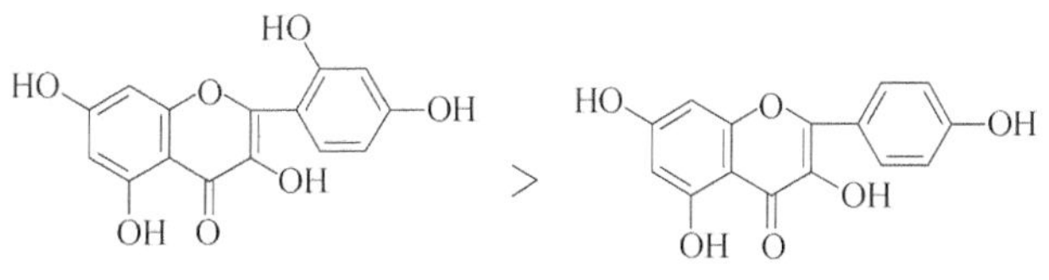

HO　OH　OH　OH　OH O　＞　HO　OH　OH　OH O

桑色素（morin）　　山柰酚（kaempferol）

（2）与酚羟基所处的位置有关。如果酚羟基易形成分子内氢键，则吸附力减弱。例如，聚酰胺对处于羰基邻位的酚羟基吸附力较弱，而对处于羰基间位或对位的酚羟基吸附力较强。

（3）分子中所含芳香核、共轭双键较多者，则吸附力较强。例如：

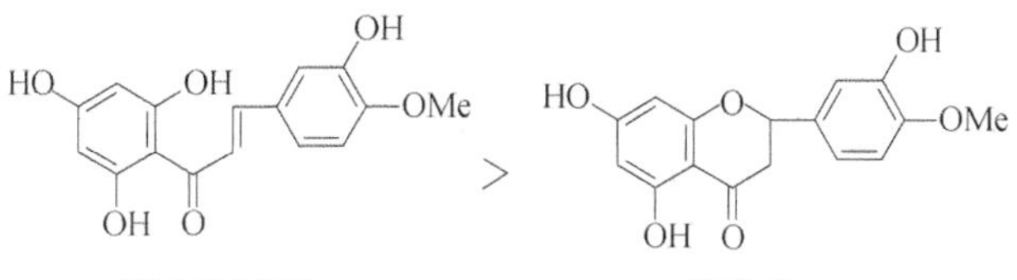

HO　OH　OH　OMe　OH O　＞　HO　OH　OMe　OH O

橙皮查耳酮　　橙皮素

（4）黄酮类化合物，被吸附的强弱顺序为：黄酮醇＞黄酮＞二氢黄酮＞异黄酮。

（5）苷元相同时，黄酮类化合物被吸附的顺序为：苷元＞单糖苷＞双糖苷＞三糖苷。

用洗脱剂从聚酰胺柱上洗脱被吸附各组分时，洗脱剂分子代替化合物分子与聚酰胺形成新的氢键吸附，从而使原化合物解吸。各种溶剂在聚酰胺柱上的洗脱能力由弱到强排列顺序如下。

水＜甲醇或乙醇＜丙酮＜稀氢氧化钠或氨水＜甲酰胺＜二甲基甲酰胺＜尿素-水

聚酰胺与化合物在水中形成氢键缔合的能力最强，故水的洗脱能力最弱。在分离黄酮苷类和苷元时，常用不同浓度的醇-水溶剂洗脱，这时苷类比苷元先洗脱下来；若用弱极性的有机溶剂（如氯仿-甲醇）洗脱，结果正好相反。这是因为聚酰胺分子中既有非极性的脂肪链，又有极性的酰胺键，当用含水极性溶剂洗脱时，聚酰胺作为非极性固定相，其层析行为类似于反相分配层析，极性强的组分洗脱速度快，所以苷类比苷元先洗脱。反之，用弱极性有机溶剂作洗脱剂时，聚酰胺作为极性固定相，层析行为类似正相分配层析，极性小的组分更容易洗脱，苷元先洗脱下来。

（三）葡聚糖凝胶柱层析

常用的葡聚糖凝胶有两种类型：Sephadex-G 型和 Sephadex LH 20 型。在分离苷元时主要利用吸附作用，分子中游离酚羟基数目越多，吸附程度越大，越难洗脱；分离苷类时主要靠分子筛作用，黄酮苷类按相对分子质量由大到小依次顺序洗出柱体。一些黄酮类化合物在 Sephadex LH 20 柱上以甲醇为洗脱剂的相对洗提率见表 7-3。

表 7-3　黄酮类化合物在 Sephadex LH 20 柱上以甲醇为洗脱剂的相对洗提率

黄酮类化合物	取代基	Ve/Vo
芹菜素	5, 7, 4-三羟基	5.3
木犀草素	5, 7, 3′, 4′-四羟基	6.3
槲皮素	3, 5, 7, 3′, 4′-五羟基	8.3
杨梅素	3, 5, 7, 3′, 4′, 5′-六羟基	9.2
山柰酚-3-鼠李糖基半乳糖-7-鼠李糖苷	三糖苷	3.3
槲皮素-3-芸香糖苷	双糖苷	4.0
槲皮素-3-鼠李糖苷	单糖苷	4.9

表中 V_e 为洗脱样品时需要的溶剂总量或洗脱体积，V_o 为柱子的空体积。所以 V_e/V_o 数值越小，化合物越容易被洗脱下来。

葡聚糖凝胶层析常用的洗脱剂有：①盐水溶液如 0.5mol/L 氯化钠，碱性水溶液如 0.1mol/L 氨水等；②醇及含水醇，如甲醇、甲醇-水、叔丁醇-甲醇（3∶1）、乙醇等；③其他溶剂，如氯仿-甲醇（9∶1）、丙酮-甲醇-水（2∶1∶1）和含水丙酮等。

（四）梯度 pH 萃取法

梯度 pH 萃取法适合酸性强度不同的黄酮苷元的分离。将黄酮混合物溶于乙醚或其他亲脂性有机溶剂，然后依次用不同碱性强度的碱溶液进行萃取以达到分离目的。梯度 pH 萃取法萃取黄酮类化合物的一般规律如下。

酸性：7, 4′-二羟基 ＞ 7-或 4′-羟基 ＞ 一般酚-羟基 ＞ 5-羟基

溶于碳酸氢钠　溶于碳酸钠　溶于不同浓度的氢氧化钠

（五）液滴逆流色谱法（DCCC）

利用柱层析法分离多元酚类化合物时，常因酚羟基与固体担体产生不可逆吸附而难以洗脱，因此影响被分离样品的回收。液滴逆流色谱法的特点是不需要固体担体，避免了这种不可逆吸附造成的损失。

液滴逆流色谱法利用混合物中各组分在两液相间分配系数的差别，由移动相形成液滴通

过作为固定相的液柱来实现混合物的分离。液滴逆流色谱法适用于黄酮苷类的分离，常用的溶剂系统有氯仿-甲醇-水、氯仿-甲醇-丙醇-水等。

（六）高效液相色谱法

近年来，HPLC 已经广泛用于黄酮类化合物的分离分析，不仅用于定性、定量分析，也用于黄酮类化合物的分离制备。HPLC 分离黄酮类化合物有正相色谱和反相色谱两类，正相色谱主要用于分离无羟基黄酮类化合物或乙酰化黄酮类化合物，而反相色谱的适用范围要更加广泛，既可用于黄酮苷元的分离，也适用于黄酮苷类的分析，对水和非水溶剂都适用。反相色谱常用十八烷基（ODS 或 C_{18}）键合相固定液，流动相多采用甲醇-水-乙酸（或磷酸缓冲液）或乙腈-水等溶剂系统。

三、黄酮类化合物的提取分离实例

实例一：银杏叶总黄酮的提取（图 7-1）。

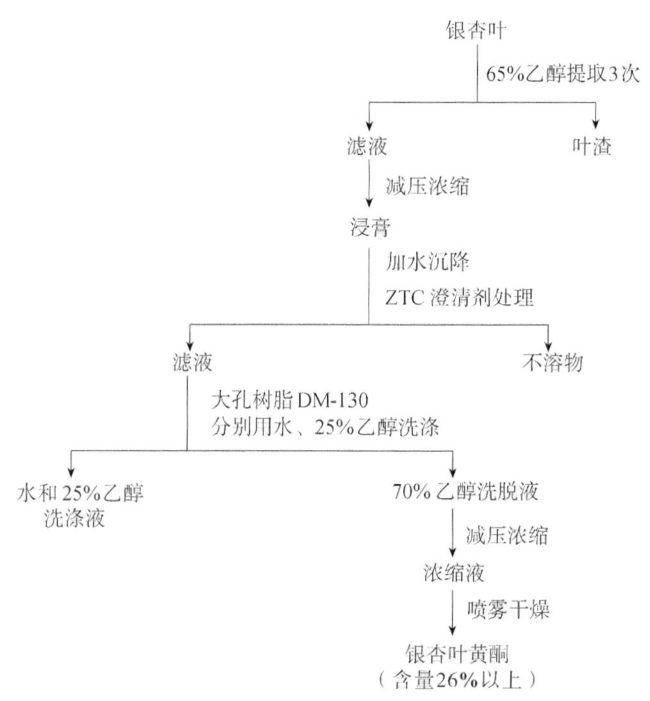

图 7-1 银杏叶黄酮提取工艺路线

实例二：从柳穿鱼中分离黄酮类化合物。

从玄参科柳穿鱼属植物柳穿鱼（*Linaria vulgaris* Mill.）全草中提取分离出 7 个黄酮类化合物：柳穿鱼苷元（pectolinarigenin，Ⅰ）、柳穿鱼苷（pectolinarin，Ⅱ）、粗毛豚草素（hispidulin，Ⅲ）、刺槐素（acacetin，Ⅳ）、乙酰蒙花苷（acetyl linarin，Ⅴ）、4′-甲氧基-5, 7, 3′-三羟基黄酮（diosmetin，Ⅵ）及木犀草素（**1**）。其提取分离流程见图 7-2。

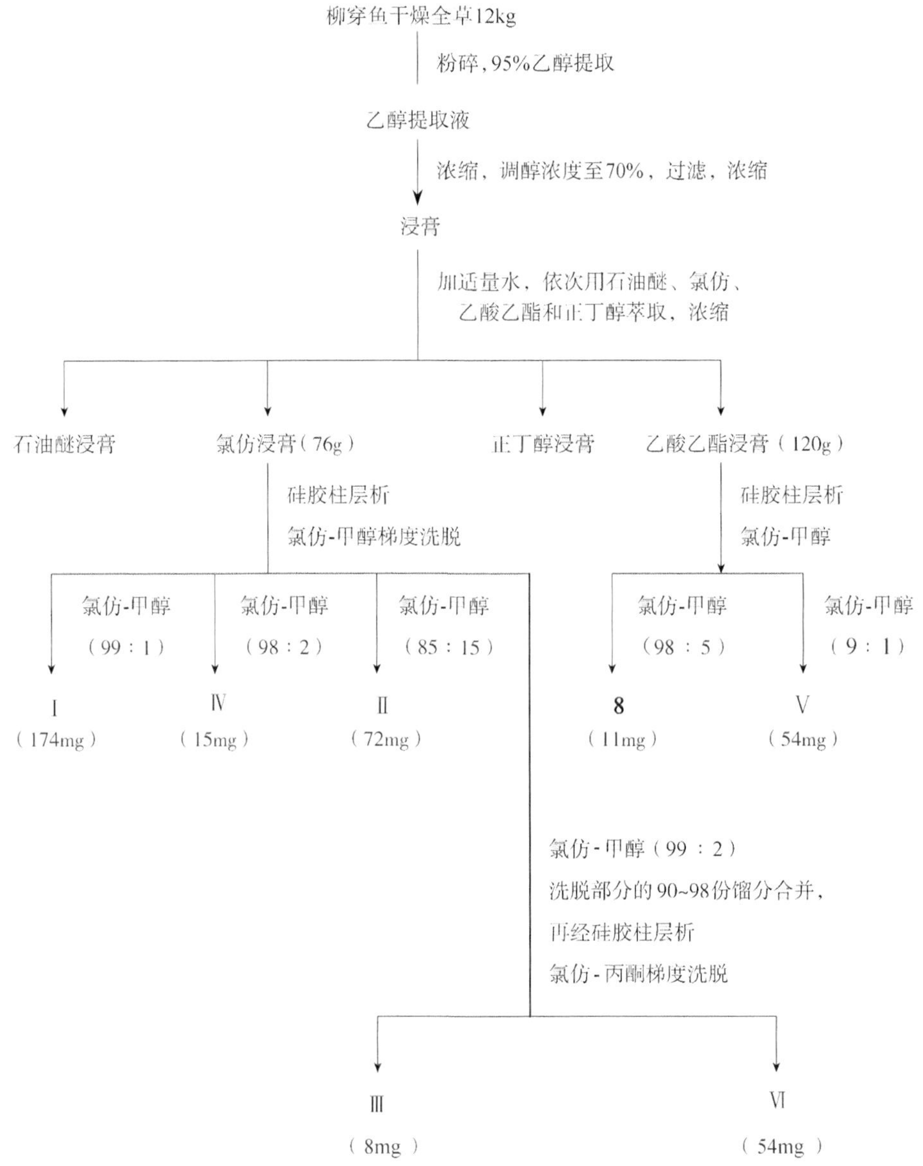

图 7-2　柳穿鱼中黄酮类化合物的提取分离流程

黄酮类化合物的结构如下：

Ⅰ　$R=R_1=H, R_2=OMe, R_3=Me$

Ⅱ　$R=glc (6\rightarrow1) rha, R_1=H, R_2=OMe, R_3=Me$

Ⅲ　$R=R_1=R_3=H, R_2=OMe$

Ⅳ　$R=H, R_1=H, R_2=H, R_3=Me$

Ⅴ　$R=glc (6\rightarrow1) rha\overset{4}{—}Ac, R_1=R_2=H, R_3=Me$

Ⅵ　$R=H, R_1=OH, R_2=H, R_3=Me$

第四节　黄酮类化合物的结构研究方法

目前，黄酮类化合物的结构研究大多是利用各种波谱学手段，并以化学方法和色谱方法为辅，以求获得满意结果。

NMR 技术是研究黄酮类化合物结构最为有效的技术，可以推断黄酮母核结构类型、确定取代基位置、区别氧苷或碳苷及苷中糖的端基碳构型；MS 技术也是研究黄酮类化合物结构的重要手段之一，它可以提供有关整个分子结构及其主要碎片的结构信息。

一、UV 光谱特征

黄酮类化合物由于分子中含有两个苯环并分别与羰基形成交叉共轭体系，因此在紫外-可见光谱中有两个相应的特征吸收区域：带Ⅰ（λ300～400nm）和带Ⅱ（λ220～280nm）。不同类型黄酮类化合物的带Ⅰ和带Ⅱ的峰位、峰形和峰强度不同，吸收峰峰位因母核上取代羟基的数目和位置不同而发生相应位移，故可以利用 UV 光谱来推测黄酮类化合物的结构类型和羟基取代情况。

黄酮、黄酮醇等多数黄酮类化合物的母核如果以 1 位氧原子和 4 位羰基划一条直线，可将结构分为 A、B 两部分，A 部分可以看作苯甲酰基（benzoyl）的衍生物，B 部分可以看作桂皮酰基（cinnamoyl）的衍生物。UV 光谱中的带Ⅰ是由 B 部分（桂皮酰基部分）电子跃迁产生的吸收，带Ⅱ是由 A 部分（苯甲酰基部分）电子跃迁引起的吸收。

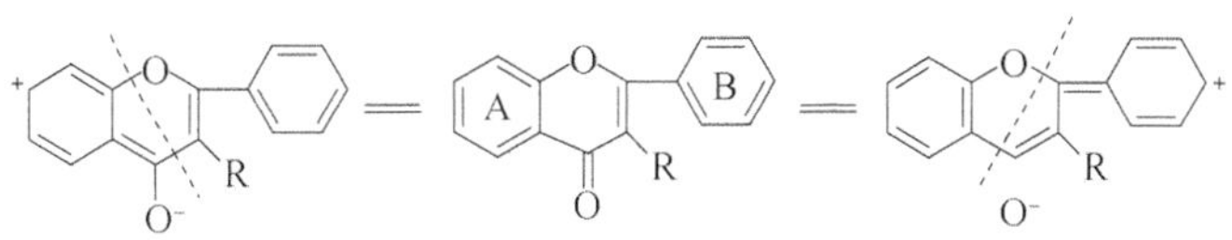

苯甲酰基（带Ⅱ220～280nm）　　黄酮　R＝H　黄酮醇　R＝OH　　桂皮酰基（带Ⅰ300～400nm）

黄酮类化合物的结构类型不同，吸收带波长范围也不相同，据此可以区别黄酮化合物（表 7-4）。

表 7-4　黄酮类化合物 UV 光谱的带Ⅰ和带Ⅱ范围（λ/nm）

黄酮类型	带Ⅰ	带Ⅱ
黄酮	304～350	240～280
黄酮醇（3-OH 被取代）	328～357	240～280
黄酮醇（3-OH 游离）	352～385	240～280
二氢黄酮、二氢黄酮醇	300～330（sh）	270～295
异黄酮	310～330（sh）	245～270
异黄酮（A 环三氧取代）	310～330（sh）	265～270
查耳酮	340～390	220～270（低强度或 sh）
噢哢	370～430	220～270（低强度）
花色素及其苷类	465～560	270～280

例如，查耳酮的带Ⅰ吸收是很强的主峰，位于 λ340～390nm，有时分裂为 $Ⅰ_A$（λ340～390nm）和 $Ⅰ_B$（λ300～320nm）两个峰；查耳酮的带Ⅱ吸收较弱，为低强度峰或肩峰，位于 λ220～270nm。噢哢的 UV 光谱特征与查耳酮相似，带Ⅰ很强，且出现在更长波区 λ370～430nm，带Ⅱ很弱。

又如，异黄酮、二氢黄酮和二氢黄酮醇的结构特点是 B 环不与 4 位羰基共轭或共轭很弱（无桂皮酰基系统），所以其 UV 光谱的特征为有较强的带Ⅱ吸收，带Ⅰ仅以肩峰或弱吸收峰出现。异黄酮带Ⅱ在 λ245～270nm，二氢黄酮和二氢黄酮醇的带Ⅱ吸收位于 λ270～295nm，可以与前者明显区别。

通常当黄酮类化合物的母核上有羟基、甲氧基等含氧取代基时，由于取代基的斥电子共轭效应将促进结构重排，有利于电子跃迁，故使吸收带红移。

从表 7-5 和表 7-6 可以看出羟基取代对黄酮和黄酮醇类化合物 UV 光谱的影响，黄酮、黄酮醇类化合物的带Ⅰ吸收峰位移主要受 B 环取代影响，B 环含氧取代越多，带Ⅰ红移幅度越大，但是对带Ⅱ影响不大，有时可以影响带Ⅱ的峰形。当 A 环上有含氧取代基时，则使带Ⅱ向红位移，对带Ⅰ影响甚微，但 5-羟基取代例外。有 5-羟基取代时，常使带Ⅰ和带Ⅱ都产生红移，一般使带Ⅰ红移 3～10nm，带Ⅱ红移 6～17nm。

表 7-5　B 环上引入羟基对黄酮类化合物 UV 光谱带Ⅰ的影响

黄酮类化合物	A 或 C 环羟基位置	B 环羟基位置	带Ⅰ（λ_{max}^{MeOH}/nm）
3, 5, 7, -三羟基黄酮（高良姜素）	3，5，7		359
3, 5, 7, 4′-四羟基黄酮（山柰酚）	3，5，7	4′	367
3, 5, 7, 3′, 4′-五羟基黄酮（槲皮素）	3，5，7	3′，4′	370
3, 5, 7, 3′, 4′, 5′-六羟基黄酮（杨梅素）	3，5，7	3′，4′，5′	374

表 7-6　A 环上引入羟基对黄酮类化合物 UV 光谱带Ⅱ的影响

黄酮类化合物	A 环羟基位置	带Ⅱ（λ_{max}^{MeOH}/nm）
黄酮		250
5-羟基黄酮	5	268
7′-羟基黄酮	7	252
5, 7-二羟基黄酮	5，7	268
5, 6, 7-三羟基黄酮（黄芩素）	5，6，7	274
5, 7, 8-三羟基黄酮（去甲汉黄芩素）	5，7，8	281

如上所述，依据 UV 光谱吸收带的峰位和峰形可以初步推断黄酮和黄酮醇羟基取代的数目和位置。当黄酮、黄酮醇结构中的羟基被甲基化或苷化后，将使相应吸收带紫移，尤其是带Ⅰ明显紫移。当黄酮、黄酮醇母核上的酚羟基乙酰化后，原来羟基对吸收带的影响作用（红移作用）几乎完全消失，如槲皮素乙酰化后的 UV 光谱数据与黄酮很相近（表 7-7）。

表 7-7　黄酮、黄酮醇类化合物中羟基乙酰化后对 UV 光谱的影响

黄酮类化合物	带Ⅰ（λ_{max}^{MeOH}/nm）	带Ⅱ（λ_{max}^{MeOH}/nm）
黄酮	297	250
槲皮素	370	255
槲皮素五乙酰化合物	300	252

二、NMR 谱特征

测定黄酮类化合物的 NMR 时，常用的溶剂有氘代二甲亚砜（DMSO-d_6）、氘代甲醇（CD_3OD）、氘代氯仿（$CDCl_3$）、四氯化碳等。DMSO-d_6 是测定黄酮类化合物母核上酚羟基的理想溶剂，多数黄酮类化合物的苷及苷元都能被溶解。但 DMSO-d_6 的沸点较高，样品不便于回收，且容易吸水，吸水后在 δ3.5（宽峰）处出现水峰，遮盖这一区域的质子信号。

（一）^{1}H NMR 谱特征

用于测定黄酮类化合物的结构，^{1}H NMR 不失为一种简便而快速的方法。尽管所用溶剂不同时各种类型质子信号略有偏差，但仍可归纳出黄酮类化合物 ^{1}H NMR 谱的一些特征规律。

1. A 环质子　与 B 环质子相比，A 环质子通常出现在较高场（δ6.0～7.1 区域内，H-5 除外）。

（1）5, 7-二羟基黄酮类化合物。A 环上有两个芳香质子 H-6 和 H-8，它们均以二重峰（J=2.5Hz）出现在 δ5.7～6.9，且与 H-8 相比，H-6 总是出现在较高场。在 7-OH 成苷时，二者均向低场移动（表 7-8）。

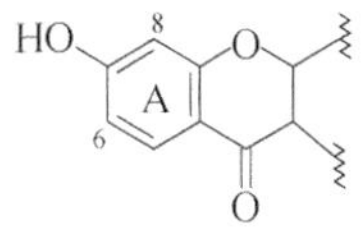

表 7-8　5, 7-二羟基黄酮类化合物中 H-6 和 H-8 的化学位移

黄酮类化合物	H-6	H-8
黄酮、黄酮醇、异黄酮	6.00～6.20（d）	6.30～6.50（d）
黄酮、黄酮醇、异黄酮的 7-*O*-葡萄糖苷	6.20～6.40（d）	6.50～6.90（d）
二氢黄酮、二氢黄酮醇	5.75～5.95（d）	5.90～6.10（d）
二氢黄酮、二氢黄酮醇的 7-*O*-葡萄糖苷	5.90～6.10（d）	6.10～6.40（d）

（2）7-羟基黄酮类化合物。H-5 位于 C-4 羰基的负屏蔽区，受羰基去屏蔽效应影响，并受 H-6 的邻偶作用，以二重峰（J=ca.9.0Hz）出现在较低场（δ8.0 左右）。H-6 因与 H-5 邻偶及与 H-8 的远程偶合（J=ca.2.5Hz）作用，以四重峰出现。H-8 由于与 H-6 的远程偶合，裂分为二重峰。H-6 和 H-8 的化学位移要比 5, 7-二羟基黄酮类化合物中相应质子的化学位移大，且位置可能相互颠倒（表 7-9）。

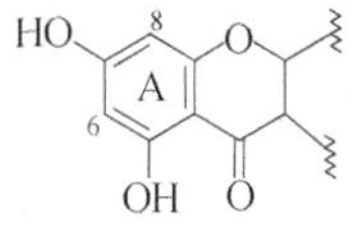

表 7-9　7-羟基黄酮类化合物中 H-5、H-6 和 H-8 的化学位移

黄酮类化合物	H-5	H-6	H-8
黄酮、黄酮醇、异黄酮	7.39～8.20（d）	6.70～7.10（q）	6.70～7.00（d）
二氢黄酮、二氢黄酮醇类	7.70～7.90（d）	6.40～6.50（q）	6.30～6.40（d）

2．B 环质子

（1）4′-氧取代黄酮类化合物。B 环上 H-2′、3′、5′、6′ 四个质子可以分为 H-2′、6′和 H-3′、5′ 两组，每组质子因相互偶合均为二重峰（*J*=ca.8.5Hz），化学位移较 A 环质子稍低，出现在 δ6.5～7.9 处。由于 C 环对 H-2′、6′的去屏蔽效应及 4′-OR 对 H-3′、5′的屏蔽作用，H-2′、6′的化学位移要比 H-3′、5′大，其具体峰位取决于 C 环的氧化程度（表 7-10）。

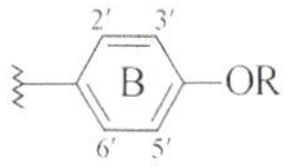

表 7-10　4′-氧取代黄酮类化合物中 H-2′、6′和 H-3′、5′的化学位移

黄酮类化合物	H-2′、6′	H-3′、5′
二氢黄酮	7.10～7.30（d）	6.50～7.10（d）
二氢黄酮醇	7.20～7.40（d）	6.50～7.10（d）
异黄酮	7.20～7.50（d）	6.50～7.10（d）
查耳酮（H-2、6 和 H-3、5）	7.40～7.60（d）	6.50～7.10（d）
噢哢	7.60～7.80（d）	6.50～7.10（d）
黄酮	7.70～7.90（d）	6.50～7.10（d）
黄酮醇	7.90～8.10（d）	6.50～7.10（d）

（2）3′, 4′-二氧取代黄酮类化合物。在 3′, 4′-二氧取代黄酮和黄酮醇类化合物中，H-5′为二重峰（d，*J*=8.5Hz），化学位移为 6.7～7.1。H-2′二重峰（d，*J*=2.5Hz）和 H-6′ 四重峰（q，*J*=8.5 及 2.5Hz）的化学位移则为 7.2～7.9，两者有时峰位重叠，难以辨认（表 7-11）。

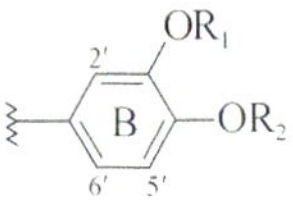

表 7-11　3′, 4′-二氧取代黄酮类化合物中 H-2′和 H-6′的化学位移

黄酮类化合物	H-2′	H-6′
黄酮（3′, 4′-OH 及 3′-OH，4′-OMe）	7.20～7.30（d）	7.30～7.50（q）
黄酮醇（3′, 4′-OH 及 3′-OH，4′-OMe）	7.50～7.70（d）	7.60～7.90（q）
黄酮醇（3′-OMe，4′-OH）	7.60～7.80（d）	7.40～7.60（q）
黄酮醇（3′, 4′-OH，3-*O*-糖）	7.20～7.50（d）	7.30～7.70（q）

从表 7-11 中 H-2′和 H-6′的化学位移来看，3′-OH、4′-OMe 取代的黄酮和黄酮醇中，H-2′比 H-6′出现较高场区，而 3′-OMe、4′-OH 取代时，H-2′和 H-6′的化学位移正好相反，H-6′出现在较高场，由此可以区分上述两种取代情况。

（3）3′, 4′, 5′-三氧取代黄酮类化合物。当 3′, 4′, 5′位均为羟基取代时，H-2′和 H-6′以相当于两个质子的一个单峰出现在 δ6.5～7.5 内；如果 3′-或 5′-OH 被甲基化或苷化，则 H-2′和 H-6′各以一个二重峰（*J*=ca.2.0Hz）出现在不同的化学位移处。

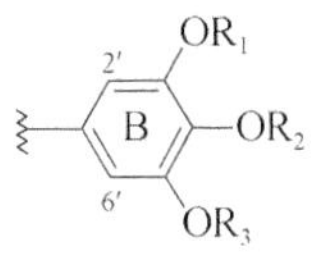

3．C 环质子 C 环质子所表现的特征可以用于区别各种类型的黄酮类化合物。

（1）黄酮类。H-3 由于处于孤立位置，常在 δ6.3 处呈现一个尖锐单峰，但在 5, 6, 7-或 5, 7, 8-三氧取代黄酮中可能会与 A 环的孤立芳氢（H-8 或 H-6）相混淆。

（2）异黄酮类。异黄酮的 H-2 因受 1-位氧原子和 C-4 羰基的影响，化学位移比一般芳香质子要高，在 δ7.6～7.8 处呈现一个尖锐单峰。

（3）二氢黄酮类。H-2 与两个不等价的 H-3 相互偶合（J_{trans}＝ca.11.0Hz；J_{cis}＝ca.5.0Hz）被裂分为四重峰，中心位于 δ5.2 处。两个 H-3 因同碳偶合（*J*＝17.0Hz）及与 H-2 的邻偶，也分别被裂分为四重峰，中心位于 δ2.8 处，但往往相互重叠，难以区分。

（4）二氢黄酮醇类。二氢黄酮醇的 H-2 和 H-3 为反式二直立键结构，二者相互偶合（*J*＝ca.11.0Hz），H-2 在 δ4.8～5.1 处呈现一个二重峰，H-3 在 δ4.1～4.6 处出现二重峰，当 3-OH 成苷后，H-2 和 H-3 峰位均向低场移动 0.5 左右。

（5）查耳酮类。分子中有 *α*, *β*-不饱和酮结构单元，所以 H-*α* 和 H-*β* 都以二重峰（*J*＝ca.17.0Hz）分别出现在 δ6.7～7.4 和 δ7.3～7.7 处。

（6）噢哢类。特征烯 CH 质子以单峰出现于 δ6.5～6.7 处，有时被 A 环质子所掩盖。

4．糖基质子 糖基上的质子一般在 δ3.0～6.0。在单糖苷中，与苷元直接相连的糖端基质子（H-1″）比糖上其他质子的化学位移呈现在较低场，其具体峰位与成苷的位置及糖的种类有关。

黄酮类化合物 3-*O*-葡萄糖苷 H-1″（δ5.7～6.0）明显区别于 4′-、5-及 7-*O*-葡萄苷 H-1″（δ4.8～5.2），位于较低场，而且通过 H-1″的化学位移还可以区分黄酮醇-3-*O*-葡萄糖苷和黄酮醇-3-*O*-鼠李糖苷（δ5.0～5.1）、黄酮醇-7-*O*-鼠李糖苷（δ5.1～5.3）。但二氢黄酮醇-3-*O*-葡萄糖苷与 3-*O*-鼠李糖苷，以及黄酮醇-3-*O*-鼠李糖苷、黄酮醇-7-*O*-鼠李糖苷的 H-1″信号很相近，无法区分。

对于单鼠李糖苷来说，鼠李糖上的甲基作为一个二重峰（*J*＝6.5Hz）或多重峰出现在 δ0.8～1.2 处，是很容易识别的。

双糖苷中，末端糖上的端基质子（H-1‴）由于距黄酮苷元较远，受去屏蔽效应影响相对较小，与 H-1″峰位相比，化学位移出现在较高场，具体值与末端糖的连接位置有关。

（二）^{13}C NMR 谱特征

利用 ^{13}C NMR 测定黄酮类化合物的结构，从中可以获得 C 环结构、糖苷类型（O-苷或 C-苷）及苷中糖的端基碳构型等重要结构信息。

黄酮类化合物各碳的化学位移主要出现在 δ40～200，大致可分为如下几个区域：δ40～85 为二氢黄酮、二氢异黄酮和二氢黄酮醇的 C-2、C-3 和甲氧基；δ90～100 为黄酮、异黄酮、二氢黄酮、二氢黄酮醇、异黄烷的 C-6、C-8 和三取代 B 环的两个无取代的碳及黄酮的 C-3；δ110～140 为单取代或二取代 B 环的碳；δ135～168 为苯环的连氧碳；δ168～200 为羰基碳的化学位移。

黄酮类化合物骨架类型的判断，可以根据 C 环上三个碳核信号的化学位移及它们在偏共振去偶谱中的裂分情况或 DEPT 谱进行分析推断（表 7-12）。

表 7-12 ^{13}C NMR 谱中黄酮类化合物 C 环三碳核的特征化学位移

类型	C-2（或 C-β）	C-3（或 C-α）	C=O
黄酮类	160.0～165.5（s）	104.0～112.0（d）	174.5～184.0（s）
黄酮醇类	145.0～150.0（s）	136.0～139.0（s）	172.5～177.0（s）
二氢黄酮类	75.0～80.3（d）	42.5～44.6（t）	188.6～198.0（s）
二氢黄酮醇类	83.0～84.5（d）	71.0～73.5（d）	195.0～198.0（s）
异黄酮类	149.8～156.5（d）	122.3～125.9（s）	174.5～182.5（s）
查耳酮类	136.9～145.4（d）	116.6～128.5（d）	188.6～194.6（s）
噢哢类	146.0～147.9（s）	111.5～112.0（d）	182.5～183.0（s）

另外，黄酮类化合物中芳香碳原子的信号特征可以确定骨架上取代图式，但不能区分骨架类型。

（三）黄酮类化合物苷化位置及端基碳构型的测定

黄酮苷的 ^{1}H NMR 和 ^{13}C NMR 可直接用于测定糖的连接位置。利用苷化位移的不同所引起糖端基质子（H-1″）和糖端基碳的化学位移差异，可以得知苷化位置的信息。

在 ^{13}C NMR 中，苷元的成苷碳一般向高场位移 δ2 左右。但不同的苷化位置使邻、对位碳的位移有明显差异。黄酮醇的 3-*O*-苷使 C-2 信号向低场位移约 δ9 而成为 3-*O*-苷的明显特征；5-*O*-黄酮苷破坏了 5-OH 与羰基的缔合，邻、对位碳明显向低场位移 δ3.0～4.5，而 C 环的 C-2、C-4 分别向高场位移约 δ3.0 和 6.0、C-3 则向低场位移约 δ2.5。7-*O*-苷和 4′-*O*-苷使邻、对位碳的位移较小，分别向低场位移 δ0.5～1.0 和 δ1.5～1.8，与前者有明显区别。

端基碳有 α 和 β 两种构型，多数葡萄糖苷、半乳糖苷、葡萄糖醛苷和木糖苷为 β 型；而多数阿拉伯糖和鼠李糖则为 α 型。用 ^{1}H NMR 和 ^{13}C NMR 谱直接推定端基碳构型极为方便。在 ^{1}H NMR 谱中，β-糖苷的端基质子（H-1″）与（H-2″）竖键偶合，J=5～8Hz，H-1″ 以双峰出现。α-糖苷的 H-1″ 与 H-2″ 为横键偶合，J<2Hz，H-1″ 信号为宽单峰。而在 ^{13}C NMR 谱中，β-苷的端基碳 C-1″ 信号在较低场（δ100～102），α-苷则在较高场（δ 约 95）。

同样，^{13}C NMR 也是判别碳苷简捷而可靠的手段。C-苷的端基碳（C-1″）在 δ71～78，除脱氧糖的脱氧碳在高场区外，糖碳峰一般都出现在 δ60～82。同时，苷元的成苷碳由二重峰变为单峰，并向低场位移 6～11。

（四）黄酮类低聚糖苷中糖连接顺序的测定

利用黄酮类化合物的 ^{1}H NMR 和 ^{13}C NMR 谱特征，可以不经水解直接从 NMR 谱的糖质子区（δ3.0～6.0）和糖碳区（δ60～105）中推断糖质子与糖碳的数目及糖基的性质，既简单又可靠。其中脱氧糖的脱氧碳及其质子在更高磁场，如鼠李糖在小于 δ20 区有一个甲基碳，其甲基质子在 δ 小于 1.5 区域有一个双峰。

此外，黄酮类低聚糖苷中糖连接顺序的测定，常利用 HMBC 技术进行确定。

三、MS 谱

多数黄酮类化合物苷元在电子轰击质谱（EI-MS）中出现较强分子离子峰，往往为基峰，因此一般不需要制成衍生物就能直接进行测定。但对于极性强、难气化和热不稳定的黄酮苷类化合物不需制成衍生物，直接利用软电离质谱，如快速原子轰击质谱（FAB-MS）、电喷雾质谱（ESI-MS）等，即可获得非常强的准分子离子峰及糖的降解碎片离子峰，从而为黄酮类化合物结构鉴定提供重要信息。

以 EI-MS 特征裂解规律为例，解释如下：黄酮类苷元在 EI-MS 中，除分子离子峰［M］$^{+}$外，在高质量区还常常出现［M−H］$^{+}$、［M−CH_3］$^{+}$（含甲氧基者）、［M−CO］$^{+}$、［M−CHO］$^{+}$等碎片离子。黄酮类化合物主要有下列两种基本裂解方式Ⅰ和Ⅱ，而裂解方式Ⅰ就是相当于逆 Diels-Alder（RDA）裂解。

裂解方式Ⅰ：

M$^{+\cdot}$ m/z 222（100）　$A_1^{+\cdot}$ m/z 120（80）　$B_1^{+\cdot}$ m/z 102（12）

裂解方式Ⅱ：

M$^{+\cdot}$　B_2^{+} m/z 105（12）

上述两种裂解方式产生的 A_1^{+}、B_1^{+}和 B_2^{+}等碎片离子，保留黄酮完整的 A 环和 B 环结构骨架，从碎片 A_1^{+}可以获得 A 环的取代信息，B_1^{+}和 B_2^{+}碎片可提供 B 环的取代信息，而且碎片 A_1^{+}与 B_1^{+}的质荷比（m/z）之和等于分子离子［M］$^{+}$的质荷比，这在结构鉴定中很有意义。

裂解方式Ⅰ和Ⅱ，是相互竞争、相互制约的两种基本裂解方式，B_2^{+} 和［B2−CO］$^{+}$的离子丰度大致与 A_1^{+}、B_1^{+}及由它们进一步裂解产生的子离子（如［A_1−CO］$^{+}$、［A_1− CH_3］$^{+}$……）的丰度成反比。

1．黄酮类基本裂解方式　以芹菜素裂解为例，说明黄酮类基本裂解方式。

裂解方式Ⅰ　−CO　M$^{+\cdot}$ m/z 270（100）　$A_1^{+\cdot}$ m/z 152（16）　$B_1^{+\cdot}$ m/z 118（14）

［M−28］$^{+\cdot}$ m/z 242（19）　裂解方式Ⅱ　裂解方式Ⅰ+H转移　+H　−CO

［M−28］$^{+}$ m/z 93 ← −CO　B_2^{+} m/z 121（6）　［A_1+H］$^{+}$ m/z 153（22）　［A_1−28］$^{+\cdot}$ m/z 124（18）

大多数黄酮苷元的分子离子峰［M］$^{+}$很强，一般为基峰。其他较重要的峰有［M−CO］$^{+}$及由裂解方式Ⅰ产生的A_1^{+}、B_1^{+}峰亦很突出，有时伴随氢转移可出现［A_1+H］$^{+}$离子峰。A 环上的取代情况可以通过A_1^{+}碎片的质荷比 *m/z* 来确定。例如，黄酮A_1^{+}碎片 *m/z* 为 120，B_1^{+}碎片 *m/z* 为 102；由 5, 7-二羟基黄酮裂解得到的B_1^{+}碎片离子的 *m/z* 仍为 102，但它的A_1^{+}碎片离子 *m/z* 却为 152，与前者黄酮的A_1^{+}比较要高出 32 个质量单位，即后者在 A 环上多了两个氧原子，说明 A 环上可能有二羟基取代。

同样，B 环的取代情况可由 B 环碎片离子的 *m/z* 值来确定。

需要注意的是，有 4 个或 4 个以上含氧取代基的黄酮化合物，常产生中等强度的A_1^{+}和B_1^{+}碎片，是具有鉴定意义的碎片离子；有 4 个或 4 个以上含氧取代基的黄酮醇类化合物，由于 RDA 裂解困难，只能产生微弱的A_1^{+}和B_1^{+}碎片离子。

2．黄酮醇类基本裂解方式　大多数黄酮醇类苷元的分子离子峰是基峰，裂解时主要按裂解方式Ⅱ进行裂解，得到的B_2^{+}离子及由它失去 CO 形成的［B−28］$^{+}$是结构鉴定中具有重要诊断价值的碎片离子。如前所述，由于裂解方式Ⅰ和Ⅱ是相互竞争的，两种裂解途径所产生碎片离子的丰度大致成反比。因此，如果质谱图中看不到由裂解方式Ⅰ产生的中等强度碎片离子时，则应当检查出B_2^{+}离子。例如，在黄酮醇分子中如果 B 环上羟基数目不超过三个，那么在其全甲基化衍生物的质谱图上，若B_2^{+}离子出现在质荷比 *m/z* 105 处，则表示 B 环无羟基取代，若B_2^{+}离子出现在 *m/z* 135（一个—OCH_3）处，表示 B 环有一个羟基，B_2^{+}在 *m/z* 165（两个—OCH_3），B 环有两个羟基，而 *m/z* 为 195（三个—OCH_3），B 环上有三个羟基取代，其中B_2^{+}为最强峰。根据B_2^{+}与分子离子之间的质荷比差别，还可以帮助推测 A 环和 C 环的取代情况。

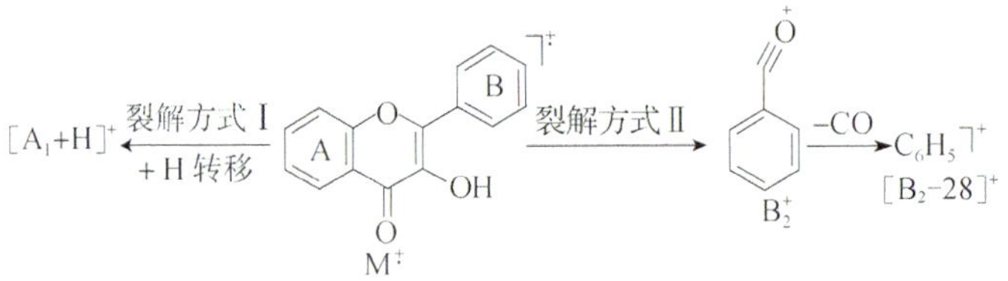

黄酮醇苷元质谱图上，除了［M］$^{+}$、B_2^{+}及［A+H］$^{+}$（H 来自 3-OR 基团）等离子外，还可以看到［M−H］$^{+}$、［M−CH_3］$^{+}$、［M−CH_3−CO］$^{+}$等碎片子离子，都能为鉴定工作提供重要的信息。

含有 2′-羟基或 2′-甲氧基结构的黄酮醇类，在进行裂解时具有一定特点，即容易失去该羟基或甲氧基形成一个新的五元杂环。

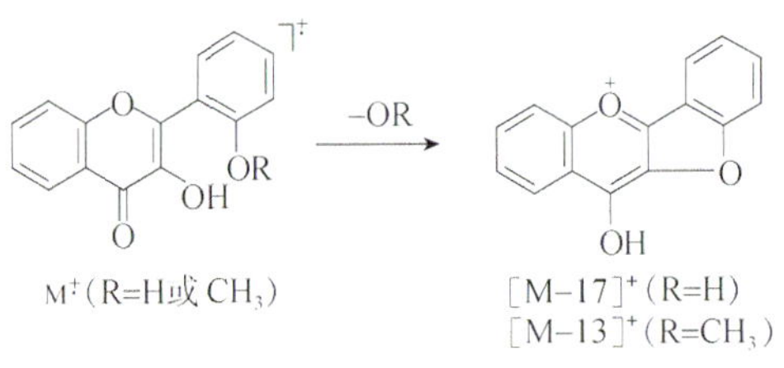

不仅是 2′-羟基黄酮醇类，而且所有的 2′-羟基黄酮类在裂解时也具有这一特点。

四、结构研究实例

实例：大叶素的结构鉴定。

从番荔枝科植物大叶紫玉盘（*Uvaria macrophylla* Roxb.）中分离得到一新的二氢黄酮类化合物，命名为大叶素（macrophyllol，Ⅰ），其结构鉴定如下：

化合物Ⅰ：黄色片状结晶，m.p. 132～133℃，$[\alpha]_D^{18}$ +4.92（c 0.06，MeOH）。HR-EI-MS 显示分子离子峰 *m/z* 436.1504，确定分子式为 $C_{25}H_{24}O_7$（计算值 436.1522）；IR 光谱显示有羟基（3384cm^{-1}）、羰基（1647cm^{-1}）和苯环（1583cm^{-1}，1458cm^{-1}）；UV（MeOH）λ_{max}（nm）：295（3.14），354（2.82）处的吸收峰，显示黄酮的基本骨架。

^{13}C NMR（DEPT）谱显示化合物Ⅰ含有 3 个伯碳、2 个仲碳、9 个叔碳、11 个季碳。^{1}H NMR 谱在 δ：2.87（1H，dd，J=3.0，17.5Hz，H-3a），3.16（1H，dd，J=13.5，17.5Hz，3b-H），5.45（1H，dd，J=3.0，13.5Hz，H-2）的质子信号是 1 个典型的 ABX 系统，同时，^{13}C NMR 谱中有 δ_C 80.10，43.94 的信号，因此推测该化合物有二氢黄酮的基本骨架。

HMBC 谱测定结果证实 δ_H 12.02 和 C-5、C-6、C-10 相关关系的存在，这表明化合物Ⅰ为典型的 5-羟基取代二氢黄酮。δ_H 3.79（2H，d, J=5.0Hz，H-11）和 δ_C 24.72 则提示化合物Ⅰ有苄基取代。

化合物Ⅰ的 ^{1}H NMR 在低场有 5 个芳香质子信号（δ7.29～7.55，5H，m，H-2′和 H-6′），提示Ⅰ的 A 环全被取代，B 环未被取代。δ_H 6.77（1H，d，J=9.0Hz，H-3″），6.66（1H，dd，J=3.0，9.0Hz，H-4″），6.79（d，J=3.0Hz，H-6″）提示苄基是二取代。

通过 ^{13}C-^{1}H COSY 谱确定了对应的碳信号分别为 δ：117.12，113.98，116.55。结合 ^{13}C NMR 和 NOESY 及 HMBC 谱给出的相关关系（图 7-3），确定了 C-1″，C-2″，C-5″的信号分别为 δ：126.27，148.05，153.28。同时，HMBC 谱测定结果表明，δ_H3.57（3H，s，4″-OCH$_3$）质子信号和 δ_C153.28（C-5″）的碳信号存在相关，推测苄基的甲氧基位于 C-5″，羟基位于 C-2″。

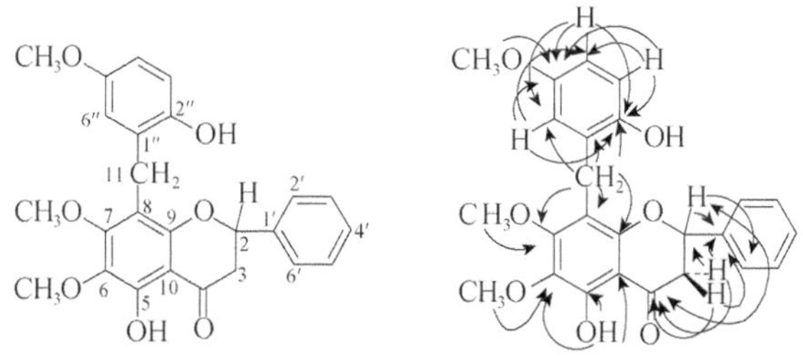

图 7-3　化合物Ⅰ结构与关键 HMBC 相关谱

同样，结合 DEPT 及 HMBC 谱，推测化合物Ⅰ的 6，7 位为甲氧基取代。在 HMBC 谱中，δ_H3.79（2H，s，11-H）的质子信号和 C-7、C-8、C-9、C-1″、C-2″、C-6″的碳信号的远程相关关系表明，该取代苄基连在 C-8 位。同时，结合 ^{1}H NMR、^{13}C NMR、DEPT、HMQC 和 HMBC 谱，归属了所有氢和碳的吸收信号（表 7-13）。

表 7-13 化合物Ⅰ的 ^{1}H NMR（500MHz）和 ^{13}C NMR（125MH$_Z$）数据（CDCl$_3$，J/H$_Z$）

No.	δ_C	δ_H	No.	δ_C	δ_H
2	80.10	5.45dd（13.5，3.0）	1′	138.22	
3	43.94	3.16dd（17.5，13.5） 2.87dd（3.0，17.5）	2′	126.59	7.29～7.55m
4	197.53		3′	129.32	7.29～7.55m
5	155.16		4′	129.46	7.29～7.55m
6	134.57		5′	129.32	7.29～7.55m
7	158.04		6′	126.59	7.29～7.55m
8	111.60		1″	126.27	
9	155.40		2″	148.02	
10	105.49		3″	117.12	6.77（d，9.0）
11	24.72	3.79s	4″	113.98	6.66（dd，3.0，9.0）
			5″	153.28	
5-OH		12.02s	6″	116.55	6.79d（3.0）
			6-OCH$_3$	61.23	3.86s
			7-OCH$_3$	62.17	4.17s
			4″-OCH$_3$	55.67	3.57s

化合物Ⅰ的 EI-MS 进一步佐证了该结构的推断（图 7-4）。

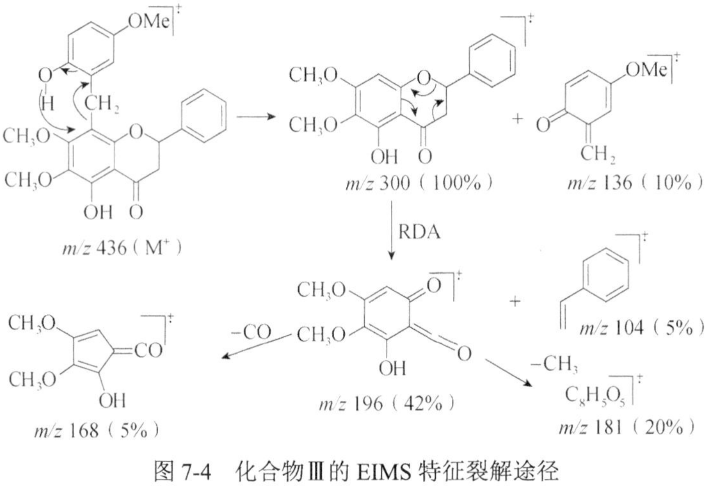

图 7-4 化合物Ⅲ的 EIMS 特征裂解途径

综上所述，化合物Ⅰ为 5-羟基-6, 7-二甲氧基-8-（2″-羟基-5″-甲氧基）苄基-二氢黄酮。

习　　题

一、填空题

1. 黄酮类化合物的基本骨架为（　　），其主要结构类型是依据（　　）、（　　）及（　）分类。

2. 黄酮类化合物用柱层析分离时，用（　　）为吸附剂效果最好，该吸附剂与黄酮类化合物主要是通过（　　）进行吸附的。
3. 黄酮类化合物的酸性来源于（　　），其酸性强弱顺序依次为（　　）>（　　）>（　　）>（　　）。
4. 黄酮类化合物就整个分子而言，由于具有多个（　　）基，故呈（　　）性，能溶于（　　）性水液中。
5. 花色素类化合物的颜色随着（　　）不同而改变，（　　）时呈红色，（　　）时呈紫色，（　　）时呈蓝色。
6. 黄酮类化合物（　　）环上的（　　）原子上具有未共用电子对，能与浓硫酸、浓盐酸等无机酸形成（　　），常显示特殊的颜色，可据此鉴别不同类型的黄酮类化合物。

答案：1. C_6-C_3-C_6；中央三碳链的氧化程度；成环与否；与B环的连接位置　2. 聚酰胺；氢键　3. 酚羟基；7, 4′-二羟基；7-或 4′-羟基；一般酚羟基；5-羟基　4. 羟；酸；稀碱性　5. pH；pH<7；pH≈8.5；pH>8.5　6. γ-吡喃酮；1位氧原子；鎓盐

二、选择题

1. 黄酮类化合物大多有颜色的主要原因是（　　）。
   A. 具有酚羟基　　B. 具有交叉共轭体系
   C. 具有羰基　　D. 具有苯环
2. 下面四类化合物中，（　　）在水中的溶解度稍微大一些。
   A. 二氢黄酮醇类　　B. 黄酮醇类　　C. 查耳酮类　　D. 异黄酮类
3. 把槲皮素（Ⅰ）、芦丁（Ⅱ）、3, 5, 7, 3′, 4′, 5′-六羟基黄酮（Ⅲ）在聚酰胺薄层上层析，用水-丁酮-甲醇（4∶3∶3）展开，其 R_f 值由大到小的顺序为（　　）。
   A. Ⅱ>Ⅲ>Ⅰ　　B. Ⅱ>Ⅰ>Ⅲ　　C. Ⅲ>Ⅱ>Ⅰ　　D. Ⅰ>Ⅲ>Ⅱ
4. 测黄酮醇类化合物的乙酸钠-硼酸紫外光谱，可帮助鉴定结构中是否有（　　）。
   A. 3-OH　　B. 5-OH　　C. 7-OH　　D. 邻二酚羟基

答案：B　A　B　D

三、简答题

1. 广义的黄酮类化合物指什么？指出其主要分类依据和主要类型的基核结构。
2. 黄酮类化合物在植物界分布有哪些规律？主要以哪些形式存在。

四、提取分离

写出芦丁的提取精制过程，并说明各步工艺的理由。

第八章　鞣　　质

鞣质又称为植物单宁（vegetable tannin），是一类广泛存在于植物体内的复杂多酚类化合物，具有涩味和收敛性，能使生皮成革。

鞣质在医药、化工、食品、饮料、色素、饲料、日用化学品、制革、木材加工、金属保护等领域广为应用。此外，鞣质具有多种独特的生物活性，如抗病毒（如 HIV）、抗肿瘤、抗氧化、降血脂、降压、杀虫抑菌、收敛等作用。

人类很早就将含鞣质的植物用于鞣皮、制药及染色。由于生皮干燥后变得板硬，容易断裂和腐烂，所以无法直接使用，而鞣质能与生皮中的胶原纤维作用，生成不溶于水的化合物，所以将生皮与含鞣质的植物材料一起在水中浸泡，生皮经鞣制就变为革。正因为此，人们才将这类植物次生代谢产物称为鞣质。

鞣质和非鞣质多酚的区别在于鞣质能将生皮鞣制成革，而非鞣质多酚不具有这种特性。能使生皮成革的多酚必须有合适的相对分子质量和足够的酚羟基，以便能在生皮的胶原链间形成交联。一般来说，相对分子质量小于 500 的多酚体积太小，酚羟基的数量不够，起不到交联作用，因而不属于鞣质之列；相对分子质量大于 3000 的多元酚因体积太大难以进入胶原内部，只能在生皮表面发生鞣化，也不在鞣质的范围。为此，Bate-Smith 于 1962 年将鞣质定义为："相对分子质量在 500～3000，能沉淀生物碱、明胶及其他蛋白质的水溶性多酚类化合物。"从这个传统的定义可以看出，鞣质的主要特征为：①水溶性。虽然一些纯品难溶于水，但自然状态下鞣质间的相互作用（缩合）可保证其在水中有一定的溶解度。②相对分子质量。天然鞣质的相对分子质量在 500～3000。③分子间络合。鞣质可与溶液中的生物碱、明胶和其他蛋白质络合。④结构特征。每 1000 相对分子质量含 12～16 个结构单元和 5～7 个芳香环。该定义规定了鞣质的特征及范围。由此可知，鞣质一词是功能性名词，它代表物质的一种属性，这种属性反映了多酚类化合物羟基数目增加所产生的性质上的特征。1981 年，Haslam 将植物鞣质及与鞣质有生源关系的化合物统称为"植物多酚（plant polyphenols）"。由于传统习惯，许多文献中仍然采用植物鞣质一词，但其概念与植物多酚是等同的。本章仅涉及传统意义上的鞣质。

除低等植物如藻类、地衣、苔藓等外，鞣质广泛分布于植物界，尤其在种子植物中分布非常广泛。其中裸子植物的松科、柏科，被子植物中的蓼科、槭树科、蔷薇科、豆科、胡桃科、红树科、桃金娘科、茜草科、杨柳科、漆树科、壳斗科、杨梅科、石榴科等都含有丰富的鞣质。

值得提及的是，鞣质在许多中药材中广泛存在，如芍药、龙芽草、山楂、黄连、乌药、石榴皮、虎杖、仙鹤草、老鹳草、何首乌、麻黄、大黄、地榆等。

第一节　鞣质的结构与分类

1920 年 Freudenberg 按照鞣质的化学结构特征将其分为水解鞣质（hydrolysable tannin）和缩合鞣质（condensed tannin）两大类。

水解鞣质是棓酸或与棓酸有生源关系的酚酸与多元醇形成的酯，属于 C_1-C_6 型酚类。水解鞣质分子内具有酯键或苷键，在稀酸、碱或鞣酶的作用下易水解，产生多元醇和酚酸。根据所产生多元酚酸的不同，水解鞣质又分为棓酸鞣质（没食子鞣质）和鞣花酸鞣质。

缩合鞣质是羟基黄烷类单体组成的聚合物，具有 C_6-C_3-C_6 的结构特征，分子中的芳香环均以 C—C 键相连，不容易水解，在强酸的作用下，缩合鞣质发生聚合，产生暗红色沉淀。因化学组成和键合方式的不同，造成两类鞣质在结构特征、化学反应及研究方法上都有很大的区别。

一、水解鞣质

根据水解后产生酚酸的不同，水解鞣质可分为：①棓酸鞣质（gallotannin），水解后产生棓酸（即 3, 4, 5-三羟基苯甲酸，也称为没食子酸，**1**）或与棓酸有生源关系的酚酸；②鞣花酸鞣质（ellagitannin），水解后产生鞣花酸（ellagic acid，**2**）或其他与六羟基联苯二甲酸（hexahydroxydiphenolic acid，HHDP，**3**）有生源关系的物质。水解鞣质都是植物体内棓酸代谢产物，均属于棓酸或与棓酸有生源关系的酚酸与多元醇形成的酯。

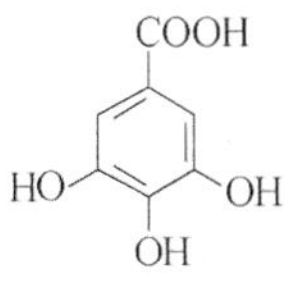

1 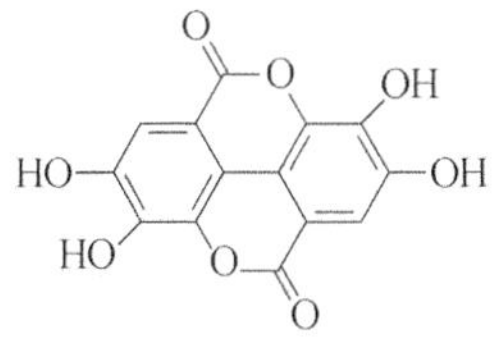　**2** 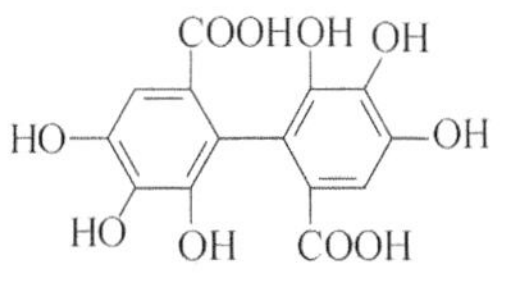　**3**

五倍子鞣质经酸或酶解可以得到大量的棓酸，该化合物是制药工业上合成二棓酸锑三钠（治疗血吸虫）、克冠草（治疗冠心病）、联苯双酯（治疗肝炎）、次没食子酸铋（治疗肠炎、溃疡）、没食子酸碘化铋（外用药）等的重要原料。

水解鞣质水解时产生的多元醇种类很多，如金缕梅糖（**4**）、莽草酸（**5**）、奎宁酸（**6**）、原栎醇（**7**）、甘油、scyllo-栎醇（**8**）、葡萄糖、木糖、果糖，以及甲基葡萄糖苷、毛柳苷等各种不同的葡萄糖苷等，其中最常见的是 D-葡萄糖，特别是鞣花酸鞣质，其水解产生的多元醇基本上全是 D-葡萄糖。

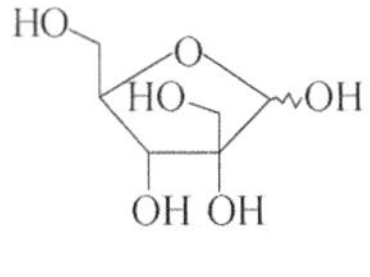

4 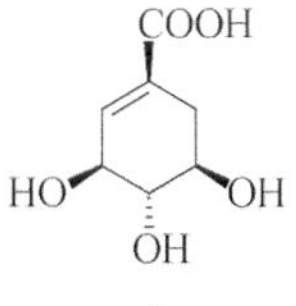　**5** 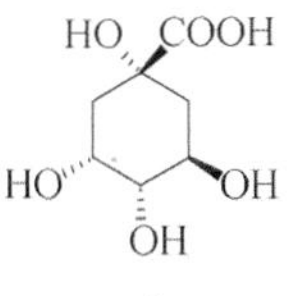　**6** 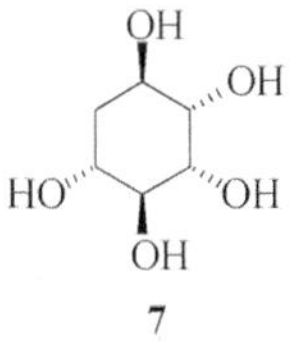　**7** 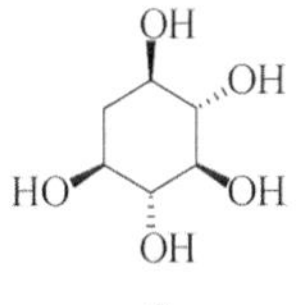　**8**

1. 棓酸鞣质　棓酸鞣质在植物界的分布极为广泛，主要是由 *β*-D-葡萄糖与棓酰基（也称为没食子酰基，**9**）或缩酚酰基（**10**）连接成的酯，即分子结构中含有棓酸或其缩合物结构单元。常见的棓酸缩合物有间-双没食子酸（**11**）、对-双没食子酸（**12**）、HHDP（**3**）等。

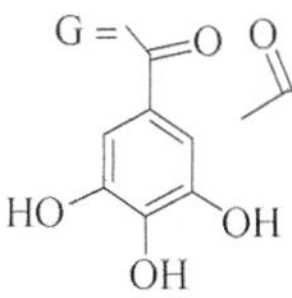

9 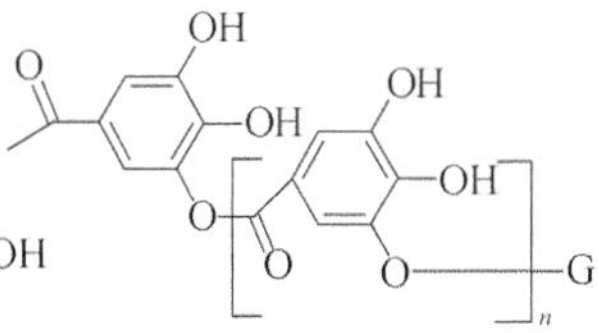　**10** 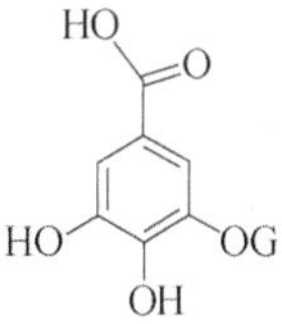　**11** 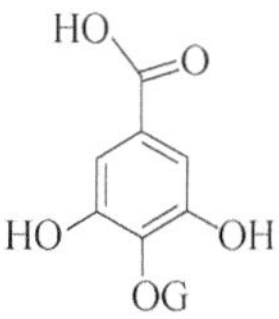　**12**

通常将只含有棓酰基的鞣质称为简单棓酸鞣质，简单棓酸鞣质的糖基可与 1～5 个棓酰基相连。例如，蔷薇科玫瑰（*Rosa rugosa*）中的 1, 2, 3-三-*O*-棓酰基-*β*-D-葡萄糖（**13**）、1, 2, 6-三-*O*-棓酰基-*β*-D-葡萄糖（**14**），蔷薇科悬钩属粗叶悬钩子（*Rubus aleaefolius* Poir）中的 1, 2, 3, 6-四-*O*-棓酰基-*β*-D-吡喃葡萄糖苷（**15**）和 1, 2, 3, 4, 6-五-*O*-棓酰基-*β*-D-吡喃葡萄糖苷（**16**）。

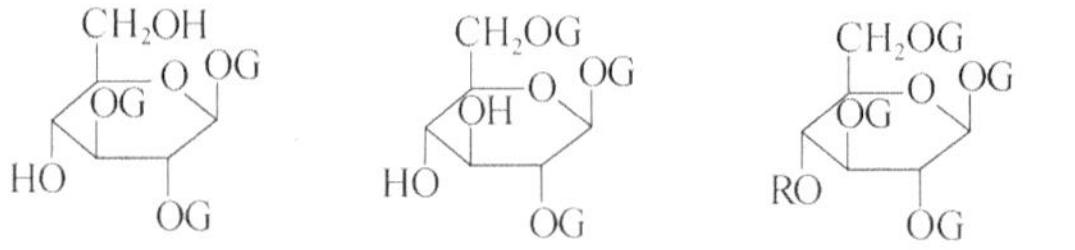

13　　**14**　　**15** R=H，**16** R=G

含有缩酚酰基的鞣质则称为缩酚酸型鞣质，其中缩酚酰基中的棓酰基之间存在对位和邻位两种连接方式的异构体，缩酚酸型鞣质的糖基则因缩酚酰基的存在可连接 5 个以上的棓酰基。例如，塔拉（*Caesalpinia spinosa*）豆荚内的塔拉鞣质（tara tannin，**17**），该缩酚酸型鞣质是棓酸与 D-奎宁酸的酯化产物，是典型的不含葡萄糖基的没食子酸鞣质。它完全水解后产生 1 分子奎宁酸和 4～5 分子棓酸。

五倍子鞣质是一种典型的水解鞣质，它是五倍子的主要成分，含量为 50%～70%。五倍子是五倍子蚜（虫）寄生在漆树科植物盐肤木叶翅上所形成的虫瘿或其他蚜虫寄生在同属植物的小叶背上所形成的虫瘿。因我国盛产五倍子，故国际上又将五倍子鞣质称为中国鞣质，而我国药典上则称之为鞣酸。药用五倍子鞣质是混合物，是葡萄糖上羟基与棓酸所形成的酯类化合物，典型结构为 2-多-*O*-棓酰基-1, 3, 4, 6-四-*O*-棓酰基-*β*-D-葡萄糖（**18**），平均每分子五倍子鞣质中含 3 个棓酰基，以缩酚的形式存在。分子中的葡萄糖具有椅式构象，棓酰基连在平伏键上。其完全水解后产生 D-葡萄糖和棓酸。

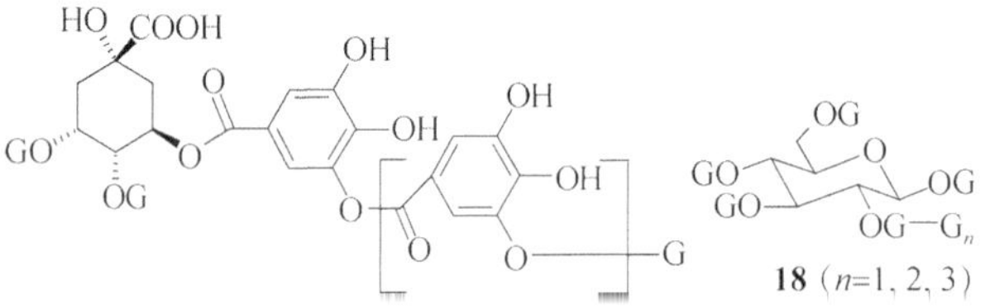

18（*n*=1, 2, 3）

17（*n*=1, 2, 3）

2. 鞣花酸鞣质　　鞣花酸鞣质是六羟基联苯二甲酸或与其有生源关系的酚酸与多元醇（以葡萄糖为主）形成的酯。由于水解后能生成鞣花酸，因此鞣花酸鞣质因此而得名。然而鞣花酸本身并不是构成鞣花酸鞣质的结构单元，它是鞣花酸鞣质水解过程中由其他结构单元发生内酯化的产物。例如，六羟基联苯二甲酸和黄没食子酸失水后均可生成鞣花酸。

鞣花酸鞣质较棓酸鞣质而言，在自然界分布更广，其化学结构更为复杂，种类更为繁多。鞣花酸鞣质糖基上常连有六羟基联苯二甲酰基（**19**）、脱氢二棓酰基（**20**）、橡椀酰基（**21**）、脱氢六羟基二酚酰基（**22**）等基团。除此之外，有时葡萄糖单元上也常连有棓酰基。这些多酚酸酰基可以与糖基上两个醇羟基形成酯键，加上取代基本身又存在 *S*、*R* 两种构型，从而限制了分子形状的可变性，因此其吡喃葡萄糖单元具有与立体结构相适应的椅式构象，船式构象基本不出现。有些鞣花酸鞣质中的葡萄糖并非以六元环存在，取代基以 C-苷直接连接在葡萄糖的 C-1 位上，此时糖基是开链结构，如橡椀中的多种组分：木麻黄宁（casuarinin，**23**）及旌节花素（stachyurin，**24**）。

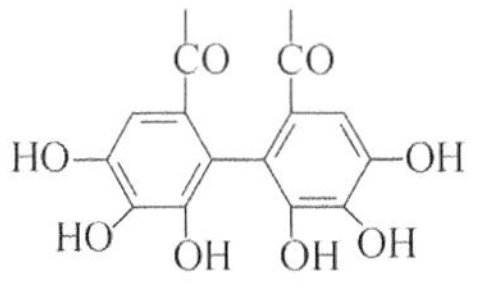

19 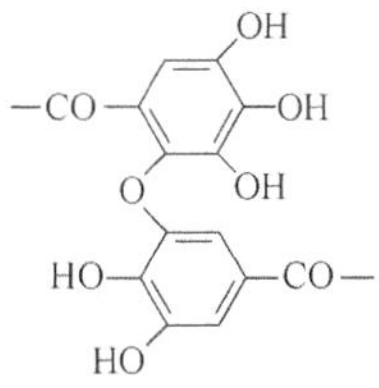　**20** 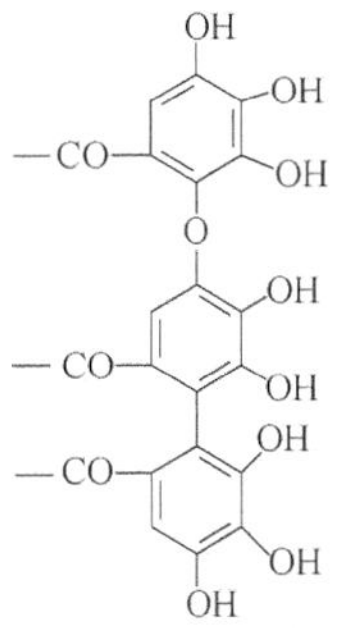　**21**

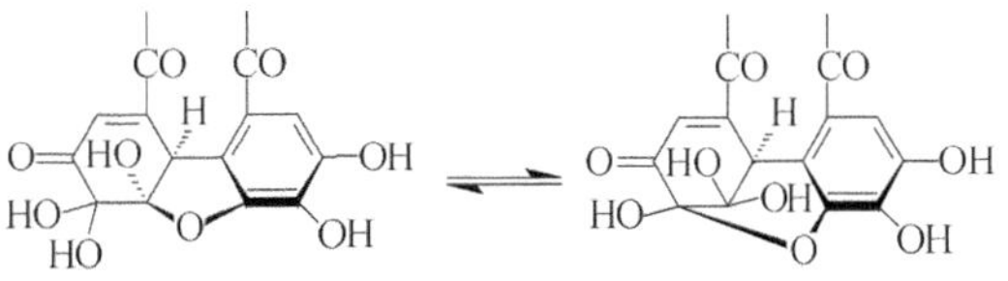

22

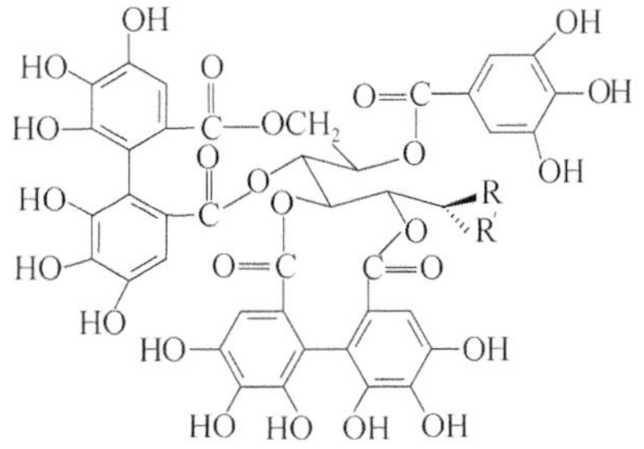

23 R＝H，R′＝OH；**24** R＝OH，R′＝H

从鞣花酸鞣质的结构可以看出，尽管棓酸并非主要的酚酸结构单元，但在植物体内与六羟基联苯二甲酸有生源关系的酚酸酰基，如脱氢六羟基联苯二甲酰基（**25**）、柯子酰基（**26**）、云实酰基（**27**）、地榆酰基（**28**）等均来源于棓酰基，是毗邻两个、三个或四个棓酰基之间发生脱氢、偶合、重排、裂环等反应而形成的，如常见的云实素（**29**）、脱氢二鞣花酸（**30**）、黄棓酚（**31**）、椀橡酸（**32**）等，故鞣花酸鞣质都是棓酸的代谢产物。

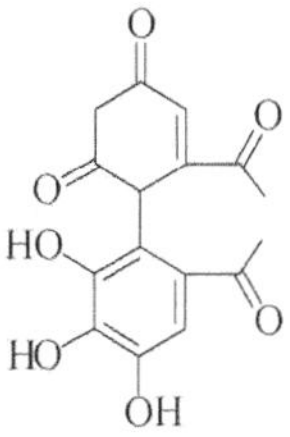

25 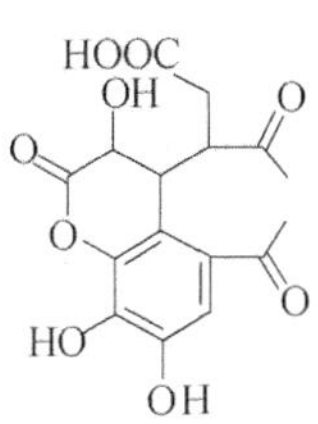　**26** 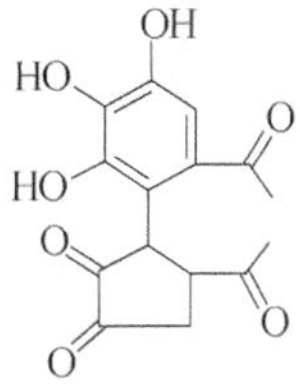　**27** 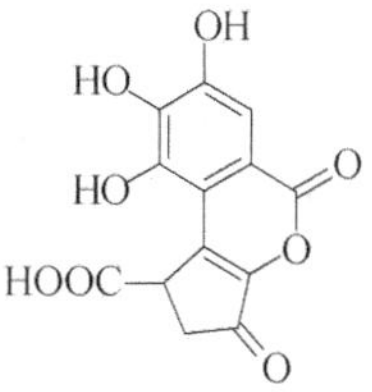　**29**

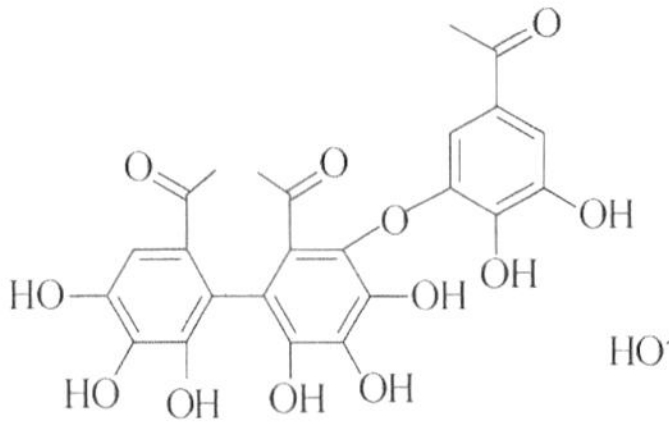

28

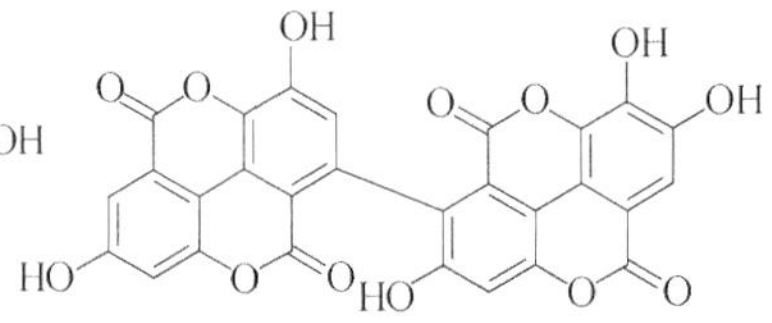

30

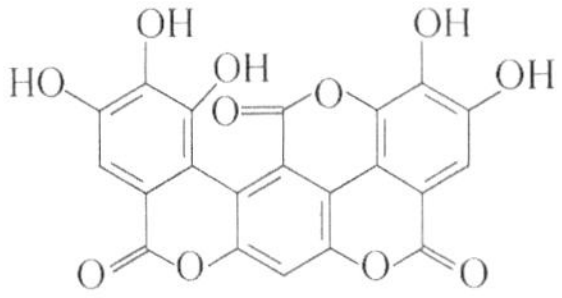

31

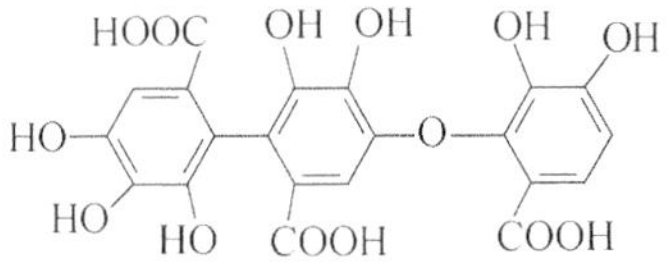

32

近年来，发现了一些新的鞣花酸鞣质。例如，柳叶菜科柳叶菜属的几种植物地上部分得到的能抑制 5α-还原酶活性的 oenothein A（**33**）等。

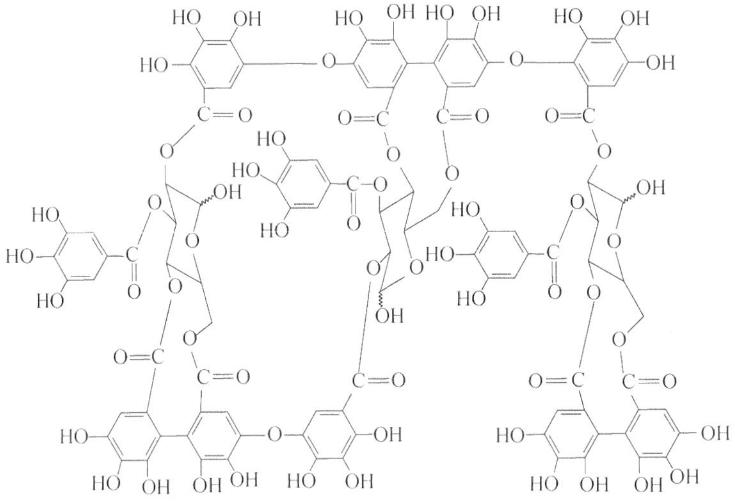

33

二、缩合鞣质

组成缩合鞣质最重要的单体是黄烷-3-醇，其中最常见的是儿茶素，根据其 2，3 位的构型不同又可分为（2*R*, 3*S*)-（+)-儿茶素（**34**)、(2*S*, 3*R*)-（−)-儿茶素（**35**)、(2*S*, 3*S*)-（+)-表儿茶素（**36**)、(2*R*, 3*R*)-（−)-表儿茶素（**37**)。若 B 环有三个邻位羟基，则该单体为棓儿茶素类，常见的有以下两种：(2*R*, 3*S*)-（+)-棓儿茶素（**38**)、(2*R*, 3*R*)-（−)-表棓儿茶素（**39**)。

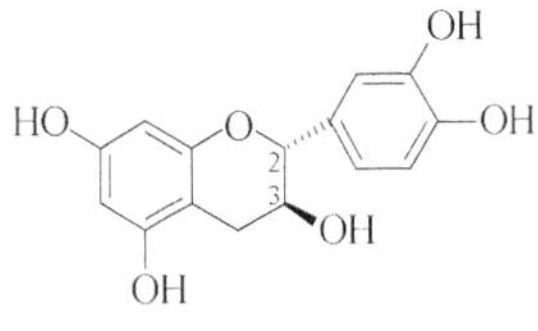

34

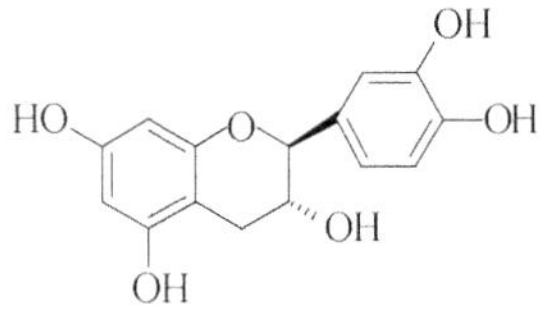

35

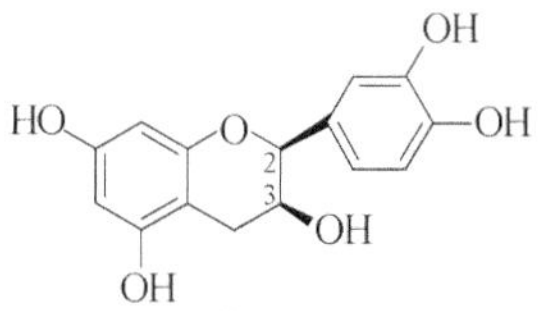

36 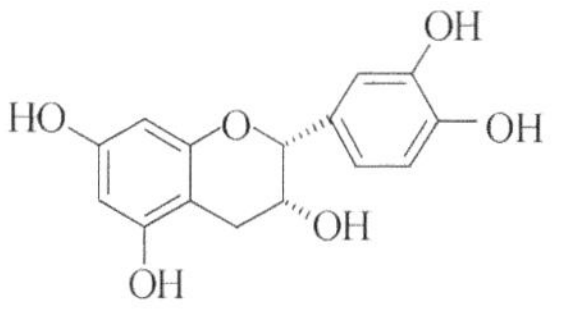　　37

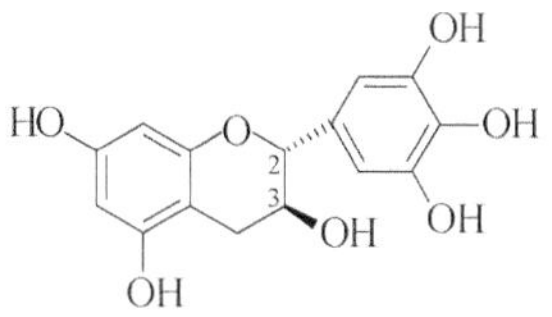

38 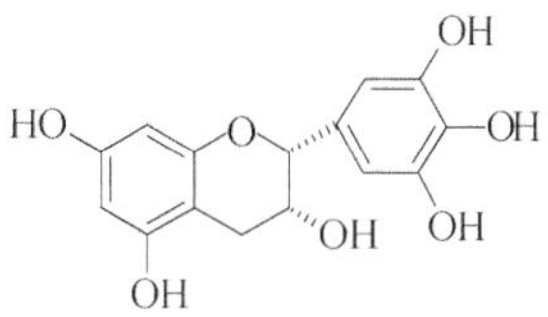　　39

除此之外，组成缩合鞣质的单体还有黄烷-4-醇（**40**）、黄烷-3, 4-二醇（**41**）等。前者是单体原花色素（monomer-proanthocyanidin），后者对应于缩合鞣质，即聚合体原花色素。

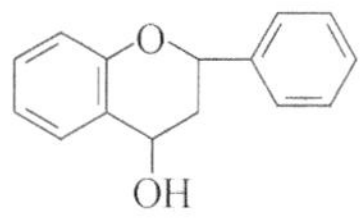

40 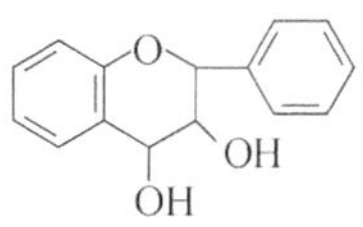　　41

通常将相对分子质量为 500～3000 的聚合体称为缩合鞣质，而将相对分子质量更大的聚合体称为红粉（phlobaphene）和酚酸（phenolic acid）。红粉泛指缩合鞣质水溶液在酸或氧的作用下生成的不溶于水的红褐色沉淀，也指植物体内与缩合鞣质伴存的不溶于水但溶于有机溶剂的红色酚类化合物（相对分子质量大于 3000），部分红粉可溶于亚硫酸盐溶液。聚合度更大的聚合原花色素不溶于中性水溶液，但溶于碱性水溶液，习惯上称之为酚酸。研究表明，红粉和酚酸是原花色素在一定条件下重排的产物。可以认为大部分缩合鞣质等同于原花色素，只有用酸处理不产生原花色素的部分缩合鞣质（如茶黄素等）不属于原花色素类多酚。

聚原花青定（polymer procyanidin）是分布最广、数量最多的原花色素，存在于许多植物体内。其中研究较多的是原花青定二聚体，其结构单元是（+）-儿茶素及（–）-表儿茶素。其结构单元之间常见的结合方式有 C-4 与 C-8（如原花青定 B-1，**42**）以 C—C 键相连，另外还有 C-2 与 C-5（如原花青定 A-7，**43**）以醚键相连。

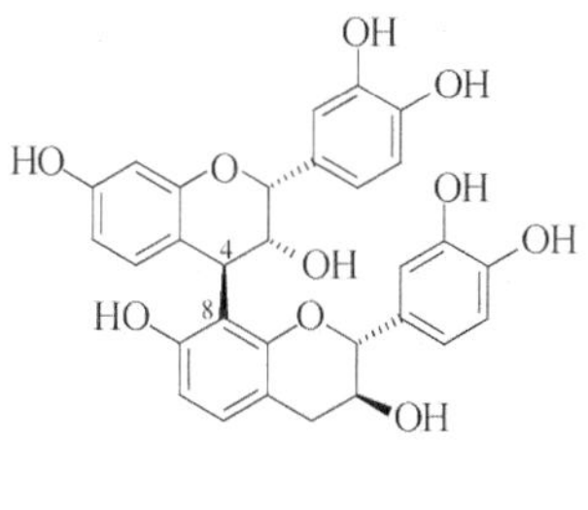

42 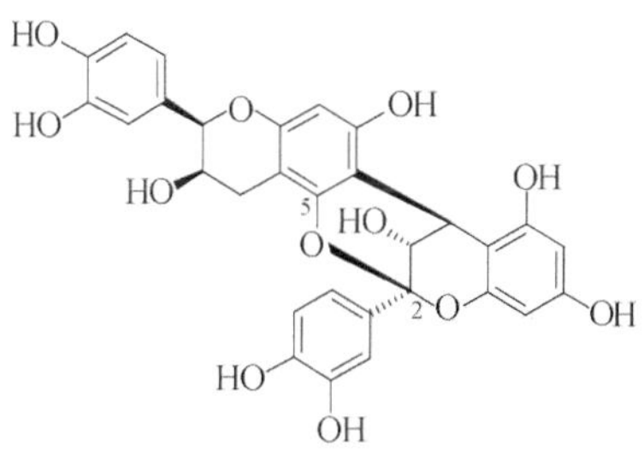　　43

依照组成单体的数目不同，缩合鞣质可分为二聚体、三聚体……六聚体等。二聚体基本上不具有鞣质的性质，从三聚体起才有典型的鞣质性质，且鞣性随相对分子质量的增加而增加。结构单元之间可以 C-4 与 C-8 位或 C-4 与 C-6 位 C—C 键相连接而形成单链型缩合鞣质，也可以一个 C—C 键及一个 C—O—C 键相连接而形成双链型缩合鞣质。缩合鞣质一般有直链型、支链型和角链型，但三聚体缩合鞣质只有直链型和角链型。与水解鞣质相比，由于缩合鞣质中结构单元间结合主要是以 C—C 键相连，因此空间位阻较大，结构单元之间往往不能自由转动，使分子表现为较大的构象稳定性，分子链比较僵硬，如从樟科植物肉桂（*Cinnamonum cassia*）的树皮中分离出的原花青定 B-6（**44**）、肉桂鞣质 A_1（**45**）等缩合鞣质。

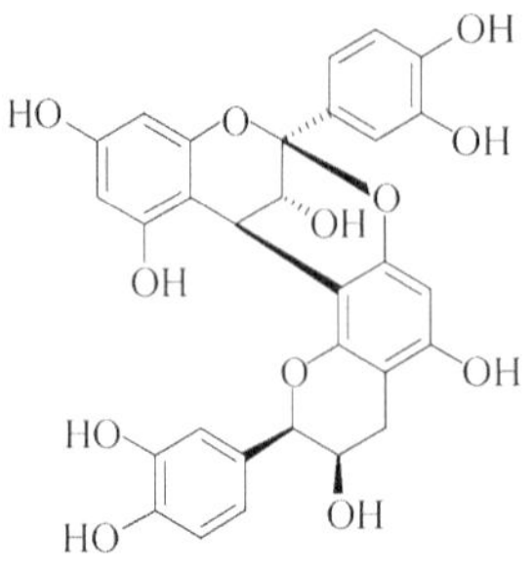

44 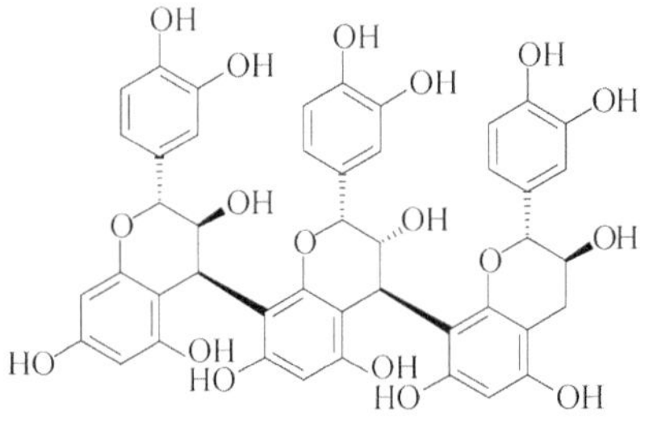　**45**

三、复合鞣质

兼有水解鞣质和缩合鞣质的结构特征（含有 C_1-C_6 及 C_6-C_3-C_6 结构单元）和性质的鞣质称为复合鞣质（complex tannin）。20 世纪 80 年代以来，日本学者陆续在壳斗科植物窄叶青冈（*Quercus stenophylla*）、麻栎（*Q. acutissima*）、蒙古栎（*Q. mongolica*）、番石榴（*Psidium guajava*）等植物中发现了一类含黄酮基（黄烷醇、黄酮醇）的鞣花酸鞣质。这类复合鞣质称为黄酮-鞣花酸鞣质（flavono-ellagitannin）。

例如，从蒙古栎中分离出的蒙古栎素 B（mongolicin B，**46**），它是在典型的鞣花酸鞣质的开链葡萄糖上以 C—C 键连接了一个黄酮苷，而这个黄酮苷正是缩合鞣质的一种典型结构。

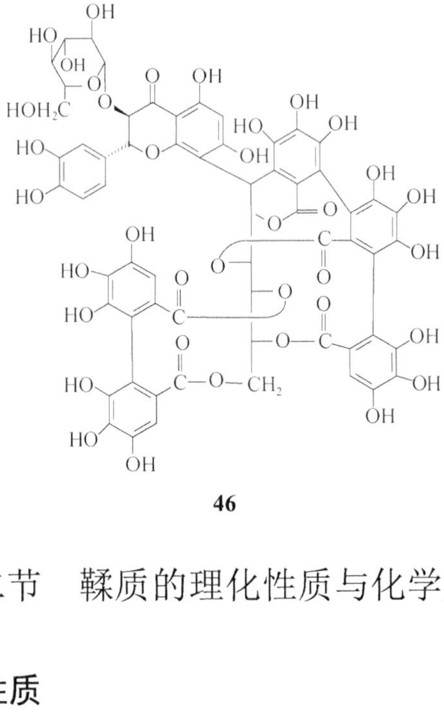

46

第二节　鞣质的理化性质与化学反应

一、鞣质的理化性质

植物鞣质具有酚类物质的通性和固有的特征，其理化性质如下。

1．物理性状　天然的植物鞣质一般为浅褐色至红褐色的无定形粉末，少数鞣质在纯化后能形成晶体。

2．溶解性能　鞣质极性很强，能溶于水、甲醇、乙醇、丙酮等强极性溶剂，也可溶于乙酸乙酯、乙醚和乙醇的混合溶剂，难溶于乙醚、氯仿、苯、石油醚等极性较小的有机溶剂。少量水的存在能够增加鞣质在有机溶剂中的溶解度。

3．沉淀特性　鞣质能与蛋白质结合产生不溶于水的复合物，故可作为收敛剂并用于鞣皮。未成熟的果实中因含有鞣质而具涩味，这是因为鞣质可与口腔的唾液蛋白结合，使其失去对口腔的润滑作用，能引起舌的上皮组织收缩而产生涩味。实验室中常用明胶来沉淀鞣质，此法也可用来纯化鞣质。

4．显色特性　鞣质遇三价铁盐显绿色或蓝色，遇重金属盐（如乙酸铅、乙酸铜、氯化亚锡）或碱土金属氢氧化物（如氢氧化钙）生成沉淀。蓝黑墨水就是以鞣质为原料制造的。

5．酸性　鞣质分子中因有较多的酚羟基，故其水溶液显酸性。弱酸性的鞣质能与生物碱结合形成不溶于水的沉淀，可以用作检出生物碱的沉淀试剂。

6．强还原性　较多的酚羟基，特别是邻位酚羟基的存在，使鞣质有强还原性，可还原费林试剂，能被高锰酸钾氧化。鞣质水溶液在 pH 大于 2.5 时能被空气中的氧所氧化，随着 pH 的增大，其氧化速率加快，氧化后颜色变深。

7．水解鞣质与缩合鞣质的定性鉴别　水解鞣质与缩合鞣质的鉴别反应见表 8-1。因不少植物中同时存在这两种鞣质，也可能含有其他结构复杂的鞣质，所以表 8-1 中所列的反应仅能用于初步的判断，只有经分离提纯并确定鞣质的结构后，才能确定其类型。

表 8-1　水解鞣质与缩合鞣质的鉴别反应

鉴别试剂	水解鞣质	缩合鞣质
稀酸（共沸）	无沉淀	暗红色沉淀（鞣红）
溴水	无沉淀	黄色或橙红色沉淀
三氯化铁	蓝或蓝黑色（或沉淀）	绿或绿黑色沉淀
石灰水	青灰色沉淀	棕或棕红色沉淀
乙酸铅	沉淀	沉淀（可溶于稀乙酸）
甲醛和盐酸	无沉淀	沉淀

二、鞣质的化学反应

（一）水解鞣质的降解

在酸、碱、鞣酶的催化下，水解鞣质可水解成小分子化合物。水解程度随条件而异，强酸和强碱条件下发生彻底水解，弱酸、弱碱或中性条件下仅发生部分水解，在鞣酶催化下只发生选择性水解。例如，大戟科大戟属植物 *Euphorbia glareosa* 叶中分离得到的 glarein A（**47**）用 5%硫酸水解得到棓酸（a）、鞣花酸（b）和 D-葡萄糖（c）；其甲基化产物在强碱性的甲醇钠水溶液中水解得到 *O*-三甲基没食子酸甲酯（d）、*O*-八甲基橡椀酸三甲酯（e）、甲基-D-葡萄糖苷（f）。

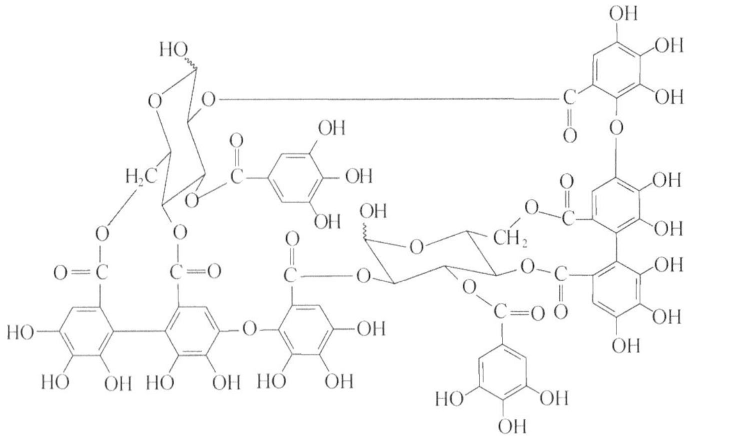

47

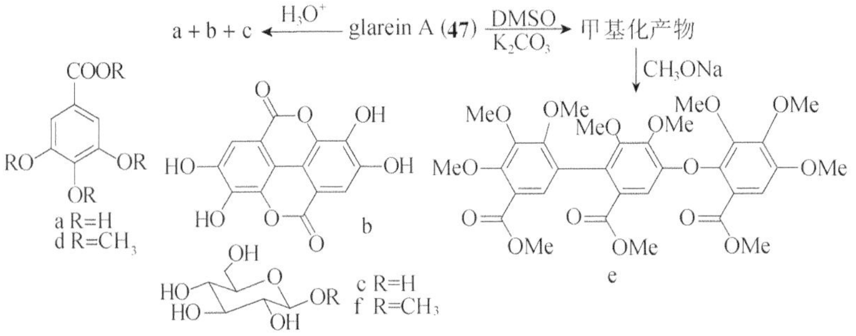

$a + b + c \xleftarrow{H_3O^+}$ glarein A (**47**) $\xrightarrow[K_2CO_3]{DMSO}$ 甲基化产物 $\xrightarrow{CH_3ONa}$

a R=H
d R=CH_3

b

c R=H
f R=CH_3

e

（二）缩合鞣质的降解

缩合鞣质分子中的黄烷类化合物以 C—C 键相连缩合而成，C—C 键不能被酸、碱或酶催化断裂，但遇苄硫醇可发生降解反应，这种化学降解法常称为硫解法。硫解法用样量小，产物得率高，且构型不变。

例如，红树科植物秋茄（*Kandelia candel*）树皮中的缩合鞣质秋茄素 B-1（**48**）用苄硫醇-乙酸完全水解得到表儿茶素（a）、表儿茶素-4β-苄硫醚（b）和金鸡纳因Ⅰa-4β-苄硫醚（c）。用镍催化氢化法可除去金鸡纳因Ⅰa-4β-苄硫醚中的苄硫醚而得到金鸡纳因Ⅰa（d）。对秋茄素 B-1 进行部分硫解时，得到原花青定 B-2（e）和金鸡纳因Ⅱa-4β-苄硫醚（f）。

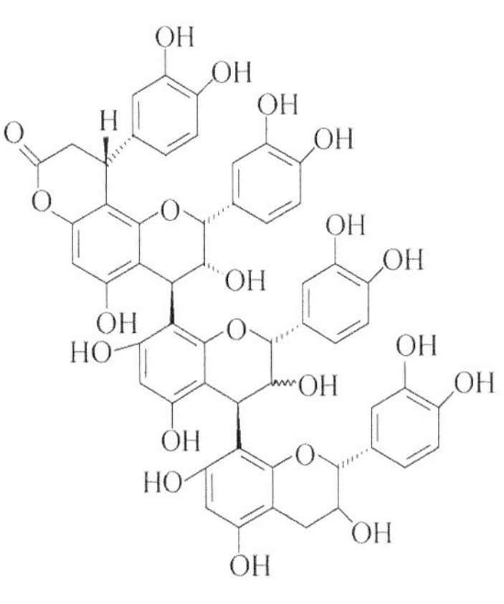

秋茄素 B-1 $\xrightarrow{彻底硫解}$ a + b + c $\xrightarrow{H_2/Ni}$ d

秋茄素 B-1 $\xrightarrow{部分硫解}$ e + f

48

a R=H
b R=SCH_2Ph

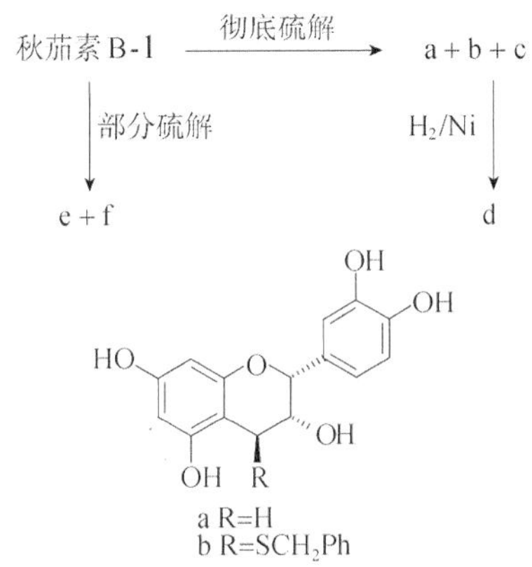

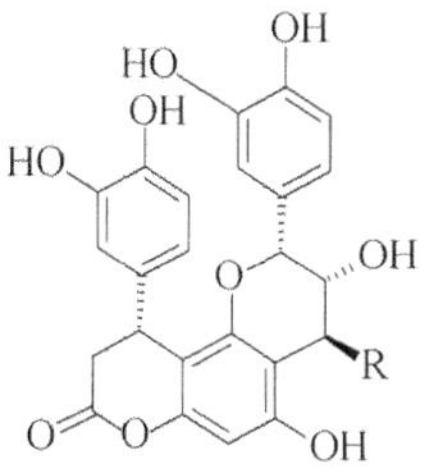

c $R=SCH_2Ph$
d R=H

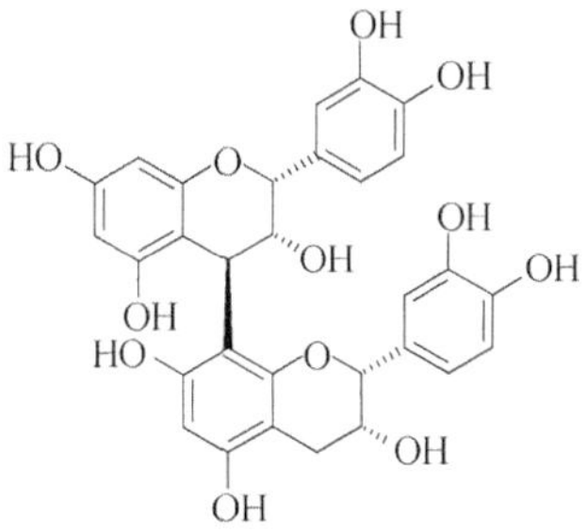

e

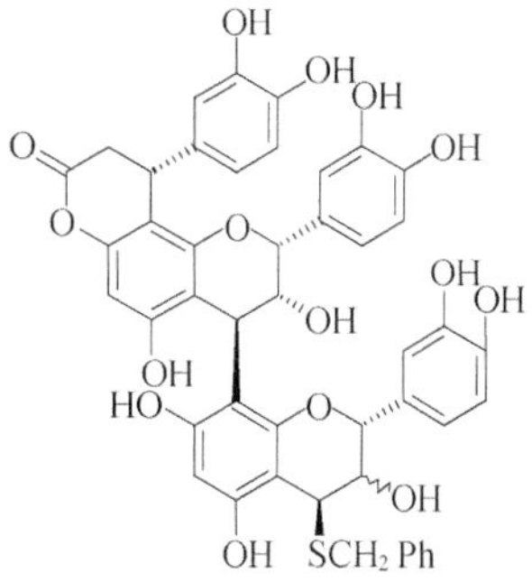

f

第三节　鞣质的提取和分离

一、鞣质的提取方法

用于提取鞣质的植物材料最好是新鲜的，应尽快提取，避免鞣质在水分、空气、光照和酶等因素的作用下发生变质。原料经适当粉碎后在室温下多次浸泡或渗滤直到溶液几乎无色为止。提取时要避免使用铁、铜等金属容器。提取和浓缩温度应尽可能低，特别是对于极不稳定的水解鞣质，温度应控制在 50℃以下。此外，由于鞣质在酸、碱或氧化剂的作用下均不稳定，故提取和浓缩过程中应尽量避免与之接触。

鞣质属强极性的有机化合物，通常使用水-低级醇、水-丙酮、乙酸乙酯等极性较强的溶剂进行提取，工业上常选用水作为鞣质的提取溶剂。含鞣质的水溶液通过喷雾干燥而得到粗鞣质。水的极性大，溶出杂质多，使得分离变得复杂，在实验室很少单独使用。

丙酮-水（100∶0 至 50∶50）是最常用的溶剂，其特点是对鞣质的溶解能力最强，能够打开植物内鞣质-蛋白质的连接键，提高提取率，且易于从浸提液中回收丙酮，得到鞣质的水溶液。

甲醇或甲醇-水也是良好的溶剂，用甲醇浸提黑荆树皮鞣质的提取率高于用水浸提，而且可以避免鞣质的氧化。但是，甲醇能使水解鞣质中的缩酚酸键发生醇解。

若要获得不同聚合度的鞣质，多采用乙醚、乙酸乙酯、乙醇、甲醇体系逐次系统提取。

二、鞣质的分离方法

上述浸提液浓缩后得到的浸膏是鞣质与其他组分的混合物，其中包括一些化学结构和理化性质与鞣质十分接近的成分。同时，鞣质属于复杂的多元酚类化合物，相对分子质量大且极性强，化学性质又比较活泼，在分离过程中会由于发生氧化、离解、聚合等反应而改变原有的结构，从而使得鞣质的分离纯化较为费时，且有一定的难度。

（一）溶剂法

通常将鞣质的水溶液先用石油醚、乙醚等溶剂萃取，以除去弱极性成分，然后再用氯仿、乙酸乙酯、正丁醇等提取可得到较纯的鞣质。亦可将粗品鞣质溶于少量的乙醇或乙酸乙酯中，逐渐加入适当的溶剂，如乙醚、氯仿等，将鞣质沉淀出来。其中弱极性溶剂的选择非常关键，如果使用单一溶剂效果不佳，选择二元混合溶剂体系。

例如，用丙酮-水溶剂体系得到的缩合鞣质水溶液，经氯仿或石油醚萃取，除去脂溶性部分，再用乙酸乙酯或正丁醇萃取，有机相中富集了黄烷-3-醇及低缩合鞣质，多聚缩合鞣质则留在水相中。但如果直接向鞣质水溶液加入过量的95%乙醇，树胶类物质就沉淀出来。而在鞣质的甲醇或乙酸乙酯溶液加入乙醚，鞣质会因溶解度降低而沉淀。

（二）沉淀法

沉淀法是在中性条件下用乙酸铅、碳酸铅、碱式乙酸铅、碳酸铜、氢氧化铜或氢氧化铝将鞣质从溶液中沉淀出来，然后再用酸或硫化氢分解沉淀回收鞣质。

利用蛋白质与鞣质相结合的性质亦可从水溶液中分离鞣质。向鞣质的水溶液中分批加入明胶溶液，滤取沉淀，再用丙酮回流提取鞣质。因为鞣质溶于丙酮，蛋白质不溶于丙酮，所以此法常用于分离鞣质和非鞣质成分。

另外，生物碱也可作为鞣质的沉淀剂，用于鞣质的分离。

（三）层析法

1．柱层析　柱层析是目前分离纯鞣质的最主要的方法，常用葡聚糖凝胶、纤维素、聚酰胺、硅胶等固定相。

（1）葡聚糖凝胶柱层析。葡聚糖凝胶柱层析常用的固定相是葡聚糖凝胶 Sephadex LH-20，以乙醇、乙醇-水、甲醇、甲醇-水、丙酮-水为流动相。分离结束后，可用大量强极性溶剂冲洗层析柱，使葡聚糖凝胶再生后重复利用。这种方法目前已成为分离缩合鞣质和水解鞣质的常规方法。

利用 Sephadex LH-20 柱对提取物进行初步分组的方法见图 8-1，依次采用不同的流动相进行洗脱，可得到不同的组分。

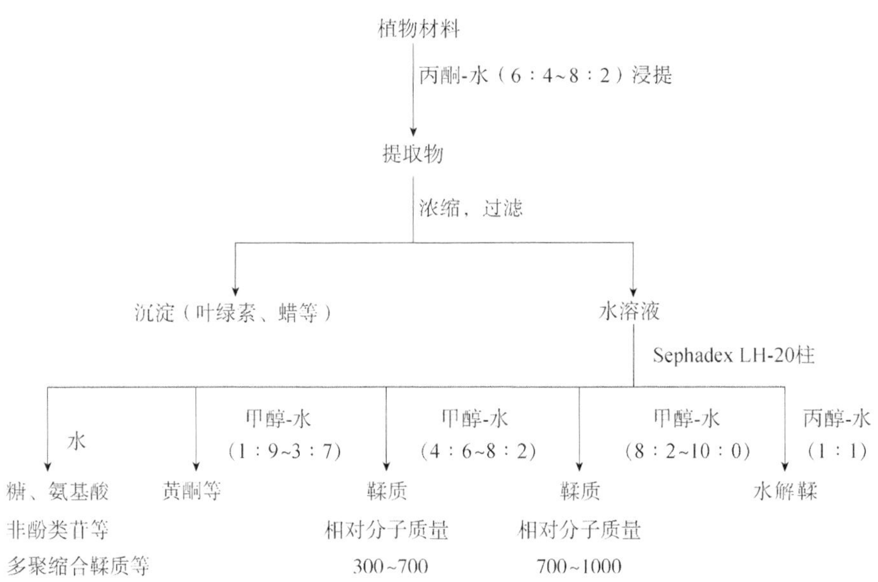

图 8-1　Sephadex LH-20 柱对提取物进行初步分组的方法

（2）MCI 树脂（CHP 20P）柱层析。MCI 树脂为高孔隙率的聚苯乙烯凝胶，是粗分鞣质常用的一种吸附剂，以水-甲醇为洗脱溶剂。通常先用该柱将样品粗分，然后再用 Sephadex LH-20 柱细分。

（3）聚酰胺柱层析。聚酰胺柱层析多用于相对分子质量较低的鞣质的粗分离，之后再用 Sephadex LH-20 柱细分。其缺点是聚酰胺对鞣质的吸附能力太强，难以洗脱。

2．薄层层析　该法用样量少，展开快，分离能力强，可用于监测柱层析的分离过程及鞣质的制备型分离。常用的固定相有纤维素、硅胶、聚酰胺等。

（1）纤维素薄层层析。纤维素薄层层析常用的展开剂有乙酸水溶液（一般为 2%～10%）和正丁醇-乙酸-水（4∶1∶5，上层）。前者用于黄烷醇、二聚缩合鞣质和水解鞣质的分离，后者用于鞣花酸鞣质的分离。乙酸的作用是防止酚的氧化，减少酚的离子化引起的“拖尾”现象，增加溶剂的极性以利分离。

（2）硅胶薄层层析。硅胶薄层层析多用苯-甲酸乙酯-甲酸体系作为展开剂。当比例为 2∶7∶1 时，适用于三聚体以下的鞣质；比例为 1∶7∶1 时，适用于三聚体以上、六聚体以下的鞣质；比例为 1∶5∶2 时，适用于鞣花酸鞣质。除此之外，作为展开剂的还有乙酸乙酯-甲酸-水（95∶5∶5）、苯-丙酮-乙酸（5∶4∶1）、氯仿-甲醇-乙酸-水（85∶15∶10∶3）、苯-丙酮-甲醇（6∶3∶1）、苯-乙醇（4∶1）等展开体系。以苯-乙酸乙酯-甲酸（80∶50∶8）为展开剂，用亚硝酸钠显色，曾成功用于水解鞣质的分解产物——没食子酸的检测。

（3）聚酰胺薄层层析。聚酰胺薄层层析一般用丙酮-甲醇-甲酸-水（3∶6∶5∶5）、丙酮-甲醇-1mol/L 吡啶水溶液（5∶4∶1）等为展开剂。以这两种展开剂进行双相聚酰胺薄层层析，栗木的甲醇提取物可得到 22 个点，五倍子的乙酸乙酯提取物可得到 15 个点。

（四）高效液相色谱

HPLC 在鞣质的研究中有着重要的应用，正相 HPLC 常用于相对分子质量不同化合物的分离，反相 RP-HPLC 则用于相对分子质量相同化合物的分离。

分离鞣质常用的正相 HPLC 柱有 TSK-gel Silica 60、Zorbax SIL 等，以正己烷-甲醇-四氢呋喃-甲醇（45∶40∶13.5∶1.5）为流动相。该系统曾用于分离桂皮鞣质，使桂皮中的缩合鞣质以二聚体、三聚体、五聚体等逐个得以分离，但对于不同类型的二聚体未能分开。

分离鞣质的反相 HPLC 柱采用化学键合固定相，固定相的极性小于流动相。洗脱时，极性大的鞣质先于极性小的鞣质被洗脱出来。常用的 RP-HPLC 柱有 C-18（Zorbax ODS，Lichrosorb RP18，Nucleosil 5C18，μ-Bondapak C18）、C-8（Lichrosorb RP8，Zorbax C8），CN（Micropak CN）等，用含酸的甲醇-水、乙腈-水作为流动相。酸（通常是甲酸、草酸、磷酸等）的加入能抑制酚羟基的离解，使峰变窄，有利于分离。以乙腈-水（4∶1+适量磷酸）为流动相，可将上述桂皮中不同类型的二聚体分开。

手相高效液相层析（chiral-phase HPLC）也用于鞣质的分离，可将一对对映异构体分开。所用的手相 HPLC 柱有 Chiracel OC、Chiracel OD（硅胶表面键合已酯化的纤维素）。例如，以正己烷-异丙醇-甲酸（35∶65∶0.5）为流动相分离（+）-表儿茶素与（−）-表儿茶素。

三、鞣质的提取分离实例

实例：复合鞣质的提取分离。

从新鲜的蒙古栎（*Quercus mongolica*）树皮中分离蒙古栎卡因 A、B 等复合鞣质的流程如图 8-2 所示。

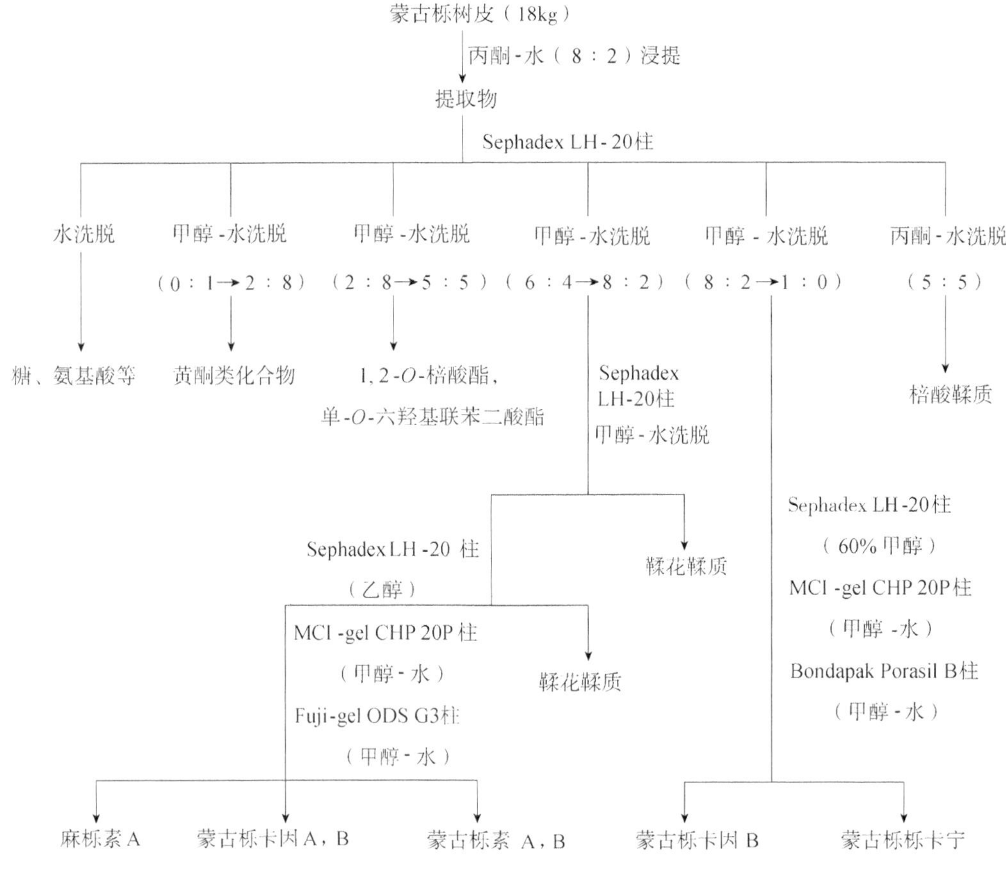

图 8-2　蒙古栎树皮中复合鞣质的提取分离流程

第四节　鞣质的结构研究方法

鞣质的化学结构研究方法有物理方法和化学方法两大类。NMR 谱和 MS 谱能够为鞣质结构解析提供重要信息，是最常用的两种物理方法；化学方法有衍生物制备、分解反应和合成反应等。

一、鞣质的波谱学特征

（一）NMR 谱

NMR 谱是研究鞣质结构的强有力工具，与其他仪器分析方法相比，NMR 提供的信息最为丰富，且样品可以回收。

（1）^{1}H NMR 谱。^{1}H NMR 谱能够测定水解鞣质中棓酰基、六羟基联苯二酰基的个数、吡喃葡萄糖端基碳原子的 α 和 β 构型及比例、糖基的构象，还能够从质子的个数、化学位移、偶合常数及峰的形状，揭示黄烷的 A、B 环取代类型及杂环的构型、构象。对于原花色素的甲基醚乙酸酯，还可以判断结构单元间键合的位置。通过自旋偶合法可以确定糖基每个位置上质子的化学位移及糖基酰化的位置。

水解鞣质中最常见的结构单元为没食子酰基、HHDP 和糖基。没食子酰基上的两个对称芳氢呈 1 个单峰，位于 δ7.1～7.3；HHDP 上的芳氢位于 δ6.4～6.9，很容易识别。糖基质子则位于 δ4.4～6.5。

缩合鞣质结构单元黄烷的 ^{1}H NMR 谱化学位移值如下。

儿茶素型　　　　棓儿茶素型

对于儿茶素的聚合体（缩合鞣质），C-2、C-3、C-4 上的脂氢可提供十分重要的结构信息。儿茶素 H-4 的 δ 值一般位于 2.5～3.2，当 4 位有另一个儿茶素取代时，受芳环 A 的影响，该 H-4 的 δ 值将向低场位移至 4.5～4.8。在此范围内出现 H-4 峰的数目与缩合鞣质的缩合度有关。

（2）^{13}C NMR 谱。在鞣质的质子全去偶 ^{13}C NMR 谱中，每个碳都有尖锐的单峰，能够反映分子骨架的结构特点。对于酚态的鞣质，^{13}C NMR 谱优于 ^{1}H NMR，能够判断黄烷醇和低聚原花色素 A、B 芳环羟基取代情况及杂环的构型、结构单元间连接位置。利用 C-4 位取代基对 C-2 的 γ 效应可以判断 C-4 位取代基的立体异构及 2, 3 位相对构型。^{13}C NMR 谱还是研究多聚原花色素的最主要工具，它能提供多聚原花色素中原花青定与原翠雀定单元的比例、2, 3-顺式与反式构型的比例、3-*O*-棓酰基的比例和原花色素的平均聚合度，能判断原花色素分子中糖苷或 C_6-C_3 型结构单元的存在。对于水解鞣质而言，^{13}C NMR 能用于判断其中棓酰基、HHDP 的个数、酰化位置及糖基的构型。

水解鞣质中糖基碳的 δ 值位于 50～100，如果糖基上羟基与没食子酰基或 HHDP 相结合，则该链羟基的碳将向低场位移。水解鞣质的结构单元没食子酰基和 HHDP 的 ^{13}C NMR 谱化学位移数据如图 8-3 所示。

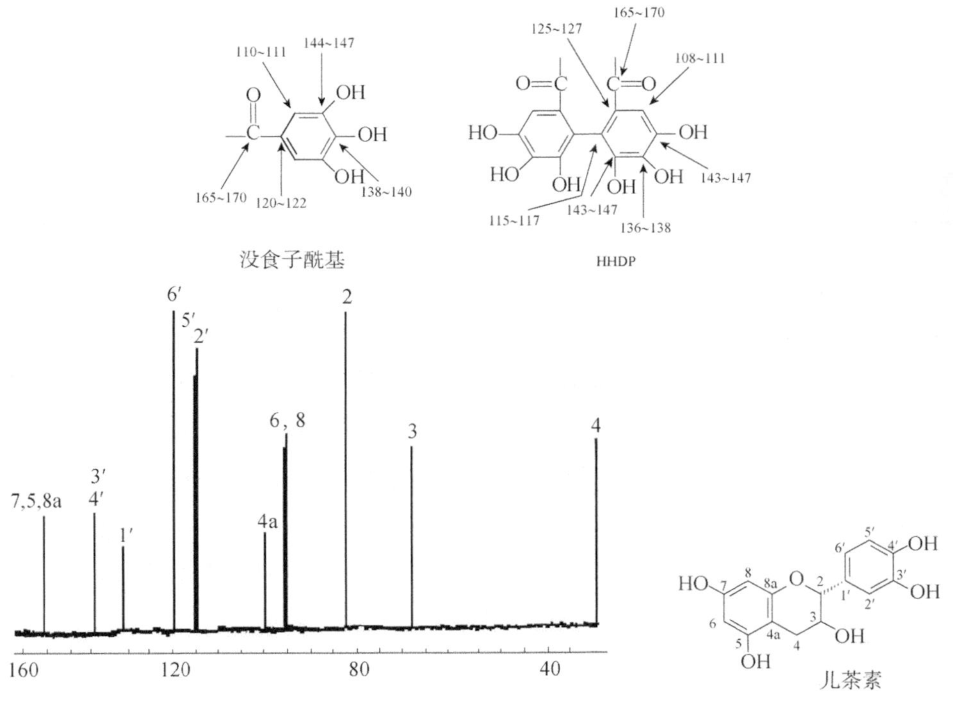

图 8-3　没食子酰基、HHDP 及儿茶素的 ^{13}C-NMR（Acetone-d_6+D_2O）数据

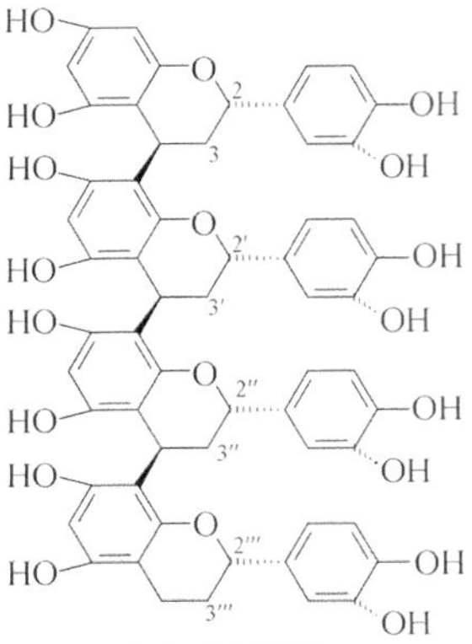

儿茶素四聚体

组成缩合鞣质最常见的结构单元是儿茶素，其碳谱如图 8-3 所示。其中，特别重要的是 3 个脂碳——C-2、C-3、C-4，因为 C-2 和 C-3 的共振峰可以提供有关聚合度的重要信息。

表 8-2 列出了从桂皮中分离出的表儿茶素二聚体、三聚体、四聚体中各脂碳的化学位移。从表 8-2 中数据可以得出以下规律：①末端表儿茶素的 C-2 位于最低场，δ 为 78～79。②末端表儿茶素 C-3 位于较高场（较其他 C-3），δ 约 66。③末端表儿茶素 C-4 通常位于 δ 35，而其余的 C-4 由于连接一个芳环常向低场位移至 δ36.5～37，常被掩盖在溶剂峰中。④根据 C-2 和 C-3 所出现的峰数可以辅助判断缩合鞣质的聚合度。

表 8-2 儿茶素聚合体各脂碳的化学位移

位置	二聚体	三聚体	四聚体
2	76.5	76.3	76.6
3	72.7	71.5	72.0
4	36.4	36.6	36.8
2′	78.8	76.3	76.6
3′	66.2	72.7	72.0
4′		36.6	36.8
2″		78.8	76.8
3″		65.9	72.3
4″			36.8
2‴			78.9
3‴			66.0
4‴			

（二）MS 谱

MS 谱用于鞣质相对分子质量的测定。其中包括 EI-MS、FAB-MS、FD-MS、激光解析质谱（LD-MS）（表 8-3）。

表 8-3 用于测定鞣质的 MS 谱方法

离子源	使用样品	提供信息
FAB-MS	鞣质	主要给出相对分子质量
EI-MS	鞣质的甲基化衍生物	裂解碎片
FD-MS	鞣质的甲基化衍生物	相对分子质量和少数裂解碎片
LD-MS	相对分子质量大的鞣质	相对分子质量和主要裂解碎片

FAB-MS 常用于极性强、热不稳定、相对分子质量较大、难以气化样品的测定，尤其是

HR-FAB-MS 可以给出准确的相对分子质量。在实际应用中，负 FAB-MS 比正 FAB-MS 更适合于鞣质结构的测定，因为负 FAB-MS 所产生的［M−H］$^-$峰的丰度（基峰）大于正 FAB-MS 所产生的［M+H］$^+$峰的丰度。例如，在测定地榆鞣质 H-2（sanguiin H-2）的质谱时，负离子谱中分子离峰的相对丰度比正离子谱的相对丰度要大 10 倍；同时，在负离子谱中较容易出现［M−H］$^-$峰，而在正离子谱中较易出现［M+H］$^+$峰。

对相对分子质量大、不稳定和难以气化的鞣质，常需要选择适当的离子源或制备成衍生物后进行测定。例如，将鞣质制成甲基醚乙酸酯，然后可用 EI-MS、FD-MS 测定其衍生物的相对分子质量，进而计算出鞣质的分子式。

质谱的离子碎片峰也为鞣质的结构解析提供重要信息。例如，甲基化的棓酰基酯有 *m/z*195 峰，缩酚酸型的甲基化棓酰酯有 *m/z*375 和 555 峰。

在 MS 谱中，水解鞣质主要发生酯基的断裂，而缩合鞣质主要发生黄烷 C 环的 RDA 裂解。

（三）鞣酸类结构鉴定的化学方法

鞣质由 C、H、O 三种元素组成，故水分的含量将影响元素的组成，在进行元素分析前需要充分地脱水。例如，经冷冻干燥的多聚原花色素，每个结构单元含 2.5～3.0mol 水。

将鞣质水解、醇解可以获得鞣质的有关结构单元的结构信息。例如，从生成的各种简单酚、酚酸可以判断结构单元内芳环的羟基取代情况；从各种产物数量上可以判断鞣质分子中各种结构单元数目的相对比例。

衍生物制备是鞣质结构研究的常用方法之一。通常将鞣质制成甲醚、乙酸酯、苄醚、三甲基硅醚、乙基醚、甲基醚乙酸酯等。

重氮甲烷法和硫酸二甲酯-丙酮-碳酸钾法常用于将鞣质大部分或全部的酚羟基转化为甲醚。乙酸酐-吡啶法用于使全部的酚羟基、醇羟基转化为乙酸酯。甲基醚进一步乙酰化，生成甲基醚乙酸酯。从甲氧基、乙酰基的数目可以判断酚羟基及醇羟基的个数。其衍生化过程如下。

$$\mathrm{T{-}(OH)_{x+y}} \longrightarrow \mathrm{T{-}(OCH_3)_x(OH)_y} \longrightarrow \mathrm{T{-}(OCH_3)_x(OCOCH_3)_y}$$

二、鞣质的结构鉴定实例

实例：Phyllanthusiin UⅠ的结构鉴定。

鞣花酸鞣质 phyllanthusiin U（Ⅰ）是从大戟科植物叶下珠（*Phyllanthus urinaria*）的全草中分离出的一个新化合物，呈淡黄色无定形粉末。该化合物遇 $FeCl_3$ 显蓝色，Molish 反应呈阳性。$[\alpha]_D$ −77°（*c* 0.6，MeOH），根据负离子 FAB-MS *m/z* 923［M−H］$^-$和元素分析确定化合物Ⅰ的分子式为 $C_{40}H_{28}O_{26}$。^{1}H NMR（500MHz）中，δ7.13（2H，s）和 7.01，6.66（各 1 个 H，s）为没食子酰基和 HHDP 氢的信号。葡萄糖质子信号的化学位移（δ：6.41、5.38、6.01、5.25、4.88、4.76 和 4.41，H-1～H-6）和偶合类型提示为反椅式（$^1C_4$）吡喃葡萄糖残基（表 8-4）。将化合物Ⅰ的 ^{13}C NMR 与从曲枝叶下珠中分离得到的 phyllanthusiin B（Ⅱ）相比较，可以看出 A、B、C、D 环的信号相近似（表 8-5），仅脂肪酰基部分有差异。光谱数据表明，分子中有柯里拉京（corilagin）结构单元存在。corilagin ^{1}H NMR（Me_2CO-d_6）δ7.11（2H，s，棓酰基-H），6.82，6.68（各 1H，s，HHDP-H）。葡萄糖质子的化学位移分别为 δ6.36（1H，s，H-1），4.05（1H，m，H-2），4.82（1H，m，H-3），4.45、4.51（各 1H，m，

H-4，H-5），4.09、4.95（各 1H，m，H-6）。化合物Ⅰ的 ^{1}H NMR 数据与化合物Ⅱ相比较，棓酰基中芳环的两个质子和 HHDP 中的两个芳环质子的化学位移相近。葡萄糖质子化学位移的差异则表明化合物Ⅰ中葡萄糖所有羟基均被酰基化。将化合物Ⅰ在 90℃水浴中水解 16h，水解产物经 HPLC 分析并与标准品 corilagin 对照，证实化合物Ⅰ中存在 corilagin 结构单元。

化合物Ⅰ中除含有 corilagin 结构单元外，^{13}C NMR（125.72MHz）还显示出 13 个碳信号，且其中有多取代芳环化学位移信号，同时 ^{1}H NMR 也显示一芳环质子信号（δ7.29，1H，s），提示在 *O*-2 / *O*-4（即葡糖 C_2—OH 和 C_4—OH）被酰化部分 D 环的存在。脂肪族酰基部分有亚甲基质子 δ1.93（t，dd，J=2.9，17.0Hz），2.11（d，J=17.0Hz）和多偶合的次甲基质子 δ3.61，4.94（t，J=2.9，3.1Hz）。Ⅰ的 DEPT 谱脂肪族区域信号 δ30.49 为仲碳，44.90 和 47.67 为叔碳。根据 ^{1}H-^{1}H COSY 及 ^{1}H-^{13}C COSY 谱，在 7 个羰基碳共振信号（δ164.34～175.83）中有 2 个（δ175.83，172.15）被指定为脂肪族酰基部分羰基碳，其中 δ175.83 提示分子中存在 1 个 β, γ-不饱和五元内酯环，IR 光谱 1810cm^{-1} 也支持了这一推测。在 HMBC 谱中，次甲基质子 δ4.94（H-2′）通过双键或三键分别与 D 环 C-1（δ117.46）、C-6（δ143.04）、C-3′（δ44.90）、C-4′（δ30.40）、C-1′（δ175.83）、C-6′（δ171.40）偶合相关。亚甲基（C-4′）的 2 个质子（δ1.93，2.11）与 C-3′（δ44.90）和 C-5′（δ172.15）相偶合。

表 8-4　化合物Ⅰ和Ⅱ的 ^{1}H NMR 谱数据（J/H_Z）（Me_2CO-d_6）

结构单元	位置	Ⅰ	Ⅱ
葡萄糖基	1	6.41（br. s）	6.44（br.s）
	2	5.38（br. s）	5.32（br.s）
	3	6.01（br. s）	6.12（br.s）
	4	5.25（br. s）	5.15（br.s）
	5	4.88（br. t，J=8.4Hz）	4.76（br. t，J=8.5Hz）
	6	4.76（t，J=10.9Hz）	4.75（t，J=11.5Hz）
		4.41（dd，J=8.4，10.9Hz）	4.32（dd，J=8.5，11.5Hz）
A 环	2，6	7.13（s）	7.14（s）
B/C 环	3，3′	7.10（s）	7.05（s）
		6.66（s）	6.58（s）
D 环	3	7.29（s）	7.12（s）
E 环	2′	4.94（t，dd，J=2.9，3.15Hz）	5.52（d，J=2.0Hz）
	3′	3.61（m）	4.43（d，J=2.0Hz）
	4′	2.11（dd，J=17.0Hz）	
		1.93（dd，J=2.9，17.0Hz）	
	5′		3.26（d，J=17.0Hz）
			3.16（d，J=17.0Hz）

表 8-5　化合物Ⅰ和Ⅱ的 ^{13}C NMR 谱数据（125.7MHz）（Me_2CO-d_6）

结构单元	位置	Ⅰ	Ⅱ	结构单元	位置	Ⅰ	Ⅱ
葡萄糖基	1	91.92	91.80	C 环	1	115.25	115.20
	2	70.14	70.62		2	125.46	125.71
	3	61.23	61.52		3	107.73	107.95
	4	67.06	67.77		4	145.39	145.44
	5	73.48	73.61		5	136.36	136.46
	6	63.94	69.63		6	144.92	145.16
A 环	1	120.04	120.19		7	168.55	168.42
	2，6	110.53	110.55	D 环	1	117.46	116.77
	3，5	145.92	145.84		2	117.69	117.93
	4	139.82	139.62		3	114.28	112.81
	7	165.06	164.88		4	147.75	147.28
B 环	1	117.20	116.65		5	136.17	135.54
	2	124.44	124.45		6	143.04	150.81
	3	110.25	110.35		7	164.34	165.20
	4	144.61	144.52	E 环	1	175.83	172.68
	5	137.70	137.64		2	47.67	81.57
	6	145.13	144.85		3	44.90	56.73
	7	166.38	166.25		4	30.49	77.55
					5	172.15	43.10
					6	171.40	172.71
					7		171.76

基于以上波谱数据分析，Ⅰ的 *O*-2 / *O*-4 酰基的结构被指定，命名为 phyllanthusiin U，其结构鉴定为 1-*O*-棓酰基-3, 6-六羟基联苯二甲酰基-2, 4-去羟甲基柯子酰基-吡喃葡萄糖：

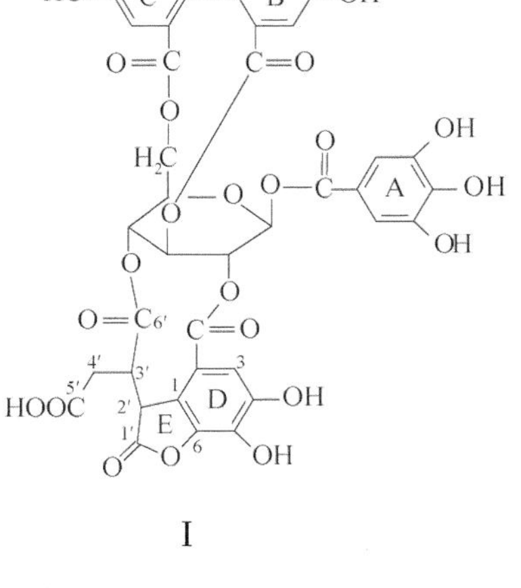

Ⅰ 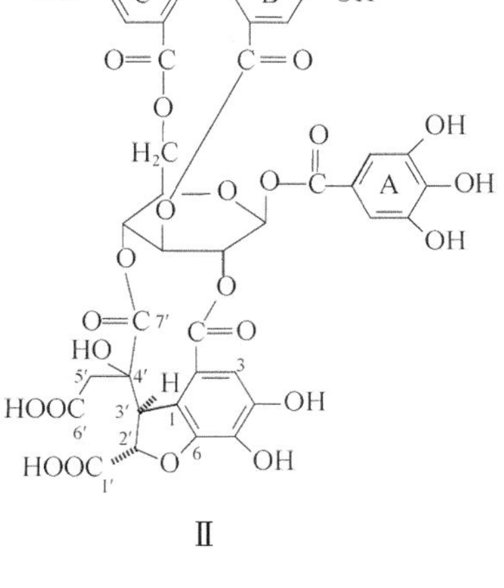　　　　　　　　　　　　Ⅱ

习　　题

一、填空题

1. 水解鞣质根据水解后产生（　　）的不同，可以分为（　　）鞣质和（　　）鞣质。
2. 鞣花酸鞣质是由（　　）或由与其有生源关系的（　　）与（　　）形成的酯。
3. 红粉泛指（　　）的水溶液在（　　）或（　　）的作用下生成的不溶于水的（　　）色沉淀，也是植物体内与缩合鞣质伴存的不溶于水但溶于有机溶剂的（　　）化合物。
4. 鞣质遇三价铁盐显（　　）色或（　　）色，遇重金属盐（如乙酸铅、乙酸铜、氯化亚锡）或碱土金属氢氧化物（如氢氧化钙）生成（　　），（　　）墨水就是以鞣质为原料制造的。
5. 鞣质通常在（　　）、（　　）、（　　）和（　　）等因素的作用下发生变质，因此，用于提取鞣质的植物材料最好是新鲜的，且应尽快提取。
6. 鞣质是一类强极性的有机化合物，通常使用（　　）、（　　）、（　　）等极性较（　　）的溶剂进行提取，工业上常选用（　　）作为提取鞣质的溶剂。

答案：1. 多元酚酸；棓酸；鞣花酸　2. 六羟基联苯二甲酸；酚酸；多元醇　3. 缩合鞣质；酸；氧；红褐色；红色酚类　4. 绿；蓝；沉淀；蓝黑　5. 水分；空气；光照；酶　6. 水-低级醇；水-丙酮；乙酸乙酯；大（强）；水

二、简答题

1. 简述从中草药提取液中除去鞣质的常用方法。
2. 试比较水解鞣质与缩合鞣质降解的异同点。

第九章　萜类化合物及精油

萜类化合物（terpenoids）是一类广泛分布于自然界的天然产物，迄今约有 55 000 个化合物被发现。凡由甲戊二羟酸衍生且分子式符合（C_5H_8）$_n$通式的衍生物统称为萜类化合物或异戊二烯类化合物（isoprenoids）。

萜类化合物的结构多种多样，从最简单的直链碳氢化合物到最复杂的环状结构。低级萜类主要存在于高等植物、藻、苔藓和地衣中，在昆虫和微生物中也有发现。

按组成分子的异戊二烯单元的数目将萜类化合物分为单萜、倍半萜、二萜、二倍半萜、三萜、四萜和多萜（表 9-1），每种萜类化合物又可分为直链、单环、双环、三环、四环和多环，其含氧衍生物还可分为醇、醛、酮、酯、酸、醚等。

表 9-1　萜类化合物的分类及其存在情况

名称	碳原子数	母体化合物	主要存在形式
单萜	10	焦磷酸牻牛儿酯（GPP）	精油
倍半萜	15	焦磷酸法尼酯（FPP）	苦味素，精油，树脂
二萜	20	焦磷酸牻牛儿牻牛儿酯（GGPP）	苦味素，树脂，乳汁，植物醇
二倍半萜	25	焦磷酸牻牛儿法尼酯（GFPP）	海绵，菌类，地衣
三萜	30	角鲨烯	皂苷，树脂，乳汁
四萜	40	八氢番茄红素	植物色素
多萜	$7.5\times10^3\sim3\times10^5$	焦磷酸牻牛儿牻牛儿酯（GGPP）	橡胶类，多萜醇

据不完全统计，萜类化合物在被子植物 94 个目中均有存在。单萜主要存在于唇形目、菊目、芸香目、红瑞木目、木兰目中；倍半萜主要存在于木兰目、牻牛儿目、芸香目、唇形目中；二萜主要存在于无患子目、牻牛儿目中；三萜主要存在于毛茛目、石竹目、山茶目、玄参目、报春花目中。

萜类化合物一直是天然产物化学较为活跃的研究领域，是发现和寻找新药用（包括农用）生物活性成分的重要源泉。这些化合物中，有的是广为人知的成分，如橡胶和薄荷醇；也有用作药物的成分，如青蒿素、紫杉醇；而有的则是甜味剂，如甜菊苷。

早在 1887 年 Wallach 认为萜类化合物的碳骨架都是由若干个异戊二烯单位聚合构成，即“经验异戊二烯规则”。到 1938 年，Ruzicka 将这经验异戊二烯规则拓展为“生源异戊二烯规则”，假设所有萜类的前体物是“活性的异戊二烯”。这一假说随后由 Lynen 证实了焦磷酸异戊烯酯（isopentenyl pyrophosphate，IPP）的存在而得以验证。到 1956 年，Folkers 又证明 IPP 的关键性前体是甲戊二羟酸（mevalonic acid，MVA）。

因此，在萜类化合物的生物合成中，由最基本的前体物乙酰辅酶 A，经甲戊二羟酸生成的 IPP 及其异构体焦磷酸 3, 3-二甲基烯丙酯（DMAPP），再由这两个化合物作为直接前体物在一系列酶作用下生物合成各类萜类化合物。

HO OH OH OPP OPP

MVA IPP DMAPP

目前，认为萜类化合物的生物合成涉及中心途径和侧枝途径。

（1）中心途径。根据 Ruzika 原则，可以提出萜类生物合成的中心途径（图 9-1）。这个途径几乎存在于自然界所有的生物中，而在动物和大部分微生物中则导致重要的甾体化合物的形成。

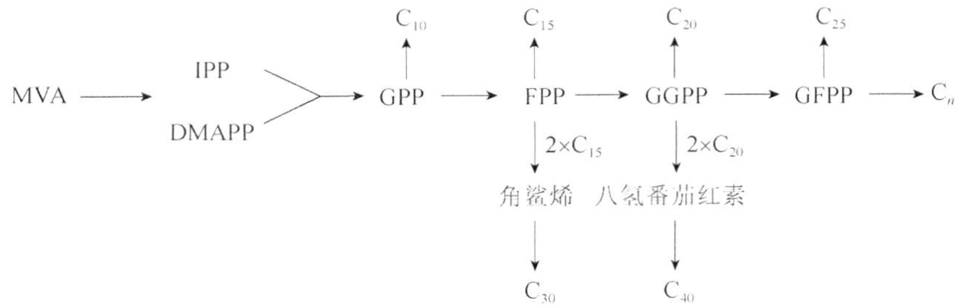

图 9-1　萜类化合物生物合成的中心途径

中心途径涉及三个主要内容：①各种异戊二烯类的母体化合物分别来源于 GPP、FPP、GGPP、GFPP、角鲨烯和八氢番茄红素；②存在由 IPP 的 C_5 部分顺序地加到源自 DMAPP 的起始单位形成直到 C_{25} 的中心途径；③C_{30} 和 C_{40} 的母核分别由 2 个 C_{15}（FPP）和 2 个 C_{20}（GGPP）还原偶联形成。

这个原则并未包括像某些橡胶和聚戊二醇类化合物的生物合成，因为它们是由 C_5 多次加到起始物（GGPP）而形成的。因此，可以认为缩合酶系统主要用于连接两个相等的单位，如 $2\times C_{15}$ 和 $2\times C_{20}$；而数量不多的 C_{25} 和 C_{35} 则可能是以后扩展形成的。

（2）侧枝途径。除了萜类生物合成的中心途径以外，在植物和某些微生物中，还存在侧枝途径，这样就形成了多种多样的、具有不同功能的萜类化合物（图 9-2）。

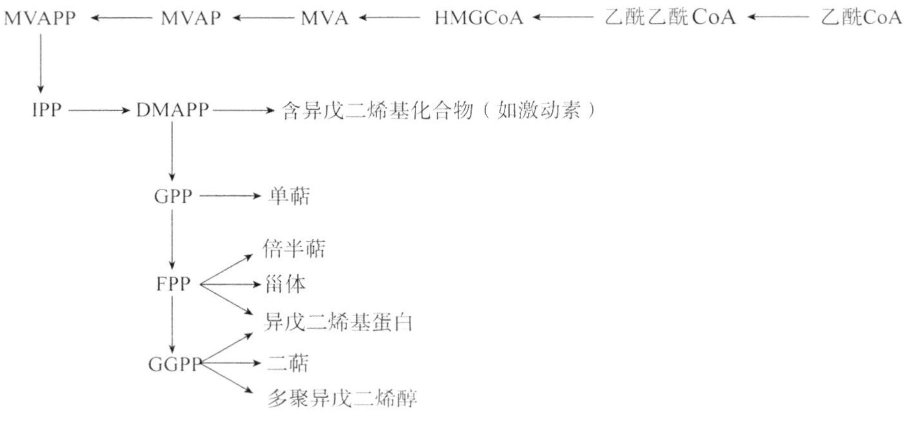

图 9-2　萜类化合物生物合成的侧枝途径

HMGCoA. 3-羟基-3-甲基戊二酸 CoA；MVAP. 甲戊羟酸磷酸酯；MVAPP. 甲戊羟酸焦磷酸酯

值得注意的是，有些萜类化合物的碳骨架不符合异戊二烯规则，如卓酚酮类、环烯醚萜类。天然的异戊二烯属半萜类。常有一些半萜结合在非萜类化合物分子母核（如黄酮类和苯丙烷类化合物）上，形成异戊烯基或异戊基支链。

本章主要介绍单萜类、倍半萜类和二萜类化合物及精油。三萜类化合物在自然界分布很广、生物活性特殊（见第十章），四萜类化合物以类胡萝卜素为主，大分子多萜类化合物主要为橡胶类，四萜类及多萜类化合物在有机化学中已有简要介绍。

第一节　萜类化合物的结构类型

一、重要的单萜类化合物

单萜类化合物（monoterpenoids）广泛存在于高等植物中，常存在于唇形科、伞形科、樟科、松科等植物的分泌组织如油室、腺体、树脂道中，是植物精油中沸点较低（140～180℃）部分的主要组成成分。单萜类常是医药、化妆品、食品工业的重要原料。有些单萜以苷的形式存在。

近年来，单萜类物质研究进展极快，其基本骨架就有 30 多种。单萜化合物一般常按其结构的碳环数分类，有链状、单环、双环、三环型等，其中大多为六元环，也有五元环、四元环、三元环、七元环等。

（一）链状单萜

链状单萜（acyclic monoterpenoid）中代表性化合物主要是萜醇、萜醛等一些含氧衍生物。例如，香柠檬油、芳樟油中含有芳樟醇（linalool，**1**）的左旋体，右旋体存在于橘油及香馨花的精油中。香茅油中所含的香茅醇（citronellol，**2**）为右旋体，左旋体则含于玫瑰油中。

香叶醇（geraniol，**3**）存在于玫瑰油、香叶天竺葵油等精油中，是玫瑰香料不可少的成分。橙花醇（nerol，**4**）是香叶醇的反式异构体，存在于橙花油及香柠酸果皮精油中。

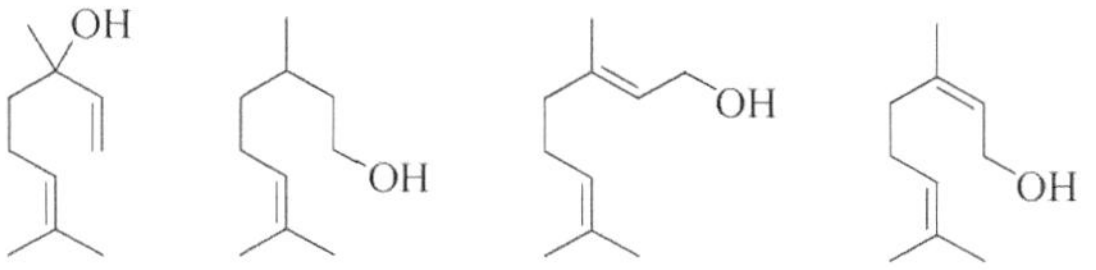

OH　OH　OH　OH

1　2　3　4

枸橼醛（citral）又称为柠檬醛，有反式枸橼醛（香叶醛，geranial，**5**）和顺式枸橼醛（橙花醛，neral，**6**）两种，一般是混合物，以反式枸橼醛为主，具有柠檬香气，为重要的香料。柠檬醛是我国富产天然资源山苍子、紫苏、吉龙草等植物精油的主要成分，其中山苍子精油中含量可达 80%，紫苏精油中近 70%，吉龙草精油中高达 95%。香茅醛（citronellal，**7**）为重要的柠檬香气香料，右旋体含于香茅（*Cymobopogon nardus*）油中，左旋体存在于枫茅（*Cymobopogon winterianus*）油中。

从中药紫牡丹（*Paeonia delavayi*）中得到一个新颖的变形单萜成分——紫牡丹内酯（paeonilide，**8**），该化合物具有选择性地抑制血小板活化因子（PAF）诱导的血小板聚集（$IC_{50}=8\mu g/mL$）作用。

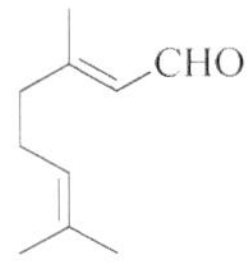 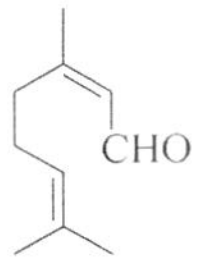 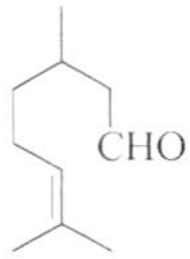 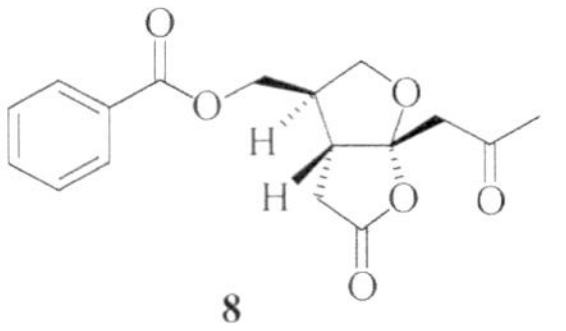

5　　6　　7　　8

（二）单环单萜

单环单萜（monocyclic monoterpenoid）中常见的有萜烯、萜醇、萜酮、萜醚类。

孜然芹烯（*p*-cymene，**9**）来自孜然芹（*Cuminum cyminum*）种子精油，又称为对伞花烃，也存在于松节油、桂皮油、桉油、芫荽油、樟油、土荆芥油中。

松油烯-4-醇（terpinen-4-ol，**10**）是砂地柏（*Sabina vulgaris*）叶精油中的主要有效杀虫成分，它对多种试虫表现熏杀和忌避作用。

薄荷醇（*l*-menthol，**11**）的左旋体是薄荷油中的主要成分，习惯上称薄荷醇为薄荷脑。薄荷醇为白色块状或针状结晶，m. p. 42～43℃，b. p. 212℃。它有 3 个不相同的手性碳原子，应有 8 个旋光异构体，但在薄荷油中只存在左旋体和右旋体，即新薄荷醇（*d*-neo-menthol，**12**）。薄荷醇具有局麻、防腐、杀菌和清凉作用。

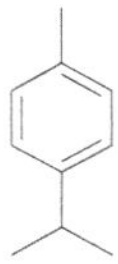 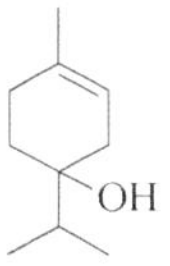 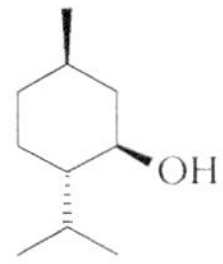 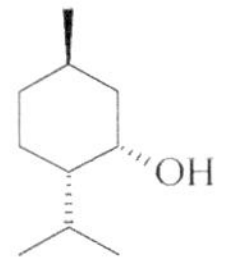

9　　10　　11　　12

薄荷酮（menthone，**13**）的左旋体在薄荷油中占 10%～25%。藏茴香酮（carvone，**14**）的右旋体在藏茴香（*Carum carvi*）及莳萝（*Anethum graveolens*）果实精油中可达 60%；左旋体在绿薄荷（*Mentha viridis*）精油中也占到 60%，多用作泡泡糖和其他糖果香料。胡椒酮（piperitone，**15**）又称为辣薄荷酮，右旋体存在于日产薄荷油中，左旋体在胡椒桉（*Eucalyptus piperitus*）叶油中存在。

桉油精（cineole，**16**）是益智（*Alpinia oxyphylla*）果实精油的主要成分，占 55%，具有解热消炎和防腐抗菌功效。

驱蛔素（ascaridole，**17**）又称土荆芥精油，是驱虫药土荆芥油中的主要成分，约占 70%。属过氧化物，加热至 130～150℃时可爆炸并分解。

茜草科传统中药栀子（*Gardenia jasminoides*）果实中分离鉴定出 9 个 pyronane 型单萜化合物，如 jasminodiol（**18**）和 jasminoside B（**19**）。

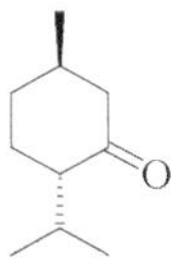 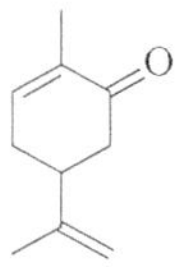 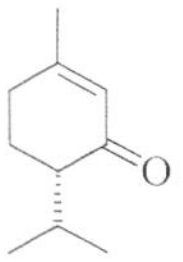 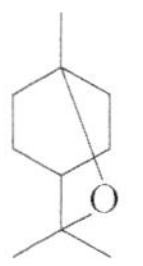 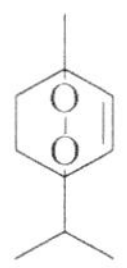 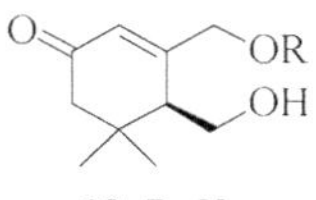

13　　14　　15　　16　　17　　**18** R=H　**19** R=glc

（三）双环单萜

双环单萜（bicyclic monoterpenoid）的结构类型较多，常见的有侧柏烷（thujane）、莰烷

(camphane)、蒈烷(carane)、蒎烷(pinane)及葑烷(fenchane),其中前四种可看作薄荷烷(menthane)的衍生物,且以蒎烷和莰烷型结构最稳定,形成的衍生物数量最多,集中分布于松柏科植物。

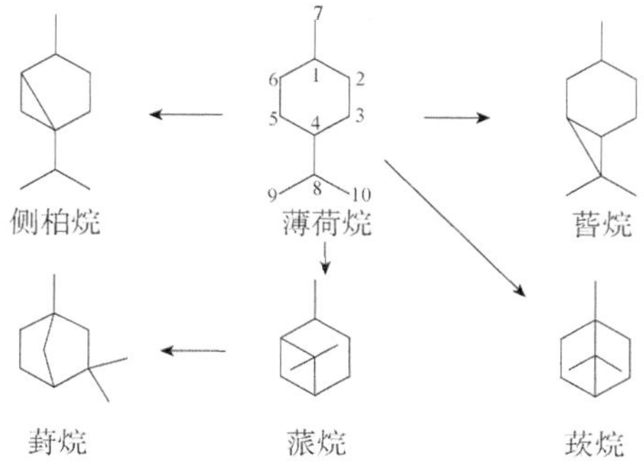

侧柏烷　薄荷烷　蒈烷

葑烷　蒎烷　莰烷

松节油中的主要成分是蒎烯(pinene),其中 α-蒎烯(**20**)约含 70%、β-蒎烯(**21**)约 30%。蒎烯在柠檬、八角茴香、蓝桉叶、百里香、薄荷精油中也广泛存在,是合成龙脑(冰片)、樟脑的重要原料。

茴香酮(fenchone,**22**)存在于小茴香及侧柏的精油中。龙脑(borneol,**23**)即中药冰片,有升华性,其右旋体来自龙脑树(*Dryobalanops aromatica*)的树干渗出物,左旋体则是从艾纳香全草和野菊花的花蕾精油中获得,均用于香料、清凉剂及中成药。

樟脑(camphor,**24**)易升华,左旋体存在于菊蒿(*Tanacetum vulgare*)精油中,右旋体在樟脑油中约占 50%。樟脑可用于神经痛、炎症及跌打损伤的擦剂。

20 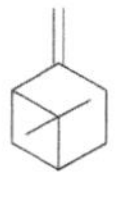　**21** 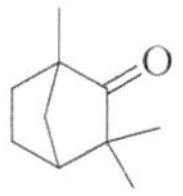　**22** 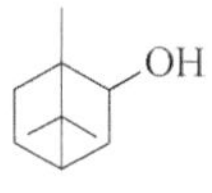　**23** 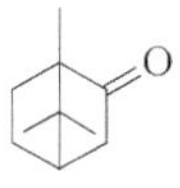　**24**

以芍药苷(paeoniflorin,**25**)为代表的一系列蒎烷骨架衍生物是芍药科植物特有的化学成分。已发现 30 多个类似成分,其中芍药苷在该科植物根中的含量高达 1.8%~7.3%,是常用中药白芍(*Paeonia lactiflora*)、草芍(*Paeonia obovata*)根的主要活性成分,具有镇痛、镇静、抗炎等方面的药理作用。生姜中的莰烷衍生物(+)-angelicoidenol-2-*O*-β-D- glucopyranoside(**26**)也属于双环单萜苷类。

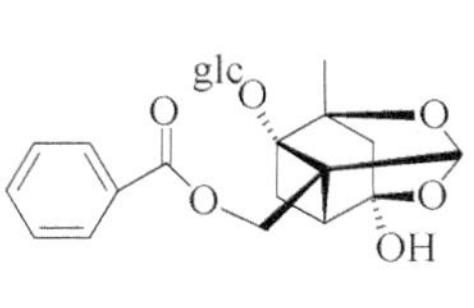

25 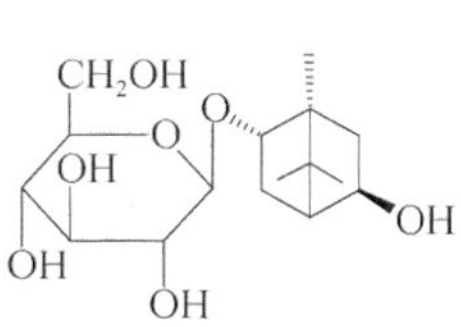　**26**

(四)䓬酚酮类

䓬酚酮类(troponoides)化合物是一类变形的单环单萜,但碳架结构不符合异戊二烯规则。较简单的该类化合物是一些霉菌的代谢产物,也存在于柏科植物心材中。例如,北美乔柏(*Thuja plicata*)、北美香柏(*T. occidentalis*),以及罗汉柏(*Thujopsis dolabrata*)心材中

的 α-崖柏素（α-thujaplicin，**27**）和γ-崖柏素（γ-thujaplicin，**28**），台湾扁柏（*Chamaecyparis taiwanensis*）、罗汉柏心材中含有的扁柏素（hinokitiol，又称β-崖柏素，**29**）及其氧化产物 β-dolabrin（**30**）。此类化合物多具有抗微生物活性。

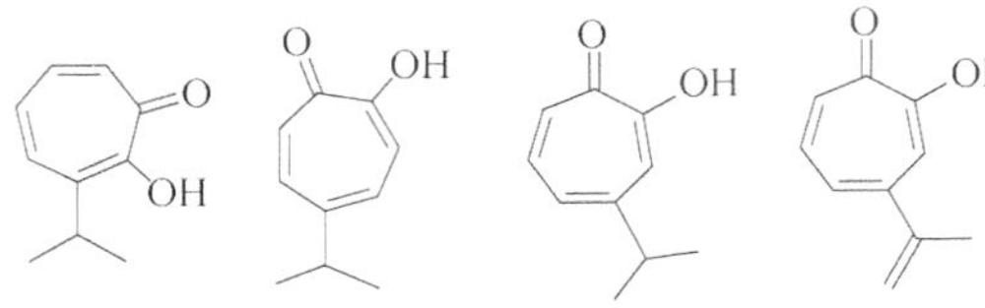

27　28　29　30

该类化合物的分子中均有一个环庚三烯的基本结构，由于羰基的存在使七元环显示一定的芳香性。具有酚的通性，由于邻位基团的吸电子诱导效应的作用，其酸性比一般的酚类强，但弱于羧酸，因此它常存在于精油的酸性部分。分子中的酚羟基易于甲基化，但不容易酰化。其羰基的性质类似羧酸中的羰基，而不能与一般羰基试剂反应。

草酚酮类 IR 光谱中羟基（3200～3100cm^{-1}）和羰基（1650～1600cm^{-1}）的吸收峰，略区别于一般化合物。这类化合物能与某些金属离子反应生成特殊的、鲜艳的有色金属配合物。例如，腐朽木材产生的暗红色结晶铁配合物［hinokitin，$(C_{10}H_{11}O_2)_2Fe$］，而铜配合物为绿色结晶，所以常用来鉴别此类化合物。

（五）环烯醚萜类化合物

环烯醚萜类（iridoids）是一大类环戊烷并吡喃单萜化合物，即虹彩二醛（iridoidial）的缩醛衍生物。环烯醚萜类化合物主要存在于双子叶科植物如夹竹桃科、玄参科、黄锦带科（Diervillaceae）、唇形科、马钱科、茜草科。从植物中发现环烯醚萜类化合物有 2000 余种，在植物中主要以苷的形式存在。2005～2008 年，报道了 172 个新的天然环烯醚萜类化合物，而 2008～2010 年报道了 129 个新化合物。按碳骨架环烯醚萜化合物分为两大类：环烯醚萜（iridoid）和裂环环烯醚萜（seco-iridoid）。研究表明，环烯醚萜类化合物具有广谱生物活性，如神经保护、抗炎、抗癌、免疫调节、保肝、降血糖等。

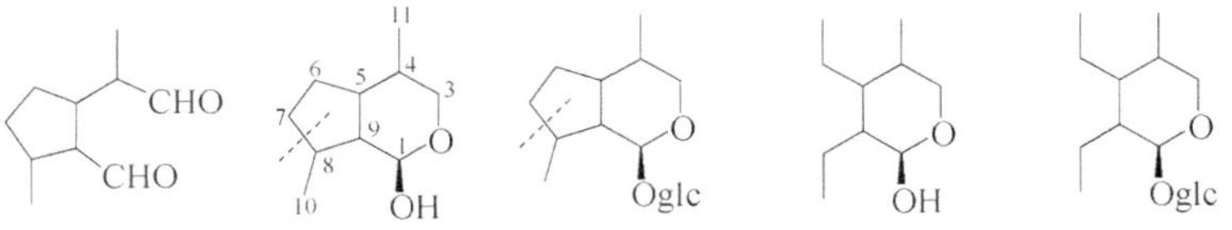

虹彩二醛　环烯醚萜醇　环烯醚萜苷　裂环环烯醚萜醇　裂环环烯醚萜苷

1．环烯醚萜类　环烯醚萜类成分主要以苷的形式存在，且以十碳环烯醚萜的苷类占多数，九碳环烯醚萜苷类次之，个别也有降至八个碳的，并有γ-内酯环，多存在于栀子、猪殃殃、鸡屎藤、白马骨、杜仲叶等中草药中。

例如，京尼平苷（geniposide，**31**）及京尼平苷酸（geniposidic acid，**32**）是杜仲、清热泻火中药山栀子（*Gardenia jasminoides*）果实的主要成分之一。京尼平苷具有显著的利胆和泻下作用，京尼平苷酸对学习记忆、性行为下降有预防作用。

另外，车叶草、猪殃殃及鸡屎藤中存在的车叶草苷（asperuloside，**33**），女贞马钱（*Strychnos ligustrina*）木质部及金银花（*Lonicera japonica*）中所含的番木鳖苷（马钱素，loganin，**34**），滋阴补肾中药肉苁蓉（*Cistanche deserticola*）中的肉苁蓉苷（boschnaloside，**35**）。

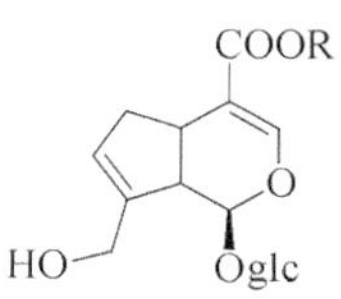

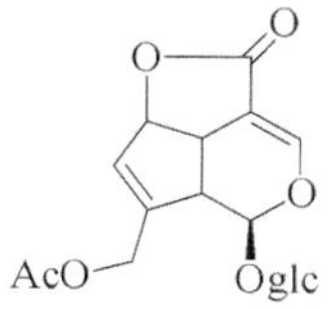

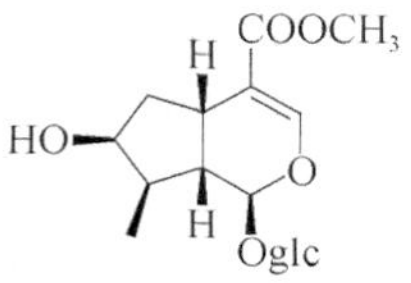

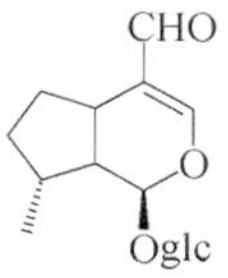

31 R=CH_3
32 R=H　　**33**　　**34**　　**35**

2．11-降环烯醚萜类　11-降环烯醚萜（11-nor-iridoid）苷类多存在于中草药地黄、玄参、车前草、胡黄连、梓实中，如从北玄参（*Scrophularia ningpoensis*）根中提取得到的玄参苷（harpagoside，**36**）、哈帕苷（harpagide，**37**）。桃叶珊瑚苷（aucubin，**38**）分布较广，存在于车前草、杜仲叶、球花醉鱼草中。

中药地黄、车前草、醉鱼草、胡黄连中的梓醇（catalpol，**39**）和梓实中的梓苷（catalposide，**40**）均有降血糖作用。胡黄连（*Picrorhiza kurroa*）根中发现的胡黄连苦苷Ⅰ（picrosideⅠ，**41**），具有抗炎、抗肝毒作用，其标准提取物称为必克肝，已进入临床。

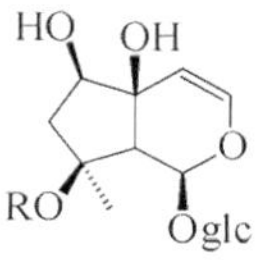

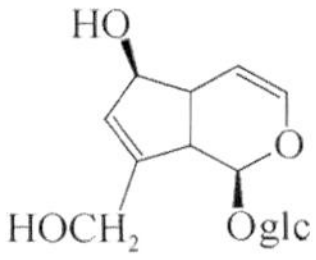

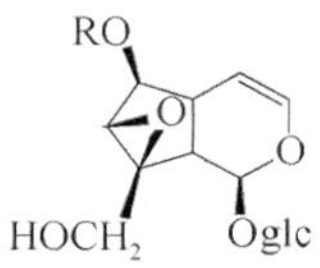

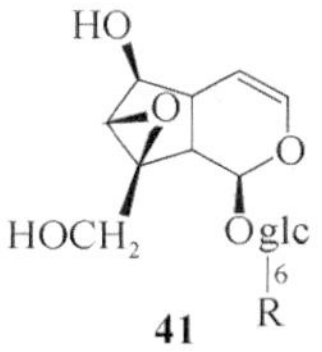

36 R=*E*-COCH=CHC_6H_5
37 R=H　　**38**　　**39** R=H
40 R=*p*-COC_6H_4(OH)　　**41** R=*E*-COCH=CHC_6H_5

无论是在人肠道细菌作用下，还是在氨水、盐酸的催化下，玄参苷（**36**）或哈帕苷（**37**）均生成吡啶类生物碱桃叶珊瑚碱 B（aucubinine B，**42**）、harpagometabolinesⅡ（**43**）（图 9-3），但 harpagometabolinesⅠ（**44**）只有在细菌环境下获得，而酸、碱条件下却没有分离得到。

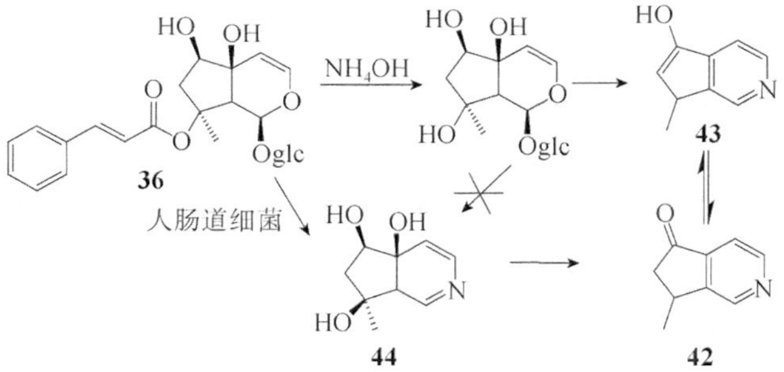

NH_4OH　人肠道细菌

图 9-3　玄参苷转化反应

紫葳科植物楸树种子（*Catalpa bungei*）中分离得到 2 个笼状氯代化合物 bungosides A（**45**）和 B（**46**），其结构中 C-3 和 C-10 间连一个氧桥。从传统中药地黄（*Rehmannia glutinosa*）根中分离到 rehmaglutoside A（**47**）。

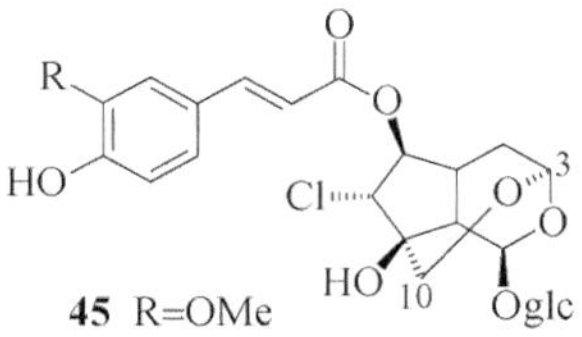

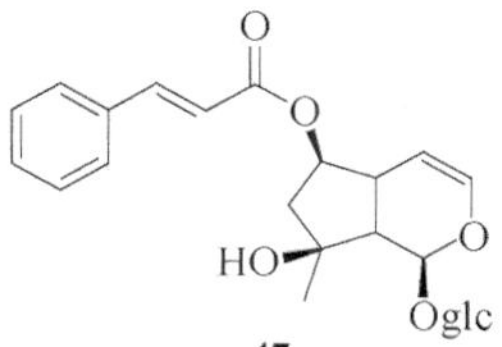

45 R=OMe
46 R=H　　**47**

3．裂环环烯醚萜苷类　当药苷（sweroside，**48**）、龙胆苦苷（gentiopicroside，**49**）是龙胆科植物龙胆、当药、獐牙菜（青叶胆）等中草药中的苦味成分。

木犀科植物油橄榄（*Olea europaea* L.）叶中的橄榄苦苷（oleuropein，**50**）和苦味成分 oleacein（**51**）是其特征成分之一。化合物 **51** 是强的 5-脂氧酶抑制剂（$IC_{50}=2\mu mol/L$）。

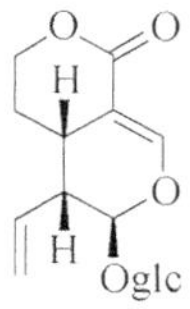

4．环烯醚萜苷类理化性质

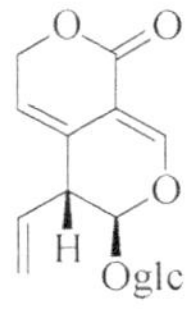

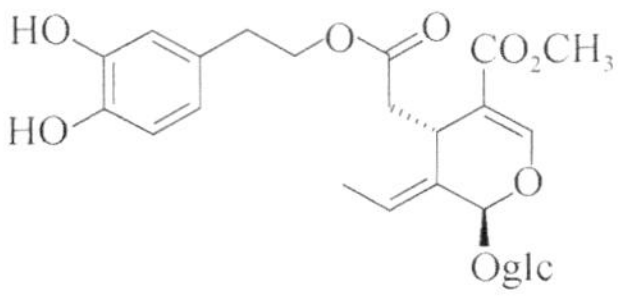

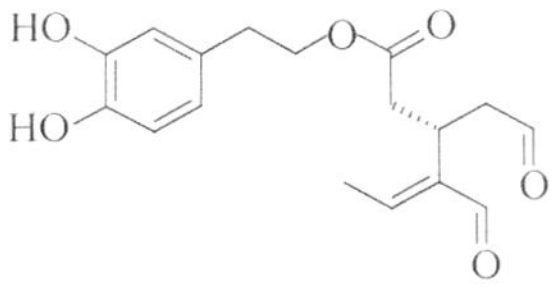

（1）性状。环烯醚萜苷和裂环烯醚萜苷为白色结晶体或无定形粉末，多具旋光性、吸湿性，味苦。

（2）溶解性。环烯醚萜苷类化合物相对分子质量一般较小，大多具有极性官能团，偏亲水性，易溶于水、甲醇，可溶于乙醇、正丁醇和丙酮，难溶于氯仿、乙醚等亲脂性有机溶剂。

（3）水解性。环烯醚萜苷对酸很敏感，其苷键极易被酸水解，生成的苷元具有半缩醛结构，很不稳定，易发生聚合反应，在不同水解条件下（温度、酸度等），产生不同颜色的变化或沉淀。例如，中药地黄、玄参、杜仲叶等炮制加工变黑。

（4）鉴别反应。环烯醚萜分子结构中具有半缩醛羟基，性质很活泼，能与一些试剂产生颜色反应，可用于环烯醚萜及其苷的鉴别：①氨基酸反应。游离的苷元与氨基酸加热，会显深红色至蓝色，最后生成蓝色沉淀，如车叶草苷与稀酸加热，水解、聚合产生棕黑色树脂状沉淀；若被酶解，则显深蓝色，不易得到结晶的苷元。②铜离子反应。苷元溶于冰醋酸中，加少量铜离子溶液，加热，显蓝色反应。

二、重要的倍半萜类化合物

倍半萜类（sesquiterpenoids）分布较广，无论从数目上还是从结构骨架的类型上看，倍半萜类都是萜类中最多的一类化合物，目前发现的结构骨架有 200 多种，化合物数量达数千种。此类化合物有广谱的生物活性，如驱蛔虫、强心、抗炎、镇痛、抗肿瘤、抗疟等，同时又是重要的香气成分，是医药、农药、食品、化妆品工业的重要原料。

如前所述，就生物合成途径而言，倍半萜化合物是由 FPP 衍生的含 15 个碳原子的化合物。常见的结构类型及其生物合成途径如图 9-4 和图 9-5 所示。

按倍半萜类化合物结构中的碳环数可将其划分为：无环、单环、双环、三环、四环型；按环上碳原子数可分为：五元环、六元环、七元环，直到十二元大环。

（一）单环倍半萜

青蒿素（qinghaosu，artemisinin，**52**）是从菊科植物黄花蒿（*Artemisia annua*）中分离到的抗恶性疟疾的有效成分，鹰爪甲素（yingzhaosu A，**53**）和鹰爪丙素（yingzhaosu C，**54**）是从民间治疗疟疾的草药鹰爪（*Artabotrys uncinatus*）根中分离出的抗疟有效成分，它们都属于分子中含有过氧基团的单环倍半萜类化合物。

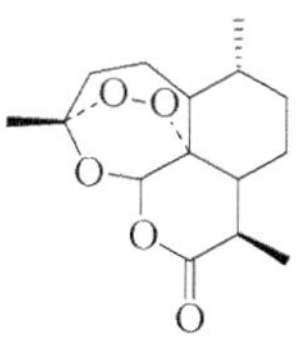

52

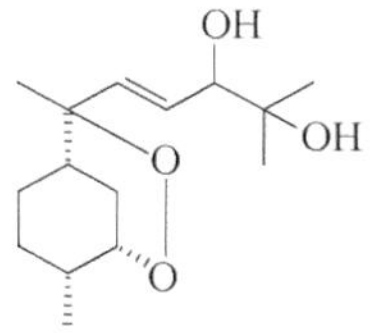
OH
OH
O
O

53

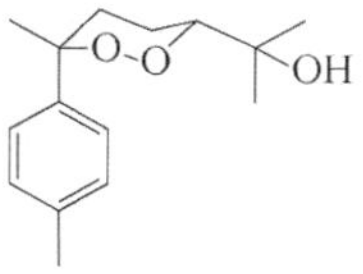
O-O
OH

54

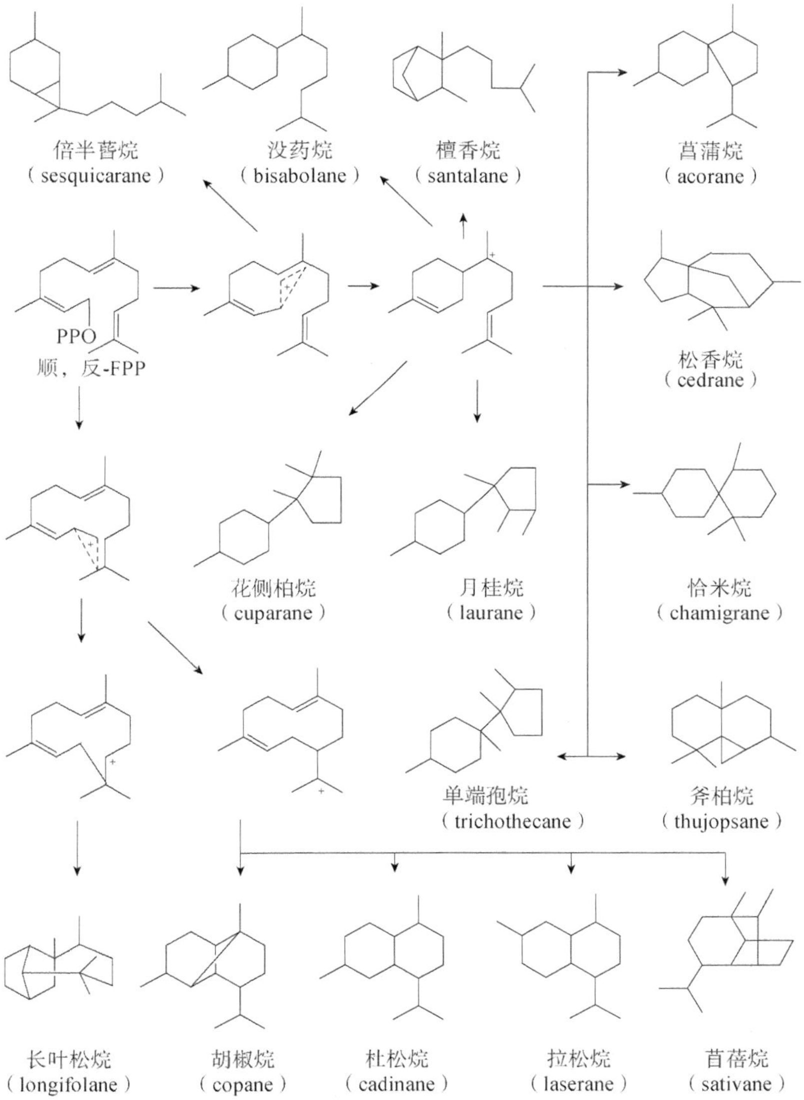
倍半蒈烷
(sesquicarane)
没药烷
(bisabolane)
檀香烷
(santalane)
菖蒲烷
(acorane)
PPO
顺，反-FPP
松香烷
(cedrane)
花侧柏烷
(cuparane)
月桂烷
(laurane)
恰米烷
(chamigrane)
单端孢烷
(trichothecane)
斧柏烷
(thujopsane)
长叶松烷
(longifolane)
胡椒烷
(copane)
杜松烷
(cadinane)
拉松烷
(laserane)
苜蓿烷
(sativane)

图 9-4　以顺，反-FPP 为母体的倍半萜类结构类型及其生物合成途径

以青蒿素为先导物合成了衍生物蒿甲醚（artemether，**55**）和双氢青蒿素（dihydroartemisinin，**56**）（图 9-6），它们的抗疟活性强于母体化合物。最近研究发现双氢青蒿素具有免疫调节作用，治疗红斑狼疮效果显著。青蒿琥酯（artesunate，**57**）是临床上用于抗疟的水溶性制剂。

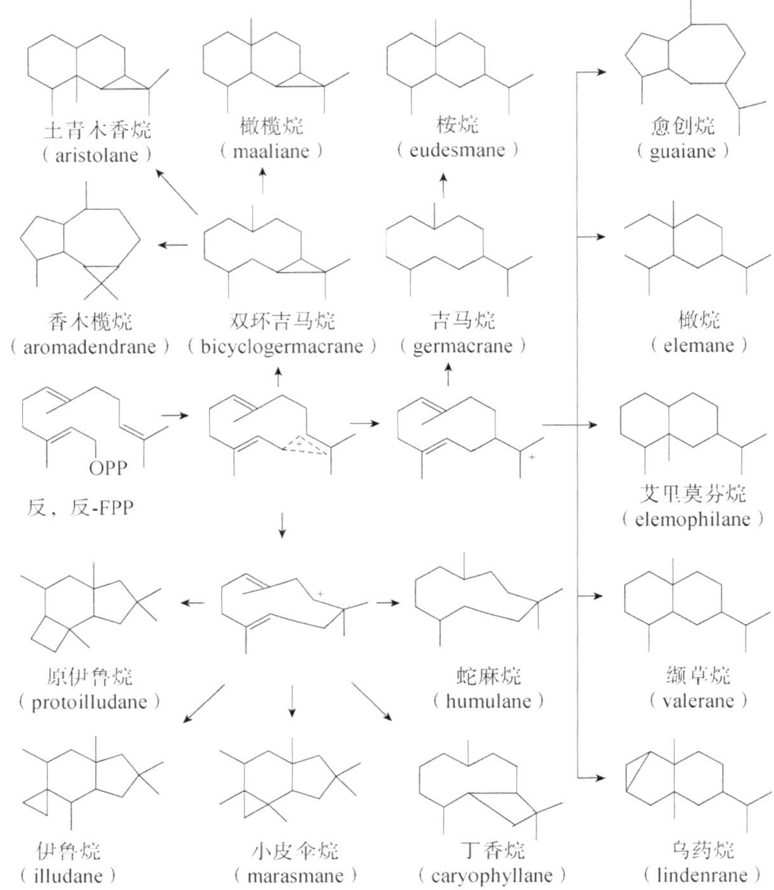

图 9-5　以反，反-FPP 为母体的倍半萜类结构类型及其生物合成途径

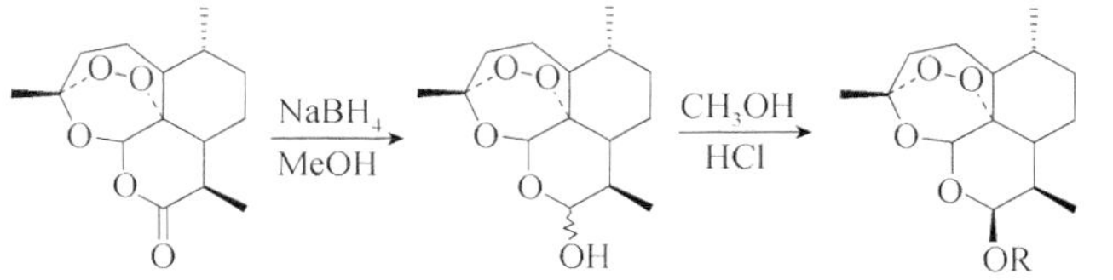

NaBH$_4$ / MeOH　　CH_3OH / HCl

52　　**56**　　**55** R=CH_3　**57** R=$COCH_2CH_2COOH$

图 9-6　蒿甲醚的半合成

吉马烷型倍半萜是众多倍半萜结构骨架类型中最为丰富的一种。例如，从小白菊（*Tanacetum parthenium*）中提取的小白菊内酯（parthenolide，**58**），已经用作抗炎症药物，可抑制肿瘤细胞生长。一支箭（*Crepis napifera*）根中有抗胃溃疡的活性成分 taraxinic acid-1-*O*-*β*-D-glucoside（**59**）。白花地胆草（*Elephantopus tomentosus*）中有白花地胆草素 A（tomenphantin A，**60**）。

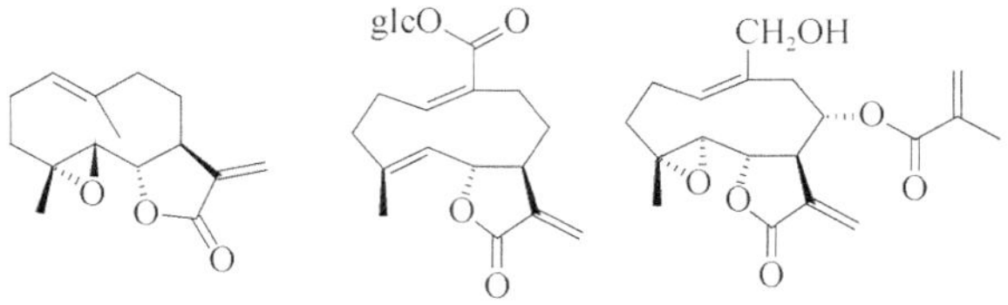

58　　**59**　　**60**

没药烷型倍半萜代表化合物：向日葵叶中具有化感作用的 heliannuol H（**61**）和中药藁本（*Ligusticum sinense*）中分离出的藁本酮（ligustilone，**62**）。

白果内酯（bilobalide，**63**）具有 3 个γ-丁内酯及一个叔丁基，含于银杏叶及根中，有抗炎、镇静等作用，是一种脑神经治疗剂。

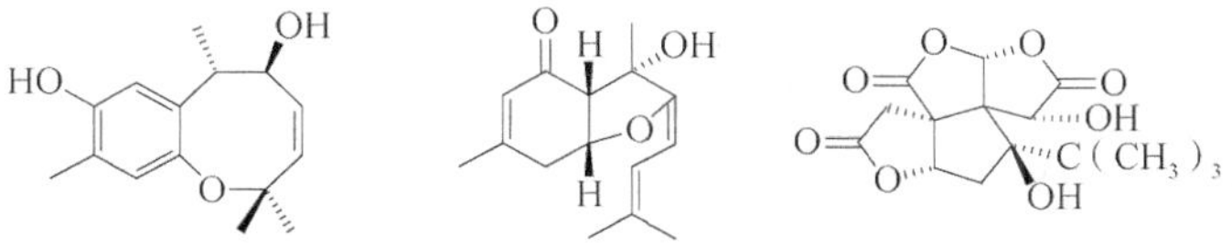

61　**62**　**63**

（二）双环倍半萜

双环倍半萜类化合物的结构类型很多，根据生源途径，其基本碳骨架可大体归纳为萘型衍生物类如艾里莫芬型、桉烷型、杜松烷型、拉松烷型等。每类中又以其母体烃衍生的各种化合物如酯、酮、醛、醇等划分结构类型。

艾里莫芬型化合物广泛分布于陆地和海洋生物中，且具有多种生物活性如抗炎、抗菌等。例如，菊科的千里光属植物 *Senecio miser* 含杀虫作用的艾里莫芬型内酯化合物 1α-乙酰氧-8β-甲氧基-艾里莫芬-7(11)-烯-8α, 12-内酯（**64**）和箭叶橐吾（*Ligularia sagitta*）产生的抗细菌 sagittacin C（**65**）。

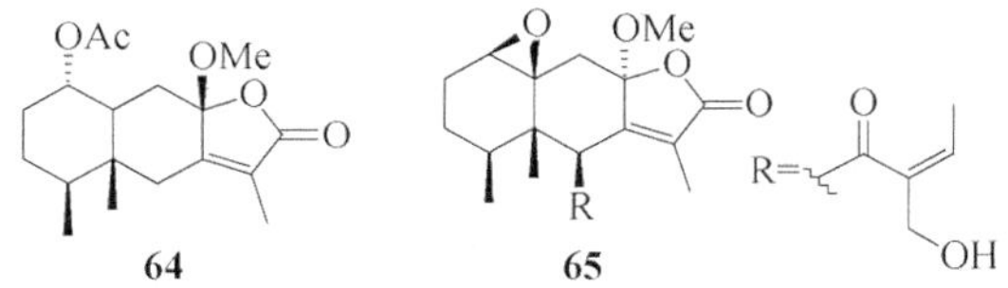

64　**65**

芸香科植物白鲜（*Dictamnus dasycarpus*）的根皮是传统中草药，其中含有多个桉烷型倍半萜苷，代表化合物为白鲜苷 H（dictamnosides H，**66**）。α-山道年（α-santonin，**67**）是中药山道年草（*Artemisia cina*）中的主要成分，属桉烷型倍半萜内酯。山道年是强力驱蛔剂，但由于毒性作用，已被禁止使用。由于α-山道年结构中存在特殊的 1, 4-二烯酮的交叉共轭体系，经光照射发生重排，生成愈创木内酯类。

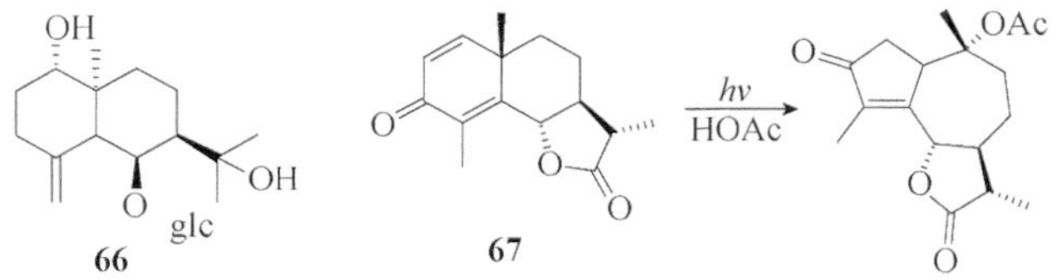

66　**67**

中药藁本中的免疫抑制成分藁本酚（ligustiphenol，**68**）属杜松烷型化合物。棉酚（gossypol，**69**）是多酚羟基双萘醛类化合物，属杜松烷型二聚体，主要存在于锦葵科植物树棉（*Gossypium arboreum*）等植物的根、茎、叶和种子内，其中棉根皮中含棉酚 1.5%～2.5%。棉酚具有抑制精子发生和精子活动的作用，可作为一种有效的男用避孕药。此外，它有抗单纯疱疹病毒、抗淋巴白血病及烟草花叶病毒等活性。棉酚右旋体无效，左旋体为活性成分，因此，左旋棉酚的作用为棉酚的 2 倍。

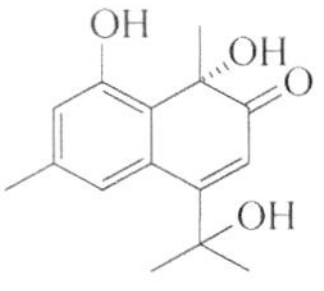

68 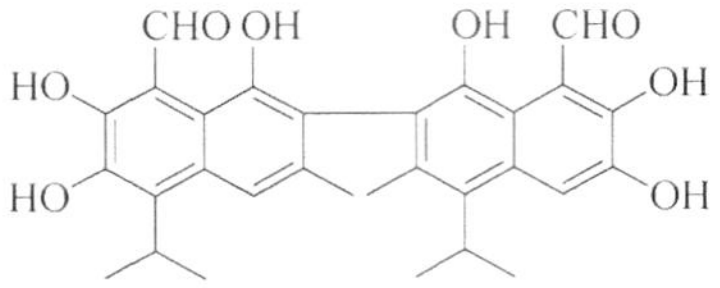　　69

马桑科植物特征成分是木防己苦毒烷（picrotoxane）型倍半萜。例如，羟基马桑毒素（hydroxycoriamyrtin，**70**）也称杜廷（tutin），是中药马桑（*Coriaria nepalensis* Wall.）治疗精神分裂症的有效成分。此外，羟基马桑毒素有昆虫拒食、胃毒作用，可作为杀虫先导化合物。另一新化合物 corianol（**71**）具有抗惊厥活性。

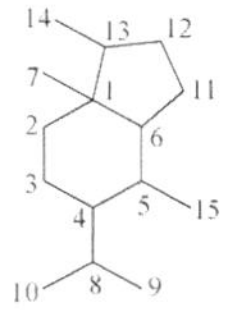

木防己苦毒烷骨架 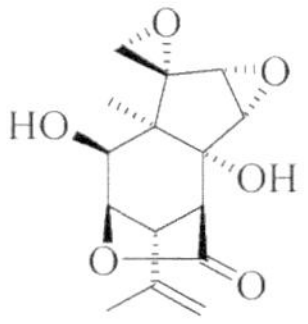　　70 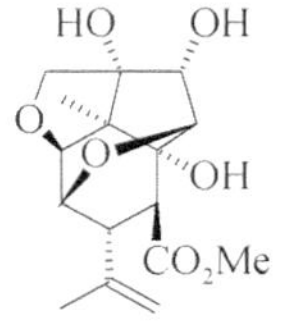　　71

蓼二醛（polygodial，**72**）和血苋醛（drimanial，**73**）属于血苋烷（drimane）型衍生物，是巴西白桂皮科植物 *Drimys winteri* 中抗疼痛的主要成分，其作用远强于对照药物阿司匹林。前者还有拒食、抗菌、抗真菌、杀藻作用。

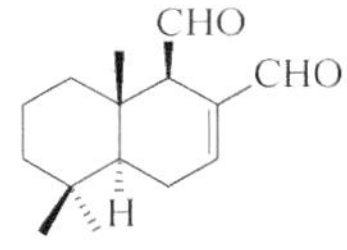

72 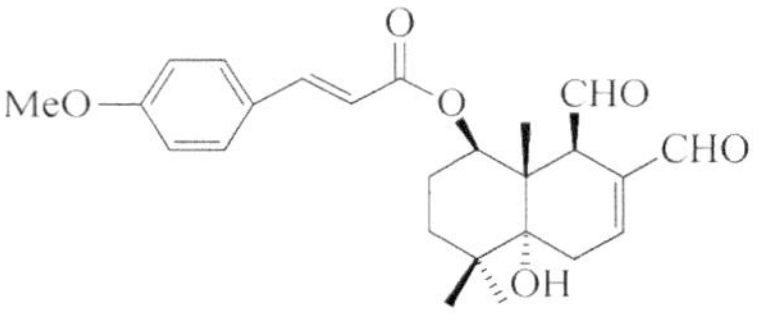　　73

愈创木烷型内酯类（guaianolides）存在于愈创木、桉叶、苍耳籽、洋甘菊、泽兰等的精油中。例如，亮绿蒿（*Artemisia glabella*）中的阿加来必（arglabin，**74**）和毒胡萝卜属植物 *Thapsia garganica* 中的毒胡萝卜素（thapsigargin，**75**）均为临床试验的两个抗癌药物。又如，堆心菊（*Helenium microcephalum*）中细胞毒活性成分堆心菊内酯（helenalin，**76**）。

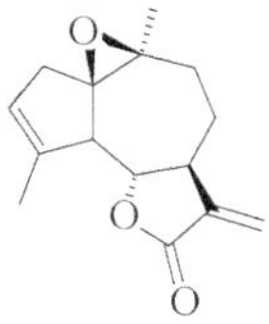

74 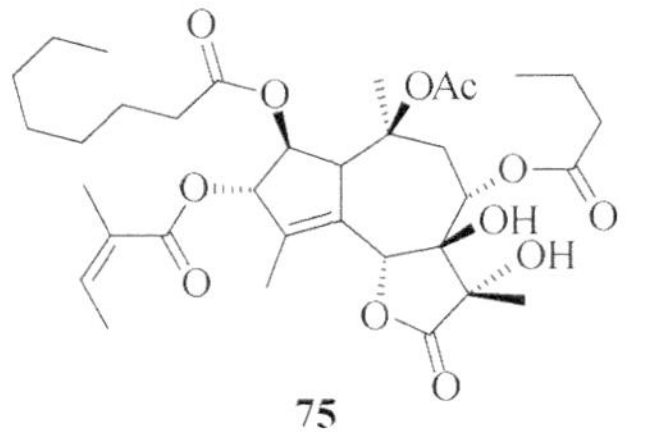　　75 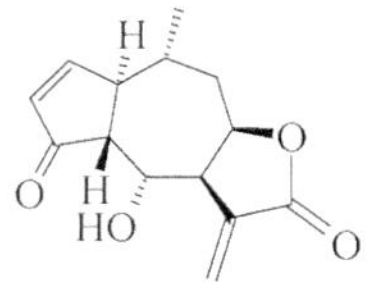　　76

薁型化合物（azulenoids）是一类非苯芳香烃衍生物，沸点一般在 250～300℃，因此有时在精油高沸点馏分中出现蓝色或绿色。其溶于有机溶剂，不溶于水，可溶于强酸，加水稀释又可析出，故可用 60%～65%的硫酸或磷酸提取。能与苦味酸或三硝基苯反应，产生具有敏锐熔点的结晶络合物，可借以鉴定。由于分子结构中具有共轭体系，在λ360～700nm 处有较强的 UV 吸收。

薁型化合物溴化（Sabety）反应：取精油一滴溶于 1mL 氯仿中，加入 5%溴的氯仿溶液，或用对-二甲氨基苯甲醛浓硫酸（Ehrlich）试剂反应，若前者产生蓝紫色或绿色、后者显紫色或红色，说明精油中存在薁型化合物。

愈创木醇（guaiol，**77**）存在于愈创木（*Guajacum officimale*）的木材精油中。愈创木醇用硫或硒高温脱氢可产生 1, 4-二甲基-7-异丙基薁（图 9-7），即愈创木薁（guaiazulene，**78**）或 2, 4-二甲基-7-异丙基薁（**79**），用于合成抗炎、抗溃疡药物。

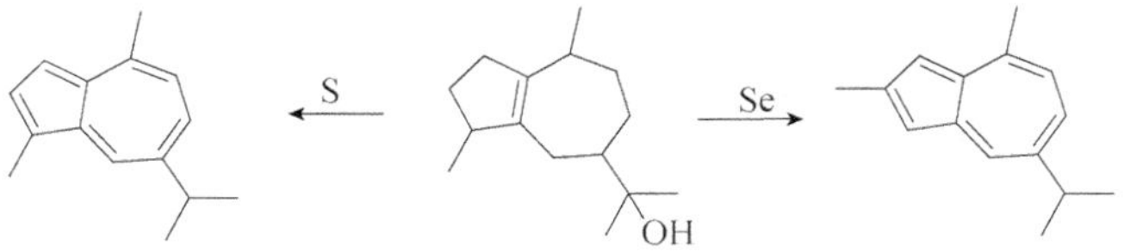

图 9-7　愈创木醇高温脱氢反应

许多具有不同氧化程度的胡萝卜烷型（daucane）倍半萜类化合物主要存在于阿魏属植物中。例如，从叙利亚产的 *Ferula hermonis* 根中分离出的 14-（*p*-羟基苯甲酰）胡萝卜-4, 8-二烯（**80**）、14-（*p*-羟基-3-甲氧基苯甲酰）胡萝卜-4, 8-二烯（**81**）、阿魏萜宁（ferutinin，**82**），化合物 80 和 82 有抗金黄色葡萄球菌活性。

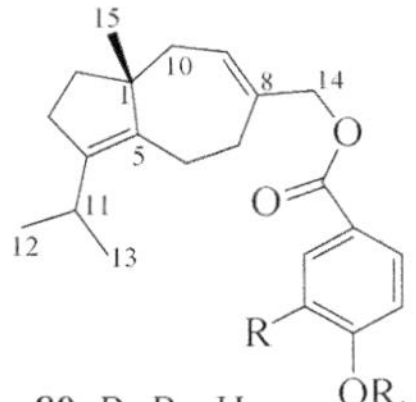

80　R=R_1=H
81　R_1=H，R=OMe

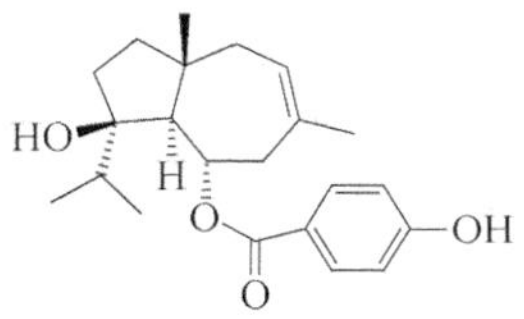

卫矛科植物含 500 多个二氢沉香呋喃（dihydroagarofuran）型倍半萜多醇酯和生物碱，其中有些显示出昆虫拒食、杀虫、抗肿瘤等作用。从传统杀虫植物苦皮藤（*Celastrus angulatus*）的根皮中分到 40 余个该类化合物，代表性杀虫成分为 **83** 和 **84**。

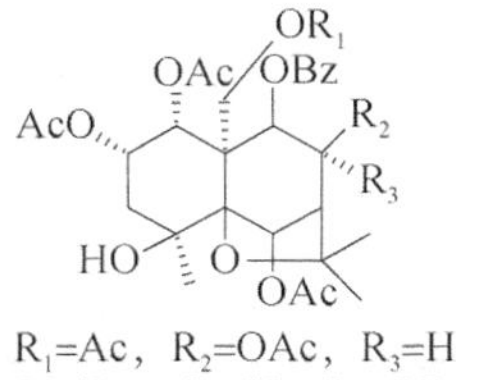

iBu=Me_2CHCO

83　R_1=Ac，R_2=OAc，R_3=H
84　R_1=iBu，R_2=H，R_3=OFu

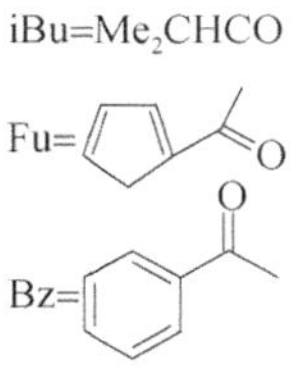

独脚金内酯（strigolactone），俗称分枝素，属类胡萝卜素降解产物双内酯萜。迄今，在陆地植物根分泌物中鉴定了至少 19 个天然独脚金内酯化合物。其中，独脚金萌发素（strigol，**85**）也称巫婆醇，最初于 1966 年从棉花根分泌液中分离出来的。作为第七类植物激素，独脚金内酯具有诱发杂草种子萌发，促进菌根生长，控制植物分支和激素协调的作用。其合成类似物 *rac*-GR24（**86**）是最有效的一个植物生长调节剂。

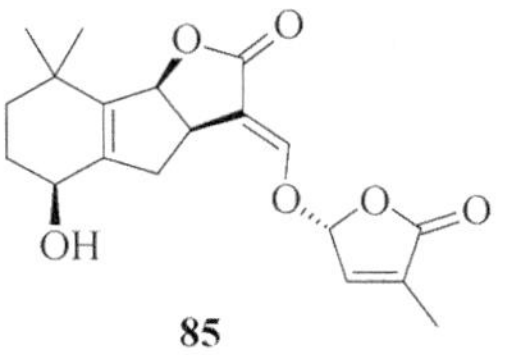

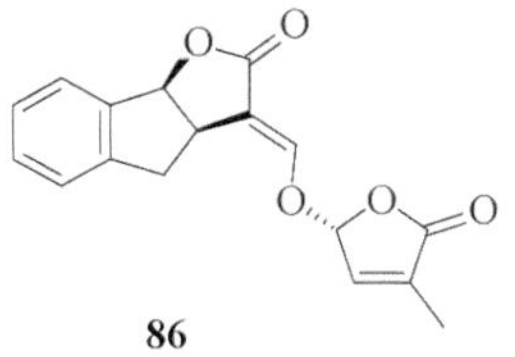

三、重要的二萜类化合物

二萜类化合物（diterpenoids）广泛分布于植物界，主要以松柏科植物较为普遍。唇形科香茶菜属植物也富含二萜类化合物。许多二萜含氧衍生物如穿心莲内酯、丹参醌、闹羊花毒素、佛司可林、雷公藤素、甜菊苷等，具有较强的生物活性，如抗菌、消炎、抗肿瘤、杀虫、免疫抑制等，有的已是重要的药物，有的是食品添加剂。

在植物体内，二萜类化合物一般是由 GGPP 转化而成，常见的结构类型及其生物合成途径见图 9-8。

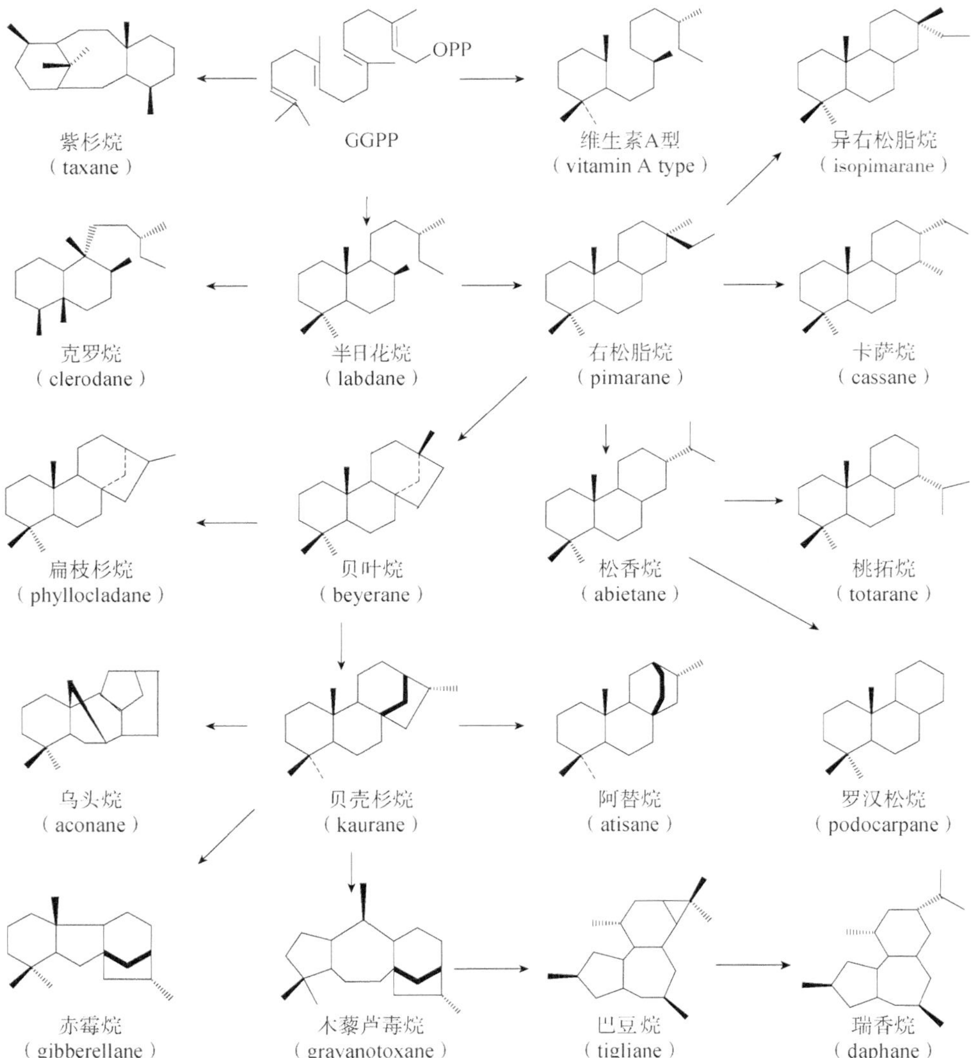

图 9-8　以 GGPP 为母体的二萜类结构类型及其生物合成途径

（一）链状二萜

天然链状二萜类（acyclic diterpenoids）化合物较为少见。西红花（*Crocus sativus* L.）为

鸢尾科植物的干燥柱头，又名藏红花或番红花，具有活血化瘀，消肿止痛等疗效。西红花有效成分为西红花酸和西红花苷，即西红花酸（crocetin）与不同糖基结合而形成的一系列酯苷（crocins），如西红花苷-Ⅰ（**87**）、西红花苷-Ⅱ（**88**）和西红花苷-Ⅴ（**89**）。其中，西红花苷-Ⅰ（crocin-Ⅰ）含量最高，常作为标准品。

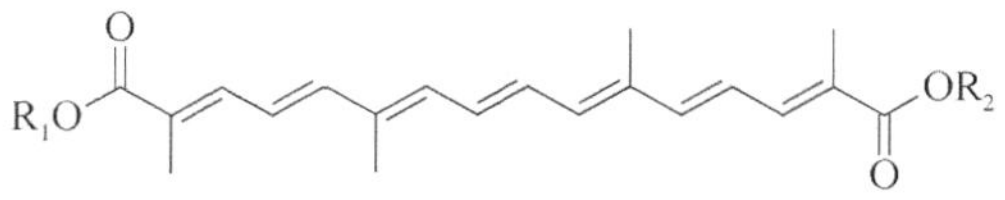

87 $R_1=R_2$=glc（6→1）glc
88 R_1=glc（6→1）glc，R_2=glc
89 R_1=glc（6→1）glc，R_2=H

（二）单环二萜

西松烷型化合物（cembranoid）属单环二萜类，在大戟科巴豆属、*Echinodorus* 属、烟草中零星存在。例如，泰国传统草药 *Croton oblongifolius* 用作止泻药，治痢疾及消化不良等，从其茎皮分离鉴定出两个西松烷型二萜 crotocembraneic（**90**）和 neocrotocembraneic（**91**）。

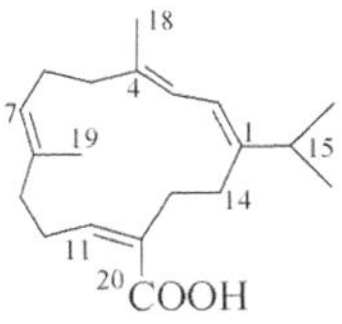

90 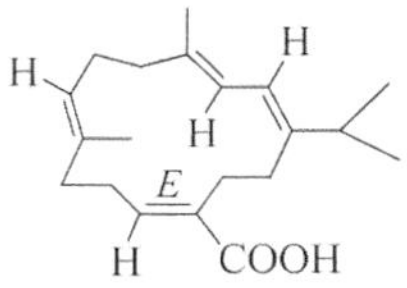　**91**

（三）双环二萜

1990～2015 年，发现了 1300 余个具有克罗烷型（clerodane）骨架的二萜化合物。在这些化合物中最重要的生物活性是昆虫拒食和作为阿片受体（opioid receptor）探针。例如，墨西哥产的唇形科精神药用植物克罗烷型（neoclerodane）二萜化合物（如 **92**、**93**）。**92** 不仅是非生物碱的致幻剂（hallucinogen），而且是一类阿片受体选择性强力激动剂。因此，它具有治疗疼痛、咳嗽、腹泻、兴奋剂依赖及情绪障碍潜在作用。

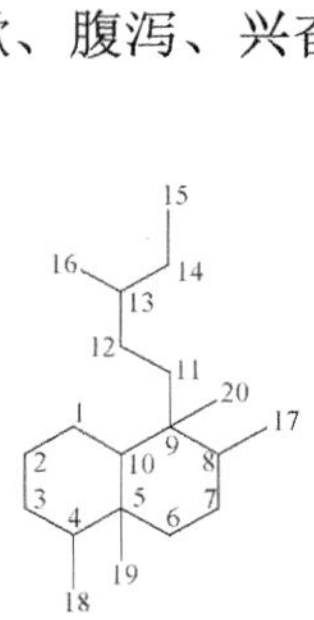

克罗烷型骨架 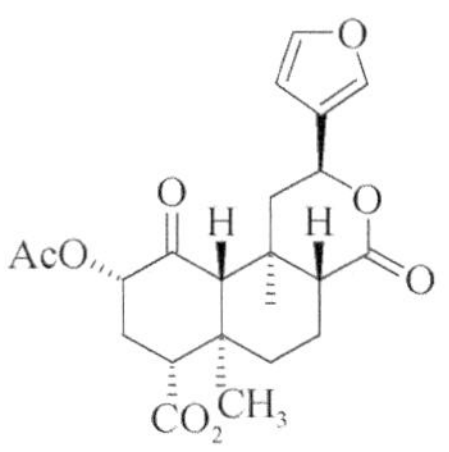　**92** 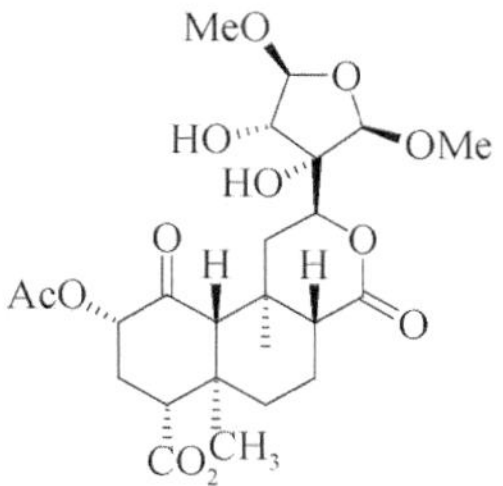　**93**

佛司可林（forskolin，**94**）及其类似物最初是从印度唇形科植物毛喉鞘蕊花（*Coleus forskohlii*）中分离得到的劳丹烷型或称半日花烷型（labdane）二萜化合物。佛司可林和其半合成衍生物 colforsin daproate（**95**），可用于强心、抗抑郁、解痉和治疗哮喘。

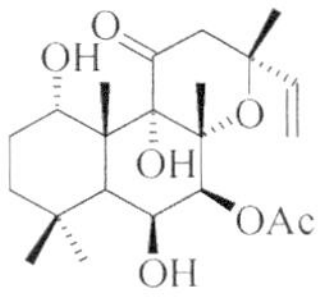

94

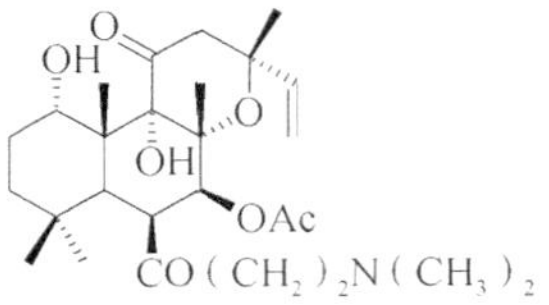

95

中药穿心莲（*Andrographis paniculata*）叶中含有多种二萜内酯及其苷类成分，如穿心莲内酯（andrographolide，**96**）是其中主要的抗菌、消炎有效成分。穿心莲内酯与丁二酸酐作用制备成丁二酸半酯（**97**）；与亚硫酸钠在酸性条件下制备成水溶性的磺酸钠（**98**），用于针剂制备（图 9-9）。

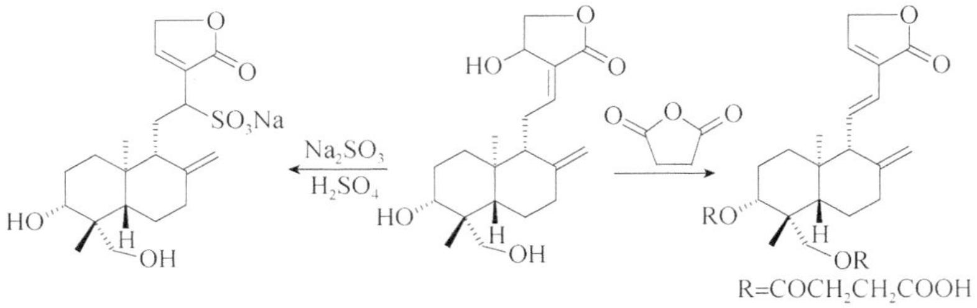

98　　96　　97

图 9-9　穿心莲内酯衍生物制备

银杏内酯 A～C（ginkgolides A～C，**99**～**101**）是银杏根皮及叶的强苦味成分，其基本结构中有三个五元内酯环，但碳环只有两个。银杏内酯是银杏制剂的主要有效成分，含量为 6%的萜内酯是评价质量的指标之一，如银杏叶标准提取物 EGb761 含银杏内酯等，具有抑制磷脂酶 A_2 和磷酸二酯酶的活性，用于外周或脑血管疾患和阿尔茨海默病。

土荆皮酸乙（pseudolaric acid B，**102**）是金钱松（*Pseudolarix kaempferi*）根皮中的抗真菌、抗生育主要活性成分。

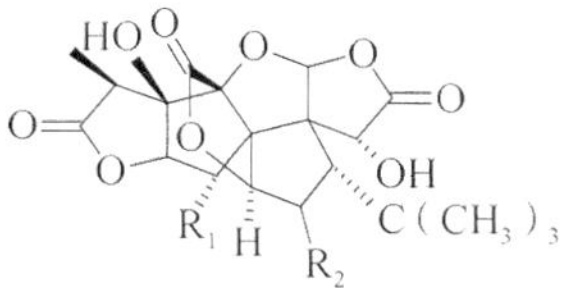

	R_1	R_2
99	H	H
100	OH	H
101	OH	OH

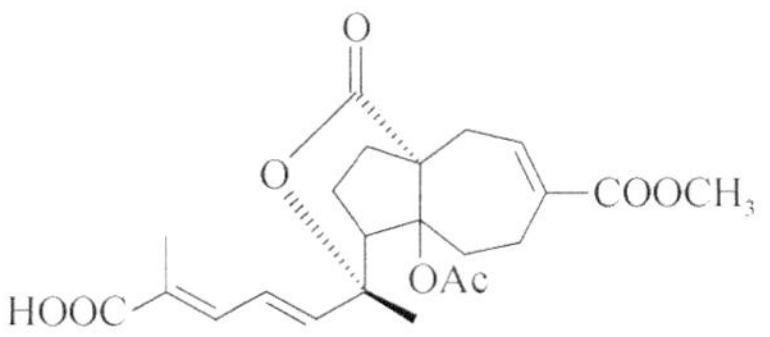

102

（四）三环二萜

三环二萜（tricyclic diterpenoid）中最具代表性的化合物有紫杉烷型和松香烷型衍生物。前者如紫杉醇，后者如丹参酮、雷公藤甲素、迷迭香酚等。

紫杉醇（taxol，paclitaxel，**103**）是从红豆杉科植物如太平洋紫杉（*Taxus brevifolia*）、云南红豆杉（*T. yunnanensis*）树皮、枝叶中分离得到的一种含量很低（0.1mg/kg）、具有 11 个手性中心和多个含氧基团的紫杉烷二萜骨架化合物。

紫杉醇已用于治疗晚期乳腺癌、卵巢癌、非小细胞肺癌等。紫杉醇也有一定的缺点，如水溶性差，多药耐受性等。目前，紫杉醇临床用药只能从植物中提取，或由植物中含量较高的中间体巴卡丁Ⅲ（baccatin Ⅲ，**104**）或 10-去乙酰巴卡丁Ⅲ（10-deacetyl baccatin Ⅲ，**105**）半合成获得，也可以使用类似半合成品多西紫杉醇（docetaxel 或 taxotere，**106**）。

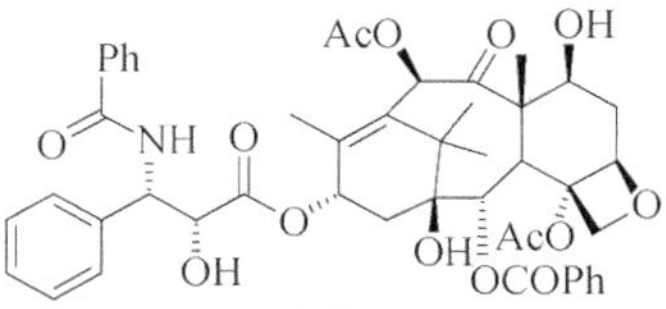

103 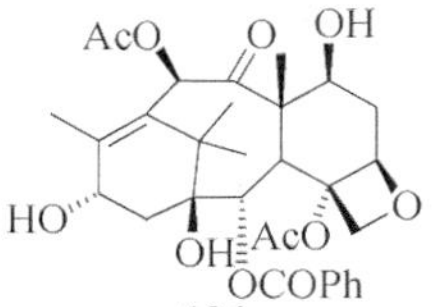 **104**

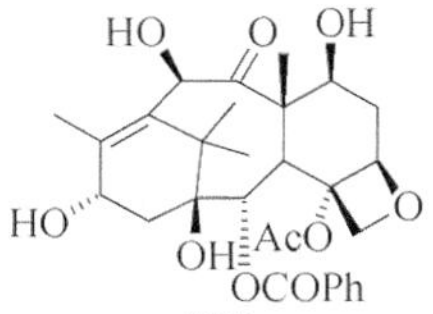

105 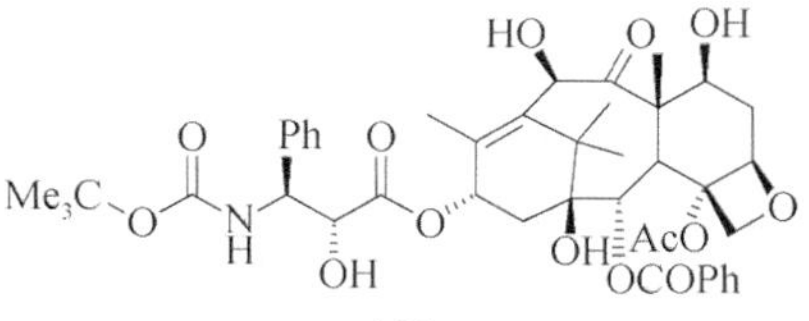 **106**

丹参酮类化合物是活血化瘀中药丹参（*Salvia miltiorrhiza*）根中的活性成分，从中分离出的丹参酮Ⅱ$_A$（tanshinone Ⅱ$_A$，**107**）的磺化产物丹参酮Ⅱ$_A$磺酸钠（**108**）可溶于水，临床上治疗心绞痛效果显著，不良反应小，为治疗冠心病的新药。

迷迭香酚（rosmanol，**109**）和鼠尾草酚（carnosol，**110**）是从迷迭香（*Rosmarinus officinalis*）中分离得到的，具有自由基清除活性。

雷公藤甲素（triptolide，**111**）和 16-羟基雷公藤内酯醇（16-hydroxytriptolide，**112**）是从著名中药雷公藤（*Tripterygium wilfordii* Hook f.）根中获得。雷公藤甲素除具有抗类风湿关节炎作用外，还有广谱抗肿瘤（如白血病等）活性，16-羟基雷公藤内酯醇具有较强的抗炎、免疫抑制和雄性抗生育作用。

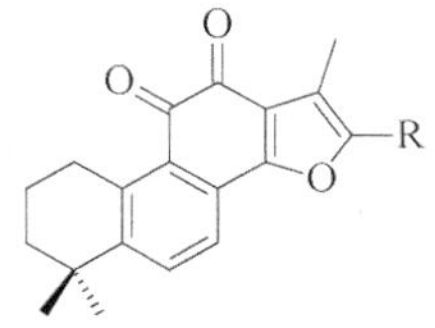

107 R=H
108 R=SO_3Na

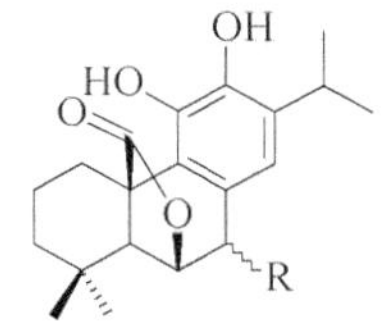

109 R=OH
110 R=H

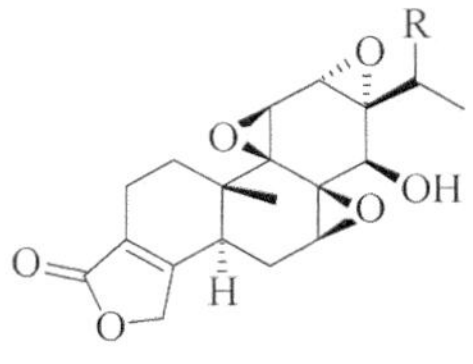

111 R=CH_3
112 R=CH_2OH

瑞香烷型二萜类（daphnanes）化合物主要存在于大戟科大戟属、巴豆属、三宝木属植物及瑞香科等植物中。例如，resiniferatoxin（RTX，**113**）是仙人掌状植物 *Euphorbia resinifera* 中的一强烈刺激性毒素，其碘代物 I-RTX（**114**）为较强的香草素受体（vanilloid receptors）拮抗剂。

中国苔藓植物广口平叶苔（*Pedinophyllum interruptum*）含有 10 个高度氧化对映-海松脂烷 *ent*-pimarane 型二萜，如代表性化合物 pedinophyllol A（**115**），具有抑制拟南芥种子萌发活性。

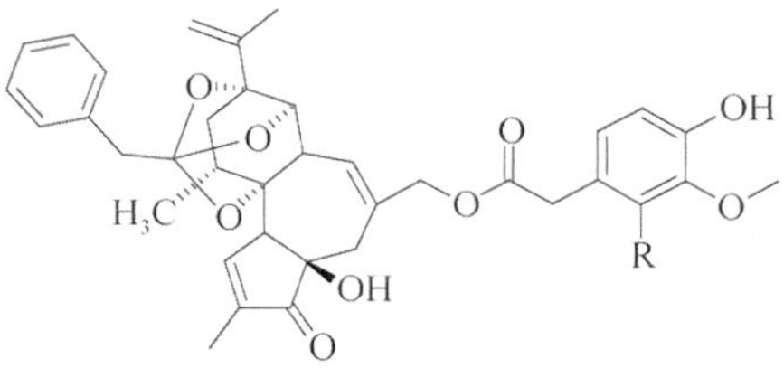

113 R=H
114 R=I

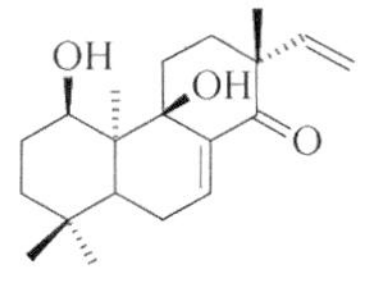

115

（五）四环二萜

对映-贝壳杉烷型（*ent*-kaurane）二萜类是一种普遍存在于植物中的成分，尤其是在唇形科香茶菜属植物中分布很广。目前已从该属植物中分离鉴定了 700 余个化合物，且多具抗癌、抗炎、抗病毒、抗菌和昆虫拒食等生物活性。

例如，菊科植物甜叶菊（*Stevia rebaudiana*）叶中含有甜菊苷（stevioside，**116**）、甜菊苷 A（rebaudiana A，**117**）等一系列四环二萜甜味成分，后者甜味较强，但含量较低。总甜菊苷含量约 6%，其甜度为蔗糖的 250～300 倍，而能量只是蔗糖的 1/90。甜菊苷现已被广泛用作食品添加剂。

又如，冬凌草甲素（oridonin，**118**）是冬凌草（*Rabdosia rubescens*）及延命草（*Isodon trichocarpa*）中抗肿瘤有效成分。

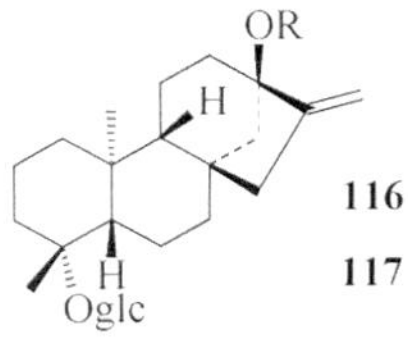

116 R=glc—2—glc

117 R=—glc—2—glc（3-glc）

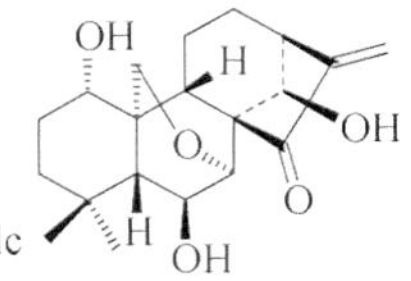

118

巴豆烷（tigliane）型化合物在二萜类型小分子中占有重要地位，在大戟科（Euphorbiaceae）和瑞香科（Thymelaeaceae）植物中含量丰富且结构多样，迄今发现了大约 248 个该类化合物，它们在化学、生物学、病理学等领域应用广泛。例如，大戟科植物下垂澳杨（*Homalanthus nutans*）茎皮或瑞香科平卧稻花（*Pimelea prostrata*）根、茎中分里得到的大戟醇酯—— 澳杨亭（prostratin，**119**），它具有镇静、镇痛、抗 HIV 及抗炎作用，目前正由美国 AIDS 研究中心开展治疗艾滋病的临床试验。

红树植物海漆（*Excoecaria agallocha* L.）为大戟科植物，其茎叶中所含的抗艾滋病活性的大戟烷型二萜化合物是 12-脱氧佛波醇 13-（3*E*, 5*E*-十碳二烯酸酯）（**120**）[12-deoxyphorbol 13-（3*E*, 5*E*-decadienoate），**120**]。

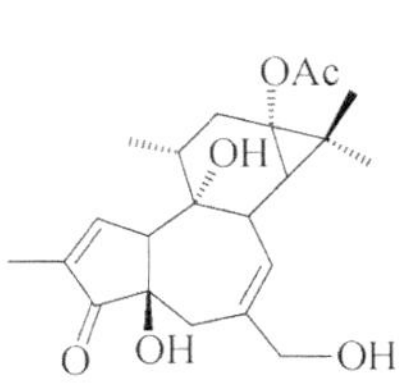

119 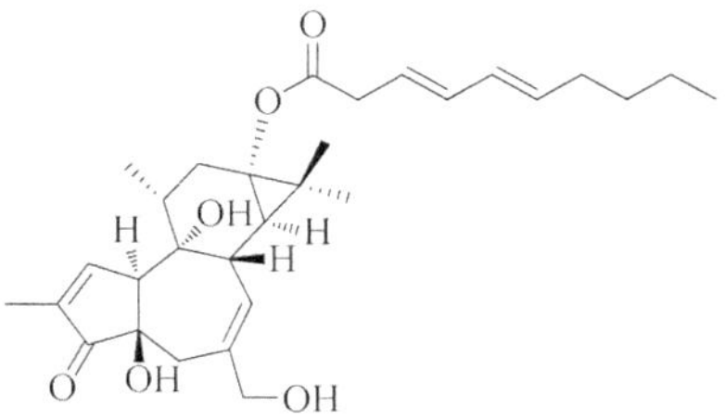　　**120**

闹羊花毒素-Ⅲ（rhodojaponin Ⅲ，**121**）是有毒植物黄杜鹃（*Rhododendron molle*）中主要杀虫有效成分，为杜鹃花科植物中所特有的木藜芦烷骨架类植物毒素。

樟科植物印度鳄梨（*Persea indica*）中分得的尼鱼丁醇（ryanodol，**122**）是较强的拒食剂，它是新一代靶标杀虫剂，可能作为先导化合物。

牵牛花酸（pharbinilic acid，**123**）是从牵牛花（morning glory, *Pharbitis nil*）种子获得的第一个天然别赤霉低酸（allogibberic acid）化合物。

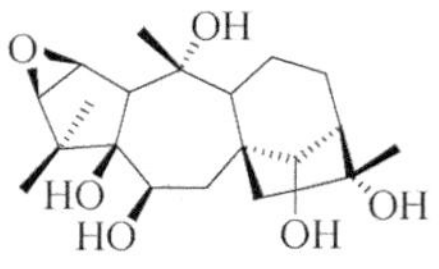

121 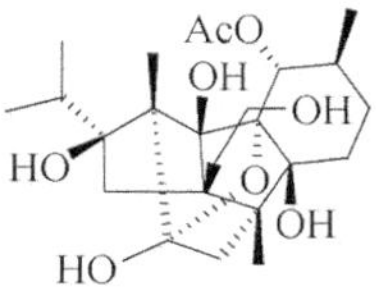　122 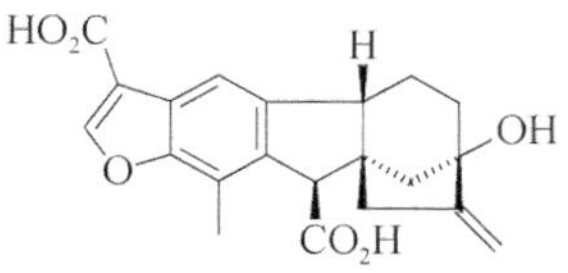　123

（六）二倍半萜

二倍半萜类（sesterterpenes）化合物多在海洋生物、陆地微生物及某些昆虫的分泌物中发现，为数不多，大约 900 个，其中 70%以上来自海洋生物。植物中报道较少，略见于唇形科植物，如从唇形科植物米团花（*Leucosceptrum canum*）的腺毛中发现一类新奇骨架的二倍半萜化合物 leucosceptroids A（**124**）和 leucosceptroids B（**125**），它们对植食性昆虫具有较强的拒食活性，并对植物病原菌有明显的抑制活性。

鼠尾草属（*Salvia*）植物地上部分含有的二倍半萜类化合物是其特征性成分。例如，伊朗特有种 *Salvia mirzayanii* 地上部分含有 5 个新 manoyloxide 型二倍半萜，如代表化合物 14-hydroxymanoyloxide-15, 17-dien-15（*Z*）-16, 19-olide（**126**）。

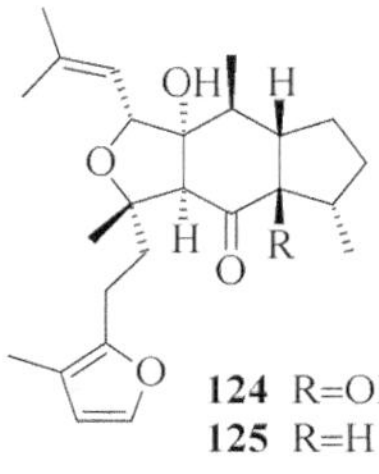

124 R=OH
125 R=H
126 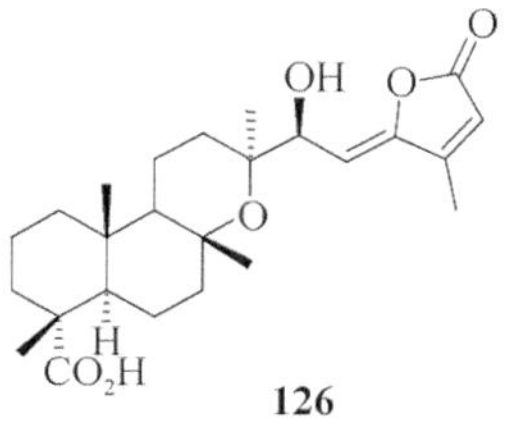

（七）杂萜

杂萜类（meroterpenoids）化合物是通过萜-聚酮（polyketide）组合途径产生的代谢产物，如萜醌类化合物和单萜吲哚生物碱。单萜吲哚生物碱见第十二章阐述。在此介绍由多酚和萜类骨架（主要为单萜、倍半萜和二萜）组合产生的杂萜类化合物。

例如，大麻酚类化合物（cannabinoids）存在于大麻（*Cannabis sativa*）未成熟果实中。大约有 40 个化合物如大麻酚（cannabinol，**127**）、四氢大麻酚（tetrahydrocannabinol，**128**）、四氢大麻酚酸（tetrahydrocannabinolic acid，**129**）等是大麻的主要精神活性成分。

大麻酚类化合物能对中枢和周围神经系统产生广泛生理作用，如改变人的认知能力与记忆、产生痛觉缺失、抗惊厥、抗炎等。屈大麻酚（dronabinol）或称Δ^9-THC 以刺激 AIDS 患者食欲和缓解癌症患者因化疗引起的呕吐为适应证已于 20 世纪 80 年代获准用于临床，并收载于美国药典。

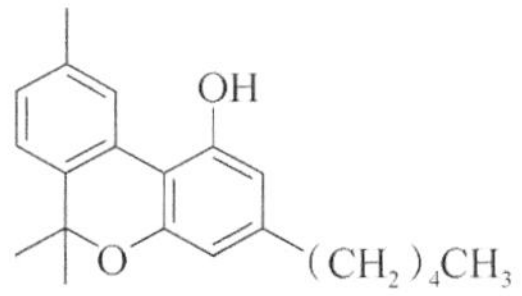

127 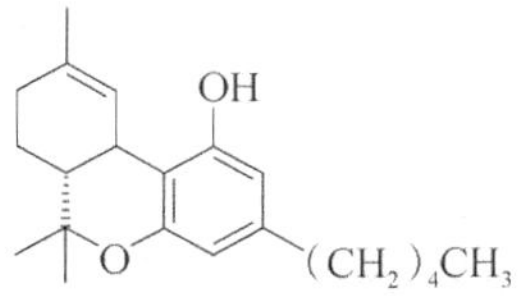　**128** 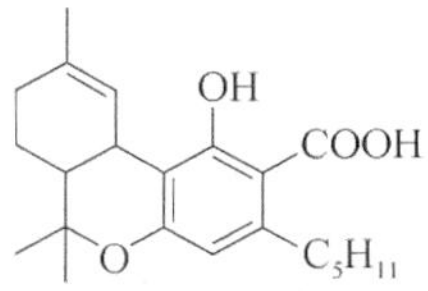　**129**

桃金娘科植物番石榴［又名鸡失果（*Psidium guajava* L.）］和桉树（*Eucalyptus robusta* Smith）叶富含由倍半萜和酰基间苯三酚（acylphloroglucinols）形成的结构新颖的杂萜类化合物，具有广谱生物活性如降血糖、降血脂、抗病毒、抗真菌及细胞毒性等。

例如，番石榴二醛 A（psiguadials A **130**）由香木榄烷型（aromadendrane）倍半萜与二苯甲酮反应产生；桉树酚（eucarobustol A **131**）由土青木香烷型（aristolane）倍半萜与酰基间苯三酚反应衍生。前者有保肝作用，后者具有抑制蛋白酪氨酸磷酸酶 1B（protein tyrosine phosphatase 1B，PTP1B）活性，其 IC_{50} 值为 1.3μmol/L。

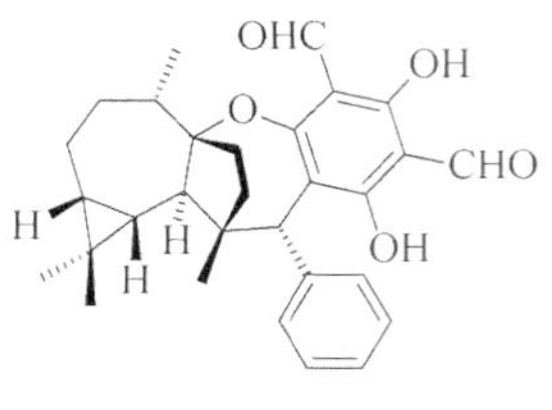

130 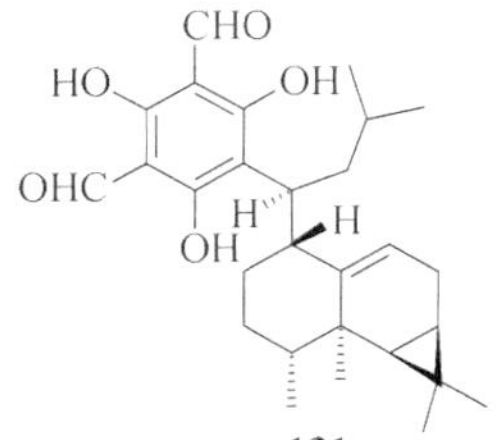　　**131**

蘑菇猴头（*Hericium erinaceus*）含有一系列苯酞（phthalide）型杂萜，如 hericenone K（**132**）。从胡椒科植物 *Piper arieianum* 叶中得到含有 C_{20} 侧链的成分 arieianal（**133**）。

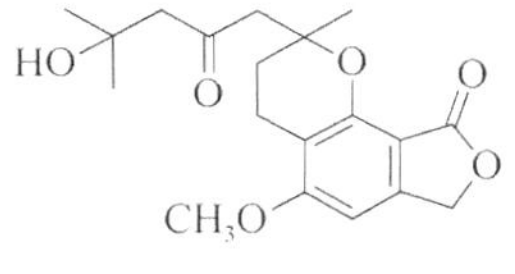

132 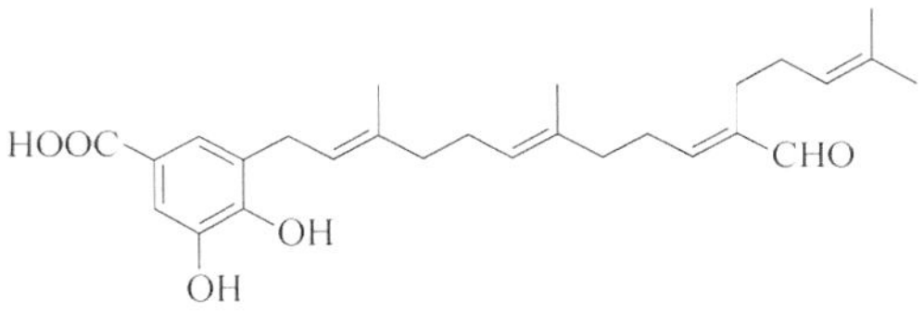　　**133**

将产于加勒比海西部新鲜的热带海藻棕叶（*Stypopodium zonale*）放在水中，水立即变成铁锈色，这种有色的水对生活在礁岩边的一种草食小鱼（*Eupomacenturs leucostictus*）毒性很大。用乙醚提取此铁锈色水得到的主要成分是一种亮红色邻-醌二萜类毒素——棕叶藻二酮（stypoldione，**134**）。海水中含 1.0μg/mL 的 **134** 即表现出与原海藻相同的毒性，而这个化合物经后来药理研究发现也具有很强的细胞毒活性。

从非洲产的肉豆蔻科药用植物 *Pycnanthus angolensis* 叶、茎中分离鉴定出二萜-醌类化合物：pycnanthuquinone A（**135**）和 pycnanthuquinone B（**136**），具有显著的抗高血糖活性，其生物合成见图 9-10。

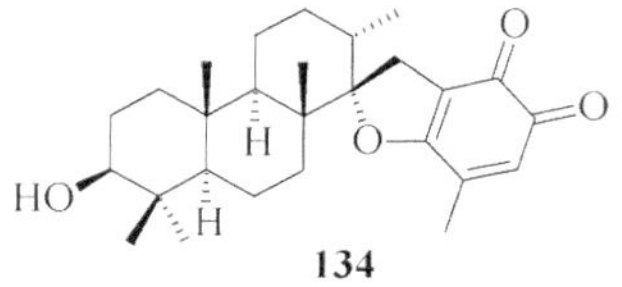

134

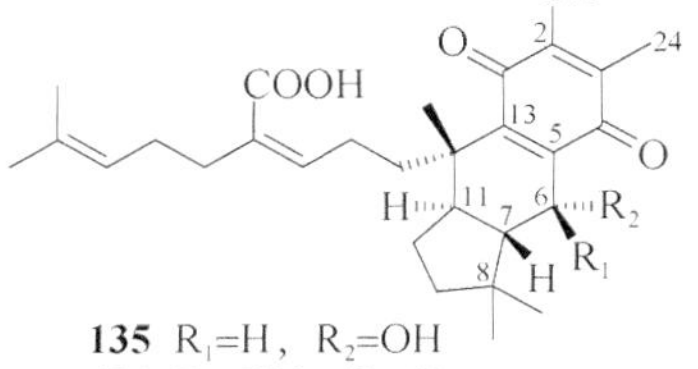

135 R_1=H，R_2=OH
136 R_1=OH，R_2=H

从三宝木属植物 *Trigonostemon reidioides* 根中发现一罕见的瑞香烷骨架的杀虫成分 rediocide A（**137**），是迄今发现的抗跳蚤作用最强的成分之一。该化合物 C-16 位接有一个不常见的十二碳聚酮片段，且在 C-3 位构成大环内酯。

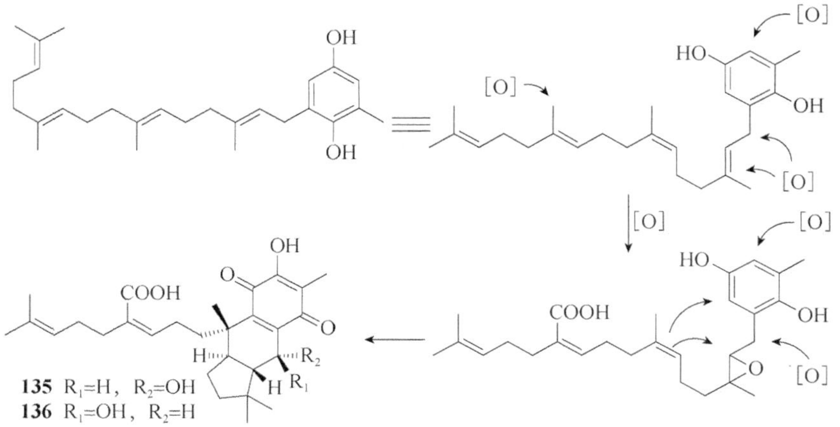

135 R_1=H，R_2=OH
136 R_1=OH，R_2=H

图 9-10 Pycnanthuquinones A（**135**）和 B（**136**）的生源途径

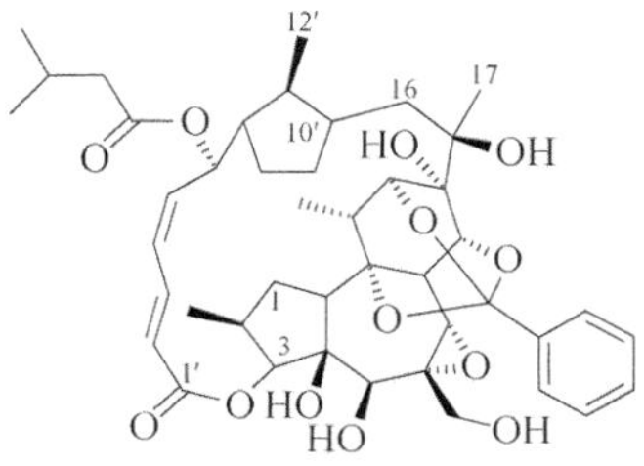

137

第二节 萜类化合物的理化性质与检识

一、萜类化合物的物理性质

单萜、倍半萜常温下多为具有香气的油性液体或低熔点的固体，具有挥发性，能随水蒸气一起被蒸馏出来。但随相对分子质量的增加、含氧基团的增多，其挥发性降低，熔点、沸点相应增高。因而，可利用沸点规律性变化，采用分馏的方法进行分离。二萜多为晶体。

萜类化合物多有苦味，因此又称苦味素。但有的有强烈的甜味，如甜菊苷。

一般萜类化合物亲脂性强，易溶于石油醚、苯、氯仿、乙酸乙酯等非极性或弱极性有机溶剂，难溶或微溶于水。随着结构中含氧基团的增多或成苷，水溶性增加，可溶于热水，易溶于甲醇、乙醇、丙酮等极性溶剂。

二、萜类化合物的化学反应

萜类化合物分子中含有双键、酮基、醛基及羟基等官能团，所以可以发生加成、氧化、消除及分子重排等许多化学反应。利用这些反应不但可以鉴别、分离和提纯萜类化合物，还能合成重要的香料和医药原料。

（一）加成反应

含羰基的萜类化合物可与饱和亚硫酸氢钠、苯肼发生加成反应，生成结晶加成物，再在稀酸或稀碱条件下水解，生成原来的成分。例如，从香茅油中获取柠檬醛。

（二）重排反应

萜类化合物在进行加成、消除、亲核取代反应时，常常发生碳架的改变，引起重排。工业上以 α-蒎烯为原料合成樟脑（图 9-11），就是利用骨架重排反应来实现的。

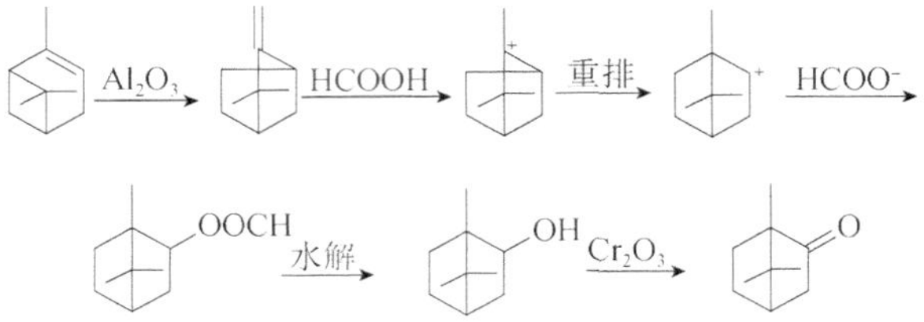

图 9-11　樟脑的工业合成路线

三、萜类化合物的检识

萜类化合物常用 TLC 鉴别，常用的试剂有：①10%硫酸乙醇溶液，如芍药苷加热后显紫褐色。②0.5%香草醛硫酸乙醇溶液，如马桑毒内酯显色后，加热出现棕色。③5%对-二甲氨基苯甲醛乙醇溶液，即 Ehrlich 试剂，如含有呋喃环的克罗烷型二萜化合物遇 Ehrlich 试剂，晾干后在浓盐酸蒸气中熏 10min，可产生红色；桃叶珊瑚苷遇 Ehrlich 试剂，显深蓝色，京尼平苷及京尼平苷酸显淡蓝色。④0.5%茴香醛浓硫酸-冰醋酸溶液，如青蒿素显色后 110℃加热，出现黄色→绿色→海蓝色。

第三节　萜类化合物的提取分离

萜类结构的千变万化，提取分离方法因其结构类型的不同而呈现多样化。鉴于单萜和倍半萜多为精油的组成成分，它们的提取分离方法将在精油中重点论述，本节仅介绍环烯醚萜苷、倍半萜内酯及其二萜的提取与分离方法。

一、萜类化合物的提取方法

在萜类化合物中，环烯醚萜常以苷的形式存在，且多为单糖苷。而苷元的分子较小，又连有较多的羟基，所以亲水性较强，一般能溶于水、甲醇、乙醇和正丁醇等溶剂，难溶于一些亲脂性强的有机溶剂，故多用甲醇或乙醇为溶剂提取环烯醚萜苷类化合物。

非苷形式的萜类化合物具有较强的亲脂性，一般用有机溶剂提取，也可用甲醇或乙醇提取后，再用亲脂性有机溶剂萃取。

值得注意的是，萜类化合物尤其是倍半萜内酯类化合物容易发生结构的重排、二萜类易聚合而树脂化，从而引起结构的变化，所以宜选用新鲜药材或迅速晾干的药材，并尽可能不用酸、碱处理。若样品中含有苷类成分，则应避免与酸接触，以防在提取过程中发生水解，而且应按提取苷类成分的常法事先应灭酶的活性。

（一）溶剂提取法

1．苷类化合物的提取　一般用甲醇或乙醇为溶剂提取苷类化合物，浓缩后转溶于水中，滤除水不溶性杂质，继续用乙醚或石油醚萃取，除去残留的树脂类等脂溶性杂质，水液再用正丁醇萃取，减压回收正丁醇后即得粗总苷。

2．非苷类化合物的提取 提取非苷类化合物多用甲醇或乙醇为溶剂，减压回收醇液至无醇味，再用乙酸乙酯萃取，得总萜类提取物；或用不同极性的有机溶剂按极性递增的方法依次分别萃取，所得不同极性的萜类提取物再进行分离。

（二）吸附法

1．大孔树脂吸附法 将苷的水提液通过大孔树脂柱，经水、稀醇、醇依次洗脱，可得到苷类化合物。例如，赤芍的 70%乙醇提取液浓缩后上大孔吸附树脂柱，水洗脱后用 20%乙醇洗脱，收集洗脱液，浓缩即得赤芍总苷，收率为 5%以上，其中芍药苷占 75%以上。

2．活性炭吸附法 苷类的水提取液经活性炭吸附柱，水洗除去水溶性杂质后，再选用适当的有机溶剂如稀醇、醇依次洗脱，有可能得到纯品，如桃叶珊瑚苷的分离。

二、萜类化合物的分离纯化方法

（一）结晶法分离

有些萜类的萃取液浓缩到小体积时，往往会有结晶析出，滤除结晶，再以适量的溶媒重结晶，可得纯的萜类化合物。

（二）柱层析分离

萜类化合物的分离多用吸附柱层析法，常用的吸附剂有硅胶、中性氧化铝等，选用硅胶吸附剂，样品与吸附剂之比为 1∶30～1∶60。选用中性氧化铝为吸附剂时，样品与吸附剂之比为 1∶30～1∶50。

萜类化合物的柱层析分离一般用非极性有机溶剂，如正己烷、石油醚、环己烷、乙醚、苯、乙酸乙酯或混合溶剂作洗脱剂。实际操作中，多选用石油醚-乙酸乙酯、苯-乙酸乙酯、苯-氯仿；多羟基的萜类化合物可选用氯仿-乙醇、氯仿-丙酮、氯仿-乙酸乙酯、氯仿-异丙醇作为洗脱剂。

三、萜类化合物的提取分离实例

实例一：雷公藤（*Tripterygium wilfordii*）中大环倍半萜成分的提取分离。

雷公藤及其制剂可作为治疗类风湿关节炎、肾炎及某些皮肤病的药物。从其制剂 T_{II} 中提取并分离出 5 个大环倍半萜成分：wilfordinines A（Ⅰ）、B（Ⅱ）、C（Ⅲ）、peritassine A（Ⅳ）、hypoglaunine C（Ⅴ），其提取分离纯化流程见图 9-12。

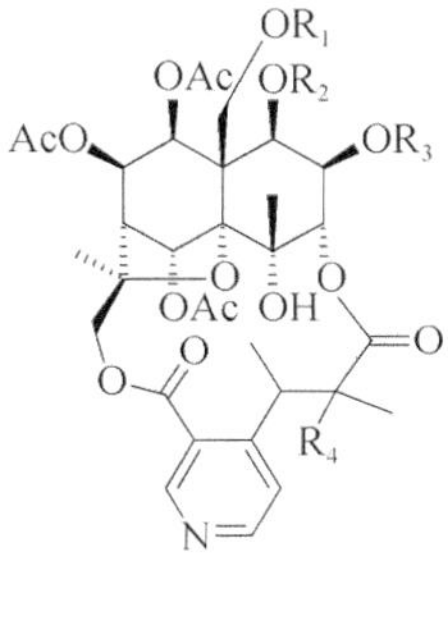

	R_1	R_2	R_3	R_4
Ⅰ	Ac	Ac	H	H
Ⅱ	Ac	Ac	Ac	OH
Ⅲ	Ac	Bz	Ac	OH
Ⅳ	Ac	Ac	Bz	OH
Ⅴ	Ac	Ac	Ac	H

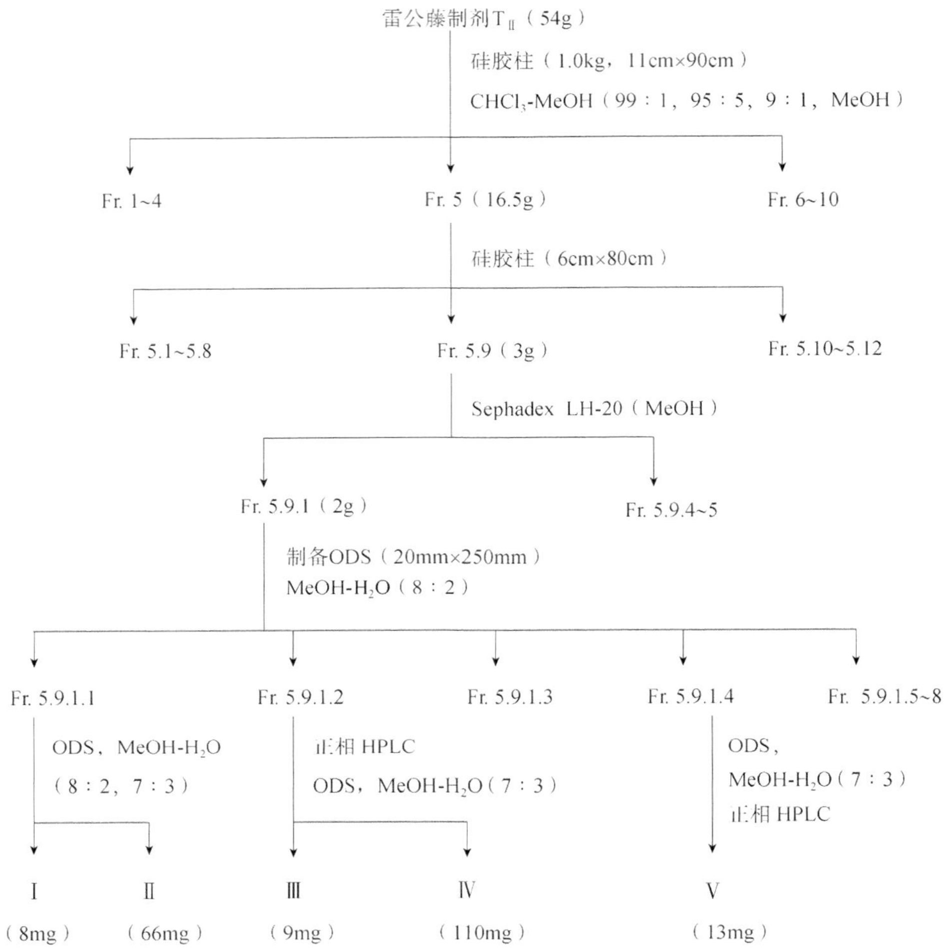

雷公藤制剂T$_{II}$（54g）
硅胶柱（1.0kg，11cm×90cm）
$CHCl_3$-MeOH（99：1，95：5，9：1，MeOH）
Fr. 1~4
Fr. 5（16.5g）
Fr. 6~10
硅胶柱（6cm×80cm）
Fr. 5.1~5.8
Fr. 5.9（3g）
Fr. 5.10~5.12
Sephadex LH-20（MeOH）
Fr. 5.9.1（2g）
Fr. 5.9.4~5
制备ODS（20mm×250mm）
MeOH-H_2O（8：2）
Fr. 5.9.1.1
Fr. 5.9.1.2
Fr. 5.9.1.3
Fr. 5.9.1.4
Fr. 5.9.1.5~8
ODS，MeOH-H_2O
（8：2，7：3）
正相 HPLC
ODS，MeOH-H_2O（7：3）
ODS，
MeOH-H_2O（7：3）
正相 HPLC
Ⅰ
（8mg）
Ⅱ
（66mg）
Ⅲ
（9mg）
Ⅳ
（110mg）
Ⅴ
（13mg）

图 9-12　雷公藤中大环倍半萜成分的提取分离工艺流程

实例二：银杏叶萜内酯制备分离（图 9-13）。

银杏干叶250g
沸水提取2次，每次
15min，离心，热滤
二次滤液（1.9L）
叶渣
加1.9g氯化钠，
EtOAc萃取4次，每次500mL
水相
EtOAc相
无水Na_2SO_4干燥
过夜，减压浓缩

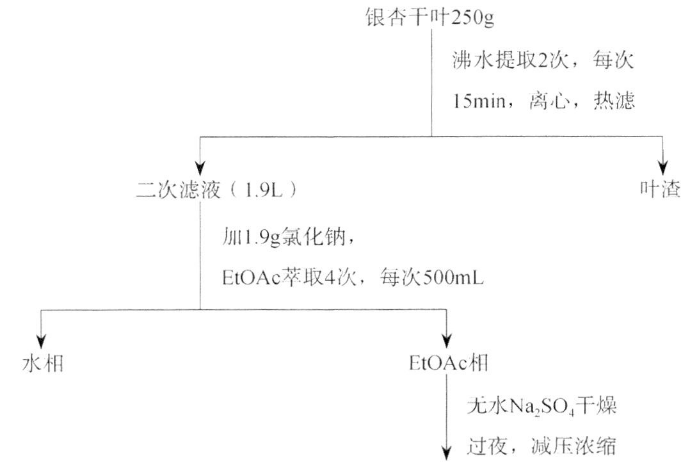

图 9-13　银杏叶萜内酯制备分离流程

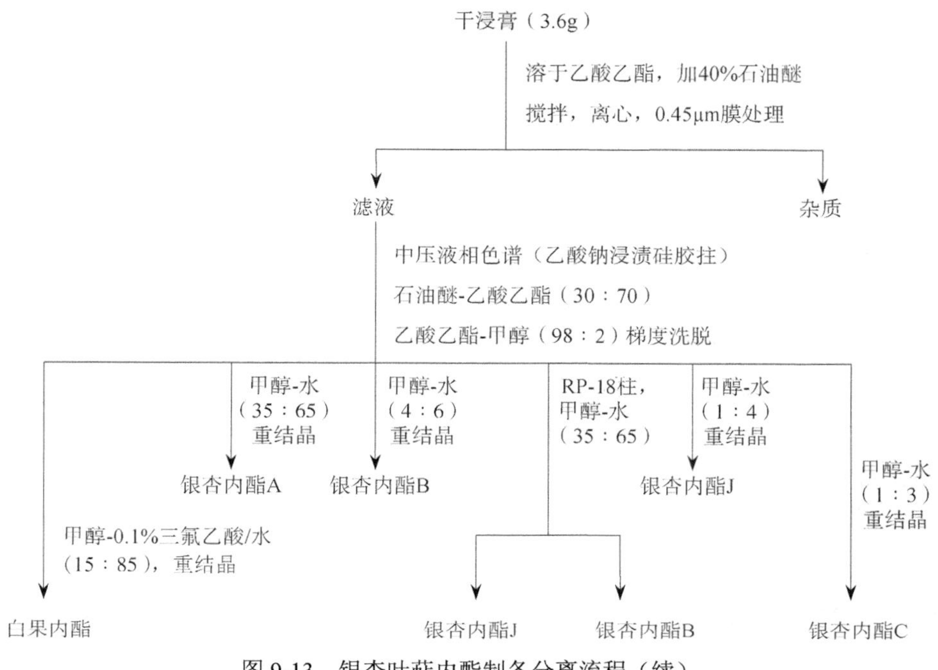

图 9-13　银杏叶萜内酯制备分离流程（续）

第四节　萜类化合物的结构鉴定

一、萜类化合物的波谱特征

现代波谱分析技术在萜类化合物结构鉴定中发挥了重要作用，使其结构研究达到快速、微量、准确，特别是超导二维核磁共振新技术的应用，使过去经典的化学方法处于辅助地位。

（一）UV 光谱

具有共轭双键或 α, β-不饱和羰基共轭体系的萜类化合物在紫外光区的吸收，对于结构鉴定有一定的意义。一般共轭双烯最大吸收波长出现在λ_{max}215～270nm（ε2500～30 000），而 α, β-不饱和羰基的λ_{max}为 220～250nm（ε10 000～17 500），但λ_{max}的大小取决于该共轭体系在分子结构中的化学环境。例如，链状萜类的共轭双键λ_{max}217～228nm（ε15 000～25 000），共轭双键在环内时，则λ_{max}出现在 256～286nm（ε2500～10 000）处，当共轭双键有一个在环内时，则λ_{max}为 230～240nm（ε13 000～20 000）。

（二）IR 光谱

IR 光谱主要用来检测化学结构中的官能团。大多数萜类化合物具有双键、共轭双键、甲基、偕二甲基、环外亚甲基和含氧官能团等，一般情况下很容易分辨。例如，偕二甲基在 ν_{max}1370cm^{-1} 处吸收峰裂分，即有两条吸收带；而贝壳杉烷型二萜的环外亚甲基则通常在 900cm^{-1} 附近有最大吸收峰。

另外，IR 光谱在解决萜类内酯的存在及内酯环的类型上有实际价值。例如，在 ν_{max}1800～

1700cm^{-1} 出现的强峰为羰基的特征吸收，可考虑有内酯环存在，而内酯环大小及有无不饱和键共轭体系使其 ν_{max} 有较大差异。在饱和内酯环中，随着内酯环碳原子数的减少，环的张力增大，吸收波长向高波数移动，如六元环、五元环及四元环内酯羰基的 ν_{max} 分别为 1735cm^{-1}、1770cm^{-1} 和 1840cm^{-1}。不饱和内酯则随着共轭双键的位置和共轭的长短不同，其羰基的 ν_{max} 亦有较大的差异。

（三）MS 谱

由于萜类化合物的基本结构类型繁多，且没有稳定的结构单元如芳香环、芳杂环，大多缺乏“定向”裂解基团，故在电子轰击下能够裂解的化学键较多、裂解方式复杂、易重排，因而实际上 MS 谱一般只能提供萜类的相对分子质量。二萜类的质谱的特征性要比单萜、倍半萜类稍强一些。萜类化合物裂解的一些规律：①分子离子峰较强，多为基峰；②含六元环的萜类常进行 RDA 裂解；③裂解时常伴随着分子重排，尤以麦氏重排多见；④含氧官能团（如羟基或羟甲基）的萜类裂解峰主要是失去官能团（如水或羟甲基、甲醛）的离子碎片。

（四）^{13}C NMR 谱

对于萜类化合物的结构测定来说，NMR 是波谱分析中最为有力的工具，特别是高分辨的超导 2D-NMR 相关分析技术的开发和应用，对于结构复杂的萜类化合物的结构确定起了更为重要的作用。

1．不同类型碳的化学位移　一般而言，CH_3 的化学位移为 10～30，CH_2 为 20～45，CH 为 25～55，季碳为 30～55，烯碳为 105～165，炔碳为 65～95，与氧连接的碳（包括醇或醚）为 50～100，而羰基碳为 180～220。

2．几何异构体的化学位移　直链萜往往由于双键的存在而有几何异构体，由于γ-效应，双碳上反式甲基的化学位移一般比顺式甲基的处于高场，其他邻近构型的碳的化学位移也有一定的变化。

3．环烯醚萜 ^{13}C NMR 特征

（1）一般环烯醚萜或其苷类的 ^{13}C NMR 谱特征。对一般的环烯醚萜苷来说，C-1 位羟基与葡萄糖成苷，其δ值在 95～104；如果 C-5 位存在羟基，δ值在 71～74；C-6 位存在羟基时，δ值在 75～83；C-7 一般情况下没有羟基，如果存在羟基，则δ值在 75 左右；C-8 位存在羟基时，其δ值约为 62。如果 C-7 位有双键，δ值为 61 左右。C-10 位甲基通常为羟甲基或羧基化，若是羟甲基，δ值在 66 左右；C-10 为羧基时，其δ值在 175～177。C-11 位通常是羧酸甲酯或羧基、醛基，如为醛基时，δ值约为 190；为羧基时，δ值在 170～175；如果形成羧酸甲酯，则δ值在 167～169。环烯醚萜绝大多数有 $\Delta^{3(4)}$，由于 C-2 位氧的影响，C-3 比 C-4 处于低场。如果有 $\Delta^{7(8)}$，且同时 C-8 位有羟甲基取代，则 C-7 的化学位移比 C-8 处于高场，而如果 C-8 位有羧基取代，则 C-7 比 C-8 处于低场。有的化合物 C-6 为羰基，其δ值在 212～219。

（2）11 位降碳环烯醚萜苷的 ^{13}C NMR 谱特征。由于 11 位甲基降解掉，故 C-4 δ值一般在 139～143，C-3 在 102～111。

（3）8-去甲基环烯醚萜苷的 ^{13}C NMR 碳谱特征。由于 8 位去掉甲基，若有 $\Delta^{7(8)}$ 时，其δ在 134～136，若 C-7 和 C-8 形成氧杂三元环，其δ值一般在 56～60。

二、结构鉴定实例

实例：还阳参酸苷的结构鉴定。

一支箭或称芜菁还阳参为菊科还阳参属植物，有滋阴润肺、止肺热咳嗽、除虚痨发烧等功效。从根部分得一个新的桉烷型倍半萜苷化合物（Ⅰ）。化合物Ⅰ具有$\Delta^{4,9}$-二烯-重排桉烷-13, 15-二羧酸-15-β-D-葡萄糖苷结构，命名为还阳参酸苷（napiferoside），结构鉴定如下。

化合物Ⅰ：淡黄色无定型粉末，Molish 反应呈阳性，提示为一苷类化合物。FAB-MS 给出分子离子峰［M+H］$^+$427.1968，分子式为$C_{21}H_{30}O_9$，不饱和度为 7。

^{13}C NMR 在δ110～180 处示有 6 个信号。其中有 2 个羰基峰δ178.72 和δ166.68；其余 4 个构成两个双键，且 DEPT 显示其中一个为三取代双键，另一个为四取代双键。另外，在δ60～100 处出现一个葡萄糖基的特征吸收峰，进一步表明Ⅰ为葡萄苷类；由此，从不饱和度的计算及碳总个数很容易推知，Ⅰ为一双环型的倍半萜苷类化合物。溴酚蓝化学反应为阳性，结合化学位移显示的数值，都证实有游离羟基存在。δ166.68 处的羰基位于稍高场，有可能是成酯或成酯苷所致，而分子中已证明有葡萄糖基的存在，且糖端基碳峰为δ95.81，故推断Ⅰ为酯苷。

FAB-MS 给出分子离子峰 m/z 427 及碎片峰 m/z 265［M+H−（glc−H_2O）］$^+$（基峰）和 219（265−HCOOH），表明分子中含有一个游离羧基和一个葡萄糖酯苷，且由于糖端基碳δ95.81 在 HMQC 谱中与δ6.36（H，d，J=8Hz）质子相关，故为β- D-葡萄糖苷。从 ^{13}C NMR 及 DEPT 可知，除葡萄糖基外，分子含 2 个甲基、4 个亚甲基及 5 个季碳信号（包括两个羰基峰），故分子骨架为桉烷型或重排桉烷型倍半萜。但在 ^{13}C NMR 中未发现有饱和季碳的存在，这样就排除了桉烷型骨架的可能性，即Ⅰ只可能为重排桉烷型的骨架。若两个羰基，1 个在 13 位，1 个在 15 位，则三取代双键位置可能在 C-3 与 C-4、C-5 与 C-6、C-6 与 C-7、C-8 与 C-9 及 C-9 与 C-10 之间，而从 HMQC 和 HMBC 谱看，季碳δ148.41 和叔碳δ126.99 与 2.18 处的饱和亚甲基氢质子均有相关点，且叔碳δ126.99 上所连接的质子（δ 4.76）为双峰，J=3.2Hz，说明有一个邻近质子存在，即与另一叔碳相连接，故三取代双键只可能在 C-9 与 C-10 之间，而四取代双键的位置只可能在 C-4 与 C-5、C-7 与 C-11 及 C-7 与 C-8 之间。HMBC 提示，此双键上的两个季碳δ142.05 和δ131.52 均与δ1.71 处的甲基氢有相关点。因此，四取代双键唯一的位置只可能在 C-4 与 C-5 之间，与三取代双键形成共轭。UV 光谱中在λ222nm 处出现强峰，进一步支持了此共轭体系的存在。

另外，HMQC 显示，δ17.12 处的甲基碳与 1.71 氢质子相关，δ13.38 处的甲基碳与 1.11 氢质子相关，且 ^{1}H-^{1}H COSY 中，δ2.14 处的质子与 1.11 的甲基氢质子有偶合关系，甲基为双峰，J=6.5Hz。而 HMBC 谱中还出现了游离羧基的碳δ178.72 与 2.14 质子的相关点；δ166.68 的羰基则与糖端基质子 6.36 相关。这样就归属了两个甲基和游离羧基的位置，以及成酯的羧基只可能在 C-15 位。故化合物Ⅰ的结构为$\Delta^{4,9}$-二烯-重排桉烷-13, 15-二羧酸-15-β-D-葡萄糖苷，其化学结构鉴定如下。

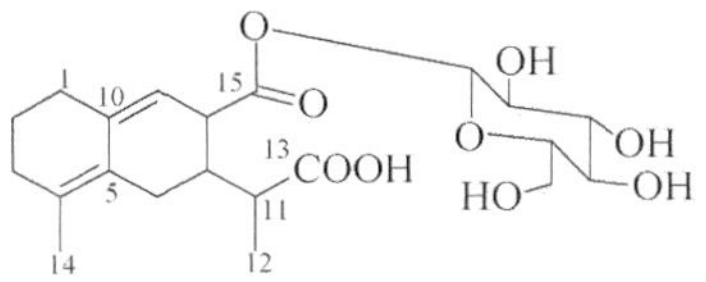

^{13}C-NMR（C_5D_5N）δ：39.51（C-1，t），26.99（C-2，t），36.82（C-3，t），142.05（C-4，s），131.52（C-5，s），30.72（C-6，t），42.56（C-7，d），54.67（C-8，d），126.99（C-9，d）148.41（C-10，s），50.41（C-11，d），13.38（C-12，q），178.72（C-13，s），17.12（C-14， q)，166.68（C-15，s），glc 95.81（C-1，d），79.46（C-2，d），74.26（C-3，d），71.38（C-4，d），78.87（C-5，d），62.48（C-6，t）；^{1}H-NMR（C_5D_5N）δ: 2.18（2H，m，H-1），1.74（2H，m，H-2），2.23（2H，m，H-3），2.28（2H，m，H-6），2.22（1H，m，H-7），2.60（1H，m，H-8），4.76（1H，d，J=3.2Hz，H-9），2.14（1H，m，H-11），1.11（3H，d，J=6.5Hz，H-12），1.71（3H，s，H-14）。

第五节 精　　油

精油（essential oil）又称挥发油（volatile oil），是一类具有芳香气味、在常温下能挥发的油状液体的总称。

全世界含有精油的植物很多，迄今为止已发现3000余种。在国际市场上，有名录的天然香料有500种左右，实际上作为天然香料应用且有商品出售的有200余种，属于近60科的植物。据不完全统计，中国有分属62科的400余种香料植物。目前国内已能生产120多种天然香料，如桂油、八角茴香、薄荷油、桉叶油、松节油、柏木油等，且产品年产量已位居世界前列，薄荷脑年产量已居世界第一。因此，无论在香料植物资源上，还是目前已形成商品的天然香料的品种和数量上，中国在国际上均占有举足轻重的地位，已成为天然香料生产大国之一。

精油类成分在植物界分布很广，特别是很多富含精油的药材。例如，菊科植物的蒿、苍术、泽兰、木香等，芸香科植物的芸香、降香、花椒、柠檬、吴茱萸等，伞形科植物的小茴香、川芎、白芷、防风、柴胡、当归等，唇形科植物的薄荷、藿香、荆芥、紫苏、罗勒等，樟科植物的乌药、肉桂、樟等，木兰科植物的五味子、八角茴香、厚朴、辛夷等，桃金娘科植物的丁香、桉等，马兜铃科植物的细卒、杜衡、马兜铃等，马鞭草科植物的马鞭草、牡荆、蔓荆等；姜科植物的郁金、姜黄、莪术等，禾本科植物的香茅、芳香草等都富含精油。

精油存在于植物的腺毛、油室、油管、分泌细胞或树脂道中，大多数成油滴状存在，也有些与树脂、黏液质共同存在。还有少数以苷的形式存在，如冬绿苷。冬绿苷水解后产生葡萄糖、木糖及水杨酸甲酯，后者为冬绿油的主要成分。

精油在植物中的分布，有的全株植物中都含有，有的则在花、果、叶、根或根茎部分中含量较多，且随植物品种而有差异。有的同一植物的药用部位不同，其所含精油的组成成分也有差异，如樟科桂属植物的树皮精油多含桂皮醛，叶中则主含丁香酚，而根和木部含樟脑多。有的植物由于采集时间不同，同一药用部分所含的精油成分也不完全一样，如胡荽子，当果实未熟时，其精油主含桂皮醛和异桂皮醛，成熟时则主含芳樟醇。

精油不仅在医药及农药上具有重要的作用，而且在香料工业、日用食品工业及化学工业上也是重要的原料。

精油是中草药中一类常见的重要成分，多具有祛痰、止咳、平喘、祛风、健胃、解热、镇痛、抗菌、消炎等作用，对慢性肺病和急性支气管炎有显著的疗效。例如，柴胡精油制备的注射液，有较好的退热效果；丁香油有局部麻醉止痛作用；土荆芥油有驱虫作用；薄荷油有清凉、镇痛、消炎，用于治疗神经性头痛。

樟科植物精油中对赤拟谷盗及玉米象起拒食作用的主要成分是肉桂醛，其拒食效力随浓度的升高而增强。从菖蒲（*Acorus calamus* L.）根茎分离出的β-细辛醚或（Z）-细辛脑能引起豆象科昆虫 *Callasobruchus chinensis* 的饮食阻滞；而右旋香芹酮对好斗象甲（*Hylcbius pales*）有显著拒食活性。

一、精油的性质

精油大多为无色或微显淡黄色的透明液体。有些精油中含有薁类化合物，或溶有色素而具有特别的颜色。所有的精油都具有特殊的气味，有辛辣灼烧的感觉，呈中性或酸性反应。精油在常温下为液体，有的在冷却时其主要成分可能析出结晶。习惯上将这种析出物称为“脑”，如薄荷脑、樟脑等。滤去析出物的油称为“脱脑油”，如薄荷油的脱脑油习称“薄荷素油”，但仍含有约50%的薄荷脑。

精油多数比水轻，也有比水重的（如丁香油、桂皮油），比重在0.85～1.065。精油几乎均有光学活性，比旋光度在+97°～+117°，折光率为1.43～1.61。精油的沸点一般在70～300℃，具有随水蒸气而蒸馏的性质。

精油易溶于石油醚、乙醚、油脂等各种有机溶剂，不溶于水，在高浓度乙醇中能完全溶解，在低浓度乙醇中只能部分溶解。

精油与光、空气长期接触则会逐渐氧化变质，颜色变深，香味丧失，并能形成树脂样物质。精油的气味，往往是其品质优劣的重要指标，因此其制备方法的选择极为重要。产品要密封，低温、避光保存。

二、精油的组成

精油所含成分比较复杂，常常含有几十种到上百种成分。精油成分中，以萜类化合物为多见，有些含有脂肪族化合物或小分子的芳香族化合物。植物精油中最多的是挥发性醇和醛，主要存在于菊科、唇形科、天南星科、芸香科等植物中。

（一）萜类化合物

精油类中的萜类成分主要是单萜、倍半萜及其含氧衍生物。其中含氧衍生物很多是生物活性较强或具有芳香气味的主要组成成分。例如，中药蓬莪术（*Curcuma zedoaria*）和人参精油中含有较多的β-榄香烯（β-elemene）。

（二）脂肪族化合物

各种精油中常存在有小分子脂肪族化合物，如甲基正壬酮存在于鱼腥草、黄柏果实及芸香精油中，正癸烷存在于桂花的头香成分中，正庚烷存在于松节油中。

有些精油中还含有小分子醇、醛、酸及酯类化合物。例如，异戊酸存在于啤酒花、缬草、桉叶、香茅、迷迭香等精油中，乙酸乙酯、丁酸己酯存在于桂花头香成分中。

（三）芳香族化合物

精油中常含有芳香族化合物，有些是萜类衍生物，如百里香酚（thymol）、孜然芹烯（*p*-cymeme）等，但大多数是苯丙烷类衍生物。例如，桂皮醛存在于桂皮油中，丁香酚（eugenol）为丁香油中的主成分，茴香脑（anethole）为八角茴香油及茴香油中的主成分，α-细辛醚（α-asarone）、β-细辛醚（β-asarone）、γ-细辛醚（γ-asarone）即欧细辛醚（euasarone）、榄香素（elemicine）是菖蒲（*Acorus gramineus*）油的主成分。此外，苯乙醇存在于玫瑰油、依兰花油中；水杨酸甲酯存在于冬绿油中；苯甲醇存在于素馨花油、依兰花油中；茴香醛（anisaldehyde）存在于茴香油及藿香油中；香草醛存在于香荚兰果实、安息香中。

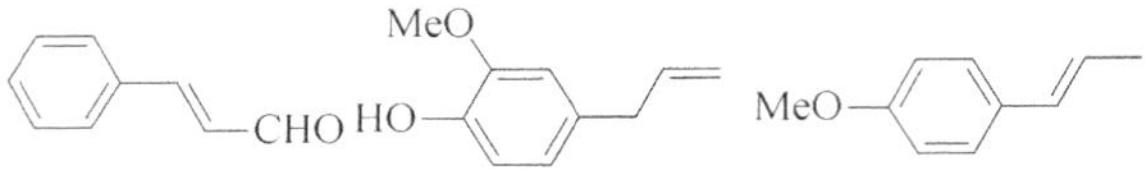

桂皮醛　丁香酚　茴香脑

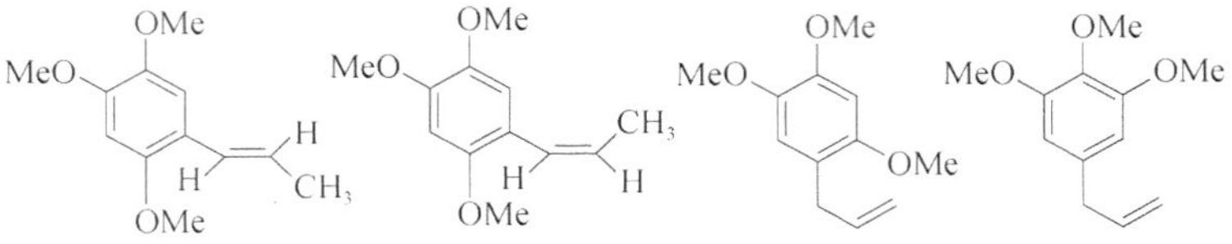

α-细辛醚　β-细辛醚　γ-细辛醚　榄香素

中药材中的挥发性物质，除以上几类化合物外，还有一些芥子油（mustard oil）、大蒜油（garilic oil）等成分，也常称为“精油”。挥发性杏仁油是指苦杏仁苷水解后产生的苯甲醛，黑芥子油则是芥子苷经酶水解后产生的异硫氰酸烯丙酯，大蒜油是大蒜中大蒜氨酸经酶水解后产生的大蒜辣素（allicin）等物质。大蒜新素主要是经水蒸气蒸馏制备的三硫二烯丙醚，其注射剂用于肺部及消化道霉菌感染、白色念珠菌血症及隐球菌脑膜炎。

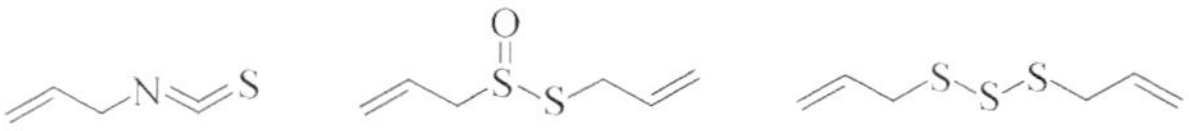

异硫氰酸烯丙酯　大蒜辣素　大蒜新素

另外，川芎嗪（tetramethylyrazine）、烟碱（nicotine）、毒藜碱（anabasine）等油状生物碱也是构成中药材精油成分之一，川芎嗪存在于川芎、麻黄的精油中。

三、精油的提取与分离

（一）水蒸气蒸馏法

采用直接蒸馏的方法，精油的收率较高，但原料易受强热而焦化，或使成分发生变化，所得精油的芳香气味也可能发生改变，往往降低香料的价值。

从精油的性质可知，该类化合物与水不相混溶、挥发性大，加热后当二者蒸气压的总和与大气压相等时，溶液即开始沸腾，继续加热则精油可随水蒸气蒸馏出来。因此，含有精油植物原料可以利用水蒸气蒸馏法来提取。

（二）浸取法

（1）溶剂提取法。精油可采用回流连续浸出法或冷浸法用有机溶剂浸提，常用的有机溶剂有戊烷、石油醚（30～60℃）、二硫化碳、四氯化碳等。

（2）超临界流体萃取法。CO_2 超临界流体应用于提取芳香精油，具有防止氧化热解及提高品质的突出优点。例如，紫苏中特有香味成分紫苏醛，不稳定、易受热分解，用水蒸气蒸馏法提取时受到破坏，香味大减，采用超临界 CO_2 流体萃取，则所得芳香精油气味和物料相同，明显优于其他方法。

（三）吸收法

用活性炭或大孔吸附树脂吸收精油时，一般是将鲜花等植物材料置于大容器中，通入空气或惰性气体（如氮气），将饱和了精油的气体导入装满吸附剂的柱中，最后将充分吸收精油的吸附剂，用低沸点的溶剂提取。

四、精油成分的分离

（一）冷冻处理

将精油置于0℃以下析出结晶，若无结晶析出，可将温度降至−20℃，继续放置。取出结晶，再经重结晶可得纯品。例如，薄荷油冷至−10℃，12h析出第一批粗脑，再将油在−20℃冷冻24h可析出第二批粗脑，粗脑加热熔融在0℃冷冻可得较纯薄荷脑。

（二）化学方法

1．酸、酚成分分离　将精油溶于等量乙醚中，先后用3%～5%的碳酸钠或氢氧化钠溶液振摇萃取，所得碱性部分分别酸化后用乙醚萃取，前者可得酸类化合物，后者可得酚类成分。例如，用丁香精油提取丁香酚，可采用此法。

2．酮、醛成分分离　将除去酸、酚性成分的精油用水洗至中性，无水硫酸钠干燥后，加氨基脲或饱和亚硫酸氢钠，将反应生成的结晶物用稀酸或稀碱水解，再用乙醚萃取或真空蒸馏提纯。例如，从香附精油中分离α-香附酮，就是基于此原理。

$H_2NNHCONH_2$　$=NNHCONH_2$

α-香附酮

3．醇类成分分离　精油与丙二酸单酰氯或邻苯二甲酸酐反应生成酯，再将生成物溶于碳酸钠溶液，用乙醚洗掉未反应的精油，酸化，再以乙醚萃取所生成的酯，蒸掉乙醚，残留物经皂化得到原有的醇成分。

此外，精油中的碱性成分，如麻黄经水蒸气蒸馏，所得精油中含有四甲基吡嗪（川芎嗪），经稀酸处理，转为盐类而溶于水得以分离。

（三）分馏法

由于精油的组成成分对热、空气中氧较敏感，因此分馏时宜在35～70℃下进行，10mmHg[①]以下被蒸馏出来的主要为单萜烯类化合物，70～100mmHg被蒸馏出来的是单萜含氧化合物，在更高的温度被蒸馏出来的是倍半萜烯及其氧化合物。有些倍半萜含氧化合物的沸点很高，用分馏法分离时所得各馏分中的组分有时呈交叉情况。将各馏分分别进行薄层层析或气相层析，必要时结合比重等物理常数，才能获得纯品。例如，薄荷油在200～220℃的馏分主要是薄荷脑，在0℃下低温放置，即可得到结晶的薄荷脑，再重结晶可得纯品。

（四）层析法

精油成分的分离用层析法与分馏法配合常可获得较好的效果。一般将分馏馏分溶于石油醚等溶剂中，通过氧化铝或硅胶柱，依次用石油醚、石油醚-乙酸乙酯等溶剂洗脱，洗脱液

① 1mmHg＝0.133kPa

分别以薄层层析进行鉴定，直到获得单体成分。

精油的层析除采用一般常规方法外，还可采用硝酸银薄层层析、柱层析进行分离。可依据萜类化合物双键数目和位置不同、与硝酸银形成络合物难易及稳定性的差异，使其得到分离。硝酸银在吸附剂中的含量一般以 2.5%较适宜、较经济。薄层层析可采用连续两次展开及不同展开剂单向二次展开法，能获得较好的分离效果。

气相层析是研究精油组成成分定性、定量的好方法。在某些研究中，应用制备性气-液层析，成功地将精油成分分开，使所得纯品能进一步应用波谱法加以鉴定。

采用气相色谱-质谱-数据系统联用（GC/MS/DS）技术，根据萜类化合物及其衍生物质谱碎片规律解析，与标准图谱检索对照，并参考文献数据加以确认。将这一技术应用到对微量样品的研究，在很短时间内可以得出比较满意的结果，已成为研究精油工作中广泛采用的方法。

习　　题

一、填空题

1. 萜类化合物的生源前体是（　　）和（　　）。
2. 环烯醚萜在植物中主要以（　　）的形式存在。按其碳骨架可分为（　　）环烯醚萜和（　　）环烯醚萜。
3. 挥发油中所含化学成分按其化学结构，可分为（　　）、（　　）和（　　）三类，其中以（　　）为多见。
4. 青蒿素来源于植物（　　），其药理作用主要表现为（　　）。以青蒿素为先导物，衍生合成的（　　）和（　　），疗效显著改进。

答案：1. IPP；DMAPP　2. 苷；环戊烷；裂环　3. 萜类化合物；脂肪族化合物；芳香族化合物；萜类化合物　4. 黄花蒿；抗疟；蒿甲醚；二氢青蒿素

二、选择题

1. 地黄、玄参等中药在加工过程中易变黑，这是因为其中含有（　　）。
   A. 鞣质酯苷　　B. 环烯醚萜苷　　C. 羟基香豆素苷　　D. 黄酮醇苷
2. 根据“异戊二烯法则”，薄荷醇属于（　　）。
   A. 单萜　　B. 倍半萜　　C. 二萜　　D. 三萜
3. 紫杉醇具有很好的抗癌活性，从结构上看它属于（　　）萜。
   A. 三环二萜　　B. 双环二萜　　C. 单环二萜　　D. 链状二萜

答案：B　A　A

三、名词解释

1. 挥发油　2. 异戊二烯法则

四、简答题

1. 萜的基本结构特征是什么？有哪些结构类型？试举出各自的代表化合物。
2. 环烯醚萜类有什么结构特征？具有哪些特殊性质？
3. 提取挥发油的常用方法有哪些？各自有什么特点？在提取过程中应该注意哪些问题？
4. 什么是杂萜？举例说明。

第十章　三萜类化合物

三萜类化合物（triterpenoids）是由角鲨烯衍生的含 30 个碳原子的一大类天然化合物，其骨架结构根据异戊二烯规则可视为由 6 个异戊烯单元组成。

三萜类化合物广泛存在于自然界，主要分布在单子叶植物和双子叶植物中，尤以石竹科、五加科、豆科、七叶树科、远志科、桔梗科、玄参科、五味子科等植物中分布较为普遍，且含量较高。许多重要的中草药如人参、甘草、柴胡、黄芪、桔梗等均含有此类化合物。此外，有些也存在于真菌（如蘑菇）、海洋生物（如海参、软珊瑚、红树林植物）中。已发现的 20 000 余个三萜类化合物涉及 200 多个碳骨架。从生源上看，它们是由角鲨烯（squalene）经氧化角鲨烯（oxidosqualene），通过一系列的环化反应和连续的甲基以及氢的 Wagner-Meerwein 跃迁重排等反应形成。

三萜类化合物以游离、苷或酯的形式存在于植物体内，除了少数是无环三萜、单环三萜、双环三萜及三环三萜外，主要是四环三萜和五环三萜两大类。其中，最为常见的是三萜皂苷（triterpenoid saponins），也称为酸性皂苷，分布于大约 80 科 231 属植物中。其结构由三萜皂苷元（triterpenoid sapogenins）和糖基（glycosyl）两部分组成。组成三萜皂苷的糖常见的有葡萄糖、半乳糖、鼠李糖、阿拉伯糖和木糖等单糖，以及葡萄糖醛酸、半乳糖醛酸等糖醛酸，有些糖基上还连有酰基（如乙酰基、咖啡酰基、桂皮酰基、阿魏酰基）。此外，糖基还可以和皂苷元中的羧基结合，所形成的苷称为酯皂苷（ester saponins）。

三萜皂苷中皂苷元以 3 位羟基与糖基相连，21 位、28 位或 29 位等其他位羟基也有可能与糖结合成苷。由皂苷元的一个羟基或羧基与糖结合形成的苷称为单糖链皂苷（monodesmosidic saponins），还有双糖链皂苷（bisdesmosidic saponins）和极少见的三糖链皂苷（tridesmosidic saponins）。

三萜类化合物表现出多样化的生理活性。例如，人参皂苷能调节机体代谢，增强免疫功能；柴胡皂苷有抑制中枢神经系统和明显的抗炎症作用，对心血管病有较好的治疗作用。因而三萜类化合物被认为是许多中药的有效成分，其研究备受重视。例如，1987～1989 年发现的 273 个三萜类皂苷，是由 121 个皂苷元衍生而成的；1962～1997 年发现的 192 个含葡萄糖醛酸的齐墩果烷型三萜羧酸 3，28-氧-双糖链皂苷，均是由 19 个皂苷元衍生而成的；1996 年 6 月至 2007 年 3 月报道了 1531 个新三萜皂苷及其生物活性。1973～2008 年 1 月，发现了五味子科植物涉及 17 个不同骨架的 166 个三萜类化合物；2008 年 2 月至 2014 年 5 月报道了五味子科植物中 250 多个新三萜类化合物。

第一节　四环三萜类化合物

四环三萜类（tetracyclic triterpenoids）化合物在生源上是由鲨烯衍生的天然化合物，大多数结构和甾醇很相似。目前发现的四环三萜骨架类型主要有达玛烷型、羊毛甾烷型、葫芦烷型、环阿屯烷型、甘遂烷型、大戟烷型和五味子降三萜型等。

一、达玛烷型

达玛烷(dammarane)型四环三萜的结构特征是A/B、B/C、C/D环系均为反式，有8β-CH_3、10β-CH_3、13β-H、14α-CH_3和17β-侧链，C-20构型为*R*或*S*，生源上被认为是由环氧鲨烯按照椅式-椅式-椅式-船式构象闭环而成。

20世纪70年代以来，国内外已从多种植物中得到了240余种此类化合物，是人参(*Panax ginseng*)、三七（*P. notoginseng*）、绞股蓝（*Gynostemma pentaphyllum*）等中草药的主要活性物质。据报道，人参的根、茎、叶、果实和花瓣等部位中共含有150多个人参皂苷(ginsenosides)。

人参皂苷中C-17位侧链多数为链状结构，且C-20为*S*构型，按C-6位上是否存在羟基可分为两类：一类为（20*S*）-原人参二醇［(20*S*)-protopanaxadiol］皂苷，如人参皂苷Ra_1（**1**）、Rd（**2**）等；另一类为（20*S*）-原人参三醇［(20*S*)-protopanaxatrio1］皂苷，如人参皂苷Re（**3**）、Rf（**4**）等。

人参皂苷Rb_1（**5**）和Rg_1（**6**）及其衍生物是人参属植物中的主要成分。三七根中的皂苷特别是Rg_1和Rb_1的含量比人参和西洋参高得多。人参皂苷Rg_1有一定的中枢神经兴奋作用及抗疲劳作用，而人参皂苷Rb_1则有中枢神经抑制作用和安定作用。人参皂苷Rb_1可显著改善小鼠性功能，还有抗衰老、增强学习记忆等作用。

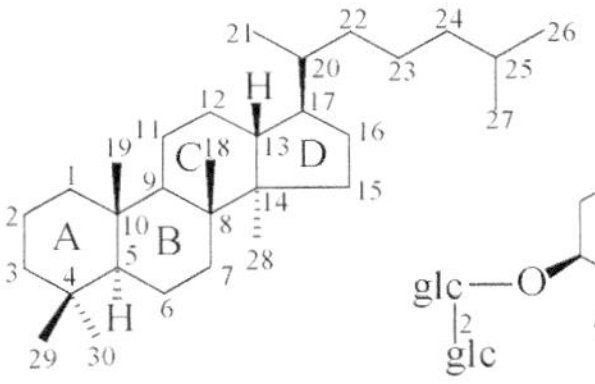

达玛烷骨架

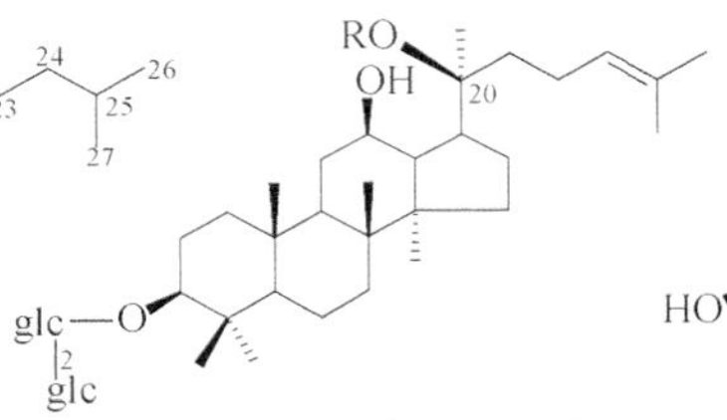

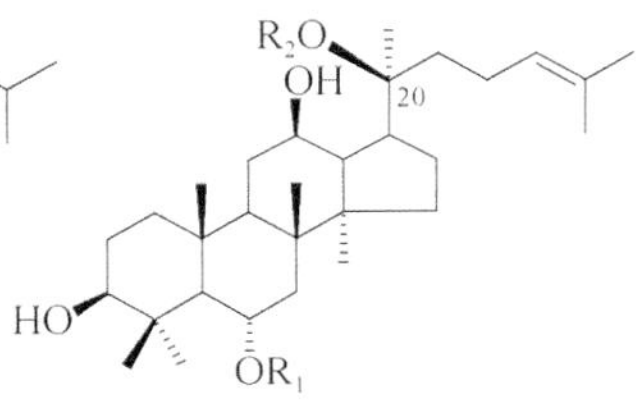

1 R=—glc$\frac{6}{}$arp(*p*)$\frac{4}{}$xyl

2 R=—glc

5 R=—glc$\frac{6}{}$glc

6 R=—H(20*R*)

3 R_1=glc$\frac{2}{}$rha，R_2=glc

4 R_1=glc$\frac{2}{}$glc，R_2=H

白花菜科植物*Cleome amblyocarpa*中分离得到一种结构新颖的3位和4位裂环，再形成七元内酯环及17位侧链以α，β-不饱和-γ-内酯环存在的三萜化合物15α-acetoxycleomblynol A（**7**）；从生源观点看，**7**属达玛烷型裂环衍生物。

鼠李科植物酸枣（*Zizyphus spinosa*）的成熟种子含有镇静和安定作用的酸枣仁皂苷A和B（jujubosides A、B，**8**和**9**）。酸枣仁皂苷A经蜗牛酶或橙皮苷酶部分酶解失去一分子葡萄糖而转化为酸枣仁皂苷B，再经温和降解反应，可得到真正的酸枣仁皂苷元(jujubogenin)。

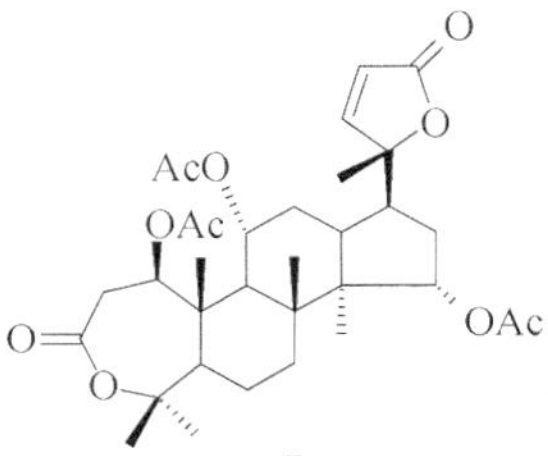

7

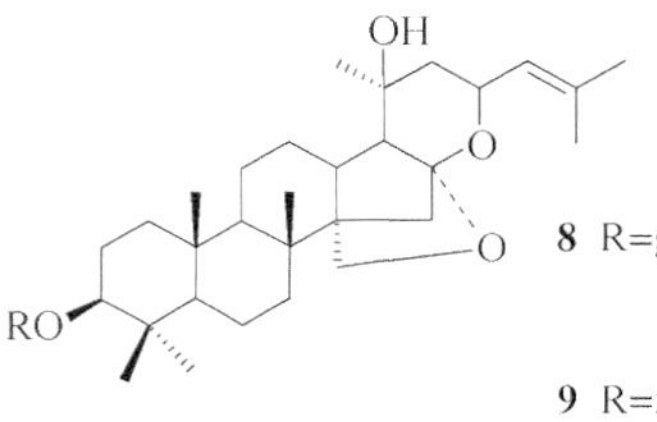

8 R=glc$\frac{6}{}$glc$\frac{3}{}$ara—（glc 2位连xyl，ara 2位连rha）

9 R=xyl$\frac{2}{}$glc$\frac{3}{}$ara—（ara 2位连rha）

二、羊毛甾烷型

羊毛甾烷（lanostane）型四环三萜结构特征是 A/B、B/C、C/D 环系均为反式；C-10 和 C-13 位有β-CH_3，C-14 位有α-CH_3，C-17 位有β侧链；C-20 为 *R* 构型。在生源上被认为是由鲨烯以椅式-船式-椅式-船式构象经闭环而成。

灵芝属三萜（*Ganoderma* triterpenes）是灵芝属真菌主要次生代谢产物，属于羊毛甾烷类化合物。截至 2013 年元月，在灵芝属中发现了 316 个天然化合物，具有抗肿瘤、抗炎、抗氧化、降血脂等作用。从中药灵芝（*Ganoderma lucidum*）中分得灵芝酸 Df（ganoderic acid Df，**10**）及其甲酯（methyl ganoderate Df，**11**），灵芝酸 Df 具有强的醛糖还原酶抑制活性。

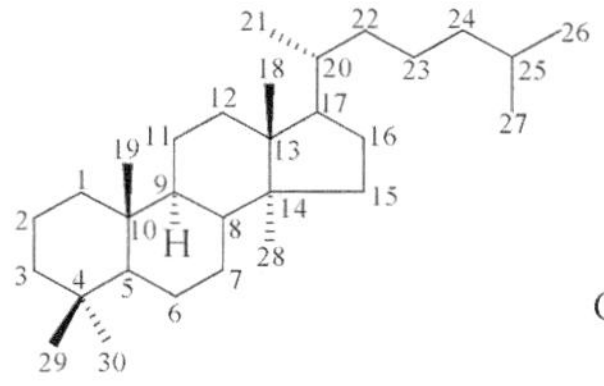

羊毛甾烷骨架

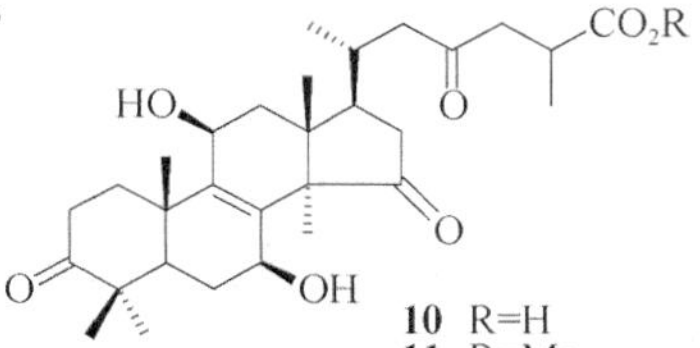

10 R=H
11 R=Me

三、葫芦烷型

葫芦烷（cucurbirtane）型三萜结构特征是 A/B、B/C 环系均为顺式，C/D 环系为反式，A/B 环上的取代和羊毛甾烷不同，有 8β-H、9β-CH_3、10α-H，其余与羊毛甾烷一样。葫芦烷型化合物是葫芦科植物的主要特征性成分，主要包括葫芦苦素类和罗汉果甜素类。据统计，1980～2004 年发表的葫芦素类化合物就有 230 余个，将其结构分为 12 类。葫芦素（cucurbitacins）主要分布于葫芦科植物中，在十字花科、玄参科、秋海棠科、杜英科、四数木科、Desfontainiaceae、花葱科、报春花科、茜草科、梧桐科、蔷薇科、瑞香科等植物中也有分布。

从苦瓜（*Momordica charantia* L.）中分离得到一系列具有抗糖尿病活性的葫芦烷皂苷，如苦瓜皂苷 S 和 T（momordicosides S 和 T，**12** 和 **13**）。

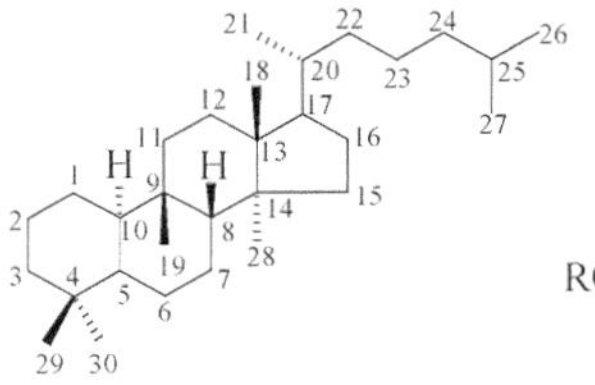

葫芦烷骨架

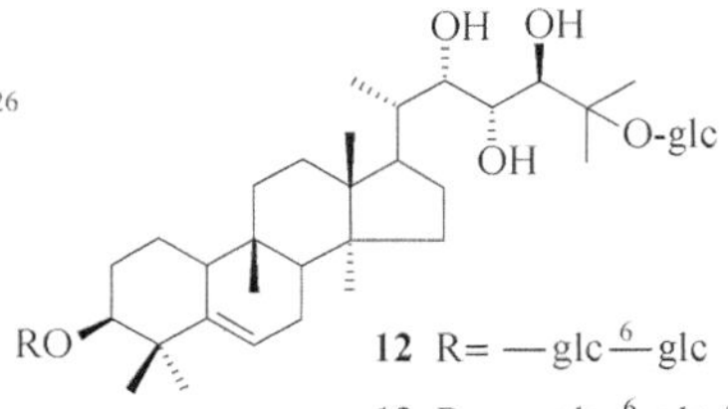

12 R= —glc$\overset{6}{—}$glc
13 R= —glc$\overset{6}{—}$glc$\overset{4}{—}$xyl

葫芦苦素 B 和 D（cucurbitacin B 和 D，**14** 和 **15**）存在于秋海棠科植物枫叶秋海棠（*Begonia heracleifolia*）根茎中，有较强的抗肿瘤和免疫细胞增殖作用。

葫芦科植物罗汉果（*Momordica grosvenori* Swingle）是重要的镇咳、清热中药。罗汉果苷的主要成分为罗汉果甜素Ⅴ（mogrosideⅤ，**16**），约占鲜果的 0.5%。其 0.02%水溶液的甜度大约是蔗糖的 257 倍，属天然低热量甜味剂，是糖尿病患者理想的甜味物质。许多研究表明，罗汉果皂苷能提高葡萄糖和脂肪的利用，具有降血糖作用。

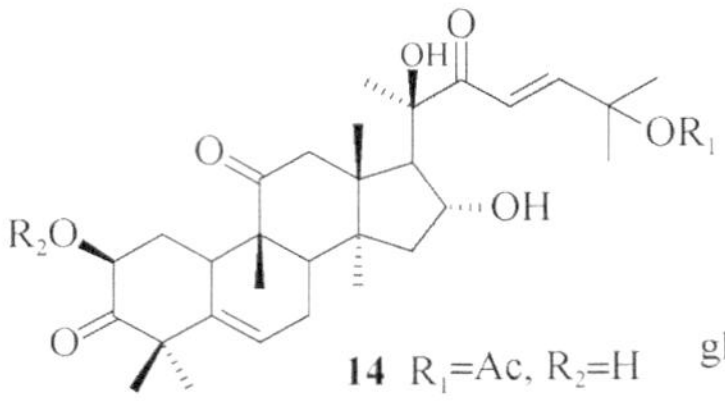

14 R_1=Ac, R_2=H
15 R_1=R_2=H

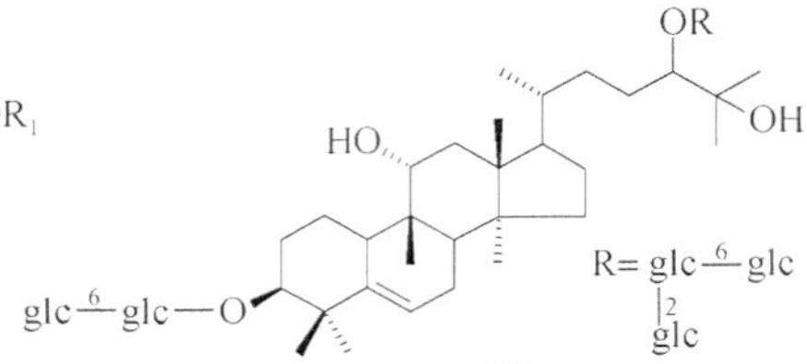

R= glc $\xrightarrow{6}$ glc
|2
glc

16

四、环阿屯烷型

环阿屯烷（cycloartane）型三萜的结构特征是在 C-9 和 C-19 之间形成三元环。环阿屯烷与羊毛甾烷的基本碳骨架相似，即母核 A/B、B/C、C/D 环系为反式、顺、反式；其中 A 环呈椅式构象，B 环呈半椅式构象，C 环呈扭船式构象，D 环呈信封式构象。由于侧链上的羟基之间及与 D 环上 C-16 位的羟基间脱水缩合，因而形成不同的五元环、六元环或螺环侧链。环阿屯烷型三萜广泛分布于豆科（以黄芪属居多）、木兰科、毛茛科和菊科等 38 科 63 属植物中。

中药膜荚黄芪（*Astragalus membranaceus*）有补气、强壮、利尿之功效，从根中分离出 20 多个环阿屯烷型单糖链、双糖链或三糖链的三萜皂苷，多数皂苷的皂苷元均为环黄芪醇（cycloastragenol，**17**）。黄芪苷Ⅶ（astragalosideⅦ，**18**）则是三糖链三萜皂苷。

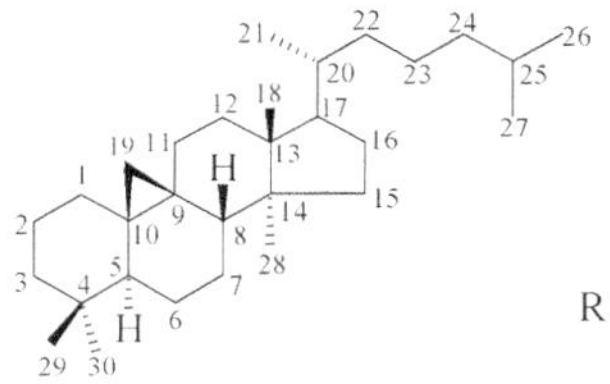

环阿屯烷骨架

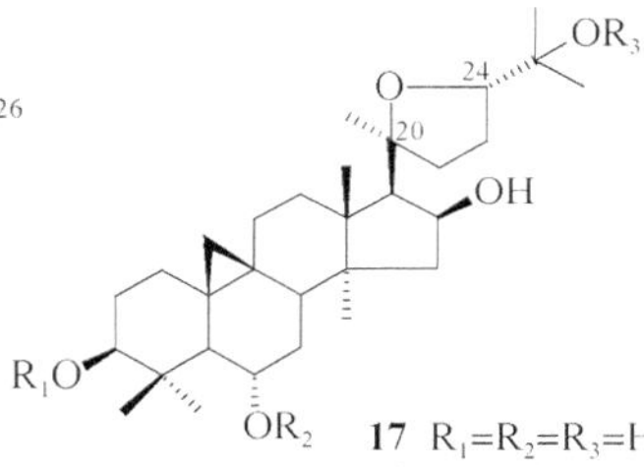

17 R_1=R_2=R_3=H
18 R_1=xyl, R_2=R_3=glc

毛茛科植物升麻（*Cimicifuga foetida*）的根茎为中国药典收载的重要药材，具有升阳、发表、透疹、解毒之功效。迄今，从升麻属植物中已得到 150 多个环阿屯烷衍生物，有些具有抗肿瘤作用，如 2′-*O*-acetylactein（**19**）、2′-*O*-acetyl-27-deoxyactein（**20**）、actein（**21**）、27-deoxyactein（**22**）及 25-anhydrocimigenol-3-*O*-*α*-L-arabinopyranoside（**23**）。

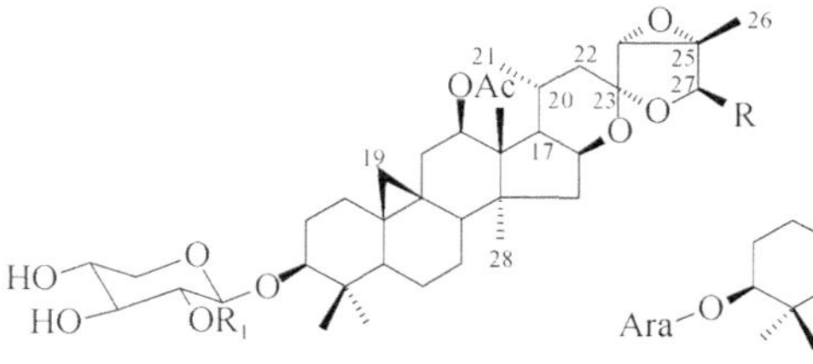

19 R=OH, R_1=Ac
20 R=H, R_1=Ac
21 R=OH, R_1=H
22 R=H, R_1=H

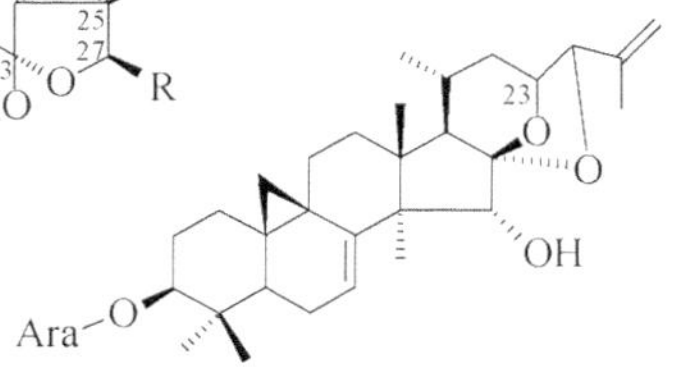

23

五、甘遂烷型

甘遂烷（tirucallane）型结构特征同羊毛甾烷一样，A/B、B/C、C/D 环系也都为反式，C-13、C-14 位所连的甲基与羊毛甾烷相反，构型分别为 *α*、*β*，C-17 位为 *α* 侧链，C-20 为 *S*

构型（即 C20α-H）；在芸香科单叶藤橘属植物 *Paramignya monophylla* 和楝科坚木属植物中多有发现。从巴布亚新几内亚产的民间草药 *Dysoxylum variabile* 茎皮中得到 7 个新甘遂烷型化合物，如代表性化合物 dyvariabilins A、B（**24**、**25**）。

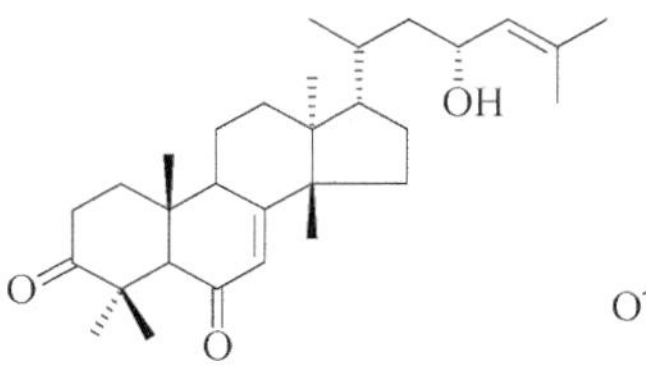

24 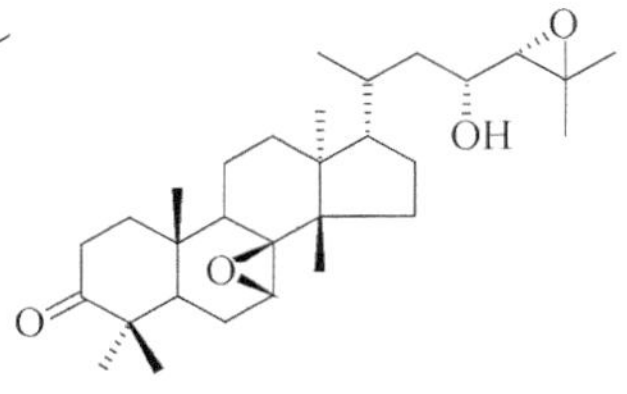　　**25**

六、大戟烷型

大戟烷（euphane）型四环三萜的基本骨架与甘遂烷型类似，但其 C-20 为 *R* 构型（即 20β-H）。例如，楝科植物 *Melia volkensii* 种子中分离到两个大戟烷型化合物 12β-hydroxykulactone（**26**）和 6β-hydroxykulactone（**27**），二者对结核杆菌有抑制作用。

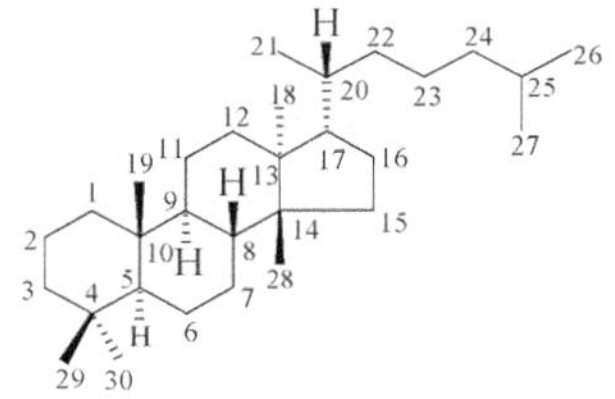

大戟烷骨架

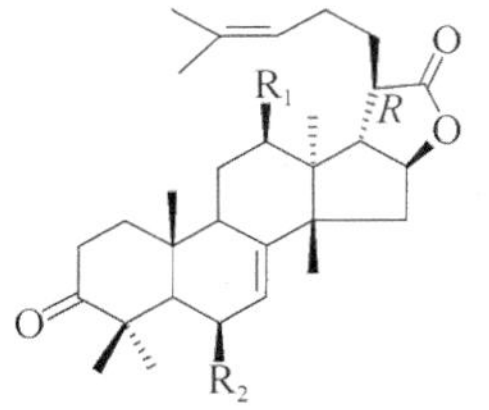

26 R_1=OH,R_2=H
27 R_1=H, R_2=OH

七、五味子降三萜型

五味子降三萜（schinortriterpenoid）或称五味子烷（schiartane）型化合物，是五味子科植物的特征性化学成分。生源上，五味子降三萜是由环阿吨烷型三萜骨架通过氧化裂解、环重排、降碳等反应衍生而得，大约有 200 个化合物，划分成 16 个结构类型。五味子降三萜的特征为：①从五味子科植物中产生的一类具有 C_{26}～C_{29} 骨架的特殊萜类化合物；②与常规环阿吨烷型三萜相比，五味子降三萜具有 3, 4-氧化断裂、9, 10-断裂扩环、C-18 或 C-28 氧化脱羧降碳、侧链环合形成五元或六元内酯环这四个基本特征。例如，狭叶五味子（*Schisandra lancifolia*）茎中独特的狭叶五味子内酯 A（schilancitrilactone A，**28**），含有 5/5/7/5/5/5 稠合六元环系的 C_{29} 骨架，属于 lancischiartane 型，其绝对立体结构通过单晶 X 衍射证实。

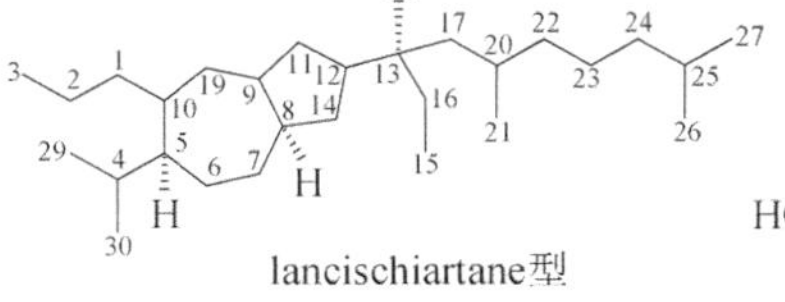

lancischiartane型 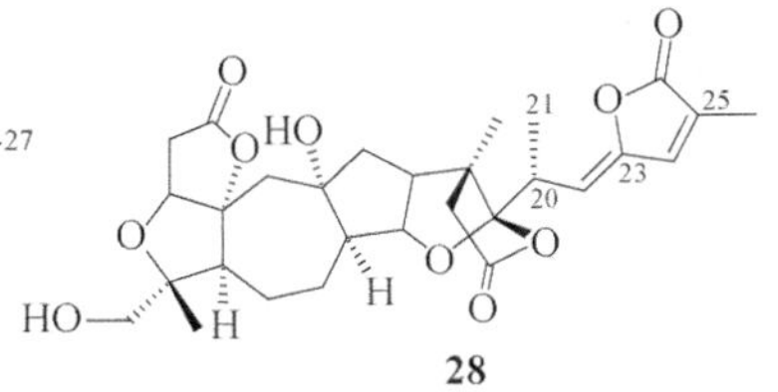　　**28**

八、四降三萜类

四降三萜类（tetranortriterpenoids）主要有柠檬苦素（limonoid）和苦木素（quassinoid）

两类。从生源上看，它们均以甘遂烷或大戟烷为前体，经不同的生物合成途径而产生的，但仍属于三萜类化合物。它们的基本骨架如下：

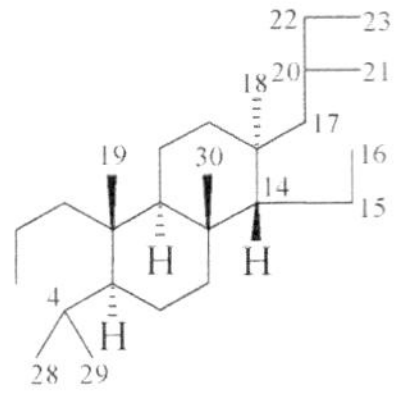

柠檬苦素骨架 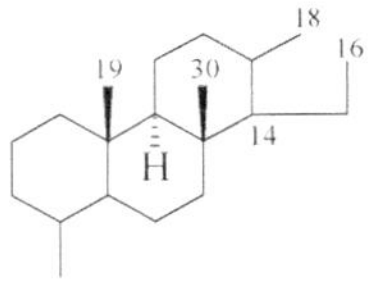　　苦木素骨架

（一）柠檬苦素类

柠檬苦素类，也称楝苦素类（meliacins），属于楝烷类（meliacanes）化合物，是一类高度氧化、基本母核变化较大、具有 26 个碳的四降三萜类化合物。大多数此类化合物均具有四个环系，也有相当一部分结构中仅有两个环，常称为四降三萜类化合物。此类化合物是由甘遂烷或大戟烷 14 位甲基迁移到 C-8 位，生成阿朴甘遂醇或阿朴大戟醇，然后失去侧链末端的 4 个碳原子而形成，且有 12 个结构类型。

目前为止，已从芸香目植物中分离出 500 多个柠檬苦素类化合物，在楝科、芸香科及苦木科等植物中都有分布，尤其是在楝科植物中，此类化合物表现出结构类型多样性，且数量很大。从麻楝属植物中已分离鉴定了近 90 个 phragmalin 型柠檬苦素。该类化合物具有显著的抑制昆虫进食、生长调节活性及抗癌、抗病毒、杀虫等作用。

1968 年，从印楝（*Azadirachta indica* A. Juss）果实获得了一种昆虫拒食剂——印楝素（azadirachtin，**29**）。川楝素（toosendanin，**30**），别名苦楝素，是从川楝（*Melia toosendan*）和苦楝（*Melia azedarach*）中提出的有效成分，具有驱虫、抗肿瘤等活性。从芸香科植物乌柑仔（*Severinia buxifolia*）根皮中发现 severinolide（**31**）对小菜蛾幼虫有强的拒食活性。

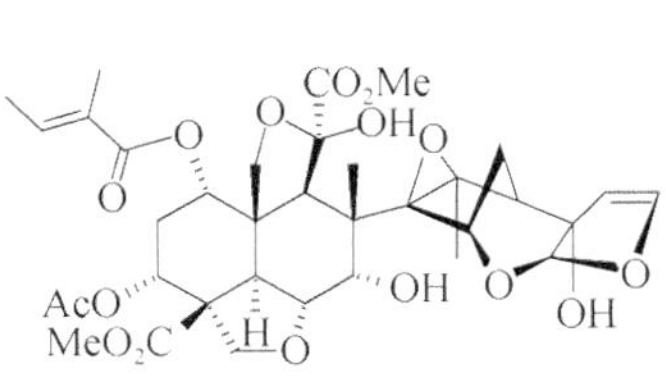

29 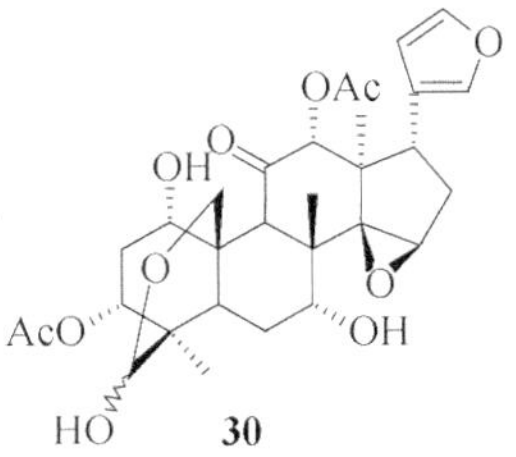　**30**

红树林植物木果楝（*Xylocarpus granatum* Koenig）属楝科木果楝属植物。从木果楝果实中分离鉴定出 gedunin（**32**）和 photogedunin（**33**），它们具有显著的抗胃溃疡活性。

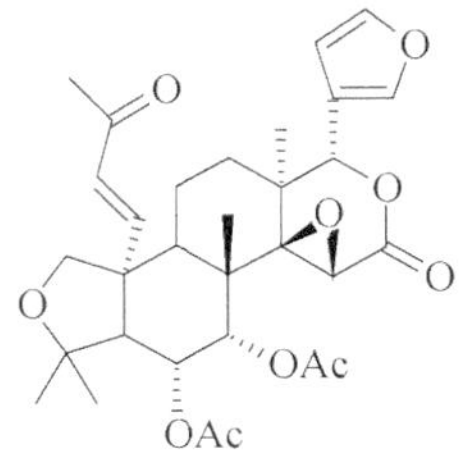

31 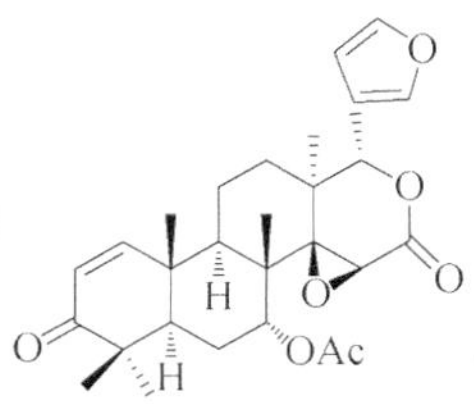　**32** 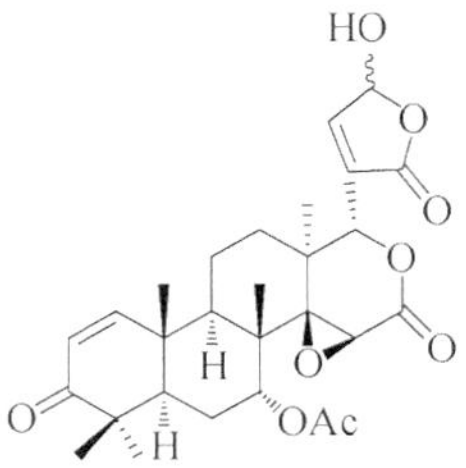　**33**

（二）苦木素类

苦木科许多植物中含有多种类似结构的苦味素，总称为苦木素类，其基本骨架为 20 个碳的苦木烷（quassinane），生源上认为是由阿朴大戟醇或其差向异构体阿朴甘遂醇按下列途径形成三环系基本骨架（图 10-1）。

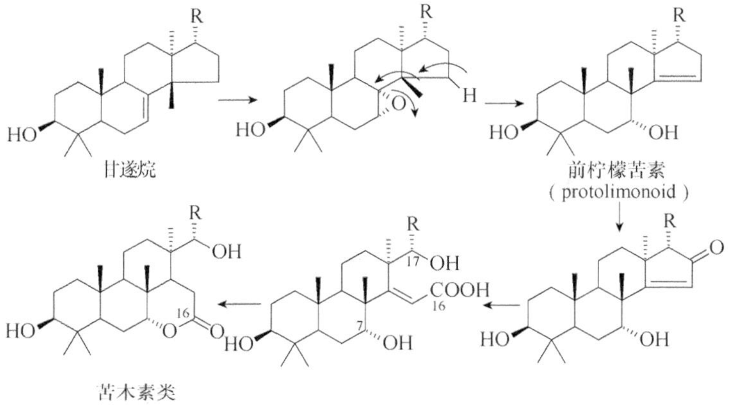

甘遂烷

前柠檬苦素 (protolimonoid)

苦木素类

图 10-1　苦木素类化合物的生物合成途径

从云南产的苦木科植物牛筋果（*Harrisonia perforata*）嫩枝中分离鉴定了三个苦木素类化合物，称为牛筋果内酯 A、B、C（perforalactones A、B、C，**34**～**36**），化合物 **34** 和 **35** 具有杀蚜虫（*Aphis medicaginis* Koch）活性。

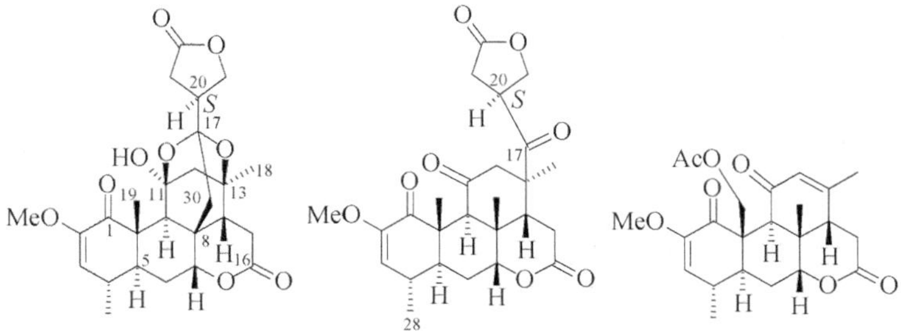

34　**35**　**36**

第二节　五环三萜类化合物

五环三萜类（pentacyclic triterpenoids）化合物结构类型大约有 10 种，本节主要介绍齐墩果烷型、乌苏烷型、羽扇豆烷型及木栓烷型。

一、齐墩果烷型

齐墩果烷（oleanane）又称β-香树脂烷（β-amyrane），这类五环三萜化合物在植物界分布极为广泛，主要以游离、酯或苷的形式存在。最具有代表性的齐墩果酸（oleanolic acid，**37**）存在于女贞子等许多植物中，但此类化合物多以苷的形式存在，是柴胡、商陆、远志等许多中药的主要成分。

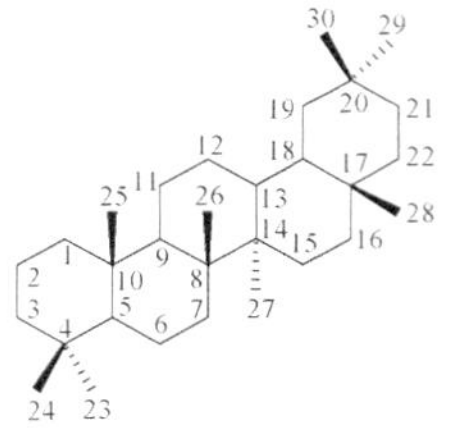

齐墩果烷骨架 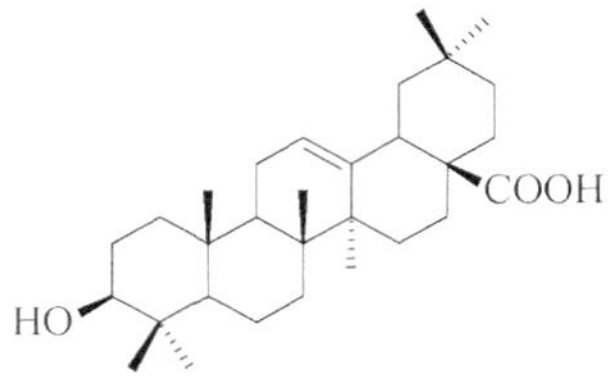　　37

甘草（*Glycyrrhiza uralensis*）的主要成分是具有甜味的甘草素，即甘草皂苷（glycyrrhizin），它由甘草次酸（glycyrrhetinic acid）与两分子葡萄糖醛酸结合而成，又称甘草酸。甘草属植物中皂苷的苷元均为甘草次酸，只是两分子葡萄糖醛酸的连接位置或构型有差异，如黄甘草（*G. eurycarpa*）中黄甘草皂苷（glyeurysaponin，**38**）、甘草酸（**39**）和甘草次酸（**40**）。甘草素和甘草酸可抑制小鼠 B16 黑色素瘤细胞的生长，甘草酸的活性比甘草素大 20 倍。

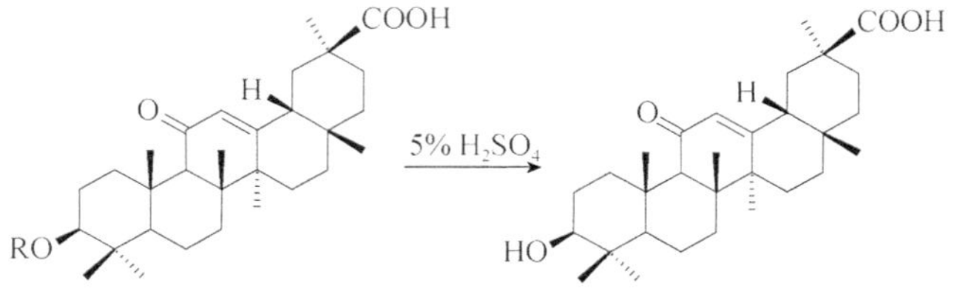

5% H_2SO_4

38 R=β-glcUA（1→4）β-glcUA-
39 R=β-glcUA（1→2）α-glcUA-　　**40**

萝藦科蔓生藤本匙羹藤（*Gymnema sylvester*）是治疗糖尿病的著名中药，从其叶中分离出的 4 个齐墩果烷类三萜皂苷，它们在 3 位都连有相同的糖基，即 3-*O*-β-D-葡萄糖基（1→3）-β-D-葡萄糖醛酸，化合物 **41** 的配基为 21β-*O*-苯甲酰-冲绳黑鳗藤皂苷元（sitakisogenin），**42** 的配基为长刺皂苷元（longispinogenin）的钾盐，**43** 的配基是 29-羟基长刺皂苷元的钾盐，**44** 的配基是 28 位含有鼠李糖基的 alternosideⅡ的钠盐。**41** 和 **44** 显示出抗甜味活性，浓度为 1mmol/L 时能完全抑制 0.2mol/L 蔗糖引起的甜味感，而另两个化合物却无活性，抗甜味活性可能与 D/E 环上酰基的存在有关。

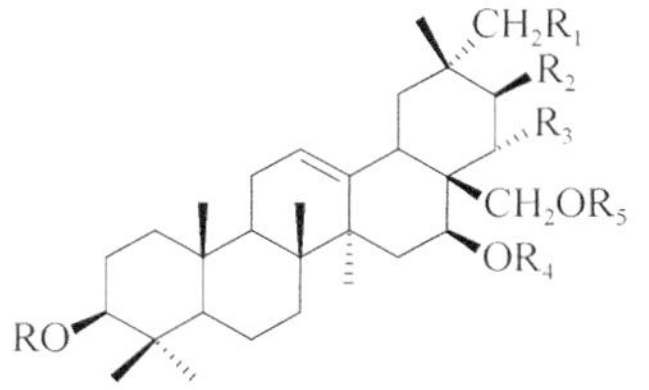

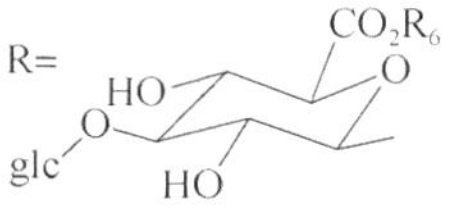

	R_1	R_2	R_3	R_4	R_5	R_6
41	H	OCOPh	H	H	H	H
42	H	H	H	H	H	K^+
43	OH	H	H	H	H	K^+
44	H	H	OH	Ac	rha	Na^+

中药旱莲草（*Eclipta alba*）为菊科鳢肠的全草，从中获得的旱莲草皂苷Ⅴ和Ⅵ（eclalbasaponins Ⅴ、Ⅵ，**45** 和 **46**）是植物界极为少见的含磺酰基皂苷。

含有氨基糖的三萜皂苷在植物中并不常见。但从含羞草科朱缨花属植物 *Calliandra anomala* 中分离出了 3-*O*-α-L-阿拉伯吡喃基（1→2）-α-L-阿拉伯吡喃基（1→6）- 2-乙酰氨基-2-去氧-β-D-葡萄糖基齐墩果酸（**47**）；从豆科合欢属植物 *Albizia subdimidiata* 中除得到 **47** 外，也有 3-*O*-*β*-D-木糖吡喃基（1→2）-*α*-L-阿拉伯吡喃基（1→6）-2-乙酰氨基-2-去氧-*β*-D-葡萄糖基齐墩果酸，命名为合欢三糖苷 A（albiziatrioside A，**48**）。

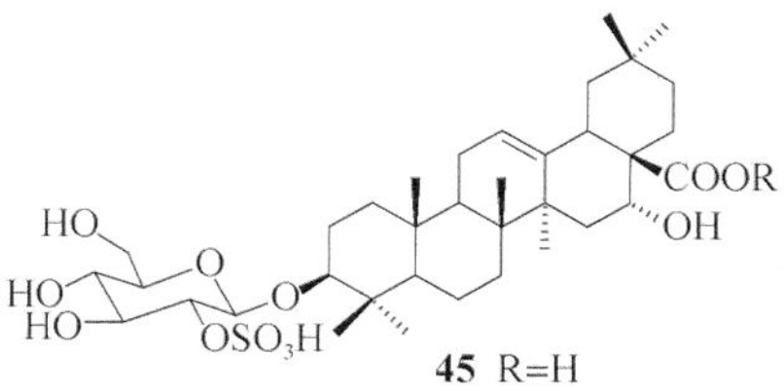

45 R=H
46 R=glc

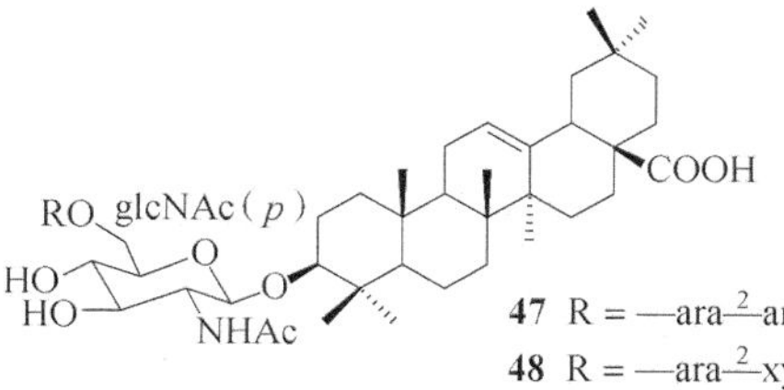

47 R = —ara$\stackrel{2}{—}$ara
48 R = —ara$\stackrel{2}{—}$xyl

二、乌苏烷型

乌苏烷（ursane）又称 *α*-香树脂烷（*α*-amyrane），这类五环三萜化合物大多是由乌苏酸（ursolic acid，**49**）衍生而来的。乌苏酸又称熊果酸，在植物界分布较广，如在熊果叶、栀子果实、女贞叶、车前草、石榴等植物中均有分布。乌苏酸具有许多药理活性如抗肿瘤、抗炎、抗胃溃疡、保肝、镇痛等作用。

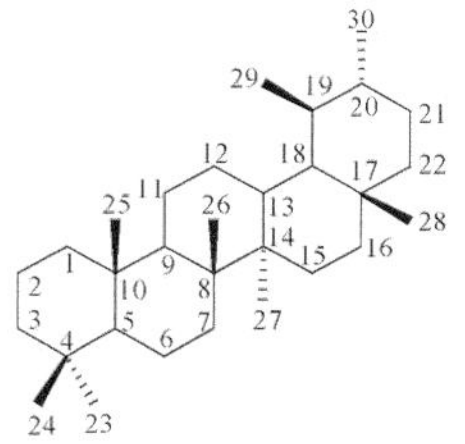

乌苏烷骨架 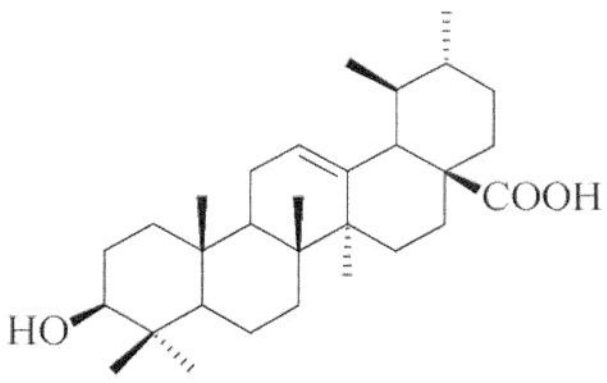　　**49**

积雪草酸（asiatic acid，**50**），又名亚细亚酸，是中药积雪草（*Centella asiatica*）的重要组分，具有广泛的生物活性，如治疗皮肤创伤和慢性溃疡、抗肿瘤、抗抑郁、抗阿尔茨海默病等。科罗索酸（corosolic acid，**51**），又名 2*α*-羟基熊果酸，存在于大叶紫薇、对萼猕猴桃、枇杷叶等植物中，具有降血糖、减肥、抗肿瘤、抗炎、抗病毒和抗心血管疾病的作用，已作为防治肥胖症和Ⅱ型糖尿病的新药，进入美国 FDA 的Ⅲ期临床药效学评价。此外，枇杷叶中的坡模酸（pomolic acid，**52**）又名坡模醇酸，也有抗肿瘤、抗炎等活性。

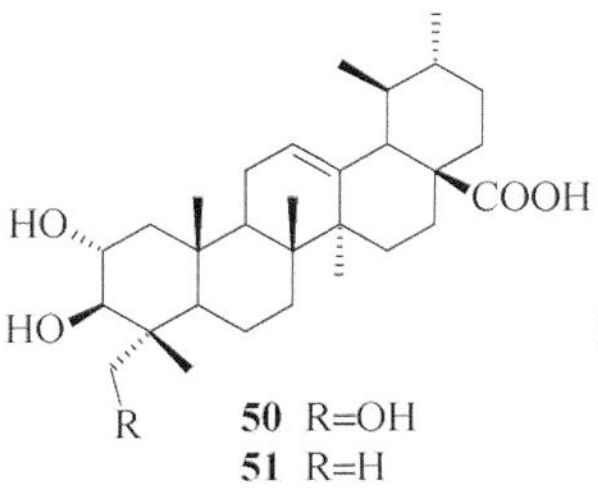

50 R=OH
51 R=H　　**52**

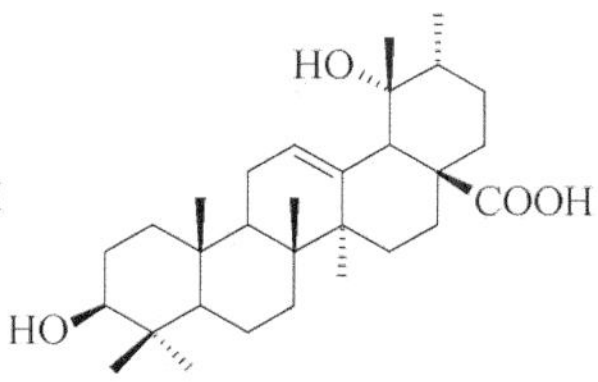

印度乳香（*Boswellia serrata*）的主要抗炎成分乳香脂酸（*β*-boswellic acid，**53**），其标准提取物含 50%～70%的乳香脂酸。台湾枇杷（*Eriobotrya deflexa*）叶有化痰止咳的功效，从中分离鉴定出具有免疫调节作用的乌苏烷类成分：1*β*，2*α*，19*α*-三羟基-3-氧-12-乌苏烯-28-酸（1*β*, 2*α*, 19*α*-trihydroxy-3-oxo-12-ursen-28-oic acid，**54**）。

53　　54

三、羽扇豆烷型

羽扇豆烷（lupane）型五环三萜结构中，E 环为五元环，且在 E 环 C-19 位有以 α 构型取代的异丙基，A/B、B/C、C/D 及 D/E 环均为反式，其基本骨架如下所示。代表性化合物白桦脂酸（betulinic acid，**55**），也称白桦酸，具有明显抗肿瘤、抗病毒、抗炎、保护肝和心脏作用。近年来，白桦酸的结构改造是药物化学研究的热点。

使君子科药用植物四角风车子（*Combretum quadrangulare*）为东亚特有树种，越南民间用作治疗痢疾和抗肝炎剂，其种子中的肝保护有效成分为白桦酸衍生物，如 2α, 6β-二羟基白桦酸（2α, 6β-dihydroxybetulinic acid，**56**）。

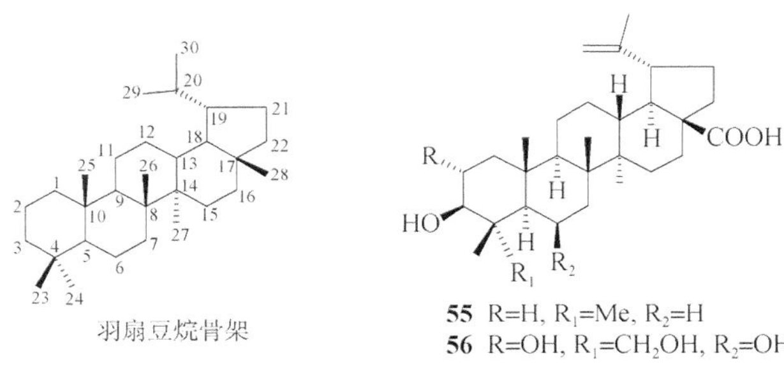

羽扇豆烷骨架

55 R=H, R_1=Me, R_2=H
56 R=OH, R_1=CH_2OH, R_2=OH

四、木栓烷型

木栓烷（friedelane）型五环三萜在生源上是由齐墩果烯经甲基移位衍生而来，存在于翅子藤科五层龙属、桃金娘科蒲桃属和卫矛科等植物中。源于卫矛科植物的三萜多具有醌样结构。例如，雷公藤红素，又称南蛇藤素（celastrol，**57**）是从中药雷公藤中提取的活性化合物，具有很强的热休克蛋白 HSP90 抑制活性（HSP90 被认为是有效的肿瘤治疗靶点），并具有抗白血病活性。

蛋白酶体（proteasome）抑制剂作为肿瘤的靶向治疗方法之一，近年来备受关注。中药南蛇藤（*Celastrus orbiculatus*）中的扁塑藤素（pristimerin，**58**）具有蛋白酶体抑制剂作用。

木栓烷骨架

57 R=H
58 R=Me

第三节 三萜类化合物的理化性质与反应

一、理化性质

三萜类化合物多数易结晶，能溶于石油醚、苯、氯仿等有机溶剂。三萜皂苷化合物，尤其是寡糖皂苷，极性增大，不易结晶，具有吸湿性，因而皂苷大多为白色无定形粉末，可溶于水，易溶于热水、稀醇、热甲醇和热乙醇中，水饱和的正丁醇对皂苷的溶解度较好，因此低级醇是提取皂苷的常用溶剂。

1．性状 三萜皂苷多数具有苦而辛辣味，其粉末对人体黏膜有强烈刺激性，尤其鼻内黏膜的敏感性最强，能引起喷嚏。因此口服某些皂苷，能刺激消化道黏膜，用于祛痰止咳。

2．表面活性 三萜皂苷水溶液经剧烈振摇能产生持久性的泡沫，且加热不消失，这是因为皂苷具有降低水溶液表面张力的作用，故有些三萜皂苷可用作清洁剂和乳化剂。

3．溶血作用 三萜皂苷的水溶液大多能破坏红细胞而有溶血作用，这是因为多数皂苷能与红细胞壁上的胆甾醇结合，生成不溶于水的沉淀，破坏了血红细胞的正常渗透，使细胞内渗透压增加而发生崩解，从而导致溶血。

三萜皂苷元无溶血作用，一般单糖链作用明显，双糖链作用较弱，有的几乎无作用，皂苷元与酸性糖结合的单糖链皂苷和双糖链皂苷的活性为中等强度。例如，(20*S*)-原人参三醇型皂苷则有显著的溶血作用，相反，(20*S*)-原人参二醇型皂苷，则具有抗溶血性质，故人参总皂苷没有溶血现象。皂苷水溶液肌肉注射易引起组织坏死，口服则无溶血作用。

要判断溶血作用是否由皂苷引起，可用结合胆甾醇沉淀法：沉淀后的滤液无溶血作用，而沉淀分解后有溶血活性，说明是皂苷引起的溶血现象，从而可排除植物提取液中的树脂、脂肪酸、挥发油等一些其他成分的干扰。

二、水解反应

有些三萜皂苷在酸水解甚至碱水解时，常常发生结构变化而生成次生结构，得不到原皂苷元，有时也可能使皂苷转变为次皂苷（prosapogenins）。若要获得原皂苷元，则应采用温和的水解条件，如两相酸水解、酶水解或 Smith 降解等方法。

例如，50%稀乙酸于 70℃加热 4h，人参皂苷 C-20 位苷键能断裂，生成次级苷，进一步再水解，则使 C-3 位苷键裂解。但若用稀盐酸煮沸水解，则得不到原皂苷元。这是因为在盐酸介质中，(20*S*)-原人参二醇或（20*S*)-原人参三醇的 C-20 位上甲基和羟基发生差向异构化，转变成（20*R*)-原人参二醇或（20*R*)-原人参三醇，再环化生成人参二醇（panaxadiol）或人参三醇（panaxatriol），且具有吡喃环的侧链（图 10-2)。

值得注意的是，植物体内的酶能使皂苷降解成次级苷，可以促使单糖链皂苷的寡糖链缩短，也可以使双糖链皂苷水解成单糖链皂苷，特别是酯苷键易酶解断裂。

三、显色反应

三萜类化合物在无水条件下，与强酸、中强酸或 Lewis 酸（如三氯乙酸、三氯化锑等）作用，会出现一系列颜色变化，久置后颜色逐渐消失。这主要是由于发生了羟基脱水、双键

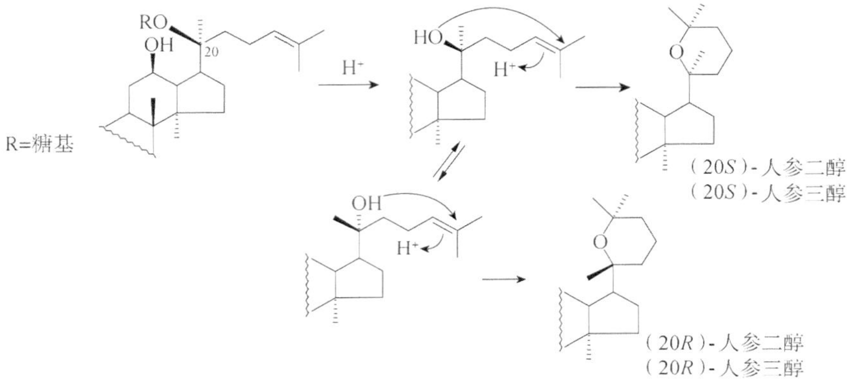

RO
OH
20
R=糖基
H⁺
HO
H⁺
O
(20*S*)-人参二醇
(20*S*)-人参三醇
OH
H⁺
O
(20*R*)-人参二醇
(20*R*)-人参三醇

图 10-2 人参皂苷水解转化

迁移、双分子缩合等反应，生成的共轭二烯结构单元在酸作用下形成正碳离子而呈色。分子结构中有共轭双键的化合物显色很快，孤立双键的显色较慢。常用的显色反应如下。

（1）乙酸酐-浓硫酸反应（Liebermann-Burchard 反应）。试样溶于乙酸酐，加浓硫酸-乙酸酐（1∶20），可产生黄色→红色→紫色→蓝色等颜色变化，最后褪色。

（2）冰醋酸-乙酰氯反应（Tschugaeff 反应）。试样溶于冰醋酸，加数滴乙酰氯及数粒结晶氯化锌，稍加热，则出现淡红色或紫红色。

（3）三氯乙酸反应（Rosen-Heimer 反应）。试样溶于氯仿并滴在滤纸上，喷 25%三氯乙酸乙醇溶液，加热至 100℃，显红色并逐渐变为紫色。

（4）氯仿-浓硫酸反应（Salkowski 反应）。样品溶于氯仿，加入浓硫酸，氯仿层显红色或蓝色，硫酸层有绿色荧光出现。

（5）五氯化锑反应（kahlenberg 反应）。样品的氯仿或醇溶液点于滤纸上，喷以 20%五氯化锑的氯仿溶液（不含乙醇和水），干燥后加热至 60～70℃，显蓝色、灰蓝色、灰紫色斑点。

第四节 三萜类化合物的提取与分离

一、提取与分离

三萜成分的提取纯化方法大致有如下几种。

（1）溶剂提取法。用乙醇或甲醇类溶剂提取，提取物依次用石油醚、氯仿或乙酸乙酯萃取，然后进一步分离，三萜皂苷元主要从氯仿可溶部分中得到；三萜皂苷水解后，水解产物用氯仿萃取，然后进行分离，从而得到三萜皂苷元成分。若要获得原皂苷元，则应采用温和的水解条件。

三萜皂苷常用甲醇、乙醇及其含水醇为溶剂提取，有时用含 2%吡啶的甲醇回流提取（吡啶的作用是防止植物中酸性物质引起皂苷结构的转化）。例如，柴胡根粉用含 2%吡啶的甲醇回流提取。提取液减压浓缩后，加适量水悬浮，用石油醚等亲脂性溶剂萃取脱脂后，依次以氯仿或乙酸乙酯、水饱和正丁醇萃取，将正丁醇部分浓缩后，得粗总皂苷。

皂苷难溶于乙醚、丙酮等小极性溶剂，若将粗总皂苷溶于少量甲醇，然后滴加乙醚、丙酮或乙醚-丙酮（1∶1），混合均匀，立即析出皂苷沉淀。如此反复处理多次，可得高纯度皂苷。

（2）大孔吸附树脂法。醇提取液减压浓缩后，上大孔吸附树脂柱，先用少量水洗脱除去水溶性物质，后用 30%～50%的乙醇水溶液洗脱（黄酮类被吸附在大孔树脂上），减压蒸干，也可得粗总皂苷。

（3）层析法。先用常压或低压硅胶柱分离，再经中压柱层析、薄层制备、HPLC 制备进一步纯化。硅胶柱层析常用的溶剂系统有石油醚-氯仿、氯仿-乙酸乙酯、氯仿-甲醇、乙酸乙酯-丙酮等。

采用分配柱层析分离纯化三萜皂苷，其效果优于吸附柱层析。常用硅胶为支持剂，以 CH_2Cl_2-MeOH-H_2O、$CHCl_3$-MeOH-H_2O、EtOAc-EtOH-H_2O、水饱和 EtOAc-MeOH 等溶剂系统进行梯度洗脱，粗分成几个部分，再以反相键合硅胶 RP-l8、RP-8 或 RP-2 为固定相（用 CH_3OH-H_2O 为洗脱剂）、AmberliteXAD-2 或 MPLC、半制备或制备 RP-HPLC 或 Sephadex LH-20（以甲醇为洗脱剂）进行纯化精制。

在反相键合硅胶中 RP-18 吸附力最强，可用 H_2O 比例较小的溶剂系统，如 CH_3OH-H_2O（9∶1，8∶2），而 RP-2 吸附力较弱，宜用 H_2O 比例稍大的溶剂，如 CH_3OH-H_2O（7∶3，6∶4）等。应当注意的是，反相柱层析需要用相对应的反相 TLC 配合检查。

如果总皂苷组分复杂，各皂苷间的结构差异又较小，用一种方法往往难以达到分离目的，可进行多次反复层析，也可采取多种方法配合进行。例如，逆流色谱法是分离皂苷较为有效的方法，分离效能高，有时可分离结构非常相近的成分。

二、提取分离实例

实例一：从白花掌叶白头翁（*Pulsatilla patens*）干燥根中分离得到 7 个齐墩果烷型三萜皂苷化合物。其提取分离工艺流程如图 10-3 所示，它们的结构见表 10-1。

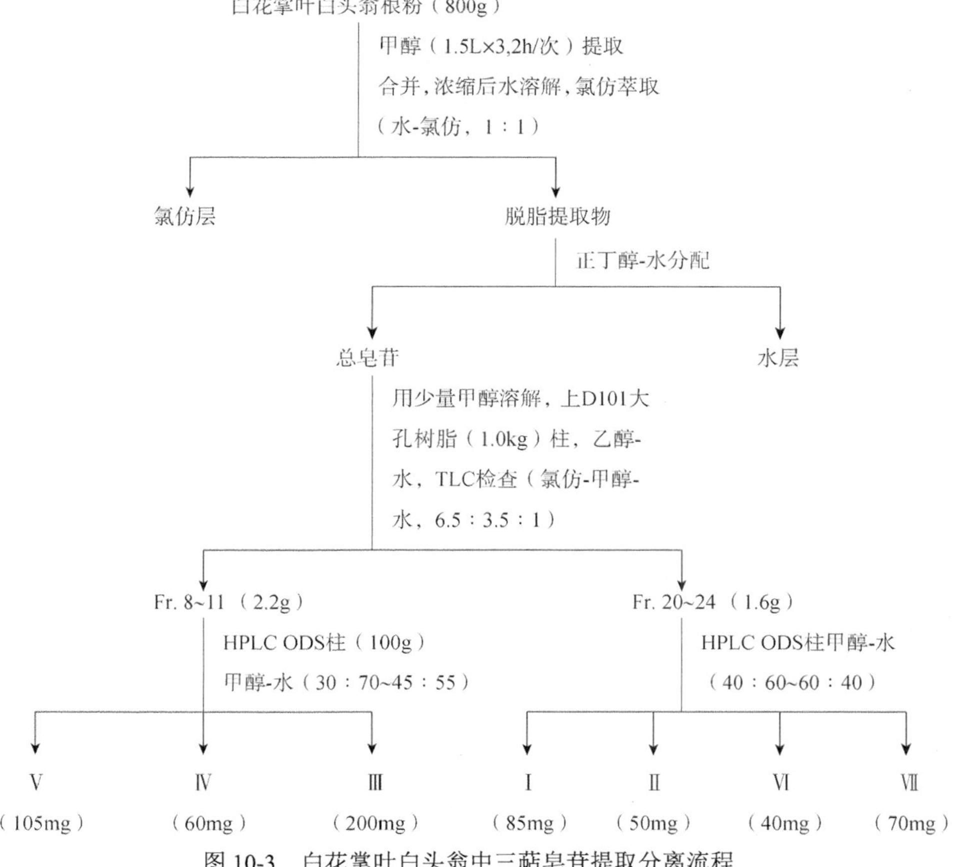

图 10-3　白花掌叶白头翁中三萜皂苷提取分离流程

表 10-1　植物 *Pulsatilla patens* var. *multifida* 中的三萜皂苷

	R_1	R_2	R_3	R_4
Ⅰ	glc$\xrightarrow{2}$gal—	glc	OH	H
Ⅱ	glc$\xrightarrow{6}$gal$\xrightarrow{2}$glc	H	OH	H
Ⅲ	glc	rha$\xrightarrow{4}$glc$\xrightarrow{6}$glc—	OH	OH
Ⅳ	glc$\xrightarrow{2}$gal—	rha$\xrightarrow{4}$glc$\xrightarrow{6}$glc—	H	H
Ⅴ	glc$\xrightarrow{6}$gal$\xrightarrow{2}$glc	rha$\xrightarrow{4}$glc$\xrightarrow{6}$glc—	OH	H
Ⅵ	glc	H	OH	OH
Ⅶ	glc$\xrightarrow{2}$gal—	H	OH	H

实例二：从夏威夷产的桃金娘科植物 *Eugenia sandwicensis* 的茎中分离出 9 个三萜化合物，分别为：白桦酸（betulinic acid，Ⅰ）、3-表白桦酸（3-*epi*-betulinic acid，Ⅱ）、2α-羟基-3-表白桦酸（2α-hydroxy-3-epi-betulinic acid，Ⅲ）、23-羟基白桦酸（23-hydroxybetulinic acid，Ⅳ）、常春藤皂苷元（hederagenin，Ⅴ）、3β-顺-对-香豆酰氧-2α，23-二羟基齐墩果烷-12-烯-28-羧酸（3β-*cis*-*p*-coumaroyloxy-2α，23-dihydroxyolean-12-en-28-oic acid，Ⅵ）、3β-反-对-香豆酰氧-2α，23-二羟基齐墩果烷-12-烯-28-羧酸（3β-*trans*-*p*-coumaroyloxy-2α，23-dihydroxyolean-12-en-28-oic acid，Ⅶ）、23-反-对-香豆酰氧-2α，3β-二羟基齐墩果烷-12-烯-28-羧酸（23-*trans*-*p*-coumaroyloxy-2α，3β-dihydroxyolean-12-en-28-oic acid，Ⅷ）和山楂酸（maslinic acid，Ⅸ）。其提取分离工艺流程如图 10-4 所示。

Ⅰ　$R=R_1=H$，$R_2=\beta$-OH
Ⅱ　$R=R_1=H$，$R_2=\alpha$-OH
Ⅲ　$R=\alpha$-OH，$R_1=H$，$R_2=\alpha$-OH
Ⅳ　$R=H$，$R_1=OH$，$R_2=\beta$-OH

Ⅸ

Ⅴ　$R=H$，$R_1=R_2=OH$
Ⅵ　$R=R_1=OH$，R_2=顺-对-香豆酰氧
Ⅶ　$R=R_1=OH$，R_2=反-对-香豆酰氧
Ⅷ　$R=R_2=OH$，R_1=反-对-香豆酰氧

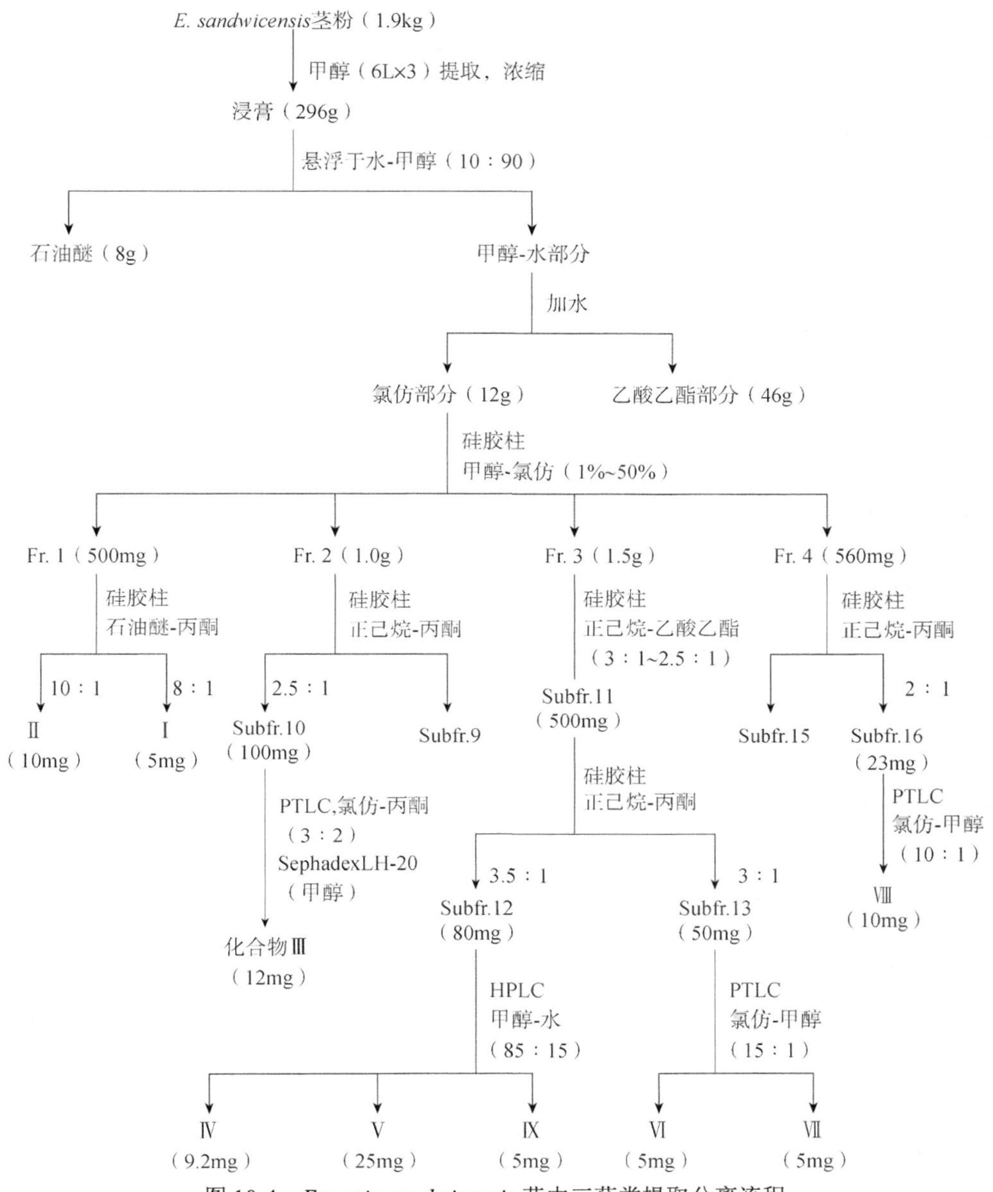

图 10-4　*Eugenia sandwicensis* 茎中三萜类提取分离流程

第五节　三萜类化合物的结构鉴定

三萜皂苷由三萜皂苷元和糖基两部分构成，而三萜皂苷元的结构类型较多。可用化学方法和波谱方法鉴定三萜皂苷类化合物的结构，本节主要对五环三萜皂苷的波谱学特征做简要介绍。

一、化学方法

1．水解　如前所述，某些三萜皂苷元对酸不稳定，常会发生重排而产生人工产物，因此有必要采用温和的水解方法。利用碱金属（Na、K）乙醇溶液或正丁醇溶液等水解这类皂苷，可以得到满意的结果。用碱性条件水解皂苷，发现和酸处理不同，苷元结构不会受立体异构化、羟基化及侧链环合的影响，副产物少。Smith 降解法是获得真正皂苷元的常用方法，如本章第一节所提到的达玛烷型皂苷，正是用这种降解法得到了真正皂苷元——酸枣仁皂苷元。

2．甲基化　为了鉴定出三萜皂苷中糖与皂苷元之间的连接方式，常用 Hakomori 法将皂苷甲基化后进行水解，并与各种类型标准甲基糖苷进行气相色谱对比分析。

3．乙酰化　为了确定母核上取代羟基的数目和位置，或提高化合物的挥发性供质谱测定用，可对三萜皂苷元或皂苷进行乙酰化，常用的方法为乙酸酐-吡啶法。

4．去乙酰化　三萜皂苷的苷元或糖基部分常含有乙酰基，可采用温和碱水解法，如用 2% $NaHCO_3$ 乙醇液脱去部分乙酰基，再与相应的已知皂苷对照，推导出原皂苷的结构。

二、波谱方法

（一）UV 谱

UV 可用于判断齐墩果烷型化合物结构中双键类型（表 10-2）及 11-氧-12-烯-齐墩果烷型化合物 18 位氢的构型。

表 10-2　齐墩果烷型化合物的 UV 特征吸收

类型	孤立双键	α,β-不饱和羰基	异环共轭双烯	同环共轭双烯	11-氧-12-烯-齐墩果烷型
λ/nm	205～250（微弱）	242～250（最大）	240，250，260（最大）	285（最大）	248～249（18β-H） 242～243（18α-H）

（二）IR 谱

根据 IR 区域 A（1392～1355cm^{-1}）和区域 B（1330～1245cm^{-1}）的碳氢吸收带的差别，区别五环三萜皂苷碳骨架类型。齐墩果烷型的 A 区有两个吸收带（1392～1379cm^{-1}，1370～1355cm^{-1}）；B 区有三个吸收带（1330～1315cm^{-1}，1306～1299cm^{-1}，1269～1250cm^{-1}）。乌苏烷型的 A 区有三个吸收带（1392～1386cm^{-1}，1383～1370cm^{-1}，1364～1359cm^{-1}），B 区也有三个吸收带（1312～1308cm^{-1}，1276～1270cm^{-1}，1250～1245cm^{-1}）。

（三）MS 谱

1．软电离 MS 谱　三萜皂苷极性大，挥发性小，对热不稳定，EI-MS 和 CI-MS 难以获得分子离子峰，必须制备成全甲醚化物、全乙酰化物、全三甲基硅醚化物等易于挥发的衍生物，但对于含 4 个以上糖的皂苷，这种衍生物也不适用。电喷雾电离质谱（ESI-MS）和快原子轰击质谱（FAB-MS）常给出伪分子离子峰 $[M+Na]^+$、$[M+K]^+$、$[M-H]^-$及糖链连接顺序的碎片信息。负离子 FAB-MS 更适合三萜皂苷，能简便、快速地测定苷类化合物相对分子质量。同时，利用 FAB-MS 提供的皂苷相对分子质量与苷元离子 m/z 之间的差值可以推算糖基的数目，根据苷键裂解的碎片，可以推断糖的连接顺序。

例如，由苦丁茶中 α-苦丁内酯苷 D 的负离子 FAB-MS 可得到特征离子峰，*m/z* 1069［M−H］$^-$，923［M−146（rha）−H］$^-$，907［M−162（glc）−H］$^-$，745［M−2×162（glc）−H］$^-$，599［M−2×162−146−H］$^-$，467［M−H−2×162−146−132］$^-$，从而得出 4 个糖的链中一个葡萄糖和一个鼠李糖为末端糖，另一个葡萄糖与一个阿拉伯糖为内侧糖。α-苦丁内酯苷 D 结构如下。

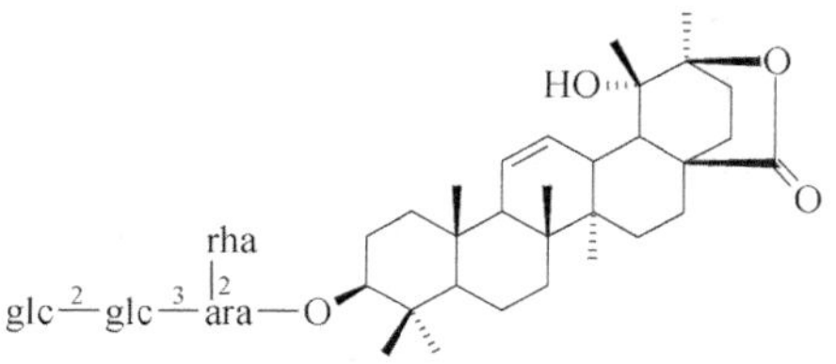

2．EI-MS 谱　Δ^{12} 的三萜类化合物以 RDA 裂解最为普遍。其中含 D 环和 E 环的离子峰是Δ^{12} 三萜烯的特征碎片，若分子中 C-17 位是取代的羧基、羟甲基、醛基或内酯，则该碎片易进一步失去羧基、羟甲基、醛基或内酯中性碎片而得到更稳定的碎片离子。例如，三萜类化合物的 EI-MS 裂解途径如下。

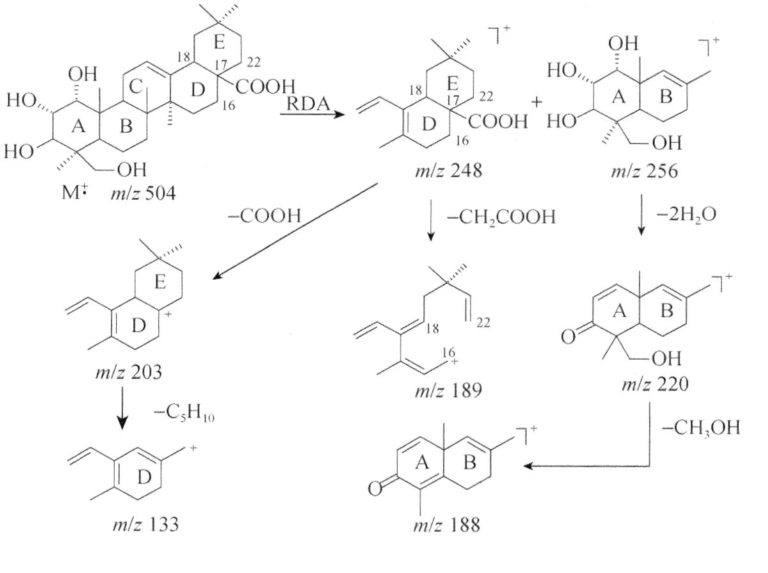

（四）NMR 谱

1．^{1}H NMR　^{1}H NMR 可提供三萜化合物中双键、甲基、糖端基等官能团上质子的重要信息。一般甲基质子信号在 0.63～1.80。对齐墩果烷型与乌苏烷型三萜化合物，其高场甲基的δ值与 C-28 位的取代基有关，当 C-28 的取代基为 $COOCH_3$ 时，高场甲基的δ值小于 0.78；当 C-28 的取代基为 CH_2OH、CH_3 或内酯时，则δ值大于 0.78。

糖端基质子常出现在δ4.0～6.5，极易与结构中其他质子区分开。同时，根据其偶合常数还可以确定端基构型。

最低场甲基的δ值若小于 1.0，说明 C-27 位有连氧基团。羽扇豆烷型三萜的 C-30 位甲基，因与双键相连，且有烯丙偶合，δ值在 1.63～1.80 呈现宽单峰。烯氢信号可用来判断双键取代情况：环内双键氢的δ值一般大于 5.0，环外烯氢的δ值一般小于 5.0，如三萜中 C-12

烯氢在δ4.93～5.50 处出现一宽峰或多重峰；若 C-11 位引入羰基，与双键共轭，则烯氢因去屏蔽而向低场位移，在δ5.55 处出现一单峰；如具$\Delta^{9(11),12}$双烯的化合物，在δ5.50～5.60 处出现两个烯氢的双峰；若具有$\Delta^{11,13(18)}$双烯的化合物，一个烯氢在δ5.40～5.60 处以二重峰出现，另一个烯氢为两组二重峰，出现在 6.40～6.80 处。

三萜化合物常有 C-3 位羟基取代，其乙酰化合物的 C-3 氢若为竖直键（H-α），δ值在 4.00～4.75，若为平伏键（β-H），δ值在 5.00～5.48，二者均为宽低峰。此外，C-4 位 CH_2OAc 的构型也可用 ^1H NMR 来判断，连氧碳 C-24 位氢如为竖直键（β构型），δ值在 4.08～4.30，连氧碳 C-23 位氢如为平伏键（α构型），δ值在 3.77～3.80，均为 AB 系统四重峰。羧基在 C-29 或 C-30 位，其甲酯基信号δ值大于 3.56；羧基在 C-28 位，其甲酯基δ值小于 3.56。

利用 TOCSY 和 NOESY 技术能将每个糖基与该糖基相关的质子信号从严重重叠的信号中分辨出来，从而正确归属糖与苷元、糖与糖之间的连接位置，这为确定含糖数目较多的苷类的连接问题提供了有力的证据。

2. ^{13}C NMR

（1）齐墩果烷型三萜 ^{13}C NMR 特征。通常齐墩果烷型五环三萜有 8 个角甲基，取代在 C-4、C-8、C-10、C-14、C-17 和 C-20 位 6 个季碳上，这 6 个季碳δ值为 30～42，如果角甲基被含氧基团取代，相连的季碳信号产生相应的位移。乌苏烷型和羽扇豆烷型三萜在该δ值范围内只有 5 个季碳信号（C-4、C-8、C-10、C-14 和 C-17），而羽扇豆烷型结构中有异丙烯基取代，即多数有 C-29 和 C-20 烯碳，碳谱中一般出现δ19.3、109.3～109.7（C-29）和 150.5～150.9（C-20）信号。故根据季碳信号数目及异丙烯基信号，可区分上述不同的五环三萜结构类型。

齐墩果烷型三萜角甲基碳δ值为 8.9～33.7，其中 C-4、C-20 位两对偕甲基中 e 键 C-23 位和 C-29 位甲基碳分别出现在最低场，即 27.8～28.7 和 32.7～33.7。当最低场甲基δ值小于 30 时，说明 C-20 位有 CH_2OH、COOH 等含氧基团取代；若最低场甲基δ值低于 27.8，表示 C-20 和 C-4 位有含氧基团取代，但不能排除 C-14、C-17 位取代可能性。因为 C-14 位和 C-17 位甲基δ值也接近 28.0，此时可结合质谱来判断。

此外，^{13}C NMR 还可以用来判明 C-20、C-4 位取代基构型。当 C-20 位 a 键（C-30）有取代时，e 键（C-29）甲基在δ27.9～29.7 出现，这是 C-20 位被含氧基团取代后最低场甲基信号；若 e 键（C-29）有取代时，a 键 C-30 位甲基的δ值约为 20.0。C-4 位 e 键（C-23）连有含氧基团时，a 键（C-24）甲基在δ8.9～13.7 出现，这是 C-4 位有含氧基团取代时最高场甲基信号。

当 C-23 位有羟基取代，可使 C-3 和 C-5 的δ值分别向高场位移 2.0～5.0 和 5.0～8.0；若在 C-24 位取代，C-3 和 C-5 的δ值分别向低场位移 2.0 和 1.0。

C-30 甲基由羧甲酯基取代后，C-20 处于 $COOCH_3$ 的去屏区，向低场位移 13.0，C-19 和 C-21 分别向高场位移 4.1 和 3.3。而 C-17 甲基由羧甲酯基取代后，对 E 环碳的δ值几乎无影响。

齐墩果烷型三萜，C-28 位多数为羧基，其δ在 180 左右。母核中 C-23、C-27、C-29 位的 α-甲基比 C-24、C-25、C-28、C-30 位的β-甲基处于低场。多数情况下在 C-12 和 C-13 位之间有双键，一般根据烯碳δ值，可以判断齐墩果烷类化合物中双键类型（表 10-3）。

表 10-3　齐墩果烷型五环三萜类化合物烯碳化学位移

双键类型	Δ^{12}	11-氧-Δ^{12}	$\Delta^{11,13(18)}$	$\Delta^{9(11),12}$	Δ^{11}-13, 28-环氧
烯碳δ值	C_{12} 122.3～123.0	C_{12} 128.0～129.2	C_{11} 126.3～127.1	C_9 153.9～154.9	C_{11} 132.8～131.8
	C_{13} 142.6～145.0	C_{13} 167.2～155.1	C_{12} 125.7～126.3	C_{11} 115.6～115.9	C_{12} 131.1～131.9
			C_{13} 136.4～137.1	C_{12} 120.7～122.4	
			C_{18} 133.0～133.6	C_{13} 143.5～147.2	
其他		C_{11}=O 199.7～199.3			C_{13} 84～85.5

（2）达玛烷型三萜 ^{13}C NMR 特征。四环三萜主要是达玛烷型，其 C-3 有β-OH 时，C-3 的化学位移在 78.4～78.9；C-3 有 α-OH 时，C-3 的化学位移在 75.9～76.1。C-12 有β-OH 时，C-12 的化学位移在 70.5～70.8；有 α-OH 时，其化学位移在 68.4 左右。C-6 有 α-OH 时，C-6 的化学位移在 68.4 左右。C-20 位有 α-OH 和β-OH 时，对 C-20 的化学位移影响相同，在 73.5～75.6。侧链 C-24 和 C-25 之间多数有双键，C-24 的化学位移在 124.6～125.3，C-25 的化学位移在 131.2～131.9。若 C-3 羟基变成羰基，则 C-3 的化学位移在 217.6～217.7。

C-20～C-24 氧呋喃达玛烷型三萜，C-24（*S*）的化学位移在低场，为 88.4 左右，C-24（*R*）的化学位移在高场，在 85.6～85.7。

三、结构研究实例

鲫鱼胆（*Maesa perlarius*）为紫金牛科杜茎山属植物，全株可入药，有消肿去腐、生肌接骨的功效。从其中分离得到两个化合物：鲫鱼胆皂苷元 A（maesagenin A，Ⅰ）和鲫鱼胆皂苷（maesaponin，Ⅱ）。

实例一：鲫鱼胆皂苷元 A 结构鉴定。

化合物Ⅰ：白色针晶，m. p. 248～250℃，$[\alpha]_D^{30}$ +17.91（c 0.0725，MeOH），Liebermann-Burchard 反应阳性。HRMS 给出分子式为 $C_{30}H_{48}O_5$（理论值 488.3498，实测值 488.3502）。其 IR、MS、^{1}HNMR 和 ^{13}C NMR（表 10-4）的特征与从本属其他植物中分得的已知皂苷元的母核很相似，推测其为齐墩果烯型五环三萜类化合物，C-12、C-13 为双键，C-3、C-16、C-21、C-22 为偕氧碳，醛基可能连接在 C-17 位。与已知皂苷元相比，化合物Ⅰ无丙酰基、当归酰基和醚基，因此，Ⅰ的 4 个偕氧碳都仅连接羟基。在 HMBC 谱中，醛基氢（δ9.8）与 C-16（δ66.7）、C-17（δ58.7）相关，说明醛基连接在 C-17 位。EI-MS 的裂解完全支持上述结构。^{1}H NMR 和 ^{1}H-^{1}H COSY 中，H-3（δ3.4，1H，dd，*J*=5.0，10.8Hz）与 H-2（δ1.9，2H，m）相关，根据 *J* 值，H-3 应处于 a 键。H-16（δ5.54，1H，brs）与 Ha-15（δ1.76，1H，dd，*J*=2.2，15.0Hz）和 Hb-15（δ2.24，1H，dd，*J*=3.4，15.0Hz）相关。因此，H-16 处于 e 键。H-22（δ4.8，1H，d，*J*=9.0Hz）与 H-21（δ4.2，1H，*J*=9.0Hz）相关，同理，H-21 与 H-22 处于反式 a 键。

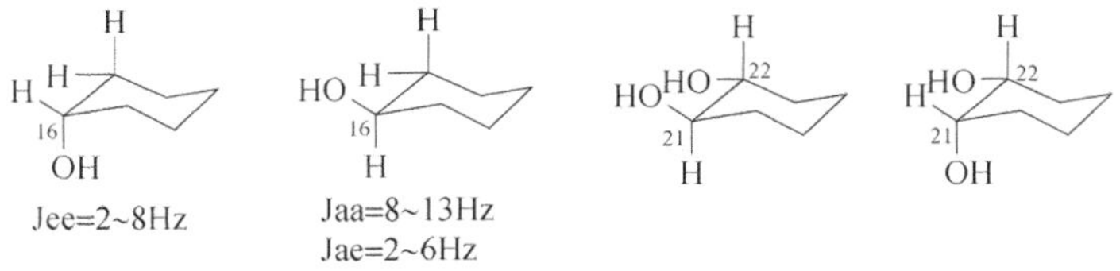

Jee=2~8Hz　　Jaa=8~13Hz　Jae=2~6Hz

根据生源关系，化合物Ⅰ的 D、E 环为顺式稠合，模型显示 21β-OH、22α-OH 构型的环张力小于 21α -OH、22β -OH 的环张力，为较稳定的构型。Ⅰ的 ^{1}H NMR 与从植物 *Loeselia mexicana* 中分离得到的 3β,16α,21β,22α-当归酰基三萜皂苷的结构较相似，确定Ⅰ的 4 个含氧中心的构型为 3β、16α、21β、22α。因此，化合物Ⅰ的结构鉴定为 3β, 16α, 21β, 22α-四羟基齐墩果-12-烯-28-醛，命名为鲫鱼胆皂苷元 A，结构式如下。

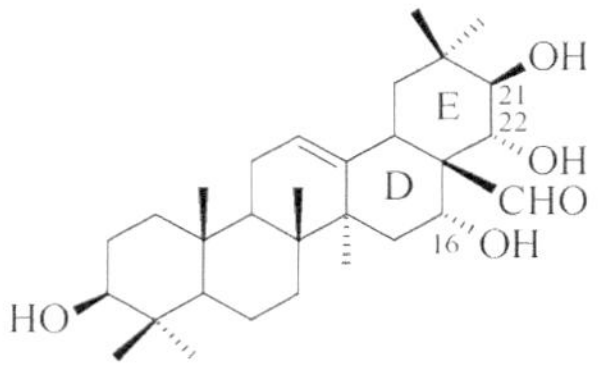

表 10-4　化合物Ⅰ的 NMR 数据（C_5D_5N，400MHz）

位置	^{13}C	^{1}H （J/Hz）	位置	^{13}C	^{1}H （J/Hz）
1	39.1	1.05（1H，m），1.6（1H，m）	16	66.7	5.54（1H，brs）
2	28.1	1.90（2H，m）	17	58.7	
3	78.1	3.40（1H，dd，5，10.8）	18	40.1	3.15（1H，m）
4	39.4		19	47.5	1.48（1H，m），3.04（1H，m）
5	55.8	0.90（1H，m）	20	36.4	
6	19.2	1.56（2H，m）	21	72.6	4.20（1H，d，9）
7	33.4	1.35（2H，m）	22	77.3	4.80（1H，d，9）
8	40.5		23	28.7	1.22（3H，s）
9	47.1	1.76（1H，m）	24	16.5	1.03（3H，s）
10	37.3		25	15.6	0.94（3H，s）
11	23.8	1.98（2H，m）	26	17.5	0.87（3H，s）
12	124.0	5.54（1H，brs）	27	27.2	1.80（3H，s）
13	142		28	205.0	9.80（1H，s）
14	42.3		29	30.4	1.32（3H，s）
15	35.1	2.24（1H，dd，3.4，15）	30	18.7	1.34（3H，s）
		1.76（1H，dd，2.2，15）			

实例二：鲫鱼胆皂苷（Ⅱ）结构鉴定。

化合物Ⅱ：淡黄色粉末，m. p. 250℃（分解），$[\alpha]_D^{30}$ –21.6 [c 0.11，MeOH-H_2O（1∶1）]，Liebermann-Burchard 反应和 Molish 反应均呈阳性。负离子 FAB-MS 给出准分子离子峰 1315 $[M-H]^-$，1355 $[M+K]^+$，结合 NMR 推导出其分子式 $C_{64}H_{100}O_{28}$。Ⅱ的 IR 谱、氢谱、碳谱显示该化合物为齐墩果酸型化合物。^{13}C NMR（表 10-5）显示 6 个偕氧碳：δ90.7（C-3）、87.2（C-13）、68.5（C-16）、79.1（C-21）、73.2（C-22）、96.6（C-28）。与化合物Ⅰ相比，Ⅱ的 C-3 信号（δ90.7）向低场位移了 12，推测 C-3 位羟基苷化。^{1}H NMR 和 ^{13}C NMR 都表明Ⅱ没有 Δ^{12}-双键和醛基；而 ^{13}C NMR 出现了δ96.6（C-28）和δ87.2（C-13）两个新偕氧碳信号，^{1}H NMR（表 10-5）出现了δ5.08（H-28）的信号，这些特征符号表明 13-和 28-氧合，从而在 C-28 位形成半缩醛的结构。在 HMBC 中（图 10-5），δ5.08（H-28）与δ87.2（C-13）、δ54.1（C-17）、δ68.5（C-16）和δ45.9（C-18）相关，因此证明上述结构的存在。

表 10-5　化合物Ⅱ苷元的 NMR 数据（C_5D_5N，400MHz）

位置	^{13}C	^{1}H (J/Hz)	位置	^{13}C	^{1}H（J/Hz）
1	38.9	0.62，1.38	16	68.5	4.61（1H，brs）
2	26.1	2.20（1H，m），1.86（1H，m）	17	54.1	
3	90.7	3.10（1H，dd，5.0，10.0）	18	45.9	2.30（1H，m）
4	39.5		19	37.8	1.45（1H，m），3.00（1H，m）
5	55.4	0.78	20	37.2	
6	17.6	1.20，1.30	21	79.1	6.63（1H，d，10.0）
7	34.1	1.10，1.39	22	73.2	6.22（1H，d，10.0）
8	42.4		23	27.4	1.08（1H，s）
9	49.9	1.10	24	18.3	1.13（1H，s）
10	36.4		25	16.0	0.70（1H，s）
11	18.9	1.35，1.65	26	18.3	1.20（1H，s）
12	32.9	1.36，2.05	27	19.4	1.50（1H，s）
13	87.2		28	96.6	5.08（1H，s）
14	43.4		29	29.5	1.05（3H，s）
15	36.0	1.58（1H，dd，2.2，15.0）	30	20.5	1.18（3H，s）
		2.02（1H，dd，3.4，15.0)			
21-当归酰基			22-当归酰基		
1	167.6		1	167.3	
2	128.7		2	128.5	
3	137.4	5.95（1H，q，6.8）	3	137.4	5.82（1H，q，6.8）
4	15.6	2.02（3H，d，6.8）	4	15.5	1.95（3H，d，6.8）
5	20.6	1.96（3H，s）	5	20.5	1.81（3H，s）

图 10-5　鲫鱼胆皂苷的重要 HMBC 谱

IR 在 1710cm^{-1} 有酯羰基吸收，^{1}H NMR 和 ^{13}C NMR 显示有两个当归酰基（angeloyl）：δ167（C═O）、δ167.3（C═O）、δ137.4［δ5.95 和 5.82（各 1H，q，J=6.8Hz）］、δ128.7、δ128.5、δ20.6［δ1.96（3H，s）］、δ20.5［δ1.81（3H，s）］、δ15.6［δ2.02（3H，d，J=6.8Hz）］、

δ15.5 [δ1.95（3H，d，J=6.8Hz）]。FAB-MS 也给出当归酰基碎片峰 m/z 83。HMBC 中（图 10-5），δ6.63（H-21）与δ73.2（C-22）、δ37.2（C-20）、δ29.5（C-29）、δ20.5（C-30）和δ167.6（C═O）相关，确证 C-21 与当归酰基相连；δ6.22（H-22）与δ96.6（C-28）、δ79.1（C-21）、δ68.5（C-16）、δ54.1（C-17）和δ167.3（C═O）相关，确证 C-22 与当归酰基相连；两个当归酰基分别连接于 21 位和 22 位，符合该属植物中皂苷类化合物生源关系。

^{1}H-^{1}H COSY 中，H-3（δ3.1，1H，dd，J=5.0，10.0Hz）与 Ha-2（δ1.86，1H，m）和 Hb-2（δ2.2，1H，m）相关，根据 J 值推断 H-3 处于 a 键；同理，H-16（δ4.61，1H，brs）与 Ha-15（δ1.58，1H，dd，J=2.2，15.0Hz）和 Hb-15（δ2.02，1H，dd，J=3.4，15.0Hz）相关，H-16 应处于 e 键。H-21（δ6.63，1H，d，J=10.0Hz）与 H-22（δ6.22，1H，d，J=10.0Hz）相关，H-21 和 H-22 皆处于反式 a 键，与 I 同理推测 H-21α，H-22β。根据生源关系 17 位应为β构型，只有 13 位也是同样构型时，才能形成半缩醛氧环。Ⅱ的 ^{1}H NMR 与从 *Loeselia mexicana* 中分离得到的当归酰基三萜皂苷的 ^{1}H NMR 相似，确定苷元部分含氧中心的立体构型为 3β、13β、16α、21β 和 22α。

将化合物Ⅱ在高效薄层上水解，氯仿-甲醇-水-冰醋酸（3∶2∶0.4∶0.1）展开，1,3-二羟基萘-磷酸显色（105℃，5min），与标准品对照，结果显示Ⅱ的苷元连有葡糖醛酸（GlcUA）、半乳糖（Gal）、鼠李糖（Rha）。^{13}C NMR 中有 4 个糖端基碳信号δ104.6、δ102.7、δ101.8 和δ100.3；^{1}H NMR 中显示 4 个糖端基质子信号δ4.66（1H，d，J=7.0Hz，Glu）、δ6.12（1H，d，J=7.0Hz，Gal）、δ5.64（1H，d，J=7.0Hz，Gal）、δ6.10（1H，brs，Rha）（表 10-6）。通过 ^{13}C-^{1}H COSY 谱和 TOCSY 谱分析，将每个糖的相关质子进行归属。确定该化合物为连有 1 个葡糖醛酸、2 个半乳糖（Gal-1 和 Gal-2）和 1 个鼠李糖（Rha）的四糖苷。HMBC 中（图 10-5），δ5.64（Gal-2，H-1）与δ78.8（Glu，C-2）相关，即半乳糖 Gal-2 接在葡糖醛酸的 2 位上；δ6.1（Rha，H-1）与δ75.9（Gal-1，C-2）相关，即鼠李糖接在半乳糖 Gal-1 的 2 位上；δ6.12（Gal-1，H-1）与δ81.1（Glu，C-3）相关，即半乳糖 Gal-1 接在葡糖醛酸的 3 位上；δ4.66（GlcUA，1-H）与δ90.7（苷元，C-3）相关，即葡糖醛酸与苷元 3-羟基成苷，其连接方式与文献报道的该属其他皂苷糖的连接方式一致。结合苷元部分的结构推导，化合物Ⅱ的结构鉴定为 21β, 22α-二当归酰氧基-16α, 28-二羟基-13β, 28-氧合-齐墩果烷-3β-*O*-{[α-L-鼠李糖（1→2）-β-D-半乳糖（1→3）]-β-D-半乳糖（1→2）}-β-D-葡糖醛酸苷，命名为鲫鱼胆皂苷Ⅱ（图 10-5）。

表 10-6 化合物Ⅱ糖基的 NMR 数据（C_5D_5N，400MHz）

位置	^{13}C	^{1}H（J/Hz）	位置	^{13}C	^{1}H（J/Hz）
GlcUA			Gal-2		
1	104.6	4.66（1H，d，7）	1	102.7	5.64（1H，d，7）
2	78.8	4.62	2	72.8	4.35
3	81.1	4.74	3	74.5	4.15
4	71.3	4.35	4	69.7	4.21
5	76.2	4.26	5	76.4	4.15
6	175.5		6	61.9	4.10，4.30

续表

位置	^{13}C	^{1}H（J/Hz）	位置	^{13}C	^{1}H（J/Hz）
Gal-1			Rha		
1	100.3	6.12（1H，d，7）	1	101.8	6.1（1H，brs）
2	75.9	4.61	2	72.1	4.66
3	75.2	4.44	3	72.1	4.48
4	71.0	4.22	4	73.4	4.16
5	76.7	4.20	5	69.4	4.80
6	62.8	4.10，4.43	6	17.8	1.42

习　　题

一、填空题

1．三萜类化合物大多是由（　　）个异戊二烯单位连接而成，主要分为（　　）和（　　）两种结构类型。

2．三萜皂苷经剧烈震荡能产生持久的泡沫，且加热不消失，这是因为皂苷能降低（　　），所以有些皂苷可以用作（　　）和（　　）。

3．三萜皂苷的溶血作用的强弱与糖链有关，（　　）糖链作用明显，（　　）糖链作用较弱。

4．三萜类化合物遇酸显色的原因是其发生了（　　）、（　　）、（　　）等反应，生成的（　　）结构单元在酸的作用下形成（　　）而呈色。

5．从生源上看，三萜化合物是由（　　）通过不同的方式（　　）而形成的；角鲨烯则是由（　　）二聚后形成的。

答案：1．6；四环三萜；五环三萜　2．水溶液表面张力；清洁剂；乳化剂　3．单；双　4．羟基脱水；双键迁移；双分子缩合；共轭二烯；正碳离子　5．角鲨烯；环合；焦磷酸金合欢酯（或 FPP）

二、简答题

1．三萜类化合物主要结构类型有哪些？

2．为什么含皂苷的中药一般不能做成注射剂，而人参皂苷却能做成注射剂？

第十一章　甾体类化合物

甾体类化合物（steroids）是在动植物生命过程中起相当重要作用的一类生命物质，威兹曼（R. F. Witzmann）博士曾将它称为“生命的钥匙”，一语点破了这类物质的关键意义。正因为如此，国际上有不少杰出的科学家曾由于从事与之有关的研究而荣获诺贝尔奖。迄今，人类对甾体的认识已有 2300 多年的历史，但随着研究的深入和这类生命物质的重要作用及功能不断被阐明，更新奇的问题又不断显露出来。一些新的发现使人们更深刻地意识到，对甾体结构与功能的认识是打开生命奥秘之门的关键。

甾体化合物很早就被用于疾病的治疗。甾体类药物的发现和成功合成被誉为 20 世纪医药工业取得的两个重大进展之一。甾体药物对人体起着非常重要的调节作用，具有抗感染、抗过敏、抗病毒和抗休克等药理作用，能改善蛋白质代谢、恢复和增强体力、利尿降压，广泛用于治疗风湿性关节炎、支气管哮喘、湿疹等皮肤病、过敏性休克、前列腺炎等疾病，也可用于避孕、安胎，以及预防冠心病、艾滋病等疾病。

作为药物的甾体种类之多，也是少有的。目前，全世界生产的甾体药物品种已达 300 多种，其中最主要的为甾体激素药物，正在进行安全性或临床研究的就有 50 多种，仅以薯蓣皂苷元为原料的合成药物，就有 60 种左右。例如，维生素 D 族属于变形甾体衍生物，多达 10 种，其中最重要的是维生素 D_2 和 D_3，生理功能广为人知；至今仍在使用的强心苷类，是古老的强心药物。以黄山药（*Dioscorea panthaica*）甾体皂苷制成的地奥心血康胶囊（含有 8 种甾体皂苷，含量在 90%以上）对冠心病、心绞痛发作疗效显著。以蒺藜（*Tribulus terrestris* L.）的果实、茎叶为原料，提取的总皂苷研制的“心脑舒通”制剂，对缓解心绞痛、改善心肌缺血有较好疗效。国外开发出增强性功能的“Tribustan”和“Vitanune”制剂，也是由蒺藜草茎叶皂苷粗提物加工而成。

源于肾上腺皮质中的肾上腺皮质激素目前有 47 种，这些化合物对维持生命的重要意义不言而喻，其中活性较强的可的松、氢化可的松等已被广泛应用于临床。

另外，20 世纪 70 年代，从油菜花粉中得到了第一个甾醇类植物内源激素——芸薹素内酯（brassinolide），已开发为商品推广应用。

天然甾体化合物在结构上的共同特征是含有环戊烷骈多氢化菲的甾核，在甾核上一般还有 3 个侧链。“甾”作为象形文字，相当形象地描述了该化合物的基本结构。“甾”字中下半部的“田”代表 A、B、C、D 四个稠合环，上半部则表示稠环上的 3 个侧链：C-10 位和 C-13 位的两个角甲基和 C-17 位的一个 8～10 个碳的烃链。甾核四个环的稠合方式见表 11-1。甾核 C-3 位有羟基取代，常与糖结合成苷而存在。

表 11-1　天然甾体类化合物中甾核的稠合方式

类型	A/B	B/C	C/D	类型	A/B	B/C	C/D
C-21 甾类	反	反*	顺	甾体皂苷类	顺、反	反	反
强心苷类	顺、反	反	顺	植物甾醇	顺、反	反	反

续表

类型	A/B	B/C	C/D	类型	A/B	B/C	C/D
胆酸类	顺	反	反	醉茄内酯类	顺	反	反
昆虫变态激素类	顺	反	反				

*表示偶尔有顺式

根据侧链结构的不同，甾类又划分为多种类型，如 C-17 侧链为含氧乙基衍生物的 C-21 甾类化合物、侧链为不饱和内酯环的强心苷和蟾酥强心成分及醉茄内酯类抗癌成分、C-17 侧链由 8～10 个碳原子组成的脂肪烃衍生物的甾醇类和昆虫变态激素、C-17 侧链具有螺原子的含氧杂环的甾体皂苷以及甾体生物碱类（见第十二章）等。

天然甾体化合物的 C-10 位、C-13 位角甲基及 C-17 侧链大都是β构型，其 C-3 位多有羟基取代，由于该羟基的空间排列，产生两种异构体：与 10 位甲基互为顺式，称为β构型；若为反式，称为 α 构型或表（*epi-*）型。甾体母核的其他位置还可有羟基、羰基、双键、环氧醚键等取代基。

从生源上讲，甾体化合物与三萜化合物类似，在生物体内也是由鲨烯以不同方式环化形成，即通过甲羟戊酸合成途径衍生而来的（见第一章）。

本章主要介绍甾体皂苷类、强心苷和其他甾体类化合物。

第一节　甾体皂苷类化合物

甾体皂苷（steroidal saponins）是一类以 C_{27} 甾体化合物与糖链结合的皂苷，在植物中广泛分布，目前已发现 10 000 多个甾体皂苷类化合物，主要在百合科、薯蓣科、龙舌兰科、菝葜科等植物中分布较普遍。例如，1989～2014 年，就报道了百合属植物 75 种甾体皂苷，1970～2015 年，报道了龙舌兰属植物 141 种甾体皂苷和皂苷元。许多常用中药如知母、麦冬、穿龙薯蓣、七叶一枝花、薤白等都含有大量的甾体皂苷。

一、结构类型

甾体皂苷元基本骨架属于螺甾烷（spirostane）的衍生物。植物界存在的甾体皂苷元构型与天然甾醇相似，即甾体母核的 A/B 环有顺式和反式、B/C 环和 C/D 环均为反式，C-17 位侧链为β构型。多数侧链中的 C-22 和 C-16 形成了一个骈合四氢呋喃环，C-22 和 C-26 通过氧原子形成一个六元含氧杂环，因此 C-22 是 E 环与 F 环共享的碳原子，以螺缩酮（spiroketal）的形式相连，从而构成了螺旋甾烷的基本骨架。按螺旋甾烷结构中 C-25 构型和 F 环的环合情况，可将其分为螺甾烷醇、呋甾烷醇、变形螺甾烷醇及胆甾烷醇等四种类型。

（一）（25*S*）-螺甾烷醇类和（25*R*）-异螺甾烷醇类

甾体皂苷元 C-25 位甲基有两种差向异构体，若 C-25 位上甲基位于 F 环平面上的 a 键时，为β取向，其绝对构型为 *S* 型（25*S*），又称 L 型或 neo 型（25L 或 neo），即螺旋甾烷。由螺旋甾烷衍生的皂苷，属于螺甾烷醇皂苷类（spirostanol saponins）。若 C-25 位甲基位于 F 环平面下的 e 键时，为 α 取向，其绝对构型为 *R* 型（25*R*），又称 D 型或 iso 型（25D 或 iso），即异螺旋甾烷。由异螺旋甾烷衍生的皂苷，属于异螺甾烷醇皂苷类（isospirotanol saponins）。

螺甾烷醇和异螺甾烷醇常共存于植物中。由于 25*R* 型较稳定，所以 25*S* 型极易转化为 25*R* 型。

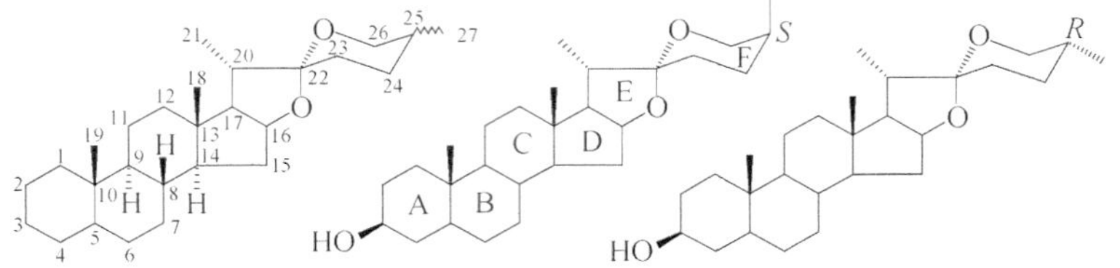

螺旋甾烷　　螺甾烷醇　　异螺甾烷醇

多数糖基可与甾体皂苷元 C-3 位羟基成苷，但少数情况，C-3 羟基游离，糖基和其他位羟基（C-1、C-11、C-26 等）相连。有时糖基上连有乙酰基或磺酸基，皂苷元中的羟基还能与有机酸结合成酯。

如前所述，大多数甾体皂苷元 C-3 位有羟基，且多为β构型，少数为 α 构型。若 A/B 环为反式，则 C-3 位羟基为 α 取向（e键），较为稳定，如百合科萱草属药用植物萱草变种（*Hemerocallis fulva* var. *kwanso*）地上部分所含的萱草苷 A（hemeroside A，**1**）。另外，某些甾体皂苷元分子中还含有羰基和双键，羰基大多数位于 C-12 位。双键一般在$\Delta^{5(6)}$，亦可能在$\Delta^{9(11)}$，并与 C-12 位羰基构成 α, β-不饱和酮基。

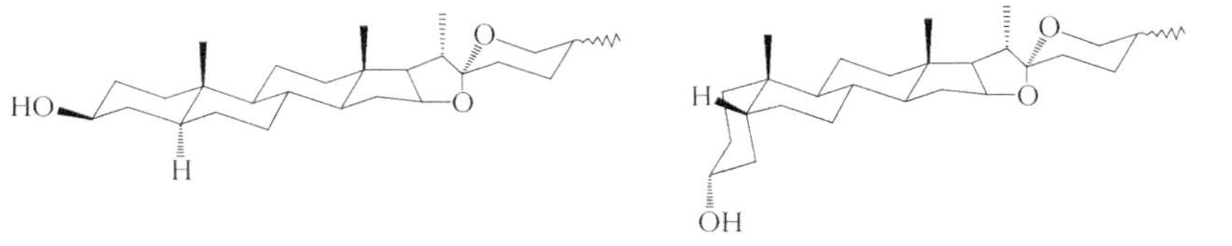

A/B环反式（H-5α）　　A/B环顺式（H-5β）

少数甾体皂苷元分子中的双键在$\Delta^{25(27)}$，如从龙舌兰科植物纤丝兰（*Yucca schidigera*）茎中获得一系列螺甾烷醇皂苷类成分，发现 schidigera-saponins A_1～A_3（**2**～**4**）对一些酵母菌有较强的抑制生长作用，可用于防止食品变质。

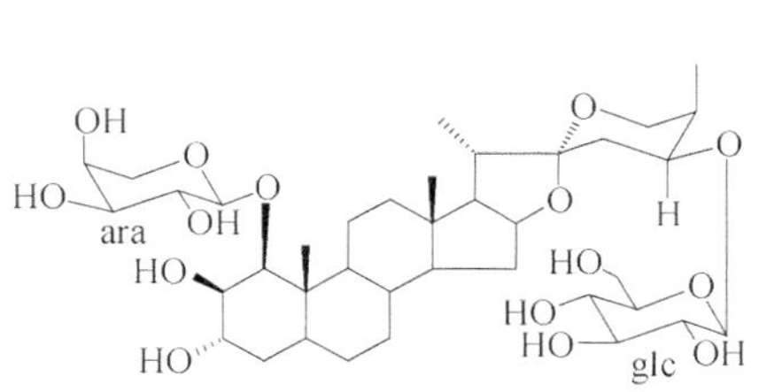

1

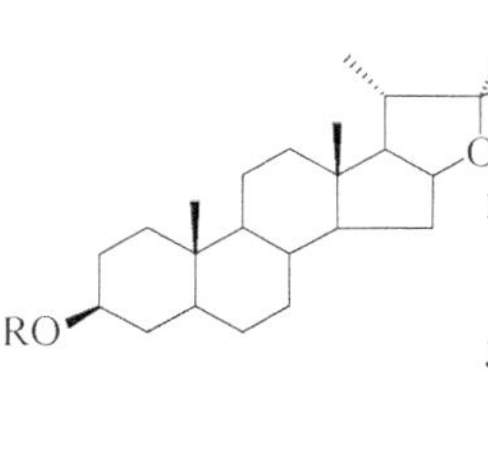

2 R=xyl $\overset{3}{—}$ glc—（2-glc）

3 R=xyl $\overset{3}{—}$ gal—（2-glc）

4 R=glc $\overset{3}{—}$ glc—（2-glc）

薯蓣皂苷元（diosgenin，**5**）即薯蓣皂素，是异螺甾烷的衍生物，化学名为Δ^5-异螺旋甾烯-3β-醇，为薯蓣科植物根茎中薯蓣皂苷（dioscin）的水解产物。番麻皂素（hecogenin，**6**）是螺甾烷醇的衍生物，C-12 位有羰基，化学名为 3β-羟基-5α-螺旋甾-12-酮，来自剑麻。二者是合成激素药物的重要原料，如工业上由薯蓣皂素出发生产黄体酮。

从茄科植物 *Solanum chrysotrichum* 叶中分离出的抗真菌成分 SC-1（**7**）和欧铃兰次皂苷（convallamaronin，**8**），其分子中含有鸡纳糖（quinovose，qui），这类螺甾烷醇皂苷并不多见。

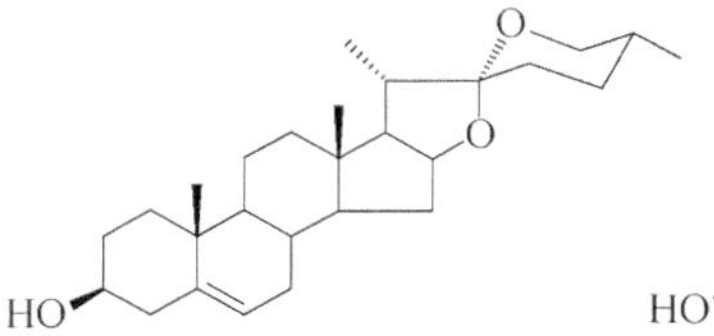

5 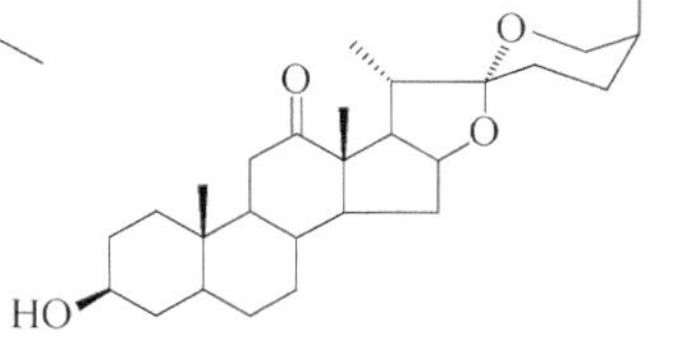　　6

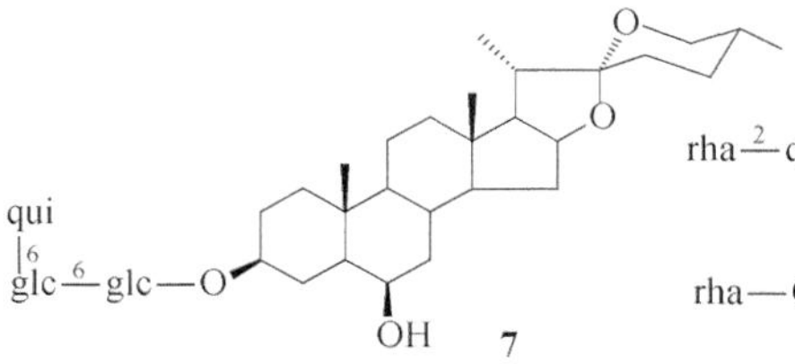

7 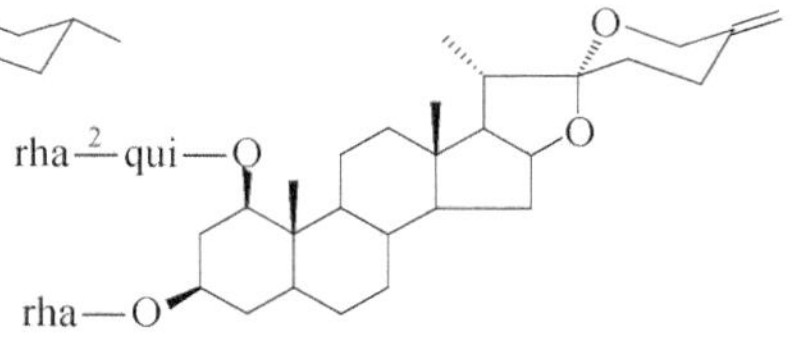　　8

（二）呋甾烷醇类

呋甾烷醇类（furostanols）属于 F 环为开链的螺甾烷衍生物，其 C-22 位含有半缩酮 α-OMe 或 α-OH，有双键$\Delta^{20(22)}$。所形成的皂苷称为呋甾烷醇皂苷（furostanol saponins），属于双糖链皂苷，已发现了 200 多个，除了 C-3 位以外，C-26 位羟基常与β-D-葡萄糖成苷。

例如，从蒺藜（*Tribulus terrestris* L.）草中分离得到一个蒺藜新苷（terrestroneoside，**9**），以及产于越南的龙舌兰科药用植物南人参（*Dracaena angustifolia*）根和块茎中含有的 namonin E（**10**）都属于呋甾烷醇皂苷。

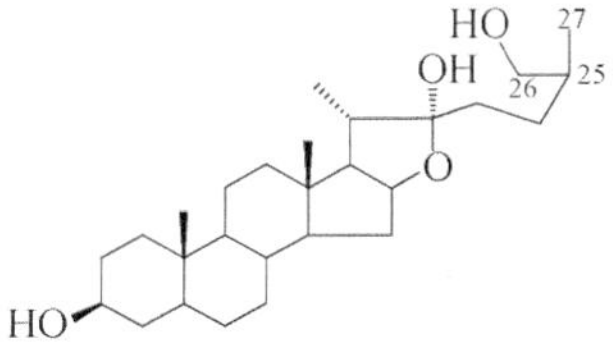

呋甾烷醇 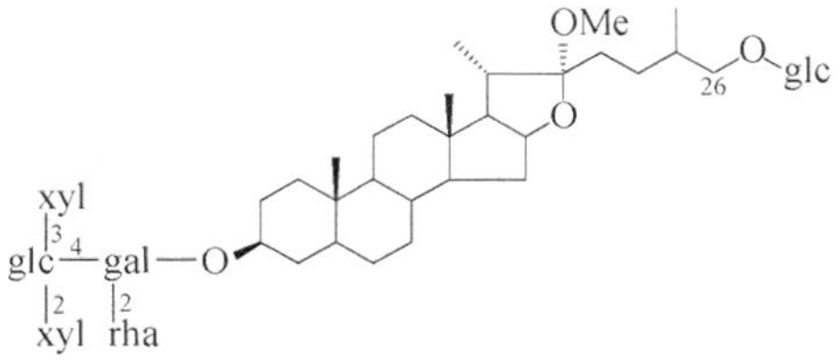　　9

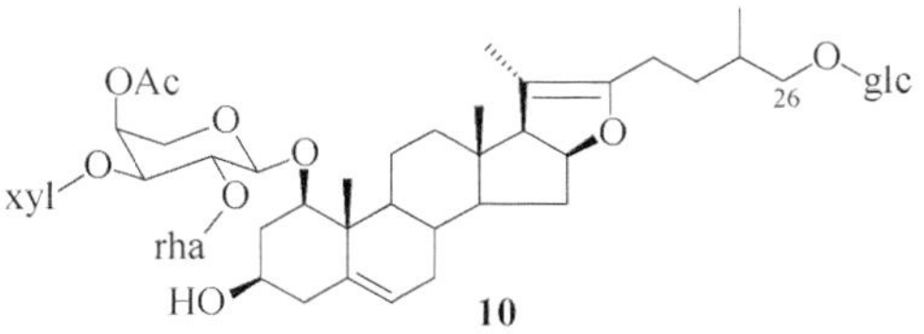

10

由 F 环裂环后形成的 26 位苷键易被β-葡萄糖苷酶酶解，失去 C-26 位的葡萄糖，继而 F 环重新环合，转为具有螺甾烷醇或异螺甾烷醇侧链的皂苷，仍保留分子中 C-3 位或其他位上羟基所形成的苷键。例如，纤细薯蓣（*Dioscorea gracillima*）的新鲜根中所含的原薯蓣皂苷（protodioscin，**11**）是由薯蓣皂苷（dioscin，**12**）分子中 F 环裂解，C-26 位羟基与葡萄糖结合而成。原薯蓣皂苷易被苦杏仁酶酶解，F 环重新环合生成薯蓣皂苷。如果植物根茎经长时间的储存，其中主要的皂苷是螺甾烷醇苷类，而不再是呋甾烷醇苷类，说明在这段时期呋甾皂苷被某种酶酶解失去 C-26 位的葡萄糖，同时 F 环重新环化，得到了螺甾皂苷类。

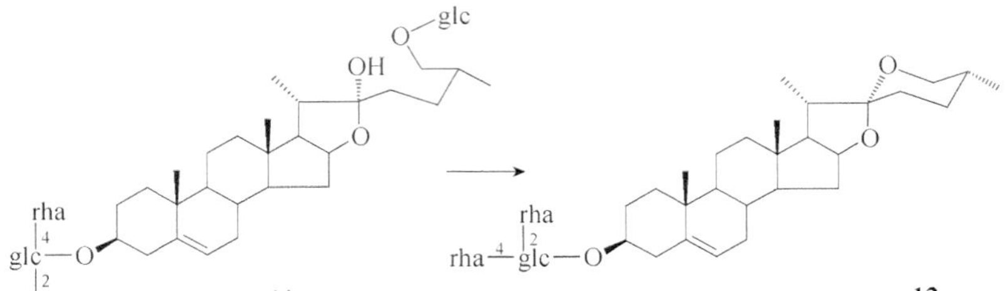

11　　12

（三）变形螺甾烷醇类

变形螺甾烷醇类（pseudospirostanols）是 F 环为四氢呋喃环的螺甾烷衍生物。天然的变形螺甾烷醇类皂苷并不多见，如用于治疗支气管炎和风湿病的、从茄科植物 *Solanum aculeatissimum* 根中获得的纽替皂苷元（nuatigenin，**13**）的衍生物 aculeatiside A（**14**）和 aculeatiside B（**15**）。这两种化合物 C-26 位羟基均与β-D-葡萄糖结合成苷，而 C-3 位糖有区别，前者 3 位连的是马铃薯三糖（β-chacotriose），后者 3 位连的是茄三糖（β-solatriose）。

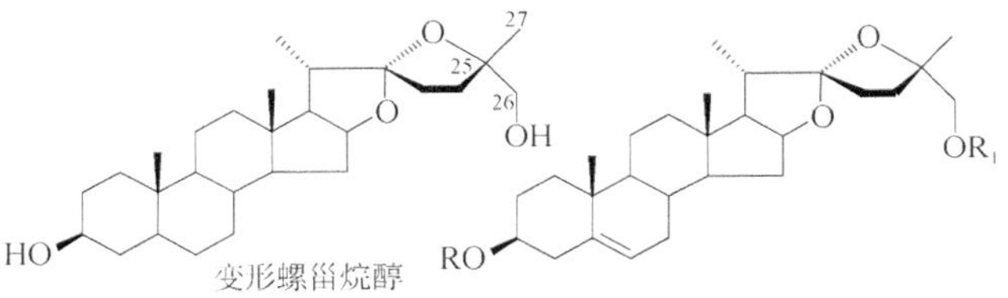

变形螺甾烷醇

	R	R_1
13	H	H
14	rha$\xrightarrow{4}$glc（$\xleftarrow{2}$rha）	glc
15	glc$\xrightarrow{3}$gal（$\xleftarrow{2}$rha）	glc

（四）胆甾烷醇类

如前所述，从百合科植物虎眼万年青（*Ornithogalum saundersiae*）中分出 3 个具有细胞毒活性的胆甾烷（cholestane）糖苷 **16**～**18**。其中，化合物 **18** 即 OSW-1，具有极强的体外抗癌活性（强于抗癌药物阿霉素和紫杉醇），2001 年，该化合物在我国实现了全合成，成为当年国内十大新闻之一。从百合科植物夏风信子（*Galtonia candicans*）鳞茎中分出 6 个胆甾烷双糖链苷 **19**～**24** 都属于 C-17 脂肪侧链甾体皂苷。

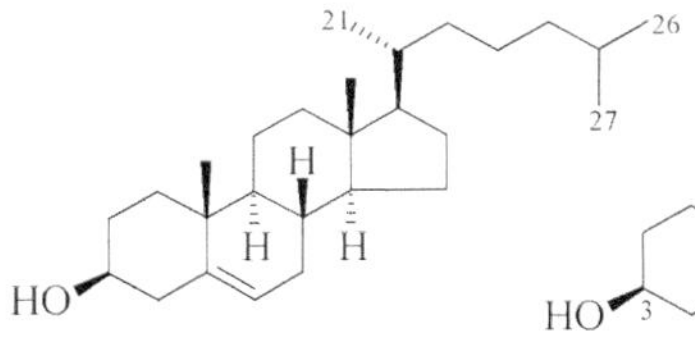

胆甾烷醇

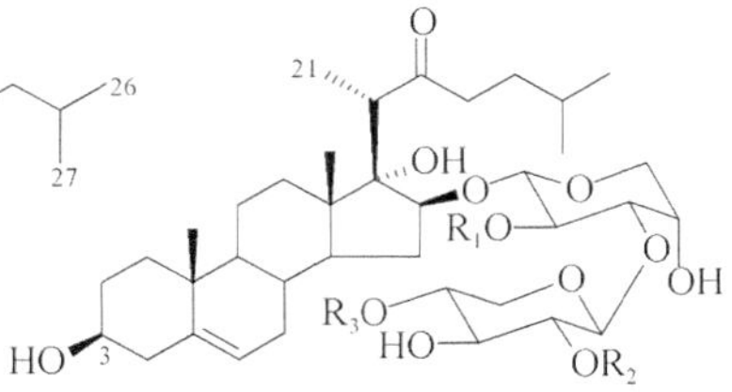

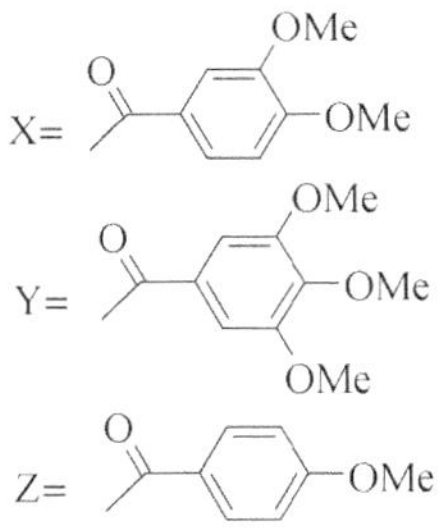

	R_1	R_2	R_3
16	Ac	X	glc
17	Ac	Y	glc
18	Ac	Z	H

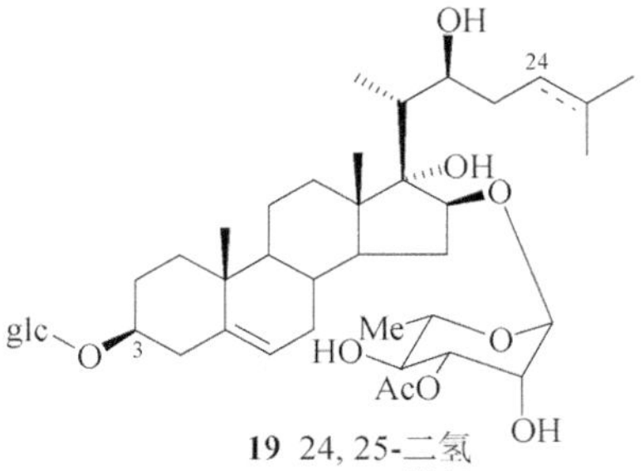

19 24, 25-二氢
20 24, 25-脱氢

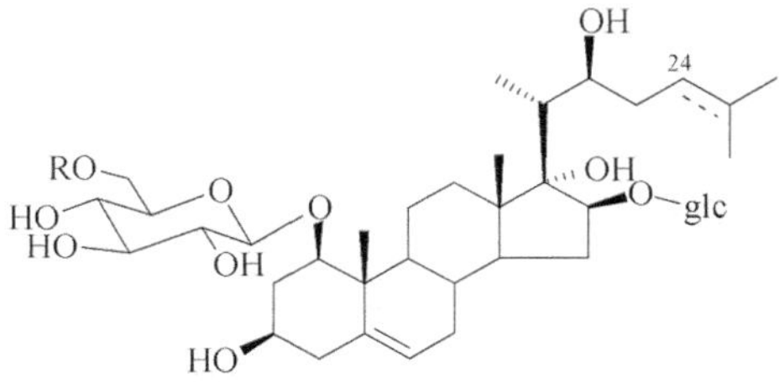

21 R=H, 24, 25-脱氢
22 R=glc, 24, 25-脱氢
23 R=glc
24 R=H

二、理化性质与显色反应

（一）物理性质

甾体皂苷元多有较好的晶形，能溶于石油醚、氯仿等亲脂性溶剂，而不溶于水。其熔点常随羟基数目增加而升高，单羟基的熔点都在208℃以下，三羟基的熔点在242℃以上。

甾体皂苷元若与糖结合成为苷类，尤其是与寡糖结合成皂苷后，则一般可溶于水，在稀醇、热水中易溶，几乎不溶于亲脂性溶剂（如苯、乙醚等）。

甾体皂苷还有与三萜皂苷相似的性质，如表面活性、溶血作用等。

（二）与甾醇形成复合物

在乙醇溶液中，甾体皂苷能与3β-羟基的甾醇（如胆甾醇、谷甾醇、豆甾醇）形成难溶性分子复合物而产生沉淀，A/B环为反式或具有Δ^5结构的甾醇，生成的分子复合物溶解度最小。得到的沉淀用乙醚回流提取时，胆甾醇可溶于醚，而皂苷不溶，常用此法纯化皂苷和检查是否存在皂苷类成分。三萜皂苷也有类似的性质，但不及甾体皂苷所形成的分子复合物稳定。

（三）显色反应

和三萜类化合物类似，甾体类化合物在无水条件下，遇强酸同样产生一系列颜色变化。它们明显的区别在于：甾体皂苷与乙酸酐-浓硫酸反应，最终出现绿色，三萜皂苷则显红色；与三氯乙酸反应时，二者显色的温度不同，甾体皂苷只需60℃，而三萜皂苷需要100℃方能显色。

（四）其他反应

F环裂环的双糖链皂苷遇盐酸二甲氨基苯甲醛（Ehrlish）试剂和茴香醛试剂分别显红色和黄色，而F环闭环的单糖链皂苷和螺旋甾烷衍生皂苷元，遇茴香醛试剂显黄色，对Ehrlish试剂则不显色。另外，甾体皂苷的水溶液能与碱式乙酸铅或氢氧化钡等生成沉淀。

三、提取与分离

（一）提取与分离方法

甾体皂苷的提取与分离方法及原则基本与三萜皂苷类似，但在提取分离时应当注意二者的区别：甾体皂苷一般不含羧基，呈中性（俗称中性皂苷），亲水性较弱，而三萜皂苷分子中常有羧基取代（三萜皂苷俗称酸性皂苷），亲水性较强。

（二）提取分离实例

实例：夏风信子鳞茎甾体皂苷Ⅰ～Ⅵ提取分离。

从百合科植物夏风信子（*Galtonia candicans*）的鳞茎中分离得到甾体皂苷Ⅰ～Ⅵ，其中化合物Ⅰ～Ⅳ对HL-60细胞有较强的细胞毒活性。化合物Ⅰ～Ⅵ的提取分离流程见图11-1。

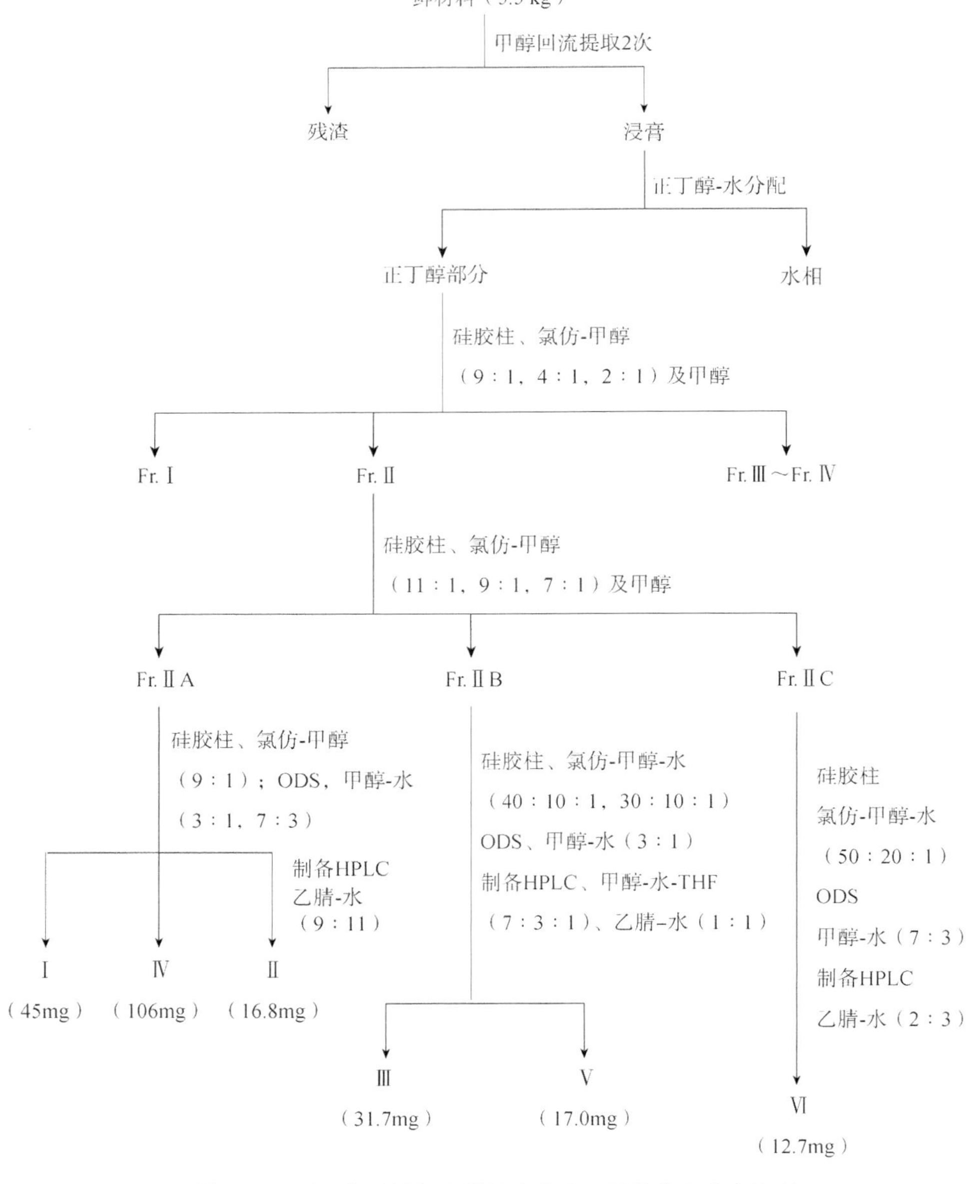

图11-1　夏风信子鳞茎中甾体皂苷Ⅰ～Ⅵ的提取分离流程

它们的结构如下。

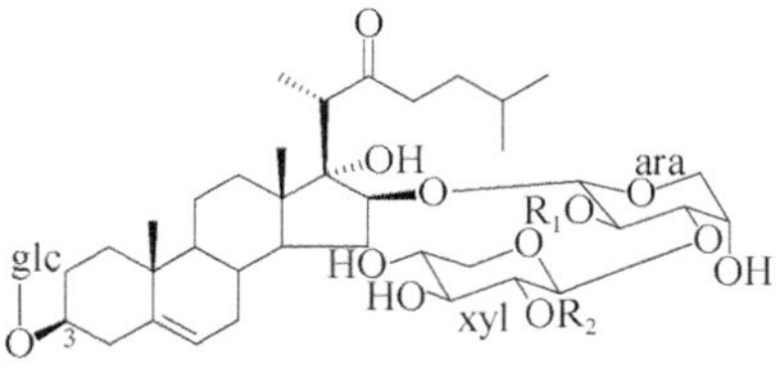

	R_1	R_2
Ⅰ	Ac	E-肉桂酰基
Ⅱ	Ac	3, 4-二甲氧基苯甲酰基
Ⅲ	Ac	H

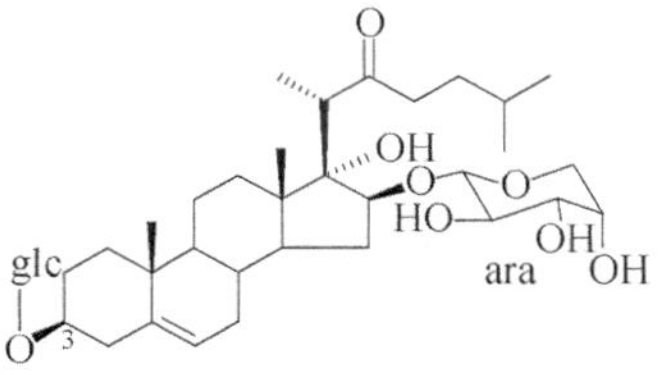

Ⅳ

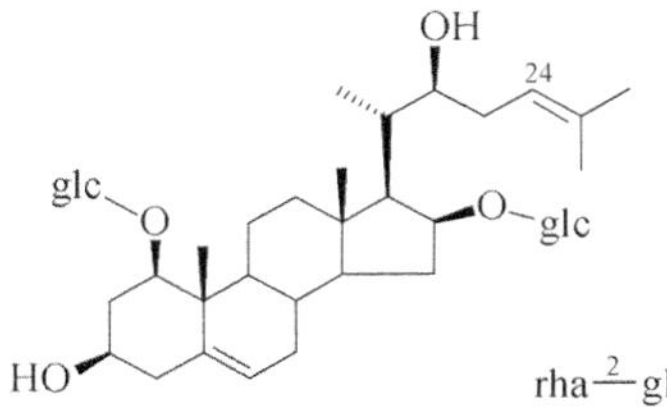

Ⅴ 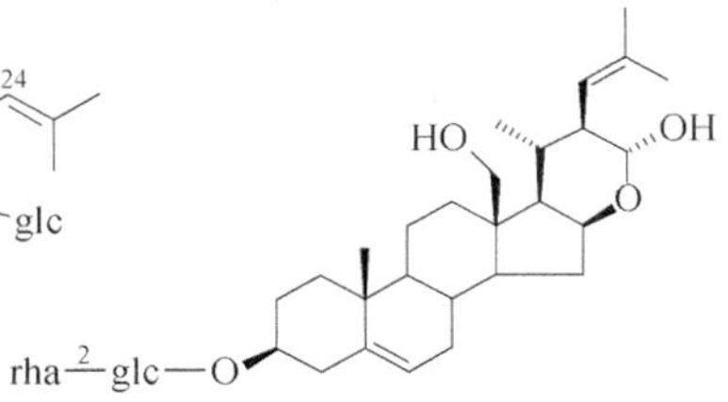　　Ⅵ

四、结构鉴定方法

甾体皂苷类结构研究工作主要包括：①苷元结构；②糖链中糖的数目和类型；③单糖的序列；④糖环大小；⑤成苷位置；⑥苷键的构型。一般采用化学与波谱技术相结合的方法，可以快速、微量地鉴定甾体皂苷的结构。

（一）UV 谱

饱和的甾体化合物，在 200～400nm 无吸收，如果结构中含有孤立双键、羰基、α, β-不饱和酮基或共轭的双键，可产生吸收。一般来说，含孤立双键苷元在 205～225nm 有吸收（ε 900 左右），含羰基苷元在 285nm 有一弱吸收（ε 500）。具 α, β-不饱和酮基在 240nm 有特征吸收（ε 为 11 000），共轭双键在 235nm 有吸收。

（二）IR 谱

甾体皂苷元侧链上含有螺缩酮结构，IR 谱在 980cm^{-1}（A）、920cm^{-1}（B）、900cm^{-1}（C）和 860cm^{-1}（D）附近几乎都能出现四个特征谱带，且 A 带最强。25*S* 型皂苷元或皂苷的 B 带＞C 带；而在 25*R* 皂苷或皂苷元中，则是 B 带＜C 带，据此可区别 C-25 位两种立体异构体。如是一对差向异构体的混合物，则 B 带和 C 带的强度应相近。

如果甾体皂苷元是$\Delta^{25(27)}$衍生物，在 920cm^{-1} 附近有强吸收，且应有末端烯 1658cm^{-1}、878cm^{-1} 的吸收峰。25 位上有羟基取代的皂苷元，除保留 25*S* 苷元中强吸收的 B 带及 25*R* 苷元中强吸收的 C 带外，带 A 均相当弱。若 C-25 上有羟甲基取代，IR 有较大变化，无法用 A、B、C、D 四条吸收带来讨论 C-25 的构型，其特征是 995cm^{-1} 处显示 25*S* 强吸收，25*R* 在 1010cm^{-1} 附近有强吸收。

大多数甾体皂苷元的结构中含有羟基（C-1，C-2，C-3，C-11，C-12 等），其伸缩频率约为 3625cm^{-1}，弯曲频率在 1080～1030cm^{-1}，其中 C_3-OH 的弯曲频率与 A/B 环的构型有关。当 C_3-OH 构型已知时，可根据其红外特征峰推测 A/B 环的构型（表 11-2）。

表 11-2　C_3-OH 甾体衍生物的红外光谱特征

A/B	C_3-OH	ν_{OH} cm^{-1}	C_3-OH	ν_{OH} cm^{-1}
顺（H-5β）	α(e)	1044～1037	β(a)	1036～1032
反（H-5α）	β(e)	1040～1037	α(a)	1002～996
Δ^5	β(e)	1052～1050	α(a)	1034*

*为石蜡糊，其余为 CS_2 溶液

甾体皂苷元中 C-11 或 C-12 位为羰基时（非共轭体系），在 1715～1705cm^{-1}（$\nu_{C=O}$）有一个吸收峰，且 C-11 位羰基的频率稍偏高于 C-12 位羰基。如果 C-12 位羰基为 α, β-不饱和酮体系，则在 1605～1600cm^{-1}（$\nu_{C=C}$）和 1679～1673cm^{-1}（$\nu_{C=O}$）有两个吸收峰。

（三）MS 谱

采用不同的电离源和适当的衍生化，可以解决皂苷分子的相对分子质量、苷元结构、糖链序列及苷化位置。

EI-MS 主要用来确定甾体皂苷元的取代基性质、数目、取代位置及糖的性质，因此 EI-MS 对甾体皂苷元结构测定是很有意义的。

例如，分子中有螺甾烷侧链，EI-MS 给出碎片离子峰 *m/z* 139（基峰）、115（中等强度）及一个弱的辅助碎片峰 *m/z* 126。其裂解途径如下。

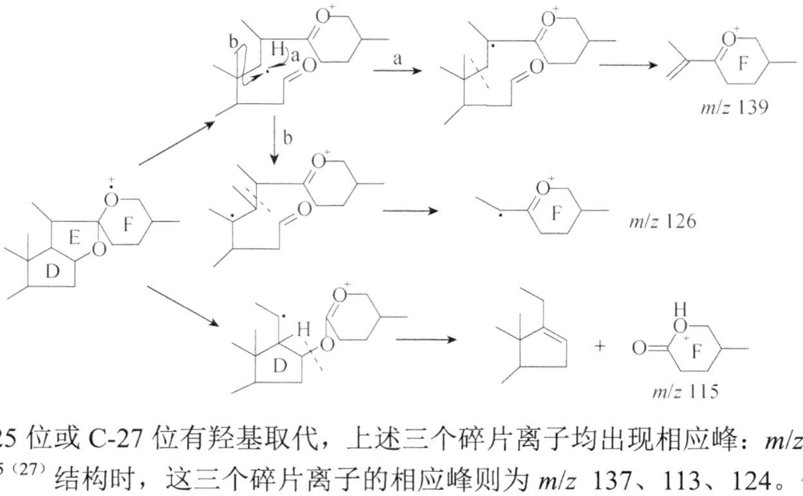

如果 C-25 位或 C-27 位有羟基取代，上述三个碎片离子均出现相应峰：*m/z* 155、131 和 142。若有$\Delta^{25(27)}$结构时，这三个碎片离子的相应峰则为 *m/z* 137、113、124。但 C-23 位有羟基取代的皂苷元，其基峰 *m/z* 139 消失，也无质量位移的相应峰。C-17 位有 α-OH 取代时，*m/z* 139 峰强减弱，而 *m/z* 126 成为基峰，并有下列 *m/z* 155、153 峰出现。

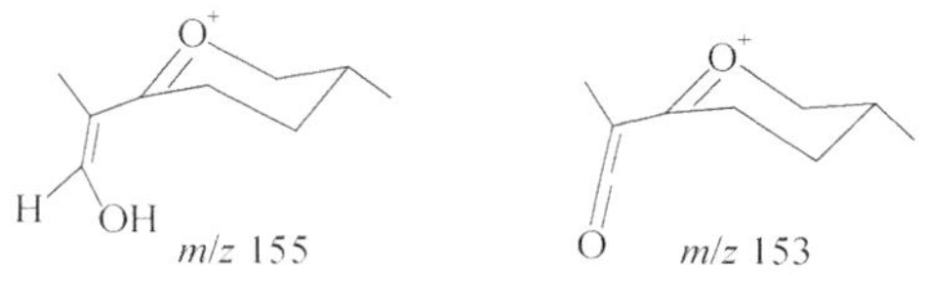

此外，尚有来自甾核或甾核加 E 环的离子，主要有 *m*/*z* 386、357、347、344、302、287、273、282、122，这些碎片离子可表示如下。

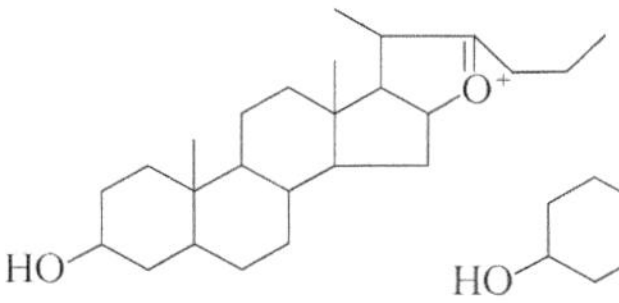

m/*z* 386 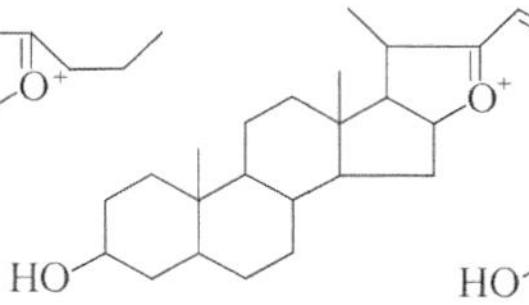　*m*/*z* 357 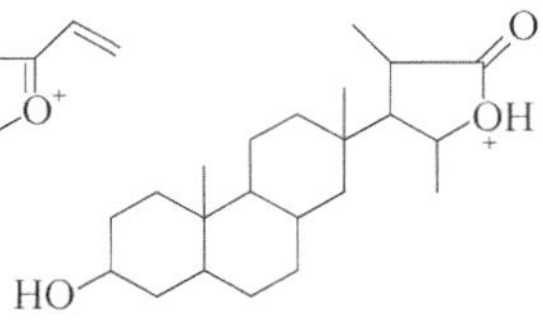　*m*/*z* 347

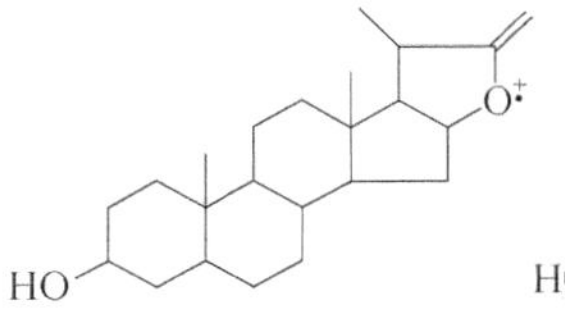

m/*z* 344 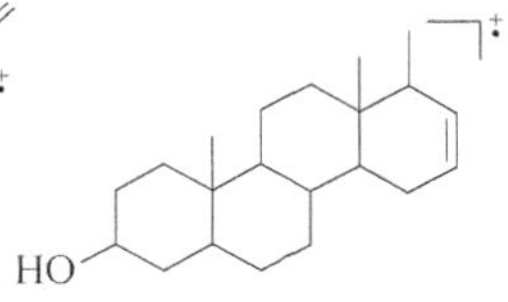　*m*/*z* 302 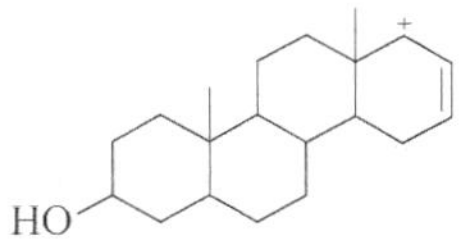　*m*/*z* 287

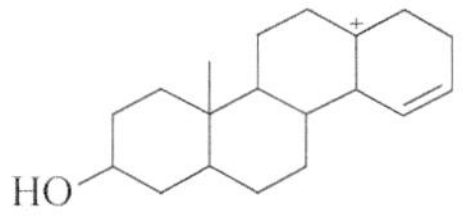

m/*z* 273 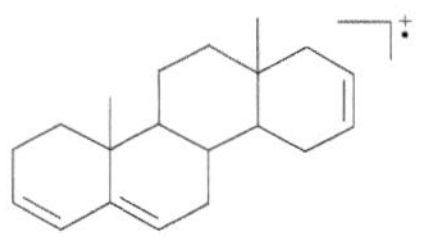　*m*/*z* 282 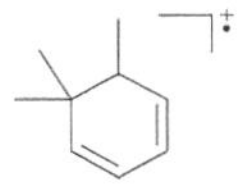　*m*/*z* 122

这些碎片离子峰因取代基的性质和数目不同而产生相应的质量位移，同时还可能产生一些失水或失 CO 的离子，例如，有Δ^5的皂苷元，3-OH 都易失水产生 *m*/*z* 282 的强峰，可能是因失水后形成共轭体系，较为稳定所致。

近年来，以 ESI 为离子源的 MS/MS 联用技术，可用于确定皂苷分子中低聚糖的序列及其连接位置，为皂苷化学结构研究提供了新的简便方法。

例如，中药知母根茎中的知母皂苷 C_1 的软电离质谱测定：ESI-MS 给出伪分子离子峰 1233.4［$M-H_2O+K$］$^+$及碎片峰 1101.2［$M-H_2O+K-132$］$^+$，939.9［$M-H_2O+K-132-162$］$^+$，777.3［$M-H_2O+K-132-2\times162$］$^+$，576.7［$M-H_2O+K-132-3\times162$］$^+$，414.9［$M-H_2O+K-132-4\times162$］$^+$，表明分子中连有 4 个六碳糖和 1 个五碳木糖，且木糖处于末端，结构式如下。

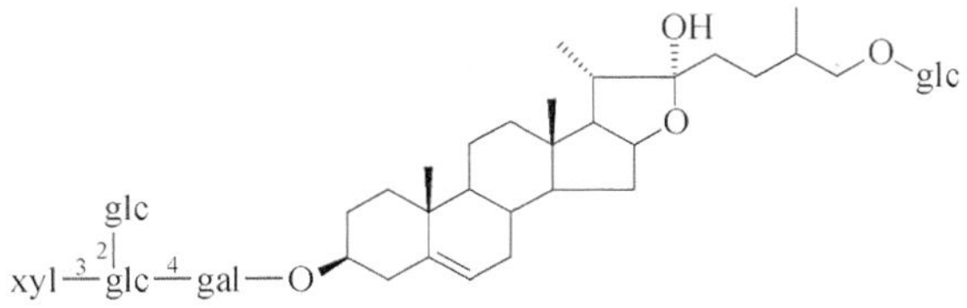

（四）^{1}H NMR 谱

^{1}H NMR 谱中，甾体皂苷元在高场有 4 个甲基的特征峰。18-CH_3 和 19-CH_3 均为单峰，前者处于较高场；21-CH_3 和 27-CH_3 均为双峰，后者处于较高场，容易区别。若 C-25 位有羟基取代，则 27-CH_3 成为单峰，并向低场位移。C-16 和 C-26 位上的氢是与氧同碳的质子，处于较低场，亦比较容易辨认。

27-CH_3 的化学位移因其构型不同而有区别。甲基为 α-取向（e 键，25*R* 构型）的化学位移值要比β-取向（a 键，25*S* 构型）处于较高场，因此可借助 27-CH_3 的δ值来区别 25*R* 和 25*S* 两种异构体。这两种异构体在 ^1H NMR 谱中的区别，还表现在 C-26 位上两氢的谱带。25*R* 异构体中，C-26 两个氢的化学位移相似，25*S* 异构体中，两个氢的化学位移差别较大。例如，在 $CDCl_3$ 中测定薯蓣皂苷元（25*R* 型）的 C-26 位两个氢的δ值都是 3.36，而菝葜皂苷元（25*S* 型）的 C-26 位两个氢的δ值分别为 3.30 和 3.95。

（五）^{13}C NMR 谱

根据已知皂苷元 ^{13}C NMR 谱化学位移数据，并参考取代基对化学位移的影响，采用分析比较的方法，有可能确定甾体皂苷元中各个碳的化学位移，从而推断皂苷元可能的结构。甾体皂苷化合物的 ^{13}C NMR 谱特征总结如下。

甾体化合物的 ^{13}C NMR 谱中，各碳原子的峰很少重叠，可以提供很多结构信息，使该类化合物的结构测定更加方便。

一般甾体化合物 ^{13}C NMR 谱中的各种碳的δ值范围：伯碳 12～24，仲碳 20～41，叔碳 35～57，季碳 27～43，与羟基连接的碳 65～91，不饱和碳 119～172，羰基碳 177～220。

胆甾烷衍生物 ^{13}C NMR 谱特征：①对于其侧链，如果无羟基取代，几乎为一定值。②C-3 位引入羰基时，其化学位移大幅度移向低场，C-2 和 C-4 的化学位移也随之移向低场（β 效应）。③γ 效应的影响，由六元环中较大基团（一般处于直立键）引起的空间效应称为γ 效应，该效应使电子云受到屏蔽的碳的化学位移显著地向高场位移，这种效应在甾体皂苷甾核中尤其明显。亚甲基 C-11 受到两个角甲基的γ 效应，而 C-15 只受到一个角甲基的γ 效应的影响，所以 C-11 的化学位移比 C-15 的化学位移处于高场。④如果羟基被乙酰化，α-碳向低场位移 3～4，β-碳向高场位移 2～3，α-羟基乙酰化物比β-羟基乙酰化物的 C-5 化学位移明显向高场位移。⑤5β-甾体化合物的 C-1 化学位移比 5α 甾体化合物的化学位移低 11～12。

C-22 位 ^{13}C NMR 谱特征：C-22 是甾体皂苷化合物中最典型的位置，不同类型的甾体皂苷，其 C-22 的化学位移均不相同。因而，在甾体皂苷化合物的结构鉴定中，可以首先通过其 C-22 的化学位移数据初步确定化合物的类型。不同类型甾体皂苷类 C-22 的化学位移值见表 11-3。

表 11-3　不同类型甾体皂苷元 C-22 的化学位移

骨架类型	化学位移（δ）	骨架类型	化学位移（δ）
螺甾烷	105.5～117.7	呋甾烷	90.2～113.5
一般值	108.9～110.0	22-H	90.2～90.6
12-OH，14-OH/OAc	105.5～105.7	22-OH/OMe	110.0～113.5
16α-OH/OMe	110.1～111.1	$\Delta^{20(22)}$	153.0±0.5
17α-OH	112.0	呋螺甾烷	119.6～121.7
23α-OH	117.7	16-羟基胆甾烷	34.8～219.5
23β-OH	112.6～113.5	22-脱氧	34.8～35.4
24-OH	110.9～111.6	22-脱氧，23-氧	50.4
25-OH	108.3	22-羟基	71.5～73.4
		22-氧	214.6～219.5

甾体皂苷双键的 ^{13}C NMR 谱特征：甾体皂苷元母核上的双键一般出现在 4（5）、5（6）、7（8）、9（11）、11（12）、17（20）、20（21）、20（22）和 25（27）等位置。$\Delta^{5(6)}$系列中，双键碳的化学位移在δ139～142（C-5）和 120～125（C-6）之间，C-5 的化学位移几乎不受 A 环上羟基取代的影响，但 7-OH 使 C-5 向低场强烈偏移，达到δ166.5。$\Delta^{7(8)}$和$\Delta^{9(11)}$系列的双键碳化学位移在δ116（CH）和 139.3（C）、147.5（C）与δ116.2（CH）、124.9（CH）和 137.6（CH）。$\Delta^{17(20)}$和$\Delta^{20(22)}$中，分别在δ142.5、145.6 或 137.7 附近出现两个季碳信号。$\Delta^{20(21)}$系列的双键信号则出现在δ 153（C）和 107（CH）左右。$\Delta^{25(27)}$系列中，当以螺甾烷形式出现时，双键的化学位移在δ 108.6±0.5（C-27）和 144.4±0.5（C-25）；若为呋甾烷型，则在δ106.5±0.5（C-27）和 147.5±0.5（C-25）范围内。

甾体皂苷羰基的 ^{13}C NMR 谱特征：羰基一般在 C-3、C-6、C-7、C-11、C-12、C-16、C-22 和 C-23 等位置，其羰基碳的化学位移在 200.0～218.1。有时也在 C-26 位以酯的形式出现，此时化学位移为 180.5 左右。

甾体皂苷 5α、5β和Δ^5等结构的 ^{13}C NMR 谱特征：甾体母核 A/B 环有顺式或反式构型，或在 C-5 与 C-6 之间有双键，形成 5α、5β和Δ^5等不同类型的结构。其中 5α、5β两种构型波谱特征的区别主要在 A、B 环上，其 ^{13}C NMR 谱特征如表 11-4 所示。

表 11-4　5α，5β 和Δ^5系列一些特征碳的化学位移

骨架类型	C-4	C-5	C-6	C-7	C-8	C-9	C-10	C-19
5α-螺甾烷（3β-OH）	38.2	44.9	28.6	32.2	35.7	54.4	35.6	12.3
5β-螺甾烷（3α-OH）	36.5	42.1	27.1	26.7	35.1	40.6	34.7	23.4
Δ^5-螺甾烷（3β-OH）	42.3	140.9	121.3	32.0	31.4	50.1	37.6	19.4

^{13}C NMR 谱化学移位对分子构型、构象的反应是很灵敏的。只要碳在空间上比较接近，即使是相隔好几个共价键，彼此间也有很强烈的相互作用，产生所谓空间效应，如γ效应。在两个基团相互接近时，电子云沿 C—H 键向碳原子移动，使得 C—H 键发生极化作用，导致碳的屏蔽增加，化学位移向高场移动，一些互为异构体的常见甾体皂苷元结构见表 11-5，27-CH_3（α, β）构型变化对邻近碳原子化学位移的影响见表 11-6。

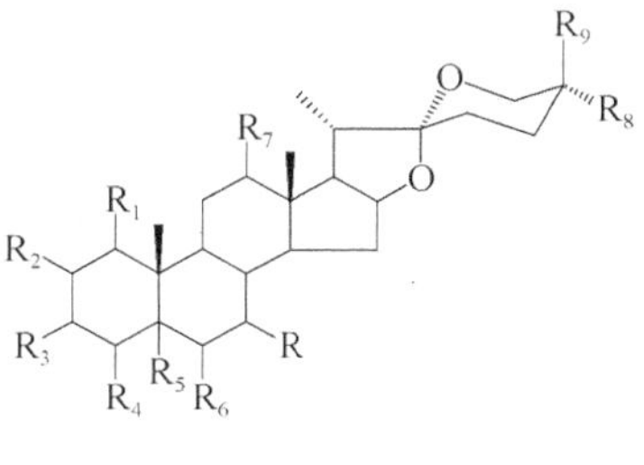

R₉ R₈ R₇ R₁ R₂ R₃ R₄ R₅ R₆ R

表 11-5　一些互为异构体的常见甾体皂苷元取代基

甾体皂苷元名称	R_1	R_2	R_3	R_4	R_5	R_6	R_7	R_8	R_9
提果皂苷元 tigogenin	H	H	β-OH	H	α-OH	H	H	CH_3	H
新提果皂苷元 neotigogenin	H	H	β-OH	H	α-OH	H	H	H	CH_3

续表

甾体皂苷元名称	R_1	R_2	R_3	R_4	R_5	R_6	R_7	R_8	R_9
菝葜皂苷元 sarsasapogennin	H	H	β-OH	H	β-H	H	H	CH_3	H
新菝葜皂苷元 neosarsasapogennin	H	H	β-OH	H	β-H	H	H	H	CH_3
万年青皂苷元 rhodeasapogenin	β-OH	H	β-OH	H	β-H	H	H	H	CH_3
异万年青皂苷元 isorhodeasapogenin	β-OH	H	β-OH	H	β-H	H	H	H	CH_3
约诺皂苷元 yonogenin	H	β-OH	α-OH	H	β-H	H	H	CH_3	H
新约诺皂苷元 neoyonogenin	H	β-OH	α-OH	H	β-H	H	H	H	CH_3
奇梯皂苷元 kitigenin	β-OH	H	β-OH	β-OH	β-OH	H	H	CH_3	H
新奇梯皂苷元 neokitigenin	β-OH	H	β-OH	β-OH	β-OH	H	H	H	CH_3
托克皂苷元 tokorogenin	β-OH	β-OH	α-OH	H	H	H	H	CH_3	H
新托克皂苷元 neotokorogenin	β-OH	β-OH	α-OH	H	H	H	H	H	CH_3
海柯皂苷元 hecogennin	H	H	β-OH	H	α-H	H	=O	CH_3	H
新海柯皂苷元 neohecogenin	H	H	β-OH	H	α-H	H	=O	H	CH_3
薯蓣皂素	H	H	β-OH	H	$\Delta^{5,6}$		H	CH_3	H
大约莫皂苷元 yamogenin	H	H	β-OH	H	$\Delta^{5,6}$		H	H	CH_3
假叶树皂苷元 ruscogenin	β-OH	H	β-OH	H	$\Delta^{5,6}$		H	CH_3	
(25*S*)-假叶树皂苷元（25*S*）-ruscogenin	β-OH	H	β-OH	H	$\Delta^{5,6}$		H	H	CH_3
静诺特皂苷元 botogenin	H	H	β-OH	H	$\Delta^{5,6}$		=O	CH_3	H
新静诺特皂苷元 neobotogenin	H	H	β-OH	H	$\Delta^{5,6}$		=O	H	CH_3

表 11-6　27-CH_3（α, β）构型变化对邻近碳原子化学位移的影响

甾体皂苷元名称	C-23	C-24	C-25	C-26	C-27
提果皂苷元	31.4	28.8	30.3	66.8	17.1
新提果皂苷元	27.1	25.8	26.0	65.2	16.1
异菝葜皂苷元	31.4	28.8	30.3	66.8	17.1
菝葜皂苷元	27.1	25.8	26.0	65.2	16.1
异万年青皂苷元	31.4	28.8	30.3	66.8	17.1
万年青皂苷元	26.0	25.8	27.1	65.2	16.1
约诺皂苷元	31.4	28.8	30.3	66.8	17.1
新约诺皂苷元	26.0	25.8	27.1	65.2	16.1
奇梯皂苷元	31.4	28.8	30.3	66.8	17.1
新奇梯皂苷元	26.58	26.34	27.70	65.37	16.77
托克皂苷元	31.4	28.8	30.3	66.8	17.1
新托克皂苷元	26.0	25.8	27.1	65.2	16.1
海柯皂苷元	31.2	28.8	30.2	66.8	17.1
新海柯皂苷元	26.1	25.8	27.2	65.2	16.1
薯蓣皂素	31.4	28.8	30.3	66.8	17.1
大约莫皂苷元	26.0	25.8	27.1	65.2	16.1
假叶树皂苷元	32.1	29.5	30.7	66.1	17.4
(25*S*)-假叶树皂苷元	26.5	26.3	27.6	65.2	16.4
静诺特皂苷元	31.3	28.3	30.2	66.9	17.1
新静诺特皂苷元	26.1	25.8	27.1	65.2	16.0

A 环上的取代对 F 环碳原子的化学位移几乎没有影响。当 27-CH_3 处于直立键时，对 F 环 α、β、γ 等位的化学位移都有不同程度的影响，特别是对 γ 位的影响最为明显，使得

γ 位碳原子的化学位移向高场移动了 5～6。同样，12α-OH 使得 C-9，C-14 化学位移分别向高场位移 5～9。

甾体皂苷的成苷位置较多，不同位置上的苷化位移效应也各不相同，通过比较不同的苷化位移效应的大小，可以初步断定成苷位置。从表 11-7 可以看出，不同苷化位置上成苷后，苷化所引起的化学位移变化。

表 11-7　C_{27} 甾体皂苷的化学位移

苷化位置	C-α	C-β		C-γ	
	苷化位移	位置	苷化位移	位置	苷化位移
1β-OH[a]	+（5.7～6.4）	2	－（5.1～7.8）	19	－（0.9～1.1）
		10	－（0.6～0.7）		
1β-OH[b]	−12.3	2	+0.5	19	−0.2
		10	+0.5		
2α-OH	+（11.1～11.4）	1	－（1.8～2.7）		
		3	－（1.4～2.3）		
3β-OH	+（6.3～7.9）	2	－（0.8～2.4）		
		4	－（2.9～4.8）		
5β-OH[c]	+（9.4～9.7）	4	−0.7		
		6	−5.4		
		10	−1.6		
6α-OH	+（11.1～12.1）	5	－（0.5～1.6）		
		7	－（1.4～2.3）		
12β-OH	+11.1	11	－（1.7～1.8）		
		13	－（0.3～0.4）		
24-OH	+（8.8～10.9）	23	－（0.8～1.7）		
		25	－（0.9～1.7）		
27-OH	+7.9	25	−2.6	24	－（0.2～0.7）
				26	－（0.2～0.7）

a. 3β-羟基化的Δ^5 系列；b. 2β, 3α- 二羟基化的 5β-系列；c. 1β, 2β, 3β, 4β-四羟基化的 5β-系列

（六）糖基部分结构的确定

如前所述，MS 技术可为甾体皂苷糖基部分结构的确定提供重要的信息。另外，在 ^{1}H NMR 和 ^{13}C NMR 谱中，单糖的端基有特征信号，端基碳的化学位移一般在 92～108，端基质子化学位移在 4.2～6.4。可以通过确定端基信号的数目及化学位移大小，初步断定单糖的数目及种类，再通过酸水解等化学方法来确证。端基位置的 α、β 构型一般可以通过端基质子的偶合裂分（α-H 为双峰或宽单峰，$^3J_{H,H}$=1～3Hz，β-H 为双峰，$^3J_{H,H}$=7～8Hz）确定。而单糖构型的判定，一般可以通过皂苷水解后将单糖分离出来，测定其旋光值或是将单糖衍生化后，对照标准品做 GC-MS 比较。

至于低聚糖中单糖的连接方式及低聚糖与苷元的连接位置的确定，则可借助 HMQC、HMBC、HMQC-TOCSY、NOESY、ROESY 等多种 2D-NMR 技术。

五、结构鉴定实例

穿龙薯蓣的活性有效成分为穿龙薯蓣总皂苷，从其中分得两个甾体皂苷 zingiberenin B（Ⅰ）和穿龙薯蓣皂苷 Dc（Ⅱ），其结构鉴定如下。

化合物Ⅰ：$C_{45}H_{72}O_{17}$，无色针状结晶，m. p. 280～282℃（分解），$[\alpha]_D^{20}$ −83.2（c 0.30，吡啶），易溶于吡啶，可溶于甲醇、乙醇，难溶于水。

化合物Ⅱ：$C_{51}H_{82}O_{20}$，无色针状结晶，m. p. 216～218℃（分解），$[\alpha]_D^{20}$ −96.2（c 0.38，吡啶），易溶于吡啶，可溶于甲醇、乙醇和水。

化合物Ⅰ和Ⅱ酸水解产物的鉴定：取Ⅰ和Ⅱ各 5mg，分别加 2% H_2SO_4 5mL，石油醚（60～90℃）5mL，回流 4h，分取上层石油醚溶液，蒸干，得两种白色粉末Ⅰ（2.2mg）和Ⅱ（2.1mg）。分别用氯仿-甲醇精制后，与薯蓣皂苷元对照品的 IR 光谱、R_f 值及熔点均一致，混熔点不下降，说明其皂苷元均为 25*R* 构型的薯蓣皂苷元。将Ⅰ和Ⅱ水解后的溶液分别经 TLC（氯仿-甲醇-水，16∶9∶2）分析，显示出与 D-葡萄糖和 L-鼠李糖 R_f 值相同的两个斑点。

化合物Ⅰ的光谱鉴定：IR 谱（cm^{-1}）：3418（OH），1050（C—O），981，920，900，且 920cm^{-1} 处的带强度＜900cm^{-1} 处的带强度；ESI-MS *m/z*：886［M+H］$^+$，724［M+H−162］$^+$，578［M+H−162−146］$^+$，416［M+H−162−146−162］$^+$；^{1}H NMR（吡啶）δ：0.68（3H，d，*J*=5.5Hz，27-CH_3），0.81（3H，s，18-CH_3），1.05（3H，s，19-CH_3），1.13（3H，d，*J*=6.5Hz，21-CH_3），1.76（3H，d，*J*=6.5Hz，rha-CH_3），4.95（1H，d，*J*=6.5Hz），5.11（1H，s），6.40（1H，s）。^{13}C NMR 数据见表 11-8。以上数据与纤细皂苷（gracillin）的文献值相一致，R_f 值相同，共色谱只显 1 个斑点，然而其乙酰化物的 R_f 值不同［R_{fI}=0.58，R_{fg}=0.69，氯仿-丙酮，85∶15］，m.p.差距甚大（Ⅰ乙酰化物为 138～140℃，纤细皂苷乙酰化物为 198～201℃），但以上数据与 zingiberenn B（为纤细皂苷的异构体）的文献一致，因此化合物Ⅰ鉴定为薯蓣皂苷元-3-*O*-{α-L-鼠李糖（1→2）-［β-D-葡萄糖（1→3）］}-β-D-葡萄糖皂苷，即 zingiberenin B。

化合物Ⅱ的光谱鉴定：正离子 ESI-MS 谱 *m/z*：1016.8［M+H］$^+$，870.6［M+2H−rha］$^+$，724.2［M+2H−rha−rha］$^+$，577.9［M+2H−rha−rha−rha］$^+$，415.5［M+2H−rha−rha−rha−glc］$^+$，提示有 rha−rha−rha−glc 糖链片段，表明Ⅱ中葡萄糖与鼠李糖的比例为 1∶3，而 *m/z* 870.6［M+2H−rha］$^+$和 724.2［M+2H−rha−rha］$^+$峰强度较大，且不存在 *m/z* 886.6［M+2H−glc］$^+$，说明端基糖为鼠李糖。

IR 谱（cm^{-1}）：3418（宽，缔合多 OH）和 1050（C—O，强宽）示有皂苷类强吸收；981，920，900，且带 920＜带 900 的强度，显示 25*R* 螺甾烷。结合酸水解产物的鉴定结果和 Klyne 方法计算Ⅱ的$\Delta[M]_D$值为负值，表明Ⅱ的苷键构型为 3 分子 α-L-鼠李糖和 1 分子β-D-葡萄糖相连接。

^{1}H NMR 谱δ：0.68（3H，d，*J*=5.5Hz，27-CH_3），0.81（3H，s，18-CH_3），1.04（3H，s，19-CH_3），1.12（3H，d，*J*=7.0Hz，21-CH_3）分别为甾体皂苷元的 4 个甲基的质子信号；δ：1.60（3H，d，*J*=6.0Hz，2×rha-CH_3），1.77（3H，d，*J*=6.0Hz，rha-CH_3）分别为 3 个鼠李糖的甲基质子信号；δ：4.96（1H，m），5.86（1H，s），6.31（1H，s），6.42（1H，s）分别为 4 个糖的端基质子信号。^{13}C NMR 谱显示共有 51 个碳信号，其中 24 个是糖基部分的碳信号，27 个是甾体苷元的碳信号，其化学位移值与薯蓣皂苷元基本一致（表 11-8），只是 C-3 位与糖相连，使 C-3 位产生低场效应（δ：71.5→78.0），内侧葡萄糖的 C-4′和鼠李糖的 C-4″、C-3‴的δ值向低场移动（71.6→77.6，73.7→80.4，72.0→77.5），说明 3 个鼠李糖应分别连于此 C-3 位上。

HMQC 谱：皂苷元中 C-3 位的质子信号（δ 3.87）与 C-3 碳信号（δ 78.0）相关，glu H-1′（δ4.96），rha H-1″（δ5.86），rha H-1‴（δ6.31），rha H-1⁗（δ6.42）分别与 glu C-1′（δ100.3）、rha C-1″（δ102.2）、rha C-1‴（δ103.4）、rha C-1⁗（δ102.2）相关；HMBC 谱上（图 11-2），rha H-1″（δ5、86）、rha H-1‴（δ6.31）、rha H-1⁗（δ6.42）、glu H-1′（δ4.96）分别与 glu C-4′（δ77.6）、rha C-4″（δ80.4）、rha C-3 ‴（δ77.5），苷元上 C-3（δ78.0）相关。此外，将化合物Ⅱ的 ^{13}C NMR 数据与次皂苷Ⅱ和次皂苷 D 的 ^{13}C NMR 数据（表 11-8）比较，除Ⅱ中的 rha C-3‴的信号向低场

位移（δ72.0→77.5）约 5.5，其他部分基本一致，从而进一步确认糖部分连接位置（图 11-2）。

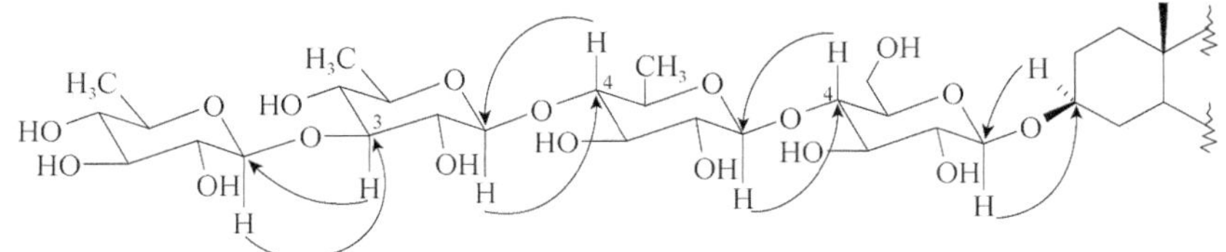

图 11-2　化合物Ⅱ的主要 HMBC 谱

表 11-8　化合物 I 和Ⅱ的 ^{13}C NMR 数据

C	薯蓣皂素	I	纤细皂苷	Ⅱ	次皂苷Ⅱ	次皂苷 D	C	I	纤细皂苷	Ⅱ	次皂苷Ⅱ	次皂苷 D
1	37.2	37.5	37.3	37. 5	37.4	37.1	4′	69.6	69.5	77.6	78.0	76.2
2	31.6	30.1	30.3	30.2	30.4	30.4	5′	77.6	77.6	77.0	76.8	78.8
3	71.5	77.9	77. 5	78.0	77.4	77.2	6′	62.4	62.6	61.2	61.1	61.3
4	42.2	38.7	38. 8	38.9	38.7	41.9	2-rha					
5	140.3	140.7	140.8	140.8	140.8	140.9	1″	102.2	101.6	102.2	103.1	101.5
6	121.3	121.9	121.1	121.8	121.4	121.5	2″	72.5	71.9	73.3	72.7	71.5
7	32.0	32.2	32.0	32.3	32.0	32.0	3″	72.8	72.1	72.9	72.7	72.3
8	31.4	31.7	31.7	31.7	31.7	31.7	4″	74.1	73.3	80.4	80.3	80.3
9	50.1	50.2	50.2	50.3	50.3	50.4	5″	69.6	69.5	68.3	70.2	69.0
10	36.6	37.1	36.9	37.1	36.9	37.1	6″	18.7	18.2	18.9	18.3	18.4
11	20.9	21.1	21.1	21.1	21.1	21.0	3-glu					
12	39.8	39.8	39.6	39.8	39.7	38.8	1‴	104.6	103.9			
13	40.2	40.3	40.3	40.4	40.3	39.7	2‴	75.0	74.4			
14	56.5	56.6	56.6	56.6	56.6	56.7	3‴	78.5	78.0			
15	31.8	31.9	31.9	32.3	31.9	29.9	4‴	71.5	71.6			
16	80.7	81.0	81.0	81.1	81.1	80.9	5‴	78.7	78.0			
17	62.1	62.6	62.6	62.9	62.6	62.8	6‴	62.4	61.9			
18	16.3	16.1	16.1	16.3	16.2	16.2	3-rha					
19	19.4	19.2	19.2	19.4	19.2	19.3	1‴			103.4	102.1	102.3
20	41.6	41.9	41.9	42.0	41.9	40.4	2‴			72.7	72.4	71.7
21	14.5	15.1	14.7	15.1	14.8	14.7	3‴			77.5	72.7	72.3
22	109.1	109.3	109.2	109.3	109.3	109.1	4‴			74.0	74.0	73.5
23	31.4	31.8	31.7	31.8	31.6	32.0	5‴			70.5	69.4	69.8
24	28.8	29.3	29.0	29.3	29.8	28.6	6‴			18.5	18.5	18.0
25	30.3	30.6	30.3	30.6	30.1	29.1	4-rha					
26	66.7	66.8	66.8	66.9	66.8	66.8	1⁗			102.2	102.1	101.9
27	17.1	17.3	17.1	17.3	17.1	17.2	2⁗			72.5	72.4	71.7
1-glu							3⁗			72.9	72.7	72.3
1′		99.9	99.9	100.3	100.3	100.1	4⁗			74.1	74.0	73.5
2′		77.0	77.1	77.7	78.1	79.9	5⁗			69.6	69.4	68.4
3′		89.6	88.4	77.9	77.7	78.3	6⁗			18.7	18.7	18.1

综上所述，化合物Ⅱ结构确证为薯蓣皂苷元-3-*O*-［α-L-鼠李糖（1→3）-α-L-鼠李糖（1→4）-α-L-鼠李糖（1→4）］-β-D-葡糖皂苷，为一新化合物，命名为穿龙薯蓣皂苷 Dc。化合物（Ⅰ）和（Ⅱ）结构如下。

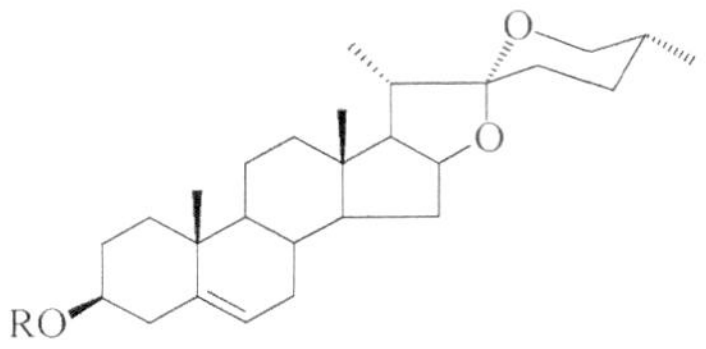

RO

Ⅰ R=glc $\overset{3}{—}$ glc—（glc 2 位连 rha）

Ⅱ R=rha $\overset{3}{—}$ rha $\overset{4}{—}$ rha $\overset{4}{—}$ glc—

第二节　强心苷类化合物

强心苷（cardiac glycosides）是存在于植物中具有强心作用的甾体苷类化合物，是由具有甾核的强心苷元（cardiac aglycone）和糖缩合形成的一类苷。强心苷存在于许多有毒的植物中，主要分布于百合科、萝藦科、十字花科、卫矛科、豆科、桑科、毛莨科、梧桐科、大戟科、玄参科、夹竹桃科等十几个科几百种植物中，特别是玄参科、夹竹桃科植物最普遍。植物界存在的强心苷种类很多，至今已达数百种，但已用于临床的只二三十种，使用最多的是洋地黄类强心药物西地兰与狄戈辛。

一、结构类型

强心苷的结构比较复杂，强心苷元甾体母核四个环的稠合方式与甾醇不同，其中天然存在的强心苷元的 B/C 环为反式，C/D 环为顺式，A/B 环稠合有反、顺两种构型，但以顺式居多，如毛地黄毒苷元（digitoxigenin）。反式稠合的较少，如乌沙苷元（uzarigenin）。

在强心苷元甾核上，C-3 位和 C-14 位都有羟基取代，大多为 3β 构型。14-OH 因为 C/D 环是顺式，均为β构型。除此以外，也可能出现 1β、2α、5β、11α、12α、12β、15β、16β-OH，其中 16β-OH 可能与脂肪酸（如乙酸、甲酸、异戊酸等）成酯。强心苷元结构中若含有环氧基，一般位于 7 与 8、8 与 14 或 11 与 12 位。甾核上若存在羰基或双键，则羰基一般在 C-11 位和 C-12 位，双键一般在 C-4、C-5 或 C-5、C-6 位，也可能在 C-9 和 C-11 或 C-16 和 C-17。

强心苷元 C-10 位上的取代基有β构型的甲基、醛基、羟甲基或羧基，但多数为甲基；C-13 上则均为甲基；C-17 位侧链绝大多数是以β构型不饱和内酯环为其特征，可分为 α, β-不饱和五元-γ-内酯环，α, β-和γ，δ-不饱和六元-δ-内酯环。依据这一结构特征，可将强心苷元分为两类，前者称为甲型强心苷元，后者称为乙型强心苷元，天然强心苷类大多属于甲型。

甲型强心苷元以母核强心甾（cardenolide）命名，如毛地黄毒苷元（digitoxigenin）为 3β，14-二羟基-5β-强心甾-20（22）-烯［3β，14-dihydroxy-5β-card-20（22）-enolide］。乌沙苷元（uzarigenin）由于 A/B 环为反式稠合，故属异强心甾烯的衍生物，其化学名为 3β, 14-二羟基-5α-强心甾-20（22）-烯［3β, 14-dihydroxy-5α-card-20（22）-enolide］。

乙型强心苷元则以海葱甾（scillanolide）或蟾酥甾（bufanolide）为母核，如海葱苷元（scillarenin）化学名为 3β, 14-二羟基海葱甾-4, 20, 22-三烯（3β, 14-dihydroxy-scilla-4, 20, 22-trienolide）。

甲型强心苷元　　　　乙型强心苷元

强心苷中糖均与苷元3-OH成苷，可多至5个糖单元，以直链连接。除有葡萄糖、鼠李糖、6-去氧糖、6-去氧糖甲醚和五碳糖外，还有强心苷所特有的2,6-二去氧糖、2,6-二去氧糖甲醚。

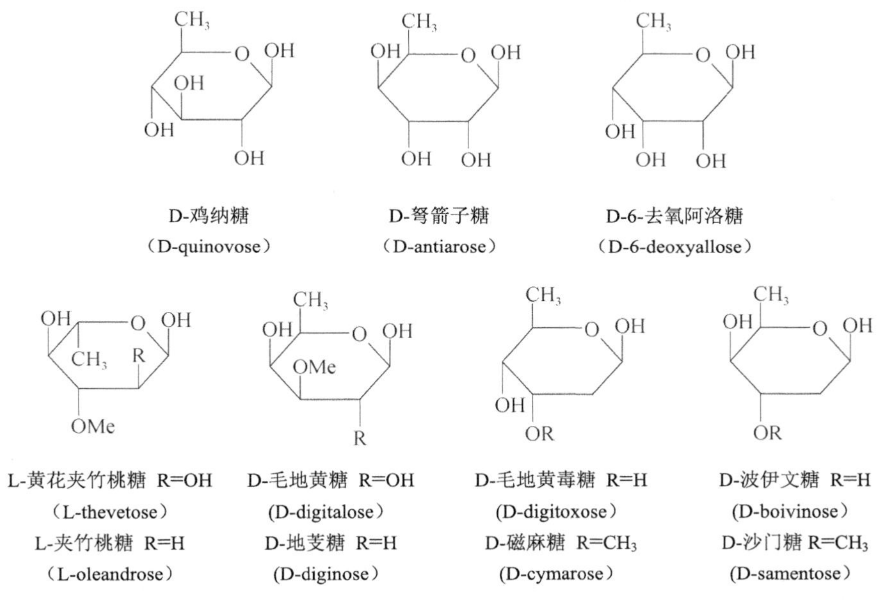

D-鸡纳糖（D-quinovose）　D-弩箭子糖（D-antiarose）　D-6-去氧阿洛糖（D-6-deoxyallose）

L-黄花夹竹桃糖 R=OH（L-thevetose）　L-夹竹桃糖 R=H（L-oleandrose）

D-毛地黄糖 R=OH（D-digitalose）　D-地芰糖 R=H（D-diginose）

D-毛地黄毒糖 R=H（D-digitoxose）　D-磁麻糖 R=CH_3（D-cymarose）

D-波伊文糖 R=H（D-boivinose）　D-沙门糖 R=CH_3（D-samentose）

（一）甲型强心苷类

紫花毛地黄（*Digitalis purpurea*）和毛花毛地黄（*Digitalis lanata*）中富含毛地黄强心苷。从紫花毛地黄叶中分离并鉴定出30多种甲型强心苷类化合物，均是由毛地黄毒苷元（**25**）、羟基毛地黄毒苷元（gitoxigenin，**26**）、异羟基毛地黄毒苷元（digoxigenin，**27**）、双羟基毛地黄毒苷元（diginatigenin）和吉他洛苷元（gitaloxigenin，**28**）等5种苷元与不同的糖缩合形成的，大多数是次级苷，如毛地黄毒苷（digitoxin，**29**）、羟基毛地黄毒苷（gitoxin，**30**）、异羟基毛地黄毒苷（狄戈辛，digoxin，**31**）及吉他洛苷（gitaloxin，**32**）。

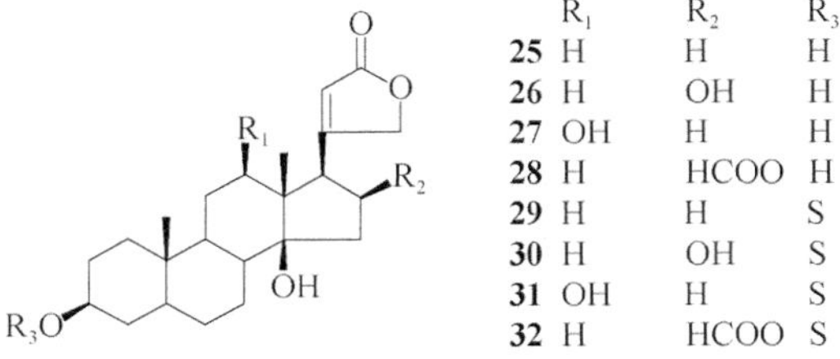

	R_1	R_2	R_3
25	H	H	H
26	H	OH	H
27	OH	H	H
28	H	HCOO	H
29	H	H	S
30	H	OH	S
31	OH	H	S
32	H	HCOO	S

S=—digitoxose$\xrightarrow{4}$digitoxose$\xrightarrow{4}$digitoxose

毛花毛地黄中的一级苷为毛花毛地黄苷甲、乙、丙（lanatoside A、B、C）（**33～35**）。

这三个化合物的糖链相同，其中第三个毛地黄毒糖 C-3 位有乙酰基，该乙酰基极不稳定，易被稀碱水解脱除，去乙酰毛花毛地黄苷丙即西地兰（deslanoside，36）。

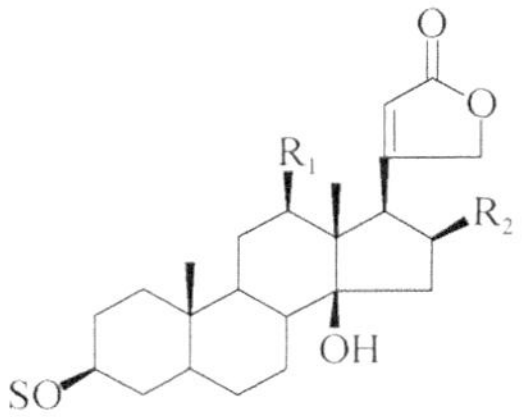

	R_1	R_2	R_3
33	H	H	Ac
34	H	OH	Ac
35	OH	H	Ac
36	OH	H	H

S=—digitoxose$\xrightarrow{4}$digitoxose$\xrightarrow{4}$digitoxose$\xrightarrow{4}$glc（digitoxose 3 位 OR_3）

G-毒毛旋花苷（G-strophanthin，**37**）又称乌本苷（ouabain），是从非洲产的 *Strophanthus gratus* 成熟种子中分离所得，也属于甲型强心苷类。该化合物是乌本苷元（ouabagenin，**38**）的 L-鼠李糖苷，为速效强心苷，并作为测定强心苷生物效价的标准品。最近报道乌本苷具有抑制肿瘤细胞中的 DNA 修复作用，有望开发成抗癌药物。

非洲产的康毗毒毛旋花（*Strophanthus kombe*）的种子中的毒毛旋花子强心苷，如 K-毒毛旋花子苷（K-strophanthoside，**39**）、K-毒毛旋花子次苷-*β*（K-strophanthin-*β*，**40**）、加拿大麻苷（cymarin，**41**），均是毒毛旋花子苷元（strophanthidin，**42**）的衍生物。

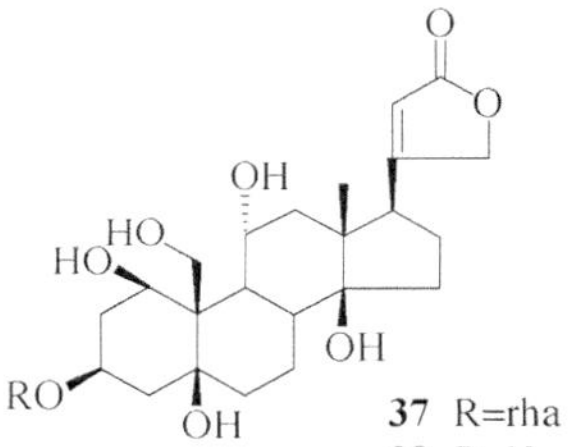

37 R=rha
38 R=H

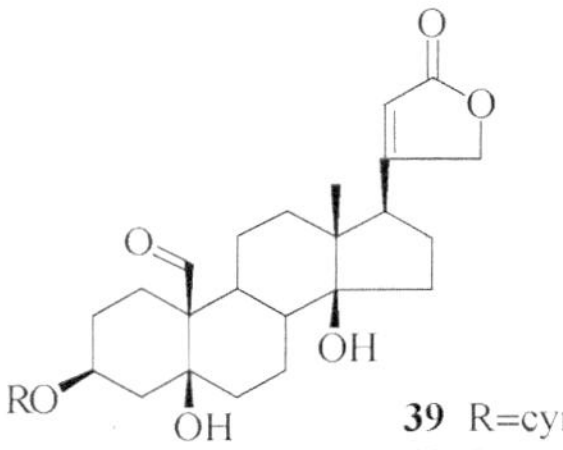

39 R=cymarose-glc
40 R=cymarose-glc(1→6)-glc
41 R=cymarose
42 R=H

民间草药桂竹糖芥（*Erysimum cheiranthoides* L.）具有强心利尿、健脾和胃之功效，治心悸、水肿。从其种子中分得 13 个甲型强心苷类化合物（**43～55**），取代基类型如表 11-9 所示。它们的结构式如下：

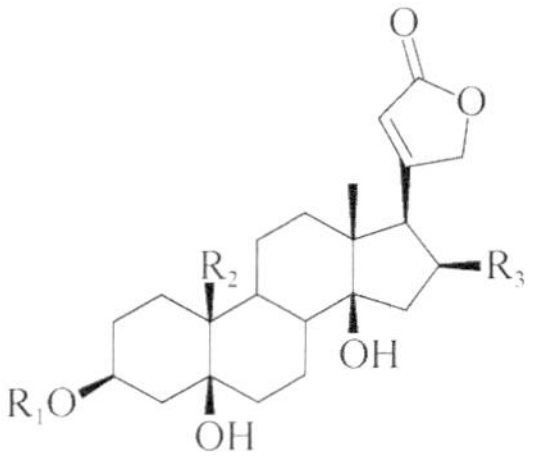

表 11-9　桂竹糖芥苷结构中取代基及强心活性

	R_1	R_2	R_3	IC_{50}/（μmol/L）
毛地黄毒苷元（**25**）	—	—	—	5
乌本苷（**37**）	—	—	—	10
毒毛旋花子苷元（**42**）	—H	CHO	H	1000
桂竹糖芥苷 Ⅰ（**43**）	—boiv-（4→1）-glc	CHO	OH	30

续表

	R_1	R_2	R_3	IC_{50}/（μmol/L）
桂竹糖芥苷Ⅱ（**44**）	—dig-（4→1）-rha	CHO	OH	30
桂竹糖芥苷Ⅳ（**46**）	—3-*O*-acetyl-dig（4→1）-rha	CHO	H	18
桂竹糖芥苷Ⅴ（**47**）	—3-*O*-acetyl-dig（4→1）-rha（4→1）-glc	CHO	H	12
桂竹糖芥苷Ⅵ（**48**）	—dig-（4→1）-glc（4→1）-glc	CHO	H	50
桂竹糖芥苷Ⅶ（**49**）	—fuc-（4→1）-glc	CH_3	H	10
桂竹糖芥苷Ⅷ（**50**）	—ant-（4→1）-glc	CH_3	H	4
桂竹糖芥苷Ⅸ（**51**）	—ant-（4→1）-glc	CHO	H	35
桂竹糖芥苷Ⅹ（**52**）	—boiv-（4→1）-glc	COOH	H	50
桂竹糖芥苷Ⅺ（**53**）	—dig-（4→1）-rha	COOH	H	1000
长蒴黄麻苷（**54**）	—boiv-（4→1）-glc	CHO	H	10
葡萄糖芥苷（**55**）	—dig-（4→1）-glc	CHO	H	26

注：dig 为 digitoxose（毛地黄毒糖），boiv 为 boivinose（波伊文糖），ant 为 antiarose（弩箭子糖），fuc 为 fucose（夫糖），IC_{50}（half maximal inhibitory concentration）是指被测量的物质（抑制剂）的半抑制浓度

桂竹糖芥苷（cheiranthosides Ⅰ～Ⅺ，**43～53**）、长蒴黄麻苷（olitoriside，**54**）和葡萄糖芥苷（erysimoside，**55**）对强心活性指标腺苷三磷酸酶（Na^+, K^+-ATPase）有一定抑制活性。其中化合物 **45** 和 **50** 有较高抑制活性（相当于毛地黄毒苷）。

取代基 R_1、R_2、R_3 对活性贡献大。例如，化合物 **45** 和 **50** 中，R_1 为毛地黄毒糖-鼠李糖-弩箭子糖-葡萄糖时，显示较高活性。而与 **45** 有相同糖链的 **53** 却无活性，说明 R_1 部分不是唯一的活性基团。在所试验的化合物中，R_2 取代能显著改变活性，且活性降低次序为 CH_3＜CHO＜COOH；R_3 由 H 到 OH 的取代，其活性降低，如 **40** 和 **41**。可见，在 R_1 相同时，无论 R_2 或 R_3 取代，都能引起活性明显改变。

（二）乙型强心苷类

乙型强心苷类化合物存在于百合科、毛茛科、景天科、楝科、檀香科等科中，以百合科分布最丰富，现已发现了 100 多种，如海葱（*Scilla maritima*）中海葱苷 A（scillaren A，**56**）等，而海葱的变种，即红海葱中主要杀鼠剂成分红海葱苷（scilliroside，**57**）的毒性是海葱苷 A（**56**）的 300～500 倍。

中药蟾酥（*Bufo bufogargarizans* Cantor）的主要生物活性成分是蟾酥二烯甾（bufadienolides）。其毒性成分为蟾毒配基类（bufogenins）和蟾蜍毒素类（bufotoxins），前者属乙型强心甾族类化合物即蟾蜍二烯类酯（bufodienolide），有 20 余种，如 3β-甲酰氧脂蟾毒配基（3β-formoyloxoresibufogenin，**58**）、19-氧去乙酰基华蟾毒精（19-oxodesacetylcinobufagin，**59**）、6α-羟基华蟾毒精（6α-hydroxycinobufagin，**60**）等。

二、理化性质和检识

（一）理化性质

强心苷多为无色结晶或无定形粉末，味苦，有旋光性，可溶于水、甲醇、乙醇等极性溶

剂，略溶于乙酸乙酯，几乎不溶于乙醚、苯等非极性溶剂。其溶解度因糖分子数目和性质及苷元分子中有无亲水性基团而异。

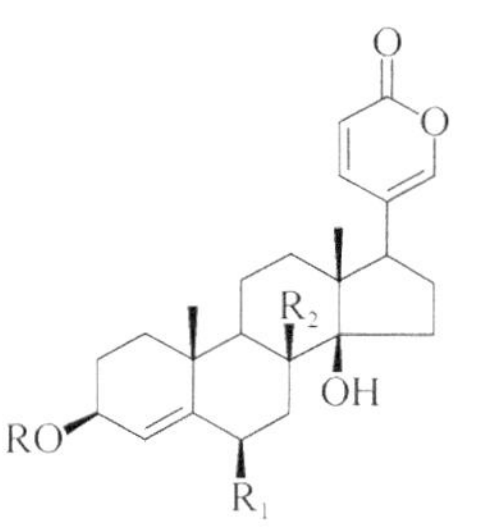

56 R=-rha$\xrightarrow{4-1}$glc, R_1=R_2=H
57 R=-glc, R_1=OAc, R_2=OH

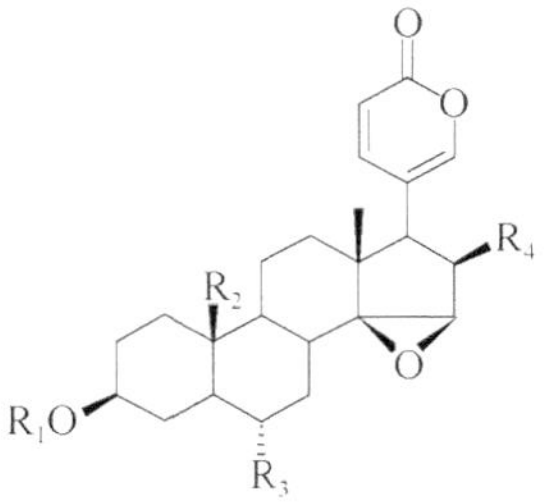

58 R_1=HCO, R_2=CH_3, R_3=R_4=H
59 R_1=H, R_2=CHO, R_3=H, R_4=OH
60 R_1=H, R_2=CH_3, R_3=OH, R_4=OAc

强心苷稳定性较差，在酸或酶作用下易发生水解、叔羟基脱水或异构化等反应。强心苷分子中有内酯环结构，当用碱溶液处理时，内酯环开裂并异构化，但酸化后不能复原，属于不可逆反应。甲型强心苷是通过内酯环的质子转移，双键转位，C-14 羟基质子对双键进行亲电加成，形成饱和内酯型异构化物，然后发生碱性水解，内酯环开裂，生成开链型异构化产物。其反应式如下。

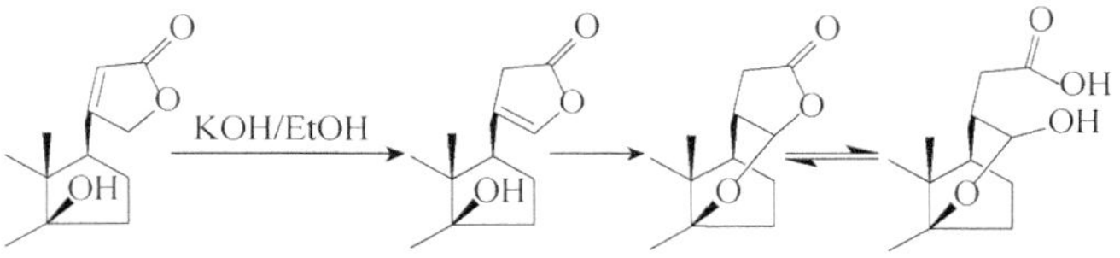

KOH/EtOH

乙型强心苷在氢氧化钾的醇溶液中，内酯环开裂生成酯，再脱水生成异构化物，其反应式如下。

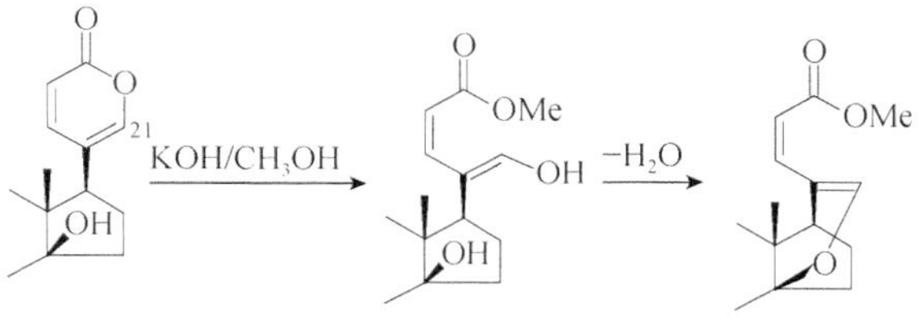

KOH/CH_3OH　　$-H_2O$

（二）苷键水解

强心苷和其他苷类化合物相似，其苷键亦能被酸、酶所水解，糖的结构不同，水解难易有区别，水解产物也有差异。

1．酸水解

（1）温和酸水解。用稀酸（0.02～0.05mol/L 的盐酸或硫酸）在含水醇溶液中经短时间加热回流，可水解去氧糖的苷键，因为 2-羟基糖的苷键在此条件下不易断裂。

（2）盐酸丙酮法（Mannich 水解）。强心苷在室温条件下与盐酸长时间反应，糖分子中邻二羟基 C-2 和 C-3 与丙酮反应，生成缩酮，进而水解，可获得原苷元和糖的衍生物。同样，强心苷元中如有两个相邻羟基，同样也能生成缩酮。

2．酶解　酶的水解有一定专属性，不同的酶作用于不同性质的苷键。紫花毛地黄叶中存在的紫花苷酶，只能使紫花毛地黄苷A、B（purpurea glycoside A、B）脱去1分子葡萄糖，依次生成毛地黄毒苷（**29**）和羟基毛地黄毒苷（**30**）。

毛花毛地黄苷和紫花毛地黄苷，用紫花苷酶酶解，酶解速率不同，前者糖基上有乙酰基，对酶作用阻力大，故水解慢，后者水解快。苷元类型不同，被酶解难易也有区别，一般乙型强心苷较甲型的易被酶解。

（三）检识方法

强心苷显色除显示甾核颜色外，还呈现不饱和内酯环和2-去氧糖的颜色变化。

1．不饱和内酯环呈色反应 在碱性介质中，甲型强心苷类化合物分子中的双键移位形成活性次甲基（表11-10），从而能够与某些试剂反应而显色。乙型强心苷不发生此类反应，因为不能产生活性次甲基。

此类反应既可在试管内进行，也可作为薄层层析和纸层析的显色剂，先喷以硝基苯类试剂，再喷氢氧化钠醇溶液，即可出现有色斑点，放置渐渐消退。

表11-10 甲型强心苷不饱和内酯环的呈色反应

试剂	颜色	λ_{max}/nm
亚硝酰铁氰化钠（Legal）	蓝至深红	470
3, 5－二硝基苯甲酸（Kedde）	红至紫红	590
间二硝基苯（Raymond）	蓝至紫红	620
苦味酸（Baljet）	橙至橙红	490

2．2-去氧糖呈色反应

（1）Keller-Kiliani反应。强心苷溶于含少量三氯化铁或硫酸铁的冰醋酸溶液中，沿管壁滴加浓硫酸，观察界面和乙酸层颜色变化。若有2-去氧糖存在，乙酸层渐显蓝色或蓝绿色。界面呈色随苷元不同而异，如毛地黄毒苷（**29**）显草绿色，羟基毛地黄毒苷（**30**）显洋红色，异羟基毛地黄毒苷（**31**）则显黄棕色，放置久后因碳化而转为暗色。

只有游离的2-去氧糖或在反应的条件下能水解出2-去氧糖的强心苷才发生此呈色反应。例如，紫花毛地黄苷A和毛地黄毒苷都有三分子毛地黄毒糖，但前者的显色程度为后者的60%。这可能是由于前者只能水解出二分子的毛地黄毒糖，另一分子毛地黄毒糖与葡萄糖相连，较难水解而不能显色。对乙酰化的2-去氧糖也不呈色，因此分子中并非不含有2-去氧糖。

（2）对-二甲氨基苯甲醛反应。将强心苷醇溶液滴在滤纸上，干后喷1%对-二甲氨基苯甲醛乙醇溶液-浓盐酸（4∶1）试液，90℃加热30min，如果显灰红色斑点，则有2-去氧糖存在。

（3）过碘酸-对硝基苯胺反应。过碘酸能使强心苷分子中的2-去氧糖氧化成丙二醛，再与对硝基苯胺缩合而呈黄色。

此反应也可用于薄层层析和纸层析的显色。先喷过碘酸钠溶液，室温放置10min，再喷1%对硝基苯胺乙醇溶液-浓盐酸（4∶1）试液，立即在灰黄色背景上出现深黄色斑点，紫外光下，在棕色背景上显示黄色荧光斑点。若再喷以5%氢氧化钠-甲醇溶液，斑点变为绿色。

三、提取分离

植物原料在保存或提取过程中均可促使强心苷的酶解，产生次级苷，增加了成分的复杂性。因此在提取过程中，必须抑制酶的活性。如果要提取原生苷，原料要新鲜，采集后要低温快速干燥。利用酶的活性，进行酶解（25～40℃）可获得次级苷。此外，还要特别注意酸、碱对强心苷结构的影响。

（一）提取

一般原生苷易溶于水而难溶于亲脂性溶剂，次级苷则相反，易溶于亲脂性溶剂而难溶于水。提取时可根据强心苷的性质选择不同溶剂，如乙醚、氯仿、氯仿-甲醇混合溶剂、甲醇、乙醇等。但常用甲醇或 70%乙醇，提取效率高，且能使酶失活。

经上述溶剂提取后所得的提取液可用溶剂法、吸附法或铅沉法予以初步纯化。

（1）溶剂法。若原料为种子或含油脂类杂质较多时，一般宜先进行脱脂，然后用醇或稀醇提取。另外，也可先用醇或稀醇提取，浓缩提取液除去醇，残留水提液用石油醚、苯等溶剂萃取，除去亲脂性杂质。水相再用氯仿-甲醇混合溶剂萃取，提出强心苷。若原料为地上部分，叶绿素含量较高，可将醇提液浓缩，保留适量浓度的醇，放置使叶绿素等脂溶性杂质生成胶状沉淀，过滤除去。

（2）吸附法。强心苷稀醇提取液通过活性炭，提取液中的叶绿素等脂溶性杂质可被吸附而除去。当提取液通过 Al_2O_3，可吸附除去溶液中糖类、水溶性色素等，从而达到纯化目的，但强心苷亦有可能被吸附而损失。

（二）分离

初步除去杂质的提取液可用两相溶剂萃取、层析或逆流分配等方法分离出强心苷。

（1）两相溶剂萃取法。利用强心苷在两种互不相溶的溶剂中分配系数的不同而达到分离的目的，如毛花毛地黄总苷中苷 A、B、C 的分离（见提取分离实例一）。

（2）层析法。分离亲脂性单糖苷、次级苷和苷元，一般选用吸附层析，常以硅胶为吸附剂，用正己烷-乙酸乙酯、苯-丙酮、氯仿-甲醇、乙酸乙酯-甲醇等为溶剂，进行梯度洗脱。对弱亲脂性成分宜选用分配层析，可用硅胶、硅藻土、纤维素为支持剂，常用乙酸乙酯-甲醇-水或氯仿-甲醇-水进行梯度洗脱。

（3）逆流分配法。依据分配系数的不同，分离混合苷。例如，黄花夹竹桃苷 A、B（thevein A、B）的分离，以氯仿-乙醇（2∶1）750mL 和水 150mL 为两相溶剂，氯仿为移动相，水为固定相，经 9 次逆流分配（0～8 管），由氯仿层 6～7 管中获得 B，水层 2～5 管中获得 A。

（三）提取分离实例

从毛花毛地黄叶中分离出的西地兰（**36**）和狄戈辛（**31**），临床用以治疗急慢性充血性心力衰竭、心房纤维颤动等症。西地兰易溶于甲醇，微溶于乙醇和水，不溶于氯仿和乙醚。狄戈辛因少一个葡萄糖，其溶解度较大，可溶于稀乙醇、吡啶、氯仿和乙醇的混合液中，亦不溶于氯仿和乙醚。

这两种活性成分简易而经济的提取分离方法如下。

实例一：西地兰的提取分离。

（1）毛花毛地黄干的提取分离。毛花毛地黄干叶粉碎，加 5 倍量 70%乙醇于 60°C 搅拌加热回流 2h，过滤，滤渣继续用 3 倍量 70%乙醇提取两次，合并提取液并减压浓缩至含 15%～20%乙醇，冷却，布袋过滤，去胶，滤液减压浓缩至相当于生药量为止，用 1/3 量氯仿洗涤一次。

水液加乙醇使醇含量达22%左右，氯仿萃取3次，每次氯仿量均为稀醇液的1/3，合并提取液、减压浓缩。然后加入少量甲醇和水（10g总苷加3～5mL甲醇、0.25mL水），使析出毛花毛地黄苷甲、乙、丙混合苷（**33～35**）结晶，再加丙酮-乙醇（1∶1）混合液后过滤、洗涤、烘干。

（2）毛花毛地黄苷丙的纯化。将混合苷在甲醇-氯仿-水（1∶100∶500）中分配，先用甲醇溶解混合苷，过滤，滤液加氯仿与水振摇，静置分层，氯仿层主要含甲、乙苷，水层主要为乙和丙苷。水相减压浓缩至少量，放冷，即析出粉末状乙、丙混合物，过滤后再次按上述比例分配一次，所得的水相浓缩后得丙苷。

（3）毛花毛地黄苷丙去乙酰化。取丙苷3g，溶于5倍量甲醇后，加等量新鲜配制的0.15%氢氧化钙水溶液，室温放置过夜，次日测pH是否为7（否则加1%盐酸调至中性），再减压浓缩至少量，析出西地兰晶体，再用甲醇重结晶。

实例二：狄戈辛的提取分离。

毛花毛地黄干叶粉加等量水拌匀，保持40～50℃预发酵酶解约20h，每2～3h搅动一次，然后分别用4倍及3倍量80%乙醇回流搅拌提取两次，每次2h，冷却，过滤。合并滤液，减压浓缩至约含20%乙醇，放冷，布袋滤去叶绿素等胶状物。滤液用氯仿萃取3次，每次用量为水的1/5。合并氯仿液，浓缩到生药量1/5左右，用10%氢氧化钠水溶液洗涤数次，每次的加入量为氯仿的1/10，以脱去乙酰基，并除去残留叶绿素等杂质，至碱液基本无色为止。最后用1%氢氧化钠溶液洗一次，再用水洗到中性，氯仿层浓缩，所得残留物以少量丙酮溶解，静置过夜。析出的粗狄戈辛用80%乙醇（必要时，加少量活性炭脱色）重结晶即得纯品。

如果用乙酸乙酯代替乙醇提取西地兰和狄戈辛，纯化手续更简便，所得产品较纯，得率较高，但是用乙醇更经济、安全，适于工业生产。

值得注意的是，毛地黄毒糖上的乙酰基在碱液洗涤过程中已被水解掉，所得的总次生苷，利用植物中所含各种苷在80%乙醇中的溶解度不同（毛地黄毒苷易溶，狄戈辛次之，羟基毛地黄毒苷难溶）而反复重结晶纯化之。

四、波谱特征

（一）UV谱

甲型强心苷在UV光谱的λ220nm左右（lgε约4.34）呈现最大吸收峰。乙型强心苷在λ295～300nm（lgε 3.93）处有吸收，据此可区分二类强心苷。若引入$\Delta^{16(17)}$与$\Delta^{\alpha,\beta}\gamma$-内酯共轭，则在$\lambda$270nm左右处产生强的共轭吸收。若引入$\Delta^{8(9),14(15)}$双烯和内酯环节共轭，一般在$\lambda$244nm左右有吸收。引入$\Delta^{14(15),16(17)}$双烯和内酯环共轭，则在$\lambda$330nm附近出现强吸收。强心苷元在C-11或C-12位有酮基，因受到较大空间位阻，在λ290nm处呈现弱峰（lgε约1.90）。

（二）IR谱

根据IR光谱不但可区别甲型和乙型强心苷，而且可依据其中非正常峰因溶剂的极性增强而吸收强度削弱甚至消失的现象，用以说明不饱和内酯环是否存在。

强心苷的IR谱特征吸收一般在1800～1700cm^{-1}有两个羰基吸收，较低波数的是α,β-不饱和羰基产生的正常吸收，较高波数的是不正常吸收。在极性大的溶剂中，正常吸收的强度基本不变或略加强，不正常吸收则随溶液性质的改变，其强度减弱甚至消失。例如，在二硫化碳溶液中，3-乙酰毛地黄毒苷元的IR谱有三个羰基峰（1738cm^{-1}、1756cm^{-1}、

$1783cm^{-1}$)，其中 $1738cm^{-1}$ 是乙酰基上羰基吸收，$1756cm^{-1}$ 和 $1783cm^{-1}$ 都是来自γ-内酯的羰基。在 $1756cm^{-1}$ 处是正常吸收，因有 α,β-不饱和-γ-内酯共轭而向低波数位移（二氢毛地黄毒苷元羰基在 $1786cm^{-1}$ 有吸收）。$1783cm^{-1}$ 是非正常吸收，溶剂极性增大，吸收强度显著减弱，但峰位不变。乙型强心苷由于环内共轭程度增高，峰位向低波数移动约 $40cm^{-1}$。例如，蟾酥毒配基（bufalin）在氯仿溶液中出现 $1718cm^{-1}$ 和 $1740cm^{-1}$ 两个峰。前者为正常峰，后者为非正常峰。从而说明 D 环引入双键，不论是否与不饱和内酯环共轭，对 IR 谱的影响不大。

（三）MS 谱

强心苷苷元质谱裂解方式较复杂，除羟基的脱水，醛基脱 CO、脱甲基、脱 C_{17}-内酯侧链和双键的逆 Diels-Alder 裂解外，还可出现一些由较复杂的裂解产生的特征碎片。

甲型强心苷元质谱裂解产生 *m/z* 111、*m/z* 124、*m/z* 163 和 *m/z* 164 等含有γ-内酯环或内酯环加 D 环的碎片离子。

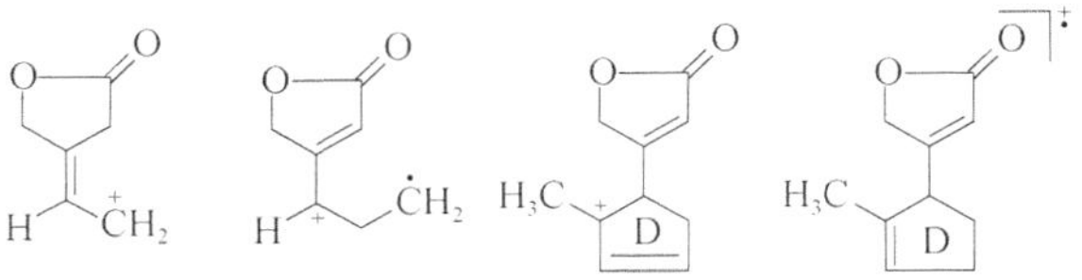

m/z 111　　*m/z* 124　　*m/z* 163　　*m/z* 164

乙型强心苷元质谱裂解产生 *m/z* 109、*m/z* 123、*m/z* 135 和 *m/z* 136 等含有δ-内酯环的碎片。由于取代基性质不同，还可能产生更为复杂的裂解碎片。

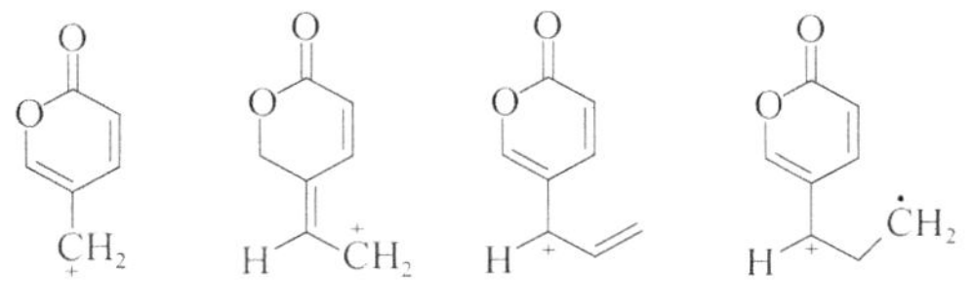

m/z 109　　*m/z* 123　　*m/z* 135　　*m/z* 136

MS 谱可用来推测糖的连接顺序。通常需要将强心苷制备成乙酰化或全甲基化衍生物，而乙酰化需样品量少，方法简便易行。

软电离 MS 谱如 ESI-MS 及 FAB-MS，灵敏度高，分子离子峰较强，样品用量少，适用于相对分子质量和糖连接顺序的测定。

（四）^{1}H NMR 谱

^{1}H NMR 是测定强心苷类结构的一种重要方法，各质子信号特征如下。

强心苷元中 10、13 位上的甲基在δ1.00 左右可出现单峰信号。由于 C/D 环是顺式稠合（H-14α），所以 13 位 CH_3 的化学位移（0.69）要比 10 位 CH_3（0.79～0.93）处于较高场。若 C-10 位为醛基取代，则在δ9.50～10.0 处为醛基质子的单峰。若 C-10 位为羟甲基取代，可出现两个与氧同碳质子的信号，处于较低场，酰化后则进一步向低场位移，一般在δ4.00～4.50 处呈 AB 型四重峰，J=12Hz。当 C-16 无含氧基团取代时，C-16 位上两个质子应在δ2.00～2.50 呈多重峰，而 17α-质子在δ2.80 左右呈多重峰或 dd 峰，J =9.5Hz。

甲型强心苷中 C-22 位烯氢质子在δ5.60～6.00 内，呈宽单峰；C-21 位两个质子在δ

4.50～5.00，呈宽单峰或三重峰或AB型四重峰，J=18Hz。乙型强心苷C-21位烯氢质子在δ7.2附近为单峰，C-22和C-23位质子分别在δ7.8和δ6.3左右，各出现一个烯氢双峰。强心苷元中3α-质子一般在δ3.9左右为多重峰，成苷后向低场位移。

强心苷中某些特殊糖，可通过一些特征信号加以识别。例如，6-去氧糖5位甲基在δ1.0～1.5呈现一个二重峰（J=6.5Hz）或多重峰。2-去氧糖中2位上处于高场的两个质子，与端基质子有两种不同程度的偶合。甲氧基糖中，在δ3.50附近出现甲氧基的单峰信号。糖分子中连氧碳的质子信号，一般在δ3.5～4.5，而端基质子处于最低场δ5.0左右，其δ值和J值因糖的种类和构型而异。例如，β-D-2-去氧糖苷中H-1呈dd峰，与2位两个质子有二重偶合系统（J_{aa}和J_{ae}偶合）。β-D-葡萄糖苷的端基质子（H-1）和H-2呈二直立键偶合系统，J=6～8Hz。α-L-鼠李糖苷中H-1和H-2呈二平伏键偶合系统（J=2Hz）或为单峰。

（五）^{13}C NMR谱

表11-11列出了9种毛地黄毒苷元及其衍生物的化学位移。8种毛地黄毒苷元及其衍生物的结构如下。

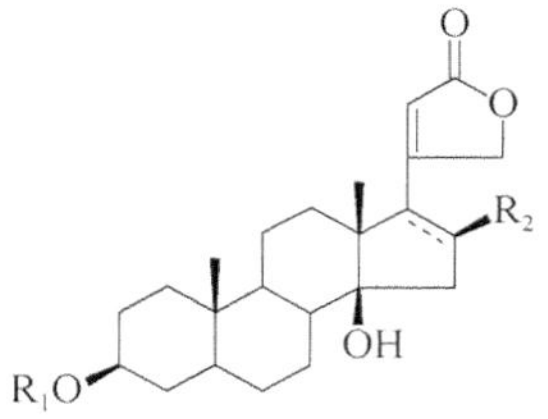

	R_1	R_2
Ⅰ	H	H
Ⅱ	H	OH
Ⅲ	H	OAc
Ⅳ	Ac	OAc
Ⅴ	Ac	H
Ⅵ	Ac	H
Ⅶ	Ac,16,17-双键	H

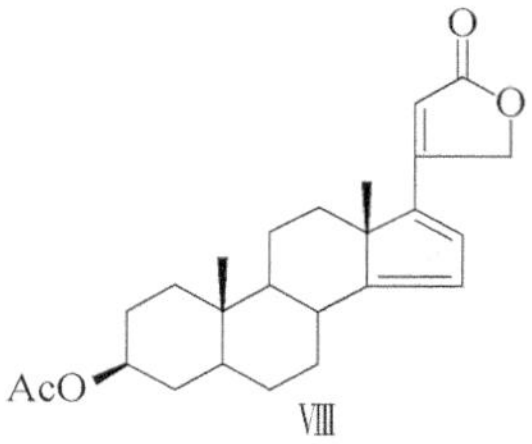

Ⅷ

表11-11　毛地黄毒苷元及其衍生物的碳谱数据（TMS）（$CDCl_3$：CD_3OD，1.5：1）

序号	Ⅰ	Ⅱ	Ⅲ	Ⅳ	Ⅴ	Ⅵ	Ⅶ	Ⅷ	Ⅸ
1	30.0	30.0	30.0	30.7	30.8	30.8	30.8	30.7	24.8
2	28.0	28.0	27.9	25.2	25.4	25.3	25.4	27.9	27.4[a]
3	66.8	66.8	66.8	71.1	71.4	71.3	71.3	66.7	67.2
4	33.5	33.5	33.4	30.7	30.8	30.8	30.8	33.5	38.1
5	35.9[a]	36.4	36.4	37.2	37.4	37.4	37.3	36.8[a]	75.3
6	27.1	27.0	26.9	26.6	26.8	26.8	26.6	26.6	37.0
7	21.6[b]	21.4[a]	21.2[a]	20.9[a]	21.6	20.6[a]	20.2[a]	24.0	18.1[b]
8	41.9	41.8	41.8	41.6	41.8	41.5	41.2	36.7[a]	42.2[e]
9	35.8[a]	35.8	35.9	35.8	36.1	36.2	36.8	45.1	40.2[e]
10	35.8	35.8	35.6	35.4	35.8	35.5	35.4	36.2	55.8
11	21.7[b]	21.9[a]	21.3[a]	21.4[a]	21.6	21.2[a]	21.3[a]	21.4	22.8[b]
12	40.4	41.2	41.0	40.9	40.3	31.3	40.6	37.7	40.2
13	50.3	50.4	50.7	50.5	50.3	49.5	52.6	54.2	50.1
14	85.6	85.2	84.1	83.8	85.6	86.1	85.7	146.3[b]	85.3
15	33.0	42.6	39.5	39.3	33.0	31.3	38.8	108.3[b]	32.2
16	27.3	72.8	75.0	74.7	27.3	24.8	133.8	135.8[b]	27.5[a]

续表

序号	Ⅰ	Ⅱ	Ⅲ	Ⅳ	Ⅴ	Ⅵ	Ⅶ	Ⅷ	Ⅸ
17	51.5	58.8	56.8	56.6	51.5	58.9	161.2	158.0[e]	51.4
18	16.1	16.9	16.1	16.1	16.0	18.5	16.6	20.1	16.2
19	23.9	23.9	23.9	23.8	23.9	24.0	24.1	24.0	195.7
20	117.1[e]	171.8[b]	171.5[b]	171.5[b]	177.1[a]	173.6[b]	172.8[b]	173.5[b]	177.3[d]
21	74.5	76.7	76.8	76.5	74.7	74.8	72.6	72.1	74.8
22	117.4	119.6	121.3	121.1	117.4	116.6	111.7	119.5	117.8
23	176.3[e]	175.3[b]	175.8[b]	175.4[b]	176.3[a]	175.8[b]	176.3[b]	176.8[b]	176.6[d]

注：化合物Ⅲ～Ⅶ：$OCO\underline{C}H_3$，21.3±0.3；$O\underline{C}OCH_3$，171.4±0.4 ；a、d、c、b 值在同一列中可以互换。Ⅰ. 毛地黄毒苷元；Ⅱ. 羟基毛地黄毒苷元；Ⅲ. 16-乙酰羟基毛地黄毒苷元；Ⅳ. 3，16-二乙酰羟基毛地黄毒苷元；Ⅴ. 3-乙酰毛地黄毒苷元；Ⅵ. 17β-H-3-乙酰毛地黄毒苷元；Ⅶ. $\Delta^{16(17)}$-3-乙酰毛地黄毒甙元；Ⅷ. $\Delta^{14(15),16(17)}$-3-乙酰毛地黄毒苷元；Ⅸ. 毒毛旋花子苷元（**42**）

比较表 11-11 中化合物Ⅰ和Ⅱ的化学位移可以看出，当强心甾烯结构中引入羟基，除被羟基取代的α-碳向低场位移外，β-碳也向低场位移。若在 5 位引入β-羟基（如化合物 **42**），由于竖键与横键β效应不同，对 C-4、C-6 亚甲基碳有不对称去屏蔽作用而向低场位移。当羟基被酰化后，酰氧基碳的δ值向低场位移，而其β-碳则向高场位移，如化合物Ⅰ与Ⅴ、Ⅱ与Ⅲ或Ⅳ。

H-5α系列强心甾（如乌沙苷元）的 A/B 环中大多数碳的化学位移值比 H-5β系列强心甾烯（如毛地黄毒苷元）处于低场 2～8。但前者 C-10 甲基化学位移值一般在 12.0 附近，而后者一般为 24.0 左右。

H-17β强心甾中，由于屏蔽作用可使 C-12 的δ值向高场位移，如$\Delta\delta$（Ⅵ−Ⅴ）= −9.0。

强心苷中，常含有 2, 6-二去氧糖和 6-去氧糖，它们与普通糖一样，碳谱中各碳原子也都有各自的化学位移值。据此，可确定糖的种类、数目及连接位置。

第三节　其他甾体化合物

一、C_{21}甾体类化合物

C_{21}甾体化合物又称多氧娠烷衍生物（polyoxypregnane），主要分布于萝藦科、夹竹桃科、玄参科、毛茛科等植物中。萝藦科鹅绒藤属、牛奶菜属和萝藦属中分布更为普遍。

C_{21}甾体化合物具有黄体激素（黄体酮）或肾上腺皮质激素（孕甾烯醇酮）的甾核结构，均为孕甾烷的衍生物。其中，A/B 环是反式稠合，C/D 环多为顺式稠合。在 C-5、C-6 位大多有双键，C-20 位可能有羰基，C-17 上的侧链多为α构型，少数也有为β构型。其他位如 C-3、C-14、C-17、C-20 都可能连有β-羟基，C-11 位上则可能有α-羟基，其中 C-11、C-12 羟基还可能和乙酸、苯甲酸、桂皮酸、烟酸等结合成酯。迄今，发现了 14 种C_{21}甾体苷元的基本结构。

该类化合物在植物中除以游离形式存在外，也能与糖缩合成甾苷。糖链多和 C-3 羟基相连，但发现也有与 C-20 位羟基相连的。常见的糖有 D-磁麻糖、D-夹竹桃糖、D-沙门糖、L-地芰糖、D-黄花夹竹桃糖、D-葡萄糖及 L-鼠李糖。

C_{21}甾体化合物具有甾类皂苷的性质，但由于分子中有 2-去氧糖的存在，因此也能呈

Keller-Kiliani 颜色反应。

例如，从青阳参（*Cynanchum otophyllum*）的根茎中分离得到青阳参苷 A（qingyang shenoglycoside A，**61**）和青阳参苷 B（qingyang shenoglycoside B，**62**）。前者为青阳参苷元（qingyang shengenin，**63**）的三糖苷，后者为告达庭（caudatin，**64**）的三糖苷，二者糖的组成相同，均具有抗惊厥的作用，是青阳参治疗癫痫的有效成分。

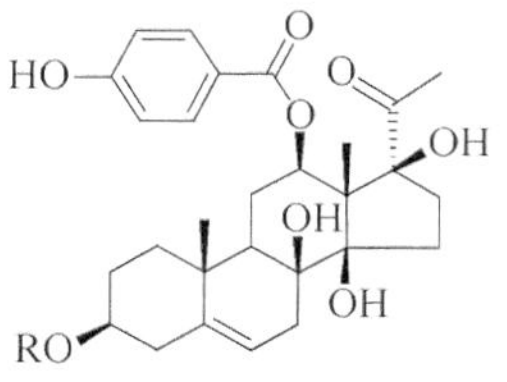

61 R=—cym$\overset{4}{—}$cym$\overset{4}{—}$ole
63 R=H

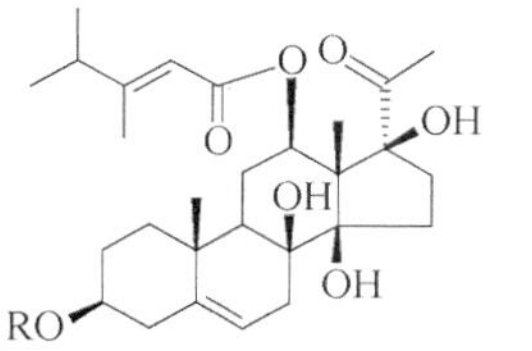

64 R=H
62 R=—cym$\overset{4}{—}$cym$\overset{4}{—}$ole

又如，越南产萝藦科夜来香属民间草药 *Telosma procumbens* 的全草可作为甘草替代品，用作祛痰、止咳药。最近，从其茎中分离鉴定出 18 个高度氧化的孕甾烷苷类化合物，苷元相同，其中夜来香苷 A_2（telosmoside A_2，**65**）味苦、夜来香苷 A_1（telosmoside A_1，**66**）和夜来香苷 A_3（telosmoside A_3，**67**）均无味，而夜来香苷 A_4（telosmoside A_4，**68**）却是主要甜味成分，其甜度是蔗糖的 1000 倍。这是在自然界首次发现的有强烈甜味的孕甾烷苷成分。初步构效关系表明，与苷元直接相连的 4 个以上糖单元和毛地黄毒糖可能是甜味必需结构单元。

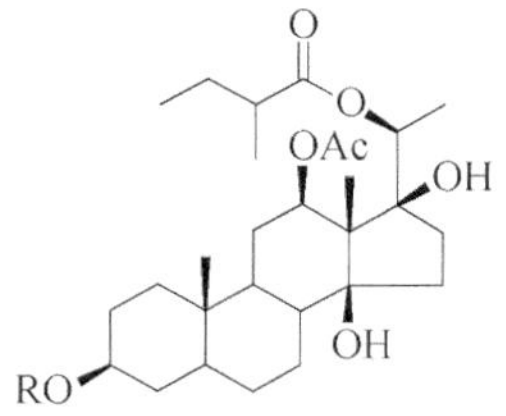

R
65 —cym$\overset{4}{—}$ole$\overset{4}{—}$the$\overset{4}{—}$glc
66 —cym$\overset{4}{—}$ole$\overset{4}{—}$the
67 —cym$\overset{4}{—}$ole$\overset{4}{—}$the$\overset{4}{—}$glc$\overset{4}{—}$glc
68 —dig$\overset{4}{—}$cym$\overset{4}{—}$ole$\overset{4}{—}$ole$\overset{4}{—}$the$\overset{4}{—}$glc

二、蜕皮激素

蜕皮激素即蜕皮甾酮（ecdysterone，*β*-ecdysone，**69**），属于昆虫生长代谢调节激素。1954 年，Butenandt 等从 500kg 蚕蛹中分离出 25mg 昆虫变态活性物质蜕皮酮（*α*-ecdysone，**70**）。蜕皮甾广泛分布于从低等植物（如蕨类）到高等植物的植物界中，如中药牛膝、露水草、拔毒散等，且一般含量较高，尤其是露水草中*β*-蜕皮激素含量高达 2%以上。甚至在高等真菌及海洋生物中也发现了蜕皮甾。目前，已从 80 多个科的植物中分离鉴定了 130 余种蜕皮激素。蜕皮激素有促进 RNA 和蛋白质的合成、影响糖代谢、促进脂类代谢、免疫调剂、延缓衰老、影响中枢神经系统等作用。

从结构上看，蜕皮激素具有如下特征：A/B 环顺式稠合，B 环上有 7-烯-6-酮结构，多羟基取代及其衍生物，可以是 C_{19}、C_{21}、C_{27}、C_{28} 及 C_{29} 甾。因此，可借助于 254nm 的紫外光及 3%香兰醛或 5%磷钼酸喷雾显色来检识。

另外，作为基因调控诱导剂的米乐甾酮（muristerone，**71**）是从旋花科番薯属植物 *Ipomoea calonyction* 中分离得到的，也属于此类化合物。

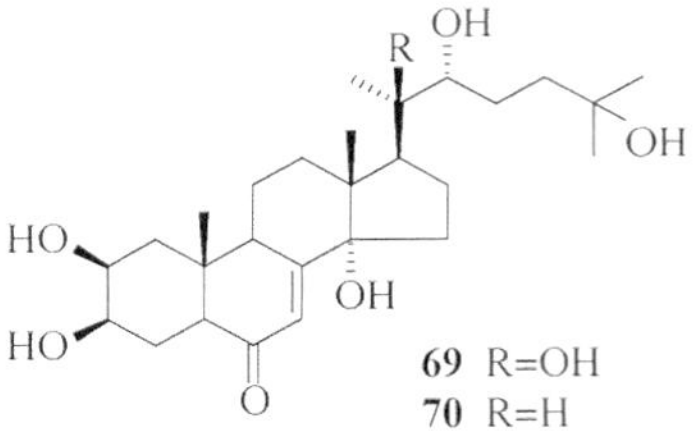

69 R=OH
70 R=H
71 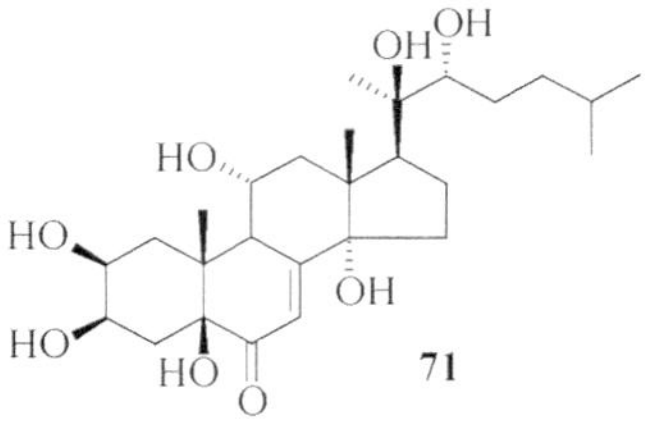

三、植物生长激素

从油菜花粉中发现芸薹素内酯（brassinolide，**72**），含量极微，如从 225kg 油菜花粉中仅分离出 10mg。到目前为止，已发现了天然芸薹素内酯类化合物有 40 余种。芸薹素内酯（**72**）和高芸薹素内酯（homobrassinolide，**73**）具有促进正在生长的组织，抑制不定根的出现，还有提高作物产量、减轻农药药害，增强作物抗病能力等功效。当用碱处理芸薹素内酯时，其活性丧失（内酯水解）；再用酸处理，则活性可恢复（内酯环又形成），说明 B 环的内酯部分是芸薹素内酯类化合物生物活性必需的结构单元。

芸薹素内酯是一类植物生长调节剂，属于第六类植物激素。我国以豆甾醇为原料半合成已获成功，并大面积推广应用。用于农作物可增产 10%，蔬菜水果类增产量甚至可达 40%。

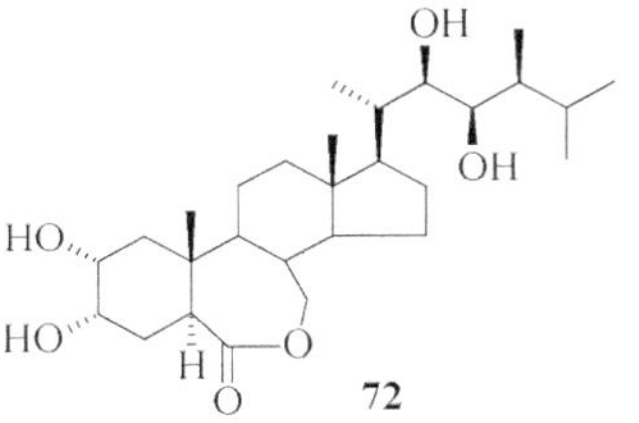

72 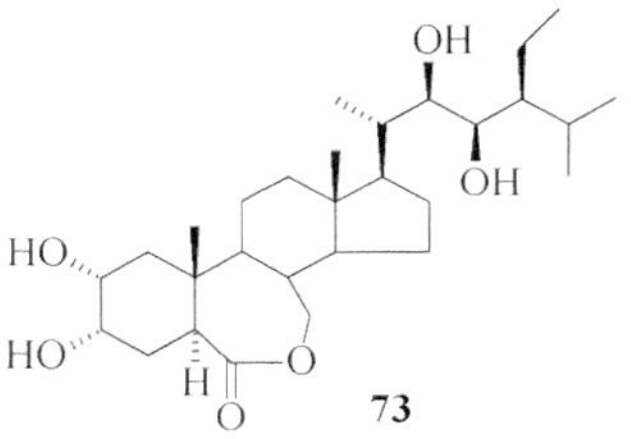　**73**

四、醉茄内酯类

醉茄内酯类（withanolides）也称为睡茄素，是一类高度氧化的 C_{28} 麦角甾烷（ergostane）衍生物，主要存在于茄科，集中在叶中。其结构特征是边链形成 α, β-不饱和 δ-内酯环。截至 2013 年，报道了大约 900 个此类化合物，仅酸浆属（*Physalis*）就含有 169 个，它们具有多种药理活性，如抗肿瘤、抗病毒及免疫调节作用。例如，滋补强身中药催眠睡茄[*Withania somnifera* (L.) Dunal]，也称印度人参（Ashwagandha），含有神经保护和抗肿瘤成分睡茄素 A（withanolide A，**74**）和最近发现的减肥成分醉茄素 A（withaferin A，**75**）中都含有此类物质。

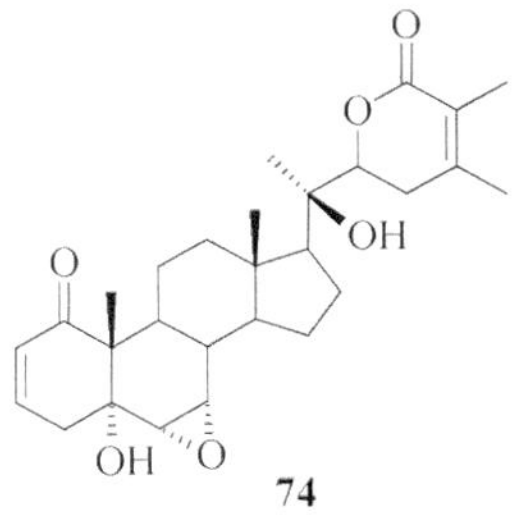

74 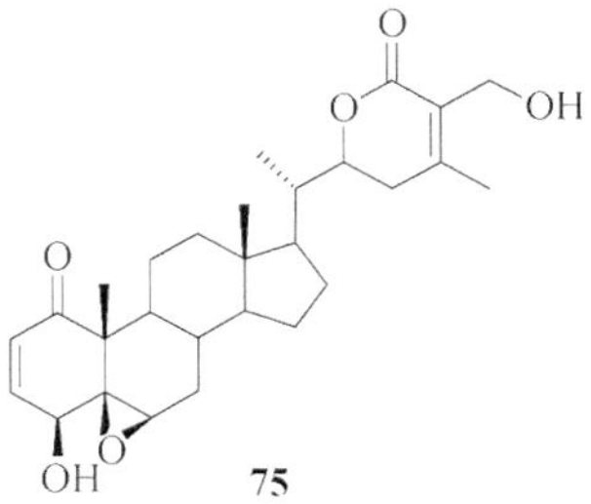　**75**

五、豆甾烷类

豆甾烷类（stigmatane）化合物是具有 29 个碳原子的甾体化合物及其糖苷的衍生物。从土耳其产的唇形科植物 *Ajuga salicifolia* 中分出 5 个豆甾烷糖苷，如代表化合物 **76** 对人体鼻炎癌细胞具有显著的抑制活性。从菊科植物驱虫斑鸠菊（*Vernonia anthelmintica Willd*）鳞茎中分出 9 个豆甾烷成分如化合物 **77**。

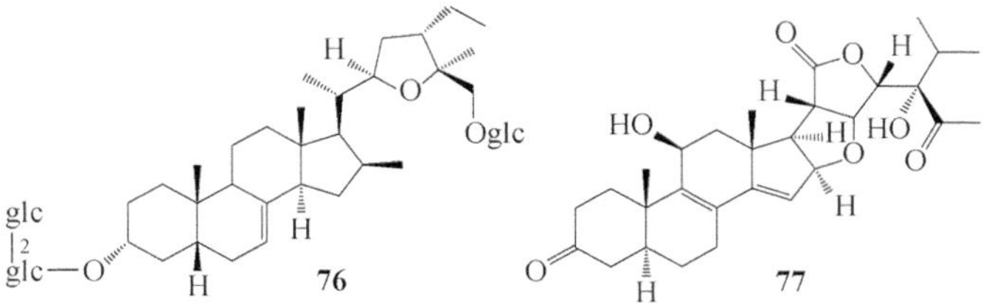

习　题

一、填空题

1. 强心苷元母核为 A、B、C、D 四个稠合的环：A/B 环多为（　　）式，B/C 环都是（　　）式，C/D 环为（　　）式，即 C_{14} 羟是（　　）型。
2. 甾体皂苷与乙酸-硫酸反应显（　　）色，三萜皂苷则显（　　）色。
3. 在（　　）性溶液中，（　　）型强心型苷类化合物分子中的（　　）形成活性（　　），从而可与某些显色剂产生颜色反应。
4. 过碘酸能使强心苷中分子中的（　　）氧化成丙二醛，再与对硝基苯胺缩合呈（　　）色。

答案：1. 顺；反；顺；β　2. 绿；红　3. 碱；甲；双键移位；次甲基　4. 2-去氧糖；黄

二、选择题

1. 在研究强心苷构效关系时，人们发现强心苷必备的活性基团为（　　）。
   A. 环戊烷多氢菲　B. C_3-OH　C. C_{14}-OH　D. C_{17}-内酯环
2. 提取强心苷最常用的溶剂是（　　）。
   A. 热水　B. 碱水　C. 40%的乙醇　D. 70%的乙醇
3. 强心苷的治疗原则量与中毒剂量相距（　　）。
   A. 较大　B. 很大　C. 较小　D. 无差异

答案：D　D　C

三、简答题

1. 简述天然甾族化合物基本结构特征及其常见类型的结构特征。
2. 强心苷常见的颜色反应有哪些？有什么反应特征？

四、提取分离

请写出穿龙薯蓣中提取薯蓣皂苷元的工艺流程并简要说明理由。

第十二章　生　物　碱

生物碱（alkaloids）是一类重要的天然有机化合物。无论从数量上或生理活性方面看，它在天然产物研究中占有极其重要的地位，对人类治疗疾病和发展化学药物方面都起了很大的作用。生物碱是科学家研究最早的一类生物活性天然产物。在我国，17 世纪初就记载了从乌头中提炼出砂糖样毒物作箭毒用，现在已经知道这种毒物是乌头碱；在欧洲，1806 年德国药剂师 F. W. Sertner 从鸦片中得到结晶的吗啡碱，这是生物碱的首次发现，以此为标志，开始了生物碱研究的新时代。迄今为止，已从自然界分出 1 万多种生物碱。

生物碱类大多具有生物活性，往往是许多药用植物包括中草药的有效成分。例如，鸦片的镇痛成分吗啡、麻黄的抗哮喘成分麻黄碱、长春花的抗癌成分长春新碱、黄连的抗菌消炎成分黄连素等。有些中草药虽然含有几个或几十个生物碱，但有效的往往只有一两种，如麻黄碱有效，而伪麻黄碱、甲基麻黄碱则无效。

生物碱属一类存在于生物体的含氮有机化合物（不包括氨基酸、蛋白质、肽类及核酸、含硝基和亚硝基的化合物），应该包括以下几类：①从海洋生物、微生物及昆虫代谢产物中发现的含氮化合物；②氮原子在环状结构内，呈碱性，一般具有强烈生物活性的化合物；③氮原子不存在于环内，但呈弱碱、有活性的化合物，如麻黄碱；④虽含氮杂环但几乎不显碱性的化合物，如蓖麻碱、喜树碱等；⑤氮原子既不在环状结构内，也不是弱碱，但生物活性很好的化合物，如秋水仙碱。

生物碱在植物界分布广泛，存在于 50 多个科的植物中。生物碱集中地分布在系统发育较高级的植物类群裸子植物，尤其是被子植物中。例如，裸子植物的红豆杉科、松柏科、三尖杉科等植物；单子叶植物的百合科、石蒜科和百部科等植物中；双子叶植物的毛茛科、罂粟科、豆科、小檗科、防己科、番荔枝科、芸香科、龙胆科、夹竹桃科、马钱科、茜草科、茄科、紫草科等植物中。低等植物分布较少，如菌类植物麦角菌类含有麦角生物碱；苔藓、地衣类植物中的吲哚类生物碱；木贼科、卷柏科、石松科等蕨类植物。

根据植物体内生物碱中氮原子所处的状态主要分为六类：①盐类，这是大多数生物碱的存在形式，形成盐的酸有柠檬酸、酒石酸、草酸、硫酸、盐酸等，特殊的酸有乌头酸、罂粟酸、奎宁酸或鸡纳酸等；②仅少数碱性极弱的生物碱以游离形式存在；③酰胺类，如喜树碱；④以 *N*-氧化物及亚胺（C═N）、烯胺（N—C═C）等形式存在的生物碱，其中以 *N*-氧化物的形式最多；⑤苷类，分为氮苷和氧苷，尤以吲哚类和甾体类生物碱较多；⑥是与其他杂原子如 S、Cl、Br 结合的生物碱等，像美登木素。

生物合成的研究表明：生物碱一般来源于前体氨基酸、甲戊二羟酸和乙酸酯等。与生物碱生物合成有关的氨基酸主要有鸟氨酸、脯氨酸、赖氨酸、苯丙氨酸、酪氨酸、色氨酸、邻氨基苯甲酸、组氨酸等。生物碱生物合成是在生物体内的一系列酶的调节、控制作用下，经环合、偶合、裂解、氧化、消除等化学反应，以及所伴随的某些重排、降解等过程来完成的。其基本的关键反应有曼尼奇（Mannich）反应、席夫碱反应及酚的氧化偶联等。例如，双苄基异喹啉类生物碱均是由单苄基异喹啉类生物碱通过偶联反应合成的。

第一节 生物碱的结构类型

生物碱的种类繁多，结构复杂，来源不同，分类方法也不统一，如按植物来源分类的麻黄碱、喜树碱、鸦片生物碱等，按化学结构分类的吲哚类、异喹啉等。现在比较合理的方法是化学结构结合生源的分类方法，因为该法既能反映生物碱的生源和化学本质及其相互关系，又能使化合物结构明确，易于辨识。

值得指出的是，这种分类方法并不十分完善。植物体内生物碱合成非常复杂，不是某类生物碱固定只能由某类氨基酸生物合成，而是错综复杂的，在一定程度上还是推理和假设，有待进一步修订和证实。

通常认为不同的生物碱是由不同的氨基酸或生物胺衍化而来。根据合成生物碱的氨基酸和起始原料不同，将其分为七大类，每类又分若干组；其中来源于萜类和甾体的生物碱，虽然骨架为萜类或甾体的母核，但均含有氮原子，故可归并于生物碱类。

一、鸟氨酸衍生的生物碱

本类主要包括吡咯类、吡咯里西啶类、百部类和托品烷类。

（一）吡咯类（pyrrolidines）生物碱

本类生物碱结构简单，数量较少，代表化合物如红古豆碱（cuskohygrine，**1**）、古豆碱（hygrine，**2**）等。其生物合成的关键中间体是 *N*-甲基吡咯亚胺盐及其衍生物。另外，楝科米仔兰属（*Aglaia*）植物能产生多个吡咯烷类化合物，如米仔兰碱（odorine，**3**）。从黄皮（*clausena lansium*）叶中提取的黄皮酰胺（clausenamide，**4**），由桑科植物小构树（*Broussonetia kazinoki*）树根得到结构独特的构树碱（broussonetine G，**5**），具有螺缩酮醇的结构单元，且是有效的*β*-葡萄糖苷酶的抑制剂。

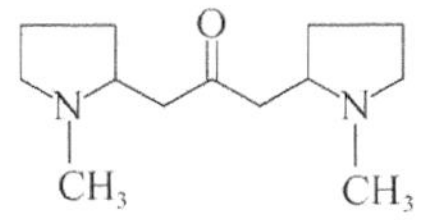

O N CH₃ N CH₃ **1** O N CH₃ **2** O N H H NH O **3**

OH OH N O CH₃ **4** H N OH HO O O HO OH **5**

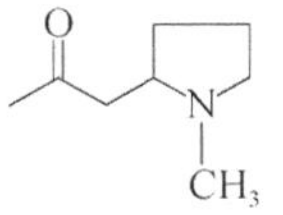

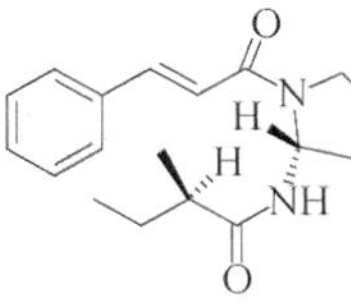

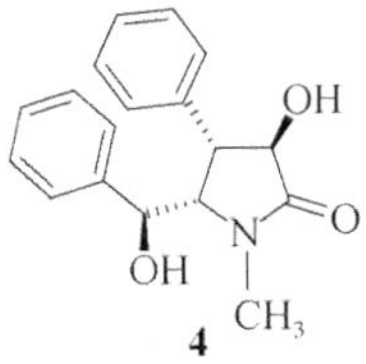

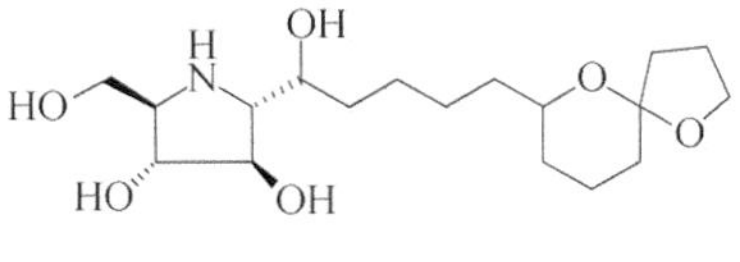

（二）吡咯里西啶类（pyrrolizidines）生物碱

本类生物碱亦称双稠吡咯啶生物碱或千里光生物碱，已分离出 200 多种，分布于 13 科约 370 种植物中。该类生物碱的结构骨架是由两个吡咯啶环稠合共用一个氮原子，它们多以 11 元或 12 元双大环内酯的形式存在，少数以单酯存在。本类生物碱主要分布于菊科千里光属、豆科猪屎属植物中，代表化合物有：一野百合碱（monocrotaline，**6**）、澳大利亚栗籽豆

（*Castanospermum australe*）种子的糖苷酶抑制剂 1, 7a-二表阿莱克辛碱（1, 7a-diepialexine，**7**）。植物 *Senecio miser* 中的全缘千里光碱（integerrimine，**8**）对马铃薯甲虫有强烈拒食作用。

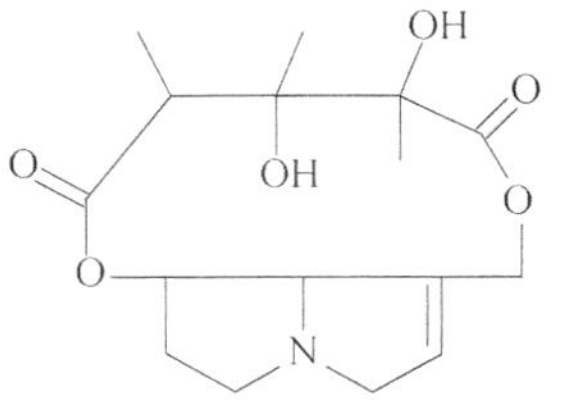

6 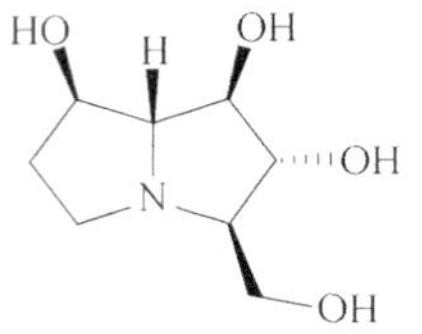　　**7** 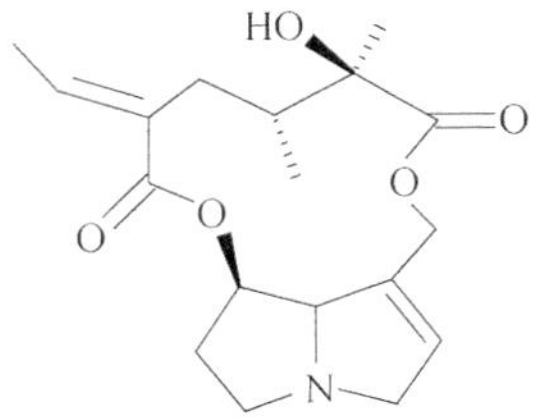　　**8**

（三）百部类（*Stemona*）生物碱

本类生物碱来自百部属植物，已经分离得到的生物碱超过 130 个，大多都有共同的基本母核吡咯［1, 2-*a*］薁环（pyrrolo［1, 2-*a*］azepine），即氮杂薁环（azaazulene）结构。可将百部生物碱分成 8 种结构类型，有些具有镇咳和杀虫活性。例如，代表性化合物对叶百部（*Stemona tuberosa* L.）的块根含对叶百部碱（tuberostemonine，**9**）和 oxystemoenonine（**10**）。

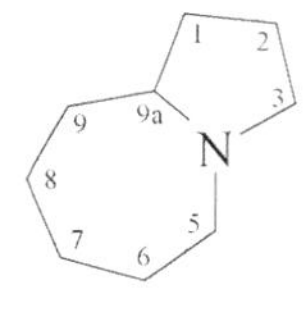

吡咯［1, 2-α］薁环 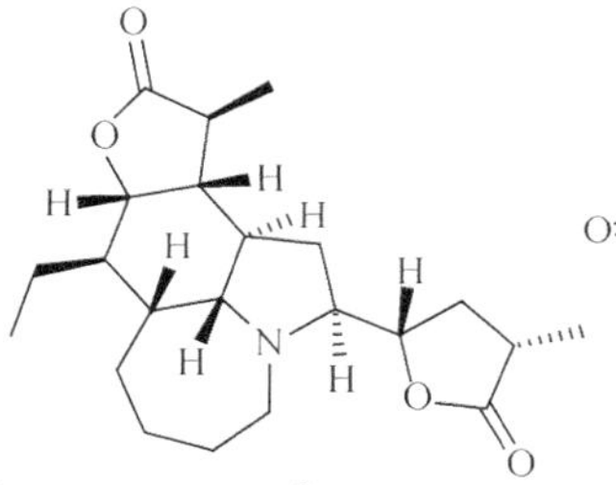　　**9** 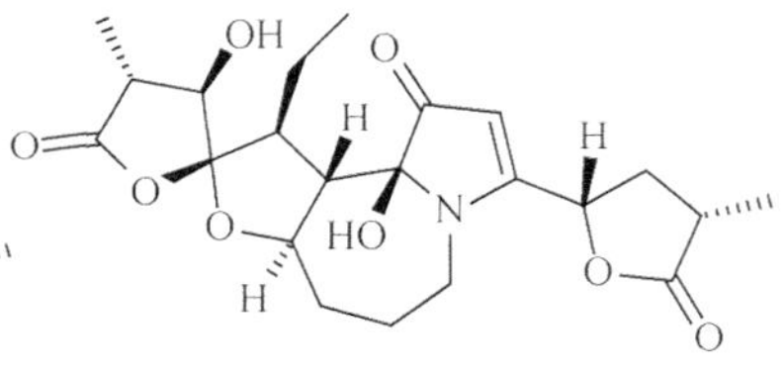　　**10**

（四）托品烷类（tropanes）生物碱

本类生物碱又叫作莨菪烷类，由莨菪烷母核即双环-（1*R*）、（5*S*）-托品烷环系及有机酸两部分组成，有机酸多在 3 位结合成酯。目前已知的有 100 多种，主要分布于茄科颠茄属、天仙子属、曼陀罗属、莨菪属等植物中。

重要化合物有莨菪碱（hyoscyamine，**11**）、可卡因（cocaine，**12**），以及含于旋花科植物旋花（*Calystegia sepium*）根及天仙子（*Hyoscyamus niger*）中的糖苷酶抑制剂打碗花素 A_3（calystegin A_3，**13**）。

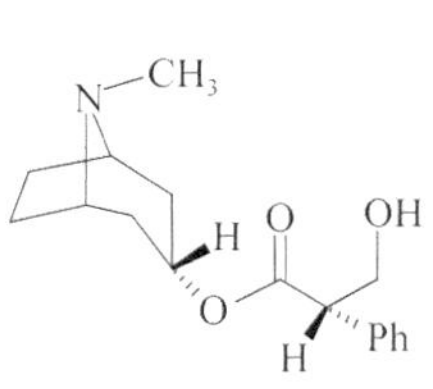

11 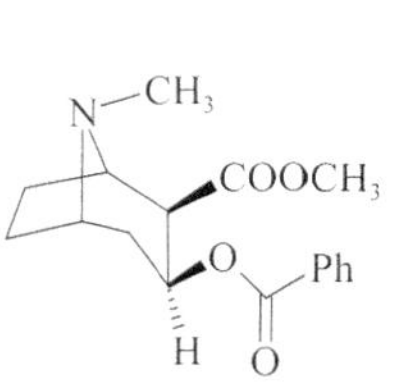　　**12** 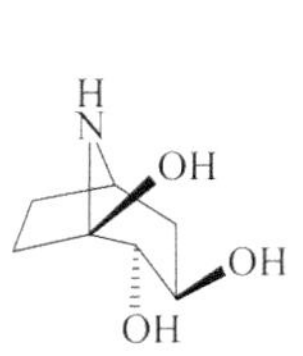　　**13**

二、赖氨酸衍生的生物碱

本类包括哌啶类、吡啶类、喹诺里西啶类、石松类和吲哚里西啶类。它们可能的生源关系如图 12-1 所示。

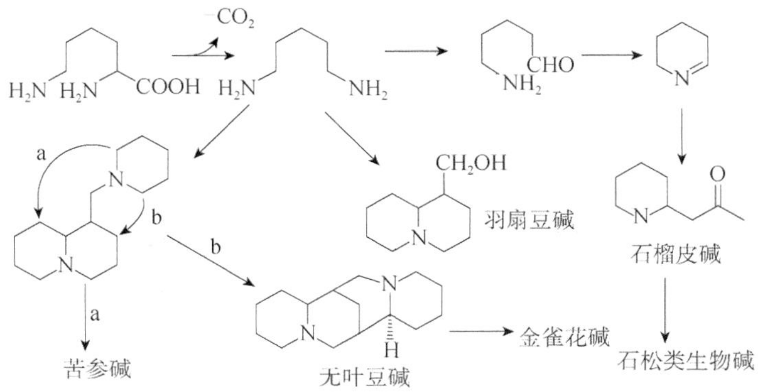

图 12-1　赖氨酸衍生的生物碱生源关系

（一）哌啶类（piperidines）生物碱

本类生物碱结构简单，分布广泛，生源上关键的中间体是派啶亚胺盐类。代表化合物有石榴皮碱（pelletierine，**14**）、槟榔碱（arecoline，**15**），以及由巴西植物 *Siphocampylus verticillatus* 得到的 8, 10-di-*n*-propyllobelidiol（**16**）等。

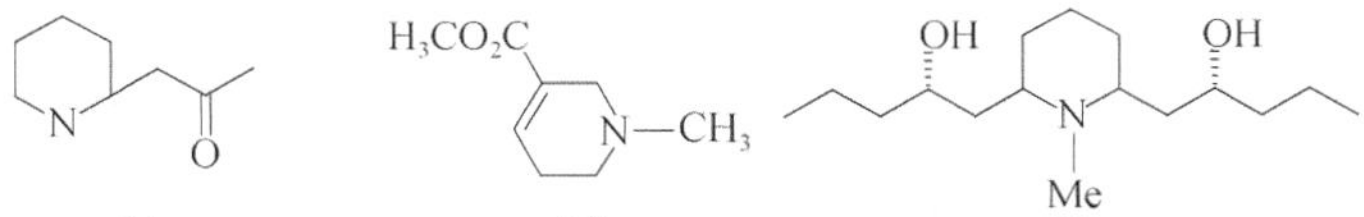

14　**15**　**16**

（二）吡啶类（pyridines）生物碱

植物体中分布极少，多见于真菌和海洋生物中。这类生物碱有烟碱（nicotine，**17**）、毒藜碱（anabasine，**18**）和从大戟科灌木白背叶（*Mallotus apelta*）根中得到的具有抗 HIV 活性的 malloapeltine（**19**）。

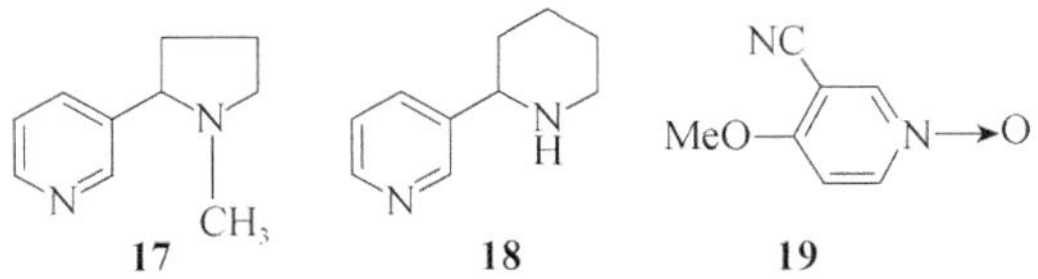

17　**18**　**19**

（三）喹诺里西啶类（quinolizidines）生物碱

本类生物碱又称羽扇豆类生物碱（lupin alkaloids），其分布较广，主要存在于豆科的 20 多属植物中，如槐属、山豆根属、羽扇豆属等植物。目前发现的羽扇豆类生物碱达 150 多种。这类化合物具有抗癌、抗心率失常、抗溃疡等多方面药理作用。这类化合物中较重要的有苦参碱（matrine，**20**）、金雀花碱（cytisine，**21**）、奥豆碱（anagyrine，**22**）等。

又如，由睡莲科植物日本萍蓬草（*Nuphar japonicum*）分到（–）-海狸香胺［（–）-castoramine，**23**］，其对黑腹果蝇的幼虫中致死量（LC_{50}）为 1.00μmol/mL。此类生物碱主要分布于豆科、

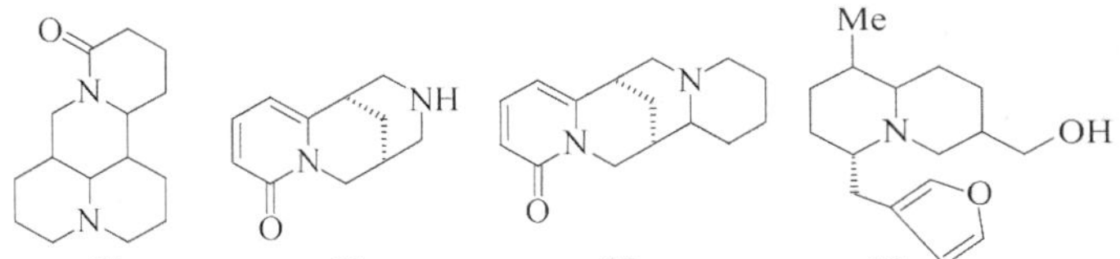

20　**21**　**22**　**23**

石松科和睡莲科植物中。

同时，它们代表了羽扇豆类生物碱四个主要结构类型。可能的生源关系见图 12-1。

（四）石松类（*Lycopodium*）生物碱

本类生物碱是从石松属植物和其近缘植物中分得的一类结构奇特且骨架变化多样的生物碱，并且具有很多重要的生物学功能。例如，具有代表性的石杉碱甲（huperzine A，**24**）是 1986 年我国学者从中草药千层塔（*Huperzia serrata*）中获得的生物碱。它是高效的第二代乙酰胆碱酯酶（AChE）抑制剂，具有提高学习、记忆效果的功能，用作中老年良性记忆障碍及痴呆药物，商品名为"富伯信或双益平"。石杉碱甲的半合成类似物希普林（schiprine，**25**）已进入临床试验。

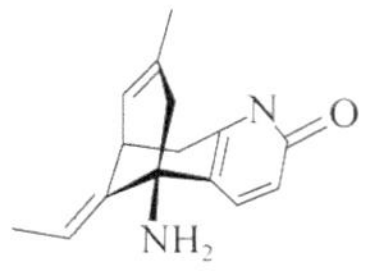

NH_2 HO MeO Cl

24 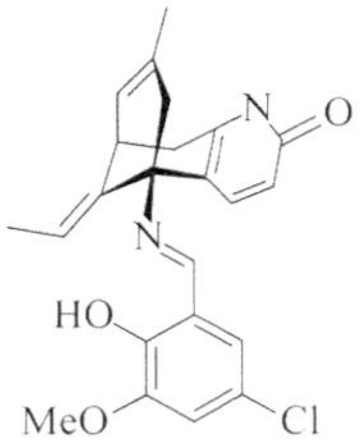 **25**

（五）吲哚里西啶类（indolizidines）生物碱

本类生物碱代表物有：大戟科一叶萩属植物的一叶萩碱（securinine，**26**）；从印度草药 *Pergularia pallida* 中分离鉴定的 tylophorinidine（**27**），它对癌症化疗的关键靶酶显示很好的抗肿瘤活性；萝藦科有毒植物牛心朴子草（*Cynanchum komarovii*），民间用其鲜草驱灭蚊虫。其总生物碱具有抗植物病毒如烟草花叶病毒等活性，主要活性成分为 7-去甲氧娃儿藤碱（antofine，**28**）。

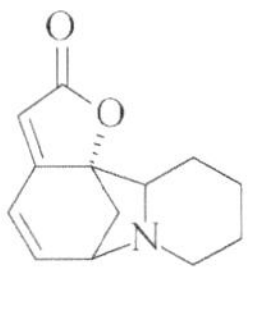

MeO OH OMe MeO HO OMe MeO

26 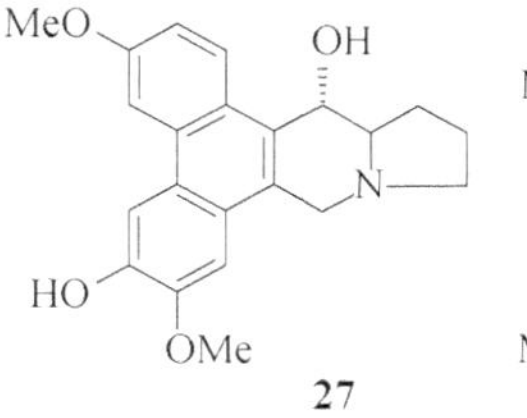 **27** 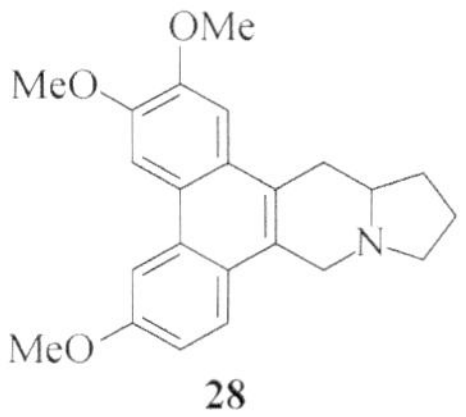 **28**

三、邻氨基苯甲酸衍生的生物碱

本类生物碱包括：喹啉类、喹唑啉酮类和吖啶酮类，它们主要分布于芸香科植物中，可能的生源关系如图 12-2 所示。

（一）喹啉类（quinolines）生物碱

本类生物碱细分为简单喹啉、喹诺酮、呋喃喹啉等。

1．简单喹啉型（quinoline） 来自长叶图腊树（*Galipea longiflora*）叶中具有抗寄生虫和抗疟作用的奇曼碱 B（chimanine B，**29**）、奇曼碱 D（chimanine D，**30**）及克斯巴林（cusparine，**31**）。其中，奇曼碱 B 可作为先导化合物开发口服抗利什曼剂。

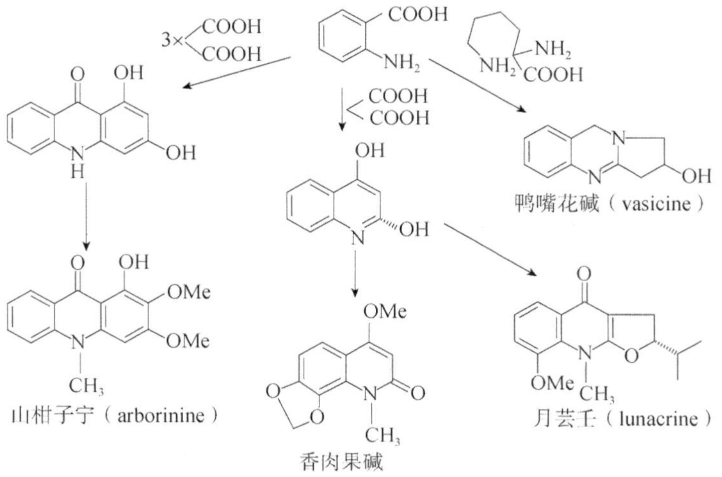

3× COOH COOH
COOH NH₂
NH₂ NH₂ COOH
COOH COOH
O OH OH N H
OH OH N OH
N N OH
鸭嘴花碱（vasicine）
O OH OMe OMe N CH₃
山柑子宁（arborinine）
OMe O O N O CH₃
香肉果碱
O OMe N O CH₃
月芸壬（lunacrine）

图 12-2 邻氨基苯甲酸衍生生物碱的生源关系

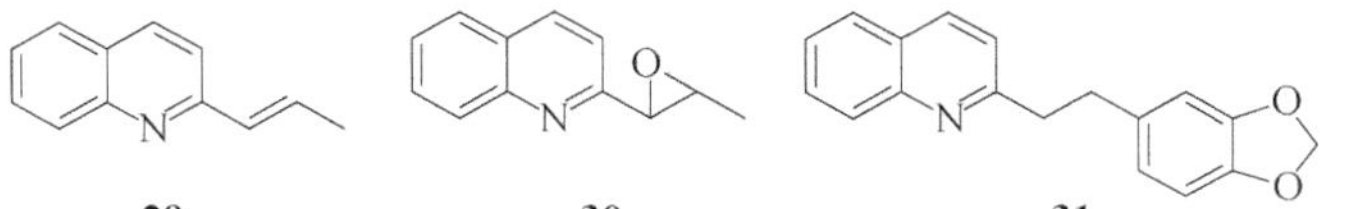

29 30 31

2．喹诺酮型（quinolone） 本类成分主要分布于芸香科植物中。例如，从产于喜马拉雅的茵芋属植物美丽茵芋（*Skimmia laureola*）地上部分得到的两个化合物 ptelefoliarine（**32**）、acetoxyptelefoliarine（**33**），以及中药吴茱萸果实中对海虾显示毒性的吴茱萸卡品碱（evocarpine，**34**）和二氢吴茱萸卡品碱（dihydroevocarpine，**35**）。

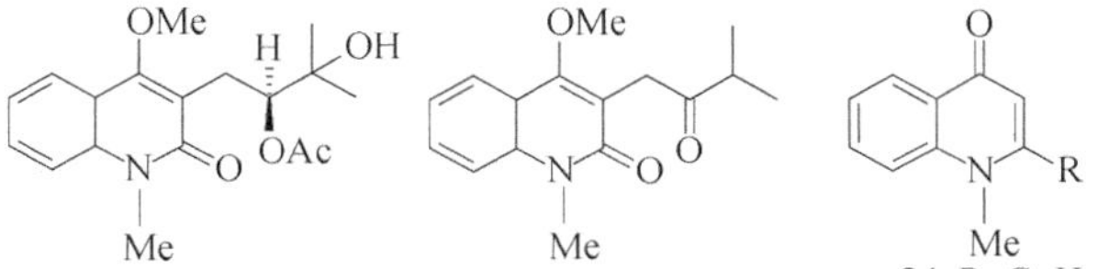

32 33 34 $R=C_{13}H_{25}$ 35 $R=C_{13}H_{27}$

3．呋喃喹啉型（furoquinoline） 代表化合物有白鲜碱（dictamnine，**36**）、大叶芸香（*Haplophyllum perforatum*）植物中的乙酰大叶芸香碱（acetylhaplophyllidine，**37**）和中草药单叶油柑（*Acronychia haplophylla*）中具有抗无节律作用的 acrophyllidine（**38**）。

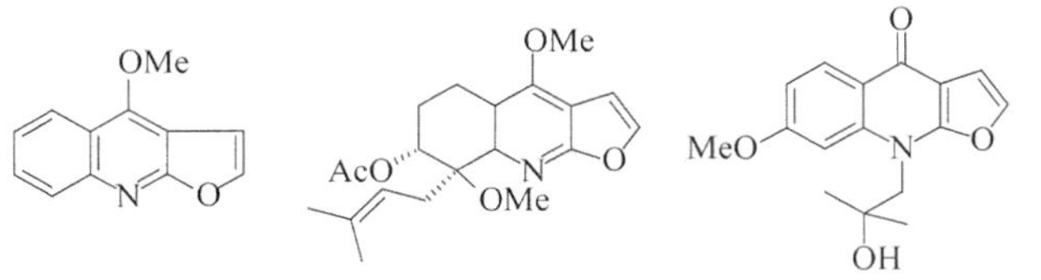

36 37 38

（二）喹唑啉酮类（quinazolinones）生物碱

本类数目较少，如从抗疟中药常山（*Dichroa febrifuga*）的根中分离出常山碱乙（febrifugine，**39**）、常山碱甲（isofebrifugine，**40**）。常山碱乙的抗疟效价为喹宁的 100 倍。化合物 1, 3-二甲基喹唑啉-2, 4-二酮（**41**）在日本被用作有害甲虫灰褐色金龟子的性引诱剂。

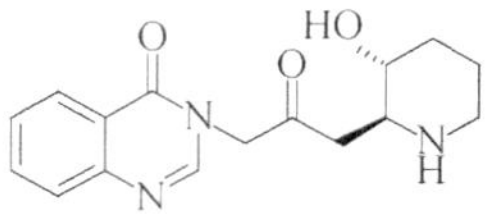

39 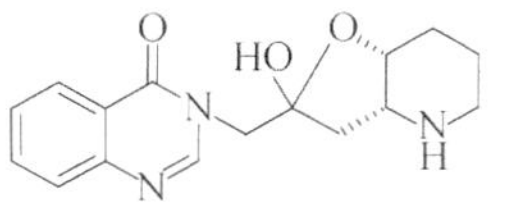　　40 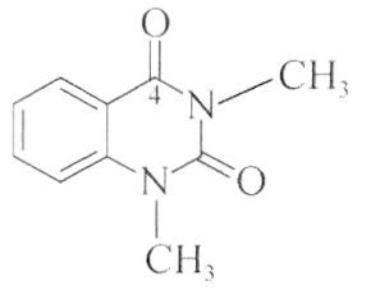　　41

（三）吖啶酮（acridones）类生物碱

本类生物碱主要分布于芸香科植物中，如海南产的民间草药酒饼簕（*Atalantia buxifolia*）根皮中分离鉴定的 buxifoliadines B（42）及同属植物单叶酒饼簕（*Atalantia monophylla*）根中酒饼簕宁（atalaphyllinine，43），二者均有细胞毒活性。

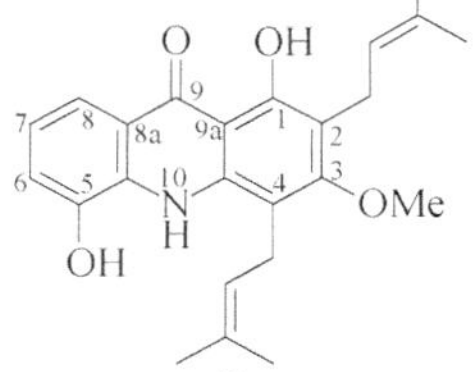

42 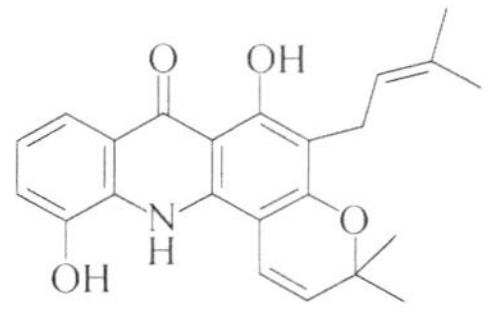　　43

四、苯丙氨酸和酪氨酸衍生的生物碱

本类生物碱数量多、结构类型复杂、药用价值大。根据生源上关键前体的骨架将该类生物碱分成如下 15 类。

（一）麻黄碱类（ephedrines）生物碱

麻黄碱类又称苯丙胺类，本类较少，结构特点是氮原子在环外侧链上，属于有机胺类。重要化合物有兴奋剂(−)-麻黄碱[(−)-ephedrine，**44**]、无活性的(+)-伪麻黄碱[(+)-pseudoephedrine，**45**]、不成瘾的致幻剂墨斯卡林（mescaline，**46**）及中药紫菀（*Aster tartaricus*）根中有钙拮抗活性的 asperglaucide（**47**）。

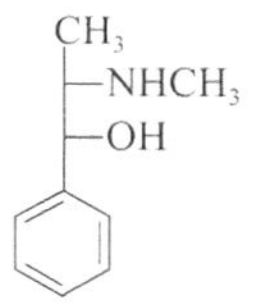

44 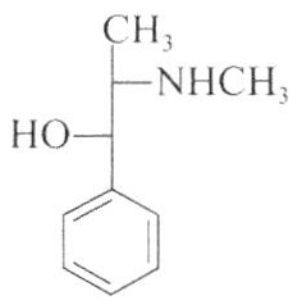　　45 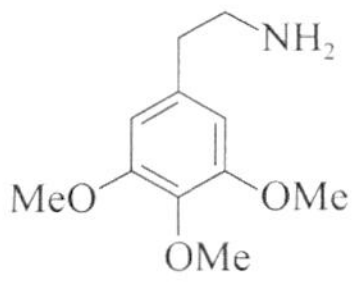　　46 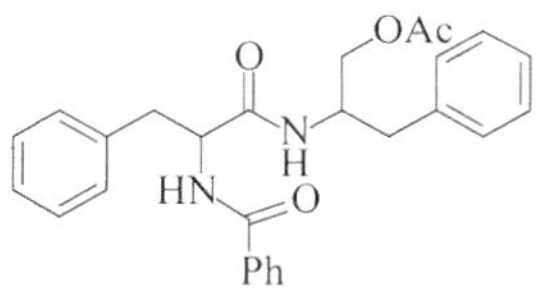　　47

（二）秋水仙碱类（colchicines）生物碱

该类生物碱是氮原子在环外成酰胺结构，分子中存在两个骈合的七元环，且具环庚三烯酮结构特点。主要存在于百合科植物中，如抗有丝分裂剂秋水仙碱（colchicine，**48**），临床上用于治疗癌症。

（三）简单异喹啉类（isoquinolines）生物碱

异喹啉核上只有简单取代基的化合物，数量很少，分布零散。生源上可认为是由多巴胺与一个脂肪醛形成席夫碱，再经环合而成，如有降压作用的鹿尾草碱（salsoline，**49**）、鹿尾草定（salsolidine，**50**），它们存在于鹿尾草（*Salsola richteri*）中。

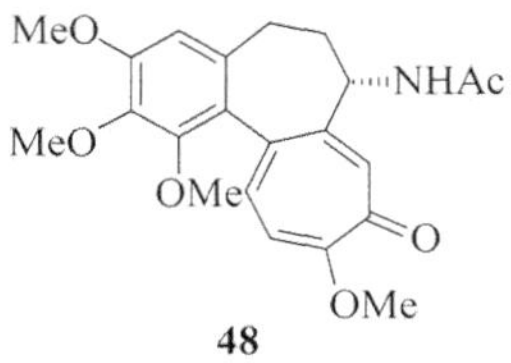

48 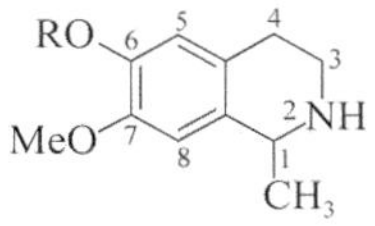　　**49** R=H　**50** R=CH_3

（四）苄基异喹啉类（benzylisoquinolines）生物碱

一般在异喹啉核或四氢异喹啉核的1位连有一苄基，集中分布于毛茛目、木兰目。重要的化合物有：乌头的强心成分去甲乌药碱（demethylcoclaurine，**51**）、具有解痉作用的罂粟碱（papaverine，**52**），以及广泛存在的 *d*-网状番荔枝碱（*d*-reticuline，**53**）等。研究表明，苄基四氢异喹啉是其他生物碱生物合成的重要中间体。

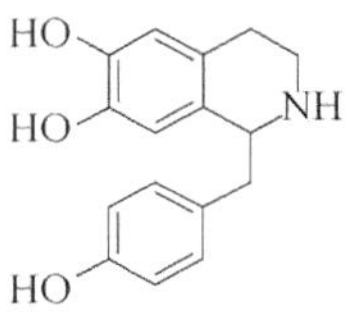

51 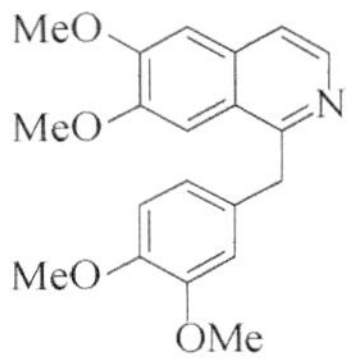　　**52** 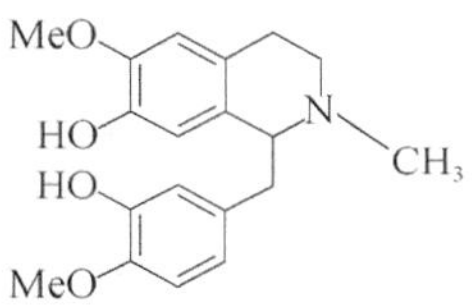　　**53**

（五）双苄基异喹啉类（bisbenzylisoquinolines）生物碱

这类生物碱由两个苄基异喹啉分子经酚氧化偶联产生，以醚键方式相连而成，有单醚、双醚、三醚等类型。如果以异喹啉环为头，苄基为尾，则有尾尾、头尾、头头相连等形式，如汉防己甲素（tetrandrine，**54**）、防己诺林（fangchinoline，**55**）等。此类化合物主要分布于比较原始的双子叶植物类群，如毛茛目、木兰目和罂粟目等，主要存在于木兰科、防己科、樟科、番荔枝科、小檗科、毛茛科等植物中。

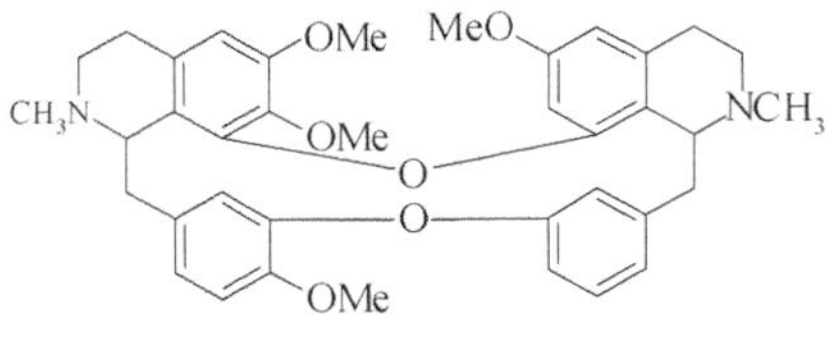

54 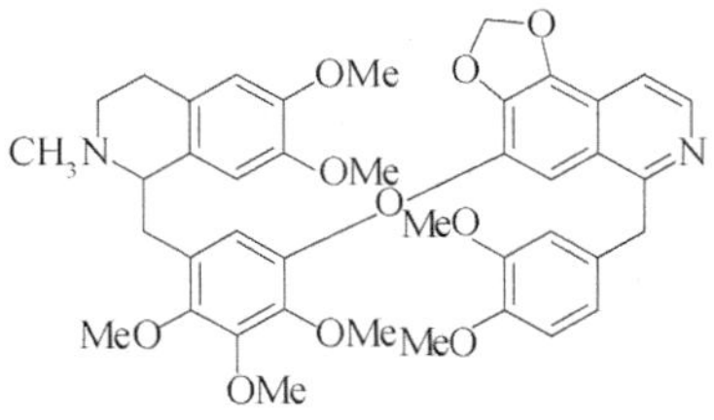　　**55**

（六）萘基异喹啉类（naphthylisoquinolines）生物碱

该类生物碱在异喹啉的苯环上接有一个萘基，分为单取代和二聚体萘基异喹啉，是钩枝藤科（Ancistrocladaceae）和双钩叶科（Dioncophyllaceae）热带葛藤的主要化学成分。它们在结构上含有空间阻碍的二芳基轴及两个立体中心。例如，地奥考非林碱 A（dioncophylline A，**56**）是钩枝藤属植物的主要成分之一，除了有杀菌、灭软体动物，杀幼虫活性外，还对食草昆虫 *Spodoptera littoralis* 幼虫表现出明显拒食作用，可能是一类新型杀虫剂先导物。

另外，具有抗 HIV 活性的二聚体米歇尔胺 B（michellamine B，**57**）是从科鲁普钩枝藤（*Ancistrocladus korupensis*）茎、叶中获得的，它可作为先导化合物。

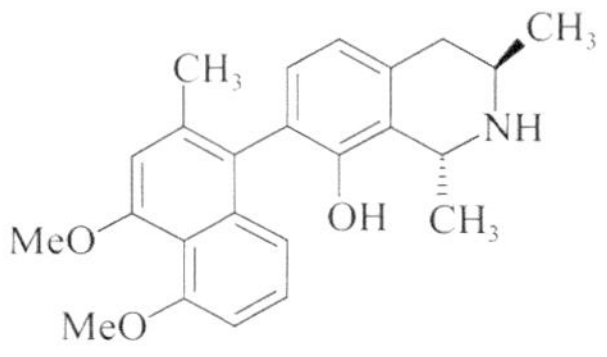

56 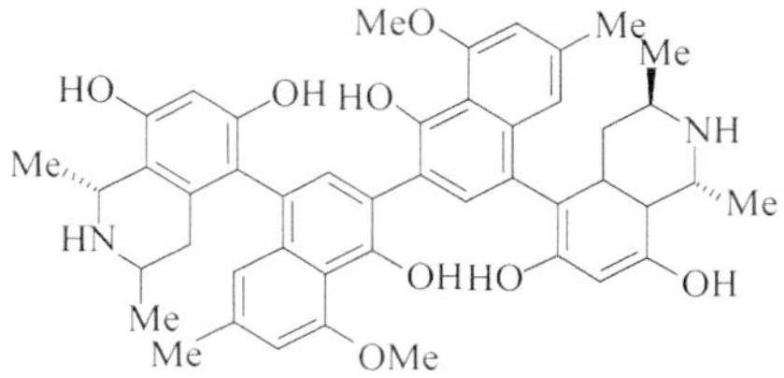 **57**

（七）苯酞异喹啉类（phthalide-isoquinolines）生物碱

本类生物碱大多是在异喹啉核 C-1 位连有一个苯酞酯单元。重要化合物为北美黄连碱衍生物，如（+）-*β*-北美黄连碱［（+）-*β*-hydrastine，**58**］存在于罂粟科植物直茎黄堇（*Corydalis stricta*）根中，而（−）-北美黄连碱［（−）-*β*-hydrastine，**59**］则含于毛茛科植物北美黄连（*Hydrastis canadensis*）中。（1*R*, 9*S*）-*β*-北美黄连碱盐酸盐［（1*R*, 9*S*）-*β*-hydrastine，**60**］拮抗*γ*-氨基酸受体，抑制多巴胺生物合成。

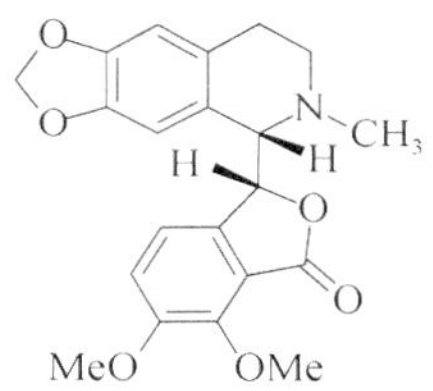

58 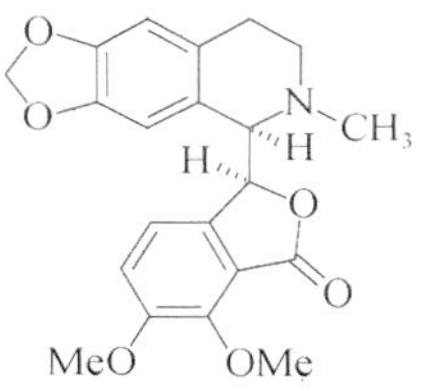 **59** 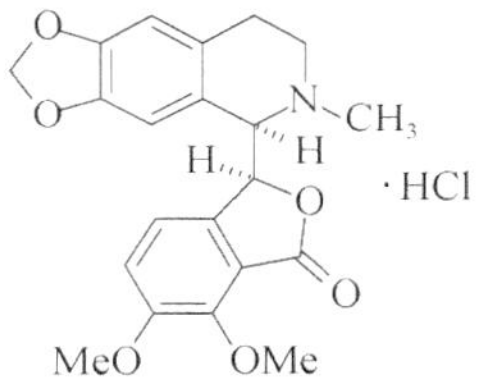 **60**

（八）吗啡类（morphines）生物碱

常见的化合物如蒂巴因（thebaine，**61**）、可待因（codeine，**62**）和吗啡（morphine，**63**），以及来自粉绿藤属植物 *Pachygone dasycanpa* 的 14-hydroxyisostephodline（**64**）和存在于多种千金藤属植物的具有抗肿瘤作用的中国木防己碱（sinococuline，**65**）等。此类生物碱主要存在于大戟科、樟科、马钱科、防己科、罂粟科等植物中。

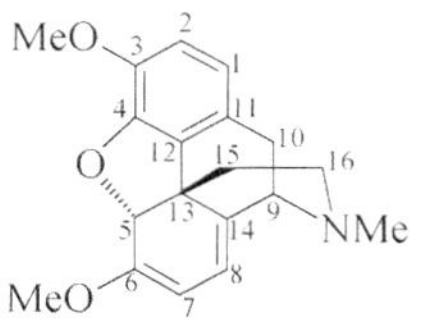

61

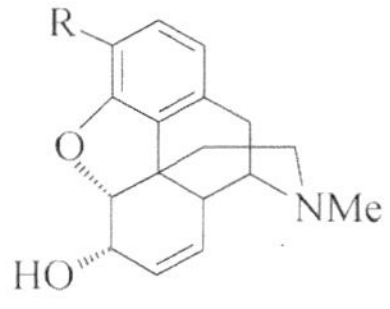

62 R=OCH$_3$
63 R=H

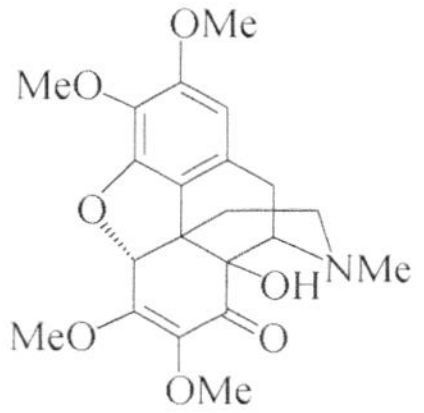

64 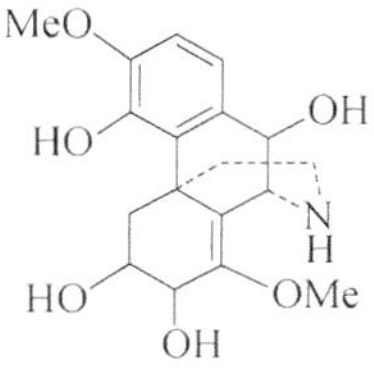 **65**

通过示踪实验证明：①苄基四氢异喹啉类（如网状番荔枝碱等）是最重要的生源前体，可经次级环合、C—N键和C—C键裂解等反应，直接形成其他类型生物碱；②原绿刺桐碱类是一个生源分支点，由它再形成阿朴芬类；③另一个关键的生源分支点是原小檗碱类，由它再形成其他类型生物碱。这生源关系表示如下。

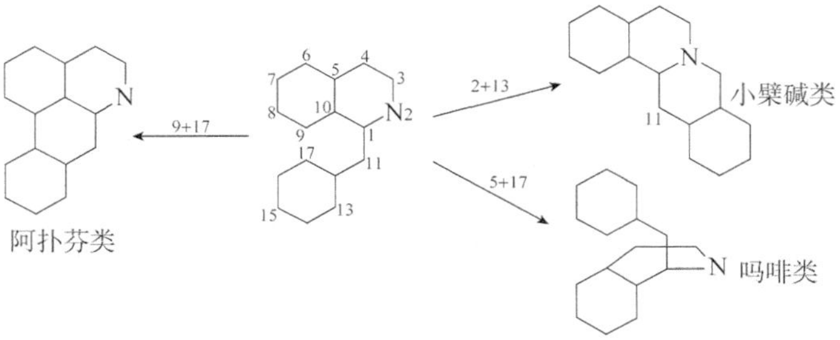

阿扑芬类　9+17　2+13　小檗碱类　5+17　吗啡类

（九）阿朴芬类（aporphines）生物碱

本类生物碱具有菲类或二氢菲骨架，数量很多，主要分布在番荔枝科、马兜铃科、小檗科、大戟科、樟科、防己科、香材树科、罂粟科、毛茛科、芸香科等植物中。可分成：①阿朴芬型，如镇痛剂紫堇碱（bullbocapnine，**66**）、artabonatine A（**67**）；②氧代阿朴芬型，如taliglazine（**68**）；③双氧代阿朴芬型，如griffithidione（**69**）；④氧代异阿朴芬型，如细胞毒成分蝙蝠葛氧代异阿朴芬（daurioxoisoaporphine，**70**）；⑤双氧代-1-氮杂阿朴芬型，如hadranthines A（**71**）和B（**72**）；⑥1-氮杂阿朴芬型，如sampangine（**73**）和3-methoxysampangine（**74**）等。

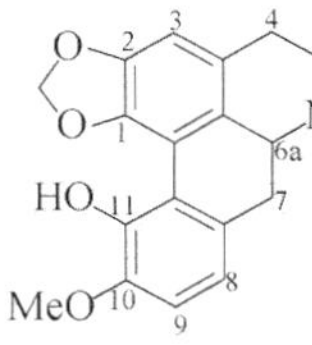

66 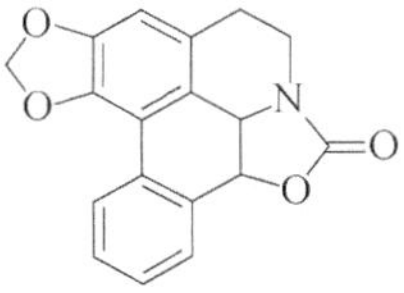　**67** 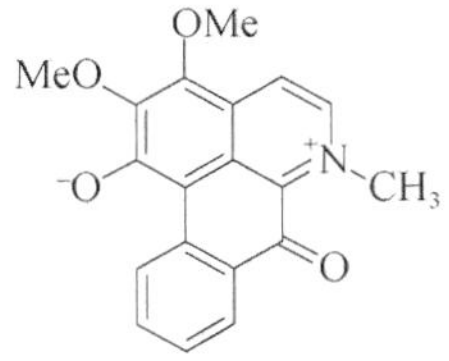　**68**

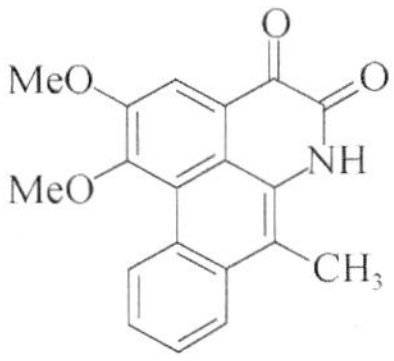

69 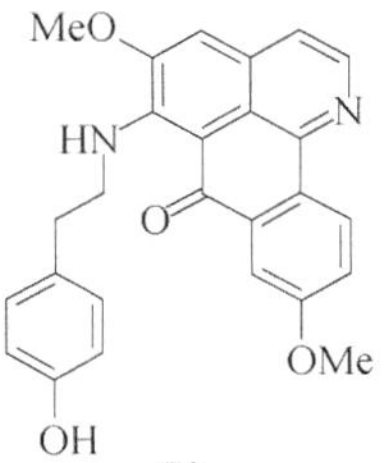　**70**

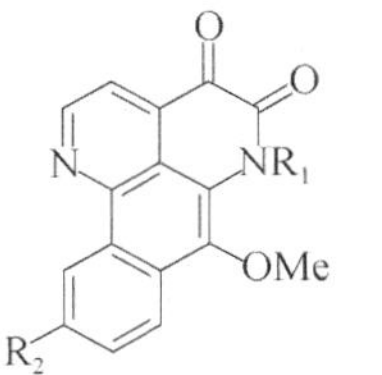

71 R_1=Me, R_2=OMe
72 R_1=R_2=H

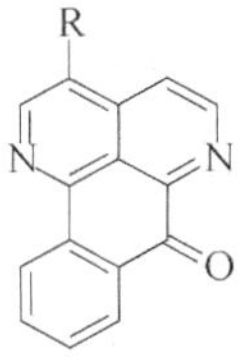

73 R=H
74 R=OMe

本类也发现二聚体的阿朴芬生物碱，如番荔枝科植物 *Phoenicanthus oblique* 中的phoenicanthusine（**75**）和urabaine（**76**），前者是发现的第一个以N-6—C-4′键与C-7—C-5′键合的罕见例子。

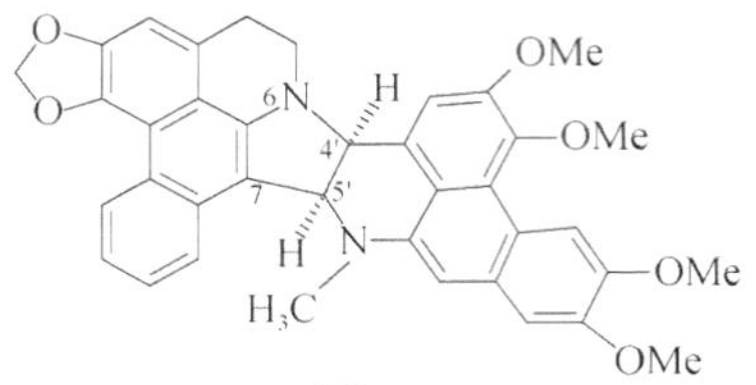

75 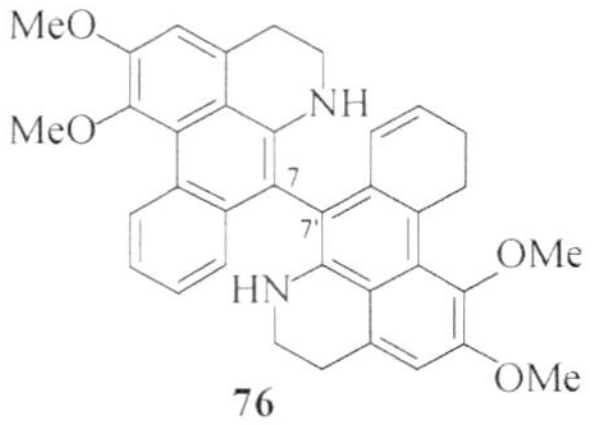 76

（十）原小檗碱类（protoberberines）生物碱

三棵针（*Berberis poiretii*）和黄连（*Coptis chinensis*）等植物中所含的抗菌消炎成分黄连素，又称小檗碱（berberine，**77**），其还原产物则为原小檗碱（protoberberine，**78**）。此类生物碱主要分布在防己科、番荔枝科、小檗科、罂粟科、毛茛科等植物中。

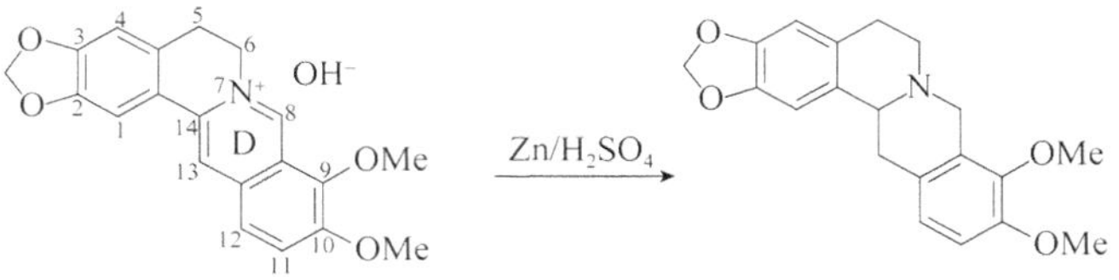

Zn/H_2SO_4

77 78

（十一）普罗托品类（protopines）生物碱

本类生物碱又称原阿片碱类，其结构特征是含一个十元氮杂环，且多在C-14位酮基，与原小檗碱和小檗碱类的区别是7、14位之间的C—N键裂解，如中药延胡索（*Corydalis turtshaninovii*）中原鸦片碱（protopine，**79**）、缢缩马兜铃碱（constrictosine，**80**）和5, 6-二氢缢缩马兜铃碱（5, 6-dihydroconstrictosine，**81**）。此类生物碱主要在小檗科、罂粟科、马兜铃科等植物中分布。

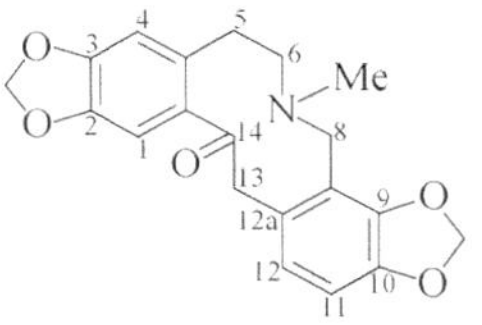

79 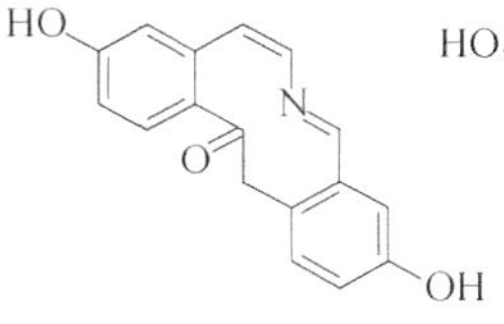 80 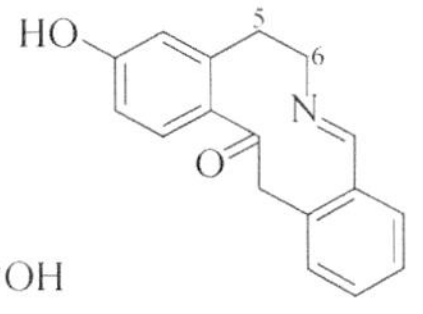 81

（十二）苯骈菲啶类（benzophenanthridines）生物碱

本类生物碱又称 α-萘菲啶（α-naphthaphenanthridine）。这类生物碱为数不多，主要存在于罂粟科和芸香科等植物中。常见的化合物有血根碱（sauguinarine，**82**）、白屈菜碱（chelidonine，**83**）。

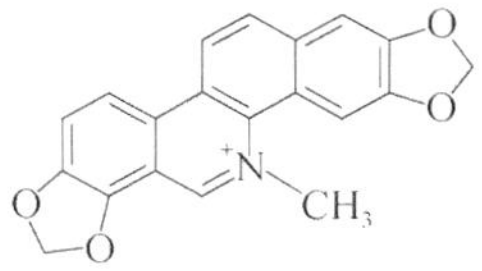

82 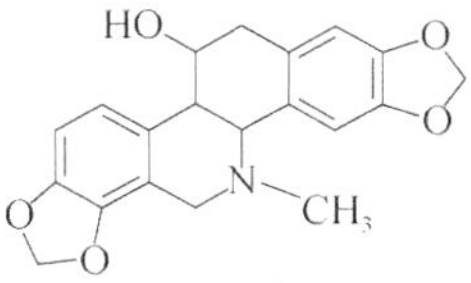 83

（十三）刺桐碱类（erythroidines）生物碱

该类生物碱细分为刺桐碱型、高刺桐碱型（homoerythrina）和粗榧碱型（cephalotaxine），主要分布于三尖杉科、豆科等植物中，如绿刺桐碱（erythraline，**84**）、α-刺桐碱（α-erythroidine，

85）及豆科植物的 10, 11-双氧代绿刺桐碱（10, 11-dioxoerythraline，**86**）。

高刺桐碱是刺桐碱的同系物，结构特征是一个七元氮杂环骈合一个五元环。例如，来自三尖杉（*Cephalotaxus fortunei*）中的三尖杉碱（fortunine，**87**）；而粗榧碱则是高刺桐碱的异构体，如抗白血病药物三尖杉碱（harringtonine，**88**）和高三尖杉碱（homoharringtonine，**89**）。

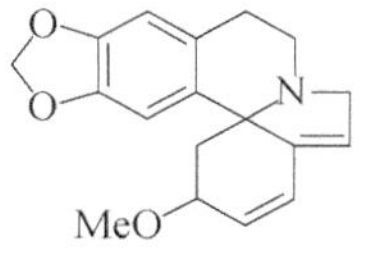

84 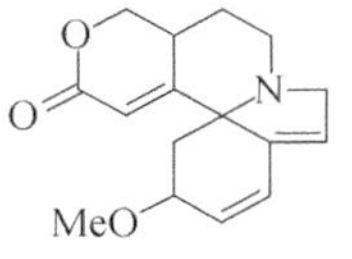　**85** 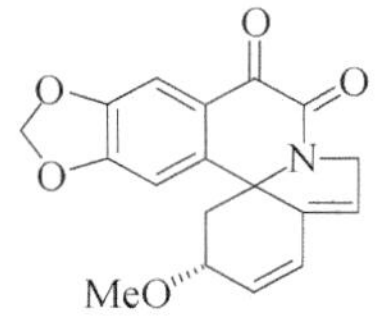　**86**

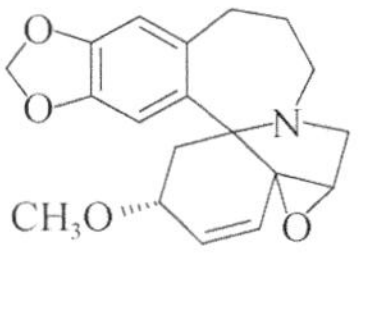

87 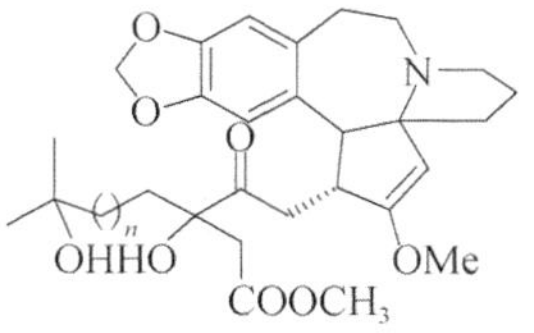　**88** *n*=1; **89** *n*=2

（十四）石蒜科（Amaryllidaceae）生物碱

本类生物碱分布于石蒜科 30 多属约 200 种植物中，已发现 200 余种。重要化合物如加兰他敏［(－)-galanthamine，**90**］、石蒜碱（lycorine，**91**），以及存在于多种水仙属植物如长寿水仙（*Narcissus jonquilla*）中 9-*O*-去甲基高石蒜碱（9-*O*-demethylhomolycorine，**92**），它有昆虫拒食活性。

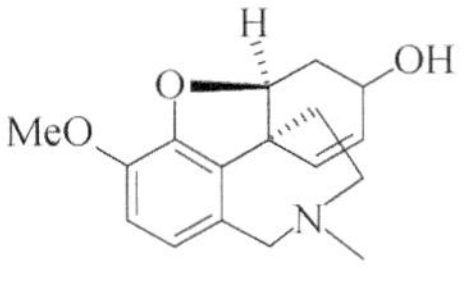

90 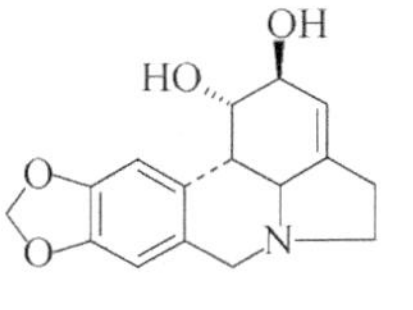　**91** 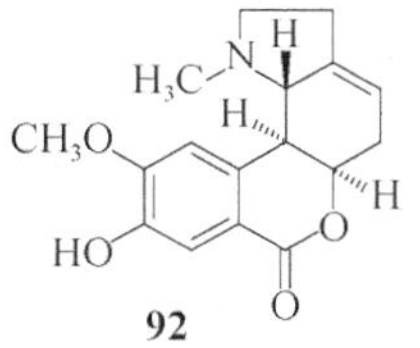　**92**

石蒜碱类的生物合成是由关键前体 norbelladine 通过典型的氧化偶合方式而形成的(图 12-3)。

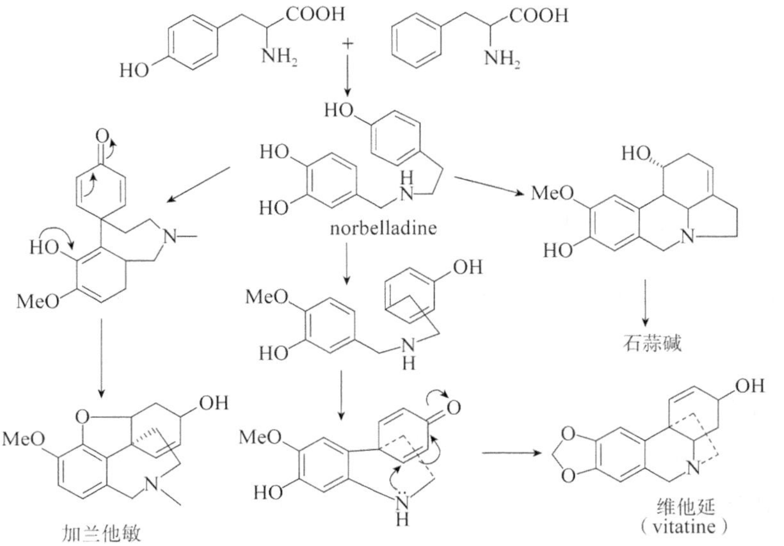

norbelladine　石蒜碱　加兰他敏　维他延（vitatine）

图 12-3　石蒜碱类生物碱的生物合成

（十五）吐根碱类（emetines）生物碱

本类生物碱主要分布于茜草科和八角枫科植物中。其结构特征是由一个苯骈喹诺里西啶和一个异喹啉环组成。代表化合物如 *l*-吐根碱（*l*-emetine，**93**）及 2′-*N*-（1-deoxy-*β*-D-fructopyranosyl）cephaeline（**94**）。

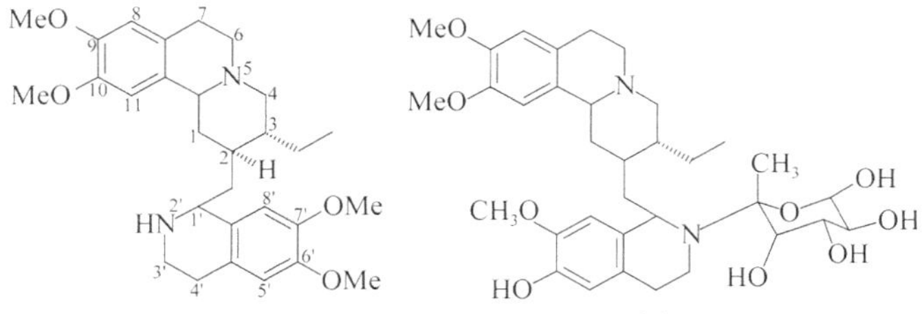

93　　**94**

五、色氨酸衍生的生物碱

吲哚类（indoles）生物碱是最大、最复杂的一类生物碱，约占已知生物碱的 1/4。至今，此类生物碱的结构、立体化学、有机合成及生物学等方面研究一直是具有挑战性的领域。基于生源关系，将此类生物碱分为三大类：非单萜吲哚类生物碱、单萜吲哚碱类和生源上与喹啉有关的生物碱。值得指出的是，此类生物碱生物合成的研究已相当透彻。

（一）非单萜吲哚类（non-monoterpenoid indoles）生物碱

该类化合物分为简单吲哚类、麦角类、*β*-咔波啉类、咔唑类和毒扁豆碱类生物碱。

1．简单吲哚类（simple indoles）生物碱　结构中除吲哚核外，别无杂环，分布十分广泛，主要是在禾本科和豆科植物中。重要的代表物有 5-羟色胺（serotonin，**95**）、靛玉红（indirubin，**96**）和吲哚乙酸（indole-3-acetic acid，IAA，**97**）。靛玉红是中药青黛的抗白血病有效成分，1982 年作为抗肿瘤药在中国上市，吲哚乙酸用作植物生长素。

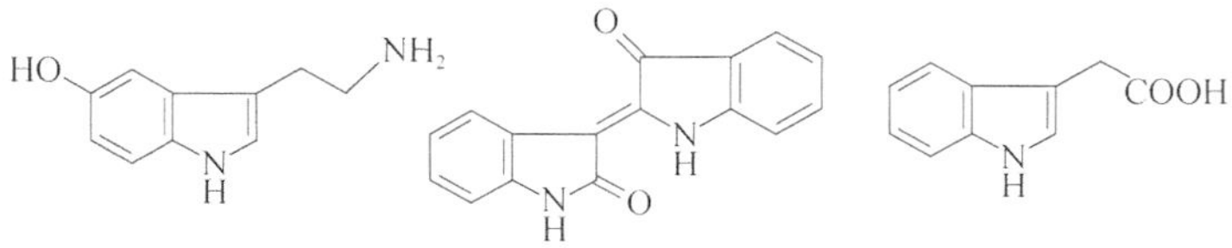

95　　**96**　　**97**

2．麦角类（ergots）生物碱　麦角类生物碱是由一个吲哚环骈合一个喹啉环组成的四环体系，是从子囊菌麦角菌（*Claviceps purpurea*）培养物中获得的一系列生物碱，如麦角酰胺（ergine，**98**）、半合成类似物卡麦角林（cabergoline，**99**）和特麦角脲（terguride，**100**），后两者是多巴胺 D_2 受体激动剂，用于治疗精神分裂症和帕金森病。

3．*β*-咔波啉类（*β*-carbolines）生物碱　本类生物碱又称骆驼蓬生物碱，由吲哚和吡啶组成三环体系，多数在 C-1 位上有取代基。从生源上看，它是由色氨酸脱羧环合而成。其广泛存在于植物、动物和微生物体内，在夹竹桃科、马钱科、山矾科、苦木科、芸香科、豆科、茜草科、紫葳科等 12 科 21 属药用植物中均有分布。

例如，普遍存在的生物碱哈满（harman，**101**）有抑制 H9 淋巴细胞 HIV 复制活性，并以哈满为先导结构合成了较强活性衍生物 **102**。

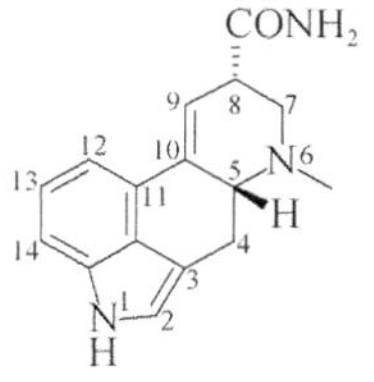

98 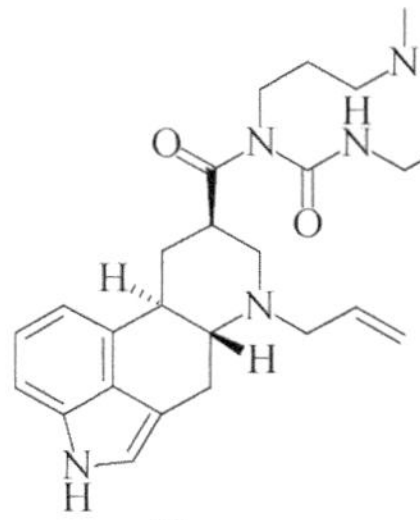　　99 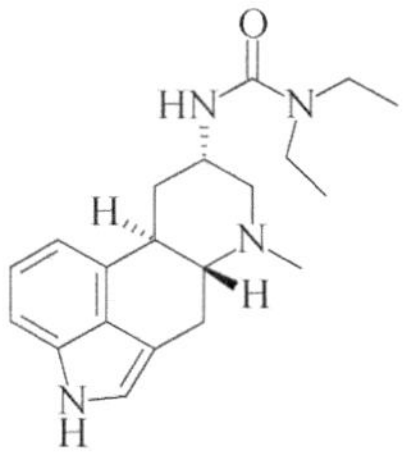　　100

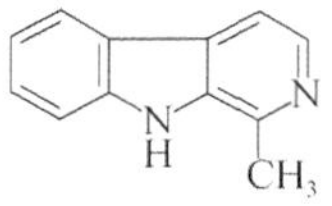

101 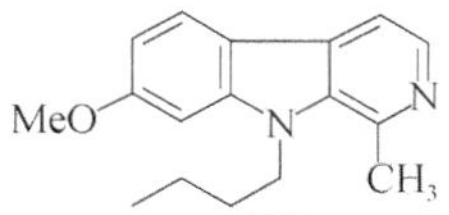　　102

4．咔唑类（carbazoles）生物碱　该类生物碱属于苯骈吲哚类，仅限分布于芸香科植物中。例如，山小橘属（*Glycosmis*）植物受伤后感染真菌产生的一系列植物防卫素，如咔唑卫素 A（carbalexin A，**103**）、抗肿瘤促进作用的黄皮胺 A（clausamine A，**104**）、玫瑰树碱（ellipticine，**105**）。

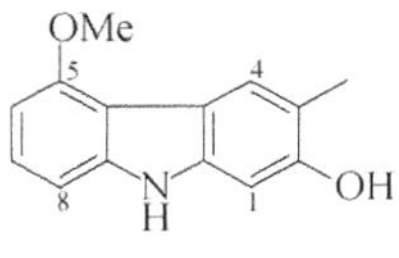

103 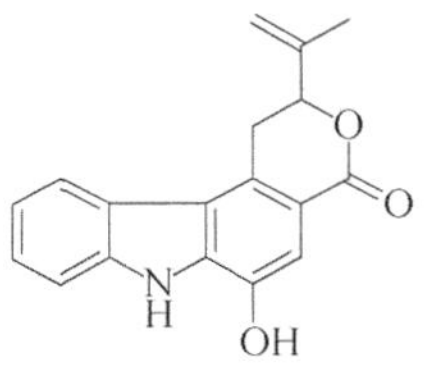　　104 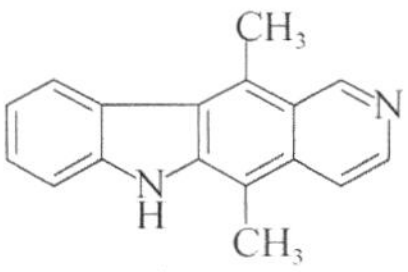　　105

5．毒扁豆碱类（physostigmines）生物碱　毒扁豆碱类是四氢吡咯与吲哚稠合而成的衍生物，在夹竹桃科、蜡梅科、豆科、茜草科等植物均有分布。代表化合物有毒扁豆碱（eserine 或 physostigmine，**106**）。有的化合物是二聚体或多聚体，如蜡梅（*Chimonanthus praecox* Link）种子中的抗植物病原真菌成分叶坎生（*L*-folicanthine，**107**）。

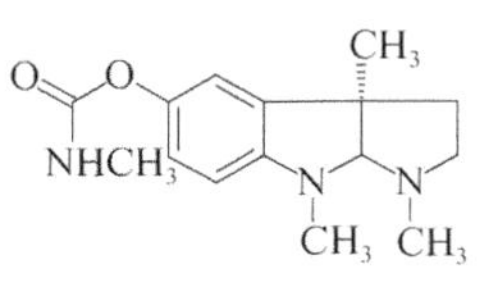

106 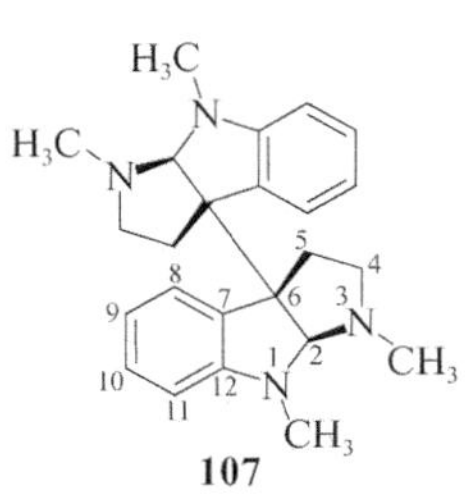　　107

（二）单萜吲哚类（monoterpenoid indoles）生物碱

单萜吲哚生物碱是天然产物中的一个重要类型，目前在已知的 3000 多个天然化合物及其衍生物中，有 50 余个化合物在临床中应用，因此该类生物碱一直是天然产物和有机合成化学家关注的热点之一。白坚木（*Aspidosperma*）和马钱子（*Strychnos*）生物碱构成了最大类型单萜吲哚生物碱且有 2000 多个成员。有些生物碱有抗癌、抗寄生虫及抗微生物活性。

通过组织培养和元素标记研究证明，单萜吲哚生物碱的生物合成是通过三个步骤完成的（图 12-4）。

第一步：裂环马钱子苷（secologanin）的形成。第二步：1 分子裂环马钱子苷与 1 分子色胺在异胡豆苷合成酶催化下通过 Manish 反应产生异胡豆苷（strictosidine）基本骨架，它是 3000 多个吲哚生物碱及喜树碱的关键前体物。第三步：异胡豆苷在植物体内各种辅酶的参与下，经各种生物合成反应形成结构多样的吲哚生物碱。

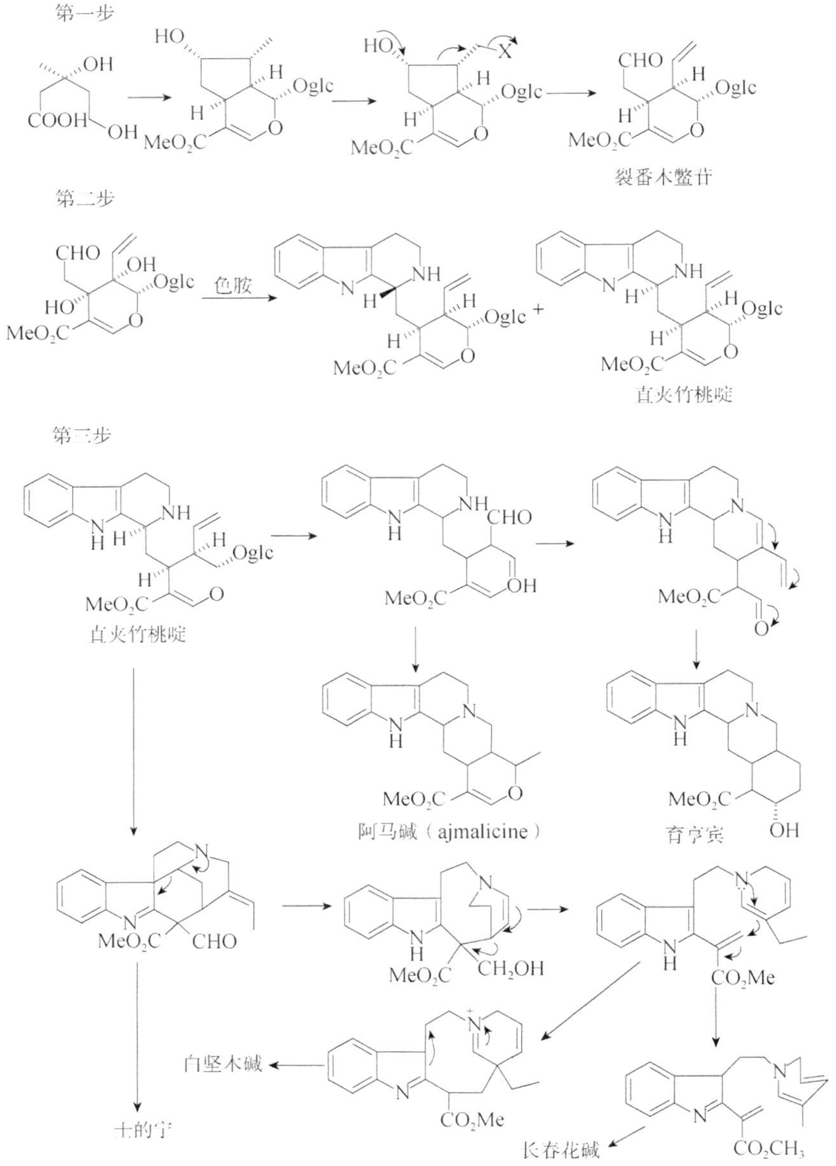

第一步

裂番木鳖苷

第二步

色胺

直夹竹桃啶

第三步

直夹竹桃啶

阿马碱（ajmalicine）

育亨宾

白坚木碱

士的宁

长春花碱

图 12-4 单萜类吲哚生物碱的生物合成

根据骨架特点将单萜吲哚生物碱大体分为如下 11 种类型。

1. 育亨宾、柯南因与蛇根碱类（yohimbines、corynantheines 和 serpentines）生物碱 育亨宾类最有代表性化合物当属降血压药，又称“降压灵”利血平（reserpine，**108**）。柯南因的结构特点是 E 环裂解，如柯南因（corynantheine，**109**）和 7-α-hydroxy-7H-mitragynine（**110**）。蛇根碱类属 E 环为六元氧杂环，如蛇根碱（serpentine，**111**）及利血匹啉（reserpiline，**112**）。

2．马钱子类（*Strychnos*）生物碱 此类生物碱又称为士的宁碱，结构中含有七元氧杂环。常见的化合物有临床上用作中枢兴奋剂的士的宁（strychnine，**113**）和阿枯米辛（akuammicine，**114**），此类生物碱主要分布于夹竹桃科和马钱科植物中。

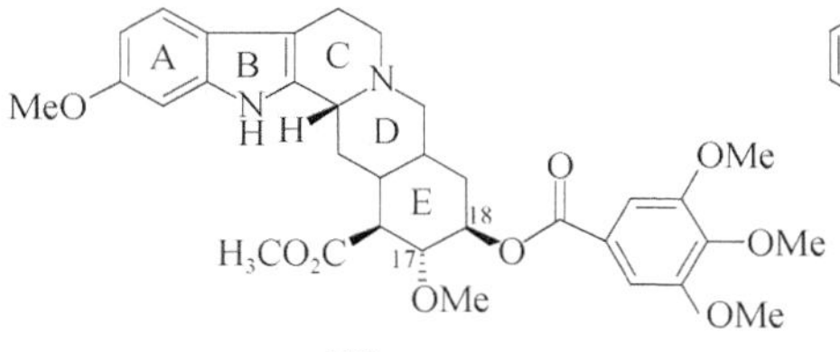

108 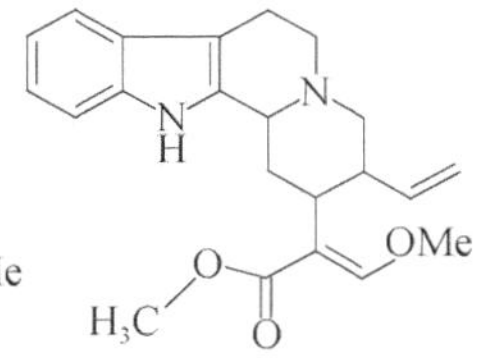 **109**

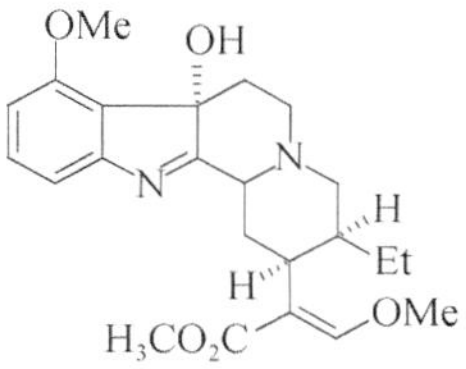

110 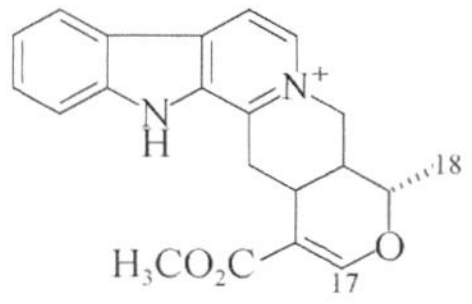 **111** 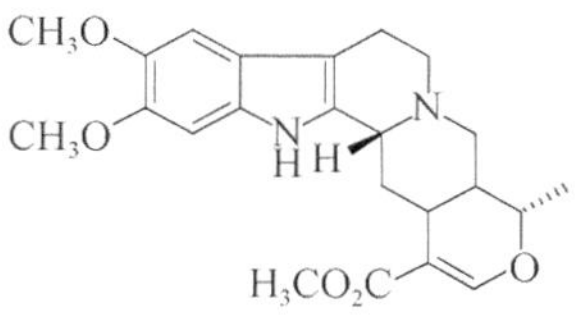 **112**

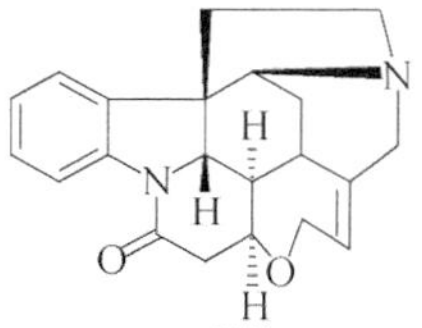

113 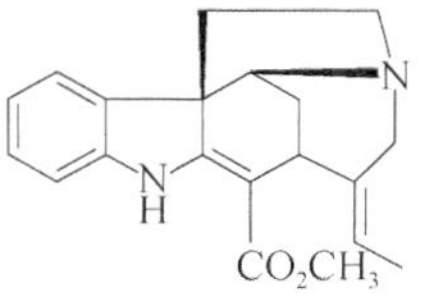 **114**

3．长春花碱与依博格胺类（catharanthines 和 ibogamines）生物碱 此类生物碱结构特点是存在一个七元氮杂环，主要分布于夹竹桃科植物中。常见的典型例子是依博格胺类（ibogamine，**115**）、依博格碱（ibogaine，**116**）及长春花碱（catharanthine，**117**）。

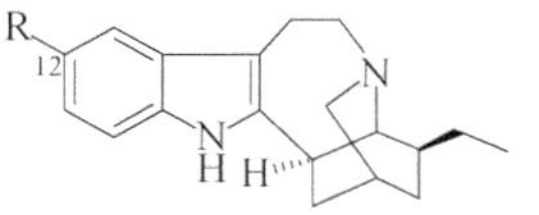

115 R=H
116 R=OCH_3
117 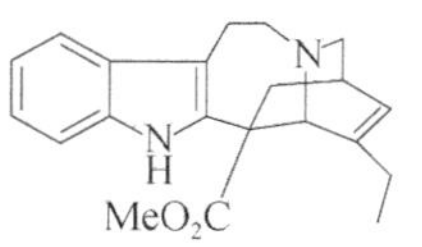

4．白坚木类（*Aspidosperma*）生物碱 本类化合物是最多的一类吲哚生物碱，大约有五环的白坚木碱骨架化合物 250 个，这些分子结构特异并具有多种生物活性。代表化合物有白坚木碱（aspidospermine，**118**）、jerantinine-E（**119**）及白坚木宾（aspidoalbine，**120**）等，此类生物碱主要分布在夹竹桃科植物中。

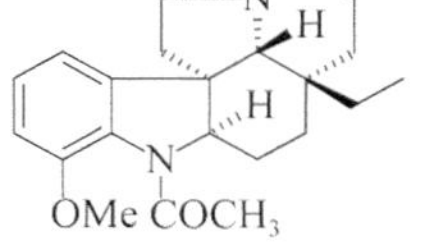

118 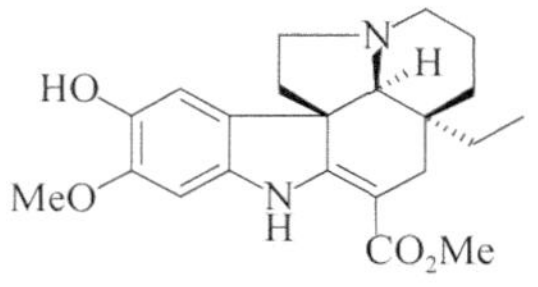 **119** 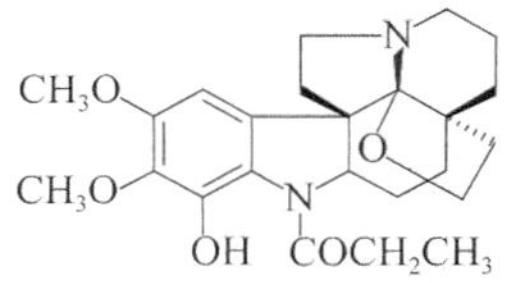 **120**

5．长春胺类（vincamines）生物碱 代表化合物有重要的药用成分长春胺（vincamine，**121**）、cuanzine（**122**）等，仅分布在夹竹桃科几个属中。

6. 蛇根精类（sarpagines）生物碱　本类生物碱在柯南因碱骨架的 C 环和 D 环之间形成一个碳桥，存在于夹竹桃科萝芙木属（*Rauvolfia*）、马钱科蓬莱葛属（*Gardneria*）等植物中。代表化合物有蛇根精（sarpagine，**123**）、蓬莱藤碱（gardnerine，**124**）和植物 *Paschiera buchtieni* 的 11-methoxystrictamine（**125**）。

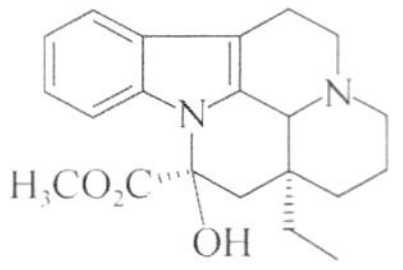

H_3CO_2C OH **121**　OMe H_3CO_2C OH **122**

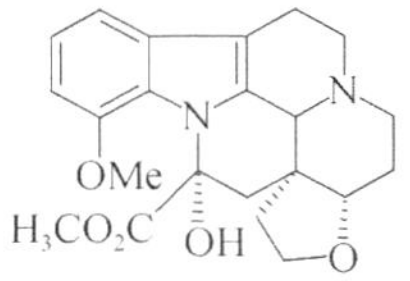

R_1 R_2 CH_2OH **123** R_1=OH, R_2=H **124** R_1=H, R_2=OCH_3　CO_2CH_3 MeO **125**

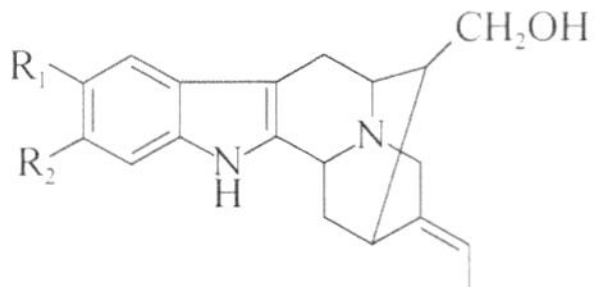

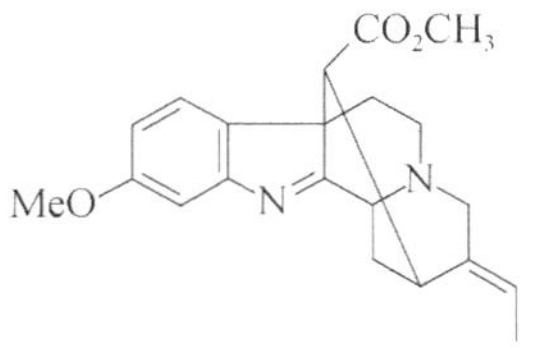

7. 波里芬类（perivines）生物碱　从结构上看，本类生物碱是蛇根精类骨架中 C 环上的 C—N 键断裂产物，如老刺木碱（vobasine，**126**）和山辣椒碱（tabernaemontanine，**127**），主要分布在夹竹桃科植物中。

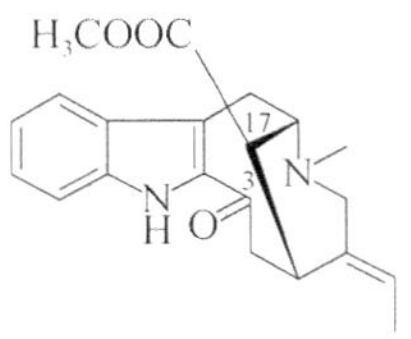

H_3COOC **126**　H_3COOC **127**

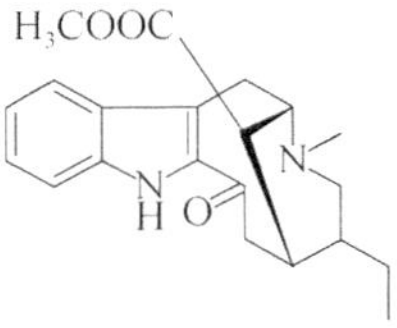

8. 阿马啉类（ajmalines）生物碱　本类生物碱除在柯南因碱骨架的 C 环和 D 环之间形成一个碳桥外，C 环内尚形成另一个碳桥，在夹竹桃科萝芙木属、蔓长春花属（*Vinca*）植物中有分布。此类化合物报道较少，如重要的化合物有抗高血压药和镇静剂阿马啉（ajmaline，**128**）及其衍生物 17-乙酰阿马啉（17-acetylajmaline，**129**）和阿马啉胺（ajmalimine，**130**）、吐楞宁（vomilenine，**131**）。

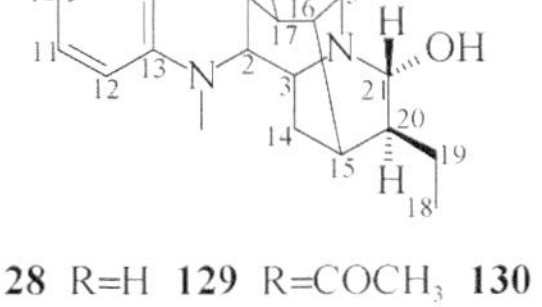

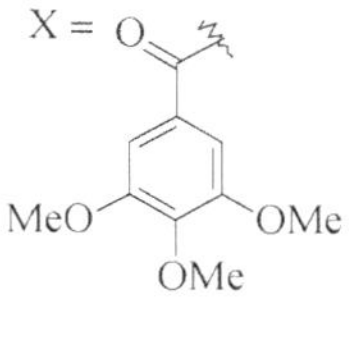

RO OH **128** R=H **129** R=$COCH_3$ **130** R=X　X = MeO OMe OMe　MeO OH **131**

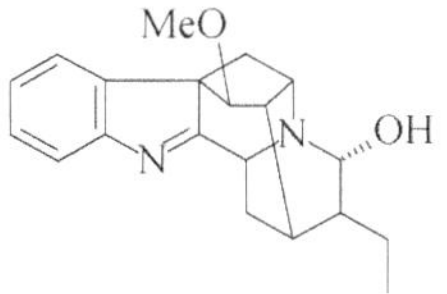

9. 钩藤碱类（rhynchophyllines）生物碱　其结构特点是吲哚核的 C-2 位有羰基，并具有一个β-甲氧基丙烯酸酯单元，如有降压作用的钩藤碱（rhynchophylline，**132**）、柯若星（corynoxeine，**133**）和钩藤碱 A（uncarine A，**134**）。此类化合物主要分布于夹竹桃科、马钱科及茜草科植物中。

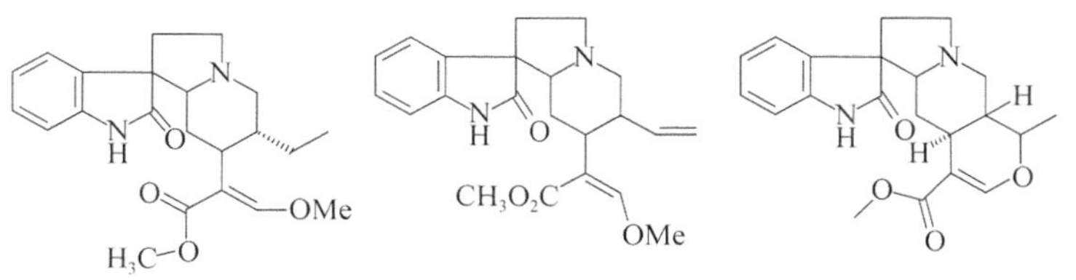

132　　133　　134

10．吴茱萸胺类（evodiamines）生物碱　本类生物碱由吲哚和喹诺核组成五环体系，仅含于芸香科植物，如用作利尿剂和发汗剂的吴茱萸碱（evodiamine，**135**）和吴茱萸次碱（rutecarpine，**136**）。

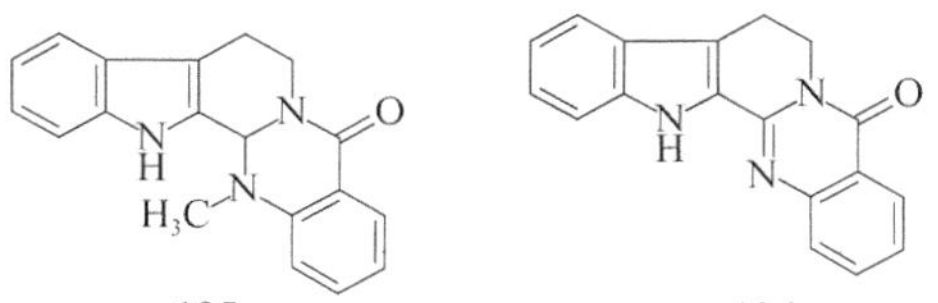

135　　136

11．双吲哚类（bis-indoles）生物碱　本类多数是由不同类单萜吲哚生物碱经分子间缩合而成，目前已知 120 余种，夹竹桃科植物中发现较多。典型例子是长春花（*Catharanthus roseus*）中抗癌有效成分长春碱（vinblastine，VLB，**137**）、长春新碱（vincristine，VCR，**138**）及 obovatine（**139**）。实际上，长春碱是由白坚木碱骨架和长春曼啶骨架偶合得到。

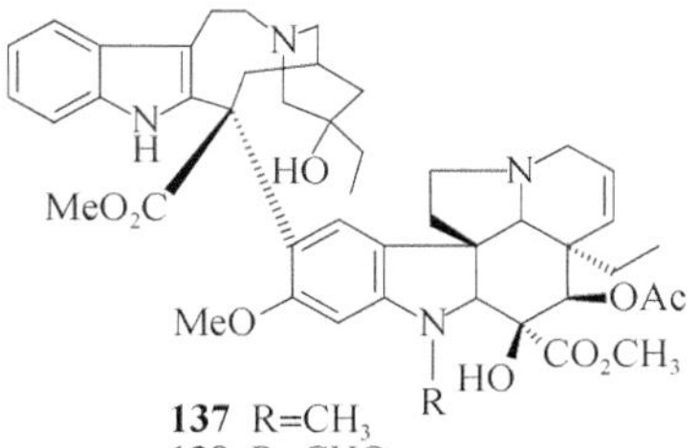

137　R=CH_3
138　R=CHO
139 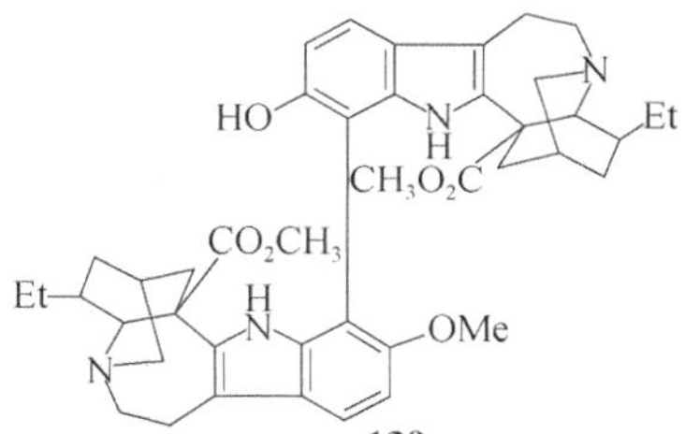

（三）生源上与喹啉有关的生物碱

生源上与喹啉有关的生物碱主要包括金鸡宁和喜树碱两个类型。

1．金鸡宁类（cinchonines）生物碱　本类生物碱源于柯南因-士的宁类碱，唯色胺部分成喹啉核结构；代表化合物有最早用于治疗疟疾的金鸡宁（cinchonine，**140**）、奎宁（quinine，**141**）和奎宁丁（quinidine，**142**）等；分布于茜草科金鸡纳树属（*Cinchona*）和 *Remijia* 两属植物中。

2．喜树碱类（camptothecines）生物碱　从珙桐科植物喜树（*Camptotheca acuminata*）的种子和叶中提取的抗肿瘤成分喜树碱（camptothecine，**143**）与 10-羟基喜树碱（10-hydroxycamptothecine，**144**），是喹啉核稠合δ-内酰胺与δ-内酯形成五环体系，是一类特殊的生物碱，无一般的生物碱反应。

六、萜类生物碱

从碳骨架看，萜类生物碱（terpenoidal alkaloids）基本符合异戊二烯法则，但生源并不统一，不同于前面所述的是没有氨基酸参与生物合成。

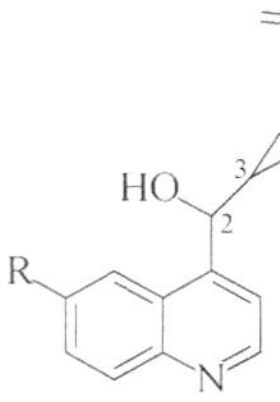

140 R=H(3*R*, 2*S*)
141 R=OCH_3(3*S*, 2*R*)
142 R=OCH_3(3*R*, 2*S*)

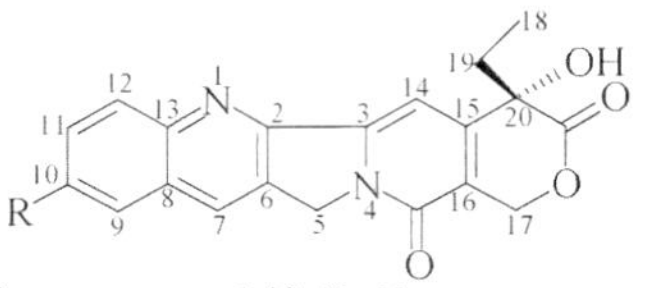

143 R=H
144 R=OH

（一）单萜类生物碱

本类主要包括由环烯醚萜衍生的生物碱。代表化合物如猕猴桃碱（actinidine，**145**）、龙胆碱（gentianine，**146**）等。主要分布于龙胆科植物，且常与单萜吲哚碱类生物碱共存。中草药角蒿（*Incarvillea sinensis*）中的角蒿碱（incarvillateine，**147**）具有抗伤害作用。

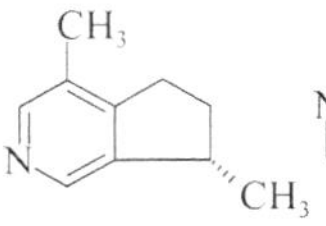

145 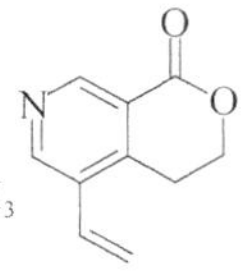　146 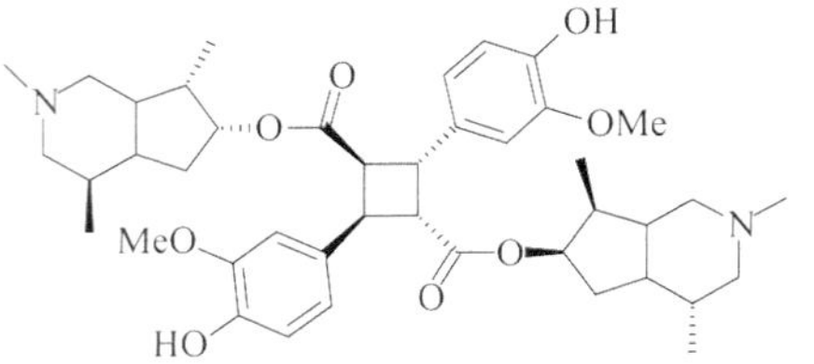　147

（二）倍半萜类生物碱

本类生物碱的代表化合物有石斛碱（dendropbine，**148**），以及含于台湾产的番荔枝科草药依兰（*Cananga odorata*）果实中的依兰碱（cananodine，**149**），它属愈创木烷骨架型，对人肝癌细胞 $HepG_2$ 和 Hep2，2，15 具有很强的细胞毒性。

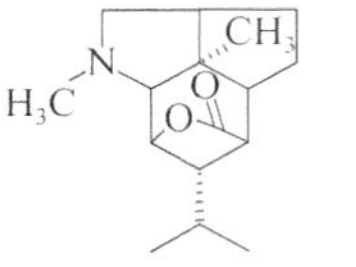

148 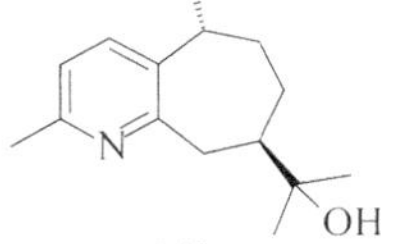　149

（三）二萜类生物碱

迄今已发现的二萜类生物碱有 1000 余个，分布在 5 科 7 属植物中，主要在毛茛科乌头属（*Aconitum*）和翠雀属（*Delphinium*）中。该类生物碱的基本骨架按去甲二萜（C_{19}）和二萜（C_{20}）分为两类，即四环二萜（*ent*-考烷，*ent*-kaunanes）或五环二萜（乌头烷，aconanes），它们的 C-19 或 C-20 与β-胺基乙醇、甲胺或乙胺的氮原子相连而成杂环。

1．C_{19}-去甲二萜生物碱　本类生物碱数量最大，主要存在于乌头属植物中，大多数为剧毒的酯，其水解产物胺醇的毒性较低，但同时活性也降低了。代表性化合物如高乌头（*Aconitum sinomontanum*）根中高乌头碱（lappaconitine，**150**），它具有镇痛、局部麻醉、降温、消肿的活性。

3-乙酰乌头碱（3-acetylaconitine，**151**）分离自伏毛铁棒锤（*Aconitum flavum*）根中，其镇痛、局部麻醉作用比乌头碱强，治疗指数比乌头碱大，适用于慢性疼痛，对肩周炎、风湿性疼痛也有一定疗效。

2．C_{20}-二萜生物碱 代表性化合物如存在黄花乌头（*Aconitum koreanum*）中的关附甲素（guan fu base A，**152**）及 lepenine *N*-oxide（**153**）。

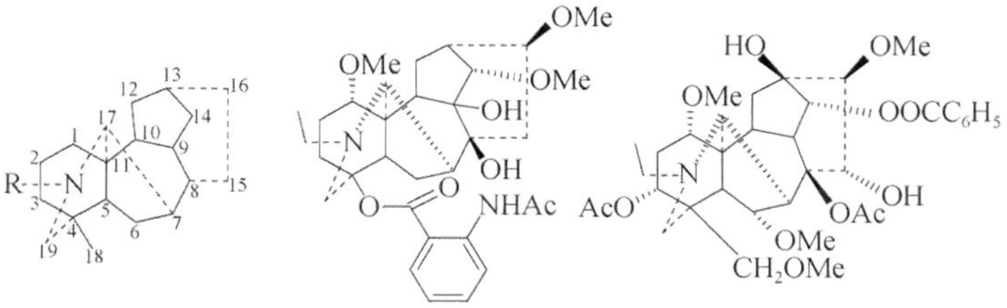

150 **151**

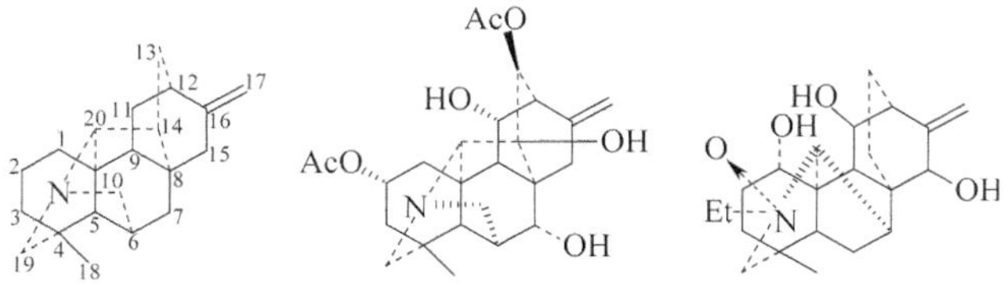

152 **153**

（四）虎皮楠生物碱

虎皮楠生物碱（*Daphniphyllum* alkaloids）是一大类从虎皮楠科植物中分离的结构奇特的生物碱。目前发现有 14 种结构类型，包括 250 多个成分。由于其复杂多样的多环刚性结构，自发现以来该类生物碱一直是全合成领域具有挑战性的目标分子。该类生物碱的生源途径特殊，起源于角鲨烯二醛，经过跨环级联反应形成 C_{30} 型的骨架结构，然后通过后修饰变构产生多样的 C_{30} 型和降碳型骨架。尽管虎皮楠生物碱来源于角鲨烯，但其生源途径显然不同于其他三萜生物碱。一般萜类生物碱都是在形成萜类骨架以后再引入氮原子，并非单纯来源于氨基酸，所以是伪生物碱。而虎皮楠生物碱是先引入氮原子，然后发生跨化级联重排形成奇特的骨架结构。这既不同于传统的伪生物碱，也不同于单纯来源于氨基酸的生物碱。该类生物碱的仿生合成研究见第十五章。

1966 年，日本学者从有毒植物 *Daphniphyllum macropodum* 中分离到首个 C_{30} daphniphylline 型虎皮楠生物碱 daphniphylline（**154**）。最近从西藏虎皮楠（*Daphniphyllum himalense*）中分离出 C_{19} 13, 14, 22-trinorcalyciphylline A 型骨架的生物碱 himalensine A（**155**）。

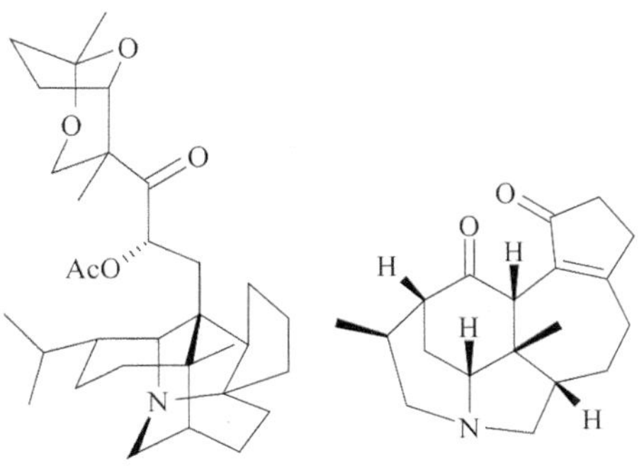

154 **155**

七、甾类生物碱

甾类生物碱（steroidal alkaloids）是天然甾体含氮的简单衍生物，通常与萜类生物碱统称为伪生物碱。根据其来源不同，主要分为胆甾烷类生物碱、黄杨类生物碱、异甾类生物碱、孕甾烷类生物碱。

（一）胆甾烷类生物碱

本类生物碱主要存在于茄科，个别在夹竹桃科、百合科也有分布。其代表化合物有辣椒茄碱（solanocapsine，**156**）及具有保肝作用的闭联茄啶二烯二醇（etioline，**157**）。

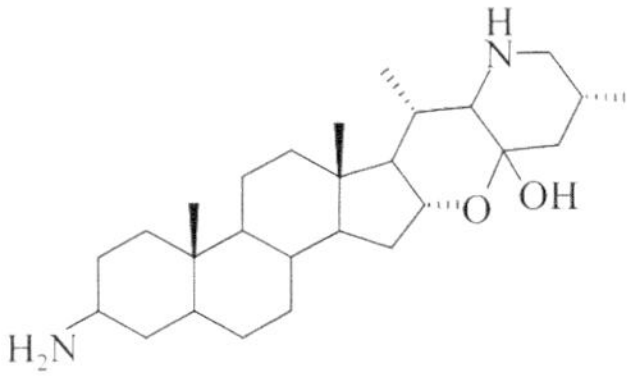

156 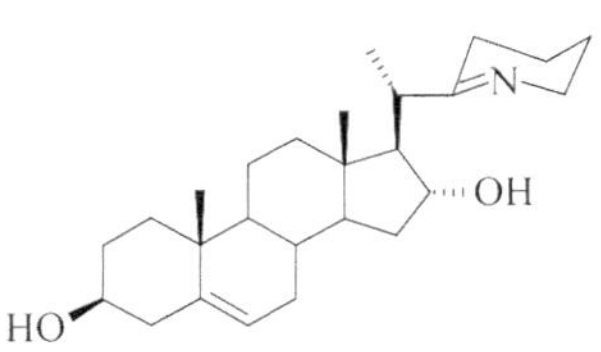　**157**

（二）黄杨类（buxus）生物碱

黄杨类生物碱仅分布于黄杨科植物中，通常在 3 位和 20 位各有一个氮原子。代表化合物有 buxasamarine（**158**）和 16*α*-hydroxy-*Nα*-benzylbuxadene（**159**），其中化合物 **159** 对伤寒沙门杆菌等有抗菌活性。

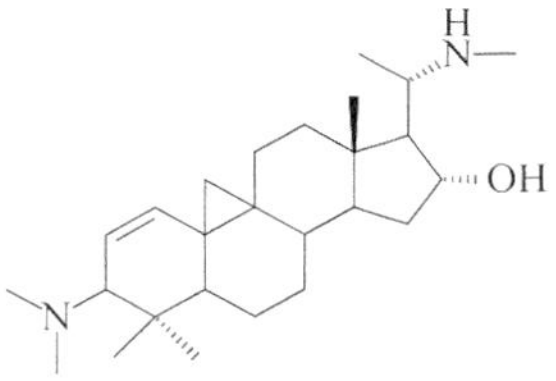

158 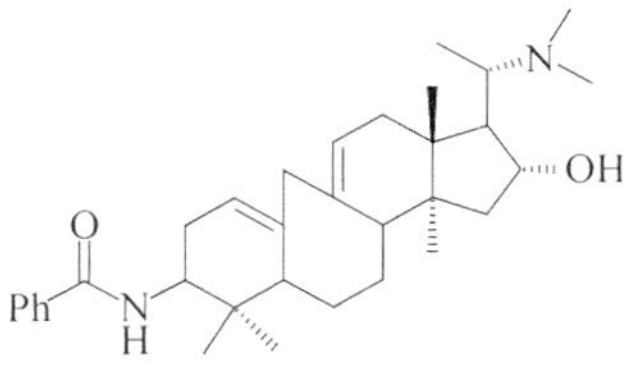　**159**

（三）异甾类生物碱

这类生物碱的基本骨架为 D 环骈合喹诺里西啶核构成六环体系，主要存在于百合科植物中，如梭砂贝母碱（delavine，**160**）。它含于贝母属（*Fritillaria*）植物中，以及豆科植物的 zygadenine glucoside（**161**）。

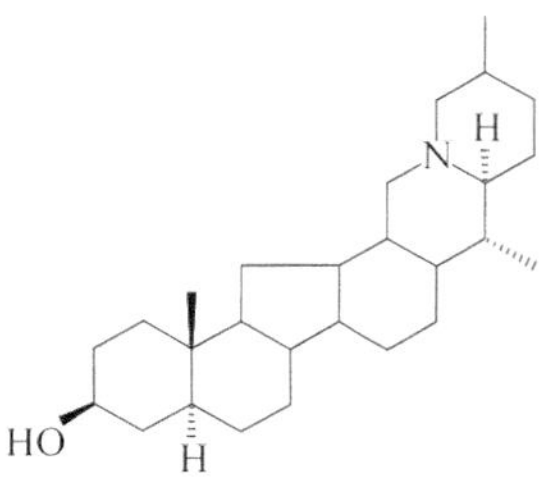

160 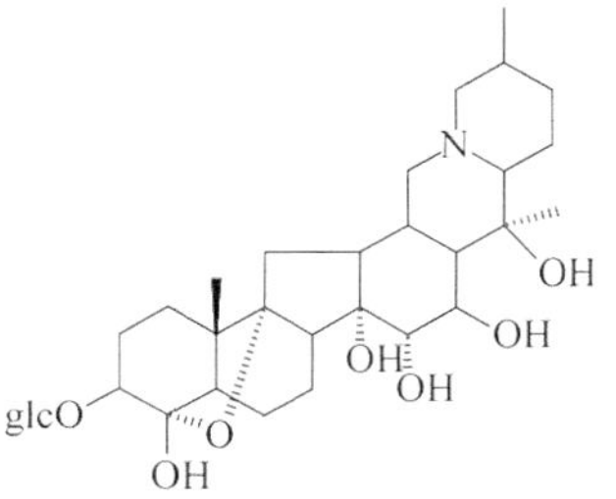　**161**

（四）孕甾烷类生物碱

代表化合物有锥丝碱（conessine，**162**）和夹竹桃科植物的 holamide（**163**）。

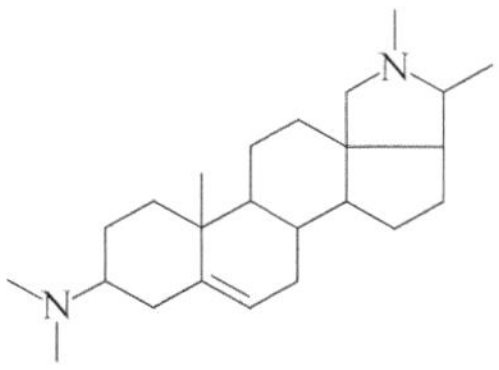

162 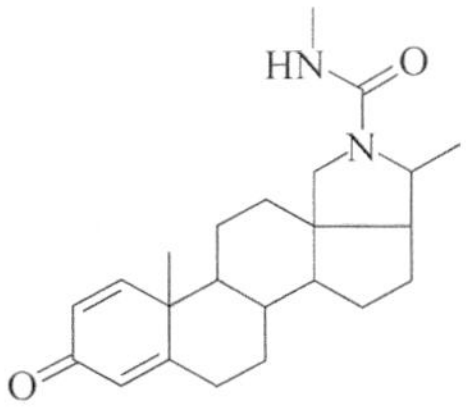　　**163**

第二节　生物碱的理化性质与检识

一、性状

大多数生物碱呈结晶，有一定熔点，少数为无定形粉末，无氧原子的生物碱多为液态，如烟碱、毒芹碱等。常压下可随水蒸气蒸馏而逸出。生物碱多具苦味，如盐酸小檗碱。少数有升华性，如咖啡因等。

绝大多数生物碱无色，具有高度共轭体系结构的生物碱显颜色，如黄色盐酸小檗碱。

二、旋光性

生物碱的旋光性较普遍，旋光性受溶液的酸碱性和溶剂等因素影响。例如，麻黄碱在氯仿中呈左旋，但在水中则变为右旋。有时，游离生物碱与其盐类的旋光性并不一致。在中性介质中，烟碱、北美黄连碱（hydrastine）呈左旋，在酸性溶液中则变为右旋；氯仿中吐根碱呈左旋，但其盐酸盐则呈右旋。生物碱的旋光性与其生理活性有着密切关系。一般来说，左旋的生物碱具有显著的生理活性，而右旋体则无或有极弱的生理活性，如去甲乌药碱仅 *l* 型具有强心作用。少数生物碱如古柯碱的 *d* 型麻醉作用则大于 *l* 型。

三、溶解度

生物碱溶解度与其结构中的 N 原子的存在状态、官能团极性大小、数目及溶剂等有关。绝大多数亲脂性的仲胺或叔胺生物碱易溶于有机溶剂如甲醇、乙醇、丙醇、乙醚、苯、二氯甲烷、氯仿等，不溶于碱水中。但也有例外，喜树碱仅溶于酸性氯仿中。亲水性生物碱主要指季铵类和具有 N→O 配位键结构的氧化物，如小檗碱、氧化苦参碱等。另外，小分子的生物碱（如麻黄碱）或液体生物碱（如烟碱）等也易溶于水。某些生物碱结构中含有酸性基团（如羧基、酚羟基等），则易溶于碱性溶液中（如药根碱）。

另外，苷类生物碱多数水溶性较大。如果分子中存在内酯环，那么在碱水中内酯环开裂、成盐而溶解，加酸，又析出，如喜树碱。

对生物碱的盐类来说，一般都易溶于水而难溶于有机溶剂。通常是无机酸盐的水溶性大于有机酸盐。无机酸盐中，含氧酸盐如硫酸、磷酸盐大于卤代酸盐；卤代酸盐中以盐酸盐溶解度最大，氢碘酸盐溶解度最小，个别例外，如盐酸小檗碱难溶于水，高石蒜碱（homolycorine）

的盐酸盐不溶于水而溶于氯仿等。有机酸盐中，小分子有机酸的盐溶解度大于大分子的。如果季铵类生物碱与氢碘酸或盐酸成盐后，则溶解度反而降低，甚至从溶液中以沉淀析出。同一生物碱与不同酸所成的盐类溶解度不同。

四、碱性

生物碱一般都具有碱性，只是碱性强弱不同而已。因为其分子中氮原子上的孤电子对能接受质子而显碱性。碱性基团的 pK_a 值大小顺序一般是：胍类［—NH（C═NH）NH_2］＞季铵碱＞脂肪胺＞芳杂环（吡啶）＞酰胺类。在此介绍生物碱的碱性与分子结构的简单关系。

生物碱的碱性强弱与氮原子的杂化类型、诱导效应、共轭效应、诱导-场效应、空间效应及分子内氢键形成等有关。

（1）氮原子的杂化类型与碱性的关系。一般是随杂化度升高而碱性增强，即 $sp^3 > sp^2 > sp$。例如，吡啶氮（sp^2）碱性小于四氢吡咯环上的氮（sp^3）。

（2）诱导效应与碱性的关系。供电子的诱导效应使氮原子电子云密度增大，碱性增强；吸电子的诱导效应使氮原子上电子云密度减小，碱性减弱。当然，容易形成季铵型碱的叔胺生物碱除外，因为季铵碱的氮阳离子和羟基呈离子键形式，碱性增强，如小檗碱 pK_a 为 11.5。同样，供电子基的共轭效应使生物碱碱性增强；反之，吸电子基的共轭效应使生物碱碱性减弱，如酰胺型的秋水仙碱 pK_a 为 1.85，近中性。

（3）共轭效应与碱性的关系。如果分子中氮原子孤电子对处于 p-π 共轭体系中，一般而言，其碱性较弱。生物碱中，常见的 p-π 共轭效应主要有苯胺型、烯胺型和酰胺型。

（4）诱导-场效应与碱性的关系。生物碱分子中如同时含有两个氮原子时，即使其处境完全相同，碱性强度总是有差异的。一旦第一个氮原子质子化后，则产生一个强的吸电基团。此时，它对第二个氮原子产生两种碱性降低的效应，即诱导效应和静电场效应。

（5）空间效应与碱性的关系。甲基麻黄碱（pK_a 9.30）碱性弱于麻黄碱（pK_a 9.56），这是甲基的空间位阻所致。氮杂六元环体系中，与氮的电子对处于 1, 3-双直立关系的键，如利血平（pK_a 6.07）中 C_{19}—C_{20} 键，则使其碱性减弱。东莨菪碱（scopolamine）分子中 N 原子附近的环氧环的空间位阻，使其碱性（pK_a 7.50）弱于莨菪碱（pK_a 9.65）。

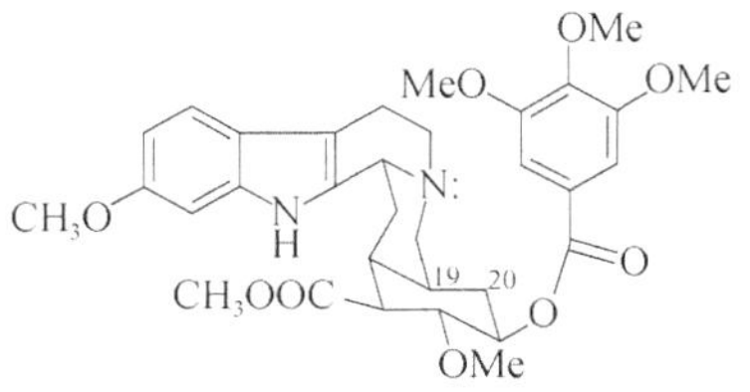

利血平 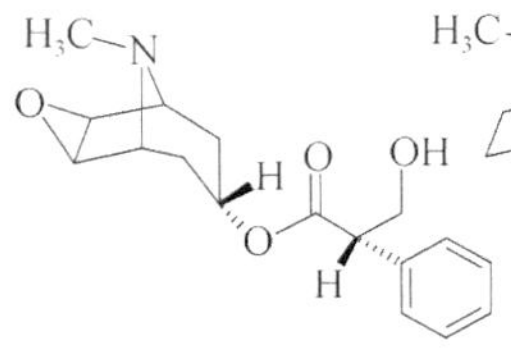　　东莨菪碱 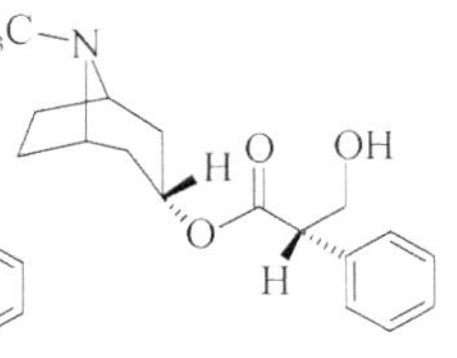　　莨菪碱

（6）分子内氢键与碱性的关系。分子内形成氢键使碱性增强，如钩藤碱盐的质子化氮上氢可与酮基形成分子内氢键，使其更稳定。而异钩藤碱的盐则无类似氢键的形成，所以前者碱性（pK_a 6.32）大于后者（pK_a 5.20）。

需要指出的是，判断一个生物碱碱性强弱时，必须综合分析。一般情况下，空间效应和诱导效应共存时，前者起主要作用；诱导效应和共轭效应共存时，后者的影响较大。此外，除了分子结构本身影响外，外界因素如溶剂、温度等也有影响。

五、检识

最常用的生物碱检识有沉淀反应与显色反应。沉淀反应是在酸性水溶液中，利用大多数生物碱和某些沉淀试剂反应生成酸不溶性复盐或分子络合物等。鉴别生物碱的沉淀试剂有碘化铋钾试剂（Dragendorff's reagent）、改良的碘化铋钾试剂、碘-碘化钾试剂（Wagner's regent）和碘化汞钾试剂（Mayer's reagent）等。

最常用的显色剂是碘化铋钾试剂，主要用于薄层层析中。其配制方法如下。溶液Ⅰ：0.85g 次硝酸铋溶于 10mL 冰醋酸及 40mL 水中。溶液Ⅱ：8.0g 碘化钾溶于 20mL 水中。取Ⅰ和Ⅱ等体积混合液 1mL，与 2mL 乙酸、10mL 水混合即可用于显色。它与生物碱溶液反应一般呈橙黄色。

吸附剂本身的酸碱性可影响生物碱的分离。硅胶本身略带酸性，对生物碱的吸附力较强，用中性溶剂展开时 R_f 值很小，有时斑点出现拖尾，若用碱性展开剂，则可得到集中的斑点。因此，用硅胶为吸附剂分离生物碱时，可在中性展开剂中加入少量碱如二乙胺或氢氧化铵等。例如，用氯仿-二乙胺（95∶5）、氯仿-丙酮-二乙胺（5∶4∶1）、苯-乙酸乙酯-二乙胺（7∶2∶1）、氯仿-乙醇-1%氢氧化铵（2∶2∶1）、正丁醇-甲醇-二乙胺（85∶5∶10）、丙酮-石油醚-二乙胺（7∶2∶1）、氯仿-环己烷-二乙胺（6∶3∶1）及苯-庚烷-氯仿-二乙胺（60∶50∶10∶0.2），或在层析槽中放一盛有氢氧化铵溶液的小杯。二乙胺和氢氧化铵的加入不但使展开剂变为碱性，还降低了吸附剂活度或增大了展开剂的极性，因而生物碱的 R_f 值也增大。也可在涂铺硅胶薄层时用稀碱溶液使成碱性硅胶薄层，用中性展开剂分离生物碱。碱性氧化铝因本身带碱性，故用中性展开剂即可使生物碱很好地分离。

利用沉淀反应可预测植物药材中是否含有生物碱，在分离提取过程中可检识生物碱的存在，也可用于分离纯化生物碱。特别指出的是，为防止假阳性反应，试液中必须先除去蛋白质、多肽、鞣质等杂成分。除掉的方法是将酸水提取液碱化，以氯仿萃取，分取氯仿层，再用酸水萃取氯仿层，此酸水层除去了上述水溶性干扰物质，可作为沉淀反应用。然而，沉淀反应灵敏度不够，通常萃取后，氯仿层经 TLC 展开，用改良碘化铋钾显色，可避免假阳性。

第三节　生物碱的提取分离方法

一、生物碱的提取

总生物碱的提取方法有：溶剂法、离子交换树脂法、水蒸气蒸馏法及减压蒸馏法。挥发性生物碱可采用水蒸气蒸馏法或减压蒸馏法提取，一般生物碱多采用溶剂法和离子交换树脂法。

（一）溶剂法

溶剂法是最常用的方法。弱碱性或中等碱性生物碱往往以游离状态存在，可用苯或氯仿等有机溶剂提取，较强碱盐部分则留在植物体内。提取前应先用水或稀有机酸（如酒石酸、柠檬酸等）充分湿润植物粉状材料，然后用有机溶剂提取，如喜树碱、吲哚碱、长春碱和长春新碱等的提取均可采用此种方法。

甲醇或乙醇提取物含不少非生物碱成分，需进一步除去。常用适量酸水液使生物碱成盐溶出，过滤，酸滤液再用上述方法碱化、有机溶剂萃取、浓缩得亲脂性总生物碱。

对苷类生物碱的提取，一般直接将植物样品用甲醇或乙醇渗漉或浸泡，浓缩后进行柱层析，注意宜采用新鲜原材料或先进行灭酶处理，应避免酸或碱处理，否则会被水解。含油脂多的植物材料，则应预先脱脂。

1．水或酸水-有机溶剂提取方法　提取原理是生物碱盐类易溶于水，难溶于有机溶剂；而游离碱易溶于有机溶剂，难溶于水。可直接用水或0.5%～1%的无机酸水来提取。常用的酸有盐酸、硫酸等。可用渗漉法、浸渍法，提取液浓缩到适当体积后，再用氨水、石灰乳等碱化，使生物碱游离出，然后用氯仿、苯等有机溶剂进行萃取。本法简单易行，水提取液浓缩困难，但不适用于含大量淀粉或蛋白质的植物材料。如果杂质多，可再用离子交换树脂法进一步提纯。

2．醇-酸水提取方法　这个方法最为普遍。本方法依据生物碱及其盐类易溶于甲醇或乙醇的特性。实验室或工业上一般采用乙醇。提取方式可以是渗漉法、浸渍法或加热回流法。提取液浓缩至一定体积，加入酸水酸化，过滤，滤液分别用氨水或NaOH溶液碱化，有机溶剂萃取，浓缩得中性碱性或强碱性的总生物碱。对于酚性生物碱，也可以在酸水溶液中分别加1%～2%的Na_2CO_3、NaOH溶液处理，有机溶剂萃取，从而达到初步分离的效果。

3．碱化-有机溶剂提取方法　将植物材料用碱水（1%～10%氨水、石灰乳或Na_2CO_3溶液）充分润湿后，使以盐形式存在的生物碱游离出来，再用有机溶剂$CHCl_3$、CH_2Cl_2或苯等直接浸泡或渗漉，浓缩得总生物碱。此法往往杂质较多，需要进一步纯化。总生物碱用1%～2%盐酸水溶液提取2～3次，过滤，滤液用石油醚除去脂溶性杂质，再加碱水碱化，并用乙醚或氯仿萃取，浓缩。本法所得总生物碱较上述方法纯净，缺点是有时提取不完全。

4．亲水性生物碱提取　如*N*-氧化物生物碱、生物碱苷、季铵碱等，常用与水不相溶的有机溶剂如正丁醇、异戊醇或氯仿-甲醇等进行提取。

（二）离子交换树脂法

将水或酸水提取液通过强酸性阳离子交换树脂进行交换，以便与非生物碱成分分离。交换后，用10%氨水碱化树脂，再用乙醚、氯仿、甲醇等洗脱，浓缩得总生物碱。树脂多用强酸性且是磺酸型的，交联度十分重要，以3%～8%为宜。操作上，若用乙醚洗脱，则碱化十分关键，以有润湿感为指标。此法有很重要的实用价值，许多药用生物碱如奎宁、一叶萩碱、麦角碱类、东莨菪碱、石蒜碱等都是应用此法生产的。有时，个别的生物碱，离子交换后，因为强吸附作用而难被有机溶剂洗脱下来。

二、生物碱的分离纯化

首先利用生物碱在不同溶剂中的溶解度不同达到预分离目的，即先将总碱溶于少量乙醚、丙酮或甲醇中，静置。如果析出结晶，过滤，滤液浓缩至少量或加入另一种溶剂，往往又可得到其他生物碱结晶，这通常又称为试验法。假如再没有结晶析出，那么剩下的一般是结构与性质比较相似的生物碱。分离此类生物碱，可利用碱性强弱不同、溶解性能差异或特殊功能基团等，先初步分成几个部分，然后再系统分离单体生物碱。

系统分离通常采用总生物碱→类别或部位→单体生物碱的分离程序。类别是指按碱性强弱或酚性、非酚性组分的生物碱类别。部位指最初层析中洗脱的不同极性的生物碱。

生物碱的一般分离流程如图 12-5 所示。

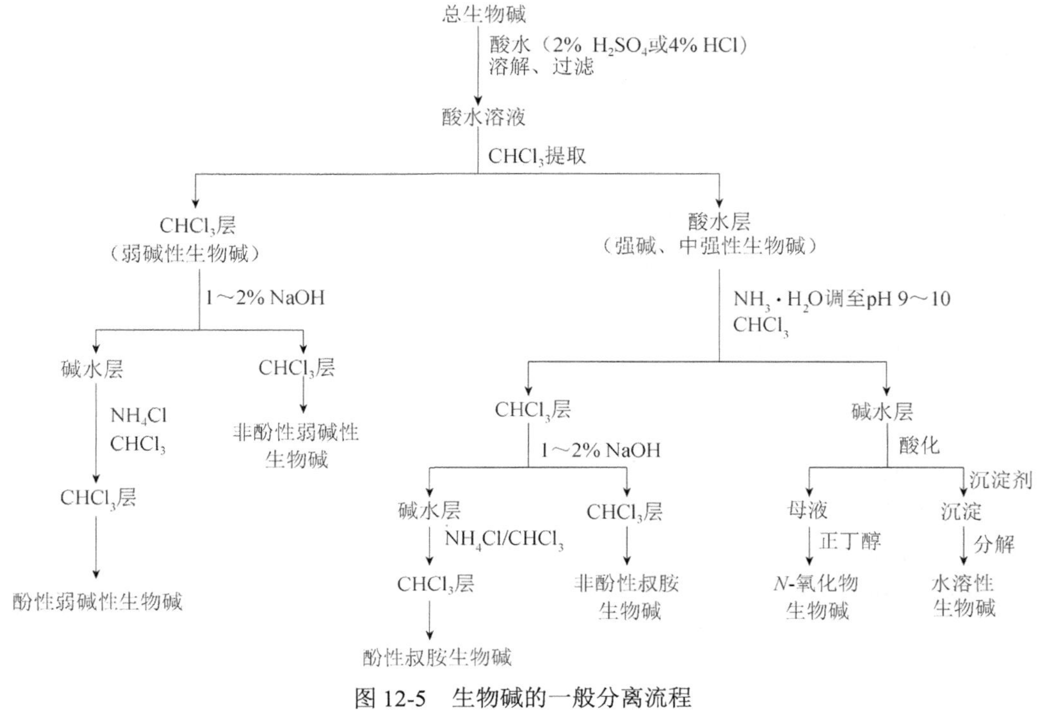

图 12-5 生物碱的一般分离流程

（一）利用生物碱的碱性差异进行分离

此方法又称为 pH 梯度萃取。如果用水不溶性有机溶剂萃取进行生物碱的系统分离，则常采用此法。萃取时，应用缓冲溶液调整 pH 梯度。将总生物碱溶于酸水中，逐步加碱使 pH 由低到高，每调整 pH 一次，则用有机溶剂萃取 2～3 次。反之，也可采用 pH 由高到低的方法。

（二）利用生物碱及其盐溶解度的不同进行分离

此方法基于某些生物碱在有机溶剂中的溶解度不同，将它们彼此分离。例如，从唐古特山莨菪中将莨菪碱、红古豆碱与山莨菪碱、樟柳碱分离时，则是采用 pH 9 条件下分别用 CCl_4 和 $CHCl_3$ 萃取，前两者溶解于 CCl_4，而后两者溶解于 $CHCl_3$ 中。

许多生物碱的盐容易结晶，故可借助其盐在不同溶剂中的溶解度差异来分离。制备盐的矿物酸有盐酸、硝酸、硫酸、磷酸、氢溴酸、氢碘酸及过氯酸，而有机酸有酒石酸、乙二酸、苦味酸、柠檬酸等，其中以氢碘酸盐、过氯酸盐和苦味酸盐最易结晶。典型的例子是金鸡纳树皮中四种生物碱——奎宁、奎宁丁、金鸡宁和金鸡宁丁（cinchonidine）的分离。硫酸奎宁、酒石酸金鸡宁丁和氢溴酸奎宁丁均在水中溶解度较小，金鸡宁不溶于乙醚。

利用萝芙木中利血平和硫氰酸反应生成难溶性盐，从而与萝芙木中其他生物碱分离。

（三）利用生物碱结构中功能基团性质不同分离

酚酸性生物碱溶于稀 NaOH 溶液中，从而与非酚性生物碱分开；含羧基的生物碱可用

$NaHCO_3$ 溶液来提取分离；可利用生物碱分子中的内酯或内酰胺等加碱、加热开环溶于水，加酸闭环析出而与其他生物碱分开，如喜树碱的内酯及苦参碱内酰胺的开环-闭环反应的分离。此外，利用羧基酯化用于美登木碱的分离。

（四）利用层析方法进行分离

层析方法广泛地用于单体生物碱的分离，多采用吸附层析，并结合分配层析。吸附剂多用碱性硅胶、氧化铝、纤维素、聚酰胺等。对苷类生物碱或极性较大的生物碱，可用反相层析材料（如 RP-8、RP-18 等）或葡聚糖凝胶进行分离。常运用中压或低压柱层析、制备薄层层析进行分离，有时也结合正相或反相 HPLC 技术进行分离。

多数情况下，要灵活地综合运用各种方法进行提取分离，方能达到分离目的。

三、生物碱提取分离实例

实例一：延胡索中生物碱的分离。

从延胡索根中除分离得到小檗碱外，尚有延胡索碱（corydaline，Ⅰ）、*l*-四氢非洲防己胺（*l*-tetrahydrocolumbamine，Ⅱ）、*α*-别隐品碱（*α*-allocryptopine，Ⅲ）、四氢黄连碱（tetrahydrocoptisine，Ⅳ）及原鸦片碱（**79**），其结构式如下。系统分离方法见图 12-6。

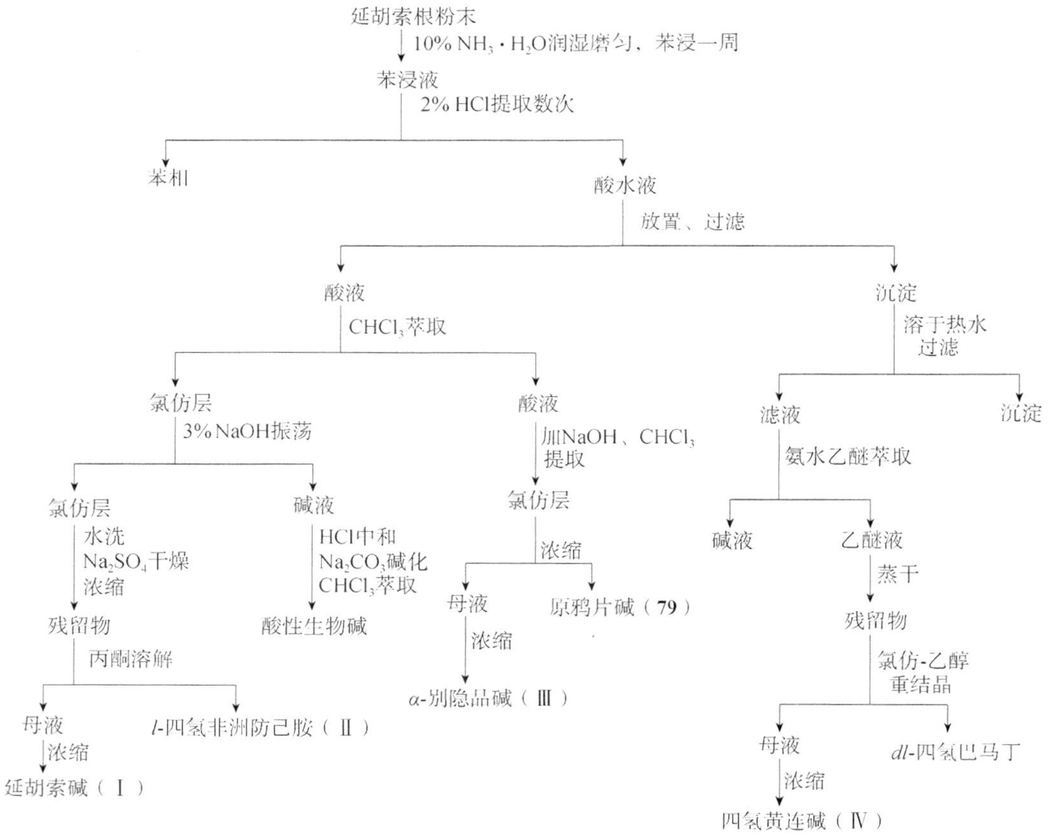

图 12-6　延胡索根中生物碱的系统分离

Ⅰ　R_1=R_2=R_3=R_4=R_5=CH_3
Ⅱ　R_1=R_3=R_4=CH_3, R_2=R_5=H
Ⅲ　R_1=R_2=CH_3
79　R_1R_2=—CH_2—
Ⅳ

实例二：吴茱萸中生物碱的分离。

中药吴茱萸（*Evodia rutaecarpa*）为芸香科吴茱萸干燥近成熟的果实。从中得到8个吲哚类生物碱：吴茱萸碱（evodiamine，Ⅰ）、吴茱萸次碱（rutaecarpine，Ⅱ）、甲酰二氢吴茱萸次碱（formyldi-hydrorutaecarpine，Ⅲ）、吴茱萸酰胺甲（goshuyuamide-I，Ⅳ）、吴茱萸酰胺（evodiamide，Ⅴ）、羟基吴茱萸碱（hydroxyevodiamine，Ⅵ）、*β*-咔波啉（*β*-carboline，Ⅶ）及1, 2, 3, 4-四氢-1-*O*-*β*-咔啉（1, 2, 3, 4-tetrahydro-1-oxo-*β*-carboline，Ⅷ）。吴茱萸中生物碱的系统分离流程见图12-7。

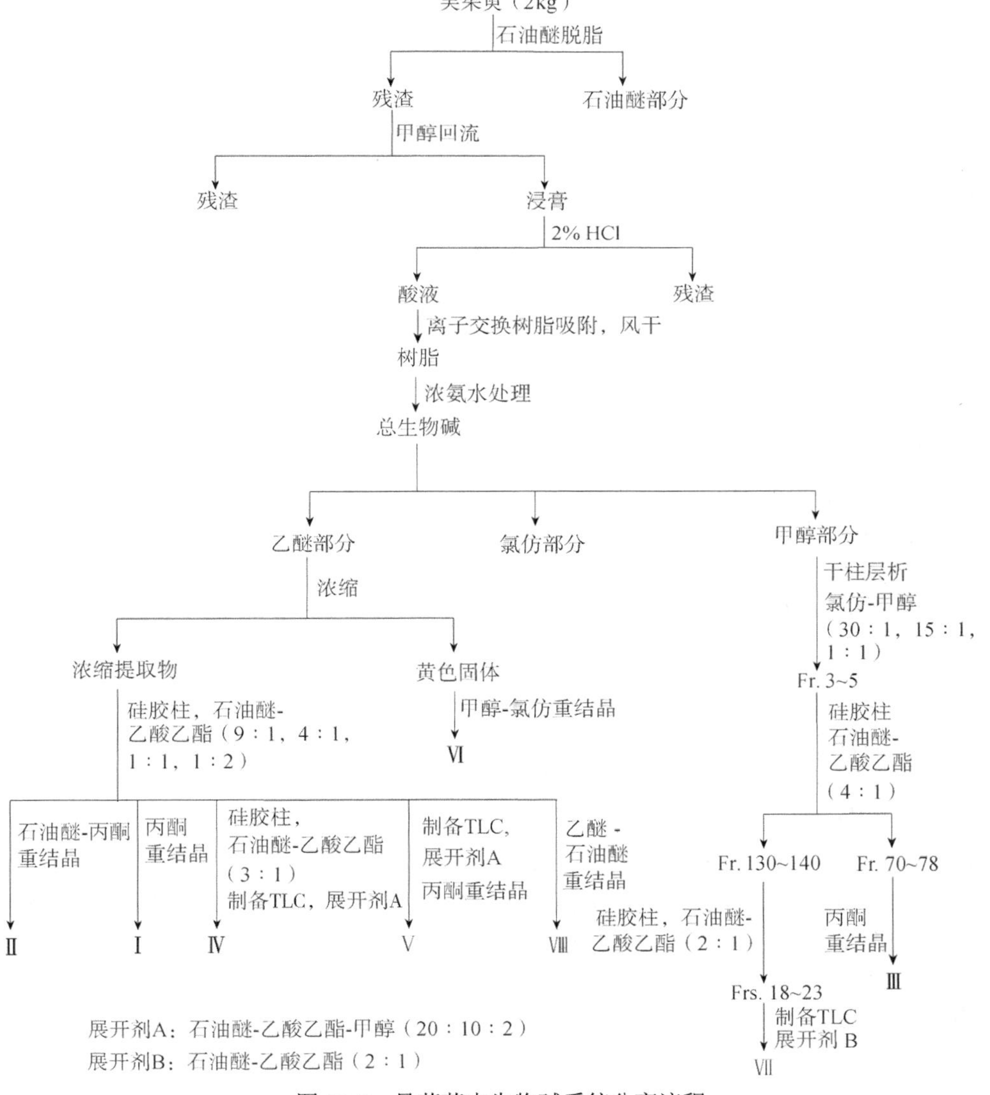

图12-7　吴茱萸中生物碱系统分离流程

其结构式如下：

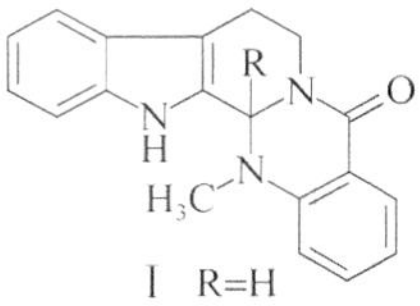

Ⅰ　R=H
Ⅵ　R=OH

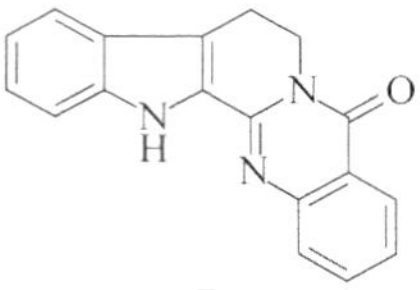

Ⅱ

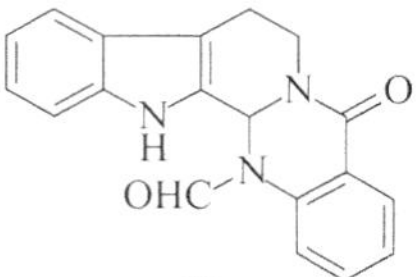

Ⅲ

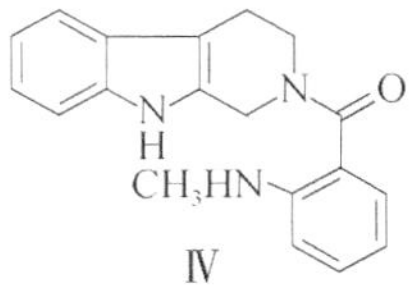

Ⅳ

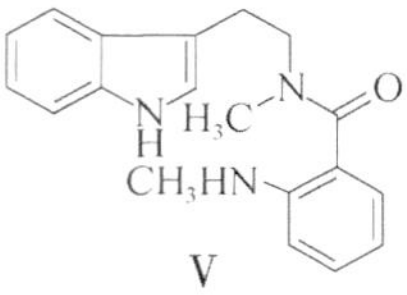

Ⅴ

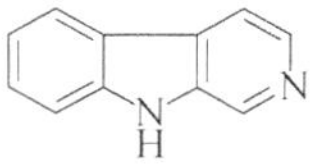

Ⅶ

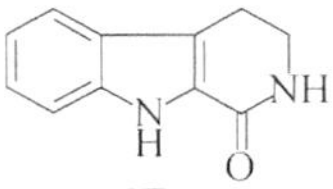

Ⅷ

第四节　生物碱结构鉴定方法

一、波谱方法

生物碱的结构鉴定方法主要是波谱分析方法。常用的波谱手段有 MS、NMR、UV 和 IR 四大谱。CD 或 ORD 和单晶 X 射线衍射分析也逐渐地得到应用。

（一）UV 谱

生物碱的 UV 谱反映了其基本骨架或分子中发色团的结构特点。

1．生物碱的结构类型与 UV 谱的关系

（1）发色团不是分子结构的主体部分，虽有紫外吸收，但不能反映骨架特征，如吡咯里西啶、喹诺里西啶、萜类和甾体类生物碱等。

（2）发色团本身组成生物碱分子的基本骨架，UV 谱可反映分子的基本骨架特征，并且受取代基的影响很小，可用来推断生物碱的结构类型，如吡啶、喹啉、阿扑芬等生物碱。

（3）发色团构成分子的主体结构部分，如普罗托品、阿托品、苄基四氢异喹啉、二氢吲哚、吗啡等类生物碱。不同类型的生物碱具有相似的 UV 谱，因此 UV 谱仅对生物碱的骨架类型推断起辅助作用（表 12-1）。

2．生物碱 UV 谱与 pH 的关系　溶液的 pH 对生物碱的 UV 吸收有显著影响。如果碱性氮原子参与发色团构成，则在酸性溶液中的 UV 与中性溶液的不同，如喹啉类、吲哚类、吖啶类等；如果 N 原子不具碱性或其碱性甚弱，但与发色团相连时，则酸性对 UV 没有影响，或 N 原子不与发色团相连，即使成盐也不影响 UV 谱。如果发色团中有羟基取代苯类结构，那么碱使酚羟基成为氧负离子，从而导致吸收峰红移。

表 12-1　具有发色团的生物碱类型的 UV 谱特征（λ_{max}/nm）

发色团	生物碱类型	发色团	生物碱类型
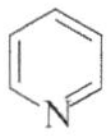	吡啶类 195、257、270	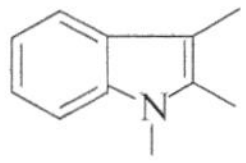	吲哚类 280～290
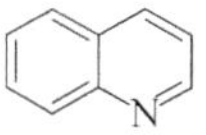	喹啉类 230、270、314	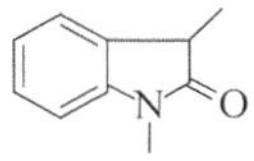	氧化吲哚类 240、290
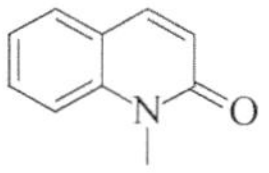	2-喹酮类 230～240、260～285、315～335	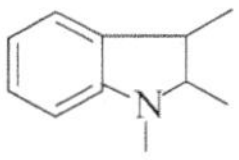	二氢吲哚类 250
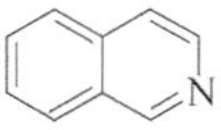	异喹啉类 238、279、313～327	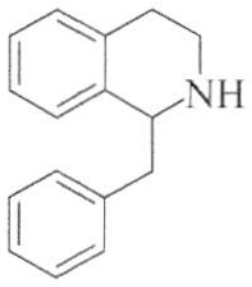	苄基四氢异喹啉类或四氢异喹啉类 285、225
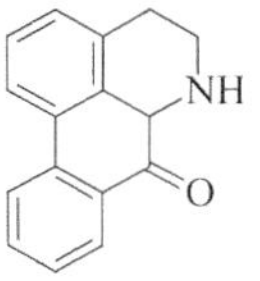	氧化阿朴芬类 240～258、270～280、312～390	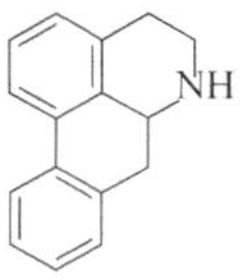	阿朴芬类 220～250、268～282、300～310

（二）IR 谱

IR 谱主要用于功能基团的定性和与已知生物碱对照鉴定，这些基团主要有三种。

一是取代芳环：吡啶环及其他芳杂环的骨架伸缩振动在 1600～1500cm^{-1}，约在 1500cm^{-1} 处吸收强度变化较大，烷基取代苯谱带较弱或观测不出；当有不饱和取代基或带孤电子对的取代基与苯环共轭时，吸收带强度增大。另外，随取代基极性增大，谱带也逐渐增强；若苯环与吸电子基团相连，则谱带强度明显减弱。许多异喹啉类生物碱有这种特征。

二是胺基：伯胺在 3500～3150cm^{-1} 出现两条尖锐谱带，仲胺约在 3400cm^{-1} 处有一条谱带出现，如苯丙胺类、秋水仙碱类、部分吲哚类及异喹啉类生物碱。

三是酮类：主要指内酯、环酮和内酰胺类的伸缩振动（表 12-2）。

表 12-2　内酯、环酮和内酰胺类的羰基振动波数（ν/cm^{-1}）

类别	内酯	环酮	内酰胺
六元环	1735	1715	1670
五元环	1770	1745	1700

当环的大小相同时，$\nu_{C=O}$ 的变化顺序为：内酯＞环酮＞内酰胺；当环张力增大时，$\nu_{C=O}$ 向高波数位移；当有双键存在、共轭体系增长时，$\nu_{C=O}$ 均向低波数位移。例如，一叶萩碱的 $\nu_{C=O}$ 为 1730cm^{-1}，二氢一叶萩碱的 $\nu_{C=O}$ 为 1755cm^{-1}，而其四氢化合物的 $\nu_{C=O}$ 等于 1765cm^{-1}。由此表明分子结构中存在 α、β、γ 和 δ 不饱和双键。属于这类生物碱的有苯酞异喹啉类、吲哚类、吲哚里西啶类等。

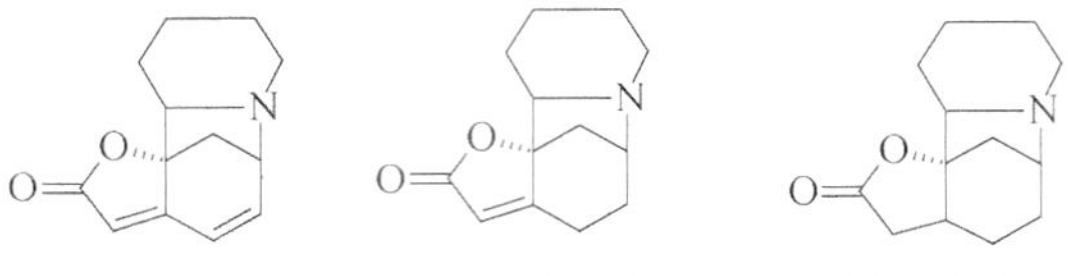

一叶萩碱　　二氢一叶萩碱　　四氢一叶萩碱

对于环酮类生物碱来说，需要注意的是经常有跨环效应（transannular effects）的存在。如处于跨环效应时，$\nu_{C=O}$吸收在1690～1660cm^{-1}区域，比正常酮基吸收移向低波数，如结构a中的$\nu_{C=O}$为1675cm^{-1}，其原理是分子中胺基和羰基在空间位置接近，存在下列平衡：结构b中羰基极性增强，双键性质下降，$\nu_{C=O}$向低波数位移。如果在酸性（如高氯酸）溶液中，1675cm^{-1}谱带消失，在3365cm^{-1}出现新的吸收带，为OH伸缩振动，说明结构c中已不存在羰基，如原鸦片碱类生物碱。

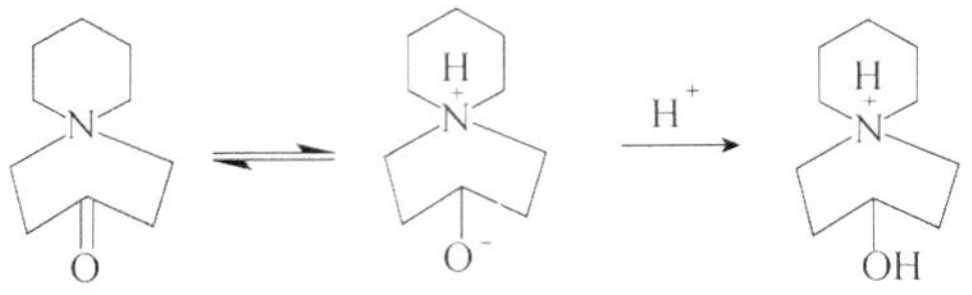

a　　b　　c

（三）MS谱

生物碱的质谱裂解方式主要有三种：一是以N原子为中心的裂解；二是RDA裂解，产生互补离子；三是C—C裂解。一种生物碱的质谱裂解可能存在一种或两种，甚至是同时存在三种裂解方式。根据主要生物碱结构类型的质谱特征，质谱的一般规律简单总结如下。

（1）具有芳香环的分子MS的特点是分子离子峰$[M]^+$、$[M-H]^+$、$[M+H]^+$、$[M+2H]^+$多为基峰或强峰，一般不出现由骨架裂解产生的特征碎片峰，但可出现失去取代基或侧链的离子峰。这类生物碱主要有两类不同结构：一是由芳香体系组成分子的整体或主体结构部分，如喹啉类、四氢异喹啉类、4-喹酮类、吖啶酮类、β-咔波啉类、阿朴芬类等；二是分子结构紧密的多稠环体系，如马钱碱类、吗啡类、苦参碱类、秋水仙碱类、萜类生物碱等。例如，马钱碱类都有很强的$[M-59]^+$离子峰，并且$[M]^+$为强峰。番母鳖次碱的裂解如下。

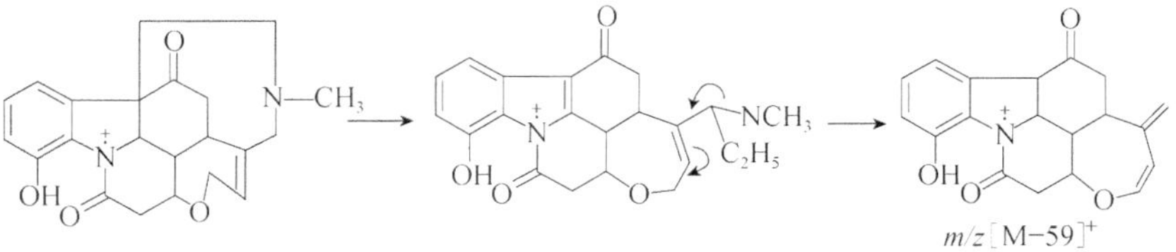

m/z $[M-59]^+$

（2）以氮原子为中心的α-裂解为主要裂解方式，并且多涉及骨架的裂解，因此，MS可测定生物碱的基本骨架。其特征是基峰或强峰多是含氮的基团或部分，如氮杂环己烷及其衍生物、四氢异喹啉环、四氢β-咔波啉环等。

例如，金鸡宁的裂解特征是先α-裂解断，C_8—C_9键形成一对互补离子，基峰离子又经

α-裂解等产生其他离子。

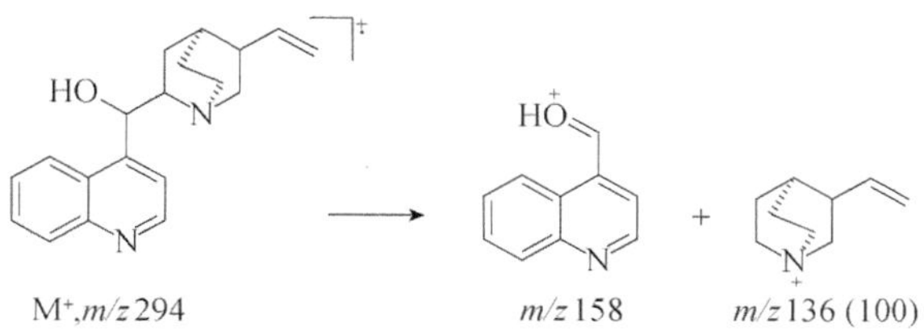
HO
N
M⁺,m/z 294
HO
m/z 158
m/z 136 (100)

苄基四氢异喹啉类、双苄基四氢异喹啉类和螺环四氢异喹啉类等的主要裂解则是C-N 系统的α-裂解，产生很强的、多为基峰的苄基和四氢异喹啉特征峰，且为互补离子对。

例如，螺环四氢异喹啉的裂解。

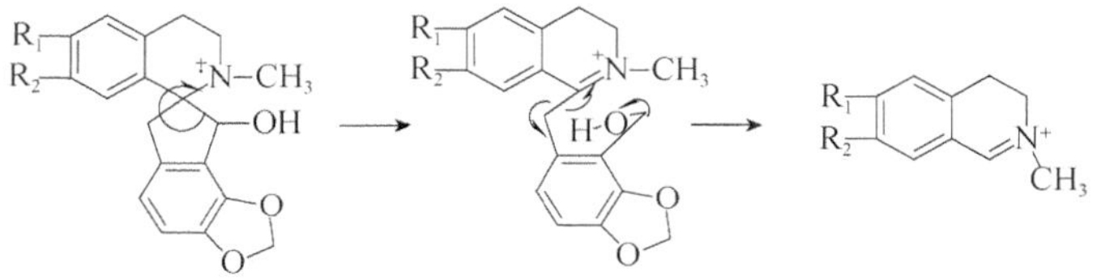

（3）RDA 裂解，产生强的互补离子特征离子峰，可推定环上取代基的性质和数目，如原小檗碱类、含四氢β-咔波啉结构的吲哚类、普罗托品类及无 *N*-烷基取代的阿朴芬类等。例如，原小檗碱 C 环的 RDA 裂解。

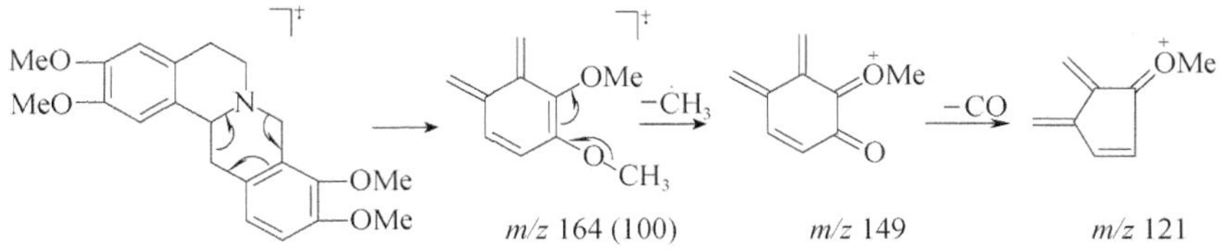
MeO
MeO
OMe
OMe
−CH₃
−CO
m/z 164 (100)
m/z 149
m/z 121

长春胺类的主要裂解有［M−H］$^+$（较强）、［M−H_2O−C_2H_5］$^+$，［M−$COOCH_3$］$^+$、［M−C_4H_8N］$^+$和［M−CH_2OH−C_2H_4］$^+$。强峰 *m/z* 252 是分子离子经两次 RDA 裂解的产物。

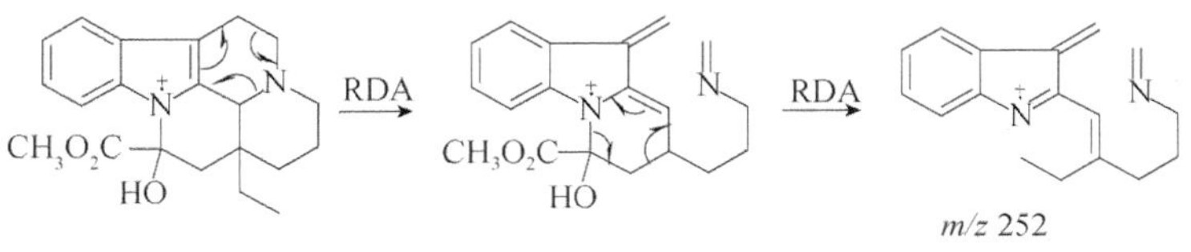
RDA
RDA
m/z 252

二氢吲哚类（如白坚木碱类等）特征离子则来源于非典型的 RDA 与α-裂解。例如，主要裂解是经 RDA 途径失去中性碎片 CH_2CH_2 得 M—C_2H_4，然后在氮原子影响下进行α-裂解，生成含 D 环的基峰离子。

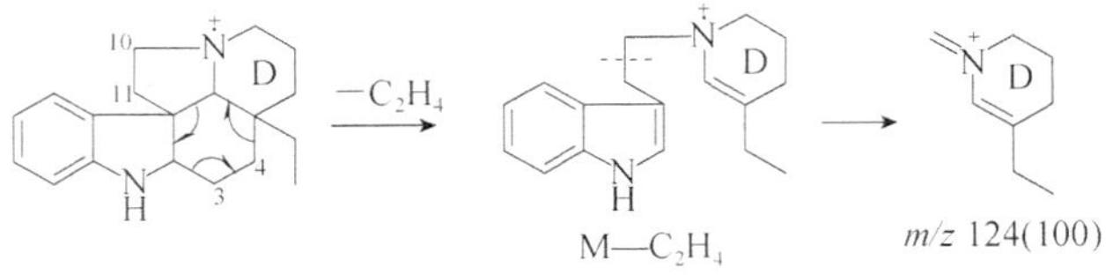

$-C_2H_4$

$M—C_2H_4$

m/z 124(100)

蜡梅种子中的 *d*-洋蜡梅碱（*d*-calycanthine）的高分辨 ESI-MS/MS 质谱给出的 MS/MS 裂解途径如下。

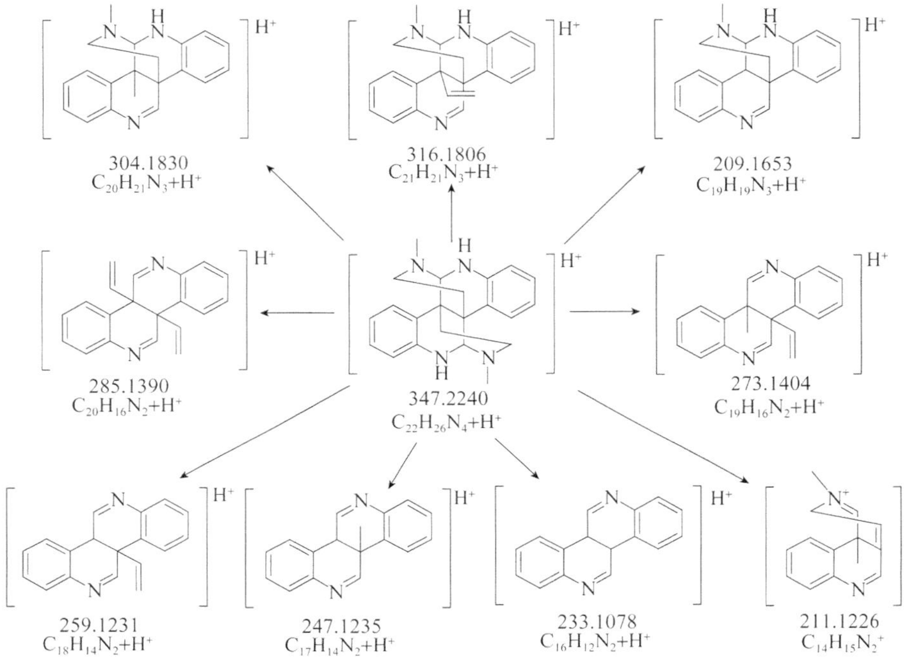

304.1830 $C_{20}H_{21}N_3+H^+$

316.1806 $C_{21}H_{21}N_3+H^+$

209.1653 $C_{19}H_{19}N_3+H^+$

285.1390 $C_{20}H_{16}N_2+H^+$

347.2240 $C_{22}H_{26}N_4+H^+$

273.1404 $C_{19}H_{16}N_2+H^+$

259.1231 $C_{18}H_{14}N_2+H^+$

247.1235 $C_{17}H_{14}N_2+H^+$

233.1078 $C_{16}H_{12}N_2+H^+$

211.1226 $C_{14}H_{15}N_2^+$

（四）NMR 谱

核磁共振谱是生物碱结构测定的最强有力的工具之一。氢谱可提供有关功能基团（如 NCH_3、NCH_2CH_3、OCH_3、双键、芳香氢等）和立体化学的重要信息。由于生物碱结构类型的多样性和复杂性，核磁共振谱，很难对其 NMR 谱作全面归纳总结。现就生物碱的 ^{13}C NMR 谱化学位移一些基本特征概括如下。

（1）基于生物碱结构中氮原子的电负性影响，使 α-碳明显向低场位移。芳香氮杂环中，氮使 α-碳向低场位移最大，γ-碳次之，而β-碳位移最小；脂氮杂环中，氮原子对 α-碳影响最大。

（2）生物碱的构象和构型不同，其化学位移也是不同的，e 键甲基使 α、β-碳去屏蔽，因此使 α、β-碳向低场位移，对γ-碳影响不大；a 键使 α、β-碳向低场位移，而使γ-碳向高场位移。

（3）生物碱结构中存在氮甲基，由于氮的电负性使甲基碳在较低场出现。

（4）季铵盐中氮原子使 α-碳向更低场位移，氮氧化物和季铵中的氮也使 α-碳向低场位移。

二、结构鉴定举例

高乌头（*Aconitum sinomontanum* NaKai）又名麻布七，为我国特产植物。从中获得两个新的双去甲二萜生物碱成分：高乌宁碱丁（sinomontanine D，Ⅰ）和高乌宁碱戊（sinomontanine E，Ⅱ）。化合物Ⅰ的结构鉴定如下。

化合物Ⅰ：白色无定形粉末。$[\alpha]_D^{17}$ +26.6°（c 0.5，$CHCl_3$）。EI-MS 示分子离子峰 *m/z* 441，结合碳谱确定其分子式为 $C_{22}H_{35}NO_8$，不饱和度为 6。

核磁共振氢谱（400MHz）示 1 个氮乙基［δ_H1.09，3H，t，*J*=7.2Hz，12.93，3.03（各 1H，m）；δc14.1q，50.2t］和 2 个甲氧基［δ_H3.31，3.39（各 3H，s）；δc56.2q，57.9q)］。碳谱还示 8 个含氧取代信号（δ70.1d，74.9d，77.6s，78.2s，79.7s，82.2d，84.4s 和 90.1d）。除去 2 个甲氧基取代外，剩余 6 个为羟基取代，由此可写出其示性式为 $C_{18}H_{18}$（NEt-CH_3O×2-HO×6），再结合生源即可推断为双去甲二萜生物碱。

与乙基三甲氧基乌头烷四醇（ranaconineⅢ）比较，Ⅰ氢谱中少 1 个甲氧基信号，多 2 个仲羟基信号（其偕碳质子的δ值为 3.65 和 4.05）。仔细比较二者的碳谱,发现除 A 环上碳信号外，其余碳的δ值颇为相近。因此推断化合物Ⅰ多出的两个羟基是在 A 环上，HMBC 谱显示，偕碳信号（δ70.2）的氢（δ3.65，1H，t，*J*=8.0Hz）与 C-10、C-17 和 C-2 存在相关峰（表 12-3），表明含 1-羟基取代。另外，在 ^1H-^1H COSY 谱中可见偕碳信号（δ74.4）的氢（δ4.05，1H，t，*J*=3.5Hz）与 H-2α、2β存在明显的相关峰，表明含 3-羟基取代。

C-1 和 C-3 构型的确定基于：若为 1β-OH 取代，如 delphirine 等，C-1 的δ值一般不大于 69；但若为 1α-OH 取代而 3 位无取代时，则 C-1 的δ值在 72 以上。碱Ⅰ的$\delta_{C\text{-}1}$实为 70.2，比前者移向高场，这主要是来自于 3 位羟基γ效应的影响。另外，对于含 1α-OH 的该类化合物，其 1α-OH 与 N 原子形成氢键，因而 A 环呈船式构象。从分子模型可以看出，此时氢谱中 H-2α 和 H-2β对 H-1β的偶合应差不多相同，即 H-1α 应呈三重峰，而非 A 环呈椅式构象时为四重峰。碱Ⅰ的 H-1β（δ3.65，1H，t，*J*=8.0Hz）为三重峰（*J*=3.5Hz），而非典型的四重峰，也表明 3 位羟基为 α 取代。

综上分析，高乌宁碱丁的结构确定为Ⅰ。

OMe　R₁　OMe　OH　N　OH　R₂　HO　H　R₃

Ⅰ　R_1=—OH，　R_2=—OH，　R_3=—OH
Ⅱ　R_1=—OH，　R_2=—OH，　R_3=—H
　　R_1=—OMe，R_2=—H，　R_3=—OH

表 12-3　化合物Ⅰ、Ⅱ及乙基三甲氧基乌头烷四醇（ranaconine）的 NMR 数据（$CDCl_3$）

位置	Ⅰ		Ⅱ		乙基三甲基乌头烷四醇
	δc	δ_H（400MHz）	HMBC（H→C）	δc	δc
1	70.2d	3.65t（8.0）	C-2，10，17	70.1d	84.9
2	40.9t	1.98m（β）	C-1	40.5t	27.1
		2.36m（α）			
3	74.4d	4.05t（3.5）		74.9d	36.8
4	79.7s			79.6s	71.1

续表

位置	I		II		乙基三甲基乌头烷四醇
	δc	δ_H（400MHz）	HMBC（H→C）	δc	δc
5	44.5d	26.1d（8.0）	C-4，7，11，17，19	44.1d	51.1
6	34.5d	1.68dd（14.8，7.5）（β）	C-4，7，11	26.3t	32.4
		3.15dd（15.2，8.0）	C-4，7，17		
7	84.4s			45.0d	86.5*
8	78.2s			75.7s	78.0*
9	77.6s			78.1s	78.7
10	48.8d	2.09dd（12.4，4.4）	C-8，11，17	48.8d	51.1
11	52.6s			52.1s	51.4
12	25.5d	2.05m（hidden）（β）	C-9，11	25.6t	26.3
		2.42dd（10，8，4，4.4）（α）			
13	36.7d	2.39m（hidden）	C-10，16	36.3d	37.5
14	90.1d	3.48d（4.6）	C-8，9，16	90.1d	90.2
15	38.5t	1.74dd（14.0，8.0）（β）	C-7，8，9，16	44.8t	38.1
		2.99（hidden）（α）	C-13，16		
16	82.2d	3.28d（8.0）	C-12	82.7d	83.0
17	62.5d	2.78s	C-5，8，10，11，19，20	61.6d	63.2
18	—				
19	56.6t	2.97（hidded）（β）	C-4，5，17	57.3t	56.8
		3.26d（8.0）	C-3，4，20		
N-CH_2	50.2	2.93m（β）	C-19	48.4t	50.0
CH_3		3.03m（β）			
	14.1q	1.09t（7.2）		13.1q	14.5
1′	—				56.3
14′	57.9q	3.39（s）	C-14	57.8q	57.9
16′	56.2q	3.31（s）	C-16	56.1q	56.3

注：归属可以交换

习　　题

一、填空题

1．吡咯类生物碱和托品烷类生物碱的生源前体是（　　）。

2．生物碱的薄层层析检识中最常用的显色剂是（　　），它与生物碱斑点作用常显（　　）色。

3．单萜吲哚生物碱中的氮原子来源于（　　）。

答案：1．鸟氨酸　2．碘化铋钾试剂；橘黄　3．色氨酸

二、选择题

1．生物碱盐类在水中溶解度因成盐的酸不同而异，一般来说其水溶性（　　）。

A．无机酸盐和有机酸盐差不多　　B．无机酸盐大于有机酸盐

C．无机酸盐小于有机酸盐　　D．不一定

2．氧化苦参碱在水中溶解度大于苦参碱的原因是氧化苦参碱（　　）。

A．属季铵碱　　B．只有高极性的 N→O 配位键

C．相对分子质量大　　D．属有机酸盐

3．碱性最弱的生物碱是（　　）。

A．季铵碱　　B．仲胺碱　　C．酰胺碱　　D．伯胺碱

4．下列毒性最强的生物碱是（　　）。

A．乌头碱　　B．莨菪碱　　C．巴马丁　　D．粉防己碱

答案：B　B　C　A

三、简答题

1．影响生物碱碱性的因素有哪些？

2．如何利用 pH 梯度法分离不同碱性的生物碱？

3．在进行生物碱的 TLC 分析时，若选用硅胶作为固定相，会由于硅胶的弱酸性导致生物碱斑点的 R_f 值太小或拖尾，请说明有哪些改善方法。

第十三章　其他类型化合物

本章简要介绍其他几类天然有机化合物：芪类、二芳基庚烷类、苯乙醇苷类、间苯三酚类、苯乙烯内酯类及楝酰胺类、缩酚酸类、类脂化合物及海洋毒素等，所介绍的化合物结构类型虽然没有前文所述的化合物系统，但有些却具有比较显著的生物活性和新颖的结构类型及潜在的开发利用价值。

第一节　芪　　类

芪类化合物（stilbenoids）是一类结构上含有1, 2-二苯乙烯（C_6-C_2-C_6）骨架的单体及其低聚体的多酚化合物总称或是分子骨架中两个芳香环通过乙烯或乙烷桥连接而成的化合物。通常划分成两种类型——单芪（monomeric stilbenes）、低聚芪（oligostilbenes）。芪类化合物广泛分布于植物界，主要存在于龙脑香科、莎草科、葡萄科、买麻藤科、豆科、鸢尾科、卫矛科、芍药科、桑科等植物中。迄今为止，已报道了1000多个芪类化合物，其中仅在1995～2008年，就发现了大约125个新的芪化合物。

一、单芪

单芪（stilbenes）骨架一般含有不同的取代基（羟基、甲基、甲氧基、异戊烯基、香叶基等），以及结合糖基生成糖苷。天然芪通常为*E*-构型，但是也存在*Z*-构型。

例如，白藜芦醇（resveratrol，**1**）是最简单的芪，它是葡萄等种子植物对抗损伤而产生的抗毒素。白藜芦醇在葡萄皮中含量丰富而在果肉中含量甚微，红葡萄酒中它含量可达15mg/L，远高于白葡萄酒。最近，从红葡萄酒中检测到41个芪类化合物。

白藜芦醇具有多种生物活性，如明显的抗肿瘤、抗炎作用、抗心血管疾病、抗阿尔茨海默病等功效。

又如，20世纪70年代发现的微管蛋白抑制剂：康普瑞汀（combretastatin A-4，**2**）是从南非树木使君子科植物柳叶风车子（*Combretum caffrum*）枝叶、果实中分离出来的活性成分，其化学结构与抗有丝分裂药物秋水仙碱相似。抗肿瘤新药康普瑞汀磷酸酯（combretastatin A-4 phosphate，**3**）是药物前体。

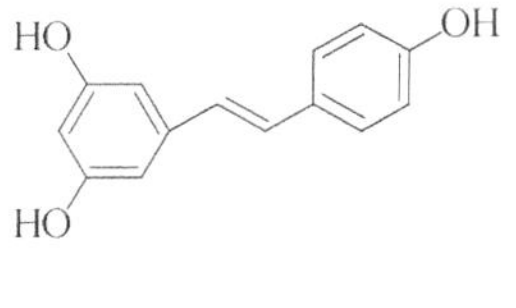

HO　OH　HO

1

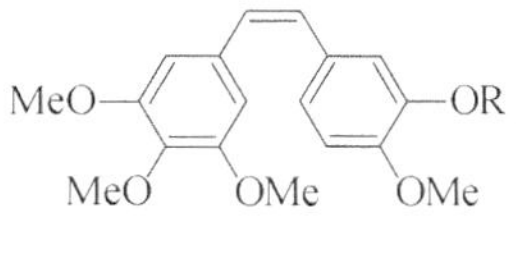

MeO　OR　MeO　OMe　OMe

2　R=H
3　R=—PO_3H

大戟科植物*Macaranga mappa*叶中分离的mappain（**4**）对药敏性（SK-OV-3）和抗药性（SKVLB-1）的人卵巢癌细胞株有强细胞毒活性（IC_{50} 1.3μmol/L）。

此外，从青岛海域采集的红藻鸭毛藻［*Symphyocladia Latiuscula*（Harvey）Yamada］中分离到 4 个具有自由基清除作用的多溴代酚和二聚酚类化合物，如 1, 2-双（2, 3, 6-三溴-4, 5-二羟基苯基）乙烷（**5**）。

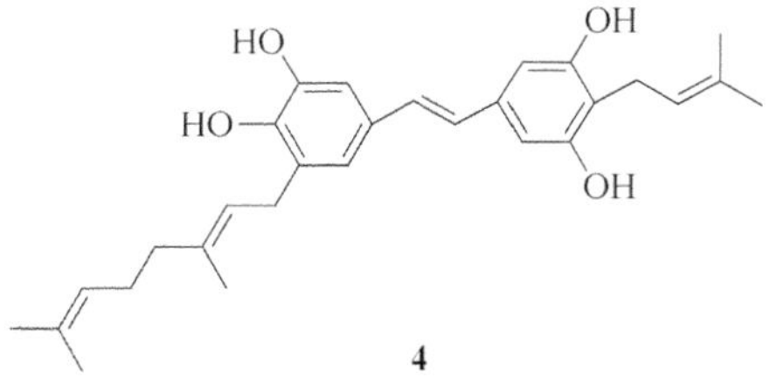

4 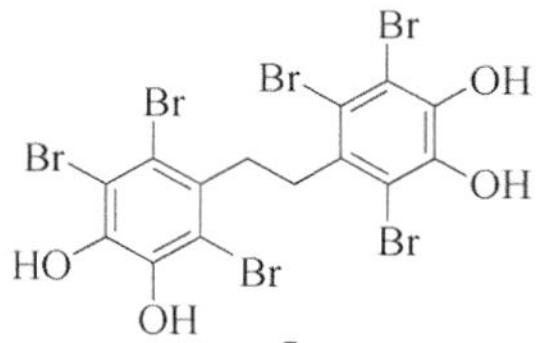　**5**

二、低聚芪

低聚体（oligostilbene）即寡芪化合物，是指一类由白藜芦醇及其衍生物，以同种或异种的单体经脱氢后形成聚合度不等的复杂结构类型化合物。低聚芪类化合物具有多方面的生物活性，如抗菌、抗病毒、抗炎、抗艾滋病病毒、抑制环氧酶及保肝作用。

白藜芦醇的聚合体分为 A 和 B 两大类：A 类结构中至少含有一个氧杂环，通常为反式 2-苯基-2, 3-二氢苯骈呋喃环结构单元；B 类结构中不含任何氧杂环。A 类白藜芦醇聚合体都是经过二聚体ε-viniferin（**6**）为中间体转化而成三聚体、四聚体等聚合物，如 miyabenol C（**7**）。B 类的低聚体类似物则由白藜芦醇单体直接通过 C—C 键连接起来的，分子中没有任何反式 2-苯基-2, 3-二氢苯骈呋喃环。天然白藜芦醇低聚体类似物大部分属于 A 类，只有少数属于 B 类，如桑科桂木属植物 *Artocarpus gomezianus* 根中具有酪氨酸酶抑制活性的二聚体芪类成分 artogomezianol（**8**）和 andalasin A（**9**）。

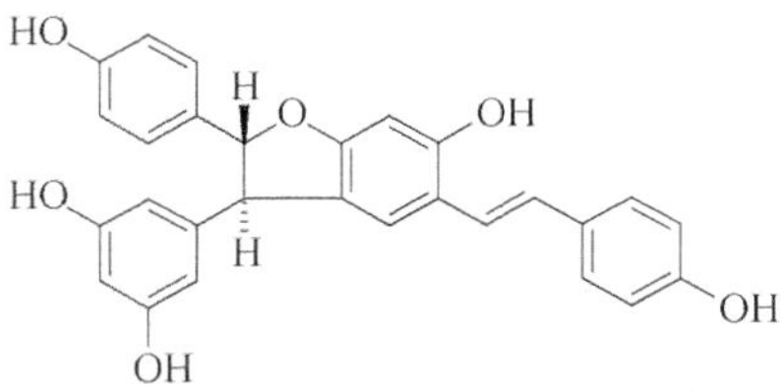

6 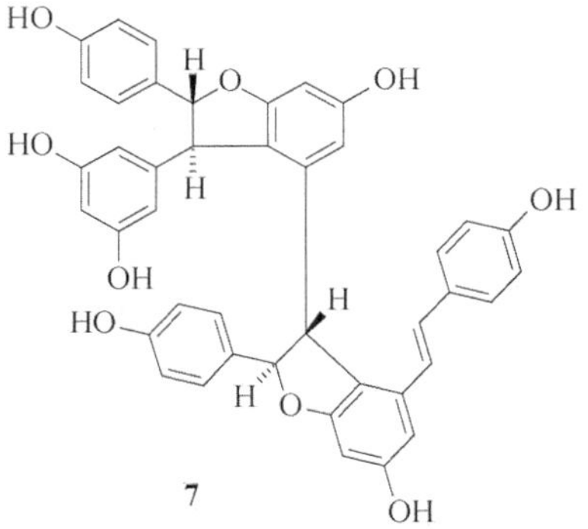　**7**

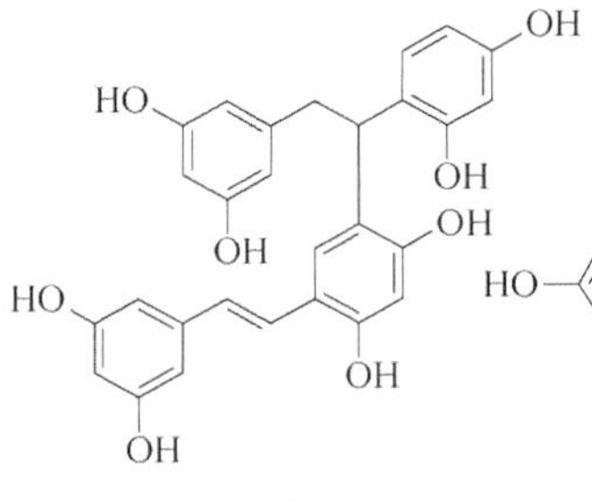

8 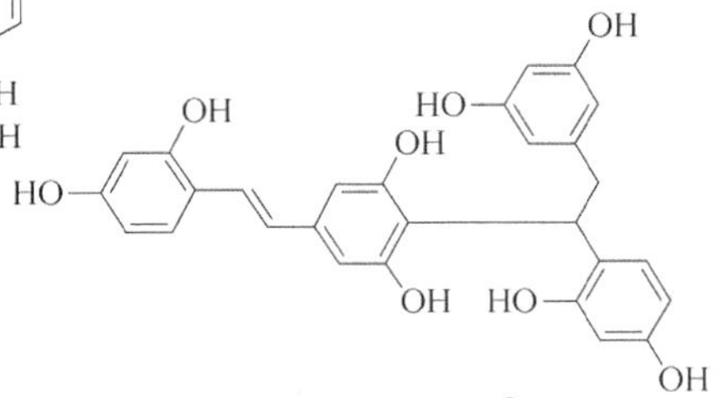　**9**

此外，通过细胞培养可产生多种芪类化合物。例如，从葡萄培养物中分离得到 4 个化合物，包括 2 个新类型的白藜芦醇二聚体葡萄苷：白藜芦醇（*E*）-脱水二聚体 11-*O*-*β*-D-葡萄糖苷（**10**）和白藜芦醇（*E*）-脱水二聚体 11′-*O*-*β*-D-葡萄糖苷（**11**）及 2 个已知的白藜芦醇（*E*）-脱水二聚体［resveratrol（*E*）-dehydrodimer，**12**］、苍白粉藤酚（pallidol，**13**）。化合物 **10** 和 **12** 对环氧酶显示抑制活性。

10 R_1=glc，R_2=H
11 R_1=H，R_2=glc
12 R_1=R_2=H

13

第二节　二芳基庚烷类

二芳基庚烷类（diarylheptanoids）化合物是一类具有 1, 7-二芳基庚烷骨架化合物的总称。根据其成环与否及两个苯环连接方式的不同，分为 4 种类型，即直线型（acyclics）、环状式（大环联苯型和环二苯醚型）、二聚体及复合型（如二芳基庚烷类化合物与查耳酮或黄烷酮以 C—C 键相连的聚合体）。该类化合物存在于许多科植物中，如姜科、桦木科、杨梅科、豆科、槭树科、薯蓣科和鸦胆子科等。仅姜科就发现了 307 个该类化合物，在槭树科植物中所发现的环状式基本为环二苯醚型，复合型主要存在于姜科山姜属植物。

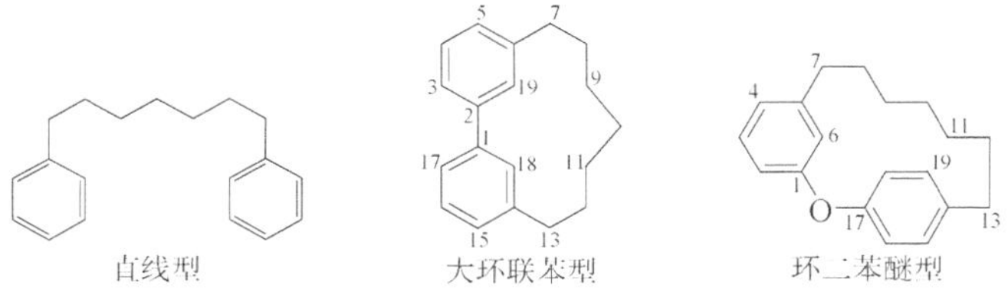

药用姜黄（*Curcuma longa* L.）中的姜黄素（curcumin，**14**）被广泛用于调料和食用色素，并具有抗炎、抗肿瘤、降血脂、抑制 HIV-1 整合酶等多方面的药理作用。

日本民间良药毛果槭（*Acer nikoense* Maxim）茎皮中的槭苷Ⅳ（aceroside Ⅳ，**15**）及其苷元 acerogenin A（**16**），具有促成骨活性且对Ⅱ型糖尿病有治疗作用。

14

15 R=glc
16 R=H

传统中药云南草蔻（*Alpinia blepharocalyx*）种子中有 epicalyxin F（**17**）、calyxin K（**18**）、blepharocalyxin E（**19**）及二聚体 blepharocalyxin D（**20**）。**20** 对鼠结肠 26-L5 癌瘤有强抗癌活性，**19** 对 HT-1080 纤维肉瘤株有强的细胞毒作用，其活性与抗癌药物 5-氟尿嘧啶相当。

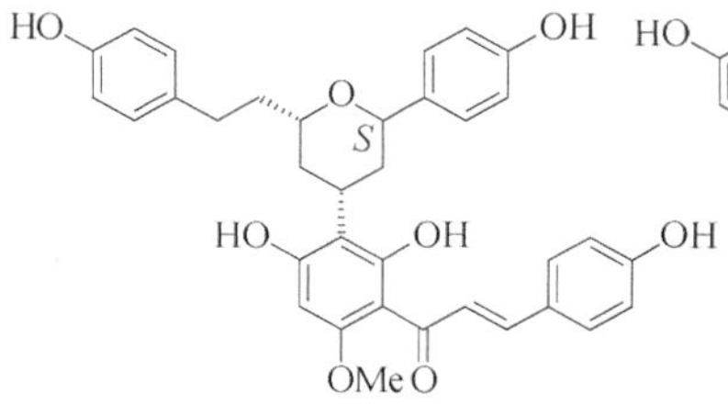

17

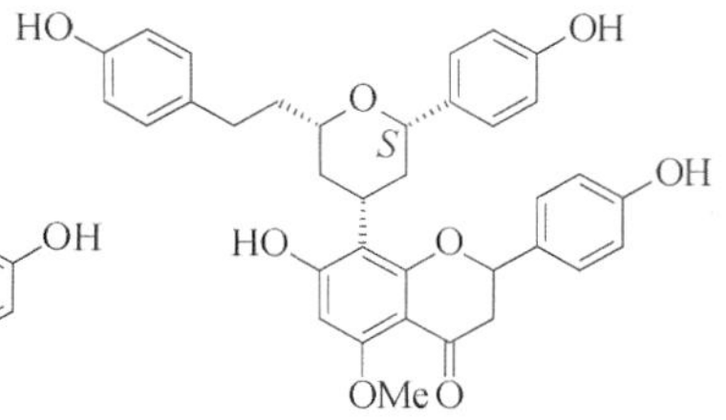

18

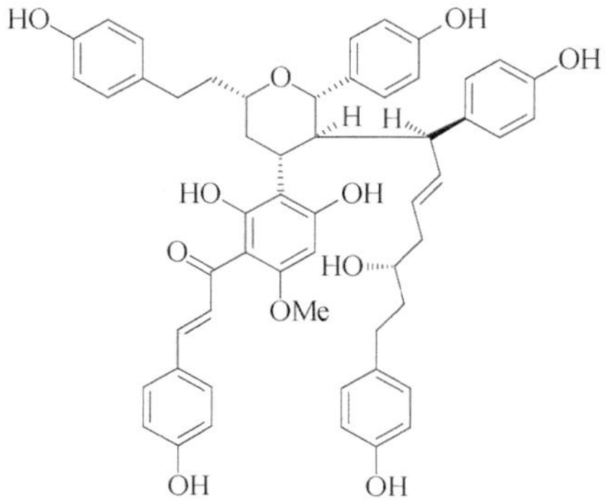

19

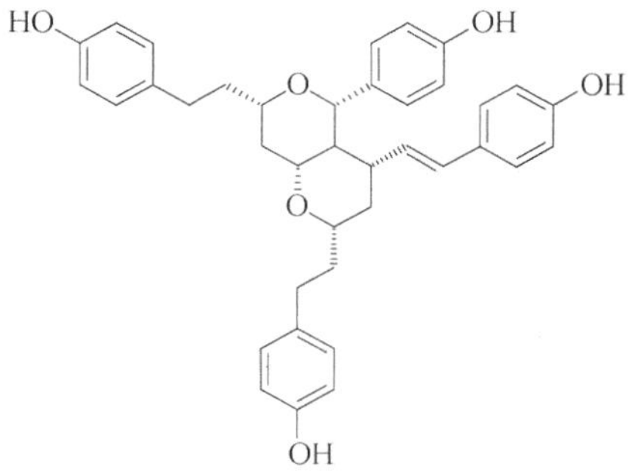

20

第三节　苯乙醇苷类

苯乙醇苷类（phenylethanoid glycosides）化合物具有苯乙醇（C_6-C_2）特征结构单元。迄今已报道了200多个化合物，广泛分布于中草药及其他药用植物中。从结构上讲，它们的结构特征是以苯丙酸和苯乙基分别通过酯键和糖苷键与葡萄糖相连。鼠李糖、木糖、芹菜糖等单糖又与分子的核心单元——葡萄糖基相接，一般鼠李糖基连接在葡萄糖C-3′或C-6′位。根据糖基的数目和类型，将苯乙醇苷类似物分为11类，其中单糖苷、双糖苷、三糖苷是主要结构类型，通常苯丙酸类与葡萄糖C-4′相连接。最简单的该类化合物是红景天苷（salidroside）（见第三章醇苷），这类天然产物具有神经保护、抗炎、抗氧化、抗病毒、免疫调节等生物活性。

小柃木苷A（eutigoside A，**21**）存在于山茶科植物小柃木（*Eurya tigang*）叶中。肉苁蓉苷D（cistanoside D，**22**）含于列当科（Orobanchaceae）植物盐生肉苁蓉（*Cistanche salsa*）、玄参科植物毛颏马先蒿（*Pedicularis lasiophrys*）和长花马先蒿（*Pedicularis longifloea*）中，具有抗氧化、抗肿瘤作用。

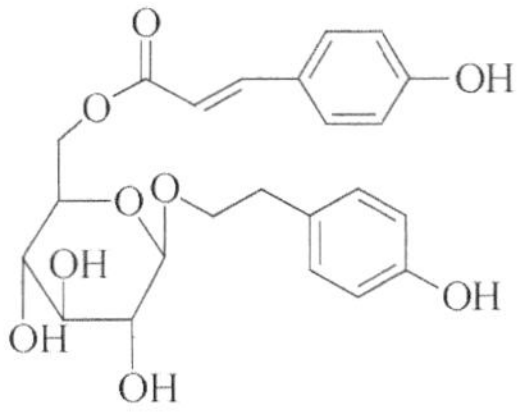

21

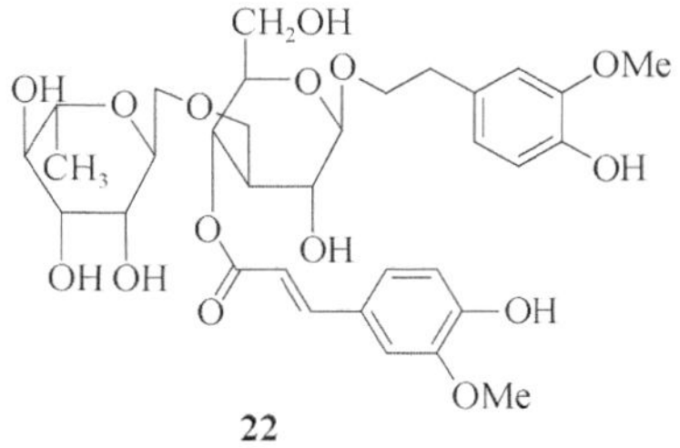

22

此外，苦丁茶中具有抗脂质过氧化作用的紫茎女贞苷A和B（ligupurpuroside A、B，**23**、**24**）。

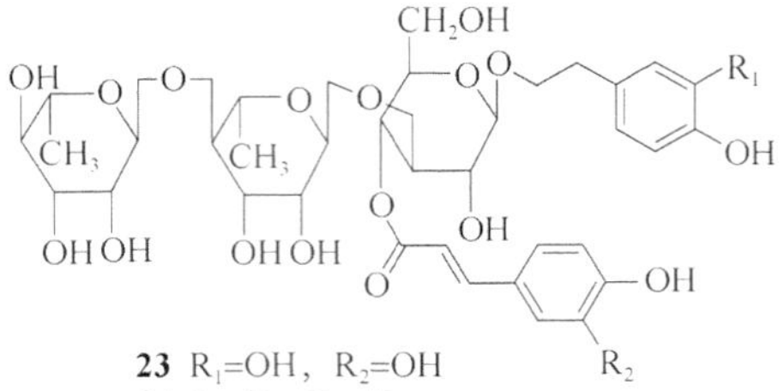

23 R_1=OH，R_2=OH
24 R_1=H，R_2=H

第四节　间苯三酚类

间苯三酚类（phloroglucinols）又称藤黄酚，有单环、二聚、多聚间苯三酚之分。该类化合物多存在于藤黄科、蔷薇科、桃金娘科、大戟科及鳞毛蕨属植物（如绵马、贯众）中，显示出巨大的结构多样性和生物学活性如抗真菌、抗 HIV、抗菌、抗氧化、抗病毒及细胞毒等。其中，天然多环多异戊烯基取代间苯三酚类（polycyclic polyprenylated acylphloroglucinols，PPAPs）化合物是一类由酰基间苯三酚与多个异戊烯基相杂合的天然产物。近年来，已经成为了天然产物化学及相关领域一个新的研究热点。到目前为止，已报道了 250 多个 PPAPs 类化合物，并且只在藤黄科植物中被发现，以金丝桃属（*Hypericum*）和藤黄属（*Garcinia*）植物中分布居多。

例如，地耳草（*Hypericum japonicum*）中的地耳草素丁（sarothralen D，**25**）。仙鹤草（*Agrimonia pilosa*）根中的鹤草酚（agrimonophol，**26**），在临床上用于治疗绦虫病。

贯叶金丝桃素（hyperforin，**27**）和藤黄酮 A（guttiferone A，**28**），前者是金丝桃属植物贯叶连翘抗忧郁活性成分之一。

值得提及的是，1998～2014 年初统计，二苯酮类（benzophenones）化合物含有 300 多个成员。该类化合物主要存在于藤黄科中。有报道将二苯酮类归属到间苯三酚类。

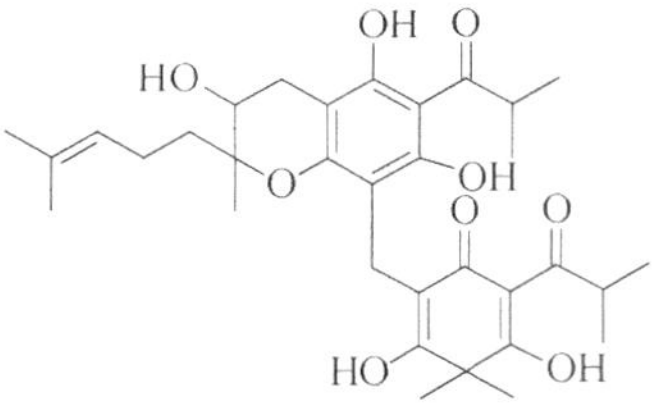

25 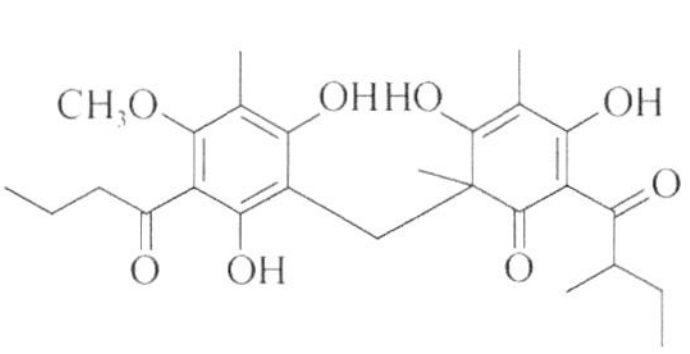　　**26**

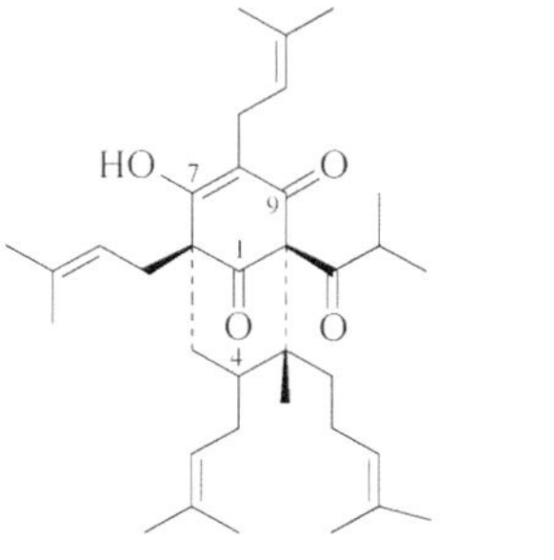

27 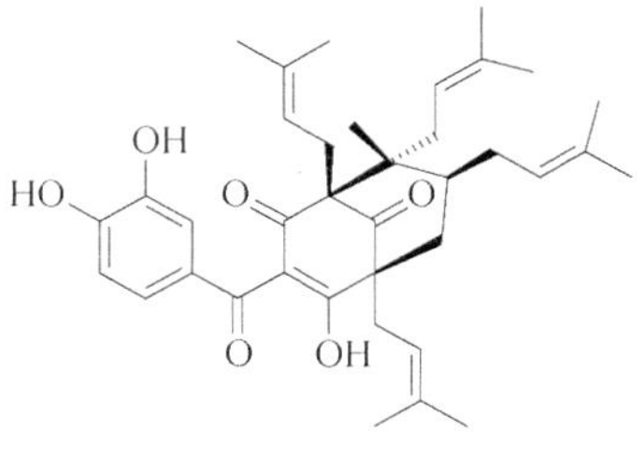　　**28**

从桃金娘科植物 *Kunzea ericifolia* 茎叶中发现杀虫活性成分 ericifolione（**29**），对蚜虫（*Aphis fabae*）的 LD_{50} 值为 5.2μg/昆虫，对 *Thrips tabaci* 的 LD_{50} 值为 5.3μg/昆虫。此外，从

同科植物 *Callistemon viminalis* 茎叶中分得 viminadione A（**30**），对蚜虫 *Aphis fabae* 的 LD_{50} 值为 5.9μg/昆虫，对 *Thrips tabaci* 的 LD_{50} 值为 4.2μg/昆虫。

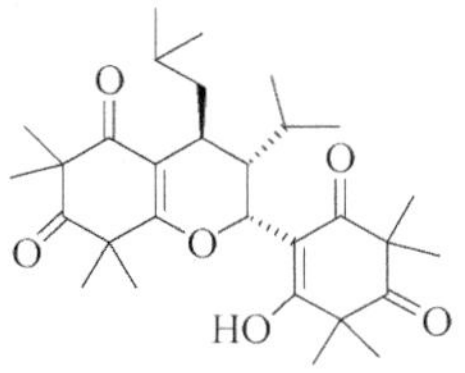

29 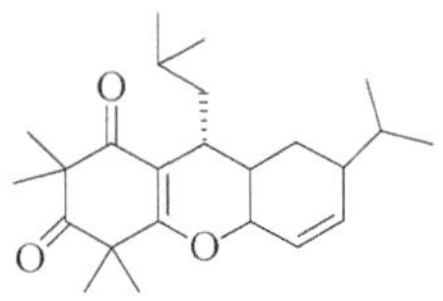　**30**

第五节　苯乙烯内酯类及楝酰胺类

一、苯乙烯内酯类

苯乙烯内酯类（styryllactones）化合物存在于番荔枝科哥纳香属（*Goniothalamus*）植物中，按其结构特征可将其分为五类：①单吡喃环衍生物；②单呋喃环衍生物；③呋喃环并呋喃环衍生物；④吡喃环并吡喃环衍生物；⑤呋喃环并吡喃环衍生物。例如，哥纳香二醇（goniodiol，**31**）、哥纳香双呋酮（goniofufurone，**32**）及哥纳香吡喃酮（goniopypyrone，**33**）是从巨大哥纳香（*Goniothalamus giganteus*）茎皮中分离得到，均显示出强的抗癌活性。

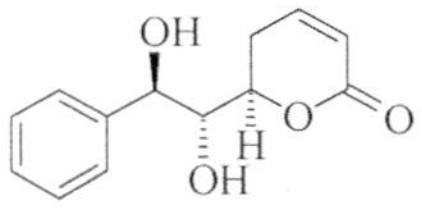

31 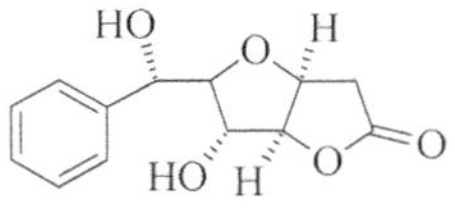　**32** 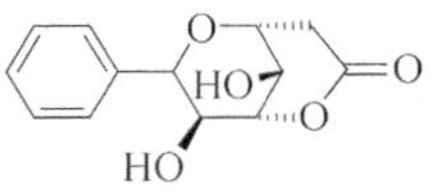　**33**

二、楝酰胺类

楝酰胺类（rocaglamides）化合物分为环戊烷[*b*]苯并呋喃（cyclopenta［*b*］benzofurans）、环戊烷［*bc*］苯并吡喃（cyclopenta［*bc*］benzopyrans）及 benzo［*b*］oxepines 3 个类型。迄今，从 30 多种楝科米仔兰属植物（*Aglaia* Lour.）中分离鉴定出 100 多个该类化合物。

1982 年，King 等从 *Aglaia elliptifolia* 中首次分离出楝酰胺（rocaglamide，**34**），1993 年被证实楝酰胺对疆叶蛾的 LC_{50} 值为 0.91mg/kg，与已知的天然杀虫剂印楝素（LC_{50} 值 0.70mg/kg）的活性相当，这表明楝酰胺及其类似物极有可能开发成新一代天然杀虫剂。2004 年，Hwang 等从 *Aglaia silvestris* 果实和枝中分离得到结构新颖的 flavagline 型化合物 silvestrol（**35**），体外具有强细胞毒活性，与抗癌药物紫杉醇相当。

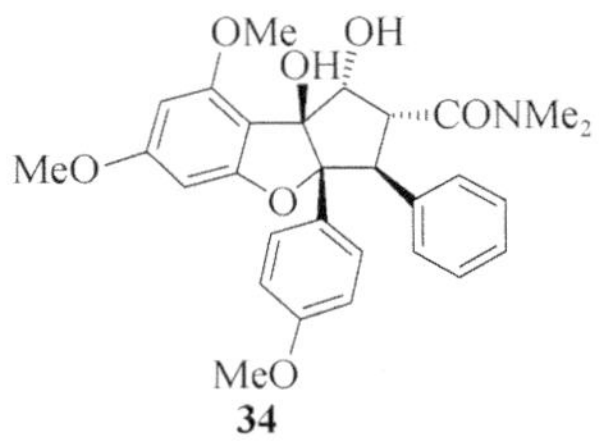

34 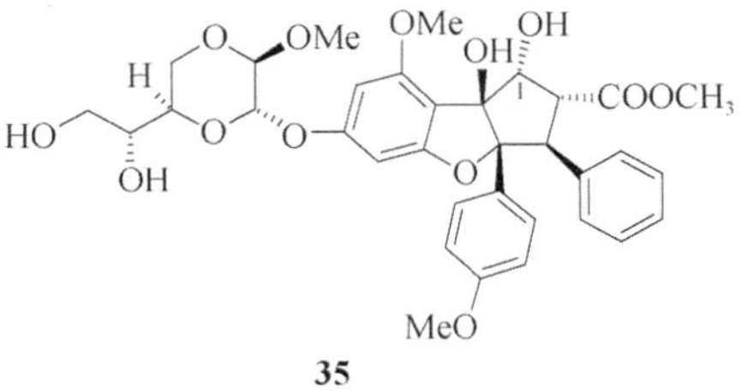　**35**

从楝科植物米仔兰（*Aglaia* spp.）叶、茎、根中获得两个楝酰胺类型化合物 pannellin（**36**）和 pannellin 1-*O*-acetate（**37**）对夜蛾科害虫 *Spodoptera littoralis* 幼虫显示出极强毒力，**36** 的 LC_{50} 值为 2.1μg/g，高出印楝素近 3 倍；**37** 对 *S. littoralis* 幼虫生长抑制浓度 EC_{50} 值为 1.2μg/g，而其毒力 LC_{50} 值为 12.2μg/g；C-1 位羟基酰化，则导致杀虫能力降低。

从碧绿米仔兰（*Aglaia perviridis*）叶、枝、果实中分离鉴定出 12 个楝酰胺类化合物，如 perviridisins A、B（**38** 和 **39**），后者具有 HT-29 肿瘤细胞细胞毒活性。

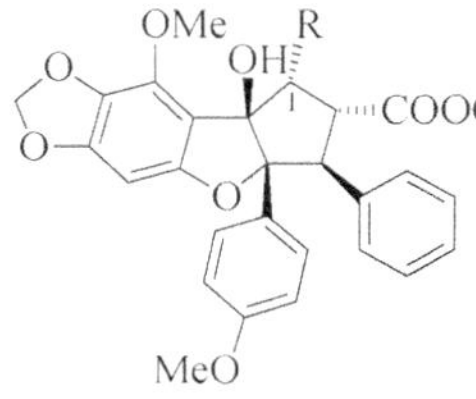

36 R=OH
37 R=OCOMe

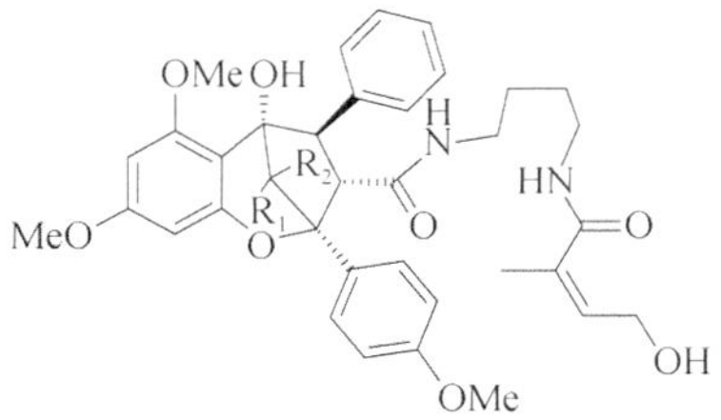

38 R_1=OH，R_2=H
39 R_1=H，R_2=OH

第六节 缩酚酸类

缩酚酸类（depsides）或缩酚酮类（depsidones）是一类含有二苯并二氧杂卓（dibenzodioxepinone）骨架天然产物。该类化合物最初被发现于地衣中，故又称为地衣酚类化合物，陆续在植物、真菌中发现。它们具有抗病毒、杀虫、杀线虫、抗菌、抗真菌及抑制 HIV 整合酶等活性。例如，地茶酸（thamnolic acid，**40**）和降斑点酸（norstictinic acid，**41**）分别存在于雪茶（*Thamnolia vermicularis*）及金丝刷（*Lethariella cladonioides*）中。

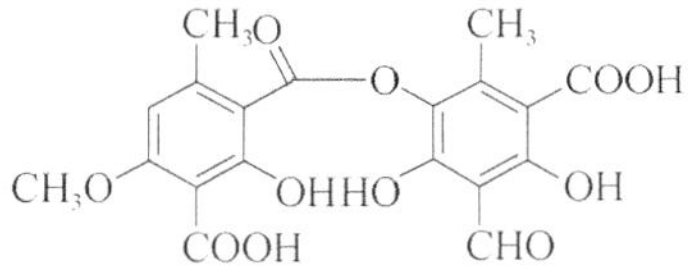

40 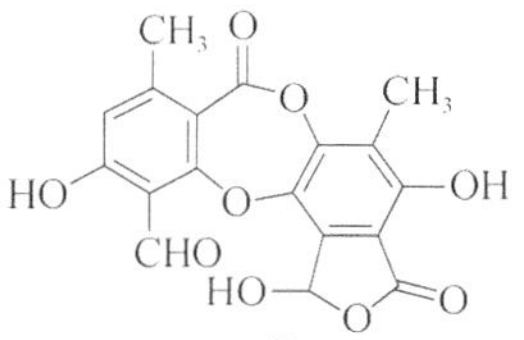 **41**

从生长于热带地区的藤黄属植物 *Garcinia atroviridis* 的根中得到的 depsidone 类化合物 atrovirisidone（**42**），对肿瘤 HeLa 细胞显示出细胞毒性，如从 *Garcinia assigu* 中分离得到的 garcinisidone A（**43**）。

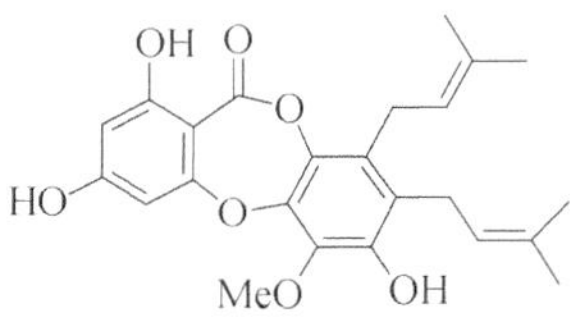

42 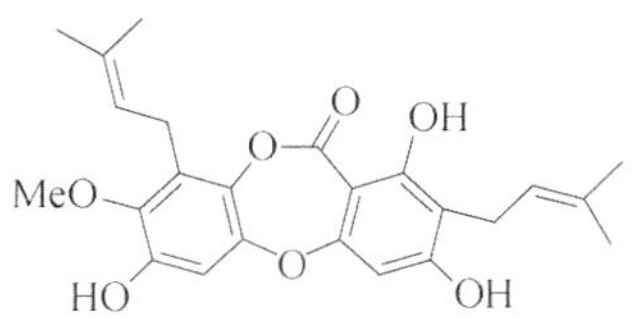 **43**

第七节 类脂化合物

重要的类脂（lipids）化合物有番荔枝内酯、长链脂肪多炔类、脂肪酰胺类、长链脂肪类及糖脂类。

一、番荔枝内酯

番荔枝科植物是一大类广布于热带和亚热带地区的植物，多为乔木或灌木，共 130 余属，2300 余种。我国有 24 属 103 种，大多产于华南。

番荔枝内酯（annonaceae acetogenins）是一类结构上新颖的代谢产物，也是番荔枝科植物特征性成分之一，迄今，已发现了 400 余个。其特征为分子中含 1～3 个四氢呋喃环，一个甲基取代或经重排的γ-丁内酯和相连的脂肪直链，碳数多为 35～37。这类化合物有抗肿瘤、杀虫等活性。特别是它们具有很强的抗肿瘤活性。由于其结构独特，作用机制不同于现有的抗癌药物，是作用于线粒体干扰能量代谢，而且无致突变性，因此引起人们极大兴趣。

从巨大哥纳香树皮获得的（2, 4-顺和反）-巨大哥纳香新酮［（2, 4-*cis* and *trans*）-gigantecinone，**44**］和 4-脱氧巨大哥纳香（4-deoxygigantecin，**45**）对蚊幼虫的 LC_{50} 值分别为 0.27μg/mL、0.68μg/mL，比鱼藤酮要强；并且所含的 goniotricin（**46**），除了对 6 种肿瘤细胞株有显著的选择性细胞毒性外，对蚊幼虫的 LC_{50} 值为 3.5μg/mL。番荔枝内酯是线粒体中氧化磷酸化作用的 NADH 辅酶 Q 还原酶复合体 I 的抑制剂，抑制了线粒体的电子转移过程，这种作用与其杀虫活性有关。

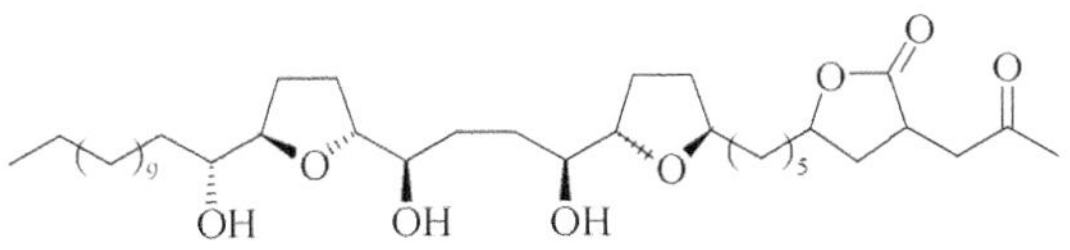

44 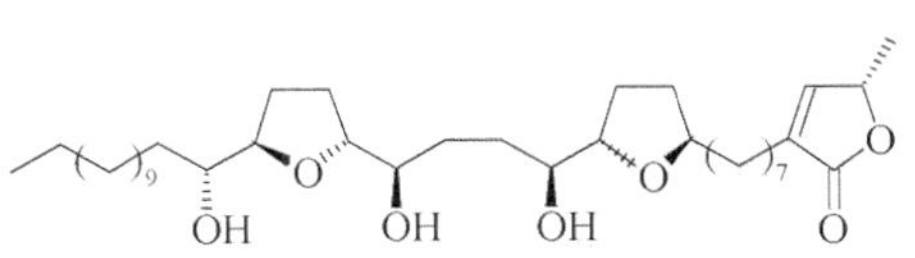　　**45**

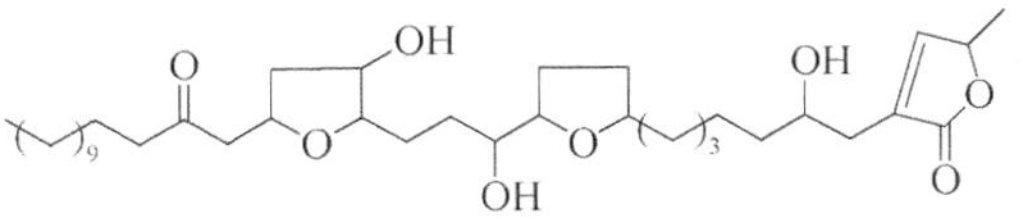

46

二、多炔类

多炔类（polyynes or polyacetylenes）化合物是一类与脂肪酸有关的含多个三键的聚酮化合物，存在于植物、真菌、海洋生物和动物中。这些化合物显示多样的生物活性，包括抗肿瘤、细胞毒、抗菌、杀虫及免疫抑制活性。

多炔类化合物为菊科植物的一类特征天然产物，已发现了 750 多种多炔衍生物。菊科植物中，直链型分布最广。例如，对向日葵亚族约 500 种植物的研究发现，377 种植物存在 204 个不同多炔。经放射性示踪饲喂实验确定了次生代谢作用中直链型多炔为合成噻吩和硫环红素（thiarubrines）的前体。例如，从 *Rudbeckia hirta* 中获得 2 个光活化毒素 1-十三碳烯-3, 5, 7, 9, 11-五炔（**47**）和硫环红素成分 **48**，化合物 **47** 对蚊幼虫有极强的毒力，**48** 对食草昆虫 *Manduca sexta* 有杀虫活性。

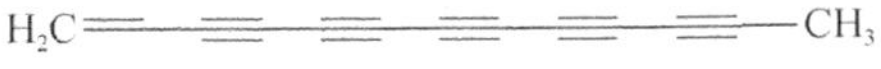

$H_2C{=}{\equiv}{\equiv}{\equiv}{\equiv}{\equiv}{-}CH_3$

47

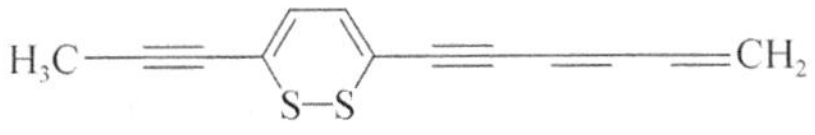

48

多炔类化合物也分布于伞形科和五加科植物中，如福尔卡烯炔二醇［(3*R*, 8*S*)- falcarindiol，**49**］具有抗细菌、抗真菌、抗肿瘤作用；来自北美刺参属药用植物 *Oplopanax horridus* 中的刺参二醇乙酸酯（oplopandiol acetate，**50**）表现出抗结核真菌活性。

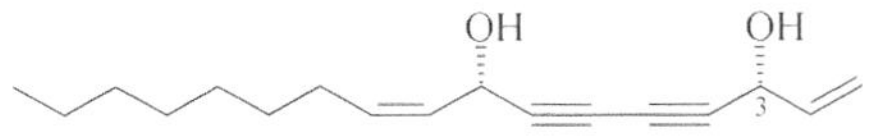

OH OH 3
49

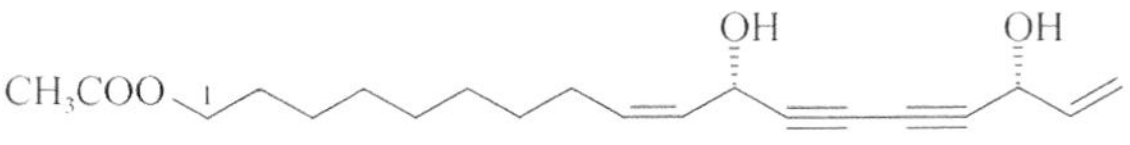

OH OH CH_3COO 1
50

铁青树科植物 *Ochanostachys amentacea* 为印尼传统退热中药，从其嫩枝中分得 3 个细胞毒活性成分圭亚那下层树炔酸（minquartynoic acid，**51**）、(*S*)-18-羟基圭亚那下层树炔酸［(*S*)-18-hydroxyminquartynoic acid，**52**］。

ivorenolide A（**53**）是从非洲楝科植物（*Khaya ivorensis* A. Chev.）中首次分离出来新的 18 元大环内酯类天然产物，具有很强的抗免疫活性。

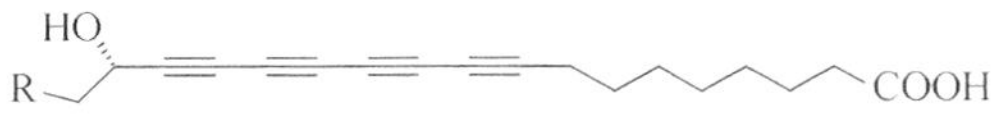

HO R COOH
51 R=H
52 R=OH

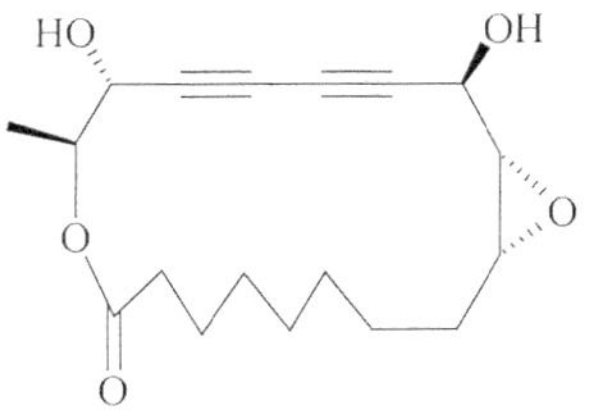

HO OH O O O
53

三、脂肪酰胺类

脂肪酰胺（alkamides）是通过直链（大多不饱和）脂肪酸与不同的胺经酰胺键连接而成的天然产物。该类化合物分布于菊科、胡椒科、芸香科、十字花科、大戟科、马兜铃科、防己科及禾本科等八科植物中，发现了 300 多个衍生物，它们由 200 个脂肪酸与 23 个胺组成，其中花椒属植物就有 50 余个化合物。

从陕西宝鸡产的花椒（*Zanthoxylum bungeanum* Maxim）果实中分到 10 多个脂肪酰胺类化合物，如 qinbunamides A～C（**54**～**56**），其中前两个化合物含乙氧基，化合物 **55** 和 **56** 具有神经营养活性。

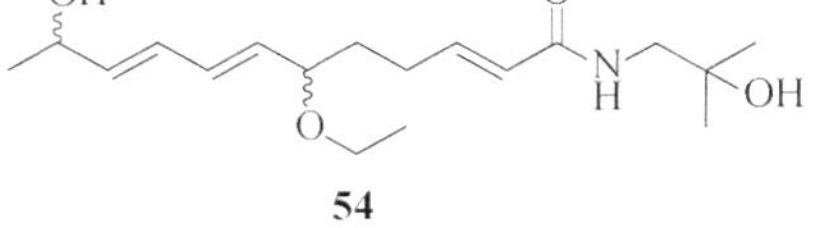

OH O N H OH O
54

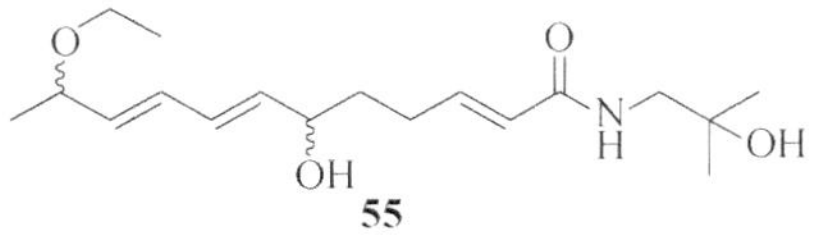

O O N H OH OH
55

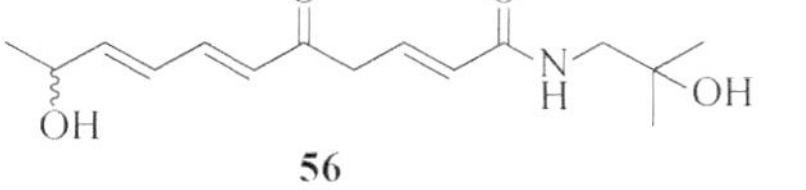

O O N H OH OH
56

四、长链脂肪类

源于樟科植物美洲鳄梨（*Persea americana*）果实的烷基呋喃类 2-(十五烷基)-呋喃（**57**）和 2-(十七烷基)-呋喃（**58**），都能明显降低 *Spodoptera exigua* 幼虫取食 9 天后的重量和提高幼虫死亡率。其中，**57** 和 **58** 的致死率均在 90%以上。未成熟美洲鳄梨果实中 1, 2, 4-三羟基十七碳-16-炔（**59**），对蚊幼虫的杀虫效力强于鱼藤酮。

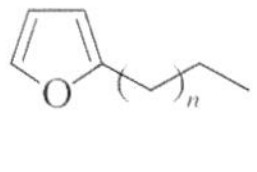

57 n=13
58 n=15
59 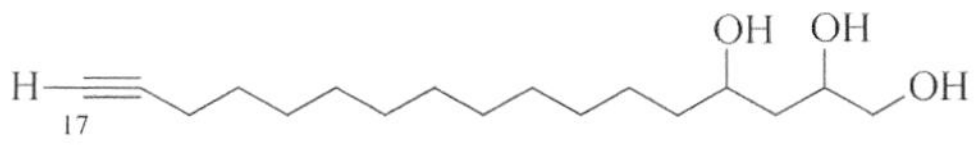

从中国红树林（mangrove）植物拟海桑（*Sonneratia paracaseolaris*）中获得的 α-烷基丁烯内酯二聚体——paracaseolide A（**60**），为首个具有两条线性烷基链的四奎烷氧笼二内酯新颖骨架化合物，此类化合物对细胞周期进程关键酶——双特异性磷酸酯酶 CDC25B 具有显著的抑制活性，其 IC_{50} 值为 6.44μmol/L。

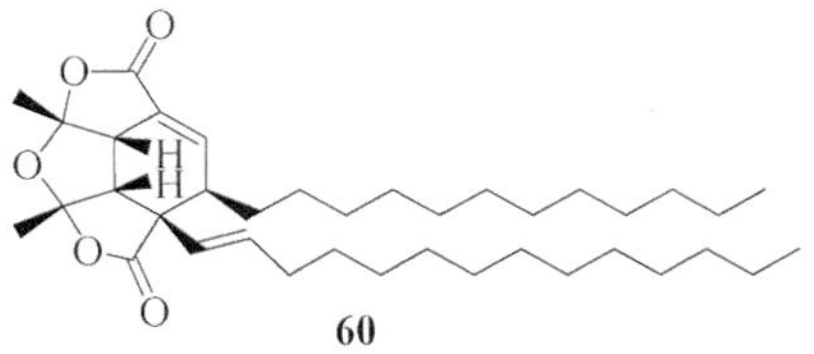

60

五、糖脂类

（一）鞘脂类

鞘脂类（sphingolipids）化合物是动植物细胞膜的组成成分之一。鞘脂及其代谢产物鞘氨醇、神经酰胺等具有多种重要生理作用，某些化合物还在细胞生理活动过程中行使化学信息物质的作用。近年来，鞘脂涉及人类关注的重大健康问题，如癌症、病毒、细菌感染、脑功能障碍、皮肤屏障及动脉粥样硬化。

脑苷脂（cerebrosides）是由神经酰胺（ceramide）与糖结合而成。而神经酰胺则是由鞘氨醇（sphingosine）和长链脂肪酸缩合而成的酰胺。鞘氨醇为长链多羟基脂肪胺（简称长链碱），其极性末端为 1, 3-二羟基-2-氨基或 1, 3, 4-三羟基-2-氨基取代，烷基端除正常的直链外，还有异型（iso-form）和反异型（ante-iso-form）末端。天然存在的长链碱部分链长为 12～22 个碳，以 18 个碳居多。天然鞘氨醇已发现有 60 种。长链脂肪酸部分（简称长链酸）一般为直链，也有异型或反异型末端，近来还发现有异戊基末端；有的 α-位有羟基取代。两条长链上可能有双键存在。鞘脂及其代谢产物鞘氨醇、神经酰胺的结构通式如下：

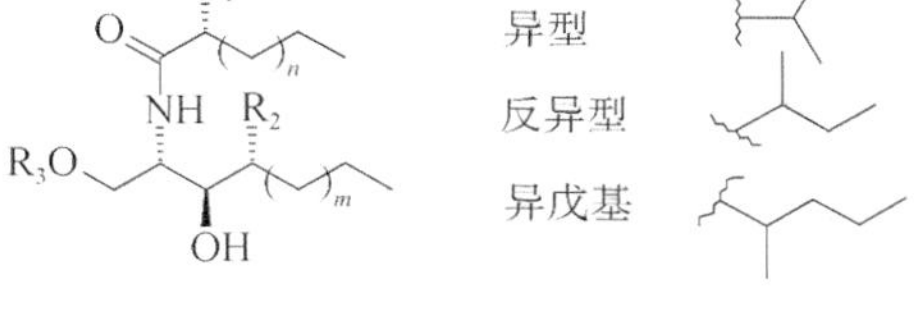

异型
反异型
异戊基

神经酰胺 R_1=R_2=H 或 OH，R_3=H
脑苷脂 R_3=糖基

脑苷脂的糖链连在神经酰胺的 C-1 位羟基上。糖的种类有半乳糖、葡萄糖、甘露糖、木糖、果糖、乳糖、葡萄糖胺、葡萄糖醛酸等。糖上的羟基有的形成亚硫酸酯、乙酸酯、磷酸酯、胆碱磷酸酯、氨基乙基磷酸酯等，或被甲氧基、长链脂肪半缩醛基取代。天然的脑苷脂和神经酰胺多以同系物的混合物存在。

例如，从中药枸杞子中分离得到2个脑苷脂：1-*O*-β-D-葡萄糖基-（2*S*, 3*R*, 4*E*, 8*Z*）-2-*N*-棕榈酰基十八碳二氢鞘氨醇-4, 8-二烯（**61**）和 1-*O*-β-D-葡萄糖基-（2*S*, 3*R*, 4*E*, 8*Z*）-2-*N*-（2′-羟基棕榈酰基）十八碳二氢鞘氨醇-4, 8-二烯（**62**）。后者曾发现于大豆中，称为大豆脑苷脂Ⅱ（soya-cerebroside Ⅱ），大豆中也存在大豆脑苷脂Ⅰ（soya-cerebroside Ⅰ，**63**）。它们均具有抗 CCl_4 诱导的肝细胞毒的作用。

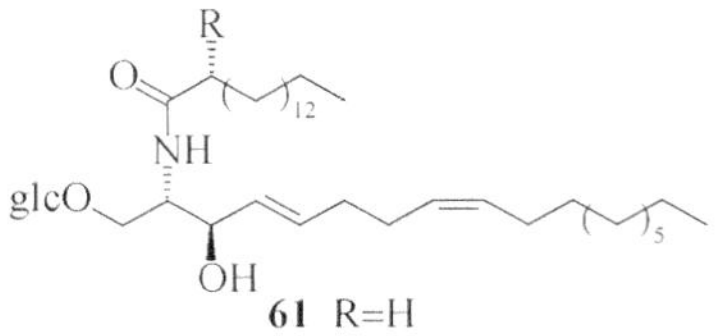

61 R=H
62 R=OH

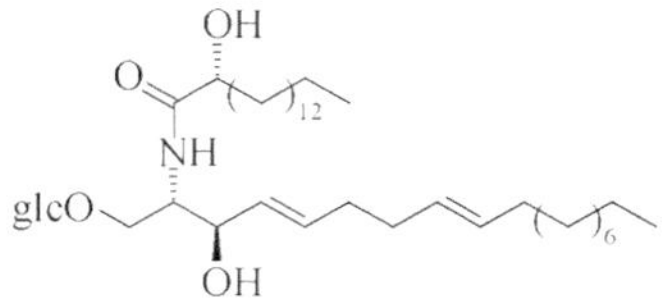

63

在我国大型真菌生物活性次生代谢产物过程中，也发现了不常见的C-9位上具支甲基的脑苷脂类物质：脑苷脂B、D（cerebrosides B、D，**64**、**65**）。

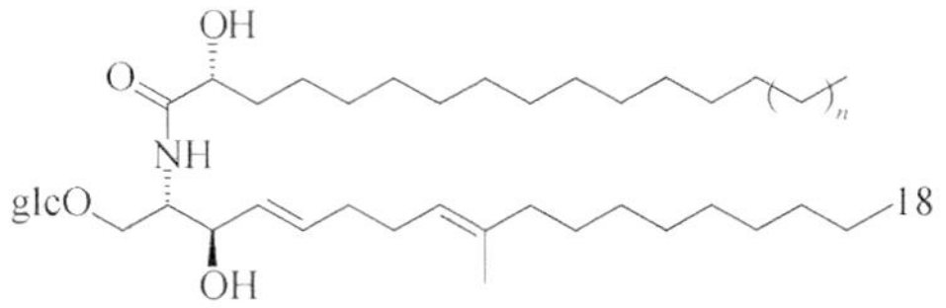

64 *n*=1
65 *n*=3

红藻真江蓠（*Gracilaria asiatica*）中分到具有细胞毒作用的鞘脂化合物真江蓠苷（gracilarioside，**66**），能够诱导A375-S2细胞凋亡。

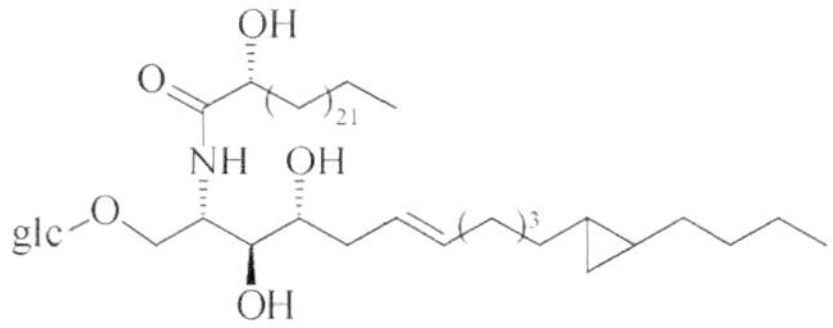

66

含于柳穿鱼（*Linaria vulgaris*）全草中的神经酰胺有（2*S*, 3*S*, 4*R*, 8*E*）-8, 9-二脱氢植物鞘氨醇（2′*R*）-2′-羟基二十二碳酰胺（**67**）。

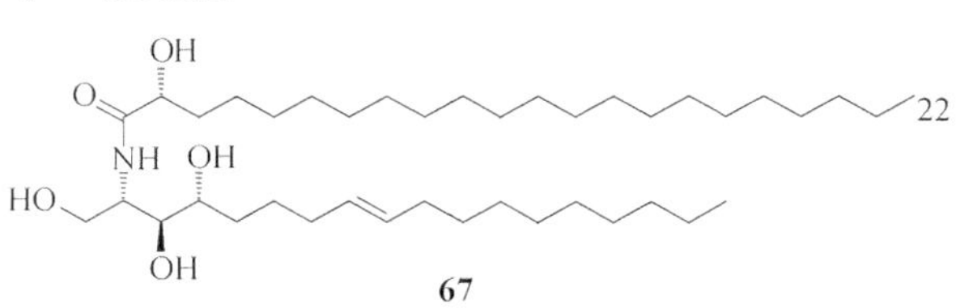

67

（二）糖脂类

树脂苷（resin glycosides，也称 glycolipids 或 lipo-oligosaccharides）是一类独特且结构复杂的次生代谢产物，主要限于旋花科（Convolvulaceae，the morning glory family）植物中。迄今，已经分离鉴定了几百个化合物，具有两亲结构即亲水基（oligosaccharide）和亲油基（fatty acid aglycone）。这些化合物显示多种药理活性，如细胞毒、多药耐药逆转、离子载体及除草等。例如，大环糖脂 jalapinoside（**68**）是从药喇叭（*Ipomoea purga*）块根中分得，没有细胞毒活性，而是一强的人体癌细胞多药耐药调节剂。

生姜含有 3 个糖脂即单酰基二半乳糖基甘油：姜糖脂 A、B 和 C（gingerglycolipids A～C，**69**～**71**）。

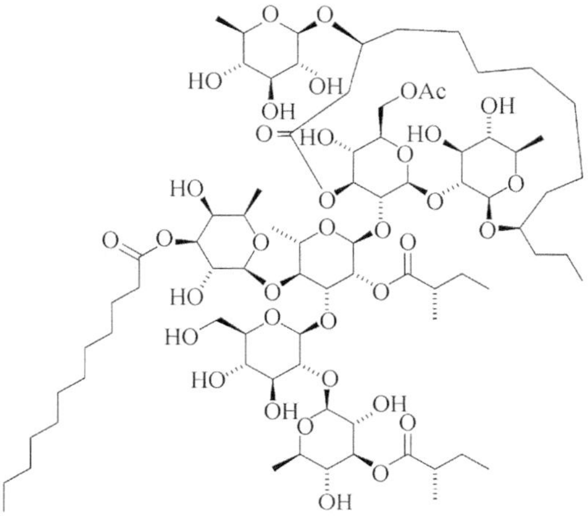

68

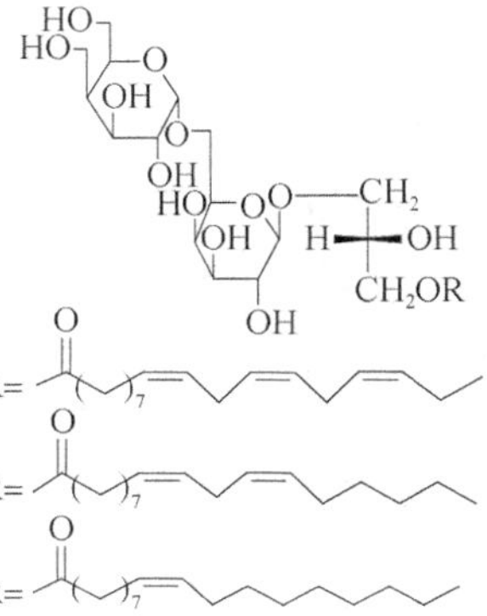

69 R=

70 R=

71 R=

第八节　海 洋 毒 素

一、环聚醚类毒素

海洋毒素的研究一直是海洋植物化学的一个重要内容，其中日本学者对海洋毒素的研究最为深入并取得了很大的成就。多数海洋毒素的结构均很复杂、庞大，其结构解析工作的难度非常高。

例如，1981 年由 Nakanishi 等从短裸甲藻（*Gymnodinium breve*）中分得的裸藻毒，即短裸甲藻毒素 B（brevetoxin B，**72**）是人类获得的第一个海洋天然毒素，属于神经性贝毒，是一种与赤潮有关的毒素。其复杂的结构是通过 X 射线单晶衍射方法最终确定，像梯子一样，骨架的基本结构单元是 6～8 元环聚醚。

随后发现了一系列结构更大、更复杂的海洋毒素，如雪卡毒素（ciguatoxin，**73**）及其结构类似物刺尾鱼毒素（maitotoxin，**74**）等。

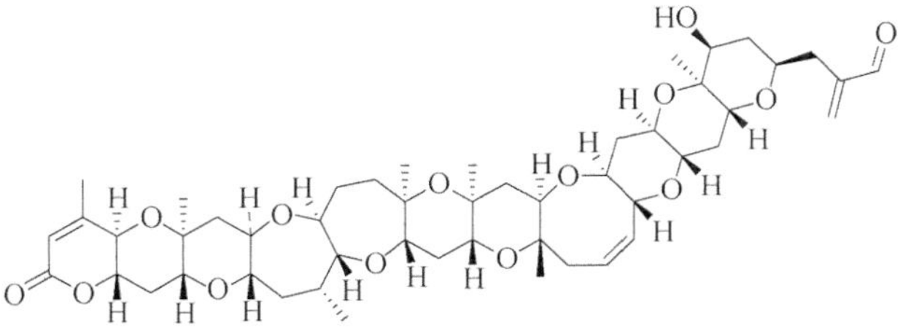

72

雪卡毒素主要来自于一种涡鞭藻冈比尔盘藻（*Gambierdiscus toxicus*），该毒素能耐受高温。冈比尔盘藻主要生活在珊瑚礁周围，也附着在其他海藻上，在太平洋、大西洋中分布很广。其他微藻如 *Prorocentrum concavum* 等也能产生雪卡毒素。

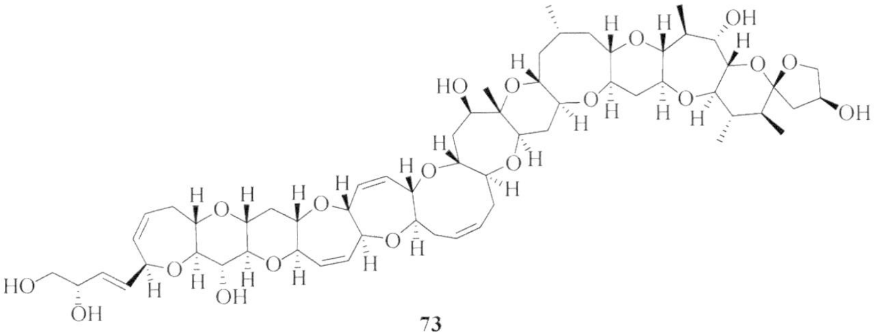

73

与雪卡毒素类似的刺尾鱼毒素也是由冈比尔盘藻产生，经海洋食物链在刺尾鱼体内蓄积和毒化的一类结构独特的海洋生物毒素。

这些化合物虽然在结构上与短裸甲藻毒素 B（**72**）有明显不同，但仍属环聚醚类毒素。刺尾鱼毒素（**74**）是目前已知的毒性最强的非蛋白质、大分子海洋生物毒素，小鼠腹腔注射的 LD_{50} 值可达纳克级水平。

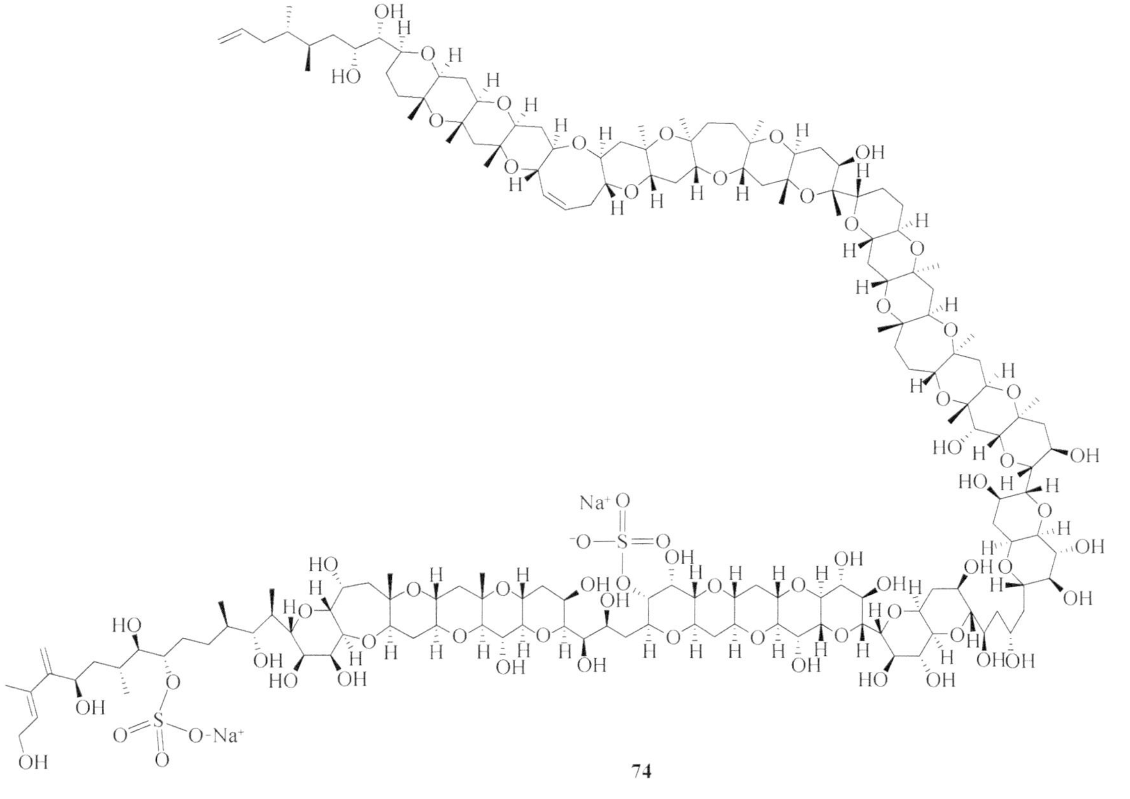

74

二、氮大环内酯聚醚类毒素

1988 年，从产生腹泻性贝毒的微藻利玛原甲藻（*Prorocentrum lima*）分离得到了原甲藻内酯（prorocentrolide，**75**），它是一种新型的含有氮原子的大环内酯聚醚。1996 年，从另一种微藻 *Prorocentrum maculosum* 中分离鉴定了原甲藻内酯 B（prorocentrolide B，**76**），目前还不清楚这两种新型的含氮大环内酯新型的海洋毒素的快速致毒机制。

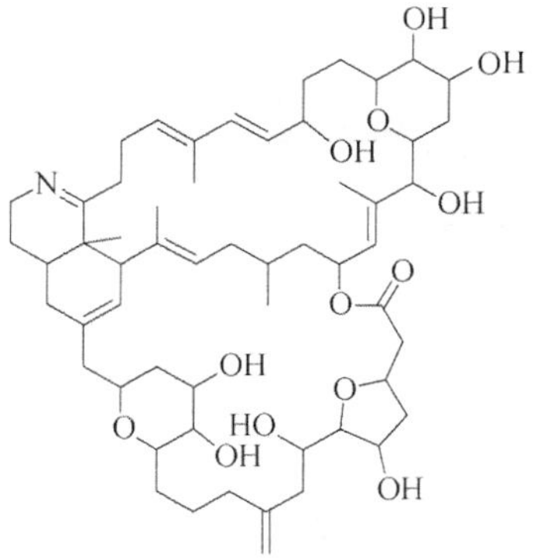

75

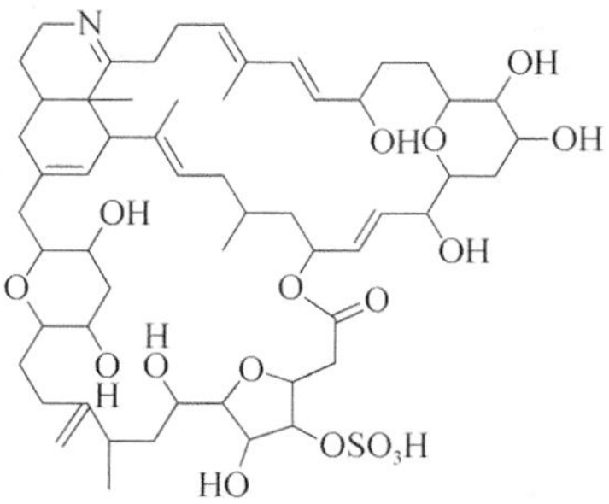

76

习　题

简答题

1. 什么是二苯乙烯类化合物？试举例说明。
2. 类脂化合物有哪些类型？试举例说明。
3. 海洋毒素结构上有什么特征？

下篇　生物技术与化学合成在植物化学研究中的应用概论

第十四章　生物技术在植物化学研究中的应用

生物技术是依据生命科学的有关理论，利用生物学、物理学、化学、工程学等技术，从分子、亚细胞、细胞等水平对生物分子、细胞和生物个体进行的有目的、有计划、有选择地加工制造各种生物制品的新兴技术。它涵盖内容非常广泛，其主体是基因工程、酶工程、微生物工程、细胞工程和发酵工程，它们之间彼此密切联系，不可分割。这些发展的现代生物技术主要是：DNA 重组技术、原生质体和原生质体融合技术、突变生物合成技术、组织培养技术、单克隆抗体、选择性生物催化合成、基因治疗等新的生物技术。

生物细胞具有对某些化合物进行诸如酯化、氧化、糖基化、甲基化、乙酰化、环氧化、羟基化、酮基化等多种生物转化的能力。生物转化也称为生物催化，是利用植物离体培养细胞或器官、动物、微生物及细胞器等对外源化合物进行结构修饰而获得有价值产物的生理生化反应，其本质是利用生物体系本身所产生的酶对外源化合物进行酶催化反应，它具有反应选择性强、反应条件温和、副产物少、不造成环境污染和后处理简单等优点，并且可以进行传统有机合成不能或难以进行的化学反应。例如，用人参、紫草、甘草、长春花等的培养细胞，进行了多种植物成分的羟基化、氧化、还原、糖基化、水解、异构化、酯化、环氧化等结构的转化；用人参毛状根实现了强心苷和甘草酸的糖基化和结构转化；利用粗酶进行配糖体的糖基转移反应等。另外，研究表明，植物和微生物的次生代谢酶不一定像初级代谢酶那样具有高度的特异性。正因为次生代谢酶对底物的特异性在一定程度上不那么严格，所以供给类似结构的底物，可以得到和天然产物不同的次生代谢物。

自古以来，植物就是人类获取药物的主要来源，而从植物中寻找新的天然药物，筛选生理活性物质作为合成药物的先导化合物或目标化合物是植物化学研究的主要内容。从植物中提取的药物或经半合成的药物约占商品药的 25%，但是许多有独特生理活性的植物次生代谢物在植物中的含量极低，而且用化学方法不能或难以合成，并且受到资源和环境条件的限制，仅依靠采集野生资源提取很难满足需要。因此，用生物技术来工业化生产这些物质已日益成为人们关注的焦点。这些技术适用于那些高生物活性化合物，但难以人工合成或植物体本身不易获得，如珍稀物种、难以栽植或生物收获量很少的植物种类。

最近，基因克隆和基因构造技术的新发展，可以将植物中合成相应天然产物的基因通过基因重组实现在微生物宿主细胞中的异源表达。例如，产量极微的抗肿瘤天然药物紫杉醇合成基因克隆研究的成功，令药物工作者兴奋不已。

第一节　植物次生代谢物的调控技术

目前，提高植物次生代谢物产量的技术主要有以下几种。

一、植物毛状根培养

毛状根（hairy root）是整体植株或某一器官、组织（包括愈伤组织）、单个细胞，甚至原生质体受到发根农杆菌（*Agrobacterium rhizogenes*）的感染所产生的一种病理现象。发根农杆菌是一种土壤中的革兰氏阴性菌，该菌主要在双子叶植物中引起毛根状现象，并不能在所有植物中引起该现象。一般理解是在根际环境中，植物在伤口处受到病原菌或者其他物质的攻击，在此情况之下，植物应激性分泌苯酚类化合物如乙酰丁香酮，这类物质可以通过趋化性作用吸引细菌，其中细菌中的T-DNA通过Ri质粒（Root inducing plasmid）经由伤口组织插入寄主细胞核基因组而得到的表现型，毛根状现象的典型表现就是其自身不具备完全的向地生长性。用发根农杆菌转化植物细胞形成的毛状根能获得较稳定的培养系，生长速度快，有效成分含量高，为大量生产提供了有用的手段。例如，用发根农杆菌 *Agrobacterium rhizogenes* 9402菌株转染药用植物掌叶大黄（*Rheum palmatum* L.），建立离体毛状根培养体系，毛状根中含芦荟大黄素、大黄酸、大黄酚、大黄素甲醚等6种蒽醌类化合物；人参悬浮培养细胞及毛状根的规模已达2000L的水平，其中人参皂苷的含量较高；转化成功的赛莨菪属和天仙子属毛状根可保持稳定生物碱高产达25个月以上。另外，长春花、曼陀罗、金鸡纳和紫草等植株都已获得毛状根，并能产生与母体相同的目的化合物。上述试验证明，亲本植株能合成的次生代谢物，都可利用毛状根来生产，因而毛状根被认为是利用生物技术生产次生代谢物的有效途径。

（一）毛状根的生长及其次生代谢调控

毛状根培养系具有生物合成能力强、稳定性高、生长快等特性。影响毛状根生长及次生代谢物形成的因素很多，主要包括培养基的物理化学因子、营养条件、外源激素、光照、温度等环境因子。

1．常量元素　在H培养基中，用1%水解酪蛋白替代硝酸铵，培养日本赛莨菪（*Scopolia japonica*）毛状根，可使莨菪胺含量增加3倍。往培养基中加入50mmol/L的氮，白天仙子（*Hyoscyamus albus*）毛状根在培养第19天后生长加快，但随着氮的增加，对毛状根的生长和生物碱的合成影响均不明显；而在WP培养基中，15mmol/L的氮可使毛状根中天仙子胺的含量达最高。此外，磷也影响培养物的形态。MS培养基中磷的含量对甜菜（*Beta vulgaris*）毛状根的色素形成影响很大，磷含量低时有利于色素的形成。

2．微量元素　当用浓度为0.078mmol/L的Fe-Na EDTA代替$FeCl_3$时，日本赛莨菪毛状根的生长速度剧增。Cu^{2+}浓度为0.5～1.0μmol/L时，对白天仙子毛状根的生长和生物碱的合成均有促进作用。

3．碳源　碳源的种类和浓度对毛状根的生长和次生代谢物的形成均有影响。5%的蔗糖对曼陀罗毛状根的生长和生物碱的合成均有利，3%～5%的蔗糖则仅对生长有利。果糖有利于长春花毛状根中长春质碱（catharanthine）的合成，而蔗糖则有利于毛状根的生长。碳源及氮源对细胞的影响都有综合且复杂的效果，过多或过少的补给都将引起细胞对自身代谢物和能量分配的再调整。换句话说，碳源、氮源的补给和最终目的产物的关系不一定是正相关，细胞在能量物质充分的情况下会更多去繁殖，因此对于次生代谢物生产来讲不能算是一个好现象。

4．pH　pH 的影响可能是通过影响酶和底物的解离状态而起作用，此外，pH 对于细胞膜表面转运蛋白有一定影响，而转运蛋白的高效工作对生物转化的过程有很大的影响。pH 对孔雀草（*Tagetes patula*）的毛状根的生长和噻吩的积累均有影响。pH 为 4 时对氮的吸收有利，pH 为 5 时对噻吩的合成有利，pH 为 5.7 时却对生长有利。

5．光照　光照对毛状根的生长和次生代谢物合成的影响比较明显，光照对孔雀草毛状根生长有抑制作用，而对噻吩类化合物的形成有促进作用。

6．温度　毛状根适宜生长的温度为 15～32℃，细胞的生长和次生代谢物形成的最适温度往往不同。温度在 25℃时有利于长春花毛状根的生长，而降低温度则有利于长春花毛状根中生物碱的积累，同时不饱和脂肪酸含量也相应增加。

7．生长调节剂或激素　吲哚乙酸可促进人参毛状根中花色苷的形成，而 2, 4-二氯苯氧乙酸则抑制色素的形成。毛喉鞘蕊花（*Coleus forskohlii*）的毛状根在无激素 B_5 培养基中培养，二萜化合物以佛司可林最高，当 B_5 培养基附加 IBA 1mg/L 和水解酪蛋白 600mg/L 时，佛司可林的形成受到抑制，而其他两种二萜成分的产率均得到提高。

（二）毛状根中次生代谢产物

在一定条件下培养的植物毛状根新陈代谢活跃，次生代谢途径通常与原植物相似，不仅可以产生相同的化合物，也有可能积累中间产物和衍生物，从而为有效成分的生产提供基础，也为生物合成的研究提供了条件。从植物毛状根中分离到的化合物有生物碱、蒽醌、黄酮类、单萜、倍半萜、二萜、三萜皂苷、蜕皮甾酮类等各种成分。

（三）毛状根的生物转化

生物转化是利用植物离体培养细胞或器官、动物、微生物及细胞器等对外源化合物进行结构修饰而获得有药用价值的化合物的生理生化反应。一般狭义的生物转化主要针对某个特定的限速反应进行，且该反应本身在化学合成途径中遇到相当难度或者展示出很低的转化率和选择性。例如，天然熊果苷来自熊果、越橘等植物，是抑制酪氨酸酶活性的优良天然产物，广泛应用于化妆品中。最近，以人参毛状根为反应器，将外源氢醌（**1**）生物合成为熊果苷（**2**）获得成功，24h 后的转化率达 89.0%，糖基化过程如图 14-1 所示。其中，E 代表人参毛状根中的尿苷二磷酸葡萄糖（UDPG）糖基转移酶。

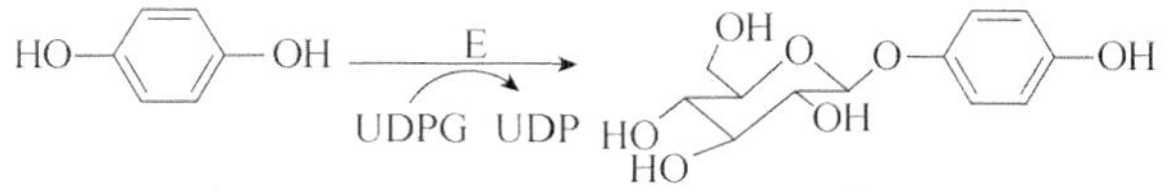

图 14-1　人参毛状根中熊果苷的生物合成

往露水草（*Cyanotis arachnoidea*）毛状根系中加入青蒿素培养 8d 后，露水草毛状根能将青蒿素（**3**）进行选择性还原为去氧青蒿素（deoxyartemisinin，**4**）（图 14-2）。

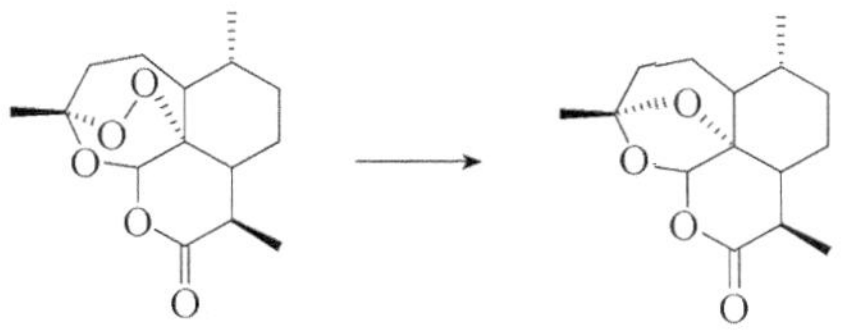

3　　　　4

图 14-2　露水草毛状根对青蒿素的生物转化

（四）生物合成

由于某些次生代谢与根的形态分化有关，其代谢过程中的酶系统处于较高的活性，从而使毛状根成为研究某些次生代谢物生物合成的理想材料（表 14-1）。相比于直接的生物转化，生物合成更多地侧重于目的物以初级代谢物为合成起点，经过系列复杂的酶催化反应从而实现的过程，因此广义的生物合成和细胞自身的生长代谢、生物量的累积、细胞系的选择有较大的影响。

表 14-1　利用植物毛状根进行次生代谢物的生物合成实例

毛状根名称	标记前体	化合物类别
筋骨草（*Ajuga replans* var. *atropurpurea*）	［2-^{13}C］乙酸酯 ［26, 27-$^{13}C_2$］胆甾醇	蜕皮甾酮类
豚草（*Ambrosia artemisiifolia*）	［1-^{13}C］-，［2-^{13}C］-，［1, 2-$^{13}C_2$］-乙酸酯	硫环红素 A
木曼陀罗杂交种（*Brugmansia candida* × *B. aurea*）	L-［2'-^{13}C］苯丙氨酸 L-［3'-^{13}C］苯丙氨酸 DL-［2-^{13}C］缬氨酸	莨菪烷类
烟草（*Nicotiana hesperis*）	（*R*）-和（*S*）-1, 5-二氨基戊烷 ［（*R*）-和（*S*）-1, 5-diaminopentane］	［^{2}H-1］-毒藜碱
骆驼篷（*Peganum harmala*）	色氨酸-3-［^{11}C］	5-羟色胺、*β*-卡波啉

例如，用（*RS*）-phenyl-（1, 3-$^{13}C_2$）-lactic acid 饲喂曼陀萝毛状根，生成一系列标记化合物，如莨菪碱（hyoscyamine）、东莨菪碱（scopolamine）、7*β*-羟基莨菪碱（7*β*-hydroxyhyoscyamine），从而否认了以前认为莨菪酸（tropic acid）是莨菪烷生物碱生物合成唯一的直接前体。

二、增加次生代谢物的前体物质

在清楚目的物质的生物合成步骤、中间体、合成途径和途径合成酶的前提下，在细胞培养中，有意加入次生代谢物起始物即前体物质或改变培养基成分用以调节代谢途径，进而促进次生代谢物的合成。例如，往三角叶薯蓣的愈伤组织培养过程中加入适量胆固醇，薯蓣皂苷元的含量可以由植物干重的 1.5%提高到 2.5%。在人参组织培养中，加入甲戊二羟酸，人参皂苷的含量比对照组可增加约 2 倍。利用红豆杉培养细胞提高紫杉醇含量的研究，也证实苯丙氨酸及牻牛儿醇和萜烯等紫杉醇合成前体物对紫杉醇生物合成的促进作用。这可以用次生代谢物合成调节的模式来表示：

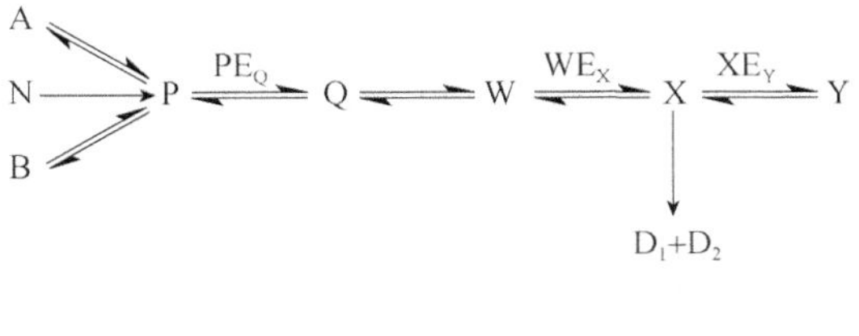

$$A \rightleftharpoons P,\quad N \longrightarrow P,\quad B \rightleftharpoons P$$

$$P \underset{}{\overset{PE_Q}{\rightleftharpoons}} Q \rightleftharpoons W \overset{WE_X}{\rightleftharpoons} X \overset{XE_Y}{\rightleftharpoons} Y$$

$$X \longrightarrow D_1+D_2$$

其中，X 为所需要的次生代谢物；W 为次生代谢起始物；P 为能产生 Q 的初生代谢产物；N 为初生代谢；PE_Q、WE_X、XE_Y 为底物为 P、W、X 的酶。

从此模式可知，提高 X 产量最简单的方法是将 P→A，P→B，P←Q，X→Y 和 X→D_1+D_2 各反应减到最低，而将 P→Q⋯→W 增加到最大。具体地说，可以增加 Q 物质在 X 合成途径中的流量，增加 P 的数量以抑制 P←Q 反应，增加 A 和 B 的数量以抑制 P 的他路代谢。例如，在雷公藤培养细胞的 PRL-4 培养基中，加入 KT 1.0mg/L、NAA 2.5mg/L 时，雷公藤乙素的含量最高；加入丙酮酸、柠檬酸、苹果酸及丙酮酸与柠檬酸组合时，培养细胞的生长速度不受影响，而二萜内酯的含量显著增加。这是由于有机酸的加入，增加了培养细胞中二萜内酯生物合成的前体—— 乙酰辅酶 A 的缘故。在培养基中加入多种有机添加物，也有益于次生代谢物的积累。例如，在芳香细胞悬浮培养中加入深红酵母匀浆，生物碱的积累速度明显加快；在烟草愈伤组织培养中，增加培养基中的激动素含量，木脂素的含量明显提高。值得注意的是，以增加次生代谢物前体从而增加目的物产量的做法只能适用于一定范围：首先作为前体的有机分子浓度在超过一定范围后一般自身就会对细胞本身构成伤害从而降低转化实际效果；其次，细胞膜上的选择性转运蛋白的工作载荷也有一定的限度，并不意味会将所有添加的外源物质全部转运进入细胞内，如果外源物质无法进入细胞内被酶催化，实际转化效果也就无法进一步提升；最后，很多的酶都存在底物抑制的效果，当反应的底物的浓度过高，酶催化反应的效果反而变差。

研究表明，生长迅速的培养细胞趋向于增加细胞而不是积累次生代谢物。相反，成熟的高度分化的细胞则趋向于积累次生代谢物。最新资料更加证实了中间产物是在细胞培养的前期形成，而当细胞进入稳定生长期后，细胞所进行的反应主要是中间产物转化为次生代谢物。因此，在次生代谢物生产过程中，一般是前期使用“生长型培养基”，增加生物量，后期则改用“生产型培养基”，减慢或抑制生长，增加次生代谢物的产量。表 14-2 中列出了一些加入前体增加次生代谢物合成积累的例子。

表 14-2 增加前体物提高次生代谢物含量

植物培养细胞	前体	代谢物
胡芦巴（*Trigonella foenumgraecum*）	烟酸	胡芦巴碱
瓦氏龙舌兰（*Agave wightii*）	胆甾醇	皂草苷元
人参（*Panax ginseng*）	乙酸钠、法呢醇	人参皂苷
西洋参（*Panax quinquefolium*）	角鲨烯	人参皂苷
烟草（*Nicotiana*）	苯丙氨酸、酪氨酸	莨菪灵、莨菪亭
洋紫苏（*Coleus blumei*）	酪氨酸、多巴，苯丙氨酸	迷迭香酸
紫花洋地黄（*Digitalis purpurea*）	孕甾酮、胆甾醇	洋地黄毒苷
天仙子（*Hyoscyamus muticus*）	柠檬酸、鸟氨酸，乙酰乙酸酯	生物碱
长春花（*Catharanthus roseus*）	色氨酸、色胺	蛇根碱、阿玛碱
玫瑰（*Rosa rugosa*）	半乳糖内酯	抗坏血酸
雷公藤（*Tripterygium wilfordii*）	法呢醇	雷公藤内酯
红花（*Carthamus tinctorius*）	植醇	维生素 E
金鸡纳（*Cinchona ledgeriana*）	色氨酸	吲哚生物碱
日本莨菪（*Scopolia japonica*）	托品酸	生物碱
三角叶薯蓣（*Dioscorea deltoidea*）	胆甾醇	薯蓣皂苷元
紫草（*Lithospermum erythrorhizon*）	苯丙氨酸	紫草宁

三、器官诱导

依赖器官分化而形成某些次生代谢产物的实例很多（表 14-3）。其中有些产物的形成与茎诱导形成有关，如某些萜类化合物的形成；有些产物的形成与根诱导形成有关，如某些生物碱的形成。虽然现在对这种现象还不能合理解释，但有三种假设可以粗略地说明发生这种情况的原因：一是产物是在器官的特定部位合成的，二是产物的前体是在特定的部位合成的，三是发育的特定阶段或特定条件形成某种物质。

表 14-3　依赖器官分化形成的次生代谢产物的实例

茎诱导	根诱导
萜类	
单萜	**二萜**
薰衣草（*Lavandula angustifolia*）	柠檬桉（*Eucalyptus citriodora*）
迷迭香（*Rosmarinus officinalis*）	芫荽（*Coriandrum sativum*）
环状单萜	桂酸异丁酮二萜
薄荷醇，薄荷酮	毛喉素
三萜	**倍半萜**
强心苷	东俄芹（*Pimpinella anisum*）
狭叶洋地黄（*Digitalis lanata*）	洋葱香料
挥发油	洋葱（*Allium cepa*）
香天竺葵（*Pelargonium fragrans*）	缬草三酯
绒毛天竺葵（*P. tomentosum*）	*Centhranthus ruber*
除虫菊酯	*C. macrosiphon*
艾菊（*Tanacetum vulgare*）	缬草（*Valeriana offcinalis*）
除虫菊（*Pyrethrum cinerariifolium*）	
生物碱	
吲哚生物碱	**莨菪烷生物碱**
文哚灵、长春碱	天仙子
长春花	莨菪（*Scopolia parviflora*）
甾体生物碱	颠茄（*Atropa belladonna*）
澳洲茄胺，澳洲茄碱，茄啶	
喀西茄（*Solanum khasianum*）	

四、诱导子的作用

诱导子（elicitor）是一类特殊的触发因子，它能开启代谢过程中酶的活性，因而能增加次生代谢物的含量，有时甚至可以诱导出新的化合物。诱导子仅为来自生物的化合物，一般理解为诱导子会和细胞膜表面的受体蛋白结合，这些受体蛋白可特异性识别相应的诱导子并通过植物激素茉莉酸合成途径进一步激发植物自身细胞内防御体系，这个过程会改变细胞本身代谢途径从而产生针对环境改变而形成的应激反应并合成出相应的化合物。其中，来自植物细胞分子的为内生诱导物（endogenous elicitor）；来自微生物分子的为真菌诱导物（fungal elicitor）。真菌诱导物是一类能引起植物细胞合成积累次生代谢物活性的物质。诱导子对植物具有专一性，在生产次生代谢物时就要选择一种适宜的诱导子。例如，在红豆杉的培养中，应用诱导子如座线孢属、青霉菌属、硫酸钒、3, 4-二氯苯氧基二乙基胺等，不但可以提高培养物中紫杉醇的含量，还可以诱导紫杉醇分泌到培养液中。利用诱导子诱导植物培养细胞产生的代谢产物见表 14-4。

表 14-4　诱导子诱导植物培养细胞代谢产物的形成

植物培养细胞	诱导子	代谢产物
芸香（*Ruta graveolens*）	脱乙酰几丁质，真菌多糖	吖啶酮
罂粟（*Papaver somniferum*）	真菌孢子，真菌菌丝体	可待因，吗啡，血根碱
长春花	二乙氨乙基二氯苯乙酰	阿玛碱，长春新碱
	甘露醇	蛇根碱
	渗透压，真菌培养滤液	阿玛碱，长春新碱
	琼脂胶，寡糖素	紫草宁
紫草	真菌多糖	氧化补骨脂素
		补骨脂内酯
三角叶薯蓣	真菌匀浆	薯蓣皂苷元
红花		α-生育酚
落花生（*Arachis hypogea*）		3, 4, 5-三羟基二乙烯
绉唐松草（*Thalictrum rugosum*）	酵母提取液	小檗碱
花菱草（*Eschscholzia california*）	真菌细胞壁成分	苯并菲啶生物碱
粗榧（*Cephalotaxus harringtonia*）	真菌菌丝体	三尖杉碱，高三尖杉碱
棉树（*Gossypium arboreum*）	真菌孢子	棉酚
茜草（*Rubia tinctorium*）	真菌菌丝体	蒽醌
金鸡纳（*Cinchona ledgeriona*）	真菌菌丝体	蒽醌
海巴戟（*Morinda citrifolia*）	纤维素酶	蒽醌
小豆（*Vigna angularis*）	放线菌素 D，钒酸钠	黄豆苷原衍生物
三七（*Panax notoginseng*）	寡糖素，甘露醇	人参皂苷
人参	寡糖素，真菌菌丝体	人参皂苷
西洋参	寡糖素，真菌菌丝体	人参皂苷

五、酶的作用

研究认为，调节连接初生代谢和次生代谢、次生代谢分支途径的关键酶及其同工酶的活性和酶量，与特定代谢途径的活化、某些次生代谢物的合成积累呈正相关。在高等植物中，同工酶调控次生代谢是酶催化调节的一个例子，如 4-香豆酸辅酶 A 连接酶的两个同工酶对木脂素和类黄酮形成途径的调节。在大豆细胞悬浮培养中，其合成原料为苯丙氨酸，苯丙氨酸经苯丙氨酸氨解酶（phenylalanin ammonialyase，PLA）氨解形成肉桂酸，肉桂酸经羟基化形成香豆酸。对香豆酸甲基化和羟基化后，由于不同的 4-香豆酸辅酶 A 连接酶同工酶作用，形成不同的香豆酸甲氧基化合物。一个同工酶使 4-香豆酸辅酶 A 的 R_1 位置上带上 1 个或在 R_1、R_2 位置上带上 2 个甲氧基形成木脂素前体；另一个同工酶使 4-香豆酸辅酶 A 的 R_3 位甲氧基形成类黄酮化合物前体。另外，实验证明，PLA 是次生代谢物合成系统中的一种定速酶。例如，在荞麦次生代谢物中，苯丙烷类化合物的含量与 PLA 呈正相关。

1990 年，Rao 等发明了用酶化学方法合成迷迭香酸（见第六章第 1 节）的专利，即在迷迭香酸合成酶的催化下，使二羟基苯丙氨酸和咖啡酰-CoA 合成迷迭香酸。1991 年，Pabsch 等改进了合成咖啡酰-CoA 的方法和酶化学合成迷迭香酸的方法，即在一个酶膜反应器上获得了光学纯度大于 99%的（*R*）-（+）-3-（3，4-二羟基苯）乳酸，容积产量可达 1kg/（L·天），该化合物在迷迭香酸合成酶的催化下与咖啡酰-CoA 作用合成了迷迭香酸。

薯蓣皂苷（**5**）在南极假丝酵母（*Candida antarctica*）脂肪酶 Novozyme 435 存在下与乙酸乙烯酯作用，经区域选择性地乙酰化生成乙酰薯蓣皂苷（**6**）（图 14-3）。

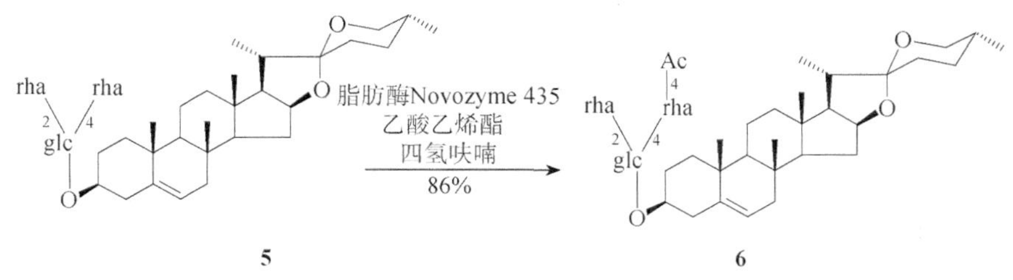

图 14-3　用脂肪酶对薯蓣皂苷乙酰化

六、高产稳产细胞系的选择

高产稳产细胞系的筛选，是植物细胞培养工业化应用的关键。植物培养细胞具有高度的变异性及异质性，加之植物细胞可以通过减数分裂进行自交和杂交，通过自然筛选或诱变筛选，可以从中筛选出所需性状的细胞变异系，这些细胞变异系表现出良好的生产能力。例如，利用目视法，可从培养细胞中筛选出具有高含量色素的细胞系；利用放射免疫分析法，可从单细胞水平上筛选出高产细胞系；利用其他自然筛选方法，如抗性筛选法、显微分光光度法、酶标免疫法、GC-MS 联用法、薄层层析法及高效液相色谱法等，都能筛选到高产的细胞系。

另外，通过单细胞克隆或细胞团克隆技术，可以将一些次生代谢物积累多的细胞挑选出来，加以适当培养形成高产细胞系。通过化学或物理学诱变剂处理，可以明显提高突变率来选择高产细胞系。例如，从经过化学诱变剂处理的胡萝卜培养细胞中得到β-胡萝卜素含量高的突变体；通过 X 射线或 γ 射线处理，提高培养细胞的生物素、色素和生物碱的含量；利用离体培养细胞中出现的变异体或突变体，以及用灵敏的现代化分析技术（如放射免疫、酶标免疫等），从细胞团水平甚至单细胞水平筛选出次生代谢物含量高的细胞系；通过使用细胞融合、原生质融合和基因工程手段，获得高产次生代谢物质细胞系；通过基因重组编辑、密码子优化、启动子和表达载体的选择等手段，提高基因翻译和表达水平并最终增加培养细胞中酶的数量、催化活性、选择性和稳定性以提高次生代谢物质含量。

第二节　植物细胞工程

植物细胞工程是指以植物单细胞为基本研究单位进行基因改造（包括分子水平的基因重

组编辑和细胞的原生质融合），后续过程一方面可以利用植物细胞的多能性进行人工繁殖和培育新的完整生物体，在实际操作过程中要对已经充分成熟分化的植物细胞进行脱分化处理，即经过调节因子等影响和诱导下使已经分化的具有特定结构和功能的细胞重新转变成未分化的细胞，继而形成愈伤组织，后者在一定条件下可以分化发育成整株的植物个体；另一方面可以将植物细胞放在生化反应器中进行悬浮培养，然而相较于在工业上更加普遍使用的大肠杆菌、酵母、真菌等培养体系，受制于生长速度等因素的限制，植物细胞的悬浮培养来生产目标产物还有很大的发展和改造空间。

在植物细胞工程工厂化生产次生代谢物的研究中，Arregin 和 Banner 报道了用橡胶茎的愈伤组织生产橡胶。1982 年，日本学者首次报道了用细胞培养的方法生产紫草宁及其衍生物，并实现了工业化生产，这标志着植物细胞工程产业化的开始。据统计，进行组织和细胞培养研究的药用植物已有 200 多种，其中以生产次生代谢产物为目的的细胞工程研究有 40 多种。从植物细胞培养物中提取的成分已有 600 多种，其中有 30 多种成分的含量达到或超过原植物。例如，从红豆杉细胞培养物中至少已鉴定到 30 种化学成分，其中绝大多数与天然红豆杉的化学成分相同或相似，证明了离体培养的细胞具有合成与天然植物一样的化合物的“全能性”。通过对红豆杉培养细胞中化学成分的研究，不仅可从中筛选得到一些与紫杉醇抗癌活性相似、毒性作用更低、来源更丰富的化合物，同时还可对紫杉醇等化合物生物合成途径进行深入探讨，为最终通过基因工程手段来调控化合物的合成打下基础。我国学者钟建江也成功地实现了植物细胞在生化反应器中培养，并实现了次生代谢物的规模化生产，而且在进一步阐释了培养过程中剪切、混合和氧气供给之间的相互矛盾的基础上研发出离心搅拌桨反应器。

一、植物细胞工程生产次生代谢物的优点

植物细胞工程在中药和植物药生产中具有巨大的潜力，植物细胞工程技术主要是指基于细胞水平上遗传操作，通过细胞原生质融合、染色体或者基因移植重组、细胞核质转移及组织培养等方法实现生物结构和功能的重要改变，从而提升目的产物的产量，相较于分子生物学，细胞工程优势在于它避免了 DNA 的分离、提纯、剪切和拼接等操作，只要实现细胞遗传物质向受体细胞的转移并形成杂交细胞就可以有效地实现目的，克服不同生物远缘杂交的不亲和性并实现种间杂交。从 20 世纪 50 年代起，各国科学家就开始了这方面的尝试，在组织培养、有效成分鉴定、合成途径调节、提高代谢产物产量和大量培养等方面取得了很大的进展。与种植方式相比，利用细胞培养方法生产次生代谢物具有以下优点：①生产可在人为控制条件下进行，通过操作培养条件和培养方式极大地提高生产率。②培养是在无菌条件下进行的，可以排除病菌和虫害的侵扰，便于控制质量。③可以进行特定的生物转化反应，大量生产所需化合物。④通过对有效成分合成路线进行遗传操作，提高所需化合物的产量。⑤培养细胞有时会产生原植物不存在的新化合物。⑥对培养细胞产生的中间产物进行酶促合成或化学合成，获得所需的化合物。

植物组织培养能进行微生物所不能进行的生物转化，或与微生物相反，作为真核生物的植物细胞拥有更加复杂的细胞结构和独立细胞器，可以完成更加复杂的生物过程，如能够使底物糖基化，而在原核生物的细菌中实现糖基化几乎是不可能的。例如，用不含强心苷苷元的胡萝卜组织培养物分离出的细胞株，能使毛地黄毒苷元羟基化成为杠柳毒苷元，以及能使芰毒苷元羟基化成为一种新化合物——5-羟基芰毒苷元。

二、植物细胞工程积累次生代谢物的特点

目前，植物细胞工程积累次生代谢产物的特点主要有以下几点。

（1）脱分化的组织培养物不是对应地积累其母体植物所有的各种次生代谢产物。迅速生长的组织培养物产生大量的干物质，积累次级代谢物的量较少。

（2）次生代谢产物的产量和细胞分化与生长速度呈负相关。例如，Townsley 在测定细胞培养中的代谢产物时发现，只在细胞处于生长曲线的成熟-死亡期时积累巧克力芳香产物。Speake 等指出，烟草悬浮培养物在生长末期积累生物碱，与茶树（*Camellia sinensis*）愈伤组织产生咖啡碱的结果一致。也可以认为，随着细胞进入分化阶段，其内部决定初级和次级代谢途径诸酶系的基因分别协调地开关，使初级代谢转换向次级代谢，细胞也就从初级代谢和活跃生长的稳定状态转换成为细胞生长减慢与次生产物积累的稳定状态。另外的观点认为是细胞在进入充分生长阶段以后，由于环境中营养成分的枯竭，细胞之间存在更加激烈的竞争关系，从而改变了细胞之间的代谢结构，进而导致次级代谢物的产生。

（3）未经筛选的组织培养物通常比亲本植株积累次生产物的量少。

三、影响植物细胞工程积累次生代谢物的因素

（1）物理因素。主要包括光照、温度、pH、渗透势等。例如，在人参色素自养型细胞培养研究中发现，白光对培养细胞中花青苷的积累具有较好的促进作用，蓝光次之，而红光、黄光起抑制作用。

（2）化学因素。包括培养基的种类与激素、有机化合物与前体、有机添加物与诱导子、无机盐浓度与两步培养、培养细胞的聚集和分化、有效成分的分泌及两相培养等。许多试验结果表明，在培养基中加入次生产物合成的前体或能促进前体产生的化合物，都能显著提高次生产物的含量与产量。例如，在雷公藤组织培养中加入丙酮酸、柠檬酸、苹果酸及丙酮酸与柠檬酸的组合，发现培养细胞的生长速度不受影响，而二萜内酯含量显著增加。此外，在培养基中加入各种有机添加物，对次生产物的积累也是有益的。在对绞股蓝组织培养与代谢全能性调控的研究中发现，向培养系统中添加一定量的黄豆粉可明显提高绞股蓝愈伤组织继代培养过程中总皂苷的产量。除了以上原因外，培养基中糖的种类、维生素的种类、培养器的大小都可以影响培养细胞中次生产物的积累。例如，日本学者 Assumi 通过向杜仲愈伤组织培养液中注入 5%的葡萄糖，可使愈伤组织中松脂素二糖苷和丁香素二糖苷的产量提高 10 倍以上。Nakazawa 利用细胞培养技术生产杜仲中环烯醚萜类、木脂素类等次生代谢物获得了成功。在适宜条件下，3g 新鲜细胞在 2000mL 圆柱形反应器中 90 天后可增至 850g，在 5000mL 圆柱形反应器中 110 天后可增至 2100g。

四、植物细胞工程生产的次生代谢物

利用植物细胞工程生产次生代谢物的研究已成为生物技术的重要研究内容。目前已从 400 多种植物组织和细胞培养物中分离出 600 多种化合物。保守估计，从植物中获取的化合物将达到 50 000～100 000 之多，主要为生物碱、苷类、醌类等物质，其中许多具有重要的应用价值。

（一）生物碱

大部分的生物碱水溶性极差且对细胞都有毒性，因此生物碱在培养物中产生十分困难，

过多的生物碱类物质的累积会对细胞生长造成极大的负担，另外，其合成部位是在根中，也加剧了实际操作的难度。然而生产生物碱的组织培养却是研究最多的，主要用于针对癌症和神经类疾病。几乎各类生物碱都能被组织培养物产生，而且不少生物碱的含量超过了原植物。例如，三分三的根、茎、叶种皮甚至花药诱导的愈伤组织，经培养都能产生莨菪碱及东莨菪碱，且5种愈伤组织中以茎愈伤组织为最高。

1．吲哚生物碱　长春花是生产重要抗癌药长春新碱及长春花碱的重要原料，但这两种生物碱在长春花中含量最低。直到1977年，Carew等才肯定了这两种生物碱在培养物中的存在，而且生物碱的最高含量可达15μg/mL。此后，Scott等从长春花悬浮细胞中找到了长春质碱、阿枯米辛和长春花朵宁。

利血平、阿马碱、蛇根碱等是治疗高血压、脑血管障碍等病的重要药物，需要量大而且价格昂贵。1975年，Scott和Lee利用长春花的悬浮细胞，将长春花碱和长春新碱生物转化为阿玛碱和蛇根碱。1977年，Zenk等也从长春花悬浮细胞中得到了阿马碱和蛇根碱，其中阿马碱为细胞干重的1.0%，蛇根碱可达细胞干重的0.8%。Carew等从鸡骨常山的愈伤组织中得到了利血平。

从蛇根木悬浮培养细胞的甲醇提取物中分离出4种新的阿玛碱及其葡萄糖苷（zauglucine）。同时，还得到新吲哚生物碱（zaumacline）。Aimi等从夹竹桃科植物*Aspidosperma quebracho* blanco Schlecht培养14天的冻干细胞中分离出一微量单萜吲哚生物碱3-oxo-14, 15-dehydro-rhazinilam（**7**）。最近，从夹竹桃科两种重要的药用植物蛇根木（*Rauvolfia serpentina*）和劲直瑞兹亚（*Rhazya stricta*）杂种*RxR*17K细胞悬浮培养物中分离鉴定出新成分：3-oxo-rhazinilam（**8**）和rhazinilam（**9**）。

2．阿朴芬生物碱　从黄连的愈伤组织、冠瘿组织或再分化的植株能产生盐酸小檗碱。从两种罂粟得到的愈伤组织及悬浮培养细胞中都能产生鸦片生物碱，含量高达干重的5.65%。从台湾千金藤培养细胞中分离出一种新的氧化阿朴芬类化合物norcepharadione（**10**）。

7　R=O，$\Delta^{14,15}$
8　R=O
9　R=H，H

10

3．托品烷生物碱　从多种曼陀萝毛状根培养物中鉴定到9种生物碱，其中3-羟基-6-丙酰氧托品烷（**11**）和3-羟基-6-丁酰氧托品烷（**12**）是两种新化合物。从曼陀萝毛状根培养物中鉴定到3-（羟乙酰基）托品烷（**13**）也是一种新的托品烷生物碱。

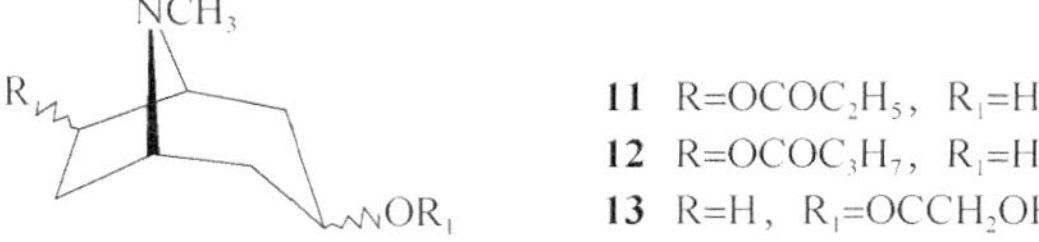

4．吡啶生物碱　在产生吡啶生物碱的组织培养研究中，烟草研究得最多。例如，烟草的种子、根、叶的愈伤组织的尼古丁含量高达干重的0.25%～0.58%。研究发现一个尼古丁含量为干重的1.7%的烟草愈伤组织株系。然而，在根的培养物中，烟碱的含量更高，可达

干重的 2.9%。以后又发现粉蓝烟草根培养物中毒藜碱含量也达干重的 0.9%。

（二）苷类

苷类物质又称配糖体，在杀菌、消炎、免疫调节、神经调控等诸多方面都有重要药用活性和应用价值。

1．皂苷　对人参组织培养进行了大量的研究后发现，在愈伤组织（21.1%）、冠瘿组织（19.3%）及再分化根（27.4%）中得到的粗人参皂苷含量都显著高于天然根（4.1%）。薯蓣皂苷元是生产甾类避孕药的重要原料。美国的 Kaul 等用三角叶薯蓣的悬浮培养物及愈伤组织生产薯蓣皂苷元，含量为干重的 1.5%，但未分化组织能产生大量的皂苷元，而分化组织仅产生痕量。此外，研究表明，三七愈伤组织中含有比原块根多的三七皂苷及皂苷元。

2．强心苷　Karting 等报道了毛地黄愈伤组织及毛地黄的子叶、叶、下胚轴等培养物中含有 15 种强心苷，但其中强心醇苷、毛地黄毒苷元衍生物、芰毒苷元衍生物的含量不仅很低，而且随继代培养过程延长而下降。利用毛地黄培养细胞证明了毛地黄毒苷及β-甲基毛地黄毒苷在 12β 位置的羟基化，完全转化成为强心剂葡萄糖苷地高辛和β-甲基地高辛，并进行了 100t 级发酵罐的中间试验。

3．其他糖苷类　欧亚甘草的悬浮培养物能产生大量的甘草甜素，含量为干重的 3%～4%；李树愈伤组织中得到了黄酮醇苷；草木犀的愈伤组织能产生香豆素苷。

（三）醌类

组织培养能产生大量的蒽醌类化合物。例如，决明的愈伤组织中含有比原植物的种子高10倍的蒽醌，主要为大黄酚和大黄素。Zenk等用海巴戟的悬浮细胞中，总蒽醌含量占干重18%。在紫草愈伤组织中形成的紫草宁衍生物，其组成与原植物相似，此研究已在工业生产上应用。

五、植物细胞培养的生物转化

植物细胞培养的生物转化如同微生物实现生物转化反应一样，具有很大的潜力，如羟基化、甲基化、去甲基化、氧化、还原、酯化、皂化、糖基化和异构化等。植物细胞培养所进行的生物转化反应实质上是一种酶的催化反应。由于某些来源于植物的酶能够催化化学合成或微生物很难进行的立体专一和区域专一反应，因此由悬浮细胞、固定细胞和酶制剂进行的生物转化研究则成为植物培养细胞技术的重要组成。

1．用悬浮细胞进行的生物转化反应　由游离的悬浮培养细胞组成的生物转化系统具有直接使用前体、细胞转移限制少、不存在影响细胞活力和生理状态的介质等优点。因此，它是目前使用最多、也是取得结果最为满意的一个转化系统。由悬浮细胞所进行的生物转化一般可分为两种：静止态细胞的生物转化反应和生长态细胞的反应。理论上讲，生长态细胞应该可以提供更多的细胞生物量从而提供更多的酶作为反应过程的催化剂，但是实际过程中，单步转化的前体物质一般都是有机分子且具有较高的疏水性和细胞毒害性，对细胞的生长有抑制和破坏作用。另外，细胞的生长最优环境和酶催化最优环境并不能完全保证一致，有时候需要在细胞培养和酶催化反应之间同时做出妥协，细胞的转运蛋白并不能保证可以将前体物质及时转运进入细胞内，而且用生长细胞时要保证较高的操作条件防止污染，转化后期由于细胞自身代谢会对下游分离纯化造成较大的压力；相比之下，静止态细胞是指细胞先在其最优生长环境中进行培养，在获取最大生物量和最高酶活性的时候收获细胞，收获后的细胞被重置并悬浮于缓冲液中以最大程度减少甚至阻断细胞生长代谢并提供最优的酶催化反应环境，此时加入前体物质进行生物转化进而获得目的物质，相比于生长细胞催化的生物转化反应，静止态细胞由于仅产生较少的代谢物而使得后期分离过程简单容易。因此实际中使用悬浮细胞进行生物转化要具体情况具体分析，并没有一个放之四海而皆准的标准流程。由悬浮细胞所进行的生物转化反应多为一步反应，即加入前体后经悬浮细胞进行单一的化学反应而形成某一产物（表 14-5）。

表 14-5 由悬浮培养细胞进行的一步转化的例子

底物	悬浮培养细胞	转化产物	产量
β-甲基毛地黄毒苷	毛地黄	β-甲基地戈辛	800mg/（L·20 天）
水杨酸	*Mallotus japonicus*	水杨苷	1200mg/（L·天）
鬼臼毒素	金黄亚麻	鬼臼毒素-β-葡萄糖苷	294mg/（L·天）
氢醌	毛曼陀萝	熊果苷	7100mg/（L·3 天）
氢醌	长春花	熊果苷	9200mg/（L·4 天）

云南红豆杉、红豆杉等植物的愈伤组织培养物中含有大量 sinenxan A 及其类似物，达干重的 5%～6%，是抗癌药物紫杉醇和抗多药耐受性药剂紫杉宁（taxinine）半合成潜在的原料。例如，利用银杏细胞悬浮培养成功地对 sinenxan A（**14**）进行了结构修饰，在 C-9 位上引入羟基，从而转化成化合物 **15** 和 **16**，转化率分别为 60%和 20%，化合物 **15** 又在同样条件下经去乙酰化生成 **16**（图 14-4）。

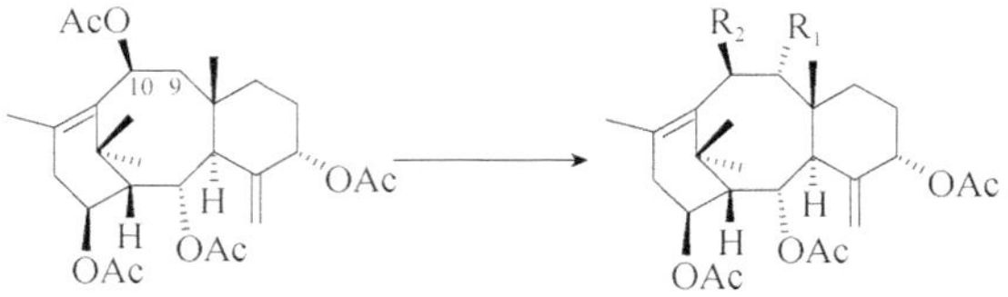

14

15 R_1=OH，R_2=AcO
16 R_1=OH，R_2=OH

图 14-4 利用银杏细胞悬浮培养对 sinenxan A 的生物转化

另外，研究表明，桔梗（*Platycodon grandiflorum*）悬浮细胞可对天麻素（**17**）进行生物转化，经过酶催化的水解一步反应即得对羟基苯甲醇（**18**），其为天麻素脱去葡萄糖残基的产物。很多植物化合物在水解反应激活之前都处于糖分子偶合下的非活性状态，这样做主要是出于对分子的保护和特异性识别并激活，在外部环境改变后去掉糖配体就可以激活某些生物过程，因此酶催化下的水解反应具有较普遍的适用范围（图 14-5）。

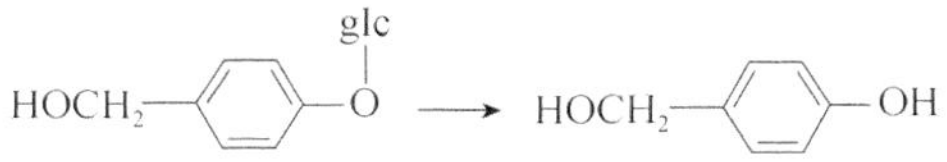

17 18

图 14-5 桔梗悬浮细胞对天麻素进行的生物转化

油菜甾醇内酯和 24-表油菜甾醇内酯是一族新型的甾体植物生长激素。它们对农作物增产效果显著，现已受到国际上的广泛重视。最近发现在 *Lycopersicon esculentum* 或 *Ornithopus sativus* 细胞悬浮培养中，如加入外源性的 24-表油菜甾醇内酯（**19**），其代谢产物 25-β-D-葡萄糖苷-25-羟基-24-表油菜甾醇内酯，水解后得 25-羟基-24-表油菜甾醇内酯（**20**）（图 14-6）。

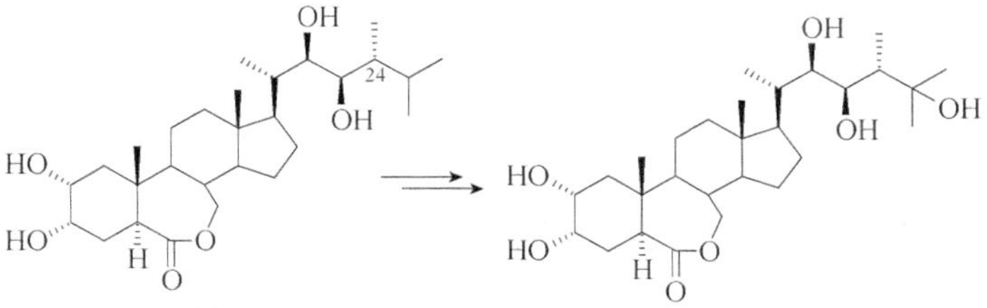

图 14-6 *Lycopersicon esculentum* 悬浮培养对 24-表油菜甾醇内酯生物转化

抗肝炎药物水飞蓟素（**21**）经罂粟（*Papaver somniferum*）悬浮细胞培养，几乎定量完成选择性糖基化（图 14-7），所得 7-葡萄糖基水飞蓟素（**22**）生物利用度大大提高。

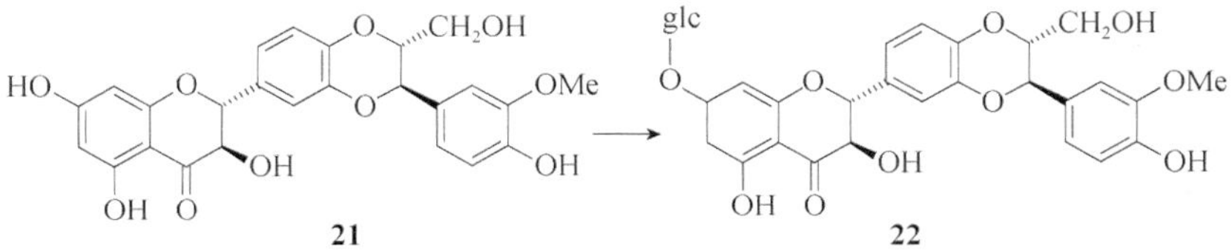

图 14-7 罂粟悬浮培养对水飞蓟素的生物转化

强心苷生物转化研究是一个成功的例子。利用毛地黄培养细胞具有羟基化能力，将β-甲基洋地黄毒苷（**23**）C-12 位羟基化后得到临床上使用的β-甲基地戈辛（**24**），见图 14-8。通过筛选获得了一种能稳定进行转化的细胞，它能进行完全的转化，而不形成其他化合物。作为一类重要的氧化反应，羟化反应可用于活化非活性碳原子，授予目的分子羟基官能团，修改目的分子手性选择性、改变分子憎水性程度，因此这类反应在细胞对有机分子的代谢和解毒中常常扮演重要的作用。催化此类反应的众多酶中有非常重要的一类酶称为细胞色素酶，该酶在细胞的氧化磷酸化和电子链传递中具有重要作用。

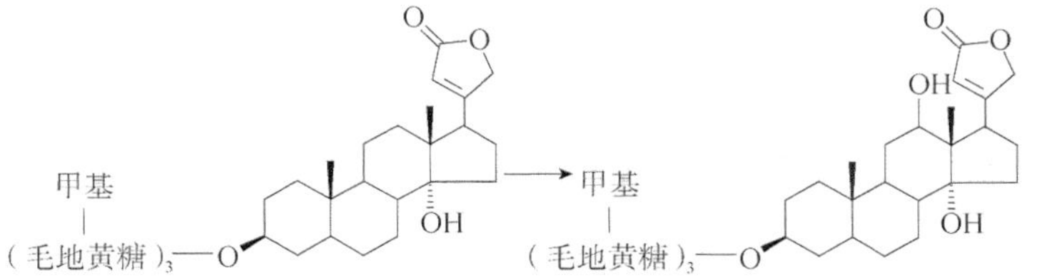

图 14-8 毛地黄培养细胞转化β-甲基洋地黄毒苷为β-甲基地戈辛

利用足叶草培养细胞成功地将二苄丁酰内酯化合物（**25**）转化为鬼臼毒素类化合物（**26**）（图 14-9）。在 20～120h 培养以后，此环化产物的产量达到 50%～55%，几乎完全存在于发酵液中。利用半连续发酵装置也成功地实现了这种转化反应，在成批培养的细胞中酶活性可以保持 3 个月以上，产量达到 70%。这种方法一旦确定最佳条件，则可提供生产不同鬼臼毒素类似物的有效途径。

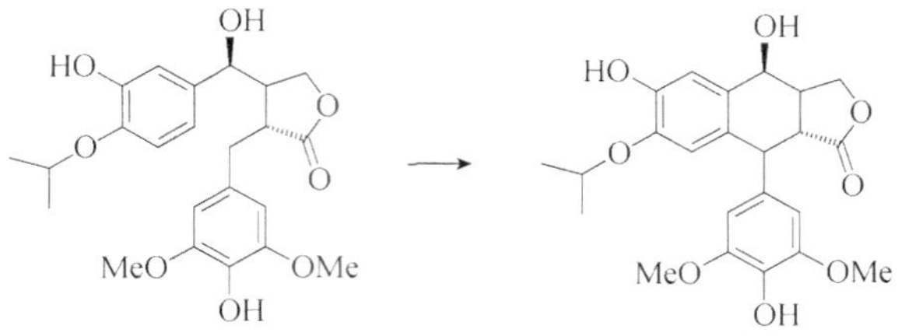

25 → 26

图 14-9　用足叶草培养细胞进行二苄丁酰内酯的生物转化

2．用固定化细胞进行的生物转化反应　细胞是生物转化的核心，一方面要考虑如何最大限度地获取细胞生物量以期得到最大产量，另一方面要考虑如何循环和重复利用细胞以节约成本。细胞固定化一般是指将细胞限制在一定载体（通常载体不溶于水）之中并实现可能的生长代谢及保证细胞完整性，细胞固定化就是为了更高效地利用细胞并实现细胞的重复利用，同时细胞固定化也实现了细胞和产物的有效分离，极大地减少了下游产物分离纯化的压力。一般用于细胞固定化的方法大致可以分为吸附法和包埋法，近几年由于材料学科的显著发展，细胞固定化取得了长足发展。用固定化的植物细胞进行的生物转化的实例，见表 14-6。

表 14-6　用固定植物细胞进行的生物转化的实例

底物	细胞悬浮培养细胞	转化产物	产量
β-甲基毛地黄毒苷	毛地黄	β-甲基地戈辛	9mg/（L · 天）
L-酪氨酸	狗爪豆	L-多巴	51mg/（L · 天）
(−)-薄荷酮	薄荷	(+)-新薄荷醇	
可待因酮	罂粟	可待因	

从表 14-6 可知，利用固定化植物细胞能进行生物转化反应，而且有时以相对高的转化率进行。与游离植物细胞相比，固定化细胞有它的优点，但使用固定化细胞进行生物转化也存在一些问题，因为固定化对细胞行为的影响并不总是有利的，如大部分情况下转化产物可以分泌到细胞外，但仍有少数产物保留于细胞内；与游离细胞相比，转化能力并无多少改进，因为这种能力是由遗传性决定的，甚至选择性也会受到影响。同时，固定化条件下的微环境很难实现人为控制，这样就影响了细胞的代谢和酶催化反应的效率。此外，固定化也必然在细胞和反应物之间人为增加了传质阻力，从而影响了反应速度的提升。

3．用植物酶制剂进行的生物转化反应　由于前体进入植物细胞后被多途径代谢，因而形成多种微量产物或完全没有产物的复杂的混合物，这样给分离带来困难，另外也极大降低了转化率。因此采用酶分子直接催化的生物转化受到重视，利用植物酶制剂可能是产生单一转化产物的最好选择（表 14-7）。

表 14-7　利用酶制剂进行生物转化的实例

底物	培养细胞	转化产物
β-甲基毛地黄毒苷	毛地黄	β-甲基地戈辛
天仙子胺	天仙子	6β-羟基天仙子胺
二羟基苯基乳酸	五彩苏	迷迭香酸

例如，利用长春花培养细胞的无细胞提取物将二苄丁酰内酯（**27**）转化为鬼臼毒素类似物（**28** 和 **29**），过氧化物酶是其主要的作用酶系。确定过氧化物酶与二苄丁酰内酯比例为250U/μmol 底物，2.0mol H_2O_2，缓冲液 pH 为 6.3，反应时间为 180min。在此条件下，由二苄丁酰内酯转化为四氢萘芳基酯的收率高达 70%（图 14-10）。

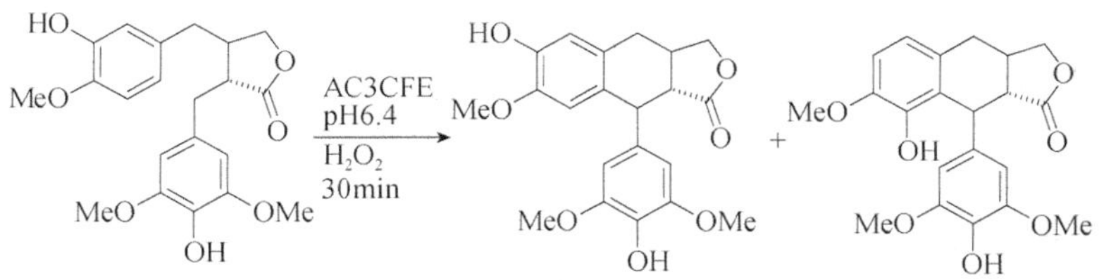

AC3CFE pH6.4 H_2O_2 30min

27　28　29

图 14-10　二苄丁酰内酯通过长春花无细胞提取物进行的生物转化

酶制剂进行生物转化反应时，必须注意从植物细胞中分离出足够数量的酶而没有失活，确定使用酶的特性（底物特异性、温度和最适 pH）和必需的参与因子。这样，才能利用酶制剂进行有效的和特异的生物转化反应。因此，用酶制剂进行生物转化具有很多限制性：很多酶需要在胞内环境下才能发挥活性；很多酶是属于膜蛋白酶，一旦膜结构受到破坏，酶的活性和选择性都可能受到影响；很多酶也需要多组分配合才能完成一个生化反应，尤其对于氧化酶，一方面需要辅酶如烟酰胺腺嘌呤二核苷酸（NADH）和烟酰胺腺嘌呤二核苷酸磷酸（NADPH）作为电子供体，另一方面需要别的酶如还原酶和铁硫蛋白酶去帮助传递电子，作为前者的辅酶价格昂贵且容易在胞外环境中失活，这就为氧化酶制剂的广泛应用增加了不少的障碍。

六、植物细胞培养与化学方法的结合

从药用植物中大量制备具有显著生理活性的化合物时，常会遇到含量低和分离难的情况，而使用植物细胞培养和化学合成相结合的方法可能是解决这些困难的一条有效途径。长春碱和长春新碱的合成是目前研究得比较深入和有望成为商业化产品的典型例子。

利用从长春花培养细胞中分离出的长春质碱（**30**）和从长春花植物中分离出的文朵灵（**31**），其关键反应是在 Fe^{3+}的催化下氧化偶联，生成脱水长春碱（**32**），经二步法半合成获得长春碱（**33**）（图 14-11）。

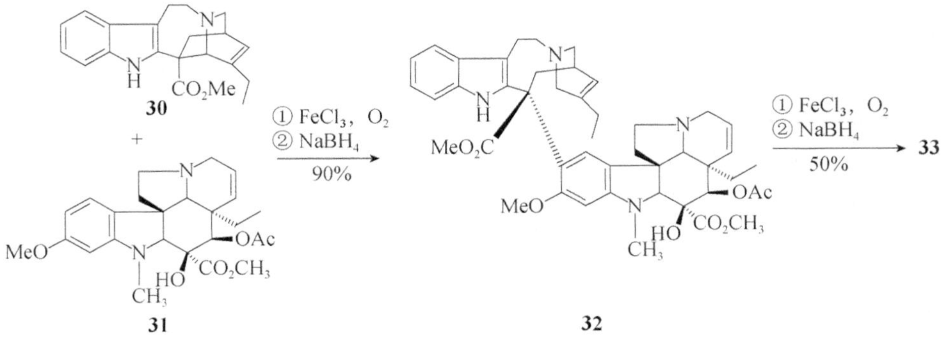

① $FeCl_3$，O_2 ② $NaBH_4$ 90%

① $FeCl_3$，O_2 ② $NaBH_4$ 50% → 33

30　31　32

图 14-11　二步法半合成长春碱

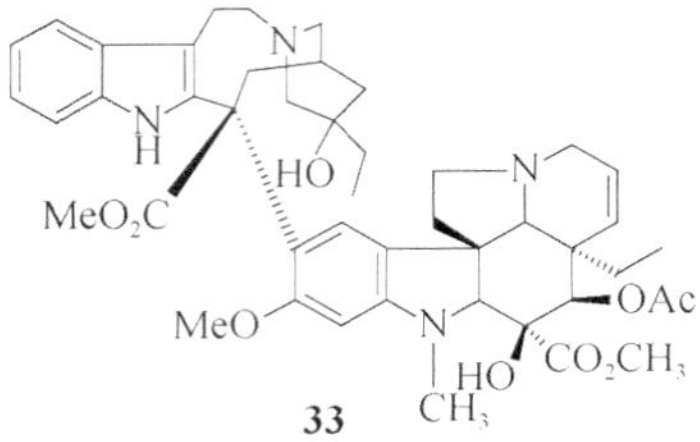

33

图 14-11 二步法半合成长春碱（续）

此外，酶促合成所使用的催化剂是氧化酶。辣根过氧化物酶催化泻花碱和文朵灵合成脱水长春碱，必须要有过氧化氢存在，但浓度过高则抑制脱水长春碱的形成。为了精确控制和供应过氧化氢，选用由葡萄糖氧化酶和辣根过氧化物酶组成的酶偶联系统，所得的脱水长春碱在长春花培养细胞粗酶制剂和 NADH 和 $MnCl_2$ 作用下生成长春碱。

七、天然产物的分子工程合成

分子天然化合物的研究属于生物技术中一个重要组成部分。它的主要研究目标是基于目前发展起来的分子生物学方法来产生新的天然化合物，现在的一般思路是围绕一个化合物结构进行拆分，在此基础上得到一个骨架分子，并由相关的酶（一般主要为氧化酶）在骨架分子上进行修饰得到最终产物，甚至于在某些情况下得到比原先预期产物药效更好或者有其他应用的类似化合物。相关的研究领域主要包括以下 4 个方面：①发展在分子水平上得到天然化合物的新方法；②开发新的分子试验系统；③寻找新的先导化合物结构；④发现新的天然化合物。

天然化合物的分子工程研究就是提供产生天然化合物更成熟的方法和策略。因此，这将是天然产物研究概念上和实际研究内容上的一场革命，其实际的价值将表现在以有效、实用、简便的方法生产某些十分有价值的重要天然产物如药物、农药及与生命活动过程十分密切的化合物。

近年来利用现代分子生物学和遗传工程的研究成果开创了以得到目标天然产物为目的的生物合成天然产物的新途径，即天然产物的分子工程合成。其途径如下：

底物（A） ⇨ 中间体（B） ⇨ C ⇨ D …… ⇨ 靶分子（T）

底物 A 在生物合成酶的作用下经过中间体 B、C、D 等合成出靶分子 T。其程序如下：①首先搞清生物合成途径，然后分离出关键性的活性酶；②建立检测该活性酶的方法；③决定该酶的氨基酸序列（现在拿到酶的氨基酸序列就可以直接合成 DNA 链）；④由此得到的氨基酸序列信息用来设计并合成出相应的寡聚核苷酸链；⑤该寡聚核苷酸链用作探针来筛选 cDNA 库，鉴定出该酶的 cDNA 克隆并决定其核酸序列；⑥将 cDNA 克隆并插入质粒 DNA，然后将构建好的质粒（含目的基因）转移到其他微生物如酵母、大肠杆菌中进行表达，或通过转基因技术，将重组 DNA 转移到其他植物细胞中，产生大量的活性酶。

例如，用 *Bam*H Ⅰ和 *Xba* Ⅰ两种限制酶酶切质粒 pkG27，获得了编码 F26G（呋甾皂苷 26-*O*-β-葡萄糖苷酶）的 cDNA，然后将其重组到表达载体 pET-22b 上而得到 pET-22b-CSF26G，利用大肠杆菌 *E. coli* BL21 进行表达，用胞内可溶蛋白进行酶反应，通过 TLC、HPLC 分析证明重组菌表达出高活性的 F26G 酶，并实现了呋甾皂苷到螺甾皂苷的体外生物转化。例如，从原纤细皂苷（protogracillin，**34**）或原薯蓣皂苷（protodioscin，**35**）转化为纤细皂苷（gracillin，**36**）

和薯蓣皂苷（dioscin，**37**）（图 14-12）。

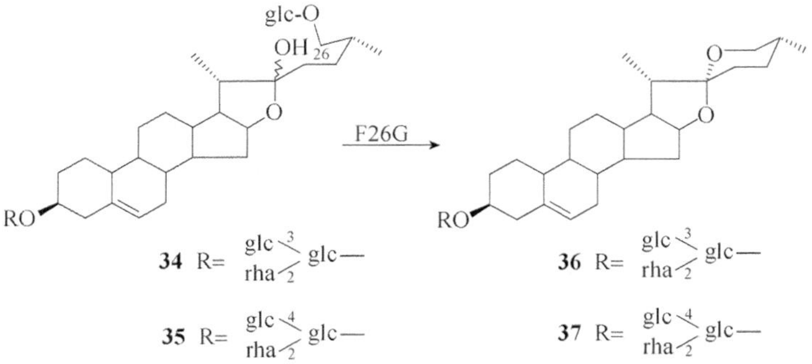

图 14-12　呋甾皂苷到螺甾皂苷的体外生物转化

紫杉醇是一类结构异常复杂的新型抗癌药物，它主要由紫杉烷环和侧链组成，因此要从紫杉烷合成、侧链合成和两部分连接这三个方面研究它的生物合成途径。通过标记化合物实验已经证实紫杉烷环骨架来自甲羟戊酸，C-10 位上的基团来自乙酸，侧链来自苯丙氨酸。从太平洋红豆杉（*Taxus breuifolia*）茎中得到一个具有紫杉二烯合成酶活性的无细胞制剂。研究证实它能催化 GGPP 环化形成紫杉-4（5）, 11（12）二烯的反应并确定精确的转化步骤。由于该酶含量甚微且极不稳定，因此目前还未将该酶纯化并确定其特性。最近 Wildung 和 Croteau 从短叶红豆杉茎提取物中获得紫杉醇生物合成途径中关键的二萜环化酶—— 紫杉二烯合成酶的 cDNA 克隆物，使紫杉醇基因工程研究取得了决定性进展。

尤其令人惊奇的是天然产物的多酶合成，Scott 教授以 ALA（**38**）为原料，用 8 种酶在同一个试管里催化 9 步反应得到 precorrin（**39**）（图 14-13）。

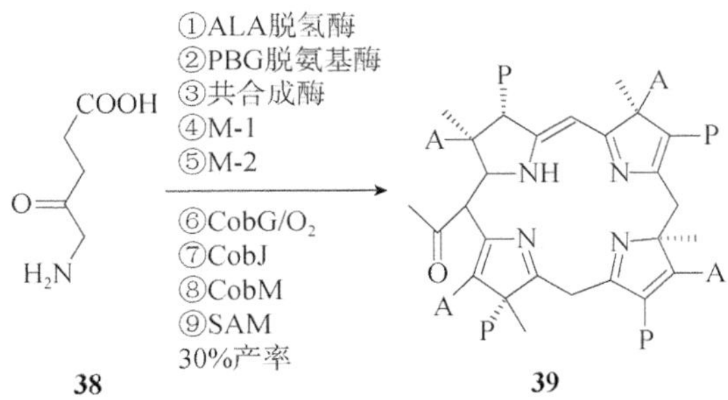

图 14-13　precorrin 的多酶合成

这个技术的基本框架和方法已经形成，其应用前景和商业价值已不言而喻。然而，该技术还有许多环节和内容有待完善，有大量的研究工作需要做。近些年，随着第四代高通量测序技术、生物信息学和大数据运算的发展，传统的从酶分子纯化到氨基酸序列进而获取基因序列的方法已经受到了较大的挑战：由于获取基因组序列不再成为难题，大量的模式生物被全基因组测序，测序的结果用于被生物信息学分析，由于生物之间存在一定的进化关系，因而在分子水平上体现为不同生物细胞之间在某类酶上共享一定的相似序列，生物信息学家通过这些信息进行序列比对并对未知核酸序列进行基因预测、标定和注释，后续的研究可以跳过蛋白质分离纯化的步骤直接进入 DNA 序列合成或者扩增阶段，最终通过重组表达来检验并确认，这样就大大加速了整个酶蛋白和生物合成途径的发现过程。

第三节　植物细胞发酵工程

植物细胞发酵工程就是通过发酵培养的植物细胞，或从发酵培养液中生产各种次生代谢物产品的工程。它主要是利用植物细胞体系，应用先进的生物学和工程技术（细胞培养、发酵技术、细胞变异、生物合成），来提供各种次生代谢物产品（医药、香料、色素、农药及特殊工业品）。植物细胞发酵培养的目的是在发酵罐中将植物细胞进行工业规模生产，以获得各种产品。紫草、黄连、人参、毛地黄等的细胞发酵工程研究已实现了工业化生产。

一、植物细胞发酵工程的研究内容与路线

植物细胞发酵工程的主要研究内容是：提高次生代谢物的含量，改进筛选方法，设计新型的适合于植物细胞生长的发酵罐，使培养系统按比例放大，以及应用细胞固相化的技术。其研究路线如下：

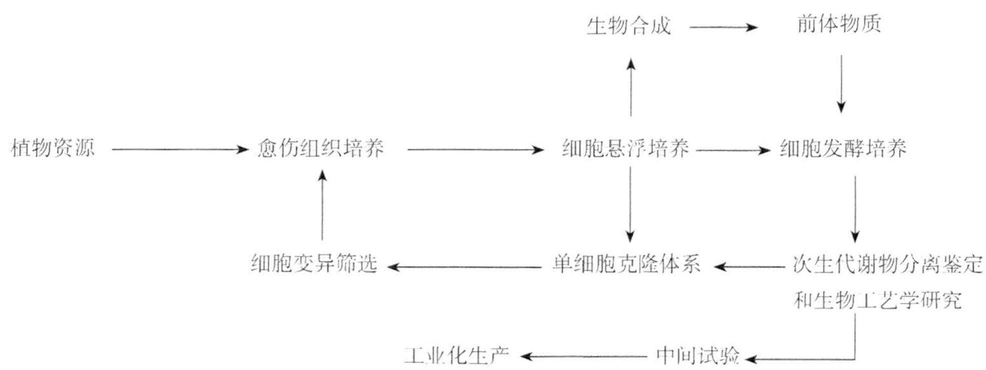

该路线的特点是从愈伤组织开始，并以愈伤组织细胞为对象进行研究。愈伤组织是将植物的任何部位，如根、茎、叶、花、果等经过表面灭菌后，在无菌条件下剪为几段，再接种到由各种营养成分和植物激素组成并加有固化剂琼脂的培养基上，经过一段时间后从切口处长出组织，这种组织主要是由具有分生能力的薄壁细胞组成。

二、植物细胞发酵工程技术

植物细胞发酵工程的主要技术有细胞培养技术、细胞变异、发酵技术、生物合成等。

（一）细胞培养技术

植物细胞发酵工程的细胞培养技术始于1965年美国的Staba教授，他将诱导培养的牙签草愈伤组织放入去掉琼脂的液体培养基上，在有一定转速和振幅的摇瓶机上振荡培养，这种培养使细胞悬浮于培养液中，故又称为悬浮培养。相比于人类早期应用于食品生产中的固态发酵技术，液态悬浮培养可以提供更好的传质和环境及过程控制，使得细胞在单位时间和空间下获得最大限度的生物量进而提高生产率，因此液态悬浮培养称为近代工业化发酵应用生产的主要技术。此后，再将悬浮细胞转入具有通气搅拌的发酵罐中进行发酵培养，这样培养的细胞生长非常快。日本Furuya等对人参的研究，培养细胞的生长速率为0.61g干重/（L·天），人参总皂苷

含量高达 21.1%，细胞发酵培养的规模达 13t。后来，又研制成功规模达 20t 的发酵罐。

（二）细胞变异

1．自然变异　在细胞培养过程中，培养细胞会产生变异，可以从中筛选出生长速率和次生代谢物合成能力均高的优良培养细胞系。例如，从紫草细胞培养中选育出萘醌色素含量比原亲本植物高 8 倍且生长迅速的、优良的培养细胞系。但是自然变异的概率很低，甚至可以达到百万分之一，而且变异的结果并不可预先控制，这样得到朝向目标方向变异的细胞系的概率就会更低，因此现在人们都采取各种方式人为干预变异过程，提高变异发生的概率，从而大幅度提高获得产率高稳定性突出的细胞系的可能性。

2．人工诱导　用各种化学诱变剂（甲基磺酸乙酯、亚硝酸胍、乙烯亚胺等）处理培养细胞，或用各种射线（γ 射线、X 射线、紫外线等）照射，使之发生变异，从中选择出优良的培养细胞系。例如，用 ^{60}Co γ 射线照射三分三愈伤组织，从继代中选育出生长速率是亲本植物 4 倍，东莨菪碱含量是亲本植物 130%，且是稳定的优良变异体。尽管人工诱变的发生概率可以远高于自然诱变，但是变异细胞的发生率总体仍然较低。而且更为重要的是，即便是人工诱变也没有解决变异方向的可控性，也就是说变异的结果到底是否有利于工业生产和符合人们的预期并不受到保障，而要从海量变异细胞库中筛选出最优细胞是项繁杂重复枯燥的工作，因此近年来伴随自动化和信息化水平的提升，高通量筛选技术受到越来越多的关注，此技术的核心是建立筛选机制，其中利用显色反应或者紫外和荧光检测的筛选机制得到最为广泛应用，在筛选机制建立之后首先通过流式细胞仪的方式将细胞进行分离并纯培养，通过自动化操作和检测分析，快速检测并挑选出最优“选手”。

三、植物细胞发酵培养装置和培养方法

（一）发酵培养装置

植物细胞发酵培养的装置大部分是借鉴微生物发酵技术。其研究的装置主要有摇瓶、平叶轮发酵罐、叶轮发酵罐和气升式发酵罐等。其反应器主要有普通的罐式反应器、气泡式反应器、柱式反应器和气升式反应器，其中气升式反应器对植物细胞最合适。所用的容器主要是玻璃和不锈钢两种制品。摇瓶装置即悬浮培养装置，由于其简单实用且成本低廉，早期的制药公司在活性成分诸如抗生素的生产中广泛采用药瓶技术，其缺点是通气不佳、规模太小，另外，靠外界振荡既浪费过多的机械能，又使搅拌不彻底，形成所谓的“三层分布”，而且药瓶装置在溶解氧供应、碳氮源供给、pH 控制等方面都有明显的欠缺，导致细胞在药瓶中的生长和活性通常远低于在生化反应器即发酵罐中的表现，但因其简单灵活稳定，药瓶细胞培养被广泛应用于实验室小规模探索性研究。气升式发酵罐是植物细胞大量培养最有效的装置，它具有明确限定的流动特性、低切变速率和充足氧气供应的综合效应，该装置的结构较其他装置更为简单，并易于消毒和清洗。

（二）细胞培养方法

植物细胞培养系统分为固体培养和液体培养两个系统。固体培养系统主要包括利用琼脂作为支持物的琼脂培养和固定细胞培养。液体培养系统包括小规模的悬浮培养和大规模的成批培养、半连续培养和连续培养。植物细胞培养已经进行了许多工业化生产的实验。例如，

从希腊毛地黄细胞培养强心苷的规模已达 200L，紫草细胞培养工业化生产紫草素的规模为 750L，人参培养细胞的规模为 $2m^3$，烟草培养细胞的规模更大，达到 $20m^3$。

四、植物细胞发酵培养的影响因素

由于植物本身的遗传特性、生长状况和形态分化等对所建立的细胞培养物中次生代谢物的含量有很大影响，因此植物细胞发酵培养能否成功的关键，就在于植物细胞在发酵罐中能否迅速增殖，能否大量地合成次生代谢物。但是，通过对物理和化学因素的调节，可以影响细胞的生长和次生代谢物的合成与积累；通过调节内部和外部的环境条件，以及对培养细胞进行预处理等方法，来影响植物细胞培养物中次生代谢物的积累，以达到提高次生代谢物产量的目的。影响植物细胞发酵培养的主要环境因素有以下几个方面。

1．光照　光照对培养细胞中次生代谢物合成有一定的影响。例如，光对细胞培养物中花色素的生物合成有诱导作用，许多次生代谢物的形成受不同波长光的影响。同时，光对某些次生代谢物的产生也呈现抑制效应，如日本黄连中黄连素的合成均为光所抑制。因此，在实际生产中就要针对光，设计特殊的发酵罐以提高次生代谢物的产量。

2．搅拌作用　植物细胞的发酵培养主要靠内部的搅拌桨不断地搅拌，这就要求细胞对剪切力具有较强耐受力，才能抵御搅拌器施加的压力，从而在较高的剪切力下生长而不发生溶解，才能保证次生代谢物的产量。在发酵罐中发生的内摩擦和对细胞产生的较大压力称为切变应力，很多植物细胞对切变应力非常敏感，往往尚未达到一定的生长量就解体了。所以在筛选优良的细胞系时，抗切变应力的大小是高产细胞系的一个指标。在同一类型发酵罐中，某一种植物细胞要求有一定的搅拌速度，如三分三细胞培养最适宜的搅拌速度为 50r/min。所有细胞对剪切力的耐受都有一定的范围，一般来讲，细菌等低等微生物对剪切力的耐受最强，植物细胞次之，而哺乳动物细胞最差。在实际细胞培养的过程中，初期搅拌速度都比较低，这是因为培养初期细胞都要经历一个适应阶段，此阶段细胞代谢水平很低，细胞处于各种酶的活化阶段，表现为细胞几乎不生长，因此培养液中对溶氧的需求较低，较低的搅拌速度可以满足溶氧和传质等的要求；但是当细胞一旦进入快速增长阶段，细胞数量成指数增加，短时间内就可以达到很高的细胞密度，此时培养物对各种养分尤其是溶氧的需求就会特别大，因此搅拌速度需要提高以匹配细胞生长。此外，也有多种搅拌桨适合不同的细胞类型，如六叶平桨涡轮搅拌器、折叶桨式搅拌器、圆盘涡轮式搅拌桨和轴流桨，因为要根据实际使用情况合理选择，如最常用的六叶平桨涡轮搅拌器可以产生很好的传质和溶氧效果但是剪切力、能耗和噪声过大，且对搅拌轴要求很高，因此在大规模发酵罐中应用有一定困难。

3．通气和培养物　通气和培养物的混合是细胞发酵培养中物理和化学性质不可分割的组成部分。通气可使培养物中各成分受到空气的机械和化学的作用。例如，Wagner 和 Vogelmann 在进行大规模发酵罐培养的研究中，也报道了通气与培养物混合的重要性，在研究的 5 种发酵罐培养装置中，所培养的橘叶鸡眼藤培养细胞的产量，在气升式发酵罐中要比在摇瓶中多 30%，是其他发酵罐中的 2 倍。在培养系统中，通气依赖于培养基的搅动，即通过培养基的搅动来达到通气的效果。在小规模悬浮培养系统中，培养体积对氧吸收系数（OAC）具有明显的影响，OAC 与其气、液界面积有关。例如，当培养烟草细胞的体积小时，OAC 值就增高，培养物中烟碱的产量亦相应增加。

4．培养基成分　培养基由 5 类成分组成，即无机营养物、碳源、维生素、生长调节剂和有机添加物。植物细胞培养的成功与否，取决于培养基的选择。通常有利于植物细胞迅速生长的培养基，却不利于次生代谢物的合成和积累，而有利于次生代谢物合成积累的培养基，却限制了细胞的迅速生长。因此，采用两步法进行大规模发酵培养，即用生长型培养基首先大规模高密度培养细胞以获得更多生物量，此时细胞的任务仅是生长而不参与次级代谢物的合成，在此基础上逐渐更换培养基成分为生产型／代谢性培养基以使细胞更多生产次级代谢物，此时细胞很少或者基本不生长，采用此种途径可以获得更多的次生代谢物。

5．胁迫因子　许多次生代谢物被认为是在抵御物理、化学和生物等不良环境中，如渗透压、化学物质和生物侵袭等胁迫条件下诱导合成的。例如，在罂粟培养物中加入真菌诱导子能刺激血根碱的积累，在长春花培养物中加入真菌诱导子后能触发吲哚生物碱的增加。另外，提高渗透压对提高某些次生代谢物的含量同样有效。例如，在长春花细胞培养中采用甘露糖醇来提高培养基的渗透压，能明显提高吲哚生物碱的含量。但是渗透压的改变仅适用于一定范围，过低或者过高都会对细胞产生极大的伤害，如常见的质壁分离现象就是由于过多的物质溶解于培养液中导致细胞原生质部分脱水。

6．温度因素　植物细胞培养物适宜生长的温度范围一般为15～32℃，而细胞生长和次生代谢物合成的最适温度往往不同，这就要求在发酵罐的两级或多级培养过程中，严格控制好温度。先让植物细胞在适宜的温度下迅速生长和繁殖，然后在另一适宜的温度下大量合成次生代谢物。例如，在骆驼蓬细胞培养中，细胞最适宜的生长条件为30℃，而在25℃时生物碱产量达到最大。

7．pH　由于pH在细胞培养过程中会发生改变，因此在一定程度上能促进或抑制某些物质的产生。植物细胞培养最适宜的培养基pH是5～6。例如，甘薯细胞在pH为6.3的发酵罐中生长，它们产生色醇的数量是pH未控制时的两倍，当pH降低到4.8时，色醇的积累完全被抑制。

8．接种量　植物细胞的生长有最低密度效应，如果接种量低于某一临界值时，接种后的发酵培养将会失败，所以对于某一细胞系都有其合适的接种量。接种量的大小对细胞的发酵培养是相当重要的，接种量一般在20%～30%。

9．细胞的预培养　在两步法或分级批式培养中，细胞在种子罐中先通过快速生长和繁殖，然后转入下一级生产培养基中，能促进次生代谢物的生产。采用种子预培养方式能显著提高次生代谢物的积累，如从含不同水平生长素的种子培养物得到的烟草细胞，当它们培养于生产培养基上时，会积累不同水平的烟碱。另外，预培养的时间也会影响次生代谢物的产量，如预培养21天的烟草细胞比预培养14天的烟草细胞所产生的烟碱含量高。

第四节　微生物工程

微生物是生物界最早的生物，也是种类最多和与其他生物关系最密切的生物，所以应用微生物转化来研究对植物次生代谢物的结构修饰是较理想和有希望的。微生物自身具有快速繁殖的特点，在细胞培养和工业化上具有更强的可操作性，同时有别于多倍体的动植物细胞，微生物一般都只有一套遗传物质。一般认为微生物在基因表达上没有内含子，这样微生物遗传物质结构上要比较简单，在分子水平的基因编辑会比较容易。当然，由于缺少复杂的细胞器支持和表达后修饰，微生物表达的蛋白质和高等细胞表达的蛋白质在蛋白质折叠和糖基化等方面还是有一定的区别，但是作为以次生代谢物为目标产物的微生物转化过程较少受到此方面因素的影响。微生物转化是酶的催化反应，它具有高度的区域选择性，并且反应条件温和，不会导致化合物母核开裂和结构重排等副作用。目前，微生物转化主要应用在生物碱、甾体化合物的生物合成与结构修饰。

一、甾体的微生物转化

许多甾体化合物都具有很强的生理活性，可广泛用于临床治疗。例如，睾丸甾酮、黄体酮、人参皂苷、洋地黄毒苷等。甾体药物的工业生产主要是改造天然的甾体化合物，但是单用化学方法时，往往合成步骤多、收率低、价格昂贵。例如，可的松等抗炎激素之所以有较高的抗炎效力，主要与甾体母核 C-11 位上定向引入羟基分不开，可是化学合成上最大的困难也就是在 C-11 位上导入氧原子。最初 Sarett 曾尝试过这项艰难的工作，他一共用了 576kg 脱氧胆酸作原料，经历了 2 年的时间通过了 30 余步化学反应最终仅合成了 938mg 的醋酸可的松，经济效益几乎等于零。1950 年，Murray 和 Peterson 应用了黑根霉（*Rhizopus nigricans*），一步就在孕酮 11 位上导入了一个羟基，使从孕酮合成皮质酮只需 3 步，并且收率高达 90%，这样才使可的松问世，在临床上大量应用。这样专一性的羟化转化反应研究的成功，引起了微生物学者、有机化学家和药物学家的极大兴趣，开展了大量的微生物对甾体转化研究工作，至今已阐明微生物对甾体每个位置几乎都能进行反应，并且许多是化学难以合成、而动物体内酶也不能转化的。应用微生物转化，具有如下优点。

（1）减少合成步骤、缩短生产周期，如原来从孕酮合成可的松需 30 多步反应，而用微生物法只要 3 步就可完成。

（2）提高收率，减少副反应，如用微生物法一步可将 19-羟基-雄甾-4-烯-3, 17-二酮转化成雌酚酮，得率达 80%以上，而化学方法需三步才能完成，收率仅在 15%～20%。

（3）比较复杂和难以进行的有机化学反应，用微生物转化法往往可非常专一、迅速地完成。

（4）微生物转化的优点是反应具有立体选择性和区域选择性，如羟化反应可专一地在 11 位羟化，α 位或 β 位都可以选择合适的微生物进行。

（5）避免或减少使用强酸、强碱和一些有毒原料，改善操作条件。由于微生物本身所处环境比较温和，因此微生物催化的反应对外部条件要求比较温和，表现为反应的温度、压力等都为常温常压，此外一般传统的有机催化剂需要以贵金属作为催化剂的核心，通过微生物催化的反应可以使很多工业步骤摆脱对贵金属的依赖，降低生产成本的同时也极大地减轻了对环境的压力。

（一）微生物转化甾体的特点

甾体微生物转化和一般的氨基酸与抗生素发酵不同，其转化产物不是微生物的代谢产物，而是利用微生物的酶对甾体底物的某一部位进行特定的化学反应来获得产物。在整个过程中，微生物的生长和甾体的转化可以完全分开。一般先对菌进行培养，然后加入底物，这个底物一般就是前体，菌就产生诱导酶来转化甾体分子。其转化过程可用如下方式表示：

$$\text{底物} \xrightarrow{\text{进入}} \text{菌体细胞} \xrightarrow{\text{分泌}} \text{反应产物}$$

在用微生物转化甾体化合物时，为了获得较多的酶，首先保证菌体良好地生长，但微生物的生长与酶的生产条件不是完全一致的，所以还需了解各种菌产酶的最适条件，并尽可能地诱导产生所需的酶而抑制不需的酶，并同时使用不同碳源的培养基以影响细胞的代谢从而最终使得催化该目标产物的酶在细胞自身得到更高水平的表达，这样在进行催化的步骤中可以因为催化剂在数量上的优势而获得更多的目标产物。当然，如前所述，这里的微生物基于酶催化机制所进行的生物转化可以通过静止态细胞或者生长细胞来完成，具体情况要根据微生物、酶、反应的种类来实际掌控。

（二）微生物转化甾体的重要反应类型

近年来，微生物对甾体转化反应的研究，随着现代生物技术的发展有了新的进展。它不仅仅是提高某一步转化的专一性和收率，或寻找某一转化反应来代替某一个化学上难合成的反应，而是综合应用了酶抑制剂、生化阻断突变株和细胞膜透性的改变等生物技术。微生物几乎对甾体每个位置都能进行转化，其中比较重要位置及反应如下。

（1）羟化。主要发生在甾体 C-9α、C-11α，β、C-16α，β、C-17α、C-19 角甲基和边链上 C-26 位上。

（2）羟基转变为酮基。最常见是 C-3β 或 C-3α 羟基转化成 C-3 位酮基和 C-17α 羟基转化为 C-17 位酮基。

（3）脱氢。多发生在甾体 A 环的 C-1, 2 和 C-4, 5 位之间。

（4）芳香化。芳香化主要发生在甾体 A 环上。

（5）环氧化。环氧化经常发生在 C-9, 11 和 C-14, 15 之间。

（6）酮基还原成羟基。主要是在 C-3、C-17、C-20 位上酮基还原。

（7）双键的氢化。经常发生在甾体 A 环的 C-1, 2 和 C-4, 5 位及 B 环的 C-5, 6 位上双键。

（8）侧链的降解。常在 C-17 或 C-22 位断裂。

（9）异构化。Δ^5-3-酮异构化成Δ^4-3-酮。

（10）水解。多在 C-3 与 C-21 位发生水解。

（三）影响微生物转化的因素

1．物理因素　①搅拌。提高搅拌速度，可以增加溶氧及使基质均匀分散而提高转化率。②通气。能增加氧气的供给。研究表明，溶解氧对酶的反应非常重要。例如，W. H. Hanisch 在用黑根酶对孕甾酮进行 11α-羟化反应时，发现不是所有转化过程都需要一样的溶解氧。而是诱导酶生成时需要溶解氧较低，表达时溶解氧较高。

2．培养基的组成　培养基的组成对菌的生长和转化有很大的影响：①氮源。有机氮（玉米浆、蛋白胨、酵母膏等）和无机氮（氯化铵、硫酸铵、醋酸铵等）。②碳源。葡萄糖、蔗糖、麦芽糖、糊精等糖类。

3．金属离子　有些酶反应需要金属离子参与，而有的金属离子会使酶失活，有的还能引起副反应，但有的能抑制其副反应。例如，简单节杆菌转化胆固醇时，加入 Co^{2+}、Ni^{2+}等金属离子可以抑制胆固醇的降解，而使$\Delta^{1,4}$雄甾二烯-3，17-双酮作为产物积累下来。因为很多的酶催化反应都是由以金属离子为催化核心的蛋白质来完成的，如很多的氧化反应是由含铁的细胞色素 P450 蛋白和含铜的漆酶（laccase）来完成，因此如果培养基中的铁和铜元素发生变化，必然会影响到这两类氧化酶的合成，从而影响到它们所催化的反应。

（四）微生物转化在甾体结构修饰中的应用

1．C_{21} 甾体 11α位羟基化　以薯蓣皂素为原料用化学合成法制造醋酸可的松需多步反应。用微生物转化，在甾体母核 C-11 位上引入α-羟基，大大简化了生产工艺，解决了合成可的松过程中的难题。例如，由薯蓣皂素得到中间体化合物 S（**40**），用霉菌在 C-11 α位上引入羟基，再经乙酰化、氧化得醋酸可的松（**41**）（图 14-14）。此法工艺简便，总收率约 26%。

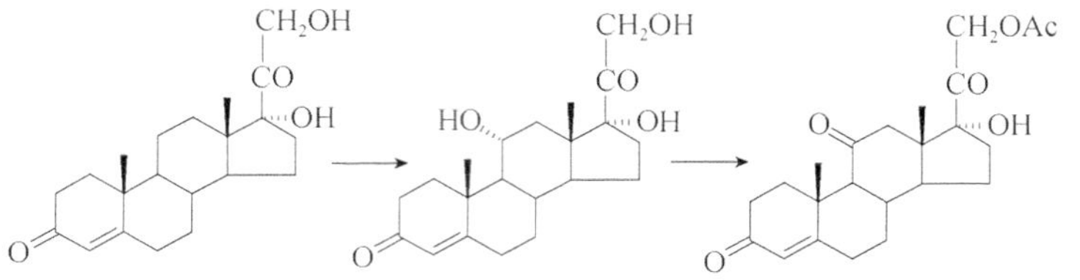

图 14-14　醋酸可的松的合成

2．C_{21} 甾体 11β位羟基化　现国内外均用微生物转化法直接引入 11β-羟基。德国先令公司采用化合物 S 乙酰化物得 3β, 17α, 21-三乙酸酯化合物 S（**42**），经黄杆菌（*Flavobacterium lantus*）水解得 17α-乙酸酯化合物 S（**43**），再经新月弯孢霉（*Curvularia lunata*）转化得 11β-羟基化合物 S-17α-乙酸酯，用甲醇和 NaOH 水解即可得氢化可的松（**44**），产率约 70%（图 14-15）。

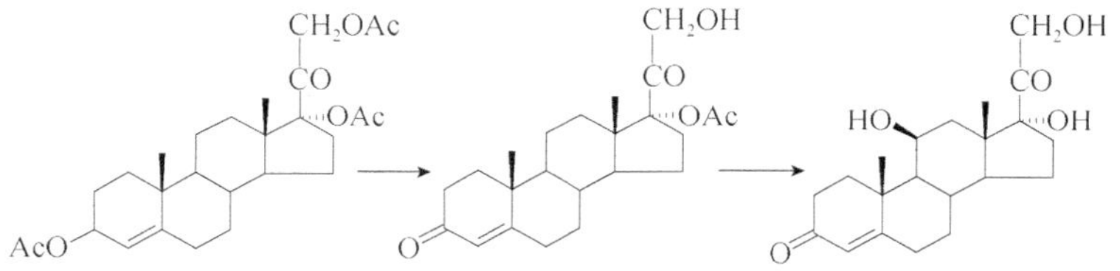

图 14-15　氢化可的松的合成

3．醋酸可的松脱氢　其又称醋酸去氢可的松，常用于治疗肾上腺皮质机能减退症、活动性风湿病、类风湿性关节炎等。醋酸可的松（**41**）用简单节杆菌（*Arthrobacter simplex*）1，2-脱氢得醋酸强的松（**45**），收率可达约 85%（图 14-16）。

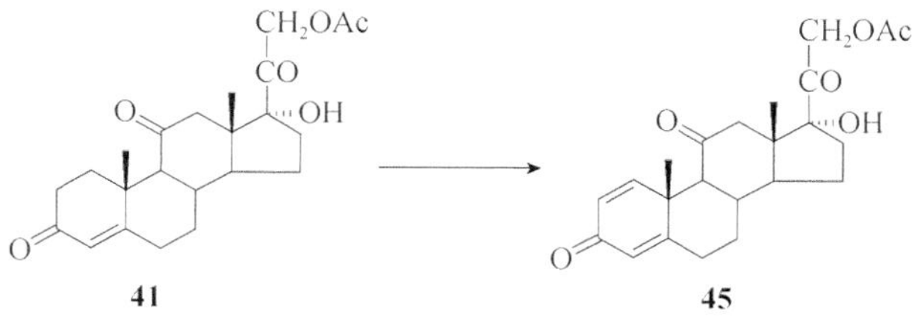

图 14-16　醋酸可的松的微生物脱氢

4．C_{19} 甾体中间体的羟基化　最近，用赭曲霉（*Aspergillus ochraceus*）酶催化羟化底物 18-甲基-17β-羟基腺甾-4-烯-3-酮（**46**），首次得到 15α-羟化的主要产物（**47**），产率为 41.2%，7β-羟化的次要产物（**48**），产率为 16.0%（图 14-17）。前者可用来合成另一类高效口服避孕药Δ^{15}-D-18-甲基炔诺酮。

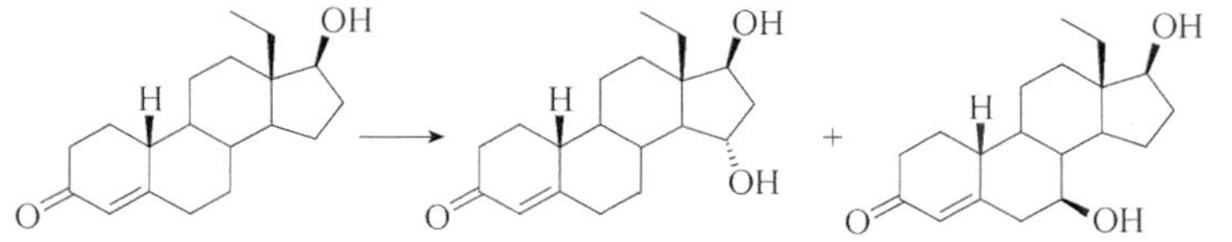

46　　47　　48

图 14-17　赭曲霉酶催化羟化底物（**46**）

5．C_{27} 甾体多羟基化　以薯蓣皂素（**49**）为底物，采用担子菌杂色云芝（*Coriolus versicolor*）为生物催化剂获得了成功转化，产生 7 个代谢物（**50**～**56**），见图 14-18。在甾体骨架 C-21 和 C-15 位上分别引入伯羟基和α-羟基。甾核上 3β-羟基和 B 环双键是生物转化的重要结构特征。

49

50　$R_1=R_2=R_3=H$
51　$R_1=R_3=H$，$R_2=OH$
52　$R_1=OH$，$R_2=R_3=H$
54　$R_1=R_2=OH$，$R_3=H$
56　$R_1=H$，$R_2=R_3=OH$

53　$R_1=H$，$R_2=OH$
55　$R_1=OH$，$R_2=H$

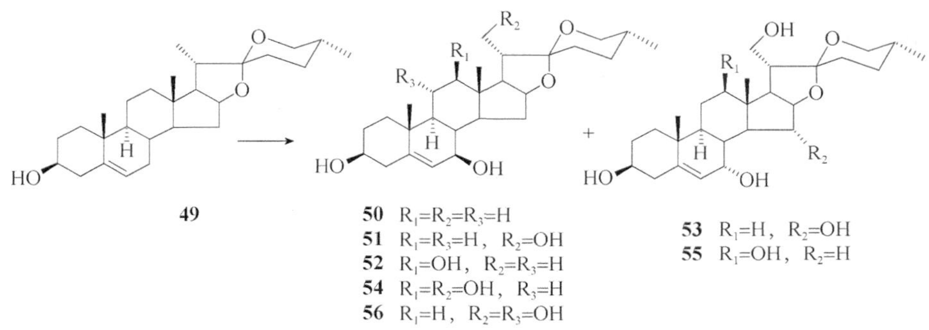

图 14-18　薯蓣皂素的微生物转化

二、生物碱的微生物转化

多数生物碱具有复杂的稠环结构，其氮原子均包含在分子的环内，它的理化性质和生理活性都与其分子的复杂立体构型有关，特别是生理活性对结构要求很严格，涉及光学异构体。因此，用化学方法进行人工合成、改造或修饰都是比较困难的。应用微生物转化来对生物碱化学结构进行修饰、改造是比较理想的。

（一）吗啡类生物碱的结构修饰

可待因（**57**）与吗啡的结构虽然仅在 3 位甲氧基上有区别，但毒性远比吗啡低，而且催化反应的区域专一性有较大的区别。

吗啡和可待因同样用分节孢子杆菌变株 86 的无细胞抽提液进行转化，但前者是 14 位上选择性羟基化；而后者是 6 位上选择性氧化成可待因酮（**58**）（图 14-19）。

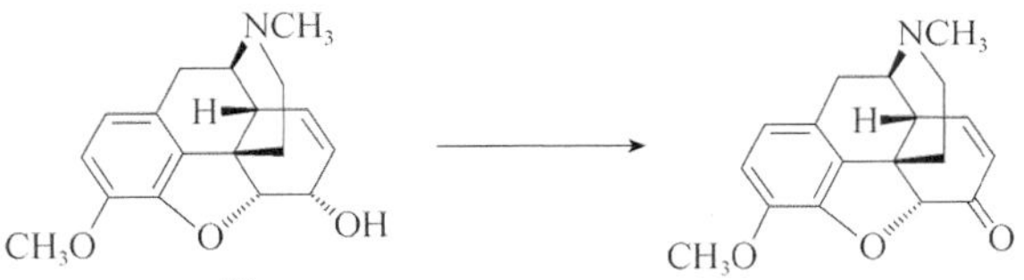

57　　58

图 14-19　可待因的微生物转化

（二）吲哚生物碱的结构修饰

1．喜树碱的羟基化 喜树碱（**59**）临床上对胃癌、直肠癌、结肠癌及肺癌疗效较好，但有相当毒性，表现为白细胞减少、骨髓抑制等。10-羟基喜树碱（**60**）用于治疗肝癌与头颈部肿瘤，副作用比喜树碱要小，可通过微生物转化导入羟基降低毒性（图 14-20）。天然植物中 10-羟基喜树碱的含量只有喜树碱的 1/10。

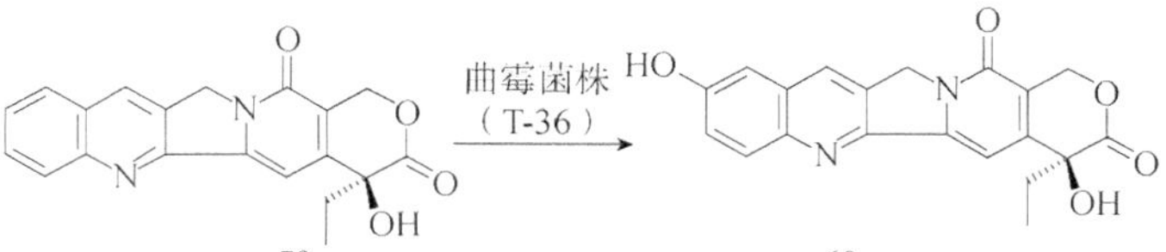

曲霉菌株（T-36）

59 60

图 14-20 喜树碱的微生物转化

2．长春碱的羟基化与环氧化 长春碱（**61**）的硫酸盐可用于治疗绒毛膜癌、淋巴肉瘤等肿瘤，其副作用是严重骨髓抑制、白细胞剧降等。通过不同的链霉菌进行环氧化和羟基化，以减小毒性。其转化部位见图 14-21。

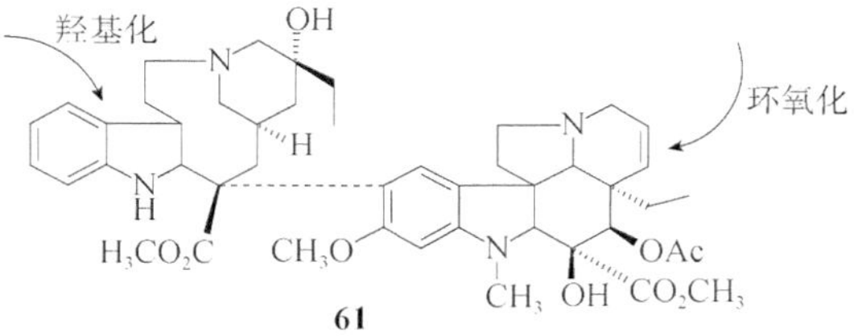

羟基化 环氧化

61

图 14-21 长春碱的微生物转化

（三）甾体生物碱的结构修饰

锥丝碱（conessine，**62**）具有杀原虫、麻醉和抑制胰蛋白酶及胃蛋白酶等作用。临床上用于治疗阿米巴痢疾。盘长孢菌（*Gloeosporium cyclaminis*）对锥丝碱转化时，可在 3 位上氧化，脱去α-甲基胺形成α，β-不饱和酮的衍生物（**63**）（图 14-22）。

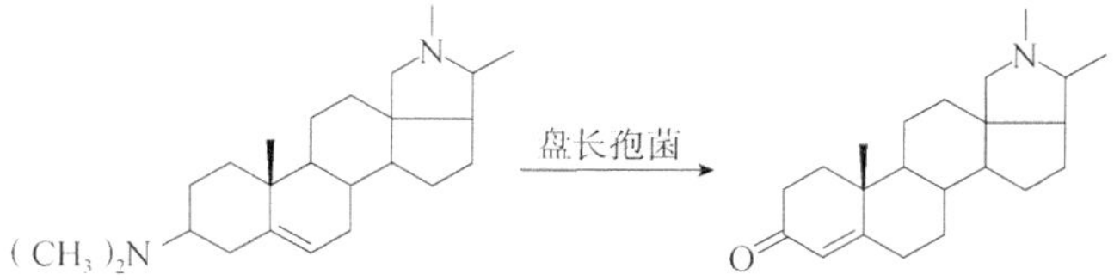

盘长孢菌

62 63

图 14-22 锥丝碱的微生物氧化

三、青蒿素的结构修饰

青蒿素是我国首创的用于治疗恶性疟疾的新药，通过灰色链霉菌（*Streptomyces griseus* ATCC 13273）区域选择性转化后得到羟基化产物（**64**）和酮类化合物 artemisitone-9（**65**），见图 14-23。**65** 对恶性疟原虫 FCC-1/HN 具有良好的杀灭作用，其 IC_{50} 值达到 29.3ng/mL。

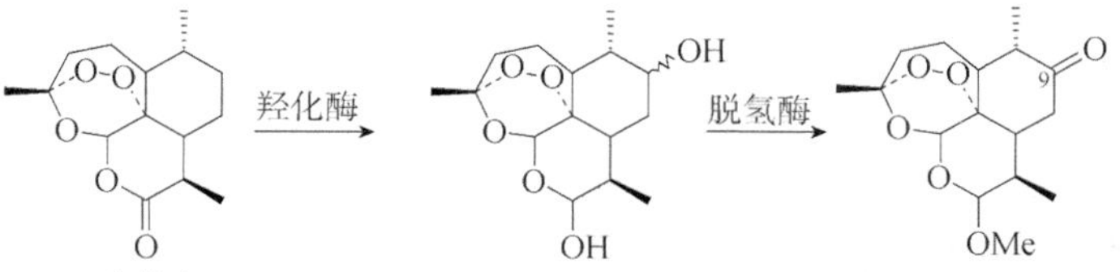

青蒿素 →(羟化酶) **64** →(脱氢酶) **65**

图 14-23　锥丝碱的微生物氧化

总之，还有许多的微生物被广泛应用到天然产物的结构修饰当中，如还原反应中，多种醛类化合物被还原后得到的仲醇都有光学活性，因为引入一个手性中心，这在手性药物合成中非常重要。再如，水解反应也被广泛用于光学活性化合物的拆分。考虑到自 20 世纪 90 年代以来 FDA 在“Thalidomide”事件后对含光学活性中心的药物成分越来越严格的要求（手性选择性不低于 98%），另外，化学合成途径受制于化学催化剂本身单一结构的限制很难给出满意的选择性和转化率，未来复杂药物分子的合成将会越来越多地通过生物合成途径制备，当然这样的结果也符合可持续发展对环境和资源的要求。

习　题

简答题

1. 获取植物次生代谢物有哪些方法？试举例说明。
2. 甾体类化合物的微生物转化有哪些特征？试举例说明。

第十五章　有机合成在植物化学研究中的应用

有机合成就是表现有机化学家非凡创造力的一项工作。人们在了解自然的过程中阐明了很多天然产物的化学结构，通过合成方法来复制这种特定的产物，提供最直接、最严格也是最后的结构证明。同时，合成化学家根据人类活动的需要创造出全新的结构，超过近 2000 万种新化合物的出现带来了大量有生物、物理和化学特性的信息，为大千世界增添了极为丰富的色彩和内容。有机合成被称为改造物质世界的有机合成，通过合成化学家的工作，正如杰出的有机化学家 Woodward 所说的那样，“我们在老的自然界旁边又建立起了一个新的人造自然界，而且后者的种类和数量将远远超过前者。”如今，只要几个月的时间就能合成出 100 万个新化合物。

在有机合成中具有重要生物活性的天然产物全合成特别是不对称合成是近年来有机化学学科中一个极为重要且富有活力的研究领域。天然产物全合成是一门基于有机化学和相关学科发展成就之上的综合学科，天然产物全合成的成功是科学和艺术交融的产物，每项天然产物分子的全合成的研究都是一次科学高峰的攀登。1965 年诺贝尔化学奖获得者 Woodward 和 1990 年诺贝尔化学奖获得者 Corey 正是这一科学高峰攀登中的杰出代表，他们的合成工作是全合成发展史中的里程碑。

整个近代药物可以说大部分发源于天然产物及其半合成品、全合成品或以天然产物为基源的结构改造物，如改造吗啡结构的镇痛药、改造喹宁结构的抗疟药，这些都是熟悉的例子。

第一节　天然产物的全合成

迄今，虽然不少天然产物全合成反应都是立体选择性的。但最后得到的是消旋化合物，都要进行拆分才能获得一个符合天然构型的对映体或手性纯化合物，因此至少要损失 50%的产品，而且其生理活性一般只能达到天然产物的一半，因为往往只有一个对映体有效，而另一个对映体则无效或作用不同，甚至有相反活性。20 世纪 80 年代以来，手性纯化合物的合成一直是有机合成中最热门的领域。由于天然产物分子大多为手性分子，因而获得手性纯的化合物更是天然产物和复杂分子合成中的热点课题。通常获得手性纯化合物的方法有拆分、不对称合成和手性源途径等。它们各有所长，在实际合成中视目标分子和实验条件而异。

一、手性纯天然产物合成

（一）不对称合成

不对称合成（asymmetric synthesis）可由一个手性试剂使无手性或潜手性单元生成不等量的对映体产物，也可由一个手性单元与一个普通的试剂获得有择向的反应产物，或者反应物和试剂均为手性物之间的择向反应。例如，石杉碱甲的不对称全合成如下。

1995 年，我国报道了部分光学活性石杉碱甲（**1**）的不对称合成路线。以 4-氧-1, 7-庚二酸二甲酯（**2**）为起始原料，在四氯化钛催化下和吡咯烷反应形成烯（**3**），**3** 未经纯化直接与丙炔酰胺反应得到吡啶酮（**4**）。**4** 再经保护和分子内 Dieckmann 缩合反应得到β-酮酯（**6**）。在 10mol%手性碱奎宁催化下，**6** 与甲基丙烯醛进行不对称 Michael-aldol 反应，得到桥环产物 **7**，生成甲磺酸酯后再消去甲磺酸酯而得到化合物 **8**。用手性位移试剂 Eu(hfc)$_3$ 经 ^{1}H NMR 测得其 ee 值为 51%，再经二氯甲烷/正己烷重结晶得到 65%ee 的 **8**。从 65%ee 的 **8** 出发完成了部分光学活性石杉碱甲的全合成（图 15-1）。

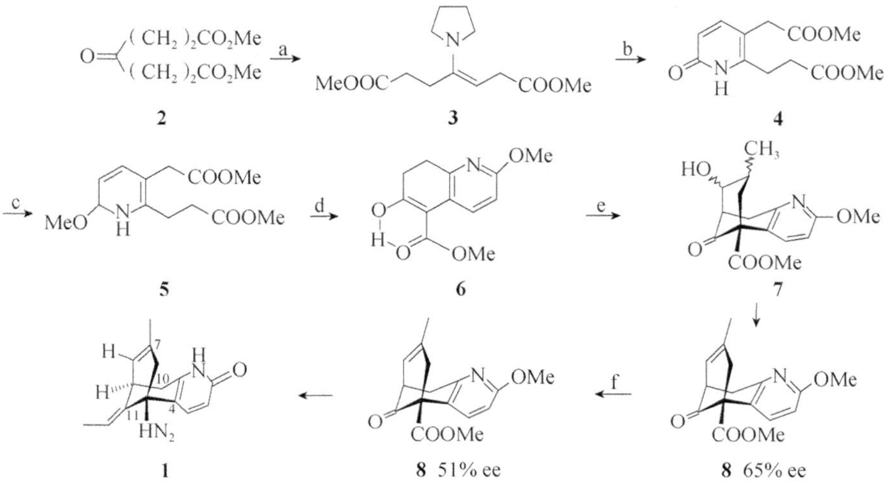

图 15-1 石杉碱甲的不对称合成路线

试剂与反应条件：a. 四氢吡咯，TiCl$_4$，苯，室温；b. 丙烯酰胺，THF，回流（41%）；c. Ag$_2$CO$_3$，MeI，THF，苯，30～35℃（91%）；d. NaH，THF，室温，（95.5%）；e. 10mol%（−)-奎宁，异丁烯醛，CCl$_4$，室温，（90%）；f. CH$_2$Cl$_2$/环己烷重结晶

（二）手性源途径

手性源途径（chiron approach）是指利用天然手性化合物作为原料，然后再改造并合成为目标分子的方法与途径。其优点是缩短了反应路线，降低了成本，对综合利用天然资源有重要价值。

1．（1*R*）-顺-二溴菊酸的不对称合成 近年来菊酸不对称合成领域取得了一些进展，分两个方面：一是利用天然手性试剂、酶和微生物等生物试剂拆分外消旋菊酸；二是以天然产物为手性源，进行立体有择合成，制备高光学纯度的菊酸。例如，以天然手性试剂（+)-蒈烯（**10**）为起始原料合成（1*R*)-顺-二溴菊酸（**9**）的路线见图 15-2。

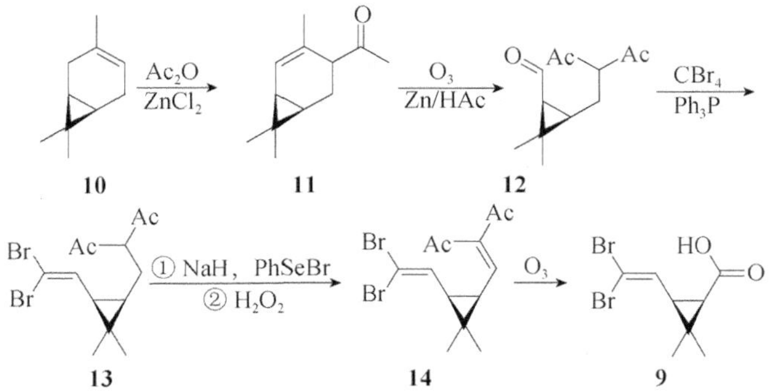

图 15-2 菊酸的不对称合成

2．紫杉醇的全合成 1994 年人工全合成了抗癌药物紫杉醇（taxol，**15**，即第九章 **103**）。美国加州圣地亚哥大学 Nicolaou 小组和美国佛罗里达大学 Holton 小组分别以独立的路线实

现了紫杉醇的化学全合成。

Holton 小组以线性路线从（−）-樟脑（**16**）出发，所得β-绿叶烯氧化物衍生的［3, 3, 0］环系化合物 **17**，经巧妙裂解首次建造了 A/B 环片段 **18**（含完整的同手性 A 环和所有甲基及 B 环上有进一步改造的功能基），与 4-戊烯醛在二异丙基酰胺镁存在下按非对映选择性醛醇缩合反应引入了 C-7 位立体中心和C 环的 3 个原子C -5、C -6、C -7。作为中间体 **19** 的保护基环状碳酸酯通过不寻常的 Chan 重排提供 C 环 C-4，继而经几步反应后用 $S_{m}I_2$ 脱 C-3 位氧，再经还原和异构化成反式产物，所得 C-1/C-2 二醇用 $COCl_2$ 定量保护以便通过 PhLi 选择性加成裂环制备 C-2 位苯甲酸酯，然后氧化末端烯得酯 **20**，再用 Dieckmann 缩合环化产生 C 环，在二氯甲烷中借格氏试剂（MeMgBr）加成和经 Burgess 试剂消除转化成环外次甲基化合物 **21**。二羟基化生成 D 环前体，然后按 Potier 和 Danishefsky 方法加上 D 环，接着叔羟基乙酰化。最后，在 B 环 C-9 位用苯硒乙酸酐氧化得到 7-BOM-baccation Ⅲ，然后用 TASF 脱 C-13 位保护基，再与β-内酰胺反应，可得到紫杉醇（图 15-3）。

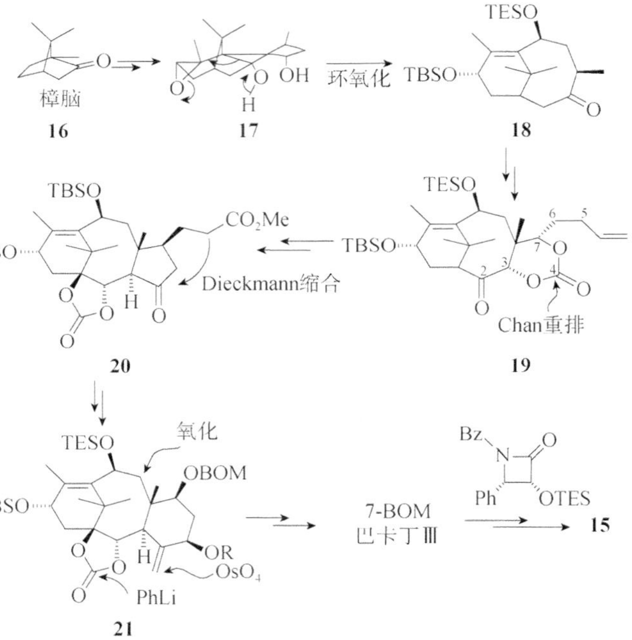

图 15-3　Holton 紫杉醇的线性路径

研究发现，合成的紫杉醇活性没有天然紫杉醇强，但对于寻找发现比紫杉醇毒性更小、抗癌作用更强的类似物提供了有价值的借鉴。

第二节　天然产物的半合成

天然产物的半合成则是以天然产物为母体，经结构改造或修饰可以得到目标分子及其类似物，更重要的是在半合成中保持了原构型，如紫杉醇、青蒿素、OSW-1、arglabin 等的半合成。

一、紫杉醇的半合成

紫杉醇（**15**）半合成是以红豆杉属植物中含量较高的 10-去乙酰巴卡丁Ⅲ（**22**）或巴卡丁Ⅲ

（**23**）为原料，通过中间体 24 与酰胺 25 反应生成酰胺 26，进而脱保护得到目标物（图 15-4）。

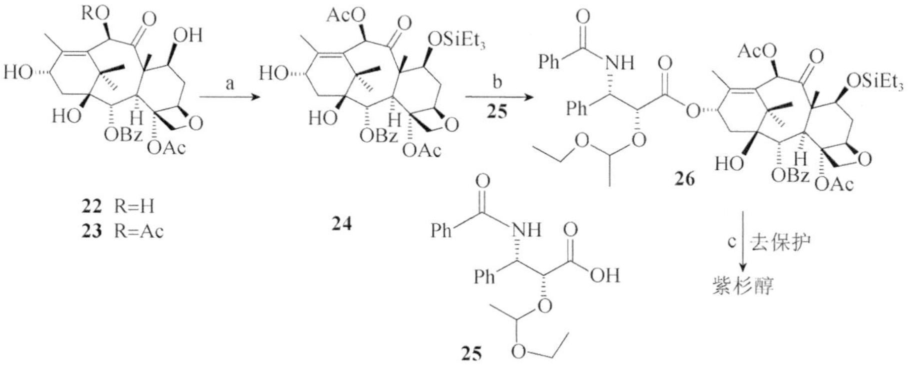

图 15-4　紫杉醇的半合成

试剂与反应条件：a. Et_3SiCl，吡啶，73℃，84%～86%，然后使用 AcCl，吡啶，0℃，86%；b. 碳酸二（2-吡啶）酯，DMAP，甲苯，73℃，100h，80%；c. 0.5% HCl-乙醇，0℃，30h，89%

二、甾体皂苷的合成

正如本书第十一章所提到的，从观赏性植物虎眼万年青中分离得到的一个酰化的二糖胆甾烷皂苷 OSW-1（**27**），对人的正常细胞几乎没有毒性，而对恶性肿瘤细胞具有强烈的抑制作用，其半合成是从薯蓣皂素衍生的关键中间体 **28** 出发实现了 OSW-1 的简捷合成（图 15-5）。

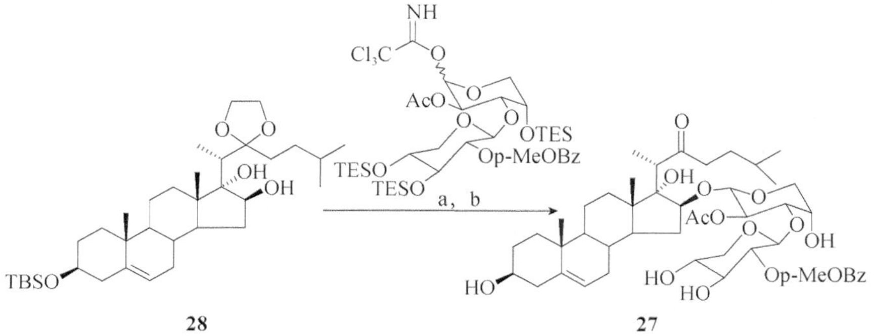

图 15-5　OSW-1 的合成

试剂与反应条件：a. TMSOTf，4AMS，CH_2Cl_2，−20℃，45min，69%；b. Pd（CN）$_2Cl_2$，MeCOMe-H_2O（20∶1），79%

三、青蒿素的半合成

青蒿素（**29**）是一种具有过氧键的倍半萜内酯抗疟活性成分。以黄花蒿植物中的生物合成的前体青蒿酸（artemisinic acid，**30**）为原料经光敏化关键反应得到过氧化物（**31**），**31** 在酸性条件下重排实现了半合成，见图 15-6。实际上，该半合成也属于仿生合成。

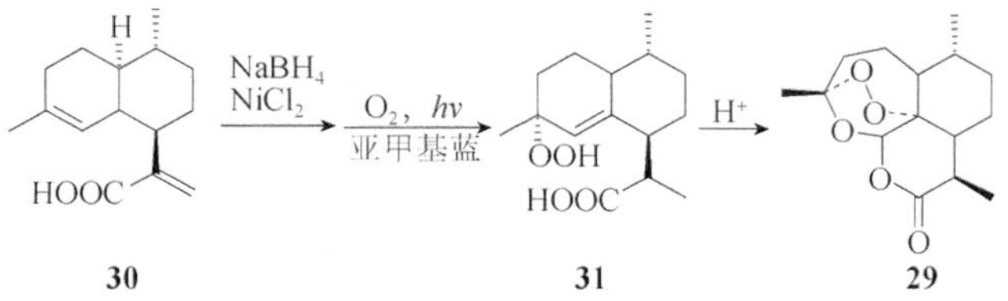

图 15-6　青蒿素的半合成

四、arglabin 的半合成

arglabin（**32**）是艾属植物中分离得到的愈创木烷型倍半萜内酯，具抗肿瘤活性，目前已用于临床试验。以小白菊内酯（parthenolide，**33**）为原料，经环化生成 **34**，然后用过氧酸处理得到环氧物 **35**，最后通过消除反应可高效获得 arglabin（图 15-7）。

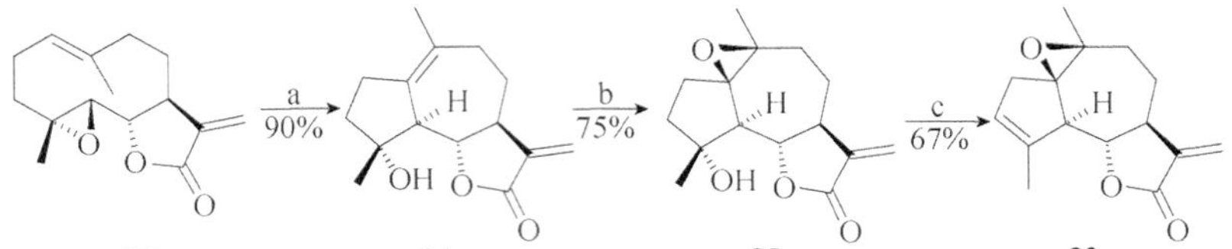

图 15-7 arglabin 的半合成

试剂与反应条件：a. p-TSA，CH_2Cl_2，rt；b. *m*-CPBA；c. Martin's sulfurane，CH_2Cl_2，rt

第三节 天然活性成分结构改造及构效关系

从传统中药和天然产物中寻找新的活性成分或先导化合物，并按其结构进行人工合成或结构简化、改造、修饰或优化，进一步发现具有新型结构及特殊药理作用的化合物，一直是发展创制新药的一个重要方向。众所周知，目前临床所用的药物有很多为天然产物及其衍生物或类似物，如紫杉醇、青蒿素、蒿甲醚等。因而天然产物仍然是发掘新药的重要源泉。目前，从天然产物中寻找抗肿瘤、抗艾滋病、抗病毒、抗哮喘、抗血栓等药物是新药研究的热门课题。

从天然药物或中药中筛选追踪得到活性化合物只是创新药物研究的前期阶段。即使一些天然活性化合物本身可以开发成为新药，但从成功分离、确定结构到真正开发成功也还要走很长一段路。更何况不少天然活性化合物因为存在某些缺陷，如药效不理想；或存在一些毒副作用；或因含量太低，难以从天然材料中取材；或因结构过于复杂，合成也十分困难，所以往往本身并无直接开发利用前途，只能以它们为先导化合物，在经过一系列的化学修饰或结构改造后，对得到的衍生物进行定量构-效关系（QSAR）的比较研究，才有可能发现比较理想的活性化合物，并开发成为新药上市。

一、以石杉碱甲的结构改造及构效关系研究为例说明

石杉碱甲（Hup A，**36**）作为可逆的乙酰胆碱酯酶（AchE）抑制剂，由于它的高效、专一性，人们对它进行了大量的结构改造工作，主要包括下列两个方面。

（1）保留石杉碱甲基本骨架的结构改造：①石杉碱甲吡啶酮环的结构改造；②石杉碱甲脂桥环的结构改造；③石杉碱甲环外双键的结构改造；④石杉碱甲桥头氨基的结构改造；⑤石杉碱甲 C-10 的结构改造。

（2）石杉碱甲结构简化的类似物合成。合成的结构简单的单环、双环石杉碱甲类似物几乎没有活性，这说明不饱和的三碳桥环对 AChE 形成的静电场对其活性有很大影响。

通过对石杉碱甲构效关系（SAR）的了解，来寻找体内和体外（IC_{50} 0.07μmol/L，大鼠脑 AChE）活性比 Hup A 更好、且更易合成的 AChE 抑制剂。根据有关的模型研究，导出的定性 SARs 结果如下。

为了归纳石杉碱甲的有效基团因素，研究了氨甲基取代吡啶酮（**37**）的构象的柔韧性，发现该类化合物均无活性（IC_{50}＞100μmol/L，大鼠脑 AChE），从而得出这样的结论：由 **36** 的稠合环系统造成的构象限制或是其他两个环的空间或（和）疏水性质，都会对 AChE 抑制作用产生重要的影响。

为了研究三碳桥、桥环双键和甲基对活性的作用，合成了更多的类似物。**36** 与乙酰胆碱（Ach）的重叠显示，**36** 中的三碳桥可能对于活性并不是必需的。然而，从 **38** 中 Hup A 类似物的活性（IC_{50}≥100μmol/L，大鼠脑 AChE）可以发现：三碳桥对于 AChE 活性是必需的。此结果显示 ACh 与 **36** 在和酶活性位点结合时采用不同的模式。为了考察$\Delta^{7(8)}$双键对活性的作用，合成了不含$\Delta^{7(8)}$双键的 Hup A（**39**）的两个类似物，在这两个类似物中，C-7 甲基呈直立的或平伏键位置。发现这两个类似物显示强的 AChE 活性，平伏键甲基（IC_{50}＝0.9μmol/L）＞直立键甲基（IC_{50}＝1.6μmol/L），但两者活性都明显比 Hup A 的活性低。为了解释此结果，制作了平伏和直立键甲基取代的两个 Hup A 类似物的空间模型。结果发现，平伏键甲基类似物比直立键甲基类似物与 **36** 的形状更接近。与 **36** 相比，这两个类似物与酶的低亲和性归结于通过在三碳桥上的静电势的差异。

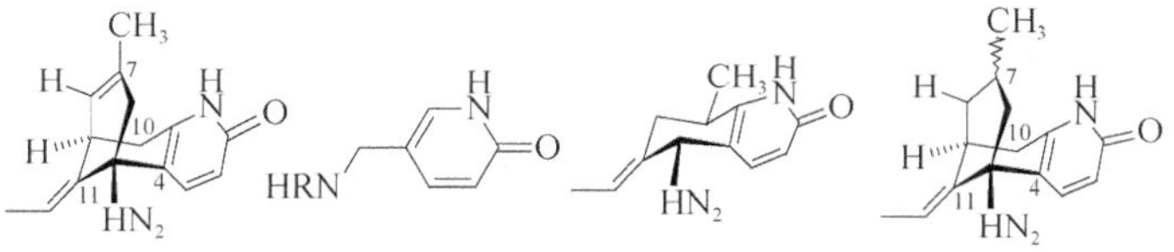

36 **37** **38** **39**

其他的定性 SAR 数据显示，用苯基取代 C-7 位甲基导致无活性，这被解释为在三碳桥上已几乎无可供取代的空间。以吡啶酮环转换为苯环则导致活性丧失，表明吡啶酮部分能同 AChE 形成氢键。用甲基和亚丙基来取代 C-11 的亚乙基都导致活性降低—— 前者是由于缺乏范德瓦尔斯力相互作用，而后者是由于取代基体积的大小和酶发生作用所致。用 NMe_2 或 CH_2NH_2 取代 NH_2 引起活性消失，这和将吡啶酮转化成甲氧基吡啶所得结果一致。所有这些类似物都是用大鼠脑来测定其 AChE 抑制作用，并且都显示活性 IC_{50}＞7μmol/L。

用嘧啶酮环来取代 **36** 中的吡啶酮环产生的活性比母体 **36** 差（IC_{50}＞10μmol/L）。对于嘧啶酮来说，所增加的氮原子的静电势对活性产生不利影响。

从 SAR 可以得出，**36** 类似物同酶相互作用时的疏水性与氢键是保持其活性的重要因素，而且，可离子化氮原子对于活性也是必需的。

从石杉碱甲的结构改造、修饰及结构简化类似物活性均低于（−）-Hup A 本身来推断，似乎 **36** 分子的各个结构部分都是与 AchE 活性中心相互作用所必需的。

二、紫杉醇的结构改造及构效关系

紫杉醇（**15**）的抗癌作用是通过与微管受体之间的相互作用，促进微管蛋白装配成稳定的微管，继而抑制癌细胞内的微管解聚。这种独特抗癌机制作用与 **15** 的化学结构密切相关，图 15-8 是 **15** 结构中字母 A～K 代表可修饰或结构改造部位。拟将确认的 **15** 构效关系讨论如下。

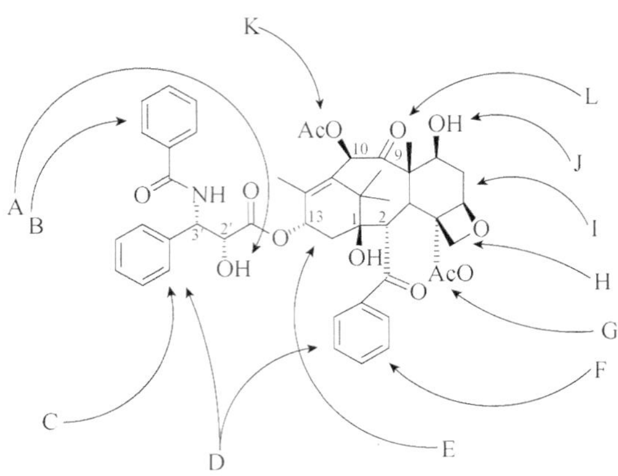

图 15-8　紫杉醇结构的修饰或改造部位

1．C-13 侧链改造的影响　C-13 侧链对保持紫杉醇生物活性是必需的，失去侧链可使抗癌活性几乎完全消失。但侧链本身允许进行一定的改造。

（1）C-2′位羟基是维持最大生物活性的必需基团，去掉或修饰 C-2′羟基可降低活性，C-2′位酰化后对体外活性较差，尤其失去促微管稳定作用显著，但仍能保存其细胞毒性。C-2′位酰化后对体内活性影响却不大，说明酰化产物在体内酶解成紫杉醇。故 C-2′位的修饰是寻找紫杉醇水溶性类似物或前药（prodrug）的一种可能途径。例如，C-2′位可形成带有亲水性易离去基团（季铵盐、羧酸及其盐、苯磺酸及其盐等）的酯衍生物，其生物活性相当于甚至大于紫杉醇。

（2）C-3′位 *N*-酰基是活性必需的，有些基团可使活性提高，酰胺上苯基可以被其他芳基或烷氧基取代。例如，用叔丁氧基取代苯基，所形成的 taxotere 活性比紫杉醇强。

（3）C-3′位苯基或环己基等疏水性基团对活性保持是必需的。例如，用—CH_3 取代，则活性降低 19 倍；C-3′所连的氮可被氧取代，其活性损失不明显；有些芳香基团可使活性提高。

（4）C-2′和 C-3′位极性取代基对活性产生影响，如果除去其中之一，对活性影响极小；但要同时脱掉两个或其交换位置，则使活性分别降低 16 和 9～10 倍。

（5）C-2′和 C-3′位的立体构型与活性有关。（2′*S*，3′*R*）异构体比天然（2′R，3′S）的弱，但（2′*S*，3′*S*）和（2′*R*，3′*R*）异构体与天然的活性类似。

2．其他侧链改造的影响　C-2 位芳基的存在可保持活性，一般苯环上取代基种类和相对位置对活性影响很大。例如，取代基—N_3、—CN、—OCH_3、—Cl 等，在间位时活性增大，而在对位时活性降低；如果都在间位时则活性次序为—N_3＞—OCH_3＞—Cl＞—CN；含氯系列衍生物的活性次序是间位＞邻位＞对位。如果脱去 C-2 位苯甲酰氧基，则活性大大下降甚至完全丧失。此外，C-2 构型改变可使活性降低。

C-4 位乙酰氧基对活性非常重要。例如，用氢取代或去乙酰基均使活性降低；苯甲酰化后活性降低 171 倍，而环丙甲酰化后可增加活性。

C-9 位羰基还原成α-羟基使活性略为增加。

C-7 和（或）C-10 位的结构修饰对活性几乎不产生影响，说明 C-7 和 C-10 位上官能团与受体结合无关。C-7 位羟基差向异构化、酰化或脱氧及 C-10 位去乙酰基或乙酰氧基后，基本上仍能保留母体相同的细胞毒性。例如，taxotere 为 10-去乙酰紫杉醇，其活性未改变。

与 C-2′位一样，C-7 位也能改造成紫杉醇水溶性前药。

3．碳骨架改造的影响 完整的紫杉烷 A/B/C 三环二萜骨架是抗癌活性所必需的。例如，含有 C-13 紫杉醇型侧链，且结构简化的紫杉烷和重排的 A 环紫杉烷类似物均有抑制微管解聚之活性，但 A 环缩小却能够降低细胞毒性。C 环缩小成五元环则使活性减弱。

此外，环氧丙烷环对保持活性是必不可少的，环打开致使抗微管解聚活性降低 20 多倍，使对 KB 细胞之毒性几乎完全丧失。

紫杉醇溶液构象对其与受体的结合也是重要的，并对紫杉醇作用机制会有贡献。D 区所指基团间疏水性相互作用可能与活性有关。

值得提及的是，不同试验方法可能得出有差异的定量生理数据，有关紫杉醇的相对值对活性比较是最有用的。现已完全确立了细胞毒性与抗微管解聚活性间的相互关系，且此关系的趋势往往是平行的，只有少数例外。

在此所讨论的紫杉醇构效关系，并不是其全部内容，因为配体-受体在结合过程中要受分子构象、叠合方式、立体场和静电场、代谢速率及生物利用度等多种因素影响，但已揭示了那些部位与受体微管之间存在相互作用，这对设计和合成新型紫杉醇类似物及筛选药效团有重要的指导意义。

三、1-*O*-乙酰基大花旋覆花内酯的结构改造及构效关系

1-*O*-乙酰基大花旋覆花内酯（1-*O*-acetylbritannilactone，ABL，**40**）是从菊科旋覆花属植物中提取分离得到的一个倍半萜类天然产物，具有潜在的抗癌活性。ABL 结构中可能的药理活性位置有两个：一个是 α,β-不饱和五元内酯环，这个五元内酯结构含有一个活泼的环外双键，易与细胞中某些化学基团（如半胱氨酸、DNA 碱基中氨基等）进行加成反应，使细胞内环境发生改变导致细胞死亡；另一个是 6 位羟基，研究发现 6 位羟基乙酰化后的产物 1, 6-*O*, *O*-二乙酰基大花旋覆花内酯（OABL，**41**）具有更高的抗癌活性，对癌细胞 HL-60 和 MCF-7 增殖的抑制能力提高了 10 倍。基于此，采用多样性合成策略，对包括 α，β-不饱和五元内酯环和 6 位羟基在内的其他位点进行了合成，见图 15-9，初步的体外抗肿瘤构效关系如下。

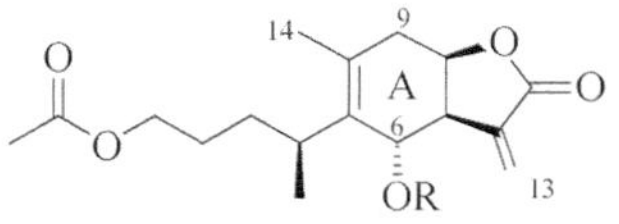

40 R=H IC$_{50}$ > 30 μmol/L for HCT116、HeLa、SGC-7901
41 R=Ac IC$_{50}$：10.5~16.8 μmol/L
42 R=n-$C_{12}H_{25}$ IC$_{50}$：2.91 μmol/L

图 15-9 1-*O*-乙酰基大花旋覆花内酯结构的改造

（1）6-羟基酯化衍生物有显著提高的活性，其中当酯基饱和脂肪链数为 12 个碳时（即化合物 **42**），对人结肠癌 HCT116 细胞的 IC$_{50}$ 值最小，为 2.91μmol/L，活性接近于抗癌药物依托泊苷（IC$_{50}$ 2.13μmol/L）；当酯基为芳香环并无取代基时，对人宫颈癌 HeLa 细胞活性最好，活性接近于依托泊苷和 5 氟尿嘧啶；而 6 羟基的氧化和甲醚化衍生物活性变化不明显。

（2）C-13 亚甲基的偶联和 Michael 加成产物降低了细胞毒活性，揭示出 C-13 亚甲基是其活性药效团，应保留。

（3）A 环的修饰，C-9 位接入三唑衍生物后提高了水溶性，但降低了活性；而 C-14 位杂原子的引入可提高水溶性并显著增强活性，表现出了潜在的可修饰性。

第四节　天然活性成分的仿生合成

仿生合成（biomimetic synthesis）就是要充分发挥人的主观能动性，猜想并模仿自然界中应用某反应或某途径通过某前体来合成某类物质的过程，按化学反应的原理，在非酶等非生理的温和条件下，应用此前体，模拟设计自然界中生成此类物质的反应，高产率、高选择性地实现此类物质的化学合成，称为仿生合成，也即模拟生物合成（包括得到仿生前体和设计仿生反应）。运用仿生的观点去作分析，寻找最佳的方法去得到最需要的化合物。具体实例如下。

一、高虎皮楠甲酯碱类似物的仿生合成

虎皮楠（*Daphniphyllum macropodum*）的树皮和树叶在东方国家一直用作民间药物来治疗哮喘。高虎皮楠甲酯碱（methyl homo daphniphyllate，**43**）是主要成分。该化合物含有 5 个环，8 个手性碳。其全合成相当复杂，需要很多反应且收率低。美国加州大学的 Heathcock 运用仿生合成的观点去分析，发现它的结构骨架与鲨烯（**44**）的骨架存在相似性（图 15-10），试验成功一个 **43** 的类似物（**46**），一步形成 5 个环和 7 个键，并且是立体高度选择性的，反应条件温和，只使用普通的试剂，产率就达 65%（图 15-11）。

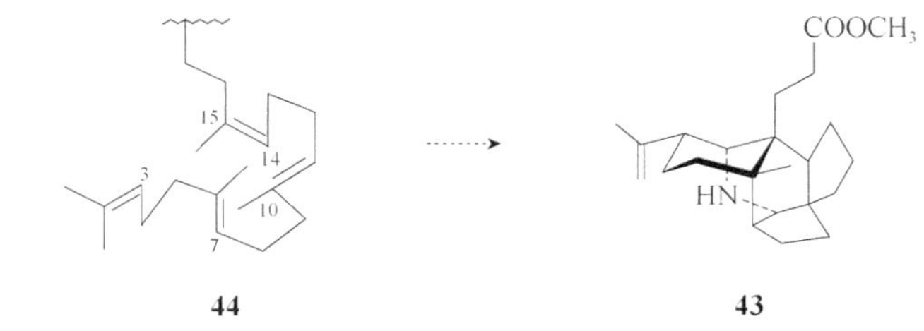

图 15-10　高虎皮楠甲酯碱类似物的生源途径

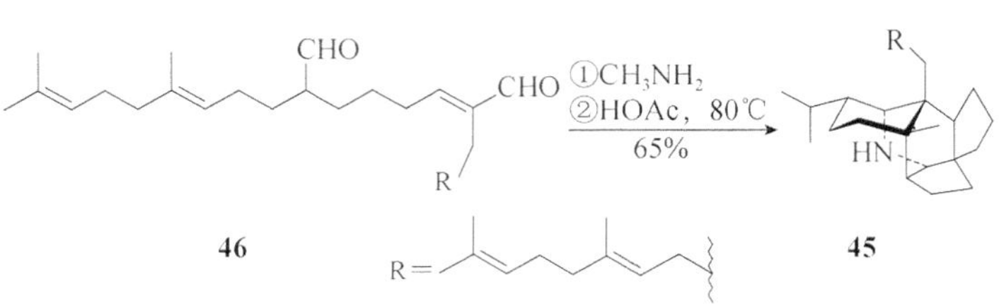

图 15-11　高虎皮楠甲酯碱类似物的仿生合成

二、巨桉醛的仿生合成

巨桉醛（grandinal，**47**）是从桃金娘科桉属植物巨桉（*Eucalyptus grandis*）中获得的，属于间苯三酚类化合物，对蓝色贝类具有抑制黏附作用，对金黄色葡萄球菌和枯草芽孢杆菌显示出抗微生物活性。从生源上看，该化合物是由 jensenone 衍生物（**48**）和巨桉醇（grandinol，**51**）氧化生物邻醌亚甲基（**52**）的 Diels-Alder 环加成反应形成的，见图 15-12。

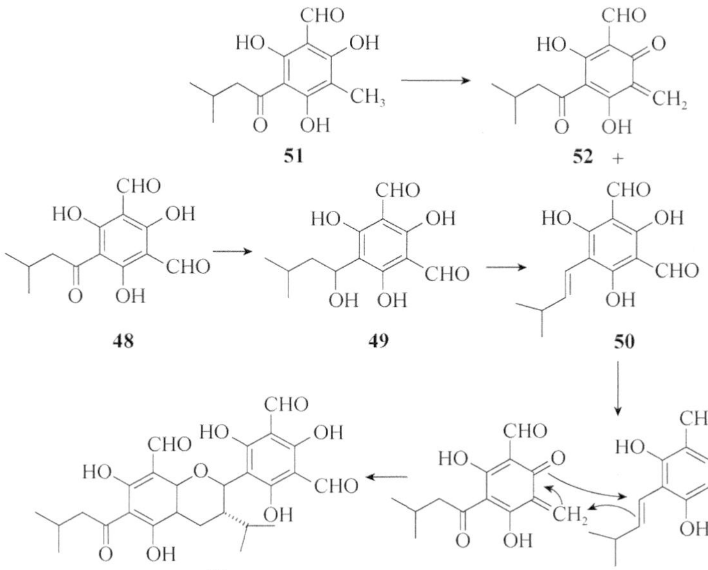

图 15-12　化合物巨桉醛可能的生源途径

根据生源途径，通过化合物 **50** 和 **52** 的仿生环加成作用[4+2]，生成 **53**，实现了巨桉醛的全合成（图 15-13）。

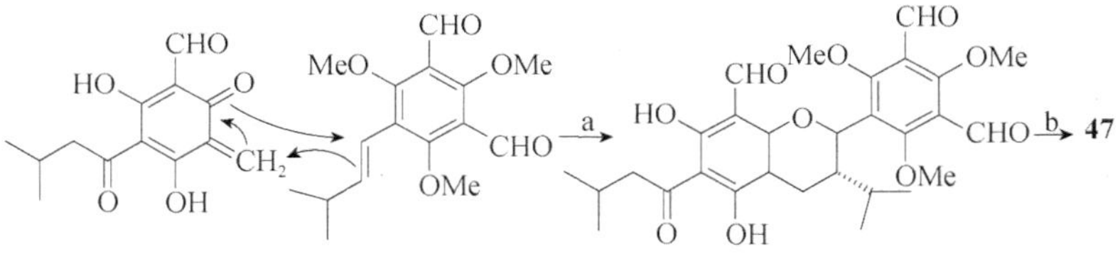

图 15-13　化合物巨桉醛合成的关键反应

试剂与反应条件：a．DDQ，CH_3NO_2，3 天，14%；b．$BBr_3S(CH_3)_2$，1, 2-二氯乙烷，20h，55%

习　题

简答题

1．在天然产物全合成中手性控制的方法主要有哪些?

2．以天然产物为药物先导化合物进行先导优化发现新的药物时，有哪些方法？试举例说明。

3．什么是仿生合成？举例说明。

参 考 文 献

高锦明．2012．植物化学．2 版．北京：科学出版社．

娄红祥．2006．苔藓植物化学与生物学．北京：科学技术出版社．

师彦平．2008．单萜和倍半萜化学．北京：化学工业出版社．

孙汉董，黎胜红．2012．二萜化学．北京：化学工业出版社．

孙汉董．2016．中国植物化学与天然药物研发．中国战略新兴产业，（17）：96

谭仁祥．2002．植物成分分析．北京：科学出版社．

屠呦呦．2009．青蒿及青蒿素类药物．北京：化学工业出版社．

王锋鹏．2008．生物碱化学．北京：化学工业出版社．

王锋鹏．2009．现代天然产物化学．北京：科学出版社．

徐任生．2004．天然产物化学．北京：科学出版社．

姚新生．2002．天然药物化学．3 版．北京：人民卫生出版社．

叶阳．2008．2006 年我国天然药物化学研究进展．中国天然药物，61：70-78．

张卫明，肖正春，史劲松．2008．中国植物胶资源开发研究与利用．南京：东南大学出版社．

周俊，谭宁华．1999．中国植物化学的回顾与展望．化学通报，（12）：21-24．

周维善，庄治平．2002．甾体化学进展．北京：科学出版社．

Bautista E, Fragoso-Serrano M, Pereda-Miranda R. 2015. Jalapinoside, a macrocyclic bisdesmoside from the resin glycosides of Ipomea purga, as a modulator of multidrug resistance in human cancer cells. J Nat Prod, 78(1): 168-175.

Bifulco G, Dambruoso P, Gomez-Paloma L, et al. 2007. Determination of relative configuration in organic compounds by NMR spectroscopy and computational methods. Chem Rev, 38(50): 3744-3749.

Bolton JL. 2014. Quinone methide bioactivation pathway: contribution to toxicity and/or cytoprotection?Curr Org Chem, 18(18): 61-69.

Cantrell CL, Dayan FE, Duke SO. 2012. Natural products as sources for new pesticides. J Nat Prod, 75(6): 1231-1242.

Chen LX, He H, Qiu F. 2011. Natural withanolides: an overview. Nat Prod Rep, 28(4): 705.

Christensen LP. 2008. Chapter 1 ginsenosides: chemistry, biosynthesis, analysis, and potential health effects. Adv Food Nutr Res, 55(55): 1-99.

Ciochina R, Grossman RB. 2006. Polycyclic Polyprenylated Acylphloroglucinols. Chem Rev, 106(9): 3963-3986.

Corona-Castañeda B, Rosas-Ramírez D, Castañeda-Gómez J, et al. 2016. Resin glycosides from *Ipomoea* wolcottiana as modulators of the multidrug resistance phenotype *in vitro*. Phytochemistry, 123: 48-57.

Corsello MA, Garg NK. 2015. Synthetic chemistry fuels interdisciplinary approaches to the production of artemisinin. Nat Prod Rep, 32: 359-366.

de Saint Germain A, Bonhomme S, Boyer FD, et al. 2013. Novel insights into strigolactone distribution and signalling. Curv Opin Plaut Biol, 16: 583-589.

Dewick PM. 2009. Medicinal Natural Products: A Biosynthetic Approach, 3rd ed. New York: John Wiley & Sons.

Dinda B, Debnath S, Banik R. 2011. Naturally occurring iridoids and secoiridoids. an updated review, part 4. Chem Pharm Bull (Tokyo), 59(7): 803-833.

Ding Y, Ding C, Ye N, et al. 2016. Discovery and development of natural product oridonin-inspired anticancer agents. Eur J Med Chem, 21(122): 102-117.

Dong S, Tang JJ, Zhang CC, et al. 2014. Semisynthesis and *in vitro* cytotoxic evaluation of new analogues of 1-O-acetylbritannilactone, a sesquiterpene from *Inula britannica*. Eur J Med Chem, 80: 71.

El-Seedi HR, El-Ghorab DM, El-Barbary MA, et al. 2009. Naturally occurring xanthones; latest investigations: isolation, structure elucidation and chemosystematic significance. Curr Med Chem, 16(20): 2581-2626.

Fang X, Di YT, Zhang Y, et al. 2015. Unprecedented quassinoids with promising biological activity from *Harrisonia perforata*. Angew Chem Int Ed Engl, 54(19): 5592-5595.

Fu G, Pang H, Wong YH. 2008. Naturally occurring phenylethanoid glycosides: potential leads for new therapeutics. Curr Med Chem, 15(25): 2592-2613.

Gao JM, Qin JC, Pescitelli G, et al. 2010. Structure and absolute configuration of toxic polyketide pigments from the fruiting bodies of the fungus *Cortinarius rufo-olivaceus*. Org Biomol Chem, 8: 3543.

Gao JM, Wu WJ, Zhang JW, et al. 2007. The dihydro-beta-agarofuran sesquiterpenoids. Nat Prod Rep, 24: 1153-1189.

Geris R, Simpson TJ. 2009. Meroterpenoids produced by fungi. Nat Prod Rep, 26: 1063.

Gessler NN, Egorova AS, Belozerskaya TA. 2013. Fungal anthraquinones. Applied Biochemistry and Microbiology, 49 (2): 85-99.

Glotter E. 1991. Withanolides and related ergostane-type steroids. Nat Prod Rep, 8(4): 415-440.

Gomez-Roldan V, Fermas S, Brewer PB, et al. 2008.. Strigolactone inhibition of shoot branching. Nature, 455(7210): 189-194.

González-Coloma A, López-Balboa C, Santana O, et al. 2011. Triterpene-based plant defenses. Phytochemistry Reviews, 10(2): 245-260.

Gutiérrezmacías P, Peraltacruz J, Borjadelarosa A, et al. 2016. Peltomexicanin, a peltogynoid quinone methide from peltogyne mexicana martinez purple heartwood. Molecules, 21 (2): 186-191.

Hanson JR. 2016. Diterpenoids of terrestrial origin. Nat Prod Rep, 33(10): 1227-1238.

Harvey AL, Edrada-Ebel R, Quinn RJ. 2015. The re-emergence of natural products for drug discovery in the genomics era. Nat Rev Drug Discov, 14(2): 111-129.

Hassan MZ, Osman H, Ali MA, et al. 2016. Therapeutic potential of coumarins as antiviral agents. Eur J Med Chem, 123: 236-255.

He Y, Peng J, Hamann MT, et al. 2014. An iridoid glucoside and the related aglycones from *Cornus florida*. J Nat Prod, 77(9): 2138-2143.

Hill RA, Connolly JD. 2012. Triterpenoids. Nat Prod Rep, 29(7): 780-818.

Hill RA, Connolly JD. 2013. Triterpenoids. Nat Prod Rep, 30(7): 1028-1065.

Hill RA, Connolly JD. 2015. Triterpenoids. Nat Prod Rep, 32(2): 273.

Hoye TR, Jeffrey CS, Shao F. 2007. Mosher ester analysis for the determination of absolute configuration of stereogenic (chiral) carbinol carbons. Nature Protocols, 2(10): 2451-2458.

Hua L, Hussain SH, Gao K, et al. 2012. Highly oxygenated stigmastane-type steroids from the aerial parts of *Vernonia anthelmintica* Willd. Steroids, 77 (7): 811-818.

Kang B, Jakubec P, Dixon DJ. 2014. Strategies towards the synthesis of calyciphylline A-type Daphniphyllum alkaloids. Nat Prod Rep, 31(4): 550-562.

Keller TL, Zocco D, Sundrud MS, et al. 2012. Halofuginone and other febrifugine derivatives inhibit prolyl-tRNA synthetase. Nature Chemical Biology, 8(3): 311.

Khaled M, Jiang ZZ, Zhang LY. 2013. Deoxypodophyllotoxin: a promising therapeutic agent from herbal medicine. J Ethnopharmacology, 149(1): 24-34.

Khan SA, Khan SB, Shah Z, et al. 2016. Withanolides: biologically active constituents in the treatment of Alzheimer's disease. Med Chem, 12(3): 238-256.

Kihara T, Ichikawa S, Yonezawa T, et al. 2011. Acerogenin A, a natural compound isolated from Acer nikoense Maxim, stimulates osteoblast differentiation through bone morphogenetic protein action. Biochem Biophys Res Commun, 406(2): 211-217.

Kim KH, Moon E, Choi SU, et al. 2013. Lanostane triterpenoids from the mushroom *Naematoloma fasciculare*. J Nat Pro, 76 (5): 845-851.

Kobayashi J, Kubota T. 2009. The Daphniphyllum alkaloids. Nat Prod Rep, 26(7): 936-962.

Kubala M, Čechová P, Geletičová J. 2016. Flavonolignans as a novel class of sodium pump inhibitors. Front Physiol, 7: 115.

Kuklev DV, Dembitsky VM. 2014. Epoxy acetylenic lipids: their analogues and derivatives. Progress in Lipid Research, 56: 67.

Kuklev DV, Domb AJ, Dembitsky VM. 2013. Bioactive acetylenic metabolites. Phytomedicine International Journal of Phytoth, 20(13): 1145-1159.

Lamberth C. 2016. Naturally occurring amino acid derivatives with herbicidal, fungicidal or insecticidal activity. Amino Acids, 48 (4): 929-940.

Lau W, Sattely ES. 2015. Six enzymes from mayapple that complete the biosynthetic pathway to the etoposide aglycone. Science, 349 (6253): 1224.

Li CJ, Ma J, Sun H, et al. 2016. Guajavadimer A, a dimeric caryophyllene-derived meroterpenoid with a new carbon skeleton from the leaves of *Psidium guajava*. Org Lett, 18(2): 168-171.

Li JW, Vederas JC. 2009. Drug discovery and natural products: end of an era or an endless frontier? Science, 325(5937): 161-165.

Li R, Morris-Natschke SL, Lee KH. 2016. Clerodane diterpenes: sources, structures, and biological activities. Nat Prod Rep, 33(10): 1166-1226.

Liu HW, Yu XZ, Padula D, et al. 2013. Lignans from *Schisandra sphenathera* Rehd. et Wils. and semisynthetic schisantherin A analogues: absolute configuration, and their estrogenic and anti-proliferative activity. Eur J Med Chem, 259: 265-273.

Loguercio C, Festi D. 2011. Silybin and the liver: from basic research to clinical practice. World J Gastroenterology, 17 (18): 2288.

Lone SH, Bhat KA, Khuroo MA. 2015. Arglabin: from isolation to antitumor evaluation. Chem Biol Interact, 240: 180-198.

Luo SH, Liu Y, Hua J, et al. 2012. Unique proline-benzoquinone pigment from the colored nectar of "bird's Coca cola tree" functions in bird attractions. Org Lett, 14: 4146.

Luo SH, Luo Q, Niu XM, et al. 2010. Glandular trichomes of *Leucosceptrum canum* harbor defensive sesterterpenoids. Angewandte

Chemie, 49 (26): 4471.

Luo X, Shi YM, Luo RH, et al. 2012. Schilancitrilactones A-C: three unique nortriterpenoids from *Schisandra lancifolia*. Org Lett, 14: 1286.

Lv H, She G. 2010. Naturally occurring diarylheptanoids. Nat Prod Commun, 5(10): 1687-1708.

Ma X, Gang DR. 2004. The Lycopodium alkaloids. Nat Prod Rep, 21(6): 752-772.

Malik EM, Müller CE. 2016. Anthraquinones as pharmacological tools and drugs. Med Res Rev, 36(4): 705-748.

Morita H, Deguchi J, Motegi Y, et al. 2000. Cyclic diarylheptanoids as Na^+-glucose cotransporter (SGLT) inhibitors from *Acer nikoense*. Bioorg Med Chem Lett, 20(3): 1070-1074.

Moss R, Mao Q, Taylor D, et al. 2013. Investigation of monomeric and oligomeric wine stilbenoids in red wines by ultra-high-performance liquid chromatography/electrospray ionization quadrupole time-of-flight massspectrometry. Rapid Commun Mass Spectrom, 27(16): 1815-1827.

Munafo JP Jr, Gianfagna TJ. 2015. Chemistry and biological activity of steroidal glycosides from the *Lilium* genus. Nat Prod Rep, 32(3): 454-477.

Negri R. 2015. Polyacetylenes from terrestrial plants and fungi: recent phytochemical and biological advances. Fitoterapia, 106: 92-109.

Newman DJ, Cragg GM. 2014. Natural products as sources of new drugs from 1981 to 2014. J Nat Prod, 79(3): 629-661

Paddon CJ, Keasling JD. 2014. Semi-synthetic artemisinin: a model for the use of synthetic biology in pharmaceutical development. Nat Rev Microbiol, 12(5): 355-367.

Paddon CJ, Westfall PJ, Pitera DJ, et al. 2013. High-level semi-synthetic production of the potent antimalarial artemisinin. Nature, 496(7446): 528-532.

Pan L, Woodard JL, Lucas DM, et al. 2014. Rocaglamide, silvestrol and structurally related bioactive compounds from *Aglaia* species. Nat Prod Rep, 31(7): 924-939.

Pescitelli G, Bruhn T. 2016. Good computational practice in the assignment of absolute configurations by TDDFT calculations of ECD spectra. Chirality, 28(6): 466-474.

Pilli RA, de Oliveira MC. 2000. Recent progress in the chemistry of the *Stemona* alkaloids. Nat Prod Rep, 17(1): 117-127.

Pilli RA, Rosso GB, de Oliveira MC. 2010. The chemistry of *Stemona* alkaloids: an update. Nat Prod Rep, 27(12): 1908-1937.

Polyak SJ, Morishima C, Lohmann V, et al. 2010. Identification of hepatoprotective flavonolignans from silymarin. Proc Natl Acad Sci USA, 107(13): 5995-5999.

Ren Y, Yu J, Kinghorn AD. 2016. Development of anticancer agents from plant-derived sesquiterpene lactones. Curr Med Chem, 23(23): 2397-2420.

Salvador JA, Moreira VM, Gonçalves BM, et al. 2012. Ursane-type pentacyclic triterpenoids as useful platforms to discover anticancer drugs. Nat Prod Rep, 29(12): 1463-1479.

Schmidt AW, Reddy KR, Knölker HJ. 2012. Occurrence, biogenesis, and synthesis of biologically active carbazole alkaloids. Chem Rev, 112(6): 3193-3328.

Sears JE, Boger DL. 2015. Total synthesis of vinblastine, related natural products, and key analogues and development of inspired methodology suitable for the systematic study of their structure-function properties. Acc Chem Res, 17;48(3): 653-662.

Shagufta, Ahmad I. 2016. Recent insight into the biological activities of synthetic xanthone derivatives. Eur J Med Chem, 116: 267-280.

Shao M, Wang Y, Liu Z, et al. 2010. Psiguadials A and B, two novel meroterpenoids with unusual skeletons from the leaves of *Psidium guajava*. Org Lett, 12(21): 5040-5043

Shi YM, Li XY, Li XN, et al. 2011. Schicagenins A-C: three cagelike nortriterpenoids from leaves and stems of *Schisandra chinensis*. Org Lett, 13(15): 3848-3851

Shi YM, Xiao WL, Pu JX, et al. 2015. Triterpenoids from the Schisandraceae family: an update. Nat Prod Rep, 32(3): 367-410.

Sidana J, Singh B, Sharma OP. 2016. Saponins of *Agave*: chemistry and bioactivity. Phytochemistry, 130: 22-46.

Silva LN, Zimmer KR, Macedo AJ, et al. 2016. Plant natural products targeting bacterial virulence factors. Chem Rev, 116(16): 9162-9236.

Silvestri R. 2013. New prospects for vinblastine analogues as anticancer agents. J Med Chem, 56(3): 625-627.

Sundrud MS, Koralov SB, Feuerer M, et al. 2009. Halofuginone inhibits TH17 cell differentiation by activating the amino acid starvation response. Science, 324(5932): 1334-1338.

Swioklo S, Watson KA, Williamson EM, et al. 2015. Defining key structural determinants for the pro-osteogenic activity of flavonoids. J Nat Prod, 78(11): 2598-2608.

Tan MJ, Ye JM, Turner N, et al. 2008. Antidiabetic activities of triterpenoids isolated from bitter melon associated with activation of the AMPK pathway. Chem Biol, 15(3): 263-273.

Tan NH, Zhou J. 2006. Plant cyclopeptides. Chem Rev, 106(3): 840-895.

Tan QG, Li XN, Chen H, et al. 2010. Sterols and terpenoids from *Melia azedarach*. J Nat Prod, 73(4): 693-697.

Tang Y, Li N, Duan JA, et al. 2013. Structure, bioactivity, and chemical synthesis of OSW-1 and other steroidal glycosides in the genus *Ornithogalum*. Chem Rev, 113(7): 5480-5514.

Teponno RB, Kusari S, Spiteller M. 2016. Recent advances in research on lignans and neolignans. Nat Prod Rep, 33(9): 1044-1092.

Tian JM, Wang Y, Xu YZ, et al. 2016. Characterization of isobutylhydroxyamides with NGF-potentiating activity from *Zanthoxylum bungeanum*. Bioorg Med Chem Lett, 26(2): 338-342.

Tsou LK, Lara-Tejero M, RoseFigura J, et al. 2016. Antibacterial flavonoids from medicinal plants covalently inactivate type Ⅲ protein secretion substrates. J Am Chem Soc, 138(7): 2209-2218.

Tu Y. 2016. Artemisinin-a gift from traditional Chinese medicine to the world (Nobel lecture). Angew Chem Int Ed Engl, 55(35): 10210-10226.

Vasas A, Hohmann J. 2014. Euphorbia diterpenes: isolation, structure, biological activity, and synthesis (2008-2012). Chem Rev, 114(17): 8579-8612.

Venugopala KN, Rashmi V, Odhav B. 2013. Review on natural coumarin lead compounds for their pharmacological activity. Biomed Res Int, 2013: 963248.

Vincken JP, Heng L, de Groot A, et al. 2007. Saponins, classification and occurrence in the plant kingdom. Phytochemistry, 68(3): 275-297.

Vougogiannopoulou K, Lemus C, Halabalaki M, et al. 2014. One-step semisynthesis of oleacein and the determination as a 5-lipoxygenase inhibitor. J Nat Prod, 77(3): 441-445.

Wang HB, Wang XY, Liu LP, et al. 2015. Tigliane diterpenoids from the Euphorbiaceae and Thymelaeaceae families. Chem Rev, 115(9): 2975-3011.

Wang L, Yang B, Lin XP, et al. 2013. Sesterterpenoids. Nat Prod Rep, 30(3): 455-473.

Wang L, Zhou GB, Liu P, et al. 2008. Dissection of mechanisms of Chinese medicinal formula Realgar-Indigo naturalis as an effective treatment for promyelocytic leukemia. Proc Natl Acad Sci USA, 105(12): 4826-4831.

Wezeman T, Bräse S, Masters KS. 2015. Xanthone dimers: a compound family which is both common and privileged. Nat Prod Rep, 32(1): 6-28.

Wu GW, Gao JM, Shi XW, et al. 2011. Microbial transformations of diosgenin by the white-rot basidiomycete *Coriolus versicolor*. J Nat Prod, 74(10): 2095-2101.

Wu SB, Long C, Kennelly EJ. 2014. Structural diversity and bioactivities of natural benzophenones. Nat Prod Rep, 31(9): 1158-1174.

Wu YB, Ni ZY, Shi QW, et al. 2012. Constituents from Salvia species and their biological activities. Chem Rev, 112(11): 5967-6026.

Wyler B, Brucelle F, Renaud P. 2016. Preparation of the core structure of *Aspidosperma* and *Strychnos* alkaloids from aryl azides by a cascade radical cyclization. Org Lett, 18(6): 1370-1373.

Xia Q, Zhang H, Sun X, et al. 2014. A comprehensive review of the structure elucidation and biological activity of triterpenoids from *Ganoderma* spp. Molecules, 19(11): 17478-17535.

Xiao WL, Li RT, Huang SX, et al. 2008. Triterpenoids from the Schisandraceae family. Nat Prod Rep, 25(5): 871-891.

Xu R, Fazio GC, Matsuda SP. 2004. On the origins of triterpenoid skeletal diversity. Phytochemistry, 65(3): 261-291.

Yamamoto K, Takahashi K, Mizuno H, et al. 2016. Cell-specific localization of alkaloids in *Catharanthus roseus* stem tissue measured with Imaging MS and Single-cell MS. Proc Natl Acad Sci USA, 113(14): 3891-3896.

Yonezawa T, Lee JW, Akazawa H, et al. 2011. Osteogenic activity of diphenyl ether-type cyclic diarylheptanoids derived from *Acer nikoense*. Bioorg Med Chem Lett, 21(11): 3248-3251.

Zhang B, Wang Y, Yang SP, et al. 2012. Ivorenolide A, an unprecedented immunosuppressive macrolide from *Khaya ivorensis*: structural elucidation and bioinspired total synthesis. J Am Chem Soc, 134(51): 20605-20608.

Zhang H, Cao CM, Gallagher RJ, et al. 2014. Antiproliferative withanolides from several solanaceous species. Nat Prod Res, 28(22): 1941-1951.

Zhang H, Shyaula SL, Li JY, et al. 2016. Himalensines A and B, alkaloids from *Daphniphyllum himalense*. Org Lett, 18(5): 1202-1205.

Zhang QJ, Zhu T, Xia EH, et al. 2014. Rapid diversification of five *Oryza* AA genomes associated with rice adaptation. Proc Natl Acad Sci USA, 111: E2530-2539.

Zhang WN, Tong WY. 2016. Chemical constituents and biological activities of plants from the *Genus Physalis*. Chem Biodivers, 13(1): 48-65.